高等职业教育新业态新职业新岗位系列教材

单片机产品设计与调试
——基于 STM32F1xx 机型和 HAL 库函数

主　编：石梅香　张金环　袁秀英
主　审：田树利

电子工业出版社

Publishing House of Electronics Industry
北京·BEIJING

内 容 简 介

本书针对 STM32F1xx 单片机，基于 HAL 库函数进行编写。

本书遵循"项目导向、任务驱动"的教学理念，共设计了"利用 GPIO 和位操作实现温度报警"等 9 个项目，依次开展 GPIO 读写、SysTick 延时、外部中断、定时器、计数器、DAC、ADC、DMA、UART 等单片机主要技术的教学。通过以上任务的实施，学生可掌握基于 STM32 单片机的开关信号输入/输出系统、模拟信号输入/输出系统、串行通信系统的开发流程、软硬件设计与调试方法。为降低学习难度，实现"零单片机基础"学习，并为学生未来发展提供空间，本书在内容组织和呈现上做了精心设计。本书以活页形式呈现，以便对重点问题进行及时记录、总结、思考与评测。

本书可作为高职院校电气、电子、自动化、机电等专业的教材，也可作为相关技术人员学习 STM32 单片机的资料。学习者可以没有单片机基础，也可以具有一定的 51 单片机或其他单片机基础，教师可根据专业的具体情况选择合适的项目和学时。

图书在版编目（CIP）数据

单片机产品设计与调试 ： 基于 STM32F1xx 机型和 HAL

库函数 / 石梅香，张金环，袁秀英主编. — 北京 ： 电

子工业出版社，2024. 7. — ISBN 978-7-121-48253-3

Ⅰ. TP368.1

中国国家版本馆 CIP 数据核字第 20240FC977 号

责任编辑：王昭松

印　　刷：三河市良远印务有限公司

装　　订：三河市良远印务有限公司

出版发行：电子工业出版社

　　　　　北京市海淀区万寿路 173 信箱　邮编 100036

开　　本：787×1 092　1/16　印张：25　字数：706 千字

版　　次：2024 年 7 月第 1 版

印　　次：2024 年 7 月第 1 次印刷

定　　价：69.00 元

凡所购买电子工业出版社图书有缺损问题，请向购买书店调换。若书店售缺，请与本社发行部联系，联系及邮购电话：(010) 88254888，88258888。

质量投诉请发邮件至 zlts@phei.com.cn，盗版侵权举报请发邮件至 dbqq@phei.com.cn。

本书咨询联系方式：(010) 88254015，wangzs@phei.com.cn。

前　　言

很长一段时间以来，我国大多数院校的单片机教学都是基于 MCS-51、AT89S51 等 51 单片机的，随着 STM32 单片机的广泛应用，51 单片机的应用空间被大大压缩，越来越多的学校开始进行 STM32 单片机教学。但是由于 STM32 单片机的结构比 51 单片机复杂得多，许多教师和学生都认为需要先学习 51 单片机或其他较为简单的单片机，才能学习 STM32 单片机，这显然非常浪费时间。

从 2020 年开始，编者团队开始尝试进行 **"零单片机基础"** STM32 单片机教学。历经近 4 年的修正与总结，开发出本书。

一、针对 STM32F1 系列单片机

目前 STM32F1、STM32F4 系列单片机的市场占有率都很高。STM32F1 系列单片机价格便宜，市场上有大量基于 STM32F1 系列单片机的开发板，很容易买到，非常方便学校组织教学和学生自主学习，因此本书选择 STM32F103 机型展开教学。

二、基于 HAL 库进行编写

51 单片机的汇编语言编程和基于 C 语言的寄存器编程对于 STM32 单片机入门者，特别是零基础入门者极不友好，故本书基于库函数进行编程。

尽管目前国内外仍有许多人习惯使用标准库进行 STM32 单片机的编程，网上也有许多基于标准库的程序范例和资料，但由于 STM32 单片机的生产商 ST 公司已逐渐取消了对其标准库的更新服务，因此 HAL 库成为 STM32 单片机编程的主要工具，本书基于 HAL 库进行程序设计与调试。

三、遵循"项目导向、任务驱动"的教学理念

本书共设计了 9 个教学项目，涉及以下 7 个工作任务。

（1）温度报警器的设计与调试（项目 1、项目 2）。

（2）参数设定及数码管显示器的设计与调试（项目 3）。

（3）生产线工件计数显示及打包控制器的设计与调试（项目 4、项目 6）。

（4）直流电动机 PWM 调速器的设计与调试（项目 5）。

（5）LED 亮度控制器的设计与调试（项目 7）。

（6）土壤湿度采集与控制器的设计与调试（项目 8）。

（7）双机通信系统的设计与调试（项目 9）。

通过以上项目的实施，可依次开展以下单片机主要技术的教学：GPIO 读写、SysTick 延时、外部中断、定时器、计数器、DAC、ADC、DMA、UART。

通过以上任务的实施，学生可掌握开关信号输入/输出系统、模拟信号输入/输出系统、串行通信系统的开发流程、软硬件设计与调试方法。具体包括：

（1）按键、温度开关、光电开关等 DI 设备的信号采集电路设计、采集程序设计、软硬件调试方法。

（2）LED、蜂鸣器、电加热器、电磁阀、直流电动机、数码管等 DO 设备的驱动电路设计、控制程序设计、软硬件调试方法。

（3）LED 调光灯等 DAC 的电路设计、DAC 程序设计、软硬件调试方法。

（4）湿度传感器等 ADC 电路设计、ADC 程序设计、软硬件调试方法。

（5）UART 串行通信系统电路设计、通信程序设计、软硬件调试方法。

四、在内容组织和呈现上做了精心设计

为降低 STM32 单片机学习的入门难度，实现"零单片机基础"学习，并为学生未来发展提供空间，本书做了如下设计。

1. 针对 STM32 单片机的复杂内部结构

（1）采用"先使用，后分析"的策略。

书中的每个任务都是按照"明确任务→方案设计→电路设计与调试→程序设计与调试→软硬件联调"流程进行的。涉及单片机的相关技术，总是本着"先使用，后分析"的原则。以项目 1 涉及的 GPIO 为例，前期从任务 1.1 到任务 1.5 都只学习如何使用 GPIO，直到任务 1.6"STM32 单片机软硬件深入（一）"才给出 GPIO 内部结构分析。这不仅大大降低了学习难度，也能够使学生通过对 GPIO 结构的分析，对前期的软硬件设计有更深入的理解。

（2）给出大量的简化结构图。

为了降低学习难度，便于学生理解，在厂家提供的技术手册的基础上，书中给出了大量经简化和处理的电路结构，如简化的时钟树、标注有工作路径的定时器和计数器结构等。

（3）适当增加内部寄存器功能和原理介绍。

整体上，书中对 STM32 单片机内部寄存器以功能介绍为主。但在后面 3 个项目中，适当增加了关于内部结构原理的分析，为学生深入理解单片机工作原理打下基础。

2. 针对复杂的库函数

（1）采用"先调用，后分析"的策略。

HAL 库函数数量繁杂，书中重点选择了一些常用的库函数。

HAL 库函数面向用户开放，所有人都可以打开并读取其中的内容。但对于初学者，特别是 C 语言基础不强者，很难一下看懂，这可能会使学生产生畏难情绪。因此在开始的几个项目中，重点引导学生学会理解库函数的功能，掌握其调用方法即可。最后的几个项目（如项目 9）则增加对库函数内容的解析。这一方面可以引导学生学会通过分析库函数进一步理解其功能；另一方面可以帮助学生通过对库函数的模仿提高编程技能，更重要的是可以帮助和引导学生掌握自主学习其他库函数的方法。

（2）给出库函数的功能列表。

为了帮助学生快速掌握库函数的使用方法，书中以表格形式给出了相关库函数的功能列表。针对复杂的库函数的原型，还给出了简化形式，方便学生快速理解其功能和使用方法。

五、以活页形式呈现

本书以活页形式呈现，引导学生进行针对性思考，方便学生对重点问题及时进行记录、总结，也便于对重点、难点问题进行适时的练习与评测。

本书项目 1～3 由石梅香编写，项目 4～6 由张金环编写，项目 7～9 由袁秀英编写。本书由天津史密斯机械设备有限公司的田树利担任主审。

由于编者水平有限，书中难免有不足之处，恳请各位专家、同行提出宝贵意见。

编　者

目　录

项目 1 利用 GPIO 和位操作实现温度报警

项目总目标

（1）了解单片机的发展及用途，理解关键概念与术语。
（2）了解单片机产品的开发过程，会使用开发工具进行软硬件设计与调试。
（3）理解 STM32F1xx 单片机的电源电路原理，能够独立进行电源电路的设计与调试。
（4）理解按键、温度开关等简单 DI 电路的原理，能够独立进行类似电路的设计与调试。
（5）理解 LED 等简单 DO 电路的原理，能够独立进行类似电路的设计与调试。
（6）掌握基于 HAL 库函数的 GPIO 引脚读写和位操作编程方法。
（7）能够按照分组管理的模块化设计方法进行程序设计与调试。
（8）了解 STM32F1xx 单片机 GPIO 引脚的内部结构，能够结合其结构框图说明其工作过程。
（9）会查找相关资料，阅读相关文献。

具体工作任务

设计基于 STM32 单片机的温度报警器，实现如下功能：温度超过设定温度（如 30℃）时，报警灯点亮；否则，报警灯熄灭。已知温度范围为 0～100℃。
请进行方案设计、器件选型、电路和程序设计，并完成软硬件调试。

任务 1.1 认识 STM32 单片机及其开发工具

一、任务目标

（1）认识 STM32 单片机及其开发工具，能在开发板上找到其芯片和主要外设。
（2）能利用开发工具进行程序下载与功能测试。
（3）能说出单片机的定义与作用。
（4）能指出 3 种以上常见的单片机产品及其生产厂家。
（5）能说出 STM32 单片机的生产厂家、主要系列产品和主要性能指标。
（6）能说出学习单片机的目的。
（7）能自主查阅资料、阅读文献和发起讨论。

二、学习与实践

（一）讨论与发言

分组讨论自由发言，阐述自己对本门课程的认识、疑问与期待等，记录自己的问题，等待解决。

（二）认识单片机及其开发工具

分组领用单片机开发工具，并对照以下资料进行记录和确认。

1. 开发板型号	10. 调试（仿真）器是否找到
2. LCD 是否找到	11. 是否会连接调试器
3. MCU 型号	12. 电源指示灯是否找到
4. 晶振（2 个）是否找到	13. 计算机中的 "Keil μVision5" 图标是否找到
5. 备用电源是否找到	14. 是否会编译、生成和下载 "按键-点灯" 程序
6. 按键模块是否找到？4 个按键的名称是什么	15. "按键-点灯" 程序的功能是否正常
7. 复位键是否找到	16. 调试（仿真）器的作用
8. LED 模块是否找到？8 个 LED 的名称是什么	17. USB 下载接口是否找到？其作用是什么
9. 数码管是否找到	18. 5V 电源接口是否找到？其作用是什么

1. 硬件开发平台

（1）PC（Personal Computer，个人计算机）。单片机的开发离不开 PC（台式计算机或笔记本式计算机），其作用是进行程序编辑与调试。

（2）开发板。单片机学习和产品开发需要开发板或实验箱，其上配有芯片，此外还应配按键、LED 等常用外设。本书主要使用普中 STM32-PZ6806L 开发板或普中 STM32-PZ6806D 开发板（当然也可以使用其他开发板），普中 STM32-PZ6806L 开发板如图 1.1.1 所示，其中图 1.1.1（a）是开发板正面，可以看到开发板上配有 LCD（液晶显示屏）、按键、数码管、蜂鸣器等设备。图 1.1.1（b）拆下了 LCD，可以看到 STM32F103ZET6 芯片，此外还有低速晶振、备用电池等。

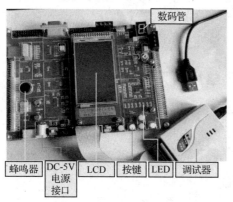 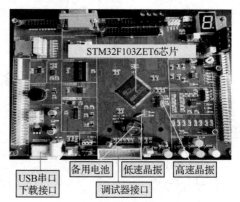

（a）普中 STM32-PZ6806L 开发板正面（带 LCD） （b）普中 STM32-PZ6806L 开发板正面（拆下 LCD）

图 1.1.1 普中 STM32-PZ6806L 开发板

开发板有三种供电方式：①通过 DC-5V 电源接口供电；②通过 USB 串口下载接口供电；③通过调试器接口供电。我们主要使用第三种方式。

（3）调试器（仿真器）。开发板上提供调试器接口，用于将开发板和计算机连接起来，如图 1.1.2 所示，其中 ARM 调试器（也称为 ARM 仿真器）通过灰色扁平电缆连接到开发板上的调试器接口，另一侧通过 USB 线与计算机相连。**调试器的作用**如下。

① 为开发板供电。

② 将计算机（台式计算机或笔记本式计算机）中的程序下载到单片机中。

③ 将单片机程序的运行结果返回到计算机的软件开发平台中，以便观察、分析与调试。

我们将主要采用调试器为开发板供电并进行程序下载与调试。请大家按照图 1.1.2 将调试器、开发板、计算机连接在一起。

此外，我们提供的开发板上还自带程序下载电路。如果不买调试器（节省成本），也可以通过 USB 先将计算机直接连到开发板上的 USB 串口下载接口上，再在计算机上安装一个用于单片机程序下载的小程序。**USB 串口下载接口的作用**如下。

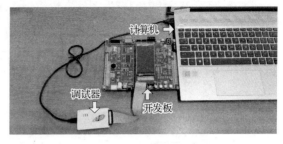

图 1.1.2　　计算机、调试器、开发板的连接

① 将计算机中的程序下载到单片机中。

② 为开发板供电。

这种方式不能将程序运行情况反馈给计算机，因此不具备在线调试能力。

开发板上还提供了一个 DC-5V 电源接口，可在不连接计算机的情况下为开发板供电。其用于单片机中已经有下载调试好的程序，只需供电的情况。

2. 软件开发平台

单片机产品开发还需要一个专门的软件，一般称为 IDE（Integrated Development Environment，集成开发环境），用于在计算机中进行单片机程序的编辑、下载与调试。

不同的 IDE，支持的单片机有所不同。在支持 STM32 单片机的 IDE 中，比较著名的有 IAR Systems 公司的 IAR EWARM 软件和 Keil 公司的 MDK-ARM 软件。你可以在 Keil 公司官网申请下载 MDK-Lite（MDK 精简版）软件，该版本免费，限制代码大小为 32 KB。MDK-ARM 软件除了精简版，还有 MDK-Essential（MDK 基本版）软件、MDK-Plus（MDK 加强版）软件、MDK-Professional（MDK 专业版）软件，这几个版本都是收费的。

本书基于 Keil μVision5 软件编写，安装后，Keil μVision5 软件图标如图 1.1.3 所示。

3. 测量仪器和工具

单片机开发主要用到万用表、信号源、电源、示波器等仪器，以及电烙铁、螺丝刀等工具。

（三）使用单片机开发工具

按照以下步骤进行程序下载与调试，记录遇到的问题及解决办法。

_____

_____

（1）在计算机中安装 Keil μVision5（MDK-ARM）软件。

（2）连接开发板、调试器和计算机，检查电源指示灯是否点亮。

（3）在计算机中新建文件夹"电气 1"，专门存放本课程程序，如图 1.1.4 所示。

图 1.1.3　Keil μVision5 软件图标　　　　图 1.1.4　测试程序及其文件夹

（4）将老师给的测试程序压缩包"0.1 按键测试"存入刚才建立的文件夹并解压缩。

（5）打开"0.1 按键测试"文件夹，找到"Push_Light"应用程序，双击进入应用程序，如图 1.1.5 所示。

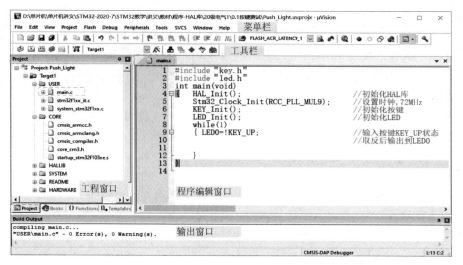

图 1.1.5　进入"Push_Light"应用程序

（6）图 1.1.5 左侧为"Project"（工程）窗口，右侧为程序编辑窗口，下方为输出窗口。

（7）如图 1.1.6 所示，单击"Rebuild"（再生成）按钮，对程序进行编译生成操作，之后应该在"Build Output"（输出）窗口出现"0 Error（s），0 Warning（s）"（0 个错误，0 个警告）提示信息。否则说明程序出错，也可能是开发软件安装得不正确，应查找出错原因并予以消除。

图 1.1.6　程序的再生成操作

（8）如图 1.1.7 所示，单击"Options for Target……"（选项）按钮，准备进行调试器设置。

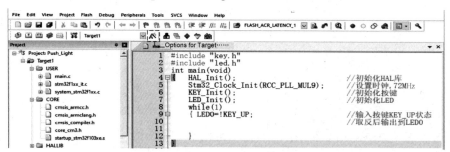

图 1.1.7　准备进行调试器设置

（9）如图 1.1.8 所示，选择"Debug"（调试）选项卡，在"Use"下拉列表中选择"CMSIS-DAP Debugger"选项，单击"Settings"按钮。

（10）如图 1.1.9 所示，在"CMSIS-DAP-JTAG/SW Adapter"选区中选择"PZ CMSIS-DAP"适配器，勾选"SWJ"复选框，找到适配器的 IDCODE。注意不同适配器的编号不同，图 1.1.9 中为"0x1BA01477"。只要适配器有 IDCODE，就说明设备被识别，否则需要检查设备连接并重新上电。

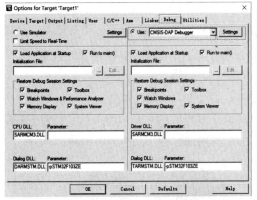

图 1.1.8　设置调试器 1

图 1.1.9　设置调试器 2

（11）如图 1.1.9 所示，在"Reset"下拉列表中选择"SYSRESETREQ"（System Reset Requestion，系统复位请求）选项。

（12）如图 1.1.10 所示，选择"Flash Download"（闪存下载）选项卡，勾选"Reset and Run"（复位并运行）复选框，单击"OK"按钮，退出"Options for Target……"（选项）设置。

（13）如图 1.1.11 所示，单击"Download"（下载）按钮，程序被下载到开发板上的单片机中。

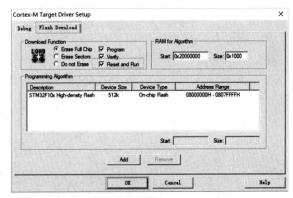

图 1.1.10　设置调试器 3

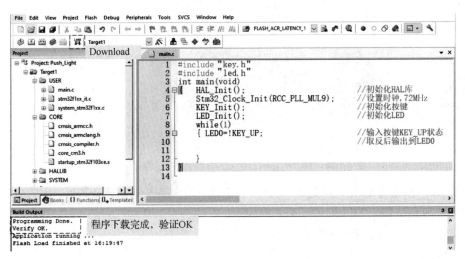

图 1.1.11　下载程序

图 1.1.12　测试功能

（14）进行功能测试。

按住 K_UP 按键，观察到 LED 模块中的 D1 点亮，数码管 a 段点亮。

松开 K_UP 按键，观察到 LED 模块中的 D1 熄灭，数码管 a 段熄灭。

如果一切正常，说明开发板能正常通信和工作，程序功能正常。

（四）阅读单片机相关知识

阅读以下资料，理解单片机的相关概念。

1．单片机是什么

我们已经见过 STM32 单片机及其开发板的外观，那么到底什么是单片机？它有什么用？正如我们所见，单片机是一个芯片，不同型号、不同封装的单片机如图 1.1.13 所示。既然单片机是芯片，那么其内部必由复杂的电路组成。

图 1.1.13　不同型号、不同封装的单片机

单片机也是一个计算机。既然是计算机，其必然像所有计算机一样，可以根据预先编好的程序运行。也像所有计算机一样，由 CPU（Central Processing Unit，中央处理器）、存储器（Memory）、输入/输出接口（Input/Output Interface，I/O 接口）等部分组成，如图 1.1.14 所示。

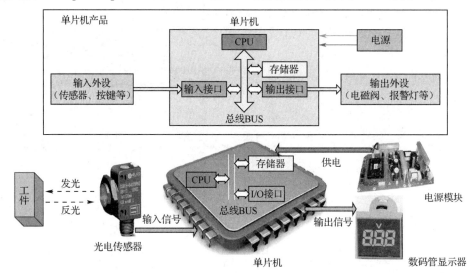

图 1.1.14　单片机的内部组成及单片机产品组成示意图

总结：单片机是将 CPU、存储器、I/O 接口等部件集成在一起的一个芯片，因此被称为单片微型计算机（Single Chip Microcomputer，SCM），简称单片机。

如果先将单片机与电源及各种外部设备（如传感器、按键、报警灯、电磁阀等）进行连接，再将预先编好的程序存入存储器，即可制作出各种单片机产品，实现不同的功能，如图 1.1.15 所示。

（a）内嵌单片机的压力检测仪表

（b）内嵌单片机的智能小车

（c）内嵌单片机的智能仪器

图 1.1.15　各种单片机产品

单片机常用于工业控制、智能仪表、家用电器、通信等诸多领域，可实现各种控制功能。它本身体积很小，也被称为微控制器（Micro Control Unit，MCU）。

与人们熟悉的通用计算机（台式计算机、笔记本式计算机、Pad 等）不同，以单片机为核心的产品一般没有固定的外形，总是根据需要连同电路板一起被嵌入各种设备（见图 1.1.15），也被称为嵌入式计算机（Embedded Computer）。

2．单片机有哪些

滚滚长江东逝水，浪花淘尽英雄。长期以来，市场上有许多半导体和计算机公司在争相研制、发展自己的单片机产品。这些厂家包括 Intel、Motorola、Zilog、PHILIPS、Atmel、宏晶科技、Rockwell、NEC、EPSON、HITACHI、SILICON LABS、ST，等等。其中最有影响力的是 Intel 公司。该公司在 20 世纪 80 年代初推出了 MCS-51 单片机。由于 Intel 公司开放了 MCS-51 单片机内核的授权，使得很多厂家都可以生产与 51 单片机兼容的单片机，这就形成了著名的"51 系列"单片机，在市场上被广泛使用。在众多国外芯片制造商的包围中，宏晶科技是一家成绩斐然的中国公司，其生产的 STC 单片机也属于 51 单片机。51 单片机一直是高校单片机教学的主要机型。然而现在，出现了许多功能更强大、更好用的单片机，STM32 单片机就是其中的一款。

3．STM32 单片机是什么

STM32 单片机是指 ST 公司生产的 32 位单片机，其中 ST 是意法半导体公司（SGS-THOMSON Microelectronics），M 指微控制器（MCU），32 指 32 位。

根据数据总线位宽，单片机可分为 8 位单片机、16 位单片机、32 位单片机、64 位单片机等。广为人知的 51 单片机是 8 位单片机。8 位单片机一次只能够处理 8 位数据，要想处理 32 位数据，必须分 4 次进行。显然，在同样的工作频率下，32 位单片机的数据处理速度远高于 8 位单片机。

STM32 单片机的性价比较高。由于其结构简单、功能强大、容易使用，因此在行业中赫赫有名，受到工程师的热捧，是当前单片机应用领域的主力。本书就是专门针对 STM32 单片机教学而编写的。

4．ARM Cortex 是什么

我们已经知道单片机是由 CPU、存储器、I/O 接口等部分组成的，很显然，CPU 是其中一个非常重要的部件，CPU 的架构决定了单片机的整体性能。STM32 单片机的 CPU 采用的是 ARM公司设计的 ARM Cortex 内核，就像 Atmel 公司生产的 AT89C51 单片机，采用 Intel 公司生产的MCS-51 内核一样。

ARM 是英国的一家芯片设计公司，设计了多种 CPU 内核，包括 ARM7、ARM9、ARM10、ARM11、ARM Cortex 等。ARM 将 CPU 内核的设计卖给各大半导体公司，如 ST、PHILIPS、三星、Atmel 等。各大公司在 ARM 公司 CPU 内核的基础上添加上一些需要的外围电路（也称为片上外设），封装起来形成自己的处理器。STM32 单片机就是如此，所以你会在如图 1.1.16 所示的 STM32 单片机的芯片上看到 ST 和 ARM 两个公司的名称。

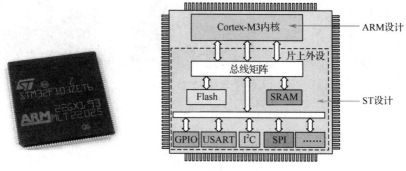

图 1.1.16　STM32 单片机

5. STM32 系列单片机产品有哪些

ST 公司基于 ARM Cortex 内核设计的单片机产品如图 1.1.17 所示。其中 STM32F2、STM32F1、STM32L1 基于 Cortex-M3 内核，分别对应高性能单片机、主流单片机和超低功耗单片机三种定位。图 1.1.17 中也列出了基于其他 Cortex 内核的 STM32 系列单片机产品，如 STM32F4 等。除了 32 位单片机，ST 公司也提供 8 位单片机产品，如表 1.1.1 所示。

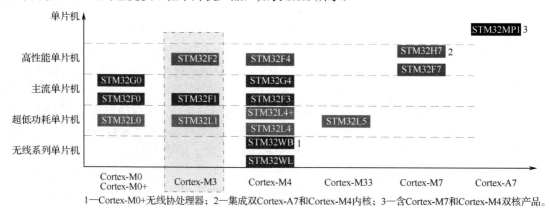

1—Cortex-M0+无线协处理器；2—集成双Cortex-A7和Cortex-M4内核；3—含Cortex-M7和Cortex-M4双核产品。

图 1.1.17　STM32 系列单片机产品

表 1.1.1　STM 单片机部分产品

CPU	内　核	系　列	描　述
32 位	Cortex-M0	STM32L0	低功耗单片机
		STM32F0	入门级单片机
	Cortex-M3	STM32L1	低功耗单片机
		STM32F1	基础型单片机，主频为 72MHz
		STM32F2	高性能单片机
	Cortex-M4	STM32L4	低功耗单片机
		STM32F3	混合信号单片机
		STM32F4	高性能单片机，主频为 180MHz
	Cortex-M7	STM32F7	高性能单片机

续表

CPU	内　核	系　列	描　述
8 位	超级版 6502	STM8S	标准系列单片机
		STM8AF	标准系列的汽车应用单片机
		STM8AL	低功耗的汽车应用单片机
		STM8L	低功耗单片机

STM32 系列单片机产品命名规则如图 1.1.18 所示。根据图 1.1.18 可以查询 STM32F103ZET6 的含义。

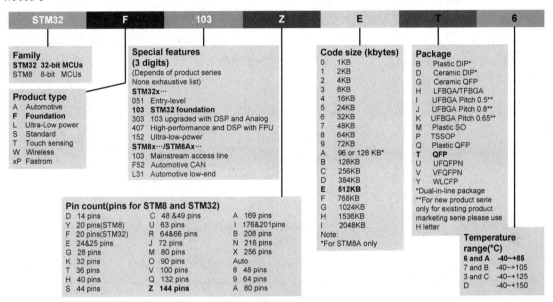

图 1.1.18　STM32 系列单片机产品命名规则

STM32 代表 32 位单片机，F 表示 Foundation（基础型），103 表示 STM32 foundation，Z 表示 144 个引脚，E 表示程序存储器容量为 512KB，T 表示 QFP 封装，6 表示工作温度为-40～+85℃。

本书重点学习 STM32F103ZET6 单片机。

6. 为什么学习 STM32 单片机

（1）学习单片机的目的。

工控领域存在大量的单片机产品。高职学生学习单片机的目的是理解单片机产品的电路组成和程序组成，掌握使用、维护、维修、改造甚至开发单片机产品的方法与技能。显然，使用→维护→维修→改造→开发这几个层级的难度依次递增。对单片机应用技术掌握的程度决定了学生可以胜任哪个层级的工作。

（2）为什么选择 STM32 单片机。

① 学习单片机必须锚定一种具体机型开始学习才能真正掌握关键技术。

② 选择的单片机机型最好是市场应用的主流机型，且容易上手。

③ 无论从哪一种机型开始，都不会终身有效，因为技术始终在发展，任何产品都会更新换代。最重要的还是要通过某种机型的学习与实践，洞悉关键技术，掌握学习方法，这样才能够在未来的职业生涯中不断适应技术的进步和产品的更新换代。

④ 相对而言，在性能方面，STM32 单片机要强过 51 单片机很多，STM32 单片机的字长更长，主频更高，片内资源更丰富，功能比 51 单片机要强大很多。在应用方面，STM32 单片机自

带源代码开放的固件（Firmware）库，可以利用库函数进行程序开发，这比直接对寄存器编程更轻松、快捷、方便，程序缺陷（BUG）也较少。而 51 单片机不提供库函数，只能进行寄存器编程。

总结：STM32 单片机已占据市场主流很多年，且容易上手，因此我们选择通过 STM32 单片机学习单片机技术。

7. 学习单片机需要什么基础

（1）C 语言基础。

单片机产品开发可以使用机器语言、汇编语言和高级语言。目前的主流语言是 C 语言。表 1.1.2 所示为使用三种单片机开发语言完成相同任务对比。可以看出，如果用汇编语言编写程序，需要知道单片机内部寄存器是什么，有哪些寄存器可以用来存储数据，怎么用寄存器存储数据；如果用机器语言编写程序，复杂的数字将更加难以记忆和理解；如果用 C 语言编程，则是非常简单的，单片机编程使用的 C 语言，其语法和编程思路与标准语言基本相同。表 1.1.3 所示为三种单片机开发语言的特点。

表 1.1.2 使用三种单片机开发语言完成相同任务对比

C 语言		汇编语言		机 器 语 言	
代码	解释	代码	解释	十六进制数	二进制数

u8 AAA;
……
AAA=5;
……
AAA=6;
	定义 8 位变量 AAA
	……
	给 AAA 赋值 5
	……
	给 AAA 赋值 6
		MOVS r4, #0x05
		……
		MOVS r4, #0x06
			给寄存器 r4 赋值 5
			……
			给寄存器 r4 赋值 6
				2405
				……
				2406
					0010 0100 0000 0101
					……
					0010 0100 0000 0110

表 1.1.3 三种单片机开发语言的特点

C 语言	汇编语言	机 器 语 言
用语句表示 如赋值语句 AAA=5	用指令助记符表示 如 MOVS r4, #0x05	用二进制的机器语言表示 如 0010 0100 0000 0101
需要转换成机器语言才可以执行	需要转换成机器语言才可以执行	是唯一能被 CPU 直接识别和执行的语言
类似于自然语言，更容易理解和记忆	直接针对硬件，需要知道有哪些寄存器，它们的作用是什么，但比机器语言更容易理解和记忆	直接针对硬件，不容易理解和记忆
程序的基本组成是语句。一条 C 语言语句，常对应一条或多条汇编语言指令	程序的基本组成是指令。一条汇编指令对应一条机器指令	程序的基本组成是指令，一条机器指令代表一组 CPU 内部电路的功能
功能强、编程容易	编程难度大于 C 语言	很少直接使用机器语言编程
C 程序生成的机器语言不如汇编程序精简	生成的机器语言占内存更少，速度更快	是其他开发语言最终要生成的语言
硬件兼容性较好，对于不同的 CPU，语法不变	CPU 不同，指令助记符不同（不兼容）	CPU 不同，机器语言不同（不兼容）

机器语言是用二进制代码表示的语言，是 CPU 唯一能够直接识别的语言，但由于难以记忆和理解，很少直接使用。

汇编语言是用"MOVS""ADD"等一系列有助于理解和记忆的助记符表示的语言，既方便记忆，又和机器语言一一对应，是早期单片机产品开发时主要使用的编程语言。但是 CPU 并不能直接识别汇编语言。用汇编语言开发的源程序需要先翻译成机器语言，再下载到单片机的存储器中，最后被 CPU 识别并执行。

汇编语言与机器语言一一对应，其每一条指令的功能有限，因此编程难度大。另外，由于不同单片机产品所对应的汇编语言都不相同，导致每更换一种单片机就需要重新编程，产品之间的兼容性极差，甚至可以说完全没有兼容性，除非它们属于同一系列的兼容产品（如都是 51 单片机）。

目前单片机产品开发多使用 C 语言这样的高级语言。用 C 语言编写的单片机程序兼容性很好，更换单片机后，程序很容易修改和适应。使用 C 语言编程的另一个好处是其语句功能比较强，比用汇编语言编程容易得多。当然，用 C 语言开发的源程序也要转换成机器语言才能下载到单片机中执行。单片机开发使用的 C 语言与标准 C 语言有一定区别，但相差并不大，因此学习单片机需要 C 语言基础。

（2）电路基础。

为理解和学习单片机硬件知识，理解或设计单片机产品的外围电路，必须了解电流、电压、电源、电阻、电容等概念，掌握二极管、三极管、集成运算放大器、门电路等知识，能看懂一般交流、直流电路和电子线路。

（3）实践能力。

为了能够操作、维修和调试单片机硬件电路，需要能熟练使用万用表对电阻值、电压等物理量进行测量，对电路的通断进行判断；能熟练使用电烙铁进行焊接；能使用示波器、信号源等仪器。为了能够编辑、调试单片机程序，需要熟练使用安装在计算机上的单片机相关软件。

三、要点记录及成果检验

任务 1.1	认识 STM32 单片机及其开发工具						
姓名		学号		日期		分数	

（一）术语记录

英 文 简 称	英 文 全 称	中 文 翻 译
CPU		
SCM		
—	Memory	
MCU		
I/O Interface		
—	Embedded Computer	
—	Interface	

（二）概念明晰

1. 简要说明什么是单片机。

2. 说出 3 家单片机厂商及其主要产品。

3. 举例说明 3 种使用了单片机的产品。

4. 说出 STM32 单片机的生产厂家、主要系列产品和主要性能指标。

5. 总结一下学习单片机的目的。

6. 单片机开发常用的编程语言有哪些? 各自有什么特点?

7. 学习单片机需要的工具有哪些?

任务 1.2　方案设计及器件选型

一、任务目标

（1）能够查阅相关技术资料，结合电路、电子、传感器等基础知识进行系统方案设计及器件选型。

（2）能够针对设计任务进行研讨。

二、学习与实践

（一）讨论与发言

分组讨论要实现温度报警功能需要哪些元器件，该如何设计电路，并予以记录。在讨论基础上，阅读后续内容，按照指导步骤和相关信息完成系统方案设计及器件选型。

（二）设计方案

要实现温度报警功能，至少需要一个温度传感器用于温度检测，需要一个报警灯用于温度报警。可以用如图 1.2.1 所示的方框图简化我们的设计思路。

图 1.2.1　温度报警器设计方案

温度传感器和报警灯之间通过控制电路相连。控制电路的作用是接收温度传感器的信号，对信号进行判断，向报警灯发出点亮、熄灭等控制指令。

（三）选择器件

1. 选择温度传感器

温度传感器（Temperature Sensor）的作用：感受温度并将其转换为控制电路能够接收的信号。**按测量方法不同，温度传感器分为接触式和非接触式**，常见的温度传感器如图 1.2.2 所示。

热电偶式温度传感器由两种不同材料的导体制成，利用热电效应进行温度测量。简单地说，热电偶式温度传感器可以将温度信号转换成电压信号。

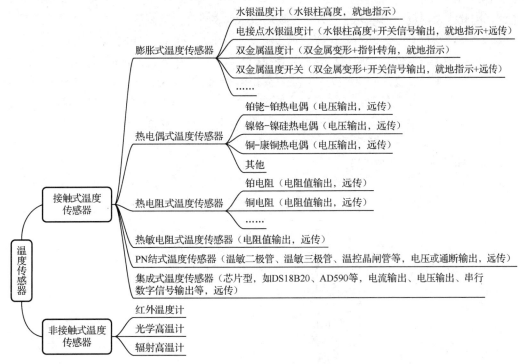

图 1.2.2　常见的温度传感器

热电阻式温度传感器是根据某些金属导体的电阻值随温度增加而增加这一特性进行温度测量的。

热敏电阻式温度传感器是根据某些半导体材料的电阻值随温度增加而减少这一特性进行温度测量的。

集成式温度传感器则是将温度传感器、转换放大电路等集成在一个芯片上的。内置的传感器不同，检测原理也各不相同。集成式温度传感器的共同特点是体积小，使用方便。

根据输出信号形式的不同，温度传感器又可分为模拟信号输出型温度传感器、开关信号输出型温度传感器、数字信号输出型温度传感器等。

热电阻式温度传感器、热敏电阻式温度传感器和热电偶式温度传感器都是模拟信号输出型温度传感器，其输出信号是电压、电阻值、电流等，输出信号的大小在数值上和时间上都是连续变化的，且与温度一一对应。

电接点水银温度计、双金属温度开关属于开关信号输出型温度传感器，其输出信号是开关（接点）的接通和断开。开关信号只能反映温度是否越限，不能反映温度的具体值。开关信号输出也被称为触点输出、接点输出、继电器输出。

数字信号输出型温度传感器有两种。一种只能输出 1 位的高电平和低电平，反映温度是否越限。另一种能输出 n 位的串行或并行数字信号，能反映温度的具体值。

只能反映温度是否越限的温度传感器，包括开关信号输出型温度传感器和数字信号输出型温度传感器，被称为**温度开关**（Temperature Switch）。在温度传感器中，一般温度开关的价格更低，抗干扰能力更强。

在本项目中，我们只关心温度是否超出了设定值，一旦温度超限，就点亮报警灯。因此可选用温度开关，如**电接点水银温度计**。

大家知道，水银温度计是利用水银的热膨胀特性进行温度测量的。温度增加，水银柱升高，因此水银温度计是一种模拟信号输出型温度检测仪表。由于水银柱的高度不能远传给单片机或其他电路，因此水银温度计通常只能作为一种现场指示仪表进行温度测量。

电接点水银温度计从外观看，比普通水银温度计多了两根导线，如图 1.2.3 所示。

在水银柱内部，有两根金属电极分别与导线相连。其中长电极插到最低处，短电极则可根据需要调整位置到某个温度（如 30℃）处。当温度下降到低于设定值（30℃）时，长短电极之间断开。当温度上升超过设定值时，长短电极之间通过水银导通（水银导电）。因此<u>两根电极之间相当于存在一个开关，温度越限时，开关闭合；温度正常时，开关断开</u>。这样的开关信号可以用导线方便地远传到控制电路。这就是电接点水银温度计的工作原理。

2. 选择报警灯

按光源不同，报警灯可分为灯泡型报警灯和 LED 型报警灯等。LED 型报警灯的控制电压和电流较低，容易和单片机进行连接，这里我们选 **LED 型报警灯**，如图 1.2.4 所示。

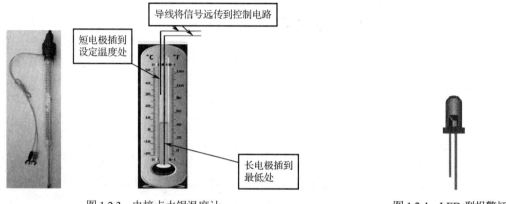

图 1.2.3　电接点水银温度计　　　　　　　　　　图 1.2.4　LED 型报警灯

3. 选择控制电路

控制电路可以选择没有单片机的控制电路，也可以选择以单片机为核心的控制电路。

图 1.2.5 所示为不使用单片机的温度报警电路，该电路将直流电源、温度开关和 LED 等串联在一起，可以实现温度越限报警功能。

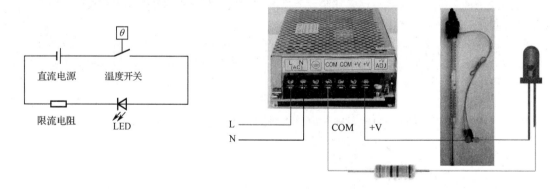

图 1.2.5　不使用单片机的温度报警电路

本项目中我们学习如何以单片机为核心设计温度报警器，选择 **STM32F103ZET6 单片机**。系统方框图可修改为如图 1.2.6 所示的方框图。

图 1.2.6　以 STM32F103ZET6 单片机为核心的温度报警器方框图

三、要点记录及成果检验

任务 1.2	方案设计及器件选型					
姓名		学号		日期		分数	

（一）术语记录

英文全称	中文翻译	英文简称	英文全称	中文翻译
Temperature Sensor		LED		
Temperature Switch		—	—	—

（二）要点记录

1. 画出以单片机为核心的温度报警器方框图，简述其工作原理。

2. 简述电接点水银温度开关的工作原理。

任务 1.3　电路设计与测试

一、任务目标

（1）能查阅相关资料，说出 STM32 单片机电源引脚和 GPIO 引脚的作用。

（2）能画出温度开关与 STM32 单片机的连接电路，并说出其原理。

（3）能画出 LED 与 STM32 单片机的连接电路，并说出其原理。

（4）能举一反三，独立进行类似功能的电路设计。

（5）能进行电路测试。

二、学习与实践

　　阅读以下资料，按照指导步骤，先学习 STM32F103ZET6 单片机电源引脚和 GPIO 引脚的定义，并记录下来，然后进行电源电路、开关信号输入电路、开关信号输出电路的设计与测试。

（一）电源电路设计与测试

　　STM32F103ZET6 单片机的引脚有 144 个，如图 1.3.1 所示。要设计电源电路，首先要了解其电源引脚和 GPIO 引脚的定义。观察图 1.3.1 中被方框框住的引脚，猜一猜它们的功能。

　　1. 写出电源引脚的名称和供电电压的典型值：＿＿＿＿＿＿＿＿＿＿＿＿＿＿＿＿＿＿＿

　　2. 写出 GPIO 引脚的名称：＿＿＿＿＿＿＿＿＿＿＿＿＿＿＿＿＿＿＿＿＿＿＿＿＿＿＿

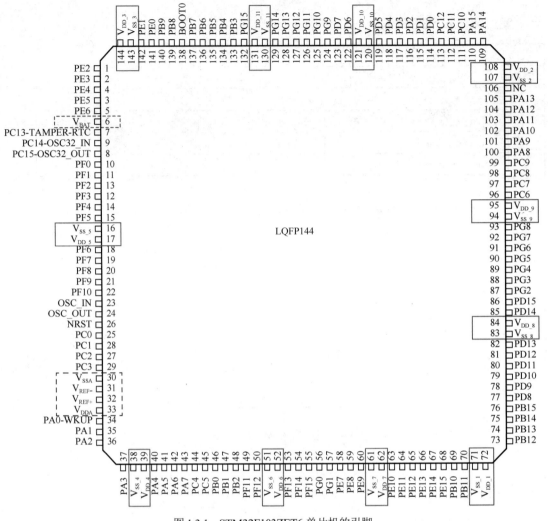

图 1.3.1　STM32F103ZET6 单片机的引脚

1. 电源引脚认识

（1）V_{DD} 和 V_{SS} 为数字电源引脚，其作用是为片内数字电路供电，其典型值为 3.3V。由图 1.3.1 可看出，芯片上共设置了 11 组 V_{DD} 和 V_{SS} 引脚，分别为 V_{DD_1}、V_{SS_1}，V_{DD_2}、V_{SS_2}，…，V_{DD_11}、V_{SS_11}。

（2）V_{DDA} 和 V_{SSA} 为模拟电源引脚，其作用是为片内 ADC（模数转换器）等模拟器件供电，典型值为 3.3V。V_{SSA} 引脚应与 V_{SS} 引脚接在一起。

（3）V_{REF+} 和 V_{REF-} 引脚为片内 ADC、DAC（数模转换器）等提供基准电压，典型值为 3.3V。V_{REF-} 引脚应与 V_{SSA} 引脚接在一起。

（4）V_{BAT} 为备用电源引脚，其作用是在系统掉电时提供电源支持，典型值为 3.3V。备用电源的负极应与 V_{SS} 引脚接在一起。如果不外接电池或其他备用电源，需要将 V_{BAT} 引脚接到 V_{DD} 引脚上。

2. 电源电路设计

1）使用四组电源的供电电路

图 1.3.2 所示的电路使用了 4 组电源：V_{DD}/V_{SS}、V_{DDA}/V_{SSA}、V_{REF+}/V_{REF-}、V_{BAT}，分别为数字电源、模拟电源、基准电源、备用电源。

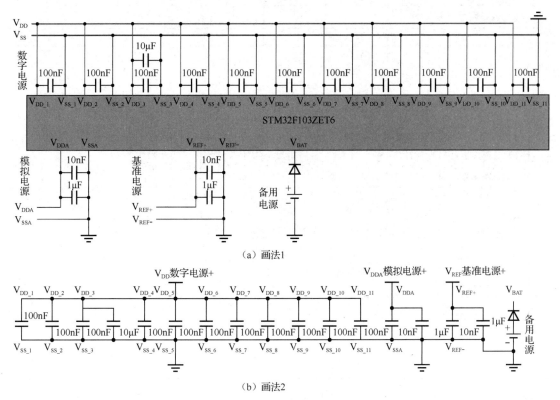

（a）画法1

（b）画法2

图 1.3.2　使用了四组电源的供电电路

为保证四组电源有相同的基准，要将它们的负极全部接在一起，作为系统的电压基准端。

为确保系统稳定工作，还应在每一对电源正负极之间接去耦电容。一般每对 V_{DD} 引脚和 V_{SS} 引脚之间接 100nF 的瓷片电容，此外还要在 V_{DD_3} 引脚和 V_{SS_3} 引脚之间增加一个 10μF 的钽电容或 4.7μF 的电解电容。

V_{DDA} 引脚和 V_{SSA} 引脚之间及 V_{REF+} 引脚和 V_{REF-} 引脚之间各接 1 个 10nF 和 1 个 1μF 的电容。

备用电源和 V_{BAT} 引脚之间连接 1 个低压降的二极管，防止电源切换回 V_{DD} 引脚之前且在 $V_{DD} >$ $V_{BAT}+0.6V$ 情况下，V_{DD} 引脚向备用电源注入电流。

四组电源各司其职，可降低相互干扰程度。其中基准电源的精度可选得高一些，这样可以获得比较高的模拟信号处理精度。

2）使用一组电源的供电电路

最简单的供电方式是所有电源引脚均接同一组电源，如图 1.3.3 所示，这种方式用于对基准电源的精度没有特别要求，且不需要做掉电备用的场景。

3）使用两组电源的供电电路

开发板上采用的供电电路（使用两组电源）如图 1.3.4 所示，使用 3.3V 和备用电源两组电源。V_{DD} 引脚和 V_{SS} 引脚分别连到 3.3V 电源和 GND 上。V_{BAT} 引脚通过二极管 VD_1 和 VD_2 分别接 3.3V 电源和备用电源。V_{DDA} 引脚和 V_{REF+} 引脚接在一起，通过 10Ω 的电阻接到 3.3V 电源上。10Ω 电阻用于隔离数字电源和模拟电源，以消除来自数字电源的高频噪声。

实际线路中，也可以使用三组电源供电，请同学们思考如何用三组电源对 STM32 单片机供电。

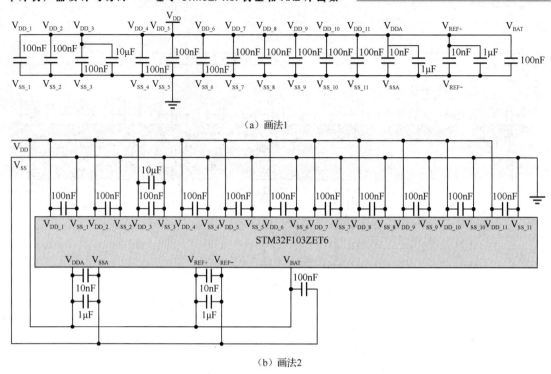

（a）画法1

（b）画法2

图 1.3.3　使用一组电源的供电电路

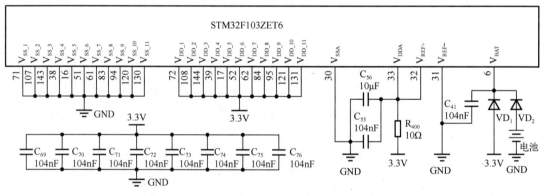

图 1.3.4　开发板上采用的供电电路（使用两组电源）

3.　电源电路测试

（1）将万用表拨至直流电压的合适挡位。

（2）连接计算机、调试器和开发板，上电，电源指示灯应点亮。

（3）找到 3.3V 电源、GND 测试引脚，测量电压应该为 3.3V 左右。

电源电压测试结果：_____

4.　电源电路自主设计

参考以上电源电路，完成以下电源电路的设计。

（1）请设计使用两组电源的电源电路，要求一组为数字电源、模拟电源、基准电源，另一组为备用电源。

（2）请设计使用三组电源的电源电路，要求一组为数字电源和模拟电源，其他两组为基准电源和备用电源。

（二）输入电路设计与测试

1. 认识输入输出引脚

在 STM32F103ZET6 单片机的 144 个引脚中，112 个引脚分别称为 PA0～PA15，PB0～PB15，…，PG0～PG15。请大家在图 1.3.1 中找到它们。

这些引脚可用于接收传感器、按键等设备的输入信号，也可用于向 LED 等设备输出控制命令，被称为 GPIO（General Purpose Input Output，通用输入输出）引脚。它们被分为 7 组，分别是 GPIOA～GPIOG，每一组对应 16 个引脚。我们常将每一组称为一个"端口"（Port），简称"口"，如将 GPIOA 称为 GPIOA 口。

2. 设计输入电路

STM32 单片机的 CPU 能在程序控制下，接收和识别 GPIO 引脚上输入的高、低电平信号。当 GPIO 引脚输入 3.3V 高电平时，认为输入"1"；当引脚上输入 0V 低电平时，认为输入"0"。

如果用 STM32 单片机的 PA0 引脚接收电接点水银温度计的输入信号，并采用如图 1.3.5 所示的电路，则当温度大于或等于设定值时，温度开关闭合。PA0 引脚经温度开关和上拉电阻接到 3.3V 电源正极，PA0 引脚得到高电平，用数字"1"表示。

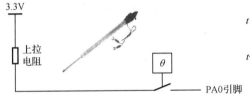

$t \geqslant$ 设定值，开关闭合
PA0 引脚经外部上拉电阻被上拉到 3.3V 电源
PA0 引脚得到"1"
$t <$ 设定值，开关断开
PA0 引脚外部悬空，经 STM32 单片机内部电路被下拉到低电平
PA0 引脚得到"0"

图 1.3.5　温度报警器输入电路

当温度低于设定值时，温度开关断开。PA0 引脚无法上拉到 3.3V 电源，即 PA0 引脚在 STM32 单片机外部被悬空。具体得到什么信号与 STM32 单片机内部电路的结构有关，这里先不理会，暂认为得到"0"。

上拉电阻的阻值取多大合适呢？由于开关闭合时，流入单片机的电流=3.3V/($R_{上拉}+R_{PA0输入阻抗}$)。理论上，$R_{上拉}$ 太小，会造成流入电流增加，导致芯片发热；$R_{上拉}$ 太大，会造成 PA0 引脚的输入高电平过低。开发板上选用的是 1kΩ 的上拉电阻，实践证明这个阻值是合适的。

3. 输入电路测试

（1）首先给电路断电，将万用表打到蜂鸣挡，将红、黑表笔分别连到传感器两端，然后改变热源温度，测试传感器的温度通断特性。也可以用开发板上的按键 K_UP 代替传感器，测试是否符合"按下接通，松开断开"的特性。如果不符合，请检查是检测错误还是按键损坏，或者是其他原因，并予以解决。输入电路测试如图 1.3.6 所示。

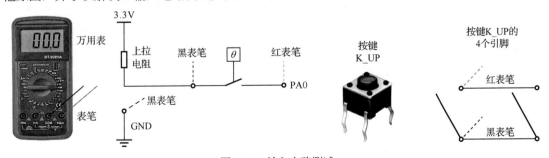

图 1.3.6　输入电路测试

（2）给电路上电，将万用表打至直流电压合适挡位，将红、黑表笔分别连到开发板上的 PA0

和 GND 上，测试是否符合"按下按键，电压 3.3V；松开按键，电压 0V"的特性。若不符合，请检查是检测错误还是电路连接或其他问题，并予以解决。

断电时，按下 K_UP 按键	开关：通（ ）断（ ）	通电时，按下 K_UP 按键	PA0 电压=
断电时，松开 K_UP 按键	开关：通（ ）断（ ）	通电时，松开 K_UP 按键	PA0 电压=

4. 输入电路自主设计

参考以上输入电路，请设计用 PF5 连接压力开关的输入电路。

（三）输出电路设计与测试

1. 输出电路设计

STM32 单片机能在程序控制下，从 GPIO 引脚输出高、低电平信号。从 GPIO 引脚输出"1"时，在该引脚上可得到约 3.3V 的高电平；从 GPIO 引脚输出"0"时，在该引脚上得到约 0V 的低电平。

如果用 PC0 引脚控制 LED 的点亮或熄灭，可设计如图 1.3.7 所示的输出电路。开发板采用图 1.3.7（a）所示的电路，在该电路中，LED 的负极被接到 PC0 引脚上，另一端则通过限流电阻接到电源正极。当单片机向 PC0 输出"0"时，LED 点亮；向 PC0 输出"1"时，LED 熄灭。图 1.3.7（b）则相反，当单片机向 PC0 输出"1"时，LED 点亮，反之熄灭。

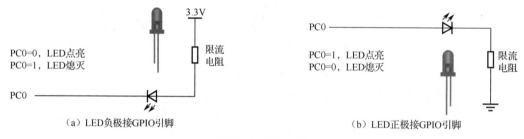

（a）LED 负极接 GPIO 引脚　　　　　　　（b）LED 正极接 GPIO 引脚

图 1.3.7　输出电路

对于图 1.3.7（a）中的电路，限流电阻的阻值太小，流过 LED 并灌入单片机的电流会过大，这会降低 LED 的寿命，造成单片机过热。如果限流电阻的阻值太大，电流就会过小，这将导致 LED 的亮度过低。限流电阻的阻值的大小应根据 LED 额定电流和管压降进行选取。

$$R=（电源电压-LED 压降）/LED 工作电流$$

假设电源电压=3.3V，LED 压降=1.8V，工作电流=3mA，则有

$$R=(3.3V-1.8V)/3mA=500\Omega$$

我们使用的开发板，其限流电阻的阻值为 470Ω。

2. 输出电路测试

（1）给电路上电，用导线将 PC0 连到 GND 上，即人为控制 PC0 为"0"，如图 1.3.8 所示，观察 LED，LED 应点亮。

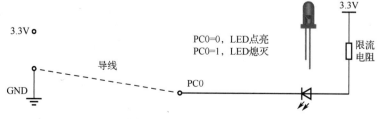

图 1.3.8　输出电路的测试

（2）断开导线，即将 PC0 悬空，LED 应熄灭。

（3）将导线连接到 3.3V 电源，即控制 PC0 为 "1"，LED 仍然应熄灭。

PC0 接 3.3V 电源	LED：亮（ ）灭（ ）
PC0 接 GND	LED：亮（ ）灭（ ）

如果测试结果正确，说明输出电路连接正确，LED 正常。否则，请排查故障并分析原因。

目前我们只设计了电源电路、输入电路和输出电路。一般单片机电路还应包括晶振电路、复位电路等，之后本书会进行介绍。

3．输出电路自主设计

参考以上输出电路，请设计两种用 PD4 控制 LED 的输出电路。

（1）LED 负极接 PD4。

（2）LED 正极接 PD4。

（四）本系统电路设计汇总

本系统电路设计如图 1.3.9 所示。

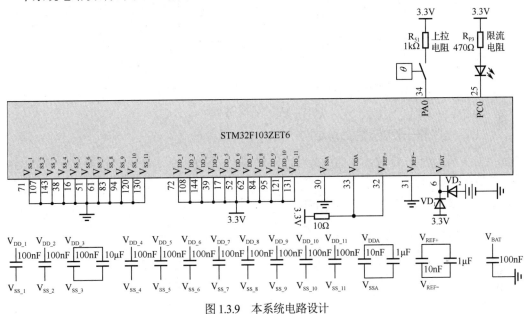

图 1.3.9　本系统电路设计

（五）DI 电路的一般设计方法总结

当 STM32 单片机与开关信号或数字信号输入设备进行连接时，通常有 4 种接法，如图 1.3.10 所示。

STM32 单片机的 GPIO 电路只能识别高、低电平信号。如果输入设备送入的是接点的通断信号，需要设法将通断信号转换成高、低电平再送至 GPIO 引脚。

图 1.3.10（a）采用外部上拉接法，能将开关闭合信号转换成高电平送至 GPIO 引脚。开关断开情况下，输入引脚外部悬空，状态不定。

图 1.3.10（b）采用外部下拉接法，能将开关闭合信号转换成低电平送至 GPIO 引脚。开关断开情况下，输入引脚外部悬空，状态不定。

图 1.3.10（c）是最完整的开关信号-数字信号转换电路，电路具有上拉和下拉功能：开关闭合，GPIO 引脚得到低电平；开关断开，GPIO 引脚得到高电平。因此该电路能将开关的接通和闭

合转换成稳定的高、低电平信号，送至单片机的 GPIO 引脚。

图 1.3.10（d）的传感器能直接输出高、低电平信号给 GPIO 引脚，无须进行信号转换。电路设计时需要注意传感器与单片机应有共同的参考电位（如将二者的 GND 引脚接在一起），并且传感器的输出电平范围应与单片机相匹配（如传感器只输出直流电压 3V 或 0V）。

对于标准 51 单片机，一般只能采用如图 1.3.10（c）和图 1.3.10（d）所示的接法，而 STM32 单片机由于对内部电路做了一定处理，因此 4 种接法都可以采用，具体原因将在任务 1.6 中介绍。

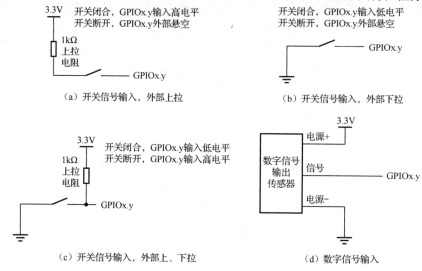

图 1.3.10　输入电路的连接方法

（六）DO 电路的一般设计方法总结

图 1.3.11 所示为 LED 输出电路的两种连接方法。在图 1.3.11（a）中，LED 的负极接 GPIO 引脚，正极接 3.3V 电源。在图 1.3.11（b）中，LED 的正极接 GPIO 引脚，负极接 GND。两种接法下，点亮和熄灭 LED 需要的信号刚好相反。

图 1.3.11　LED 输出电路的两种连接方法

STM32 单片机与其他 DO 设备（开关信号或数字信号输出设备），如电加热器、蜂鸣器、电磁阀等的连接方法，我们将在后续项目中逐步学习。

三、要点记录及成果检验

任务 1.3	电路设计与测试						
姓名		学号		日期		分数	
（一）术语记录							

英 文 简 称	英 文 全 称	中 文 翻 译
GPIO		

续表

（二）电路设计

1. 请画出由 4 组电源供电的电源电路。

2. 如果用 PF5 接收温度开关输入信号，PF5 采用外部下拉；用 PF6 控制 LED 输出，PF6 接 LED 正极，请画出输入电路和输出电路。

任务 1.4　程序设计与调试

一、任务目标

（1）能根据任务要求绘制程序流程图。
（2）能根据需要确定输入、输出引脚的工作模式。
（3）会编写 GPIO 引脚初始化函数。
（4）会利用 GPIO 读引脚库函数采集引脚输入信号。
（5）会利用 GPIO 写引脚库函数向引脚输出信号。
（6）会利用示例框架和开发板，在 Keil μVision5 中进行程序的编辑、编译、生成、下载和调试。
（7）能举一反三、独立地进行类似应用的程序设计。

二、学习与实践

（一）讨论与发言

分组讨论要想实现温度报警功能，程序大致应该完成哪些工作。

阅读以下资料，按照指导步骤完成流程图设计、程序框架搭建、程序设计与调试。

（二）流程图设计

如图 1.4.1 所示，温度开关和 LED 被分别连接到单片机的 PA0 和 PC0 引脚上。如何让 LED 能够根据电接点水银温度开关的状态被点亮或熄灭呢？这就需要程序的配合。在程序设计前，首先要理清思路。把程序要做的事，规划在流程图里。

程序需要不断采集 PA0 引脚的输入信号，判断温度是否越限。若越限，则点亮 LED；否则熄灭 LED。对于本电路，温度越限，输入高电平"1"；否则输入低电平"0"。点亮 LED 需要向 PC0 引脚输出"0"；熄灭 LED，需要向 PA0 引脚输出"1"。这个过程要反复循环执行。当然在此之前，要先指出 PA0 引脚和 PC0 引脚谁作为输入，谁作为输出，这个任务可以放在初始化（Initialize）部分。流程图将程序要做的事情进行有序化。

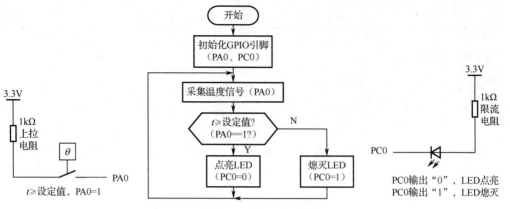

图 1.4.1　系统输入、输出电路和程序流程图

（三）程序框架搭建

1. 复制框架

STM32 单片机程序的编辑与调试可在 Keil μVision5 软件中进行。为加快程序编辑速度，本书为大家准备了一个简易框架，同学们可以直接在这个框架的基础上，通过复制、粘贴和修改，生成自己的程序。具体方法如下。

（1）新建文件夹"电气 1"（若已有，则打开）。

（2）复制老师给的"01-01-程序框架_简易框架_库函数法"文件夹，粘贴到"电气 1"文件夹中。

（3）再粘贴一次，并修改副本文件夹名为"01-02-温度报警器-GPIO 读写"。此时文件夹里至少包含了"01-01-程序框架_简易框架_库函数法"和"01-02-温度报警器-GPIO 读写"两个文件夹，如图 1.4.2 所示。

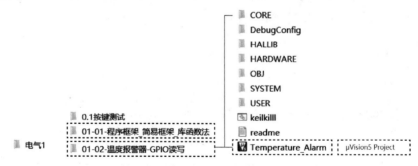

图 1.4.2　复制框架

（4）打开"01-02-温度报警器-GPIO 读写"文件夹，修改工程文件名"Template"为"Temperature_Alarm"。不修改就用原来的名字也没有问题。修改工程名的目的是使其功能看起来一目了然。

（5）注意：①工程文件的文件类型是"μVision5 Project"；②工程内部的子文件夹名和文件名不能用中文（如 CORE、Temperature_Alarm 等）。

2. 打开工程

（1）双击工程文件"Temperature_Alarm"打开工程。

（2）如图 1.4.3 所示，单击左侧"Project"窗口中的"+"号或"–"号，可以展开或折叠工程目录。

（3）在"Project"窗口的"USER"文件夹中找到"main.c"文件，双击该文件将其打开。"main.c"文件是主程序所在的文件，主函数 int main()就写在这里。

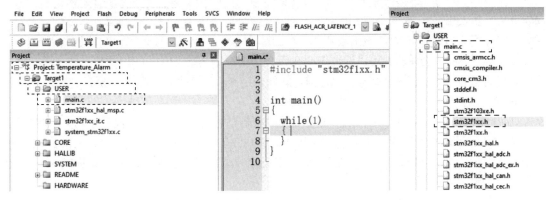

图 1.4.3 工程结构

（四）主程序的一般结构认识

1. 主程序的一般结构

主程序一般应包括声明、子函数、主函数三部分。例如：

```
#include    "stm32f1xx.h"        //声明部分，声明包含 stm32f1xx.h 头文件
void    GPIOA_Init( )            //子函数 GPIOA_Init( )，名字和返回类型可根据需要自定
    {                            //子函数内容，根据需要自定，初始化 PA0

    }
void    GPIOC_Init( )            //子函数 GPIOC_Init( )，名字和返回类型可根据需要自定
    {                            //子函数内容，根据需要自定，初始化 PC0

    }
int    main( )                   //主函数，最重要的函数，名字和返回类型不能改变
    {                            //初始化部分
    HAL_Init( );                 //调用库函数 HAL_Init()
    GPIOA_Init();                //调用子函数 GPIOA_Init()
    GPIOC_Init();                //调用子函数 GPIOC_Init()
    while(1)                     //循环部分，根据需要自定
        {                        //完成温度检测、判断、报警功能

        }
    }
```

2. 声明部分

在以上程序中，第一行语句"#include"stm32f1xx.h""就是一个声明。其作用是声明此程序包含名为 stm32f1xx.h 的头文件。stm32f1xx.h 头文件由 ST 公司提供，其内含有关于 STM32F1 系列单片机内部寄存器及相关库函数的全部定义，非常重要，必须包含进来！如果换了其他单片机，头文件也需要相应更换。

3. 子函数部分

子函数可以完成特定的功能，并被主函数调用。以上程序有 3 个子函数，分别是 HAL_Init()、GPIOA_Init()、GPIOC_Init()。

（1）程序中可以没有子函数，如图 1.4.3 中的程序。

（2）程序中可以有多个子函数，如本程序。

（3）子函数可以自己编写，如本程序中的 GPIOA_Init()和 GPIOC_Init()。

（4）子函数可以是库函数，如 HAL_Init()，该函数的内容已由 ST 公司编写完成，声明包含 stm32f1xx.h 头文件后，用户即可直接调用。

（5）子函数应该"先定义，后使用"。

例如，程序中的子函数 GPIOA_Init()和 GPIOC_Init()，它们必须写在主函数 main()之前，确

保先定义，后使用。

再如库函数 HAL_Init()，该函数在 STM32 库中已经被定义。在程序开始处声明 "#include "stm32f1xx.h"" 后，编译器就可以通过声明在库文件中找到函数 HAL_Init() 及其具体内容，并在编译时将其写（链接）到主函数 main() 之前，确保先定义，后使用。注意以 "HAL_" 开头的函数都是 HAL 库函数。

（6）自己编写的子函数，其名称和类型可根据需要自主定义。定义时应注意子函数名要简明、有意义且唯一。例如以上程序中，用 GPIOA_Init() 和 GPIOC_Init() 分别实现 GPIOA 和 GPIOC 的初始化。看到这两个名称，很容易推断出函数的功能。如果初始化以后不需要返回参数，可以设函数返回类型为 void（空）。

4. 主函数部分

（1）主函数是我们需要编写的非常重要的函数，不可或缺，一个程序只能有一个主函数。

（2）上电复位后，CPU 会自动跳到主函数逐条执行。

（3）Keil μVision5 的 C 编译器要求主函数名必须是 main()，不可以自由定义。

（4）Keil μVision5 的 C 编译器要求主函数返回值必须是 int 型。当 main() 函数执行后，会返回一个 int 型变量给 C 编译器。返回值为 0，代表程序正常结束；返回值为 1，代表程序非正常结束。操作系统可以根据这个返回值判断程序执行成功还是失败。尽管初学者可能用不到主函数的返回值，但 int 声明是必需的。

（5）主函数包括初始化和循环两部分。

初始化部分是进入主函数后首先要执行的程序，一般用于给变量赋初值，对 GPIO 引脚进行设置等操作。根据图 1.4.1 可知，这部分应该用于初始化 PA0 引脚和 PC0 引脚。

循环部分是需要反复执行的程序，被写到 while(1) 语句后面的大括号{ }里。根据图 1.4.1 可知，检测温度、判断温度、控制 LED 点亮或熄灭的程序应写在这一部分。

while(1) 是 while() 语句的特例。while(表达式){ }语句的意思是，当表达式的值为"真"时，循环执行大括号{ }里的内容；否则，跳出 while 循环，执行大括号{ }后面的内容。对于 while(1)，表达式的值为 1，永远为"真"，所以大括号{ }里的内容会无条件反复地被顺序执行。所以循环程序是程序的主体，会被反复执行，而初始化程序只会执行一次，除非程序复位重新从头开始运行。

（五）主函数设计与调试

1. 主函数设计

按照图 1.4.1 设计主函数如下。

```
int main( )
{    GPIO_PinState    temperature;
                              //定义变量 temperature，用于储存温度信号，数据类型为 GPIO_PinState
     HAL_Init( );             //初始化 HAL
     GPIOA_Init( );           //对 GPIOA 口的引脚（PA0）进行初始化
     GPIOC_Init( );           //对 GPIOC 口的引脚（PC0）进行初始化
     while(1)
     {    temperature = HAL_GPIO_ReadPin（GPIOA，GPIO_PIN_0）;
                              //读取 GPIOA 口 0 号引脚（PA0）的输入信号，送给变量 temperature
          if(temperature= =1)  HAL_GPIO_WritePin（GPIOC，GPIO_PIN_0，GPIO_PIN_RESET）;
                              //若温度超限，则向 GPIOC 口 0 号引脚（PC0）写 0，以点亮 LED
          else                HAL_GPIO_WritePin（GPIOC，GPIO_PIN_0，GPIO_PIN_SET）;
                              //否则，向 PC0 写 1，以熄灭 LED

     }
}
```

下面对该程序做解释。

（1）初始化部分解析。

初始化部分共 4 行。第 1 行定义了一个叫作 temperature 的变量，用于接收 PA0 引脚输入的温度信号。它的数据类型是 GPIO_PinState。

GPIO_PinState 是 HAL 库里定义的一种数据类型，取值只有 0 和 1 两种。之所以定义为这个类型，是因为后面的读引脚输入库函数 HAL_GPIO_ReadPin() 的返回值是这个类型。

第 2 行调用 HAL 库函数 HAL_Init()，进行 HAL 库相关初始化操作。如果要使用 HAL 库函数编程，必须在程序的开始处调用此函数。

第 3 行和第 4 行分别调用子函数 GPIOA_Init() 和 GPIOC_Init()，对 PA0 引脚和 PC0 引脚进行初始化。这两个子函数需要我们自己编写，具体怎么编写，先不考虑，安排两个函数名在这里。

（2）循环部分解析。

这里使用了"if(表达式){操作 1}else{操作 2}"语句。

如果表达式的值为"真"，则执行"操作 1"的内容；否则，执行"操作 2"的内容。

此外，程序中还使用了两个库函数 HAL_GPIO_**ReadPin**() 和 HAL_GPIO_**WritePin**()。

语句"temperature = HAL_GPIO_**ReadPin**（GPIOA，GPIO_PIN_**0**）；"调用函数 HAL_GPIO_**ReadPin**（GPIOA，GPIO_PIN_**0**），将结果送给变量 temperature。

HAL 表示这是一个 HAL 库函数，其功能和内容在 HAL 库中已经定义好。

GPIO 表示这是一个关于 GPIO 设备操作的库函数。

ReadPin 表示函数的功能是读（Read）GPIO 引脚（Pin）。

GPIOA 表示 GPIOA 引脚。

GPIO_PIN_**0** 表示 0 号引脚。（GPIOA，GPIO_PIN_**0**）表示 PA0 引脚。

如果读入高电平，则返回值为"1"，否则返回值为"0"。该函数返回值的类型为 GPIO_PinState。

根据图 1.4.1，如果温度越限，则 PA0 引脚输入高电平，temperature 得到 1；否则 temperature 得到 0。

语句"if（temperature==1）HAL_GPIO_**WritePin**（GPIOC，GPIO_PIN_**0**，GPIO_PIN_**RESET**）；"表示如果 temperature=1，则向 GPIO 引脚写入数据（GPIO_WritePin）。向哪个引脚写入数据？向 GPIOC 的 GPIO_PIN_**0**，即 PC0 引脚写入数据。写入什么数据？写入"GPIO_PIN_**RESET**"（"0"）。按照图 1.3.8，从 PC0 引脚输出 0 会点亮 LED。

语句"else　HAL_GPIO_**WritePin**（GPIOC，GPIO_PIN_**0**，GPIO_PIN_**SET**）；"表示否则，向 PC0 引脚写入"GPIO_PIN_**SET**"（"1"）。按照图 1.3.8，从 PC0 引脚输出 1 会熄灭 LED。

（3）HAL 固件库初步认识。

为帮助使用者在不需要完全理解芯片内部硬件结构的情况下，就可轻松对 STM32 单片机进行编程，ST 公司将一些常用功能（如 GPIO 读引脚操作等）编写成子函数，再将这些函数打包到库文件中，以供使用者直接调用。这些函数的集合被称为固件库（STM32Fxxx Firmware Library）。这些函数被称为库函数。用户不需要完全理解库函数的内容，只需要对库函数的功能、使用要求有初步理解即可。

利用固件库编程是 STM32 单片机不同于传统 51 单片机的重要特征。51 单片机不提供固件库，必须先理解其内部硬件电路（特别是内部寄存器）的结构才能编程。STM32 单片机则既可以像 51 单片机一样直接对寄存器进行编程，也可以利用固件库进行编程。上述程序就是利用固件库进行编程的。

ST 公司之前使用标准库（Standard Peripherals Library），现在则主推 HAL（Hardware Abstraction　Layer，硬件抽象层）库。HAL 库函数可移植性更好，当工程更改主控芯片后，用

HAL库函数编写的程序其改动比标准库函数更少。本书中的示例程序全部使用HAL库函数编写。

为提高库函数代码的执行效率，ST公司还同步推出了LL（Low Layer）库。LL库中更多的库函数是直接针对寄存器的，且很多函数写成宏形式，或者采用__INLINE内联函数，因此代码执行效率更高。本书中没有使用LL库函数编写的示例程序。

使用库函数时应注意以下几点。

① 库函数的名字是固定的，不能写错（包括大小写）。

② 我们自己编写的函数，其名字不能与库函数重名。

③ 库函数名字比较长，容易写错，最好复制粘贴。

（4）相关库函数解读。

下面介绍本项目使用到的三个库函数，如表1.4.1所示。

表1.4.1 HAL库函数

函数名：HAL_Init( )
函数原型：HAL_StatusTypeDef HAL_Init( )
功能：HAL初始化，并根据操作情况返回结果
返回值类型：HAL_StatusTypeDef，该类型在HAL库中已被定义，取值有4个：   HAL_OK（=0x00）；HAL_ERROR（=0x01）；HAL_BUSY（=0x02）；HAL_TIMEOUT（=0x03）
要求：必须写在程序开头（是主函数中的第1条可执行语句）
英语小贴士：Init（Initialize，初始化）；Status（状态）；Type（类型）；Def（Define定义）
函数名：HAL_GPIO_ReadPin(端口名,引脚名)
函数原型：GPIO_PinState HAL_GPIO_ReadPin(GPIO_TypeDef *GPIOx,uint16_t GPIO_Pin)
功能：读GPIO引脚的输入电平，若输入高电平，则返回"1"；若输入低电平，则返回"0"
端口名：GPIOx，指针变量，数据类型为GPIO_TypeDef，该类型在HAL库中已被定义，取值为GPIOA,GPIOB,…,GPIOG
引脚号：GPIO_Pin，数据类型为uint16_t，该类型在HAL库中已被定义，取值为GPIO_PIN_0,GPIO_PIN_1,…,GPIO_PIN_15,GPIO_PIN_All等
返回值：数据类型为GPIO_PinState，取值为GPIO_PIN_RESET（=0）、GPIO_PIN_SET（=1）
英语小贴士：Pin（引脚）；SET（置位，置1）；RESET（复位，清零）；State（状态）
函数名：HAL_GPIO_WritePin(端口名,引脚名,输出值)
函数原型：void HAL_GPIO_WritePin(GPIO_TypeDef *GPIOx,uint16_t GPIO_Pin,GPIO_PinState PinState)
功能：向GPIO引脚写"1"或"0"，使引脚上输出高电平或低电平
端口名：GPIOx，指针变量，数据类型为GPIO_TypeDef，该类型在HAL库中已被定义，取值为GPIOA,GPIOB,…,GPIOG
引脚号：GPIO_Pin，数据类型为uint16_t，该类型在库中已被定义，取值为GPIO_PIN_0,GPIO_PIN_1,…,GPIO_PIN_All等
输出值：PinState，数据类型为GPIO_PinState，有两个取值：GPIO_PIN_RESET（=0）、GPIO_PIN_SET（=1）
返回值：类型为void（空）

注：库函数原型中涉及的所有数据类型都已在STM32库中被定义，只要包含了相关头文件，就可直接使用，后续不再单独说明。

例如，要读取PB3引脚输入信号并送给变量AAA，可写语句如下。

AAA=HAL_GPIO_ReadPin（GPIOB, GPIO_PIN_3）;

例如，向PC5送"1"，可写语句如下。

HAL_GPIO_WritePin（GPIOC, GPIO_PIN_5, GPIO_PIN_SET）;

例如，向PE12送"0"，可写语句如下。

HAL_GPIO_WritePin（GPIOE, GPIO_PIN_12, GPIO_PIN_RESET）;

关于HAL库函数的详细内容大家还可以参考《UM1850 User manual——Description of STM32F1xx HAL drivers》（STM32F1xx HAL库函数手册）。

2. 主函数编辑与调试

编辑前请注意两点：一是 C 编译器不识别中文和中文全角字符。因此除注释以外，在编辑程序过程中，请大家务必将输入法切换到英文或中文半角。否则 C 编译器会报错，切记！二是为防止打字错误，请尽量利用复制粘贴。

（1）在 Keil μVision5 软件中写入主程序。

（2）单击"Translate"（编译）按钮，"Build Output"窗口显示两个警告（Warnings）。警告的具体内容是第 6 行和第 7 行存在模糊声明（Declared Implicitly），如图 1.4.4 所示。

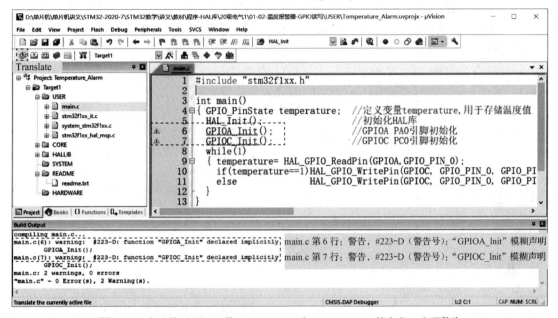

图 1.4.4 由于找不到子函数 GPIOA_Init()和 GPIOC_Init()的定义，出现警告

这是由于子函数必须先定义后使用，而现在编译程序并没有在 int main()前面定义这两个函数。这被编译器认为是模糊声明（事实上是没有声明）。

（3）如图 1.4.5 所示，在第 2～7 行加入子函数 GPIOA_Init()和 GPIOC_Init()的定义。

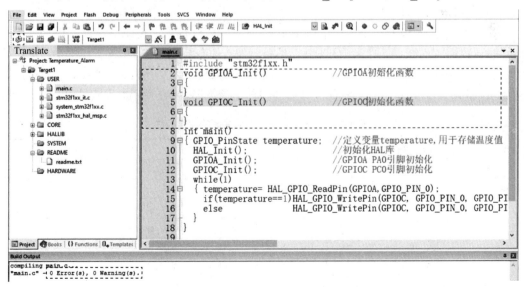

图 1.4.5 加入子函数 GPIOA_Init()和 GPIOC_Init()的定义，警告消除

（4）单击"Translate"按钮，"Build Output"窗口显示"0 Error（s），0 Warning（s）"。由此可见，虽然子函数的内容尚未编写，但框架结构正确了，编译就正确。

故障现象：＿＿＿＿＿＿＿＿＿＿＿＿＿＿＿＿＿＿＿＿＿＿＿＿＿＿＿＿＿＿＿

解决办法：＿＿＿＿＿＿＿＿＿＿＿＿＿＿＿＿＿＿＿＿＿＿＿＿＿＿＿＿＿＿＿

原因分析：＿＿＿＿＿＿＿＿＿＿＿＿＿＿＿＿＿＿＿＿＿＿＿＿＿＿＿＿＿＿＿

（六）子函数设计与调试

1. 添加子函数后的程序

将子函数 GPIOA_Init() 和 GPIOC_Init() 的内容填写完整，完整的程序如下。

```
1   #include "stm32f1xx.h"
2   void GPIOA_Init()                                    //GPIOA初始化函数
3  { GPIO_InitTypeDef GPIO_InitStructure;               //定义变量GPIO_InitStructure,用于存放GPIO初始化参数
4     HAL_GPIO_DeInit(GPIOA, GPIO_PIN_0);               //恢复PA0的出厂设置
5     __HAL_RCC_GPIOA_CLK_ENABLE();                     //开启GPIOA时钟
6     GPIO_InitStructure.Pin=GPIO_PIN_0;                //指出PIN_0引脚
7     GPIO_InitStructure.Mode=GPIO_MODE_INPUT;          //指出该引脚作为输入
8     GPIO_InitStructure.Pull=GPIO_PULLDOWN;            //设置为内部下拉模式
9     HAL_GPIO_Init(GPIOA, &GPIO_InitStructure);        //按照以上设置对GPIOA的指定引脚进行初始化
10 }
11  void GPIOC_Init()                                    //GPIOC初始化函数
12 { GPIO_InitTypeDef GPIO_InitStructure;               //定义变量GPIO_InitStructure,用于存放GPIO初始化参数
13    HAL_GPIO_DeInit(GPIOC, GPIO_PIN_0);               //恢复PC0的出厂设置
14    __HAL_RCC_GPIOC_CLK_ENABLE();                     //开启GPIOC时钟
15    GPIO_InitStructure.Pin=GPIO_PIN_0;                //指出PIN_0引脚
16    GPIO_InitStructure.Mode=GPIO_MODE_OUTPUT_PP;      //设置为推挽输出
17    GPIO_InitStructure.Speed=GPIO_SPEED_FREQ_HIGH;    //设置为高速输出
18    HAL_GPIO_Init(GPIOC, &GPIO_InitStructure);        //按照以上设置对GPIOC的指定引脚进行初始化
19    HAL_GPIO_WritePin(GPIOC, GPIO_PIN_0, GPIO_PIN_SET); //向PC0写1,熄灭LED
20 }
21
22  int main()
23 { GPIO_PinState temperature;  //定义变量temperature,用于存储温度值,数据类型为GPIO_PinState
24    HAL_Init();                        //初始化HAL
25    GPIOA_Init();                      //GPIOA PA0引脚初始化
26    GPIOC_Init();                      //GPIOC PC0引脚初始化
27    while(1)
28   { temperature= HAL_GPIO_ReadPin(GPIOA, GPIO_PIN_0);        //读取PA0引脚输入
29     if(temperature==1)HAL_GPIO_WritePin(GPIOC, GPIO_PIN_0, GPIO_PIN_RESET);//若温度超限,则点亮LED
30     else       HAL_GPIO_WritePin(GPIOC, GPIO_PIN_0, GPIO_PIN_SET); //否则,熄灭LED
31   }
32 }
33
```

2. GPIO 初始化函数解析

以上编写完成的 GPIOA_Init() 和 GPIOC_Init() 函数，其功能分别是对 PA0 引脚和 PC0 引脚进行初始化。为了正确进行 GPIO 引脚初始化，需要进行以下操作。

1）恢复 GPIO 引脚的出厂设置

程序第 4 行和第 13 行利用库函数"HAL_GPIO_DeInit(GPIO 口,引脚号)"将指定 GPIO 引脚恢复为出厂设置。初学者可利用上电复位使引脚恢复为出厂设置，此时这两句可以省略。

2）开启 GPIO 时钟

程序第 5 行和第 14 行分别使用了 GPIOA 时钟和 GPIOC 时钟开启库宏函数。

除供电外，单片机的工作离不开时钟。时钟就像人的心脏，为单片机的工作提供节拍。对于 51 单片机，上电复位后 GPIO 时钟是自动开启的。STM32 单片机则不同，要使 GPIO 工作，需要编程开启 GPIO 时钟。开启和关闭 GPIO 时钟需要使用到如表 1.4.2 所示的库宏函数。

表 1.4.2　GPIO 时钟开启和关闭的库宏函数

函数名	__HAL_RCC_GPIOA_CLK_ENABLE()
功能	开启 GPIOA 时钟
函数名	__HAL_RCC_GPIOA_CLK_DISABLE()
功能	关闭 GPIOA 时钟
类似库函数	__HAL_RCC_GPIOB_CLK_ENABLE()，__HAL_RCC_GPIOB_CLK_DISABLE()
英语小贴士	RCC（**R**eset and **C**lock **C**ontrol，复位和时钟控制） CLK（CLOCK，时钟），ENABLE（使能、允许），DISABLE（失能、禁止）
一般形式	__HAL_RCC_GPIOx_CLK_ENABLE() __HAL_RCC_GPIOx_CLK_DISABLE()　　　（x 为 A～G）

库函数和库宏 函数标志	库函数以 "HAL_" 开头，库函数是库中定义的一段子程序，具有特定的功能。 库宏函数以 "__HAL_" 开头，库宏函数是库中利用宏定义的一段程序，具有特定的功能，通常比库函数更简洁，功能相对简单

例如，要开启 GPIOD 时钟，可写语句：__HAL_RCC_GPIOD_CLK_ENABLE()。

要关闭 GPIOE 时钟，可写语句：__HAL_RCC_GPIOE_CLK_DISABLE()。

3）初始化 GPIO 引脚

初始化 GPIO 引脚需要用到库函数 HAL_GPIO_Init(端口名,&GPIO 初始化变量名)。该函数的意思是按照 GPIO 初始化变量的设置，对指定的端口进行初始化。使用时应注意取地址运算符 "&"。例如：

```
HAL_GPIO_Init(GPIOA,&GPIO_InitStructure) //按照变量 GPIO_InitStructure 的设置对 GPIOA 进行初始化
HAL_GPIO_Init(GPIOB,&AAA);                //按照变量 AAA 的设置对 GPIOB 进行初始化
```

库函数 HAL_GPIO_Init(端口名,&GPIO 初始化变量名)对于 GPIO 初始化变量的类型和取值是有要求的，具体如表 1.4.3 所示。

表 1.4.3　GPIO 初始化库函数

函数名	**HAL_GPIO_Init(端口名,&GPIO 初始化变量名)**
功能	按照 GPIO 初始化变量的设置，初始化指定的 GPIO 端口
函数原型	void　HAL_GPIO_Init(GPIO_TypeDef　*GPIOx,GPIO_InitTypeDef　*GPIO_Init)
端口名	GPIOx，指出对哪个端口进行初始化，取值为 GPIOA～GPIOG，是指针变量，数据类型为 GPIO_TypeDef
GPIO 初始化 变量	GPIO_Init，变量名，可自定义。数据类型，GPIO_InitTypeDef，这是一个结构体类型，在库中定义如下。 typedef　struct　//定义一个结构体类型，有以下 **4** 项内容 　{　　uint32_t　Pin;　　　　　　/*引脚号，取值有：GPIO_PIN_0, GPIO_PIN_1, …, GPIO_PIN_15, 　　　　　　　　　　　　　　　GPIO_PIN_All 等，指出对哪个引脚初始化*/ 　　　uint32_t　Mode;　　　　　　/*引脚的工作模式，具体取值如表 1.4.4 所示*/ 　　　uint32_t　Pull;　　　　　　/*引脚的上拉下拉设置，具体取值如表 1.4.4 所示*/ 　　　uint32_t　Speed;　　　　　/*输出速度，具体取值如表 1.4.4 所示*/ 　} **GPIO_InitTypeDef** 　//类型名为 **GPIO_InitTypeDef**
返回值	类型为 void，即无返回值
函数名	**HAL_GPIO_DeInit(端口名,引脚号)**
函数原型	void　HAL_GPIO_DeInit(GPIO_TypeDef　*GPIOx,uint32_t　GPIO_Pin)
功能	将指定的 GPIO 引脚设置为默认值，即恢复其出厂设置

表 1.4.4　GPIO 初始化参数的设置

引脚用途	模　式	Pull	速　度
数字信号输入 （DI）	GPIO_MODE_INPUT（输入）	GPIO_NOPULL（浮空） GPIO_PULLUP（上拉） GPIO_PULLDOWN（下拉）	—
数字信号输出 （DO）	GPIO_MODE_OUTPUT_PP（推挽输出）	—	GPIO_SPEED_FREQ_LOW（低速，最大 2MHz）
	GPIO_MODE_OUTPUT_OD（漏极开路输出）		GPIO_SPEED_FREQ_MEDIUM（中速，最大 10MHz） GPIO_SPEED_FREQ_HIGH（高速，最大 50MHz）

续表

引脚用途	模　　式	Pull	速　　度
复用输入 （Alternate In）	GPIO_MODE_AF_INPUT（复用输入）	GPIO_NOPULL（浮空） GPIO_PULLUP（上拉） GPIO_PULLDOWN（下拉）	—
复用输出 （Alternate Out）	GPIO_MODE_AF_PP（复用推挽输出）	—	GPIO_SPEED_FREQ_LOW（低速，最大 2MHz） GPIO_SPEED_FREQ_MEDIUM（中速，最大 10MHz） GPIO_SPEED_FREQ_HIGH（高速，最大 50MHz）
	GPIO_MODE_AF_OD（复用漏极开路输出）		
模拟信号 （Analog）	GPIO_MODE_ANALOG（模拟信号）	GPIO_NOPULL（浮空）	—
中断请求 （Interrupt）	GPIO_MODE_IT_RISING（上升沿中断请求）	GPIO_NOPULL（浮空） GPIO_PULLUP（上拉） GPIO_PULLDOWN（下拉）	—
	GPIO_MODE_IT_FALLING（下降沿中断请求）		
	GPIO_MODE_IT_RISING_FALLING（上升沿和下降沿中断请求）		
事件请求 （Event）	GPIO_MODE_EVT_RISING（上升沿事件请求）	GPIO_NOPULL（浮空） GPIO_PULLUP（上拉） GPIO_PULLDOWN（下拉）	—
	GPIO_MODE_EVT_FALLING（下降沿事件请求）		
	GPIO_MODE_EVT_RISING_FALLING（上升沿和下降沿事件请求）		

在本项目中，我们重点学习表 1.4.4 中数字信号输入（DI）和数字信号输出（DO）情况下的设置。例如，按照变量 AAA 的设置对 PF5 引脚进行初始化，要求 PF5 引脚为 DI 引脚，设置为下拉模式，程序如下。

```
GPIO_InitTypeDef  AAA;              //定义变量 AAA，用于存放 GPIO 初始化参数
__HAL_RCC_GPIOF_CLK_ENABLE( );      //开启 GPIOF 时钟
AAA.Pin=GPIO_PIN_5;                 //指出 PIN_5 引脚
AAA.Mode=GPIO_MODE_INPUT;           //指出该引脚为 DI 引脚
AAA.Pull=GPIO_PULLDOWN;             //设置为内部下拉模式
HAL_GPIO_Init（GPIOF，&AAA）;        //按照 AAA 对 GPIOF 的指定引脚，即 PF5 引脚进行初始化
```

例如，按照变量 BBB 的设置对 PD6 引脚进行初始化，要求 PD6 引脚为 DO 引脚，推挽、高速输出，程序如下。

```
GPIO_InitTypeDef  BBB;              //定义变量 BBB，用于存放 GPIO 初始化参数
__HAL_RCC_GPIOD_CLK_ENABLE();       //开启 GPIOD 时钟
BBB.Pin=GPIO_PIN_6;                 //指出 PIN_6 引脚
BBB.Mode=GPIO_MODE_OUTPUT_PP;       //指出该引脚为推挽输出
BBB.Speed=GPIO_SPEED_FREQ_HIGH;     //设置为高速输出
HAL_GPIO_Init（GPIOD，&BBB）;        //按照 BBB 对 GPIOD 的指定引脚，即 PD6 引脚进行初始化
```

4）GPIO 初始化变量的设置原则

（1）GPIO 引脚作为 DI 引脚。

GPIO 引脚作为 DI 引脚时，应将其模式设置为输入。至于其 Pull，与输入电路的形式有关，

如图 1.4.6 所示。具体原因参见任务 1.6。本系统 PA0 引脚采用如图 1.4.6（a）所示的电路，因此应设置为下拉模式。

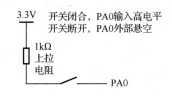

（a）外部电路上拉，设置为内部下拉PULLDOWN

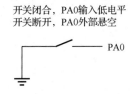

（b）外部电路下拉，设置为内部上拉PULLUP

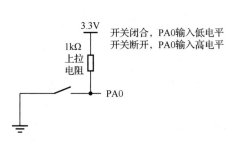

（c）外部电路上下拉，设置为内部浮空NOPULL

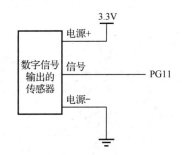

（d）数字信号输入，设置为内部浮空NOPULL

图 1.4.6　STM32 GPIO 引脚作为 DI 引脚时的设置

（2）GPIO 引脚作为 DO 引脚。

GPIO 引脚作为 DO 引脚时，应将其模式设置为推挽输出或漏极开路输出。具体是推挽输出还是漏极开路输出，取决于负载的情况。

① 如果是直接驱动 DC 3V 负载的情况，应设置为推挽输出。

② 如果是驱动 DC 5V 负载的情况，应设置为漏极开路输出，具体原因参见任务 1.6。本系统中的 PC0 引脚直接驱动 LED，应设置为推挽输出。

GPIO 引脚作为 DO 引脚时，还应根据需要设置其输出速度。有低速（GPIO_SPEED_FREQ_LOW）、中速（GPIO_SPEED_FREQ_MEDIUM）、高速（GPIO_SPEED_FREQ_HIGH）三种选择。响应速度快固然好，但也容易引入噪声，所以如果设备对速度要求不高，或者环境噪声比较严重，不妨选择低速或中速，还可以降低其功耗。

3．GPIO 初始化函数的编辑与调试

（1）在 Keil μVision5 软件中完成上述程序的编辑。

（2）单击图 1.4.7 中的"Translate"按钮，对程序进行编译，如果显示没有错误和警告，就可以进行下一步操作。否则需要找出错误并排除。

（3）单击图 1.4.7 中的"Build"按钮，对程序进行生成，如果显示没有错误和警告，就可以进行下一步操作。否则需要找出错误并排除。

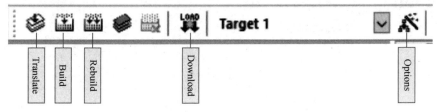

图 1.4.7　常用调试工具按钮

（4）也可以直接单击"Rebuild"按钮，其作用相当于"编译+生成"。

程序正确编译并生成如图 1.4.8 所示。

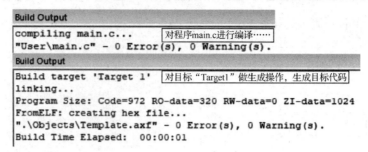

图 1.4.8　程序正确编译并生成

图 1.4.9　连接计算机、调试器和开发板

4. 软硬件联调

（1）连接计算机、调试器和开发板，如图 1.4.9 所示。

（2）单击图 1.4.7 中的"Options"（选项）按钮，进入"Options for Target 'Target1'"对话框。在"Options for Target 'Target1'"对话框中共有 10 个选项卡，图 1.4.10（a）～（c）是其中的几个选项卡。请依次打开并重点检查带方框的部分，理解其意义。

（3）选择"Debug"选项卡，如图 1.4.10（c）所示。先选中"Use"单选按钮，再在"Use"下拉列表中选择"CMSIS-DAP Debugger"选项。

（4）单击"Settings"按钮，进入如图 1.4.10（d）或图 1.4.10（e）所示的页面。

（5）如果显示如图 1.4.10（d）所示，SWDIO 处出现 IDCODE（身份识别码），说明计算机找到了调试器，至于具体 IDCODE 是多少，不必在意。

（6）如果显示如图 1.4.10（e）所示，说明计算机没有找到调试器。可能的原因包括：没有正确连接计算机、调试器、开发板；没有给它们正确供电；电路中有器件损坏，等等。

（7）按照图 1.4.10（d），在"Reset"下拉列表中选择"SYSRESETREQ"选项。

（8）选择"Flash Download"选项卡，进入图 1.4.10（f）所示的页面，勾选"Reset and Run"复选框。

（a）"Device"（设备）选项卡

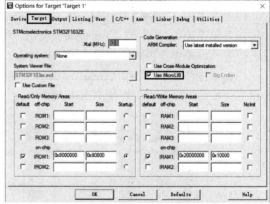

（b）"Target"（目标）选项卡

图 1.4.10　三个选项窗口及调试器设置页

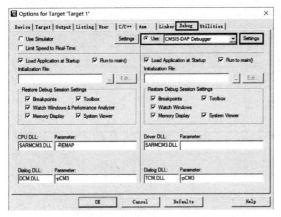

（c）"Debug"（调试）选项卡　　　　　（d）找到调试器，设置为"SYSRESETREQ"

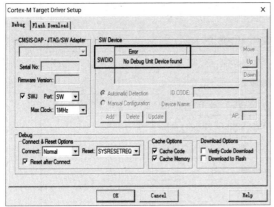

（e）没找到调试器　　　　　　　（f）找到仿真器，设置为"Reset and Run"

图 1.4.10　三个选项窗口及调试器设置页（续）

（9）连续单击"OK"按钮，退出"Options"（选项）窗口。

（10）单击图 1.4.7 中的"Download"（下载）按钮，将程序下载到开发板。成功下载后的输出窗口如图 1.4.11 所示。

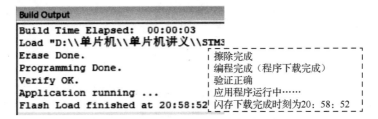

图 1.4.11　成功下载后的输出窗口

由于之前设置了"Reset and Run"选项，下载完成后单片机立即复位（Reset）并自动进入运行（Run）状态。这意味着 STM32 单片机已经在默默地、不断地检测 PA0 输入，并根据其输入控制 PC0 引脚输出。

（11）如果此时按下 K_UP 按键，就能观测到 LED 模块的 D1 点亮，数码管的 a 段也点亮，这是因为开发板上 PC0 引脚既连接 LED 模块的 D1，又连接数码管的 a 段。

（12）松开 K_UP 按键，D1 熄灭。反复操作都应如此。如果不是，请仔细查找原因。也可以按下复位按钮，待系统复位后再重新测试。

（13）本开发板上共有 8 个 LED，分别连接 PC0～PC7，请修改程序，使得按下按键可点亮其他 LED。

    故障现象: _____

    解决办法: _____

    原因分析: _____

三、要点记录及成果检验

任务 1.4	程序设计与调试						
姓名		学号		日期		分数	

（一）术语记录

英　文	中 文 翻 译	英　文	中 文 翻 译
Project		PULLDOWN	
User		NOPULL	
Temperature		GPIO_MODE_INPUT	
Initialize		GPIO_MODE_OUTPUT_PP	
Pin		GPIO_MODE_OUTPUT_OD	
SET		GPIO_SPEED_FREQ_MEDIUM	
RESET		GPIO_SPEED_FREQ_LOW	
State		GPIO_SPEED_FREQ_HIGH	
RCC（Reset and Clock Control）		Translate	
CLK（CLOCK）		Build	
ENABLE		Rebuild	
DISABLE		Download	
Push and Pull		Options	
PULLUP		Declared　Implicitly	
Hardware Abstraction Layer		Application　running	

（二）自主设计

1. 如果用 PB5 引脚连接电接点水银温度计，外部上拉连接，用 PB6 引脚接 LED 负极，请画出电路。如果要求温度越限时 LED 点亮，否则熄灭，请编写程序。

2. 如果用 PA1 引脚连接压力开关，外部上、下拉，用 PC7 引脚接 LED 正极，请画出电路。如果要求压力越限（开关闭合）时 LED 点亮，否则熄灭，请编写程序。

任务 1.5　利用位操作实现温度报警

一、任务目标

（1）理解位操作的基本概念，会利用给出的框架和位操作文件编写 GPIO 位操作程序。

（2）会给程序加入宏定义，提高程序的可移植性。

（3）理解分组管理的模块化程序设计思路，会利用现有框架，设计并调试自己的模块化程序。

二、学习与实践

阅读以下资料，按照指导步骤完成程序设计与调试。

（一）编写位操作程序

1. 初步认识什么是位操作

在任务 1.4 给出的示例程序中，需要用到 GPIO 引脚读、写库函数 HAL_GPIO_ReadPin(端口名,引脚号)、HAL_GPIO_WritePin(端口名,引脚号,输出值)。

还有一种办法，可以直接使用 GPIO 引脚号进行数据的输入、输出。例如，读 PA0 引脚输入给变量 AAA，可写语句 AAA=PAin（0）；向 PA0 引脚输出 0，可写语句 PAout（0）＝0。

这就是位操作，也称为位带（Bit Band）操作。这种输入输出方法和 51 单片机类似，因此特别受熟悉 51 单片机编程人员的欢迎。这也是我们后续主要采用的 GPIO 引脚读写方法。

2. 搭建带有位操作的程序框架

要实现位操作，有很多方法，现在介绍其中的一种。在"01-01-程序框架-加入位操作"文件夹中包含"sys.c"和"sys.h"两个文件，如图 1.5.1 所示。有了这两个文件，我们就可以使用如 PAin（0）、PAout（0）等符号进行 GPIO 引脚的读写操作。

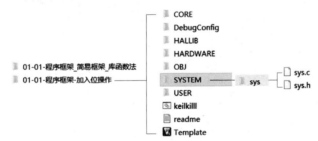

图 1.5.1　带有位操作函数的框架中增加了"sys.c"和"sys.h"两个文件

请按照以下步骤，创建工程"01-03-温度报警器-位操作-方法 1"文件夹。

（1）复制"01-01-程序框架-加入位操作"文件夹并保存，以便以后使用。

（2）再复制一次，将副本文件夹名修改为"01-03-温度报警器-位操作-方法 1"，如图 1.5.2 所示。

（3）打开"01-03-温度报警器-位操作-方法 1"文件夹，修改工程名为"Temperature_Alarm"。

（4）双击工程"Temperature_Alarm"，打开工程。

（5）如图 1.5.3 所示，观察"Project"窗口中增加了"SYSTEM"文件夹及其中的"sys.c"文件。

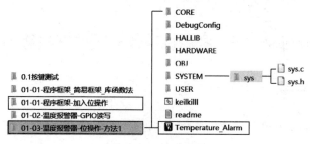

图 1.5.2　搭建框架

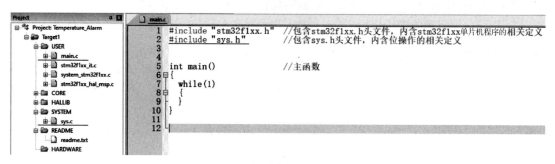

图 1.5.3　带有位操作函数的工程

（6）打开 "main.c" 文件，其中多了一条 "#include "sys.h"" 语句。

（7）进行编译、生成操作，确保框架没有错误和警告。编译生成完成观察左侧 "Project" 窗口中的 "sys.c" 文件，其前面应该有 "+" 按钮，单击 "+" 按钮后可以找到 "sys.h" 文件。

3. 程序编辑与调试

（1）先将项目 "01-02-温度报警器-GPIO 读写" 中 "main.c" 文件的内容复制、粘贴过来，再对照以下程序进行修改。

```c
1   #include "stm32f1xx.h"        //包含stm32f1xx.h头文件，内含stm32f1xx系列单片机程序的相关定义
2   #include "sys.h"              //包含sys.h头文件，内含位操作的相关定义
3
4   void GPIOA_Init()             //GPIOA初始化
5  { GPIO_InitTypeDef GPIO_InitStructure;    //定义变量，用于存放GPIO初始化参数
6     __HAL_RCC_GPIOA_CLK_ENABLE();          //开启GPIOA时钟
7     GPIO_InitStructure.Pin=GPIO_PIN_0;     //Pin 0引脚
8     GPIO_InitStructure.Mode=GPIO_MODE_INPUT;   //作为输入
9     GPIO_InitStructure.Pull=GPIO_PULLDOWN;     //设置为下拉模式
10    HAL_GPIO_Init(GPIOA, &GPIO_InitStructure); //对GPIOA进行初始化
11 }
12  void GPIOC_Init()            //GPIOC初始化
13 { GPIO_InitTypeDef GPIO_InitStructure;    //定义变量，用于存放GPIO初始化参数
14    __HAL_RCC_GPIOC_CLK_ENABLE();          //开启GPIOC时钟
15    GPIO_InitStructure.Pin=GPIO_PIN_0;     //Pin 0引脚
16    GPIO_InitStructure.Mode=GPIO_MODE_OUTPUT_PP;//设置为推挽输出
17    GPIO_InitStructure.Speed=GPIO_SPEED_FREQ_HIGH;//设置为高速输出
18    HAL_GPIO_Init(GPIOC, &GPIO_InitStructure); //对GPIOC进行初始化
19    //HAL_GPIO_WritePin(GPIOC, GPIO_PIN_0, GPIO_PIN_SET); //向PC0写1，LED熄灭
20    PCout(0)=1;                            //向PC0写1，LED熄灭
21 }
22  int main()                   //主函数
23 { uint16_t temperature;       //定义变量存储温度
24    HAL_Init();
25    GPIOA_Init();
26    GPIOC_Init();
27    while(1)
28   { temperature= PAin(0);     //读取PA0引脚输入
29     if(temperature==1)PCout(0)=0;    //温度超限，点亮LED
30     else            PCout(0)=1;      //否则，熄灭LED
31   }
32 }
```

（2）检查声明部分是否包含 "sys.h" 文件。

（3）屏蔽第 19 行的 GPIO 引脚写函数。

（4）用语句 "PCout(0)=1" 代替第 19 行的内容。

（5）修改第 23 行及第 28～30 行。

（6）做编译生成操作，直至没有错误和警告。

4. 软硬件联调

按照图 1.4.10 进行 Options 设置，下载程序。反复操作按键，观察 LED 亮灭情况，应与任务 1.4 效果相同。

故障现象：＿＿＿＿＿＿＿＿＿＿＿＿＿＿＿＿＿＿＿＿＿＿＿＿＿＿＿＿＿＿＿＿＿＿＿＿＿＿

解决办法：＿＿＿＿＿＿＿＿＿＿＿＿＿＿＿＿＿＿＿＿＿＿＿＿＿＿＿＿＿＿＿＿＿＿＿＿＿＿

原因分析：＿＿＿＿＿＿＿＿＿＿＿＿＿＿＿＿＿＿＿＿＿＿＿＿＿＿＿＿＿＿＿＿＿＿＿＿＿＿

5. 程序分析

PAin(0)，就是从 PA0 引脚输入，相当于语句：

```
HAL_GPIO_ReadPin(GPIOA,GPIO_PIN_0);
```

PCout(0)=0，就是让 PC0 引脚输出 0，相当于语句：

```
HAL_GPIO_WritePin(GPIOC,GPIO_PIN_0,GPIO_PIN_RESET);
```

PCout(0)=1，就是让 PC0 引脚输出 1，相当于语句：

```
HAL_GPIO_WritePin(GPIOC,GPIO_PIN_0,GPIO_PIN_SET);
```

这样写程序时不用记长长的库函数名，直接使用引脚号并写明是 in 还是 out 即可。向 PA5 引脚输入就写 PAin（5），从 PB2 引脚输出就写 PBout（2），特别简明！这种通过"直呼" GPIO 引脚名进行数据输入输出的方法，就是位操作法。

6. 位操作支持文件的初步解读

本程序之所以能够使用 PAin(0)、PAout(0) 等符号进行位操作，是因为有"sys.h"文件的支持。打开"sys.h"文件，除了在第 11～42 行看到关于 int32_t 等数据类型的定义，还在第 66～85 行定义了每一个 GPIO 引脚的位操作名。例如，在该文件的第 66 行和第 67 行分别定义了 PAout(n) 和 PAin(n)，其中 n=0～15，对应 GPIOA 的 16 个引脚。同样，我们也可以在第 69～85 行看到 GPIOB～GPIOG 端口引脚的位操作名定义。

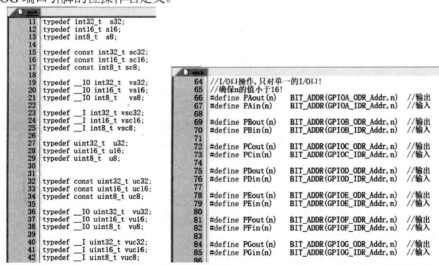

至于这个文件为什么这么写就能实现位操作，以及第 66～85 行中的其他内容是什么意思，我们暂不理会，留待以后研究。

另外请大家注意，利用"sys.c"文件和"sys.h"文件提供的位操作法时，还应将 main.c 程序中第 23 行变量 temperature 的数据类型由 GPIO_PinState 改为 uint16_t 或 u16。

7. 利用位操作的另一种编程方法

（1）复制文件夹"01-03-温度报警器-位操作-方法 1"并粘贴。

（2）修改副本文件名为"01-04-温度报警器-位操作-方法 2"。

（3）双击"Temperature_Alarm"工程将其打开，修改主函数如下。

```
22   int main()                         //主函数
23 □{ HAL_Init();
24     GPIOA_Init();
25     GPIOC_Init();
26     while(1)
27 □   { PCout(0)=!PAin(0);    //将PA0引脚的输入取反后送至PC0引脚
28   }
29 }
```

第 27 行语句 "PCout(0)= !PAin(0); " 就是将 PA0 引脚的输入取反后送至 PC0 引脚。按照图 1.4.1 中的电路：如果温度越限，那么 PA0 引脚输入为 1，取反后将 0 送至 PC0 引脚，点亮 LED；如果温度正常，那么 PA0 引脚输入为 0，取反后将 1 送至 PC0 引脚，LED 熄灭。

"!" 是逻辑取反运算符。这种编程方法不需要定义中间变量 temperature。

（4）对以上程序进行编译、生成、下载操作，观察其功能，功能应不变。

（二）利用宏定义实现温度报警器

1. 程序框架搭建

01-03-温度报警器-位操作-方法1
01-04-温度报警器-位操作-方法2
01-05-温度报警器-位操作-加入宏定义

图 1.5.4　框架搭建

（1）复制文件夹 "01-04-温度报警器-位操作-方法 2" 并粘贴。

（2）修改副本名字为 "01-05-温度报警器-位操作-加入宏定义"，如图 1.5.4 所示。

（3）双击 "Temperature_Alarm" 工程将其打开。

2. 引脚再定义

按照图 1.5.5 给每一个引脚都起一个有意义的名字。

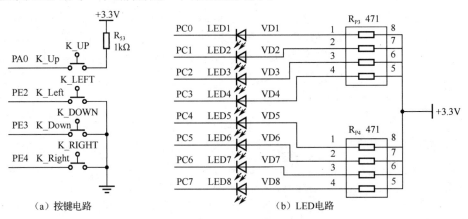

（a）按键电路　　　　　　　　　　　（b）LED电路

图 1.5.5　开发板按键电路和 LED 电路

3. 程序编辑与调试

利用#define 语句，先在程序中增加关于这些引脚的再定义，然后在程序中直接使用这些引脚的名字。具体修改如下，请大家注意第 3～14 行、第 30 行、第 31 行、第 38 行。

使用宏定义给引脚起名的好处如下。

（1）物理意义清晰，可读性好。

（2）程序的可移植性更好。

```
1   #include "stm32f1xx.h"     //包含stm32f1xx.h头文件，内含stm32f1xx单片机程序的相关定义
2   #include "sys.h"           //包含sys.h头文件，内含位操作的相关定义
3   #define K_Up      PAin(0)  //定义引脚
4   #define K_Left    PEin(2)
5   #define K_Down    PEin(3)
6   #define K_Right   PEin(4)
7   #define Led1      PCout(0)
8   #define Led2      PCout(1)
9   #define Led3      PCout(2)
10  #define Led4      PCout(3)
11  #define Led5      PCout(4)
12  #define Led6      PCout(5)
13  #define Led7      PCout(6)
14  #define Led8      PCout(7)
```

```
15   void GPIOA_Init()                              //GPIOA初始化
16 ┌{ GPIO_InitTypeDef GPIO_InitStructure;          //定义变量, 用于存放GPIO初始化参数
17 │    __HAL_RCC_GPIOA_CLK_ENABLE();               //开启GPIOA时钟
18 │    GPIO_InitStructure.Pin=GPIO_PIN_0;          //Pin_0引脚
19 │    GPIO_InitStructure.Mode=GPIO_MODE_INPUT;    //作为输入
20 │    GPIO_InitStructure.Pull=GPIO_PULLDOWN;      //设置为下拉模式
21 │    HAL_GPIO_Init(GPIOA, &GPIO_InitStructure);  //对GPIOA进行初始化
22 └}
23   void GPIOC_Init()                              //GPIOC初始化
24 ┌{ GPIO_InitTypeDef GPIO_InitStructure;          //定义变量, 用于存放GPIO初始化参数
25 │    __HAL_RCC_GPIOC_CLK_ENABLE();               //开启GPIOC时钟
26 │    GPIO_InitStructure.Pin=GPIO_PIN_0;          //Pin_0引脚
27 │    GPIO_InitStructure.Mode=GPIO_MODE_OUTPUT_PP; //设置为推挽输出
28 │    GPIO_InitStructure.Speed=GPIO_SPEED_FREQ_HIGH; //设置为高速输出
29 │    HAL_GPIO_Init(GPIOC, &GPIO_InitStructure);  //对GPIOC进行初始化
30 │    //HAL_GPIO_WritePin(GPIOC, GPIO_PIN_0, GPIO_PIN_SET); //向PC0写1, LED熄灭
31 │    Led1=1;                                     //向Led1写1, LED熄灭
32 └}
33   int main()                                     //主函数
34 ┌{ HAL_Init();
35 │    GPIOA_Init();
36 │    GPIOC_Init();
37 │    while(1)
38 │    { Led1=!K_Up;     //采集按键K_Up, 取反后送至Led1
39 │    }
40 └}
```

4. 软硬件联调

对程序进行编译、生成、下载操作。反复操作按键, 观察 LED 显示情况是否正确。

故障现象: _____

解决办法: _____

原因分析: _____

（三）利用分组管理实现温度报警

1. 框架结构再观察

仔细观察图 1.5.6 中的"Project"窗口, 可以发现如下内容。

（1）在"Project：Temperature_Alarm"工程中, 包含"Target1"文件夹。

（2）"Target1"文件夹中包含"USER""CORE"等文件夹, 这些文件夹也被称为 Group（组）。

（3）"USER"文件夹中包含我们熟悉的"main.c"文件。

（4）"CORE"文件夹中包含启动文件及 ARM 公司提供的内核文件。

（5）"HALLIB"文件夹中包含 ST 公司提供的 HAL 库文件。

（6）"SYSTEM"文件夹中包含位操作需要的"sys.c""sys.h"等文件。

（7）"HARDWARE"文件夹用来存放我们自己编写的一些关于硬件初始化的文件。目前此文件夹里没有内容。

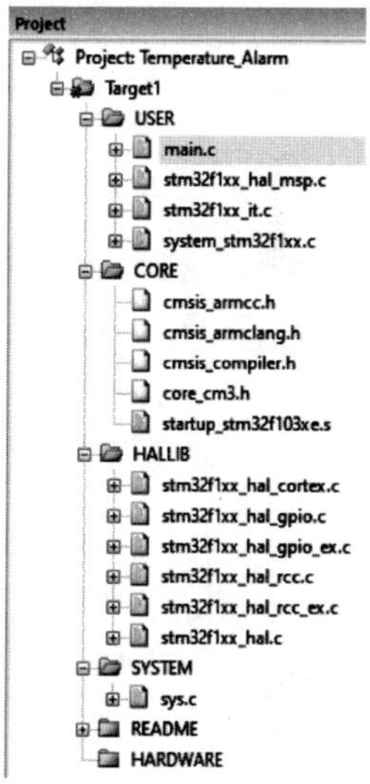

图 1.5.6　程序框架结构

2. 主函数结构再观察

```
#include "stm32f10x.h"        //声明包含库文件stm32f10x.h, 该文件包含了STM32单片机程序的相关定义

void GPIOA_Init()
{
}
                              //两个子函数, 作用是初始化PA0引脚和PC0引脚, 运行中被main()函数调用
void GPIOC_Init()
{
}

int main()                    //主函数, 是程序首先运行的函数
{
}
```

"main.c"文件中包含声明、子函数、主函数三部分。在这种结构中, 用户把所有函数和声明都放在"main.c"文件中。结构比较简单。但是如果声明、子函数比较多, 程序就会很冗长, 用户不容易抓住重点。

3. 分组管理的思路

类似位操作的"sys.c"文件和"sys.h"文件，也可以将按键初始化和 LED 初始化函数独立出来，分别写在"key.c""key.h""led.c""led.h"等文件中，把它们放到某个文件夹（如 HARDWARE 文件夹）中，如图 1.5.7 所示。这样，只要在 main.c 的开头用#include 语句将它们对应的头文件包含进来，主文件里就不需要再编写那些子函数了。这样的文件管理方式就是分组管理。

图 1.5.7　加入"HARDWARE"文件夹的程序框架

4. 文件框架搭建

为实现分组管理，可按以下步骤操作。

（1）退出 Keil μVision5 软件，复制文件夹"01-05-温度报警器-位操作-加入宏定义"并粘贴。

（2）修改副本文件夹名为"01-06-温度报警器-位操作-加入宏定义-分组管理"，如图 1.5.8 所示。

（3）在"HARDWARE"文件夹中新建两个文件夹"KEY""LED"。

（4）复制"SYSTEM"文件夹中的文件"sys.c""sys.h"到文件夹"KEY""LED"中粘贴，分别修改文件名为"key.c""key.h""led.c""led.h"，如图 1.5.8 所示。

图 1.5.8　框架搭建

5. Project 设置

（1）双击打开 Temperature_Alarm 工程。

（2）如图 1.5.9 所示，选中"HARDWARE"文件夹并右击，在快捷菜单中选择"Add Existing Files to Group HARDWARE"（添加已存在的文件到 HARDWARE 组）选项。

（3）在"查找范围"下拉列表中选择"KEY"文件夹，在"名称"选区中选择"key.c"选项，单击"Add"按钮，将该文件添加进来。

（4）在"查找范围"下拉列表中选择"LED"文件夹，在"名称"选区中选择"led.c"选项，单击"Add"按钮，将该文件添加进来。添加文件后的"Project"窗口中多了"key.c"和"led.c"文件，如图 1.5.10 所示。

（5）单击图 1.5.9 中的"Close"按钮，结束文件添加。

图 1.5.9　在"HARDWARE"文件夹中添加"key.c"和"led.c"文件　　图 1.5.10　"HARDWARE"文件夹中已添加了"key.c"和"led.c"文件

6. 包含路径设置

（1）单击"Options"（魔术棒）按钮，打开"Options for Target 'Target1'"对话框。

（2）选择"C/C++"选项卡，如图 1.5.11 所示。

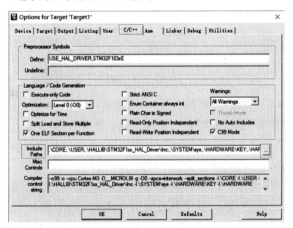

图 1.5.11　找到包含路径设置按钮

（3）找到包含路径（Include Paths），单击"…"按钮，进入包含路径设置页面。

（4）如图 1.5.12（a）所示，在"Folder Setup"（文件夹设置）对话框中，先单击"New（Insert）"（新增）按钮，再单击随后出现的"…"按钮。

（5）将"HARDWARE"文件夹下的"KEY""LED"文件夹添加进来，如图 1.5.12（b）和图 1.5.12（c）所示，这样才可以让编译器找到"led.h"和"key.h"文件。

（6）完成后单击"OK"按钮，退出包含路径设置页面。

7. 按键初始化程序编辑与调试

1）key.c

（1）双击图 1.5.10 中"HARDWARE"文件夹下的"key.c"文件，打开该文件，删除当前全部内容。

（2）在第 1 行加入语句"#include "key.h""。

（3）将原 main.c 文件中的函数 GPIOA_Init()复制到"key.c"文件中，方便后续修改。

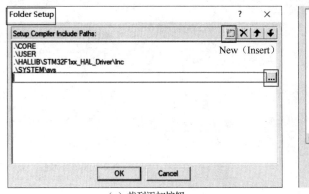
（a）找到添加按钮

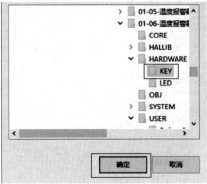
（b）选择待包含文件所在文件夹

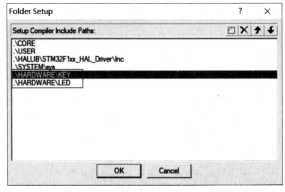
（c）待包含文件所在文件夹已被包含进来

图 1.5.12　添加 "led.h" 和 "key.h" 文件的路径

（4）修改函数名为 KEY_Init()（见第 3 行），增强其可读性。

（5）开启 GPIOA 时钟和 GPIOE 时钟（见第 5 行、第 6 行）。

程序要对图 1.5.5 中所示的 4 个按键全部进行初始化，因此应开启 GPIOA 时钟和 GPIOE 时钟。

（6）对 4 个按键引脚进行初始化（见第 8～16 行）。

按照图 1.5.5，PA0 应设置为下拉（见第 10 行），PE2、PE3、PE4 应设置为上拉（见第 15 行）。此外，第 13 行利用了或运算符 "|"，以便同时对多个引脚进行设置。

（7）编辑完成后，对照以下程序仔细检查一下。

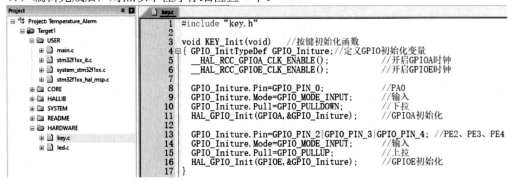

（8）对程序进行编译。如果无错，就可以在 "Project" 窗口中的 "key.c" 文件前面看到 "+" 按钮。

（9）单击 "+" 按钮，展开后可以就可以找到 "key.h" 文件。

2）key.h

（1）打开 "key.h" 文件，编辑内容如下。

```
key.h
  1  #ifndef _KEY_H
  2  #define _KEY_H
  3  #include "sys.h"
  4
  5  #define K_Up    PAin(0)          //为PA0起名K_Up
  6  #define K_Left  PEin(2)          //为PE2起名K_Left
  7  #define K_Down  PEin(3)          //为PE3起名K_Down
  8  #define K_Right PEin(4)          //为PE4起名K_Right
  9
 10  void KEY_Init(void);
 11  #endif
```

（2）"key.h"文件中的第 5～8 行，直接剪切自"main.c"文件，其作用是为 4 个引脚起名。

（3）第 10 行声明了函数 KEY_Init()。

（4）由于第 5～8 行的定义中使用了 PAin(0)等位操作符号，第 3 行还应声明包含文件"sys.h"。

（5）第 1～11 行运用了条件定义语句，以"#ifndef"开始，以"#endif"结束。

语句"#ifndef _KEY_H"的意思是，如果没有定义过符号"_KEY_H"（n 表示 not，def 表示 define），那么执行本句之后、"#endif"之前的所有定义，即进行第 2～10 行的定义。如果已经定义过符号"_KEY_H"，那么忽略第 2～10 行。

第 1 行、第 2 行、第 11 行的语句相结合，可以防止头文件被多次包含导致重复定义。例如，有两个文件都声明"#include "key.h""，则生成操作的过程如下。

（1）对第一个文件进行编译时，遇到语句"#include"key.h""，打开"key.h"文件，编译"key.h"文件的第 1 行"#ifndef _KEY_H"。由于是首次包含，一定没有定义过符号"_KEY_H"，于是执行第 3 行，定义这个符号，接着进行第 4～10 行的操作直到第 11 行"#endif"为止，后面没有语句了，于是退出"key.h"文件。

（2）对第二个文件进行编译时，又遇到语句"#include "key.h""，再次打开"key.h"文件，编译"key.h"文件的第 1 行"#ifndef _KEY_H"。此时发现编译器之前已经定义过符号"_KEY_H"，所以不再编译第 2～10 行，"#endif"后面没有语句了，于是退出"key.h"文件。这样就避免了重复定义。

（3）符号"_KEY_H"由文件名"key.h"演化而来，不一定非得是这个符号，唯一即可。根据文件名定义符号是一种简单易行的方法。

3）文件分工

"key.c"文件主要用于编写按键初始化函数，其开头应声明"#include "key.h""。

"key.h"文件主要用于按键定义，并对"key.c"文件中的函数进行声明。"key.h"文件还应声明按键初始化函数需要包含的其他头文件，如"sys.h"文件。

8. LED 初始化程序设计与调试

设计思路与按键初始化相同。

1）led.c

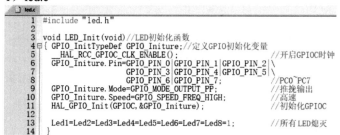

```
led.c
  1  #include "led.h"
  2
  3  void LED_Init(void)//LED初始化函数
  4  { GPIO_InitTypeDef GPIO_Initure;//定义GPIO初始化变量
  5    __HAL_RCC_GPIOC_CLK_ENABLE();                   //开启GPIOC时钟
  6    GPIO_Initure.Pin=GPIO_PIN_0|GPIO_PIN_1|GPIO_PIN_2|
  7                     GPIO_PIN_3|GPIO_PIN_4|GPIO_PIN_5|
  8                     GPIO_PIN_6|GPIO_PIN_7;          //PC0~PC7
  9    GPIO_Initure.Mode=GPIO_MODE_OUTPUT_PP;          //推挽输出
 10    GPIO_Initure.Speed=GPIO_SPEED_FREQ_HIGH;        //高速
 11    HAL_GPIO_Init(GPIOC,&GPIO_Initure);             //初始化GPIOC
 12
 13    Led1=Led2=Led3=Led4=Led5=Led6=Led7=Led8=1;      //所有 LED 熄灭
 14  }
```

第 6～8 行不仅使用了或运算符"|"，还使用了换行连接操作符"\"。这可以使一行语句不那么长。

2）led.h

注意第 1 行、第 2 行、第 13 行使用了条件定义语句，以防止本文件被多个文件包含造成重复定义。符号"_LED_H"由文件名"led.h"演化而来。

```
led.h
1  #ifndef _LED_H
2  #define _LED_H
3  #include "sys.h"
4  #define Led1    PCout(0)    //为PC0起名Led1
5  #define Led2    PCout(1)    //为PC1起名Led2
6  #define Led3    PCout(2)    //为PC2起名Led3
7  #define Led4    PCout(3)    //为PC3起名Led4
8  #define Led5    PCout(4)    //为PC4起名Led5
9  #define Led6    PCout(5)    //为PC5起名Led6
10 #define Led7    PCout(6)    //为PC6起名Led7
11 #define Led8    PCout(7)    //为PC7起名Led8
12 void LED_Init(void);
13 #endif
```

9. 主程序设计与调试

```
main.c
1  //#include "stm32f1xx.h"    //包含STM32F1xx.h头文件，内含STM32F1xx单片机程序的相关定义
2  //#include "sys.h"          //包含sys.h头文件，内含位操作的相关定义
3  #include "key.h"            //包含key.h头文件，内含按键的相关定义
4  #include "led.h"            //包含led.h头文件，内含LED的相关定义
5
6  int main()   //主函数
7  { HAL_Init();
8    KEY_Init();
9    LED_Init();
10   while(1)
11   { Led1=!K_Up;      //采集按键K_Up，取反后送至Led1
12     Led2=K_Left;     //采集按键K_Left，直接送至Led2
13     Led3=K_Down;     //采集按键K_Down，直接送至Led3
14     Led4=K_Right;    //采集按键K_Right，直接送至Led4
15   }
16 }
```

主程序的第 3 行和第 4 行：声明包含"key.h"和"led.h"文件。这两个文件分别声明了 KEY_Init() 和 LED_Init() 函数，这样，main() 之前不再需要书写这两个函数，直接调用即可。

由于"key.h"和"led.h"文件都包含"sys.h"文件，而"sys.h"文件又包含了"stm32f1xx.h"文件，因此主程序的第 1 行和第 2 行可删除。当然，不删除这两行也没关系，因为本书给出的所有的.h 文件都具有防止重复定义的功能。

分组管理的好处是可以使程序呈现模块化结构，主程序简洁，重点突出。之后我们将主要采用这种方法。

10. 软硬件联调

先对程序进行编译、生成操作，检查是否有语法错误。再下载、运行程序，检查功能是否正确。

故障现象：_____

解决办法：_____

原因分析：_____

三、要点记录及成果检验

任务 1.5	利用位操作实现温度报警					
姓名		学号		日期		分数	

（一）术语记录

英 文 全 称	中 文 翻 译	英 文 全 称	中 文 翻 译
Core		Add Existing Files to Group	
System		Include Paths	
HAL_Library		Compile	
Hardware		Bit	
Define		Bit Band	
Group		Include Paths	
User		Folder	

（二）自主设计

1. 用分组管理的方法，对图 1.5.5 所示的电路进行编程，要求：按下按键 K_RIGHT，LED5 点亮，否则熄灭。请画出文件夹的框架，并编写文件 "main.c" "key.c" "key.h" "led.c" "led.h" 的内容。

2. 要求：压力超过上限，LED1 点亮，否则熄灭。压力低于下限，LED2 点亮，否则熄灭。请利用 PE2 和 PE4 连接的按键模拟压力传感器设计电路，编写文件 "main.c" "key.c" "key.h" "led.c" "led.h" 的内容。

任务 1.6　STM32 单片机软硬件深入（一）

一、任务目标

（1）进一步理解 GPIO 的工作模式及设置方法。

（2）能看懂 GPIO 内部结构。

（3）能说出 STM32F1xx 单片机内部组成及主要功能。

（4）会自主查找阅读 GPIO 库函数和 STM32 单片机引脚定义的相关资料。

二、学习与实践

阅读以下资料，进一步理解 STM32 单片机的 GPIO 电路。

（一）确定 GPIO 引脚的工作模式

1. GPIO 引脚作为 DI 引脚

当 STM32 单片机与按键、电接点水银温度计、光电开关等 DI 设备连接时，可以将其工作模式设置为浮空输入（NOPULL）、下拉输入（PULLDOWN）或上拉输入（PULLUP）中的一种。具体设置为哪一种，应根据输入电路的形式确定。这一点我们在任务 1.4 中已经做了阐述。设置方法如下。

开关信号输入情况下，若外部为上拉电路，则应设置为下拉输入模式；若外部为下拉电路，则应设置为上拉输入模式；若外部为上下拉电路，则应设置为浮空输入模式。

数字信号输入情况下，应设置为浮空输入模式。

现在讲一下为什么要这样设置。

（1）对于图 1.6.1（a）所示的电路，外部为上拉电路，需要设置 PA0 为下拉输入模式，此时 PA0 会经内部下拉电阻接到 V_{SS} 引脚。

当外部开关闭合时，PA0 引脚通过外部上拉电阻接到 3.3V，PA0 内部得到稳定的高电平；当外部开关断开时，PA0 外部悬空，但通过内部下拉电阻接到 V_{SS} 引脚，PA0 内部得到稳定的低电平。

（2）对于图 1.6.1（b）所示的电路，外部为下拉电路，需要设置 PA0 为上拉输入模式，此时 PA0 内部和 V_{DD} 引脚之间会接 1 个上拉电阻。

当开关闭合时，PA0 引脚通过外部电路被接到 V_{SS} 引脚，PA0 内部得到稳定的低电平；当开关断开时，PA0 引脚外部悬空，通过内部上拉电阻得到稳定的高电平。

（3）对于图 1.6.1（c）所示的电路，外部为上下拉电路，需将 PA0 设置为浮空输入模式，此时 PA0 内部既无上拉电阻，也无下拉电阻。

当开关闭合时，PA0 引脚通过外部电路接到 V_{SS} 引脚，PA0 内部得到稳定的低电平；当开关断开时，PA0 引脚通过外部电路接到 3.3V，PA0 内部得到稳定的高电平。

（4）对于图 1.6.1（d）所示的电路，STM32 单片机与数字信号输出的传感器连接，由于传感器能输出稳定的高电平和低电平，内部不需要上拉或下拉电阻，设置为浮空输入模式即可。

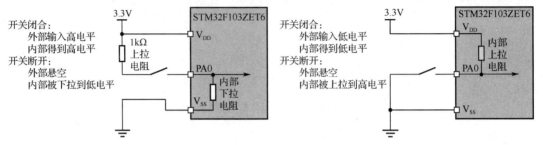

（a）外部上拉输入，内部应设置为下拉输入模式   （b）外部下拉输入，内部应设置为上拉输入模式

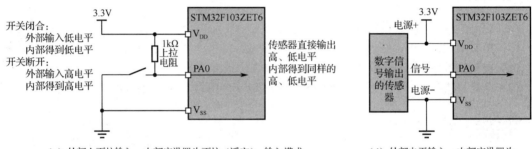

（c）外部上下拉输入，内部应设置为不拉（浮空）输入模式   （d）外部电平输入，内部应设置为不拉（浮空）输入模式

图 1.6.1   STM32 单片机 GPIO 作为 DI 引脚时的设置

（5）如果设置错误会怎样？

以图 1.6.1（a）所示的电路为例，外部是上拉电路，如果将 PA0 内部也设置为上拉输入模式，则开关闭合时，PA0 外部输入高电平，内部经上拉电阻也得到高电平，输入貌似正确。但开关断开时，PA0 外部悬空，内部仍然会经上拉电阻得到高电平，即无论开关闭合还是断开，PA0 内部总是得到高电平，这显然不正确！

对于图 1.6.1（a）所示的外部上拉电路，如果将 PA0 内部设置为浮空输入模式，则开关闭合时，PA0 外部输入高电平，内部也得到高电平，输入正确。

当开关断开时，PA0 外部悬空，内部也悬空，此时的输入会受到空间电磁场带来干扰电压的影响，输入可能是低电平（正确），也可能是高电平（不正确）。

由上述内容可见：以上所有设置，都是为了避免 GPIO 引脚作为 DI 引脚时出现悬空状态，使其总能得到稳定的高电平或低电平。

对于 51 单片机，没有可以编程设置的内部上拉电阻和下拉电阻，相当于只有浮空输入模式。因此不能采用图 1.6.1（a）和图 1.6.1（b）所示的电路。

2．GPIO 引脚作为 DO 引脚

当 STM32 单片机与 LED、蜂鸣器等设备进行连接时，可以将其工作模式设置为推挽输出或漏极开路输出中的一种，它们都属于数字信号输出。GPIO 引脚作为 DO 引脚时，还应设置输出速度。

1）推挽输出

STM32单片机GPIO引脚推挽输出的驱动电流为±25mA。如果负载电流在这个范围内，并且负载电压是3.3V，就可以直接用GPIO引脚驱动这个负载，并将其设置为推挽输出模式。

图1.6.2（a）和图1.6.2（b）分别是STM32单片机直接驱动3.3V LED的两种电路。

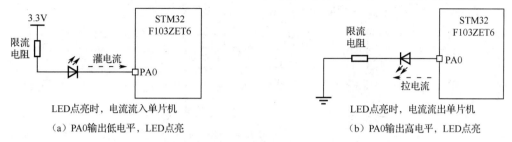

图1.6.2　GPIO引脚推挽输出直接驱动LED

当负载工作电流大于25mA时，推挽输出提供的电流不能满足负载的工作需要。此时仍可以将STM32单片机设置为推挽输出，但要在负载和GPIO引脚之间加入驱动电路。如图1.6.3所示，在PB5和蜂鸣器之间加入三极管驱动电路。STM32单片机的PB5直接接三极管的基极，再通过三极管驱动蜂鸣器。三极管基极需要的电流很小，STM32单片机完全可以提供；由于三极管的电流放大作用，接在射极侧的蜂鸣器得到了需要的工作电流。当然，驱动电路也可以采用其他器件和电路。

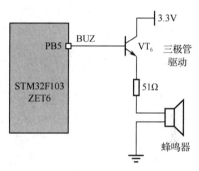

图1.6.3　GPIO引脚推挽输出，通过三极管驱动电路驱动蜂鸣器

2）漏极开路输出

如图1.6.4（a）所示，对于推挽输出，向PA0引脚写"1"，V_{DD}通过内部等效电阻向PA0输出高电平，并提供点亮LED的电流。

如果将PA0引脚设置为漏极开路输出，则PA0在内部与V_{DD}断开，向PA0引脚写"1"，引脚在单片机内部是悬空的，如图1.6.4（b）所示。要想使PA0得到高电平，PA0引脚在接负载的同时，还应该外接一个上拉电阻。这样，当向PA0写"1"时，PA0虽然内部悬空，但3.3V电源可以通过外部上拉电阻向LED供电，从而点亮LED。

在哪些情况下，需要将输出引脚设置为漏极开路呢？

第一种情况是通过漏极开路，减轻STM32单片机的负担并为负载提供较大的驱动电流。

如果将PA0设置为漏极开路输出，如图1.6.4（b）所示，则PA0输出1时，电源通过外部上拉电阻向负载（LED）供电。由于负载的工作电流不流经单片机内部，这可以避免单片机发热，从而提高带负载能力。理论上外接电阻的阻值越小，负载电流越大。由于外接电阻的阻值大小可以根据需要选择，因此负载上可以得到较大的驱动电流。但是请大家注意，外接电阻的阻值也不能选得太小。从图1.6.4（b）可看出，当单片机输出"0"时，外部电源会经外部上拉电阻向单片机灌入电流。外部上拉电阻越小，灌电流越大。这显然对单片机不利。最有效的提供大负载电流的方法还是在单片机和负载之间加装驱动器。

第二种情况是用STM32单片机驱动5V负载。这是应用比较多的一种情况。

我们知道，STM32单片机的供电电源是3.3V，通常情况下，GPIO引脚作为DI引脚时，它应该和3.3V的DI设备进行连接；GPIO引脚作为DO引脚时，它应该驱动3.3V的负载。但是STM32单片机在内部电路上做了一些设计，使得它的部分引脚也能够直接与5V输入设备进行连接或直接驱动 5V 负载，这部分引脚被称为 5V 兼容的引脚（具体哪些引脚 5V 兼容，请参看表 1.6.1）。这样的处理便于 STM32 单片机与 5V 器件混合使用。

如果 STM32 单片机的 GPIO 引脚是 5V 兼容的，则其作为 DI 引脚时，可以直接与 5V 输入的设备进行连接，程序和电路都不需要做任何特别的处理；当其作为 DO 引脚并驱动 DC 5V 负载时，程序里需要将该引脚设置为漏极开路输出，电路中应该像所有漏极开路输出器件一样，连接负载的同时，将该引脚外接上拉电阻到 5V，如图 1.6.4（c）所示。

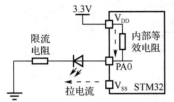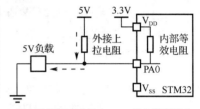

（a）推挽输出模式下连接LED　（b）漏极开路输出模式下连接LED　（c）漏极开路输出模式下连接5V负载

图 1.6.4　GPIO 推挽输出和漏极开路输出电路对比

漏极开路的第三种应用是实现"线与"功能，关于"线与"功能，此处不再详细介绍。

3. GPIO 引脚作为模拟信号引脚

当 STM32 单片机需要识别 0～3.3V 的电压信号，或者输出 0～3.3V 的电压信号时，需要将引脚设置为模拟信号模式（GPIO_MODE_ANALOG）。具体方法参见项目 7 和项目 8。

4. GPIO 引脚作为复用功能引脚

为了减少引脚数量，单片机设计者常常允许一个引脚被内部多个电路所使用，这被称为引脚复用技术。通过引脚复用，单片机的引脚可以具有多个功能。

例如，STM32F103ZET6 的 8 号和 9 号引脚，它们通常作为 PC15 和 PC14 引脚被 GPIOC 电路使用；但也可以作为 OSC32_OUT 和 OSC32_IN 引脚，连接外部晶振，为芯片提供外部时钟输入。PC15 是 8 号引脚的第一功能（或称为主功能），OSC32_IN 是该引脚的第二功能（或称为复用功能）。

要使用引脚的复用功能，就需要编程开启其复用功能。开启后该引脚在内部就被连接到复用功能对应的电路上。

当复用功能的性质是输出时，应根据需要将其设置为复用推挽输出（GPIO_MODE_AF_PP）或复用漏极开路输出（GPIO_MODE_AF_OD），并根据需要设置其输出速度。

当复用功能的性质是输入时，要将其设置为复用输入（GPIO_MODE_AF_INPUT），并根据需要设置为上拉、下拉或浮空。

（二）STM32 单片机 GPIO 内部电路

大家已经知道，STM32F103ZET6 单片机为有 144 个引脚的芯片，包括 7 个通用 I/O 端口，分别为 GPIOA、GPIOB、GPIOC、GPIOD、GPIOE、GPIOF、GPIOG，同时每组 GPIO 端口有 16 个引脚，简称为 PAx、PBx、PCx、PDx、PEx、PFx、PGx，其中 x 为 0～15。每一个 GPIO 引脚的内部电路结构基本相同，如图 1.6.5 所示，由输入电路、输出电路、保护电路等部分组成。

1. DI 电路

如图 1.6.6 所示，当用 I/O 引脚接收按钮、光电开关等 DI 信号时，保护电路、内部上拉电路和内部下拉电路、TTL 肖特基触发器、输入数据寄存器工作，输出电路不工作。

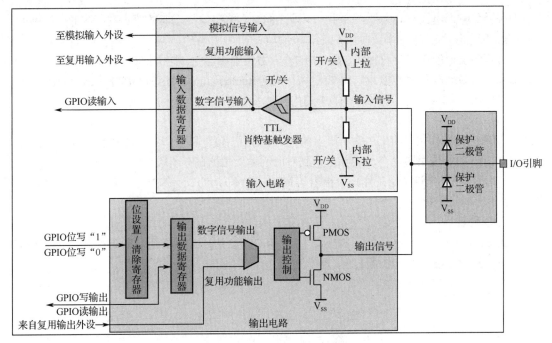

图 1.6.5 STM32 单片机 GPIO 内部结构

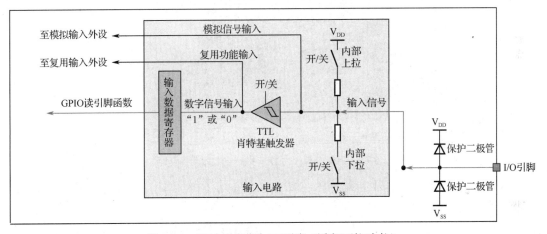

图 1.6.6 GPIO 引脚作为 DI 引脚（浮空/下拉/上拉）

如果在程序中设置该引脚为浮空模式，则 CPU 执行程序后，内部上拉开关和下拉开关会断开，引脚上输入的高、低电平信号直接送入肖特基触发器。

如果在程序中设置该引脚为下拉输入模式，则 CPU 执行程序后，内部下拉开关闭合。输入引脚送入高电平时，肖特基触发器得到高电平；输入引脚悬空时，肖特基触发器通过内部下拉电阻得到低电平。

同样，如果将该引脚设置为上拉输入模式，则 CPU 执行程序后，内部上拉开关闭合。输入引脚送入低电平时，肖特基触发器得到低电平；输入引脚悬空时，肖特基触发器通过内部上拉电阻得到高电平。

总之，无论哪种输入模式，信号都要送入 TTL 肖特基触发器。

肖特基触发器可以对输入信号进行判断。

如果当前输入电压足够高，大于或等于高电平下限，则输出高电平 "1"。

如果当前输入电压足够低，小于或等于低电平上限，则输出低电平 "0"。

如果当前输入电压不高不低，介于上下限之间，则输出保持之前的值不变。这样可以确保其输出只有"0"和"1"两种状态。

肖特基触发器的输出会送到图 1.6.6 中的输入数据寄存器中。当执行 GPIO 读引脚指令时，输入数据从输入数据寄存器被取走。例如，执行语句 temperature= HAL_GPIO_ReadPin(GPIOA, GPIO_PIN_0);则 PA0 输入数据寄存器中的内容被取走并送给变量 temperature。

总结：

（1）DI 电路的作用是将 GPIO 引脚上的输入识别成"0"和"1"，存入输入数据寄存器。

（2）CPU 执行读引脚命令，实际上是到对应的输入数据寄存器取信号。

（3）为确保 DI 电路正常工作，应指出其 Mode=GPIO_MODE_INPUT，并正确设置其 Pull 形式为下拉、上拉还是浮空。

2. DO 电路

如图 1.6.7 所示，当用 GPIO 引脚控制 LED 等 DO 设备时，位设置/清除寄存器、输出数据寄存器、输出驱动电路、保护电路工作，输入电路不工作。

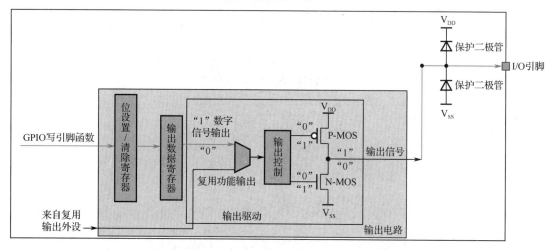

图 1.6.7　GPIO 引脚作为 DO 引脚（推挽/漏极开路）

当执行 HAL_GPIO_WritePin(端口名,引脚号,输出值)等 GPIO 写引脚函数时，输出数据"0"或"1"经位设置/清除寄存器被送到输出数据寄存器。

输出数据寄存器的"0"或"1"经输出驱动电路将信号送至 I/O 引脚。

（1）如果设置的是推挽输出模式，则输出驱动电路的 PMOS 管和 NMOS 管都工作。

当输出写"1"时，驱动电路的 PMOS 管得到"0"，因此导通；NMOS 管得到"0"，因此截止。输出引脚经 PMOS 管被上拉到 V_{DD}，即引脚输出高电平。

当输出写"0"时，驱动电路的 PMOS 管得到"1"，因此截止；NMOS 管得到"1"，因此导通。输出引脚经 NMOS 管被下拉到 V_{SS}，即引脚输出低电平。

（2）如果设置的是漏极开路输出模式，则 PMOS 管不工作。

向引脚写"0"时，NMOS 管得到"1"，因此导通，输出低电平。

向引脚写"1"时，NMOS 管得到"0"，因此截止，输出引脚在内部对于 V_{DD} 和 V_{SS} 都是悬空的。因此对于漏极开路输出，要想使负载得到稳定的高电平，输出引脚在接负载的同时还必须外接上拉电阻。

总结：

（1）DO 电路的作用是将输出数据寄存器上的信号送至 GPIO 引脚。

（2）CPU 执行写引脚命令，实际上是向对应的输出数据寄存器送信号。

（3）为确保 DO 电路正常工作，应指出其 Mode 是漏极开路输出还是推挽输出，并对其输出速度进行正确设置。

3. 模拟信号电路

如图 1.6.8 所示，当用 GPIO 引脚接收 $0 \sim V_{DD}$ 的模拟电压信号时，应设置其 Mode=GPIO_MODE_ANALOG。此时不仅输出电路不工作，I/O 引脚上输入的信号也不经过 TTL 肖特基触发器，而是直接送入片上的模拟信号输入电路（模拟输入外设）进行处理。

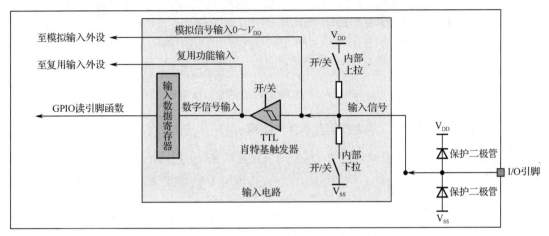

图 1.6.8　GPIO 引脚作为模拟信号输入引脚

4. 复用输入电路

如图 1.6.9 所示，当 GPIO 引脚作为复用输入引脚时，引脚上的输入信号经肖特基触发器被送入复用功能对应的电路。

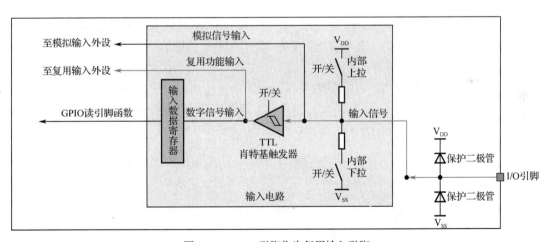

图 1.6.9　GPIO 引脚作为复用输入引脚

5. 复用输出电路

如图 1.6.10 所示，当 GPIO 引脚作为复用输出引脚时，来自复用输出外设的信号经输出驱动电路被送到 I/O 引脚上。从电路上看，复用输出也有推挽和漏极开路两种形式。

关于引脚的复用功能，我们将会在后面的项目中使用到。

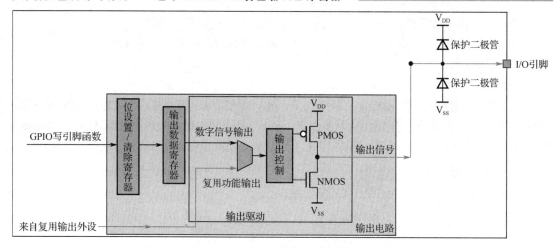

图 1.6.10　GPIO 引脚作为复用输出引脚（推挽/漏极开路）

（三）认识 STM32 GPIO 的寄存器及寄存器编程法

为方便编程，单片机生产商将内部电路中所有可编程操控的电路都起了名字，其中一部分被称为**寄存器**。例如，图 1.6.10 中的输出数据寄存器（Output Data Register，ODR），用于控制 GPIO 端口某个引脚的输出。

ST 公司约定每个 GPIOx 都有一个输出数据寄存器，每个输出数据寄存器有 16 位，其最低位 D0 对应 PIN_0 引脚，最高位 D15 对应 PIN_15 引脚，其他以此类推。

GPIOC->ODR = 0xfffc;　//向 GPIOC 的输出数据寄存器输出 0xfffc，即 1111 1111 1111 1100

其结果是 PC1 和 PC0 引脚输出 0，其余输出 1。

GPIOC->ODR &= 0xfffe;　//将 GPIOC 的输出数据寄存器和 1111 1111 1111 1110 做按位与运算后输出

其结果是 PC0 引脚输出 0，其他引脚不受影响，即保持原来的值不变。（任何数"与 0"结果为"0"；任何数"与 1"结果保持不变。）

GPIOC->ODR |= 0x0001;　//将 GPIOC 的输出数据寄存器和 0000 0000 0000 0001 做按位或运算后输出

其结果是 PC0 引脚输出 1，其他引脚不受影响，即保持之前的值不变。（任何数"或 1"结果为"1"；任何数"或 0"结果保持不变。）

类似地，如图 1.6.9 中的输入数据寄存器（Input Data Register，IDR），用于存储 GPIO 引脚上的输入数据。如果 PA0 引脚输入低电平，则 GPIOA 的输入数据寄存器的最低位，即 D0 位为 0；如果 PA0 引脚输入高电平，则 GPIOA 的输入数据寄存器的 D0 位为 1。

uint16_t　　AAA;
AAA=GPIOA->IDR;

其功能是将 PA0～PA15 引脚输入的 16 位数据赋值给变量 AAA。

if （（GPIOA->IDR　&　0x0001）==0x0001）{GPIOC->ODR &= 0xfffe；}
 else　　　　　　　　　　　　　　　{GPIOC->ODR |= 0x0001；}

其功能是如果 PA0 引脚输入 1，那么就向 PC0 写 0，否则向 PC0 写 1。

以上这些直接操作输出数据寄存器、输入数据寄存器等单片机内部寄存器的方法就是**寄存器编程法**。

GPIO 寄存器除了输出数据寄存器和输入数据寄存器，还有位设置寄存器（BSRR）、位清除寄存器（BRR）、控制字寄存器（CRL 和 CRH）、位锁定寄存器（LCKR）。

位设置/清除寄存器在图 1.6.10 中可以看到，也可以用于向 GPIO 引脚输出信号。

控制字寄存器则用于设置 GPIO 的工作模式。例如，CRL 的 D1 和 D0 位用于设置输入输出模式，"=00"代表输入模式；"=01"代表输出模式，且速度为 10MHz，具体对应关系这里不再一一介绍，可以参见《STM32F1XX 中文参考手册》的 8.2 节。

寄存器编程法可直接操作单片机内部寄存器（内部电路），优点是直接迅速，执行代码的效率很高。但需要编程者对其内部寄存器的功能、结构和使用规则有清楚认识。而且一旦更换 CPU，就需要重新学习其寄存器，重新编写程序。

库函数编程法利用单片机生产商提供的库函数进行编程。这些函数在库文件中被定义，并向使用者开放。例如，打开库函数"HAL_GPIO_ReadPin()"，会看到其内部最终仍然是对寄存器进行操作。

```
  stm32f1xx_hal_gpio.c
445    * @retval The input port pin value.
446    */
447  GPIO_PinState HAL_GPIO_ReadPin(GPIO_TypeDef* GPIOx, uint16_t GPIO_Pin)    GPIO读引脚库函数
448  {
449    GPIO_PinState bitstatus;
450
451    /* Check the parameters */
452    assert_param(IS_GPIO_PIN(GPIO_Pin));
453
454    if ((GPIOx->IDR & GPIO_Pin) != (uint32_t)GPIO_PIN_RESET)
455    {
456      bitstatus = GPIO_PIN_SET;                    读取GPIO输入数据寄存器
457    }
458    else
459    {
460      bitstatus = GPIO_PIN_RESET;
461    }
462    return bitstatus;
463  }
```

调用库函数时，用户无须直接面对寄存器，只需要了解库函数的功能，掌握其输入参数、返回值的定义即可。因此更容易学习，更换 CPU 后，程序的移植性也比较好。

当然，使用者对寄存器有一定认识还是很有好处的：一是可以通过观察库函数的具体内容，更好地理解和使用库函数；二是可以直接利用寄存器写出更精简的程序；三是可以参考和学习库函数的编写方法。不过对于初学者，还是以初步掌握一些常用库函数并用库函数编程为重点。这里给出打开库函数的方法，如图 1.6.11 所示。

（1）将光标移至想打开的函数名（如"HAL_GPIO_ReadPin"）中的任一字母处。

（2）右击，在弹出的快捷菜单中选择"Go To Definition Of 'HAL_GPIO_ReadPin'"（跳到定义处）选项。

（3）单击即可打开该函数。

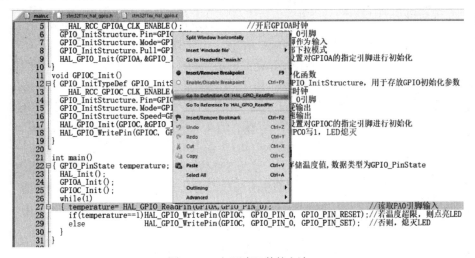

图 1.6.11 打开库函数的方法

（四）认识 HAL 库函数

1. 普通 HAL 库函数

（1）普通 HAL 库函数的格式。

为了帮助大家迅速掌握 HAL 库函数的使用，之前对库函数多采用经过简化的描述方法，如 HAL_GPIO_ReadPin(端口名,引脚号)。实际上 HAL 库函数的一般格式如下。

返回值类型　函数名(参数 1 类型　参数 1,参数 2 类型 参数 2,…)

以 GPIO 读引脚函数为例，其函数原型如下。

其含义如下。

① 函数名为 HAL_GPIO_ReadPin()。

② 该函数返回一个 GPIO_PinState 类型的参数。

③ 该函数有两个输入参数，其中一个参数是 GPIOx，这是一个指针型变量（标识符为*），该变量的数据类型为 GPIO_TypeDef。另一个参数是 GPIO_Pin，其数据类型为 uint16_t。

库函数涉及的数据类型（如 GPIO_PinState）都在 HAL 库中定义过，可以直接使用。有时候，我们甚至可以先不关心参数的类型，只需要知道其具体意义和取值即可。例如，HAL_GPIO_ReadPin()函数的第一个参数 GPIOx 代表端口名，其取值为 GPIOA～GPIOG，第二个参数 GPIO_Pin 代表引脚号，其取值为 GPIO_PIN_0～GPIO_PIN_15，至于这两个参数对应的数据类型具体是什么，可以先不深入研究。

但有些时候，我们需要关注参数的数据类型。例如，HAL_GPIO_ReadPin()函数的返回值应为 GPIO_PinState 类型。编程时需要定义一个同类型的变量接收其返回值。如果接收变量的类型与函数返回值不一致，又没有进行正确的数据类型转换，程序就可能报错，或者不报错，但得不到正确的运行结果。

HAL 库函数在命名时有如下规律。

① 一般以 HAL_开头，如 **HAL_GPIO_ReadPin()**。

② HAL 之后的符号代表功能分类，如 HAL_**GPIO**_ReadPin()，说明是 GPIO 操作；HAL_**RCC**_OscConfig()，说明是复位、时钟控制操作。

③ 之后的符号代表具体功能，如 HAL_GPIO_**WritePin**()，代表写 GPIO 引脚；HAL_GPIO_**Init**()，代表初始化 GPIO；HAL_RCC_**Osc**Config()，代表配置 RCC 的振荡器。

（2）HAL 库函数的定义和声明。

① GPIO 库函数的定义一般在 "stm32f1xx_hal_gpio.c" "stm32f1xx_hal_gpio_ex.c" 及其所对应的.h 文件中，如图 1.6.12 所示。

② 有关 RCC 操作的库函数定义，一般在 "stm32f1xx_hal_rcc.c" "stm32f1xx_hal_rcc_ex.c" 及其对应的.h 文件中。

③ 事实上，涉及 STM32 单片机内部功能电路，如定时器、ADC 等的所有库函数都有相应的定义文件，如涉及定时器的库函数定义一般都在 "stm32f1xx_hal_tim.c" "stm32fxx_hal_tim_ex.c" 及其对应的.h 文件中。

④ 要使用库函数，不仅需要在程序中声明：#include"stm32f1xx.h"，还需要在程序框架的 HALLIB 文件夹中将库函数所在文件（如 "stm32f1xx_hal_gpio.c" 等）添加进来，如图 1.6.12 所示。

图 1.6.12 "HALLIB"文件夹中应包含需要的库函数定义文件

2. HAL 库宏函数

之前编程时，开启 GPIO 时钟时使用如下语句。

__HAL_RCC_GPIOA_CLK_ENABLE()；//开启 GPIOA 时钟

这里的__HAL_RCC_GPIOA_CLK_ENABLE()就是一个库宏函数，其功能是开启 GPIOC 时钟。类似的还有：

__HAL_RCC_GPIOA_CLK_DISABLE()；//关闭 GPIOA 时钟

库宏函数也称为宏定义库函数，与普通库函数的区别如下。

（1）库宏函数名字一般以__HAL_开头，普通库函数则以 HAL_开头。

（2）如前文所述，普通库函数在.c 文件中按照函数定义的方法进行定义，并在.h 文件中声明。

（3）库宏函数一般在.h 文件中通过#define 语句定义。我们知道#define 语句可以用来定义一般符号，如：

| #define | TOTAL | 100 | //定义符号 TOTAL，代表常数 100 |
| #define | Led1 | PCout(0) | //定义符号 Led1，代表 PCout(0) |

也可以用它来定义一个函数，如在 stm32f1xx_rcc.h 文件的第 568 行就有如下定义。

#define __HAL_RCC_GPIOA_CLK_DISABLE()　　　　(RCC->APB2ENR &=~（RCC_APB2ENR_IOPAEN）)

这里用#define 定义了一个函数__HAL_RCC_GPIOA_CLK_DISABLE()。

执行_HAL_RCC_GPIOA_CLK_DISABLE()函数，就等同于执行 RCC->APB2ENR &= ~（RCC_APB2ENR_IOPAEN），其作用是先将 RCC 寄存器 APB2ENR 的 IOPAEN 位取反，再和 APB2ENR 做按位与计算，其结果就是将 IOPAEN 位清零。如果查阅《STM32F1XX 中文参考手册》中关于寄存器 APB2ENR 的定义，会发现将 IOPAEN 位清零就是关闭 GPIOA 时钟。

（4）库宏函数主要用于实现一些比较简单、直接的功能。

（5）普通库函数和库宏函数都是库函数，后续说明时将不再做特别区分。

（五）STM32 单片机内部结构

STM32F103 单片机在一个芯片上集成了 Cortex-M3、存储器（Flash 和 SRAM）、GPIO、USART 等电路。这些设备在芯片内部通过总线和总线矩阵连接在一起，如图 1.6.13 所示。其中 Cortex-M3 由 ARM 公司设计，其内部包含了单片机最重要的核心——CPU。除 Cortex_M3 内核外，ST 公司设计了 Flash、SRAM、GPIO、USART 等电路。由于这些电路位于**芯片上、CPU 内核外**，也被称为**片上外设**，以便与位于芯片外部的传感器、LED 等片外外设区分。

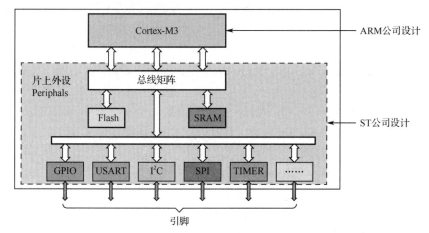

图 1.6.13　STM32 单片机内部组成框图

图 1.6.14 所示为更详细的 STM32 单片机内部组成框图。下面对图 1.6.14 中的部件功能进行

逐一介绍。

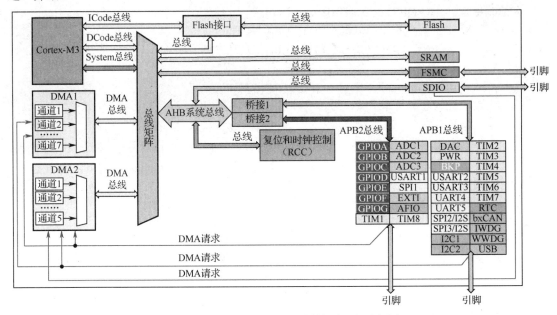

图 1.6.14　更详细的 STM32 单片机内部组成框图

（1）Cortex-M3，即内核部分，其最主要的部件是 CPU，是 STM32 单片机的核心和大脑，负责到存储器中取指令并执行。

（2）总线和总线矩阵：总线是 STM32 单片机内部设备之间信号联系的通道，其中 Cortex-M3 与 Flash、GPIO 等外设之间通过 ICode 总线、DCode 总线、System 总线及总线矩阵进行连接。通过总线矩阵，又形成众多子总线，不同的外设挂接在不同的子总线上。例如，GPIOA～GPIOG 等就挂接在 APB2 总线上，DAC、TIM2～TIM7 等则挂接在 APB1 总线上。

（3）Flash 即 Flash ROM（Flash Read Only Memory，闪速只读存储器），主要用于存放用户程序，也称为程序存储器。Flash 具有掉电信息不丢失、电可擦除、读出速度快于写入速度等特点。STM32F103ZET6 单片机内部的 Flash 的容量是 512KB，能存储 512×1024 字节（1Byte=8Bit）的信息。

（4）SRAM（Static Random Access Memory，静态随机存储器）主要用于存储程序运行中需要的各种变量，也称为静态数据存储器。SRAM 的特点是读和写的速度都非常快，但掉电后其信息会丢失。STM32F103ZET6 单片机内部 SRAM 的容量是 64KB。

（5）FSMC（Flexible Static Memory Controller，可变静态存储控制器），用于扩展片外存储器，以获得更大的存储容量。

（6）GPIO 包括 GPIOA～GPIOG，是通用输入输出接口（General Purpose Input Output）。可以用于接收按键、传感器等设备的输入信号，也能控制 LED 等设备的输出信号。对单片机应用开发工程师而言，GPIO 是最经常被使用的设备之一。

（7）TIM1～TIM8 是定时器（Timer）。当需要进行精确定时或延时控制时，可以使用该设备，定时器也是单片机应用开发工程师经常用到的设备。

（8）ADC1～ADC3 即 Analog to Digital Converter（模数转换器），能够识别 $0 \sim V_{REF}$ 的电压信号，并将其转换成数字信号送入 CPU。当单片机需要处理模拟信号输入，如接收热电偶的 mV（毫伏）信号时，就需要用到 ADC。STM32F103xx 单片机的 ADC 字长为 12 位，采用逐次比较型 A/D 转换电路。

（9）DAC（Digital to Analog Converter，数模转换器）可以将 CPU 输出的数字信号转换成 $0\sim V_{REF}$ 的可控电压输出到外部设备中，以达到控制电动机转速、灯泡亮度、调节阀门开度等目的。STM32F103xx 单片机中的 DAC 也是 12 位。

（10）RCC（Reset Clock Control，复位和时钟控制电路）的功能是进行复位管理和时钟管理，确保单片机能正确复位并在时钟节拍的指挥下工作。

（11）EXTI（External Interrupt/Event Controller，外部中断/事件控制器）用于接收按键、传感器等设备的输入信号，并将其作为中断或事件信号，向内核中的中断处理电路发送中断请求。

（12）AFIO（Alternate Function Input Output，复用功能输入输出控制电路）用于实现 GPIO 引脚的复用功能。

（13）RTC（Real-Time Clock，实时时钟）是一个独立的定时器，可提供时钟日历等功能。

（14）SDIO（Secure Digital Input and Output，安全数字输入输出接口）用于与多媒体卡（MMC 卡）、SD 存储卡等设备通信。

（15）USB（Universal Serial Bus）接口用于与 USB 设备通信。

（16）UART、USART、SPI、I^{2}C、I^{2}S、BxCAN 接口用于与相应设备串行通信。

（17）PWR（POWER，电源管理电路）主要用于供电管理，包括上电、掉电、阈值监测与复位管理，待机、睡眠、唤醒等低功耗管理等。

（18）BKP（Backup Registers，备份寄存器）用于确保在备份区域存储的用户重要数据不会因为复位、V_{DD} 断电等被复位，也不会被意外改写。

（19）IWDG 和 WWDG：即 Independent Watchdog（独立看门狗）和 Window Watchdog（窗口看门狗）。当检测到超时等情况时，产生系统复位或触发一个中断，可用来检测和解决由软件错误等引起的故障。

（20）DMA（Direct Memory Access，直接存储器访问）用于存储器与存储器之间、存储器与片上外设之间直接进行数据交换而不必通过 CPU。

（六）STM32 单片机的供电再研究

STM32 单片机的电源引脚和供电电路如图 1.6.15 所示。

（1）V_{DD} 和 V_{SS}：工作电源引脚，共 11 组，为片内数字设备供电，电压允许范围为 $2\sim3.6V$，典型值为 3.3V。通过内置的调压电路，可以为 CPU 等设备提供所需的 1.8V 电压。

（2）V_{BAT}：备用电源引脚，为片内备份寄存器等设备供电。当 V_{DD} 引脚断电时，低电压检测电路会自动将后备供电区的电源切换到 V_{BAT} 引脚，以确保其内设备可以正常工作。V_{BAT} 引脚的允许范围为 $1.8\sim3.6V$。建议在备用电源和 V_{BAT} 引脚之间连接 1 个低压降的二极管，防止备份电路电源切换回 V_{DD} 引脚前且在 $V_{DD} > V_{BAT} + 0.6V$ 情况下，有电流向备用电源注入电流。如果应用中没有使用外部电池，建议 V_{BAT} 引脚在外部通过一个 100nF 的陶瓷电容与 V_{DD} 引脚相连。

（3）V_{DDA} 和 V_{SSA}：模拟电源引脚，为片内模拟设备供电。V_{DDA} 的典型值也是 3.3V，V_{DDA} 的上限不应超过 V_{DD}，其下限与是否使用 ADC 有关。当不使用 ADC 时，允许的范围是 $2.0V\sim V_{DD}$。当使用 ADC 时，允许的范围是 $2.4V\sim V_{DD}$。STM32 单片机允许 V_{DDA} 和 V_{DD} 来自同一电源，如果二者不是同一电源，注意必须将 V_{SSA} 引脚接至 V_{SS} 引脚。

（4）V_{REF+} 和 V_{REF-}：为片内 ADC 提供精密基准电源。注意应将 V_{REF-} 引脚接至 V_{SSA} 引脚。V_{REF} 的典型值是 $2.4V\sim V_{DDA}$。如果不提供独立的 V_{REF} 电源，应将 V_{REF+} 引脚接至 V_{DDA} 引脚。

（5）图 1.6.15 中也画出了建议的去耦电容。

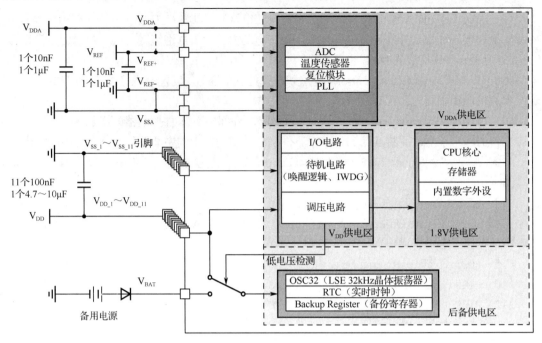

图 1.6.15　STM32 单片机的电源引脚及供电电路

（七）STM32F10X 单片机引脚定义再认识

　　表 1.6.1 所示为 STM32F103 系列单片机的引脚定义。表 1.6.1 中标出了不同封装单片机的引脚号、引脚名、信号类型、兼容电平、主功能、复用功能等。其中 STM32F103ZET6 单片机为 LQFP144 封装，144 个引脚。

表 1.6.1　STM32F103 系列单片机的引脚定义

| 引 脚 号 | | | | | | 引脚名 | 信号类型[①] | 兼容电平[②] | 主功能[③]（复位后） | 复用功能 | |
BGA144	BGA100	WLCSP64	LQFP64	LQFP100	LQFP144					默认	重映像
A3	A3		1	1	1	PE2	I/O	FT	PE2	TRACECK/ FSMC_A23	
A2	B3		2	2	2	PE3	I/O	FT	PE3	TRACED0/FSMC_A19	
B2	C3		3	3	3	PE4	I/O	FT	PE4	TRACED1/FSMC_A20	
B3	D3		4	4	4	PE5	I/O	FT	PE5	TRACED2/FSMC_A21	
B4	E3		5	5	5	PE6	I/O	FT	PE6	TRACED3/FSMC_A22	
C2	B2	C6	1	6	6	V_{BAT}	S		V_{BAT}		
A1	A2	C8	2	7	7	PC13-TAMPER-RTC[④]	I/O		PC13[⑤]	TAMPER-RTC	
B1	A1	B8	3	8	8	PC14-OSC32_IN[④]	I/O		PC14[⑤]	OSC32_IN	
C1	B1	B7	4	9	9	PC15-OSC32_OUT[④]	I/O		PC15[⑤]	OSC32_OUT	
C3				10	10	PF0	I/O	FT	PF0	FSMC_A0	
C4				11	11	PF1	I/O	FT	PF1	FSMC_A1	

续表

BGA144	BGA100	WLCSP64	LQFP64	LQFP100	LQFP144	引脚名	信号类型①	兼容电平②	主功能③（复位后）	默认	重映像
D4					12	PF2	I/O	FT	PF2	FSMC_A2	
E2					13	PF3	I/O	FT	PF3	FSMC_A3	
E3					14	PF4	I/O	FT	PF4	FSMC_A4	
E4					15	PF5	I/O	FT	PF5	FSMC_A5	
D2	C2			10	16	V_{SS_5}	S		V_{SS_5}		
D3	D2			11	17	V_{DD_5}	S		V_{DD_5}		
F3					18	PF6	I/O		PF6	ADC3_IN4/FSMC_NIORD	
F2					19	PF7	I/O		PF7	ADC3_IN5/FSMC_NREG	
G3					20	PF8	I/O		PF8	ADC3_IN6/FSMC_NIOWR	
G2					21	PF9	I/O		PF9	ADC3_IN7/FSMC_CD	
G1					22	PF10	I/O		PF10	ADC3_IN8/FSMC_INTR	
D1	C1	D8	5	12	23	OSC_IN	I		OSC_IN		
E1	D1	D7	6	13	24	OSC_OUT	O		OSC_OUT		
F1	E1	C7	7	14	25	NRST	I/O		NRST		
H1	F1	E8	8	15	26	PC0	I/O		PC0	ADC123_IN10	
H2	F2	F8	9	16	27	PC1	I/O		PC1	ADC123_IN11	
H3	E2	D6	10	17	28	PC2	I/O		PC2	ADC123_IN12	
H4	F3		11	18	29	PC3	I/O		PC3	ADC123_IN13	
J1	G1	E7	12	19	30	V_{SSA}	S		V_{SSA}		
K1	H1			20	31	V_{REF-}	S		V_{REF-}		
L1	J1	F7④		21	32	V_{REF+}	S		V_{REF+}		
M1	K1	G8	13	22	33	V_{DDA}	S		V_{DDA}		
J2	G2	F6	14	23	34	PA0-WKUP	I/O		PA0	WKUP/USART2_CTS⑦/ADC123_IN0/TIM2_CH1_ETR/TIM5_CH1/TIM8_ETR	
K2	H2	E6	15	24	35	PA1	I/O		PA1	USART2_RTS⑦/ADC123_IN1/TIM5_CH2/TIM2_CH2⑦	
L2	J2	H8	16	25	36	PA2	I/O		PA2	USART2_TX⑦/TIM5_CH3 ADC123_IN2/TIM2_CH3⑦	
M2	K2	G7	17	26	37	PA3	I/O		PA3	USART2_RX⑦/TIM5_CH4 ADC123_IN3/TIM2_CH4⑦	
G4	E4	F5	18	27	38	V_{SS_4}	S		V_{SS_4}		
F4	F4	G6	19	28	39	V_{DD_4}	S		V_{DD_4}		
J3	G3	H7	20	29	40	PA4	I/O		PA4	SPI1_NSS⑦/USART2_CK⑦/DAC_OUT1/ADC12_IN4	
K3	H3	E5	21	30	41	PA5	I/O		PA5	SPI1_SCK⑦/DAC_OUT2/ADC12_IN5	
L3	J3	G5	22	31	42	PA6	I/O		PA6	SPI1_MISO⑦/TIM8_BKIN/ADC12_IN6/TIM3_CH1⑦	TIM1_BKIN

引脚号						引脚名	信号类型①	兼容电平②	主功能③（复位后）	复用功能	
A14	A10	CSP	LQFP64（P64）	P100	P144					默认	重映像
M3	K3	G4	23	32	43	PA7	I/O		PA7	SPI1_MOSI⑦/TIM8_CH1N/ADC12_IN7/TIM3_CH2⑦	TIM1_CH1N
J4	G4	H6	24	33	44	PC4	I/O		PC4	ADC12_IN14	
K4	H4	H5	25	34	45	PC5	I/O		PC5	ADC12_IN15	
L4	J4	H4	26	35	46	PB0	I/O		PB0	ADC12_IN8/TIM3_CH3/TIM8_CH2N	TIM1_CH2N
M4	K4	F4	27	36	47	PB1	I/O		PB1	ADC12_IN9/TIM3_CH4⑦/TIM8_CH3N	TIM1_CH3N
J5	G5	H3	28	37	48	PB2	I/O	FT	PB2/BOOT1		
M5					49	PF11	I/O	FT	PF11	FSMC_NIOS16	
L5					50	PF12	I/O	FT	PF12	FSMC_A6	
H5					51	V_{SS_6}	S		V_{SS_6}		
G5					52	V_{DD_6}	S		V_{DD_6}		
K5					53	PF13	I/O	FT	PF13	FSMC_A7	
M6					54	PF14	I/O	FT	PF14	FSMC_A8	
L6					55	PF15	I/O	FT	PF15	FSMC_A9	
K6					56	PG0	I/O	FT	PG0	FSMC_A10	
J6					57	PG1	I/O	FT	PG1	FSMC_A11	
M7	H5			38	58	PE7	I/O	FT	PE7	FSMC_D4	TIM1_ETR
L7	J5			39	59	PE8	I/O	FT	PE8	FSMC_D5	TIM1_CH1N
K7	K5			40	60	PE9	I/O	FT	PE9	FSMC_D6	TIM1_CH1
H6					61	V_{SS_7}	S		V_{SS_7}		
G6					62	V_{DD_7}	S		V_{DD_7}		
J7	G6			41	63	PE10	I/O	FT	PE10	FSMC_D7	TIM1_CH2N
H8	H6			42	64	PE11	I/O	FT	PE11	FSMC_D8	TIM1_CH2
J8	J6			43	65	PE12	I/O	FT	PE12	FSMC_D9	TIM1_CH3N
K8	K6			44	66	PE13	I/O	FT	PE13	FSMC_D10	TIM1_CH3
L8	G7			45	67	PE14	I/O	FT	PE14	FSMC_D11	TIM1_CH4
M8	H7			46	68	PE15	I/O	FT	PE15	FSMC_D12	TIM1_BKIN
M9	J7	G3	29	47	69	PB10	I/O	FT	PB10	I2C2_SCL/USART3_TX⑦	TIM2_CH3
M10	K7	F3	30	48	70	PB11	I/O	FT	PB11	I2C2_SDA/USART3_RX⑦	TIM2_CH4
H7	E7	H2	31	49	71	V_{SS_1}	S		V_{SS_1}		
G7	F7	H1	32	50	72	V_{DD_1}	S		V_{DD_1}		
M11	K8	G2	33	51	73	PB12	I/O	FT	PB12	SPI2_NSS/I2S2_WS/I2C2_SMBA/USART3_CK⑦/TIM1_BKIN⑦	
M12	J8	G1	34	52	74	PB13	I/O	FT	PB13	SPI2_SCK/I2S2_CK USART3_CTS⑦/TIM1_CH1N	
L11	H8	F2	35	53	75	PB14	I/O	FT	PB14	SPI2_MISO/TIM1_CH2N USART3_RTS⑦	

续表

| 引脚号 | | | | | | 引脚名 | 信号类型① | 兼容电平② | 主功能③(复位后) | 复用功能 | |
BGA144	BGA100	WLCSP64	LQFP64	LQFP100	LQFP144					默认	重映像
L12	G8	F1	36	54	76	PB15	I/O	FT	PB15	SPI2_MOSI/I2S2_SD TIM1_CH3N⑦	
L9	K9			55	77	PD8	I/O	FT	PD8	FSMC_D13	USART3_TX
K9	J9			56	78	PD9	I/O	FT	PD9	FSMC_D14	USART3_RX
J9	H9			57	79	PD10	I/O	FT	PD10	FSMC_D15	USART3_CK
H9	G9			58	80	PD11	I/O	FT	PD11	FSMC_A16	USART3_CTS
L10	K10			59	81	PD12	I/O	FT	PD12	FSMC_A17	TIM4_CH1/USART3_RTS
K10	J10			60	82	PD13	I/O	FT	PD13	FSMC_A18	TIM4_CH2
G8					83	V_{SS_8}	S		V_{SS_8}		
F8					84	V_{DD_8}	S		V_{DD_8}		
K11	H10			61	85	PD14	I/O	FT	PD14	FSMC_D0	TIM4_CH3
K12	G10			62	86	PD15	I/O	FT	PD15	FSMC_D1	TIM4_CH4
J12					87	PG2	I/O	FT	PG2	FSMC_A12	
J11					88	PG3	I/O	FT	PG3	FSMC_A13	
J10					89	PG4	I/O	FT	PG4	FSMC_A14	
H12					90	PG5	I/O	FT	PG5	FSMC_A115	
H11					91	PG6	I/O	FT	PG6	FSMC_INT2	
H10					92	PG7	I/O	FT	PG7	FSMC_INT3	
G11					93	PG8	I/O	FT	PG8		
G10					94	V_{SS_9}	S		V_{SS_9}		
F10					95	V_{DD_9}	S		V_{DD_9}		
G12	F10	E1	37	63	96	PC6	I/O	FT	PC6	I2S2_MCK/TIM8_CH1 /SDIO_D6	TIM3_CH1
F12	E10	E2	38	64	97	PC7	I/O	FT	PC7	I2S3_MCK/TIM8_CH2 /SDIO_D7	TIM3_CH2
F11	F9	E3	39	65	98	PC8	I/O	FT	PC8	TIM8_CH3/SDIO_D0	TIM3_CH3
E11	E9	D1	40	66	99	PC9	I/O	FT	PC9	TIM8_CH4/SDIO_D1	TIM3_CH4
E12	D9	E4	41	67	100	PA8	I/O	FT	PA8	USART1_CK/TIM1_CH1⑦ /MCO	
D12	C9	D2	42	68	101	PA9	I/O	FT	PA9	USART1_TX⑦/TIM1_CH2⑦	
D11	D10	D3	43	69	102	PA10	I/O	FT	PA10	USART1_RX⑦/TIM1_CH3⑦	
C12	C10	C1	44	70	103	PA11	I/O	FT	PA11	USART1_CTS/USBDM /CAN_RX⑦/TIM1_CH4⑦	
B12	B10	C2	45	71	104	PA12	I/O	FT	PA12	USART1_RTS/USBDP /CAN_TX⑦/TIM1_ETR⑦	
A12	A10	D4	46	72	105	PA13	I/O	FT	JTMS-SWDIO		PA13
C11	F8			73	106	未连接					
G9	E6	B1	47	74	107	V_{SS_2}	S		V_{SS_2}		

引 脚 号						引脚名	信号类型①	兼容电平②	主功能®（复位后）	复用 功 能	
BGA144	BGA100	WLCSP64	LQFP64	LQFP100	LQFP144					默认	重映像
F9	F6	A1	48	75	108	V_{DD_2}	S		V_{DD_2}		
A11	A9	B2	49	76	109	PA14	I/O	FT	JTCK-SWCLK		PA14
A10	A8	C3	50	77	110	PA15	I/O	FT	JTDI	SPI3_NSS/I2S3_WS	TIM2_CH1_ETR PA15/SPI1_NSS
B11	B9	A2	51	78	111	PC10	I/O	FT	PC10	UART4_TX/SDIO_D2	USART3_TX
B10	B8	B3	52	79	112	PC11	I/O	FT	PC11	UART4_RX/SDIO_D3	USART3_RX
C10	C8	C4	53	80	113	PC12	I/O	FT	PC12	UART5_TX/SDIO_CK	USART3_CK
E10	D8	D8	5	81	114	PD0	I/O	FT	OSC_IN®	FSMC_D2®	CAN_RX
D10	E8	D7	6	82	115	PD1	I/O	FT	OSC_OUT®	FSMC_D3®	CAN_TX
E9	B7	A3	54	83	116	PD2	I/O	FT	PD2	TIM3_ETR/UART5_RX SDIO_CMD	
D9	C7			84	117	PD3	I/O	FT	PD3	FSMC_CLK	USART2_CTS
C9	D7			85	118	PD4	I/O	FT	PD4	FSMC_NOE	USART2_RTS
B9	B6			86	119	PD5	I/O	FT	PD5	FSMC_NWE	USART2_TX
E7					120	V_{SS_10}	S		V_{SS_10}		
F7					121	V_{DD_10}	S		V_{DD_10}		
A8	C6			87	122	PD6	I/O	FT	PD6	FSMC_NWAIT	USART2_RX
A9	D6			88	123	PD7	I/O	FT	PD7	FSMC_NE1/FSMC_NCE2	USART2_CK
E8					124	PG9	I/O	FT	PG9	FSMC_NE2 /FSMC_NCE3	
D8					125	PG10	I/O	FT	PG10	FSMC_NCE4_1 / FSMC_NE3	
C8					126	PG11	I/O	FT	PG11	FSMC_NCE4_2	
B8					127	PG12	I/O	FT	PG12	FSMC_NE4	
D7					128	PG13	I/O	FT	PG13	FSMC_A24	
C7					129	PG14	I/O	FT	PG14	FSMC_A25	
E6					130	V_{SS_11}	S		V_{SS_11}		
F6					131	V_{DD_11}	S		V_{DD_11}		
B7					132	PG15	I/O	FT	PG15		
A7	A7	A4	55	89	133	PB3	I/O	FT	JTDO	SPI3_SCK/I2S3_CK	PB3/TRACESWO TIM2_CH2 /SPI1_SCK
A6	A6	B4	56	90	134	PB4	I/O	FT	NJTRST	SPI3_MISO	PB4 / TIM3_CH1 SPI1_MISO
B6	C5	A5	57	91	135	PB5	I/O		PB5	I2C1_SMBA/ SPI3_MOSI I2S3_SD	TIM3_CH2 /SPI1_MOSI
C6	B5	B5	58	92	136	PB6	I/O	FT	PB6	I2C1_SCL⑦/TIM4_CH1⑦	USART1_TX
D6	A5	C5	59	93	137	PB7	I/O	FT	PB7	I2C1_SDA⑦/FSMC_NADV/ TIM4_CH2⑦	USART1_RX
D5	D5	A6	60	94	138	BOOT0	I		BOOT0		

续表

引　脚　号						引脚名	信号类型①	兼容电平②	主功能⑧（复位后）	复用功能	
BGA144	BGA100	WLCSP64	LQFP64	LQFP100	LQFP144					默认	重映像
C5	B4	D5	61	95	139	PB8	I/O	FT	PB8	TIM4_CH3⑦/SDIO_D4	I2C1_SCL/CAN_RX
B5	A4	B6	62	96	140	PB9	I/O	FT	PB9	TIM4_CH4⑦/SDIO_D5	I2C1_SDA/CAN_TX
A5	D4			97	141	PE0	I/O	FT	PE0	TIM4_ETR/FSMC_NBL0	
A4	C4			98	142	PE1	I/O	FT	PE1	FSMC_NBL1	
E5	E5	A7	63	99	143	V_{SS_3}	S		V_{SS_3}		
F5	F5	A8	64	100	144	V_{DD_3}	S		V_{DD_3}		

注：

① I 表示 Input（输入），O 表示 Output（输出），S 表示 Supply（供电），HiZ 表示 High Impedance（高阻）。

② FT=5V 兼容，即可耐受 5V 电压。

③ 引脚复位后的主功能与具体设备有关。

④ PC13、PC14 和 PC15 引脚允许的灌电流有限（3mA），它们的使用有以下限制。

同一时刻，三者中只能有一个引脚作为输出，输出频率被限制在 2MHz；最大能驱动 30pF 的负载；而且这些引脚不能作为电流源驱动负载（如驱动 LED）。

⑤ 首次上电复位后为主功能，之后及再次复位的情况取决于备份寄存器的内容。

⑥ 与 LQFP64 封装不同，WLSC 封装没有 PC3，而有 V_{REF+} 引脚。

⑦ 此复用功能还可以通过编程映射到其他引脚。

⑧ 对于 LQFP64 封装芯片，复位后 5 号和 6 号引脚是 OSC_IN 和 OSC_OUT。但是也可以通过编程将 PD0 和 PD1 重映射到 5 号和 6 号引脚。对于 LQFP100、BGA100、LQFP144、BGA144 封装芯片，PD0 和 PD1 引脚是默认设置，无须重映射。

⑨ 对于 LQFP64 封装芯片，FSMC 功能不可用。

三、要点记录及成果检验

任务 1.6	STM32 单片机软硬件深入（一）			
姓名		学号	日期	分数

（一）针对如下 GPIO 结构图，标出 DI 通道。

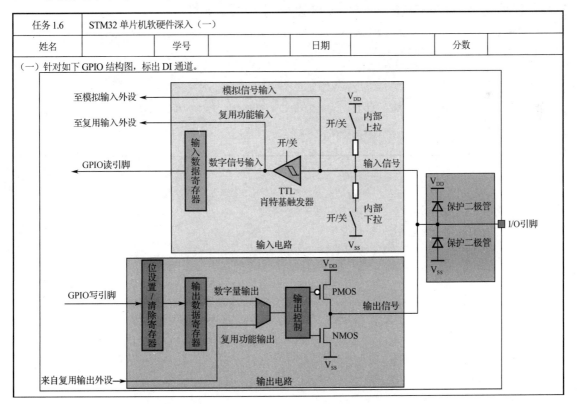

请说明：

1. 内部上拉开关和下拉开关在什么情况下接通？

2. I/O 引脚上的高、低电平输入信号被送到哪里了？

3. GPIO 读引脚函数从哪里读取数据？

（二）针对如下 GPIO 结构图，标出：HAL_GPIO_WritePin()函数的输出路径，并指出在推挽输出和漏极开路输出情况下，输出电路有何不同？

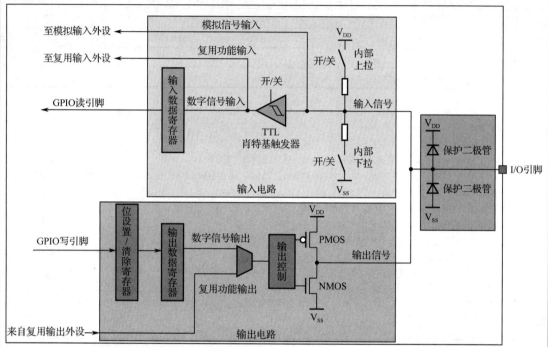

（三）读表 1.6.1，找到 STM32F103ZET6 单片机的 OSC_IN 引脚、OSC_OUT 引脚、OSC32_IN 引脚、OSC32_OUT 引脚、NRST 引脚，并说明哪个是独立引脚，哪个是 GPIO 复用引脚。

（四）读表 1.6.1，找到 STM32F103ZET6 单片机的一个 5V 兼容的 GPIO 引脚和 5V 不兼容的 GPIO 引脚。

项目 2　利用 SysTick 实现温度报警与控制

项目总目标

（1）进一步理解单片机开关信号采集与控制系统的设计方法、工作步骤，掌握开发工具的使用方法。

（2）理解 STM32 单片机蜂鸣器驱动电路、继电器驱动电路及一般 DO 驱动电路的设计方法。

（3）会利用滴答定时器实现蜂鸣器控制、LED 闪烁、LED 流水控制及一般延时控制。

（4）会利用位操作或 GPIO 读/写引脚库函数实现蜂鸣器、电加热器等设备的通断控制。

（5）能看懂 STM32 单片机的时钟树，学会外部时钟电路、复位电路设计方法和相关编程方法。

（6）能自主查阅库函数相关资料。

具体工作任务

设计基于 STM32 单片机的电热恒温烘干箱温度控制系统，完成方案设计、器件选型、电路和程序设计与调试，实现如下功能。

（1）将温度控制在设定值附近。

（2）要求控温精度为 ±20℃。

（3）要求具有超温和欠温报警功能。

已知设定温度范围为 50～250℃。电热恒温烘干箱如图 2.0.1 所示。

图 2.0.1　电热恒温烘干箱

任务 2.1　方案设计及器件选型

一、任务要求

（1）能够查阅相关技术资料，结合电路、电子、传感器等基础知识进行系统方案设计及器件选型。

（2）能够针对设计任务进行研讨和表达。

二、学习与实践

（一）讨论与发言

查阅资料，谈一谈：

（1）除了项目 1 的 LED 报警，还有哪些报警方式？

（2）实现温度控制的方法有哪些？

（3）要完成本项目任务，需要哪些设备或器件？

请阅读以下资料，按照指导步骤完成系统方案设计及器件选型。

（二）方案设计

显然，本系统需要温度传感器进行温度检测，需要报警器进行超温和欠温报警。为提升报警级别，可以选用蜂鸣器进行报警。本系统还应能控制电加热器的通断，实现温度控制功能。此外，受输出电压和电流限制，单片机无法直接驱动电加热器和蜂鸣器，需要加驱动电路，温度控制器设计方案如图 2.1.1 所示。

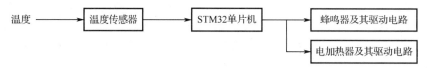

图 2.1.1　温度控制器设计方案

（三）器件选型

1. 温度传感器选择

水银温度计的测温范围为-40～+350℃，因此仍然可以选用电接点水银温度计进行温度检测。但为了让大家熟悉更多的传感器，本项目中，我们选用工业上应用较多的双金属温度传感器。双金属温度传感器的测温范围较大，为-80～+500℃，在家用电器和工控领域被大量使用。双金属温度开关结构原理如图 2.1.2 所示，图 2.1.3 和图 2.1.4 展示了几种不同的双金属温度开关。

图 2.1.2　双金属温度开关结构原理　　　　　图 2.1.3　一种敞开式双金属温度开关

图 2.1.4　三种开关信号输出型双金属温度开关

双金属温度开关由两种热膨胀系数不同的金属片组成，通过一定的工艺焊接或粘接在一起。由于两种金属片的热膨胀系数不同，当温度升高时，双金属片将发生弯曲。温度越高，双金属片弯曲程度越大。如果在双金属片附近安装触点机构，如图 2.1.2 所示，当双金属片弯曲变形达到一定程度时，常开触点闭合，常闭触点断开，这就是电接点型双金属温度开关（或称继电器型**双金属温度开关**）的工作原理。

如果通过传动机构将双金属片的弯曲变形传递到表针，转换为指针的转角，就可以实现温度指示，这就是现场指示型**双金属温度计**的工作原理，如图 2.1.5 所示。

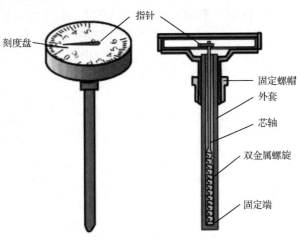

图 2.1.5 现场指示型双金属温度计工作原理

图 2.1.6 所示为一种**现场指示+电接点型双金属温度计**，它不仅能现场指示温度，还提供两个可供远传的开关信号，当温度超过上限或低于下限时，对应接点闭合。本系统可选用此温度计。

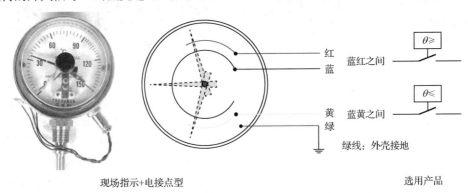

图 2.1.6 一种现场指示+电接点型双金属温度计

2. 控制器选择

控制器仍然选择 STM32F103ZET6 单片机。

3. 蜂鸣器的选择

蜂鸣器是一种声报警装置。按照使用材料的不同，蜂鸣器可分为压电式蜂鸣器和电磁式蜂鸣器。蜂鸣器及其电路符号如图 2.1.7 所示。

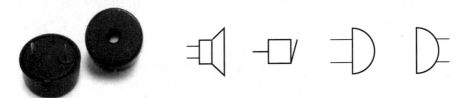

图 2.1.7 蜂鸣器及其电路符号

电磁式蜂鸣器利用电磁感应原理，当线圈通入交变电流后产生交变磁场，进而产生电磁力带动金属振动膜发出声音。

压电式蜂鸣器则利用压电效应原理，当有交变电场作用于压电陶瓷片时，电信号会转换为压力，从而使压电陶瓷片振动发声。压电式蜂鸣器的优点是结构简单、耐用，缺点是需要较高的电压，音调单一且音色差。电磁式蜂鸣器的音色更好，驱动电压较低。

蜂鸣器的工作频率通常为 1.5～5kHz。有些蜂鸣器自带振荡电路，只需要给蜂鸣器通电，就可以发声，这样的蜂鸣器称为**有源式蜂鸣器**。另外一些蜂鸣器自身不带振荡电路，需要控制器（如单片机）提供振荡信号才能发声，这样的蜂鸣器称为**无源式蜂鸣器**。

本项目选择无源式电磁蜂鸣器。

4. 继电器的选择

本项目中的电加热器为 AC 220V 供电，加热电流为 5A。STM32 单片机的 GPIO 引脚输出只有"1"（DC 3.3V）和"0"（DC 0V），电流不超过 25mA，显然无法直接驱动电加热器，必须在单片机和电加热器之间加继电器。

继电器（Relay）是用小电流、低电压控制大电流、高电压负载的一种器件。可分为**电磁继电器**和**固态继电器**两种，如图 2.1.8 和图 2.1.9 所示。

图 2.1.8　电磁继电器　　　　　　　　　图 2.1.9　固态继电器

电磁继电器由电磁线圈和触点系统组成，当电磁线圈得电时，产生电磁力，推动触点接通或断开。电磁线圈的工作电流通常比较小，但触点可以耐受比较大的电流和电压，因此可以像图 2.1.10 一样，用控制电路的小电流、低电压输出控制继电器线圈的通电与断电，再将继电器触点与电源、负载串接在一起，从而实现对大电流、高电压负载的驱动。

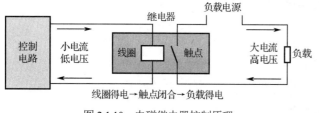

图 2.1.10　电磁继电器控制原理

固态继电器也是用小电流、低电压驱动大负载的一种器件，只是全部由电子元件（如开关三极管、晶闸管等）组成，没有可动部件及可动触点，所以称为固态继电器。固态继电器的响应速度快于电磁继电器，但工作电压和电流不容易做得很大。这里我们选用固态继电器。

本系统器件选型如表 2.1.1 所示。

表 2.1.1　本系统器件选型

序　号	名　称	特 性 要 求
1	电接点型双金属温度计	现场指示+上下限开关信号输出
2	蜂鸣器	无源蜂鸣器
3	继电器	固态继电器
4	电加热器	AC 220V 供电
5	单片机	STM32F103ZET6

三、要点记录及成果检验

任务 2.1	方案设计及器件选型						
姓名		学号		日期		分数	

（一）术语记录

英 文 全 称	中 文 翻 译
Relay	
Beep	

（二）要点记录

1. 请画出系统方框图。

2. 请画出继电器驱动电路原理图。

3. 请简述现场指示+电接点型双金属温度计的原理。

任务 2.2　电路设计与测试

一、任务目标

（1）能查阅相关资料。

（2）能画出温度开关、蜂鸣器、电加热器与单片机的连接电路，并说出电路原理。

（3）能说出外部时钟引脚、复位引脚的作用，画出复位电路和外部晶振电路。

（4）能举一反三，独立进行类似控制的电路设计，会进行电路测试。

二、学习与实践

（一）讨论与发言

参考项目 1，你认为本系统电路设计应包括哪几部分？

_____

_____

请阅读以下资料，按照指导步骤，完成电路设计与测试。

（二）电源电路设计与测试

1. 电源电路设计

我们已经知道，可以采用一组、二组、三组或四组电源为 STM32F103 单片机供电，由于不涉及模拟信号的输入、输出，如果不考虑备用电源供电，可以只用一组电源供电，如图 2.2.1 所示。

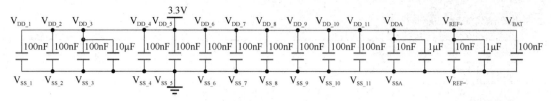

图 2.2.1 供电电路

2. 电源电路测试

（1）通过调试器接口给开发板供电。

① 用调试器连接开发板和计算机。

② 将万用表打至直流电压挡，测量开发板上 3.3V 电源和 GND 间的电压，应为 3V 左右；测量 5V 电源和 GND 间的电压，仍应为 3V 左右（因为没有 5V 供电）。

③ 按下或松开电源键，应发现其对以上测量结果没有影响。

（2）通过 USB 串口下载接口给开发板供电。

① 断开调试器与计算机的连接，用 USB 线直接将计算机和开发板上的 USB 串口下载接口连在一起。

② 按下开发板上的电源键，应该看到电源键会影响电源指示灯和开发板的供电，如果电源指示灯点亮，说明系统有电。

③ 在系统有电的情况下，测量 3.3V 电源和 GND 间的电压，应为 3V 左右；测量 5V 电源和 GND 间的电压，应为 5V 左右（此情况下有 5V 供电）。

电源电压测试结论：_____

开发板上要想获得 DC 5V 供电，可以通过_____供电。

（三）输入电路设计与测试

1. 输入电路设计

开关信号输入电路可以有多种接法，如图 2.2.2 所示，可以选择其中的一种。

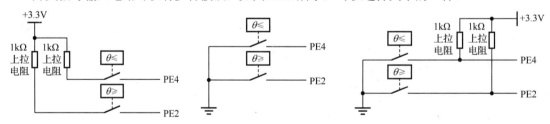

（a）外部上拉，内部应设置为下拉模式　（b）外部下拉，内部应设置为上拉模式　（c）外部上下拉，内部应设置为浮空模式

图 2.2.2 输入电路的三种接法

2. 输入电路测试

输入电路测试如图 2.2.3 所示。

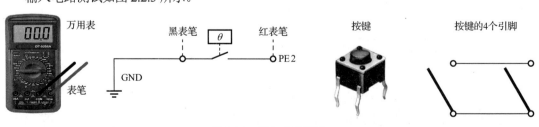

图 2.2.3 输入电路测试

（1）给开发板断电，将万用表打到蜂鸣挡，将红、黑表笔分别连到传感器两端，改变热源温度，测试传感器的通断特性。当然也可以用开发板上的按键 K_LEFT 和 K_RIGHT 代替传感器，测试是否符合"按下接通，松开断开"的特性。如果不符合，请检查是检测错误，还是开关损坏，或是其他原因，并予以解决。

（2）给开发板上电，将万用表打到直流电压合适挡位，将红、黑表笔分别连到开发板上的 PE2 引脚和 GND 引脚，测试是否符合"按下按键，电压 0V；松开按键，电压 3.3V"的特性。

（3）如果按键 K_LEFT 松开时测到的电压不是 3.3V 而是 0V，可能是由于程序中没有将该引脚设置为上拉输入，导致按键松开时 PE2 引脚外部和内部都悬空。请将项目 1 分组管理的程序下载到开发板并运行。确保此按键松开、外部输入悬空情况下，内部能通过上拉电阻得到稳定的高电平。

（4）如果仍然不能符合"按下按键，电压 0V；松开按键，电压 3.3V"的特性，请检查是检测错误，还是电路或程序错误，并予以解决。

（5）同样方法测试 PE3、PE4、PA0 引脚，记录测试情况。注意，PA0 引脚由 K_UP 按键控制，采用外部上拉接法，与其他三个按键不同。PA0 特性应该是"按下按键，电压 3.3V；松开按键，电压 0V"。

按下 K_LEFT 按键	PE2 电压=	按下 K_RIGHT 按键	PE4 电压=
松开 K_LEFT 按键	PE2 电压=	松开 K_RIGHT 按键	PE4 电压=
按下 K_DOWN 按键	PE3 电压=	按下 K_UP 按键	PA0 电压=
松开 K_DOWN 按键	PE3 电压=	松开 K_UP 按键	PA0 电压=

（四）输出电路设计与测试

1. 蜂鸣器电路设计

我们已经知道，STM32 单片机推挽输出的驱动电流为±25mA，如果蜂鸣器的驱动电流大于 25mA，就需要在单片机引脚和蜂鸣器之间加驱动器。图 2.2.4 给出了三种用三极管驱动蜂鸣器的电路，部分开发板上采用的是图 2.2.4（a）所示的电路，另一部分则采用图 2.2.4（b）所示的电路。请观察这两种电路有什么区别？

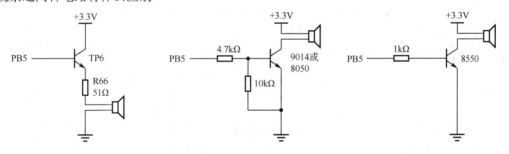

（a）PB5引脚输出高电平，蜂鸣器有电　　　（b）PB5引脚输出低电平，蜂鸣器有电

图 2.2.4　蜂鸣器电路的三种接法

2. 蜂鸣器电路测试

首先测试是有源蜂鸣器还是无源蜂鸣器。对于无源蜂鸣器，无论给的是高电平还是低电平，它都不会响。要想测试其音调性能，可利用信号发生器，通过给 PB5 引脚送适当频率的振荡信号控制其发声。

PB5 引脚接 3.3V	蜂鸣器响？	是有源蜂鸣器	高电平驱动
PB5 引脚接 GND	蜂鸣器响？	是有源蜂鸣器	低电平驱动
PB5 引脚接信号源的 1kHz	蜂鸣器响？	是无源蜂鸣器，音调相对较低	振荡信号驱动
PB5 引脚接信号源的 3kHz	蜂鸣器响？	是无源蜂鸣器，音调相对较高	振荡信号驱动

3. 继电器电路设计

在图 2.1.10 所示的继电器电路中，继电器线圈的工作电流远小于负载电流，所以说继电器是用小电流驱动大电流负载的一种器件。但是继电器线圈的工作电流仍然可能大于单片机 GPIO 引脚的输出电流，这时候 GPIO 引脚和继电器线圈之间还需要再加一个驱动电路。图 2.2.5 所示为三种三极管-继电器驱动电路。

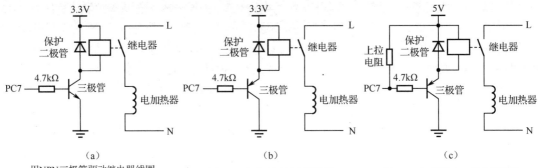

(a)	(b)	(c)
用NPN三极管驱动继电器线圈 用继电器触点驱动电加热器 PC7引脚输出高电平，加热	用PNP三极管驱动继电器线圈 用继电器触点驱动电加热器 PC7引脚输出低电平，加热	用PNP三极管驱动5V继电器线圈 PC7应设置为漏极开路输出，外接上拉电阻 到5V电源。PC7引脚输出低电平，加热

图 2.2.5　三种三极管-继电器驱动电路

图 2.2.5（a）所示的电路中，PC7 引脚输出**高**电平→继电器线圈得电→常开触点闭合→电加热器开始加热。

图 2.2.5（b）所示的电路中，PC7 引脚输出**低**电平→继电器线圈得电→常开触点闭合→电加热器开始加热。

图 2.2.5（c）所示的电路中，PC7 引脚输出低电平，电加热器加热，但与前两种接法不同的是，继电器线圈为 **DC 5V 供电**。大家知道，STM32 单片机是 3V 芯片，其 GPIO 引脚在正常情况下能接收和输出 3V 电平。但我们也知道，STM32 单片机的部分 GPIO 引脚也允许输入或输出 5V 电平，称为 5V 兼容。PC7 就属于 5V 兼容的引脚（具体哪些引脚兼容 5V 电平，请参考表 1.6.1）。

编程时要注意：在 GPIO 引脚外接 5V 负载的情况下，初始化时应将该引脚（这里为 PC7）设置为漏极开路输出（GPIO_MODE_OUTPUT_OD）。

接线时要注意：所有漏极开路输出的引脚在接负载的同时，一般应接上拉电阻，以获得稳定的高电平。因此，在图 2.2.5（c）中，PC7 引脚接 4.7kΩ电阻的同时，又接了一个上拉电阻到 5V 电源。

那么，电路中的上拉电阻是不是必需的呢？其实也不一定。

（1）在**图 2.2.5（c）**中外接上拉电阻。

PC7 引脚输出"0"→三极管导通→继电器线圈得电→继电器常开触点闭合→加热。

PC7 引脚输出"1"，由于 PC7 引脚内部被设置为漏极开路，因此 PC7 内部悬空。按照该电路，PC7 引脚经图 2.2.5（c）中的上拉电阻被拉到 5V→PC7 引脚得到高电平→三极管不导通→继电器线圈不得电→继电器常开触点断开→**不加热**。

（2）在**图 2.2.5（c）**中去掉外部上拉电阻。

PC7 引脚输出"0"→三极管导通→继电器线圈得电→继电器常开触点闭合→**加热**。

PC7 引脚输出"1"→PC7 引脚内部外部都悬空→PC7 引脚得不到稳定的高电平→三极管仍然不导通→电加热器仍然不加热。

可见在**图 2.2.5（c）**所示的电路中有没有上拉电阻都不影响加热控制。当然，电路中有上拉电阻，在 PC7 引脚输出"1"情况下，电路的抗干扰能力更强。所以还是建议外接上拉电阻。

（3）将**图 2.2.5（c）**中的 **PNP 三极管**换成**图 2.2.5（a）**中的 **NPN 三极管**，三极管需要高电

平导通，这个上拉电阻是不可或缺的。

PC7 引脚输出"0"→三极管不导通→电加热器不加热。

PC7 引脚输出"1"→如果没有外部上拉电阻，内部和外部都是悬空的→PC7 引脚得不到稳定的高电平，三极管不导通→电加热器不加热。电路将失去控制功能。

4. 继电器电路测试

以上三极管-继电器驱动电路可以自己搭建，也可以直接在市场上购买集成有三极管驱动电路的继电器模块，如图 2.2.6 所示。图 2.2.6（a）中继电器模块的左侧为控制端，VCC 和 GND 为电源输入引脚，供电电压为 DC 5V。IN 为信号输入引脚，可将其接到 STM32 单片机的 GPIO 引脚上。IN 端输入低电平，继电器线圈得电；IN 端输入高电平或悬空，继电器线圈失电。右侧为继电器触点，在线圈失电情况下，常开（Normal Open，NO）端和公共（Common，COM）端之间断开，常闭（Normal Closed，NC）端和公共端之间接通；线圈得电情况下，NO 端和 COM 端之间接通，NC 端和 COM 端之间断开。测试过程如下。

（a）继电器模块

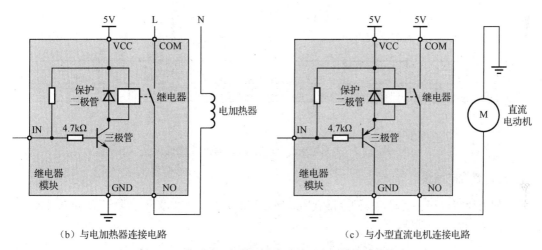

（b）与电加热器连接电路　　　　　　　　（c）与小型直流电机连接电路

图 2.2.6　集成有三极管驱动电路的继电器模块及其接线

（1）通过 USB 串口下载接口或圆形电源接口给开发板供电，使开发板上有 DC 5V 供电。按下电源开关，确保开发板电源指示灯点亮。

（2）将开发板上的 5V 电源、GND 分别与继电器模块的 VCC 和 GND 连接，模块上电源指示灯（红灯）应点亮。

（3）暂不连接电加热器或直流电动机。

（4）用导线将继电器模块的 IN 端接开发板的+5V，绿灯应不亮，代表线圈失电。

（5）用导线将继电器模块的 IN 端接开发板的 GND，绿灯应点亮，且说明该模块为低电平触发。

（6）在线圈得电的情况下，用万用表蜂鸣挡测试继电器的 NO 端，该端应与 COM 端导通；NC 端应与 COM 端断开。

（7）线圈失电情况下，常开触点和常闭触点的状态应与线圈得电情况相反。

（8）断电状态下，按照图 2.2.6（b）接入电加热器负载。如果没有电加热器，也可按图 2.2.6（c）接入一个直流电动机。

（9）将万用表打到交流电压的合适挡位，给开发板通电，信号线 IN 分别接+5V 电源和 GND，观察电加热器是否加热或电动机是否旋转。也可测试电加热器或电动机两端是否有电压。

VCC 和 GND 供电	继电器红灯？	NO 端与 COM 端之间是否有电压？	电加热器是否加热或电动机是否旋转
		NC 端与 COM 端之间是否有电压？	
IN 端接+5V 电源	继电器绿灯？	NO 端与 COM 端之间是否有电压？	电加热器是否加热或电动机是否旋转
		NC 端与 COM 端之间是否有电压？	
IN 端接 GND	继电器绿灯？	NO 端与 COM 端之间是否有电压？	电加热器是否加热或电动机是否旋转
		NC 端与 COM 端之间是否有电压？	

按照以上分析，本系统电源电路与输入、输出电路设计如图 2.2.7 所示。

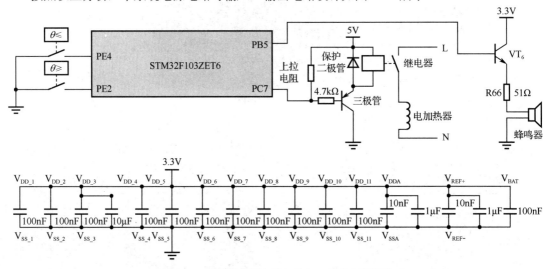

图 2.2.7　本系统电源电路与输入、输出电路设计

（五）复位电路设计与测试

当使用计算机和手机时，我们经常利用断电重启的方法，使其退出死机状态，重新开始运行。单片机也具有类似的功能。

有电情况下，单片机大多数时间都工作在**运行状态**。运行状态下，CPU 总是不断地从程序存储器中逐条取指令、执行指令。

复位状态下，CPU 不执行程序，而是将内部各寄存器恢复到初始值。

复位完成后，CPU 退出复位状态，重新进入运行状态。我们平常所说的重启就是指先进入复位状态进行复位操作，再进入运行状态，重新开始从头运行程序。

复位重启可以很好地解决由于电磁干扰、程序设计漏洞等因素带来的程序跑飞或死循环等问题，复位是单片机系统必须配置的功能。

STM32 单片机提供多种在复位和运行状态之间切换的方法，本节只学习断电复位和外部引脚复位。

STM32 单片机的断电复位分为上电复位和掉电复位。

1. 上电复位和掉电复位

上电复位：上电过程中，单片机会首先进入复位状态，复位完成且检测到电源电压超过一定阈值（默认为 2.18V）并稳定后（默认超过 2.5ms），则单片机退出复位状态，进入运行状态。

掉电复位：STM32 单片机内部自带电源检测电路，当检测到电源电压低于阈值（默认为 2.18V-0.04V=2.14V）后，会自动进入复位状态，争取抢在彻底断电之前将内部寄存器复位。如果之后电源电压自动恢复了，单片机就退出复位状态，重新进入运行状态；如果电源电压不能恢复，只好断电停机。

上电复位和掉电复位都由单片机内部硬件电路自动完成，**不需要编程，不需要额外的电路**。但是可以通过编程改变进入或退出复位状态的电压阈值，具体方法可参见《STM32F1xx 中文参考手册》，这里不再介绍。

2. 外部引脚复位

STM32F103ZET6 单片机的 25 号引脚叫作 NRST（参见表 1.6.1）引脚。这个引脚是复位引脚，用于接收复位信号。N 的意思是 Not（非），NRST 就是 Not RESET（低电平复位），**NRST 引脚得到低电平，STM32 单片机进入复位状态；NRST 得到高电平，STM32 单片机退出复位状态，进入运行状态。**

STM32 单片机手册给出的按键复位电路如图 2.2.8（a）所示。按下复位按钮，NRST 引脚下拉到低电平，从而进入复位状态。松开复位按钮，STM32 单片机通过内部上拉电阻 R_{ON} 立刻得到高电平，进入运行状态，逐条执行程序。建议将复位按钮并接 1 个 0.1μF 的电容，这可以防止因按键时间过短、按键抖动、干扰等因素造成复位时间不足而提前进入运行状态（由于电容两端的电压不能突变，在松开复位按钮后，NRST 引脚的低电平会保持一段时间，这可以确保单片机有足够的复位时间）。

图 2.2.8（b）是我们使用的开发板的按键复位电路。与图 2.2.8（a）比，主要的不同之处在于 NRST 引脚外部有 1 个 10kΩ的上拉电阻。由于该上拉电阻的加入，改变了充电回路总电阻值的大小，外部电容量也做了适当调整。

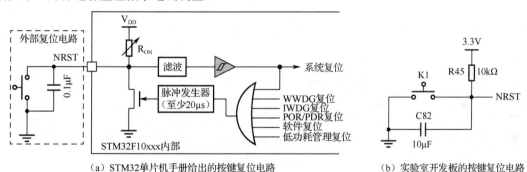

（a）STM32单片机手册给出的按键复位电路   （b）实验室开发板的按键复位电路

图 2.2.8 按键复位电路

项目 1 设计的电路只有电源电路、输入电路和输出电路，其实还应该加入按钮复位电路使其功能更加完善，具体形式按图 2.2.8（a）和图 2.2.8（b）均可。

NRST 引脚复位需要配置成图 2.2.8 所示的电路，但引脚复位不需要编程。

3. 复位电路的测试

（1）将万用表打到直流电压挡。

（2）给开发板上电，将万用表红表笔接 NRST 引脚，黑表笔接 GND。

（3）按下开发板上的复位按键，万用表显示应约为 0V；松开按键，万用表显示应约为 3.3V。

按下复位按键，NRST 引脚电平：	松开复位按键，NRST 引脚电平：
思考：如果复位按键故障，按键常通会怎样？按键常断会怎样？	

（六）外部时钟电路设计与测试

前文介绍 STM32 单片机的内部包括 CPU 内核、GPIO、电源管理、复位管理等电路。且这些电路工作时都需要时钟。之前的调试经验也告诉我们，如果编程时没有使能 GPIO（如 GPIOA 的时钟），GPIO 将不工作。时钟犹如单片机的心脏，单片机内几乎所有的设备都按照时钟节拍有节奏地工作着。时钟出现问题，不仅会造成某些设备不工作，甚至会引起整个系统崩溃。

时钟由时钟电路产生。STM32 单片机内部自带时钟电路，可以产生系统工作需要的时钟信号。内部时钟信号的缺点是精度不够高，如果希望提高时钟信号的精度，就需要使用外部时钟。

1. 外部高速时钟引脚及电路

STM32F103ZET6 单片机的 23 号和 24 号引脚，叫作 OSC_IN 和 OSC_OUT（参见表 1.6.1），用于外接晶振或时钟信号发生器，为 Cortex 内核、GPIO 等设备提供时钟信号。OSC 是 OSCillator（振荡器）的缩写。

（1）外接晶振。

STM32 单片机数据手册上给出的外部晶振电路如图 2.2.9（a）所示，此时可以通过外部晶振为单片机提供时钟，允许的晶振频率范围为 4～16MHz。谐振电容 C_{L1}、C_{L2}、电阻 R_{EXT} 的大小与晶振的性能有关，具体计算方法请参见《STM32F10xxx 硬件开发入门》。为了减少时钟失真和缩短稳定时间，晶振和谐振电容必须尽可能地靠近 OSC_IN 和 OSC_OUT 引脚。

开发板上的晶振电路如图 2.2.9（b）所示。晶振频率为 8MHz，电容量为 22pF，没有使用电阻 R_{EXT}，但在 OSC_IN 和 OSC_OUT 之间并联了一个 1MΩ 的电阻。

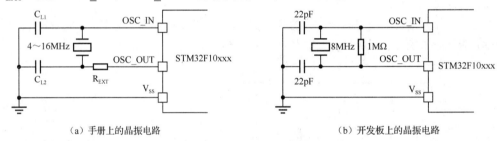

（a）手册上的晶振电路　　　　　　　　　　　（b）开发板上的晶振电路

图 2.2.9　使用晶振作为外部高速时钟源

（2）外接时钟信号发生器。

晶振本身只是一个起振部件，需要和外部电路的配合才能产生单片机工作需要的振荡信号。也可以使用能独立产生振荡信号的时钟发生器作为外部振荡源，连接方法如图 2.2.10 所示，OSC_IN 接时钟信号，OSC_OUT 悬空。注意外部时钟发生器应与 STM32 单片机有共同的电压基准，因此应将二者的 GND 接在一起。外部时钟发生器输入频率最大可达 25MHz，可以是占空比为 50% 的方波，也可以是正弦波或三角波。

（3）不使用外部振荡源。

如果不使用外部振荡源，应将 OSC_IN 接地，OSC_OUT 悬空，以获得更好的抗干扰能力，如图 2.2.11 所示。

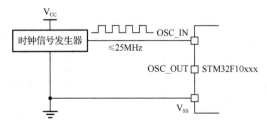

图 2.2.10　使用时钟信号发生器作为外部高速时钟源

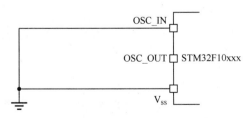

图 2.2.11　不使用外部高速时钟源

注意：上电复位以后，外部高速时钟是被禁止的，单片机自动使用内部 8MHz 高速时钟。如果希望使用外部高速时钟，需要编程进行时钟切换。

2. 外部高速晶振电路测试

（1）将示波器信号线和接地线接在高速晶振两侧。

（2）给开发板上电，下载项目"01-06-温度报警器-位操作-加入宏定义-分组管理"。

（3）运行后观察记录波形及频率。

（4）下载项目"0.1 按键测试"。

（5）运行后观察并记录波形及频率。

（6）观察两个程序的 main()函数，注意语句"Stm32_Clock_Init(RCC_PLL_MUL9)；"。此函数用于将高速时钟切换到外部晶振。

> 1. 项目"01-06-温度报警器-位操作-加入宏定义-分组管理"波形和频率：＿＿＿＿＿＿＿
>
> 2. 项目"0.1 按键测试"波形和频率：＿＿＿＿＿＿＿＿＿＿＿＿＿＿＿＿＿＿＿＿
>
>
> 3. 两个项目使用的高速晶振分别是（内部、外部）：＿＿＿＿＿＿＿＿＿＿＿＿＿＿

3. 外部低速时钟引脚及电路

STM32F103ZET6 单片机的 8 号和 9 号引脚，既是 PC14 和 PC15，也可以被 OSC32_IN 和 OSC32_OUT 复用（参见表 1.6.1），用来接收 32.768kHz 的时钟信号，为片内看门狗（WDG）和 RTC 等设备提供时钟。

> **想一想**：OSC_IN 和 OSC_OUT 引脚为片内哪些电路提供时钟？接收信号的频率范围是多少？
> OSC32_IN 和 OSC32_OUT 引脚为片内哪些电路提供时钟？接收信号的频率范围是多少？

OSC32_IN 和 OSC32_OUT 引脚也被称为外部低速时钟引脚，而 OSC_IN 和 OSC_OUT 被称为外部高速时钟引脚。

（1）外接晶振。

手册上给出的晶振电路如图 2.2.12（a）所示。开发板上的晶振电路如图 2.2.12（b）所示。

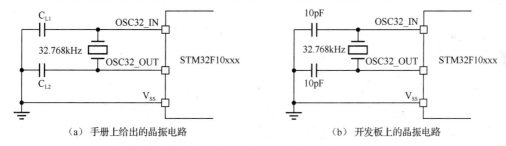

（a）手册上给出的晶振电路　　　　　（b）开发板上的晶振电路

图 2.2.12　使用晶振作为外部低速时钟源

（2）外接时钟信号发生器。

STM32 单片机外部低速时钟电路如图 2.2.13 所示。

注意：上电复位后，外部低速时钟和内部低速时钟都是被禁止的，需编程设置后方可启用。

4. 外部低速晶振电路测试

（1）将示波器信号线和接地线接在低速

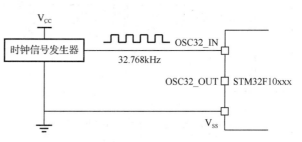

图 2.2.13　STM32 单片机外部低速时钟电路

晶振两侧。

（2）给开发板上电，下载项目"0.1 按键测试"。

（3）运行后观察记录波形及频率。分析波形产生的原因。

> 1. 项目"0.1 按键测试"波形和频率：＿＿＿＿＿＿＿＿
>
> 2. 该项目使用的低速晶振是：（外部、内部）＿＿＿＿＿＿＿＿

（七）本系统电路汇总

温度报警与控制电路设计如图 2.2.14 所示。

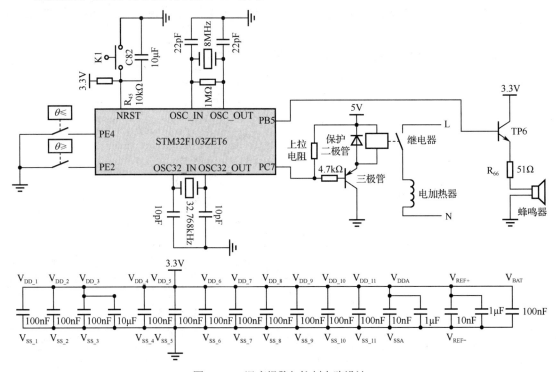

图 2.2.14　温度报警与控制电路设计

当然，电路设计不是唯一的，想一想，电路还可以怎么设计？

三、要点记录及成果检验

任务 2.2	电路设计与测试						
姓名		学号		日期		分数	

（一）术语记录

英　文	中 文 翻 译
NRST	
Oscillator	
SYSCLK	

（二）自主设计

1. 请设计两个电接点温度计分别与 PF5、PF6 引脚连接的电路，要求采用外部上下拉输入。

2. 请设计 PA2 引脚连接高电平驱动的蜂鸣器电路。

3. 请设计 PD1 引脚连接三极管–继电器、高电平驱动的电加热器控制电路。

4. 请画出两种 STM32 单片机采用按键复位的电路。

5. 请设计使用两个外部晶振分别作为高速和低速振荡源的外部晶振电路。

任务 2.3　程序设计与调试

一、任务目标

（1）能画出程序流程图。
（2）能利用现有框架，通过位操作或 GPIO 引脚读写函数编写温度采集程序、蜂鸣器报警程序、继电器控制程序、闪烁程序及流水灯程序。
（3）能够根据电路变化对程序进行适应性修改。
（4）会利用滴答延时实现延时功能。

二、学习与实践

（一）讨论与发言

请对照项目 1 的流程，尝试编写本项目流程，谈一谈流程编写思路。

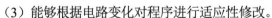

请阅读以下资料，按照指导步骤完成流程图设计、程序框架搭建、程序设计与调试。

（二）流程图设计

按照控制要求画程序流程图，如图 2.3.1 所示。

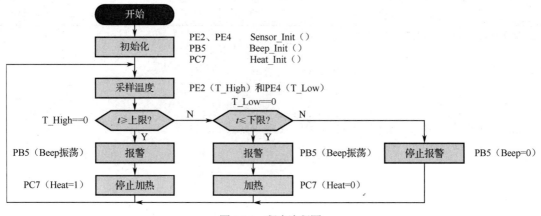

图 2.3.1　程序流程图

（三）程序文件布局

（1）复制文件夹"01-06-温度报警器-位操作-加入宏定义-分组管理"并粘贴。

（2）修改副本文件夹名为"02-01-温度控制-位操作-普通延时"，如图 2.3.2 所示。

（3）在"HARDWARE"文件夹中，复制"KEY"文件夹并粘贴，修改文件夹名为"SENSOR"，复制"LED"文件夹两次并粘贴，分别修改文件夹名为"BEEP"和"HEAT"。

（4）修改"SENSOR""BEEP""HEAT"文件夹内的文件名，如图 2.3.2 所示。

（5）原有"KEY""LED"文件夹可保留也可删除。建议保留，方便后续程序借用。

（6）修改工程名为"Temperature_Control"。双击工程名，打开工程。

图 2.3.2　程序文件布局

（四）程序框架搭建

（1）添加文件"beep.c""heat.c""sensor.c"到"Project"对话框中的"HARDWARE"文件夹中，如图 2.3.3 所示。原有文件"key.c""led.c"可移除（Remove）。

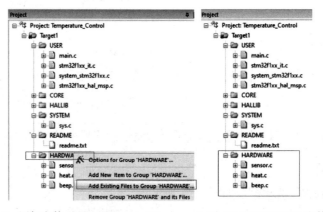

图 2.3.3　添加文件"beep.c""heat.c""sensor.c"到"HARDWARE"文件夹中

（2）单击"Options"按钮，添加"SENSOR"、"BEEP"和"HEAT"文件夹到"Setup Compiler Include Path:"中，如图 2.3.4 所示。

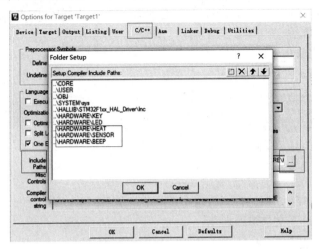

图 2.3.4　添加三个.h 文件所在的文件夹

（五）程序设计与调试

1. 主程序

按照流程图 2.3.1，可编写主程序如下。

```
1  #include "sensor.h"        //传感器定义头文件
2  #include "beep.h"          //蜂鸣器定义头文件
3  #include "heat.h"          //继电器（加热器）定义头文件
4  void Delay(u32 i)  //延时函数
5  {while(i--);              //空操作i次，实现延时
6  }
7  int main(  )      //主函数
8  { HAL_Init();            //初始化HAL
9    Sensor_Init();        //初始化传感器
10   Beep_Init();          //初始化蜂鸣器
11   Heat_Init();          //初始化继电器（加热器）
12   while(1)
13   { if(T_High==0  )       //如果温度超过上限
14     { Beep=!Beep;         //蜂鸣器报警（对于有源蜂鸣器，可能Beep=0）
15       Delay(5000);        //延时（对于有源蜂鸣器，无须延时）
16       Heat=1;             //停止加热
17     }
18     else                  //否则
19     {if(T_Low==0)         //如果温度低于下限
20       { Beep=!Beep;       //蜂鸣器报警（对于有源蜂鸣器，Beep=0）
21         Delay(5000);      //延时（对于有源蜂鸣器，无须延时）
22         Heat=0;           //开始加热
23       }
24       else                //否则
25       { Beep=0;           //蜂鸣器停止报警（对于有源蜂鸣器，可能Beep=1）
26       }
27     }
28   }
29 }
```

（1）程序开头首先声明包含传感器、蜂鸣器和加热器引脚配置头文件。初始化完成后，进入循环程序，不断检测两个传感器的输入，控制蜂鸣器和加热器输出。

（2）根据图 2.2.14 所示的电路，温度越限，T_High 或 T_Low 输入为 0。

（3）如果使用的是**无源**蜂鸣器，需要振荡信号方能发声。语句"Beep=!Beep；"的作用就是使蜂鸣器引脚（PB5）不断取反，输出高低电平的振荡信号。语句"Delay(5000)；"则用于控制高低电平的持续时间，也就是振荡频率，以满足蜂鸣器发声的需要。

（4）第 4～6 行是延时函数。该函数只有一条语句"while(i--)；"。循环执行 i 次空操作。虽然空操作什么都不做，但会消耗时间，实现延时。i 越大，延时时间越长。i 的大小由主程序传递而来。本程序第 15 行和第 21 行调用延时函数，并指定延时次数为 5000。

（5）如果使用的是**有源**蜂鸣器，且低电平驱动，则报警时应写"Beep=0；"；不报警应写

"Beep=1；"，都不需要延时。

（6）本系统使用的继电器为低电平触发，因此加热时应写"Heat=0"。

（7）由于传感器、蜂鸣器和加热器程序没有编写完成，此时进行编译会出现较多错误，可以最后对主程序进行编译。

2. 传感器初始化程序

（1）修改"sensor.c"文件中的程序。

```
sensor.c
1   #include "sensor.h"
2   void Sensor_Init()
3  {  GPIO_InitTypeDef GPIO_InitStructure;         //定义GPIO初始化参数
4      __HAL_RCC_GPIOE_CLK_ENABLE();                //开启GPIOE时钟
5      GPIO_InitStructure.Pin=GPIO_PIN_2|GPIO_PIN_4; //PE2和PE4
6      GPIO_InitStructure.Mode=GPIO_MODE_INPUT;      //输入
7      GPIO_InitStructure.Pull=GPIO_PULLUP;          //内部上拉
8      HAL_GPIO_Init(GPIOE, &GPIO_InitStructure);    //执行GPIOE初始化
9  }
10
```

注意 PE2 引脚和 PE4 引脚的模式设置。按照电路图 2.2.14，应设置为上拉输入模式。

（2）修改"sensor.h"文件中的程序。

```
sensor.h
1  #ifndef _SENSOR_H
2  #define _SENSOR_H
3    #include "sys.h"
4    #define T_High   PEin(2)
5    #define T_Low    PEin(4)
6    void Sensor_Init(void);
7  #endif
```

（3）对以上程序进行编译，检查是否有错误和警告。

3. 蜂鸣器初始化程序

（1）修改"beep.c"文件中的程序。

```
beep.c
1   #include "beep.h"
2   void Beep_Init()
3  {  GPIO_InitTypeDef GPIO_InitStructure;              //定义GPIO初始化变量
4      __HAL_RCC_GPIOB_CLK_ENABLE();                     //开启GPIOB时钟
5      GPIO_InitStructure.Pin=GPIO_PIN_5;                //准备对PB5初始化
6      GPIO_InitStructure.Mode=GPIO_MODE_OUTPUT_PP;      //推挽输出Out_PP
7      GPIO_InitStructure.Speed=GPIO_SPEED_FREQ_HIGH;    //高速输出
8      HAL_GPIO_Init(GPIOB, &GPIO_InitStructure);        //GPIOB初始化
9      HAL_GPIO_WritePin(GPIOB, GPIO_PIN_5,GPIO_PIN_RESET); //使PB5输出0（不响）
10                                                        //注意电路不同，可能需要输出1
11 }
```

注意 PB5 引脚的模式设置。按照电路图 2.2.14 应设置为"OUTPUT_PP"。对于高电平驱动的蜂鸣器，初始状态应输出 0，确保蜂鸣器不得电。对于低电平驱动的蜂鸣器，则相反。

（2）修改"beep.h"文件中的程序。

```
beep.h
1  #ifndef _BEEP_H
2    #define _BEEP_H
3    #include "sys.h"
4    #define  Beep   PBout(5)
5    void Beep_Init(void);
6  #endif
```

（3）对以上程序进行编译，检查是否有错误和警告。

4. 继电器（加热器）初始化程序

（1）修改"heat.c"文件中的程序。

```
heat.c
1   #include "heat.h"
2   void Heat_Init()
3  {  GPIO_InitTypeDef GPIO_InitStructure;              //定义初始化变量
4      __HAL_RCC_GPIOC_CLK_ENABLE();                     //开启GPIOC时钟
5      GPIO_InitStructure.Pin=GPIO_PIN_7;                //PC7
6      GPIO_InitStructure.Speed=GPIO_SPEED_FREQ_HIGH;    //高速输出
7      GPIO_InitStructure.Mode=GPIO_MODE_OUTPUT_OD;      //漏极开路输出
8      HAL_GPIO_Init(GPIOC, &GPIO_InitStructure);        //GPIOC初始化
9      HAL_GPIO_WritePin(GPIOC, GPIO_PIN_7,GPIO_PIN_SET); //PC7输出1（不加热）
10 }
```

注意 PC7 引脚的模式设置。按照电路图 2.2.14，应设置为"OUTPUT_OD"。初始状态应输出 1，确保继电器线圈不得电，电加热器不加热。

（2）修改"heat.h"文件中的程序。

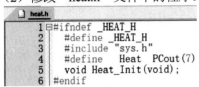

```
  heat.h
1  #ifndef _HEAT_H
2    #define _HEAT_H
3    #include "sys.h"
4    #define    Heat  PCout(7)
5    void Heat_Init(void);
6  #endif
```

（3）对以上程序进行编译，检查是否有错误和警告。

5. 时钟切换程序

如果使用内部 8MHz 的晶振作为系统时钟源，可不进行时钟切换。

6. 程序编译生成及下载

在"sensor.c"、"beep.c"和"heat.c"文件中的程序编译成功的情况下，对主程序进行编译、生成操作。

7. 程序运行与调试

（1）上电复位后，蜂鸣器不响，继电器不动作（不加热）。

（2）按下 K_Left 按键，代表温度超过上限，蜂鸣器应报警，继电器不动作（不加热）。

（3）松开 K_Left 按键，代表温度正常，蜂鸣器不应报警，继电器保持不动作（不加热）。

（4）按下 K_Right 按键，代表温度低于下限，蜂鸣器应报警，继电器动作（加热）。

（5）松开 K_Right 按键，代表温度正常，蜂鸣器不应报警，继电器保持动作（加热）。

（6）重复步骤（2）～步骤（5），应具有同样的结果。

（7）将主程序的 Delay(5000)分别设置为 Delay(50)、Delay(500)、Delay(5000)、Delay(50000)、Delay(500000)，观察延时时间（振荡频率）对蜂鸣器发声效果的影响。

故障现象：＿＿＿＿＿＿＿＿＿＿＿＿＿＿＿＿＿＿＿＿＿＿＿＿＿＿＿＿＿

故障原因：＿＿＿＿＿＿＿＿＿＿＿＿＿＿＿＿＿＿＿＿＿＿＿＿＿＿＿＿＿

解决办法：＿＿＿＿＿＿＿＿＿＿＿＿＿＿＿＿＿＿＿＿＿＿＿＿＿＿＿＿＿

延时时间改变的结果：＿＿＿＿＿＿＿＿＿＿＿＿＿＿＿＿＿＿＿＿＿＿＿

（六）用 SysTick 实现蜂鸣器报警和温度控制

1. 框架搭建

（1）如图 2.3.5 所示，复制"02-01-温度控制_位带操作-普通延时"文件夹并粘贴。

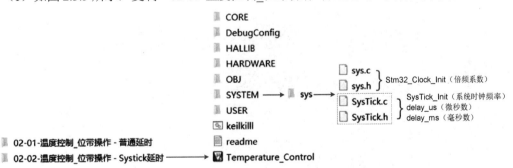

图 2.3.5　带有 SysTick 操作函数的框架

（2）修改副本文件名为"02-02-温度控制_位带操作-Systick 延时"。

（3）在"SYS"文件夹中粘贴"SysTick.c"和"SysTick.h"文件。它们是关于 SysTick 操作的文件，内容已编写完成，文件由教师提供。

（4）双击工程"Temperature_Control"，打开工程。

（5）添加"SysTick.c"文件到"SYSTEM"文件夹中，如图 2.3.6 所示。

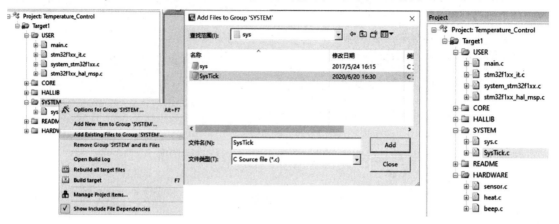

图 2.3.6　添加"SysTick.c"文件到"SYSTEM"文件夹中

（6）将文件"SysTick.h"所在的文件夹包含进来。

由于文件"SysTick.h"在"SYSTEM"文件夹中，该文件夹先前已包含进来，这个过程就不需要再做了，当然你也可以选择"Options→C/C++→Include Paths→…"命令来检查，确保"SYS"文件夹确实被包含进来了。

2．程序设计与调试

（1）修改"main.c"文件中的程序。

```
main.c
 1   #include "sensor.h"              //传感器定义头文件
 2   #include "beep.h"                //蜂鸣器定义头文件
 3   #include "heat.h"                //继电器（加热器）定义头文件
 4   #include "SysTick.h"            //SysTick头文件
 5 ┌/*void Delay(u32 i)              //延时函数
 6   {while(i--);
 7   }*/
 8   int main( )
 9 ┌{ HAL_Init();                    //初始化HAL
10     Stm32_Clock_Init(RCC_PLL_MUL9);  //设置系统时钟
11     SysTick_Init(72);            //指出SysTick按照72MHz系统时钟工作
12     Sensor_Init();               //初始化传感器
13     Beep_Init();                 //初始化蜂鸣器
14     Heat_Init();                 //初始化继电器（加热器）
15     while(1)
16 ┌  { if(T_High==0  )            //如果温度超过上限
17       { Beep=!Beep;              //蜂鸣器报警（无源蜂鸣器）
18         delay_us(500);          //延时500微秒（对于有源蜂鸣器，不需要延时）
19         //Beep=0;               //蜂鸣器报警（有源蜂鸣器，低电平驱动）
20         Heat=1;                 //停止加热
21       }
22       else                       //否则
23       {if(T_Low==0  )           //如果温度低于下限
24 ┌      { Beep=!Beep;            //蜂鸣器报警（对于有源蜂鸣器，可能Beep=0）
25         delay_us(500);          //延时500微秒（对于有源蜂鸣器，不需要延时）
26         //Beep=0;               //蜂鸣器报警（有源蜂鸣器，低电平驱动）
27         Heat=0;                 //开始加热
28       }
29       else                       //否则
30       { //Beep=0;               //蜂鸣器停止报警（无源或有源蜂鸣器，高电平驱动）
31         Beep=1;                 //蜂鸣器停止报警（无源或有源蜂鸣器，低电平驱动）
32       }
33       }
34     }
35 }
```

① 注意第 4 行，增加了关于"SysTick.h"文件的包含语句。

② 第 5～7 行的延时函数被注释掉了，也可以直接删除。

③ 第 10 行使用了语句"Stm32_Clock_Init(RCC_PLL_MUL9);"，功能是将系统时钟切换为外部晶振，倍频系数为 9。如果外部晶振的频率为 8MHz，可得到 72MHz 的系统时钟。该函数由"sys.c"和"sys.h"文件提供，如图 2.3.5 所示。此函数的具体原理将在任务 2.5 中学习。

④ 第 11 行增加语句"SysTick_Init(72);"，指出 SysTick 按照 72MHz 的系统时钟延时。

⑤ 第 18 行和第 25 行使用语句"delay_us(500);"就是延时时间为 500μs，500μs 的高低电平时间，对应周期为 2×500=1000μs=1ms，即频率为 1kHz。

函数 SysTick_Init()、delay_us()和 delay_ms()由"SysTick.c"和"SysTick.h"文件提供，如图 2.3.5 所示。它们分别用于 SysTick 初始化、微秒延时和毫秒延时。这三个函数的原理可暂不理会，会调用即可。

（2）其他程序（传感器、蜂鸣器、加热器）不变。

（3）编译、生成、下载、运行程序，运行结果应与任务 2.2 相同。

故障现象：_____

解决办法：_____

原因分析：_____

（七）普通延时和 SysTick 延时比较

1. 普通延时函数

前面我们使用了两种方法实现延时。第一种方法由自己编写延时函数，延时程序如下。

```
void   Delay(u32   i)
{   while(i--);
}
```

此方法利用 while 语句进行 i 次空操作实现延时。i 是循环次数，i 越大，延时时间越长。

利用普通延时函数进行延时的缺点：一是 i 值与延时时间的对应关系不明显，需要用户通过实验或计算获得；二是如果单片机的系统时钟频率变了，同样的 i 值，延时时间也不相同；三是计时不够准确。

2. SysTick 延时函数

使用 SysTick 延时函数的优点是可以直接指出延时时间和系统时钟频率，非常简单方便。如上"main.c"文件中的程序，第 11 行指出 SysTick 使用的时钟频率是 72MHz，第 18 行和第 25 行直接指定延时时间为 500μs。

SysTick 延时是利用 STM32 单片机内部自带的 SysTick 定时器，配合一定的程序实现延时的。SysTick 定时器是一个 24 位的定时器，也称为系统滴答定时器（System Tick）。

我们给大家的"SysTick.h"和"SysTick.c"文件中提供了 SysTick_Init()、delay_us()和 delay_ms()三个子函数，可供大家直接调用。其内容如下。

（1）"SysTick.h"文件中的程序如下。

```
1  //本程序只供学习使用
2  #ifndef   _SysTick_H
3  #define   _SysTick_H
4  #include "sys.h"
5  void SysTick_Init(u8 SYSCLK);
6  void delay_ms(u16 nms);
7  void delay_us(u32 nus);
8  #endif
9
```

其中，"void   SysTick_Init(u8 SYSCLK)"函数用于指出系统时钟频率，如系统时钟频率为 72MHz，可写语句"SysTick_Init(72);"。

delay_us（微秒延时）和 delay_ms（毫秒延时）分别用于实现单位为μs 和 ms 的延时。例如延时 20ms，可写语句"delay_ms(20);"。

（2）"SysTick.c"文件。

这里暂不进行"SysTick.c"文件的具体分析。大家只要会调用它们即可。等将来具备一定水平后可以再对这三个函数的具体编写方法进行研究。

总结：利用 SysTick 时钟实现延时的方法如下。

① 将"SysTick.c""SysTick.h"文件放到工程中的适当位置。

② 在主函数的声明部分增加语句"#include "SysTick.h""。

③ 在初始化程序中调用 SysTick_Init（系统时钟频率），并正确指出系统时钟频率。

④ 根据需要调用 delay_ms（毫秒延时）或 delay_us（微秒延时）函数。

⑤ 本项目提供微秒延时函数的原型为 void delay_us(u32 nus)，即最大延时时间为 2^{32}μs；毫秒延时函数的原型为 void delay_ms(u16 nms)，最大延时时间为 2^{16}ms。

⑥ 网上找的滴答延时函数，很可能与教师给的不同，请按照其函数说明使用。

（八）利用 SysTick 实现闪烁程序

要求：按下按键"K_Up"（PA0），LED 模块的 8 个 LED 按照 1s 周期闪烁。松开按键，保持当前状态。

1. 方案及电路设计

按键闪烁控制方案及电路如图 2.3.7 所示。按键以外部上拉方式接入 PA0。8 个 LED 以共阳极方式接至 PC0～PC7。3.3V 电源和电池两组电源供电，配按键复位电路，配高速和低速外部晶振。

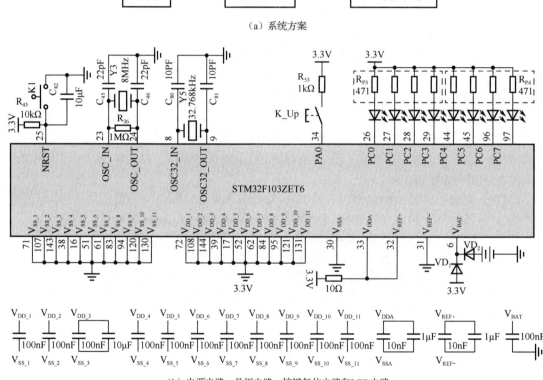

图 2.3.7 按键闪烁控制方案及电路

2. 程序流程设计

按键闪烁控制流程图如图 2.3.8 所示。

3. 框架搭建

（1）复制文件夹"02-02-温度控制_位带操作-Systick 延时"并粘贴。

（2）修改副本文件夹为"02-03-按键闪烁_位带操作-Systick 延时"，如图 2.3.9 所示。

（3）打开"02-03-按键闪烁_位带操作-Systick 延时"文件夹，修改工程名为"Button_Flash"。

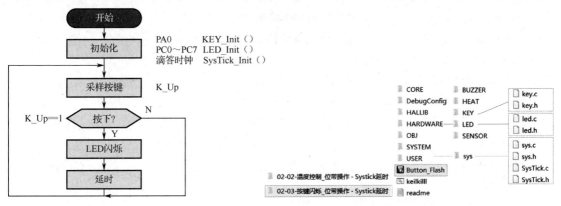

图 2.3.8　按键闪烁控制流程图　　　　　　　　图 2.3.9　框架搭建

（4）打开"HARDWARE"文件夹，检查是否有"key.c""key.h""led.c""led.h"文件。

（5）打开工程"Button_Flash"，按照图 2.3.10 进行检查，删除多余的源文件，并将文件"led.c"和"key.c"添加进来。

（6）选择"Options"→"C/C++"命令，检查"Setup Compiler Include Paths:"是否已包含"KEY"和"LED"文件夹。如果没有，请添加进来。

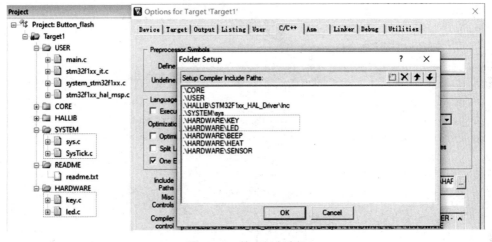

图 2.3.10　检查包含路径

4．程序设计与调试

（1）修改主程序。

```c
#include "key.h"                        //按键定义头文件
#include "led.h"                        //LED定义头文件
#include "SysTick.h"                    //滴答时钟头文件
int main()
{ HAL_Init();                           //初始化HAL
  Stm32_Clock_Init(RCC_PLL_MUL9);       //设置系统时钟
  SysTick_Init(72);                     //初始化滴答时钟, 指出系统时钟频率为72MHz
  KEY_Init();                           //初始化按键
  LED_Init();                           //初始化LED
  while(1)
  { if(K_Up==1)                         //如果按下按键
    { Led1=!Led1; Led2=!Led2;           //所有LED闪烁
      Led3=!Led3; Led4=!Led4;
      Led5=!Led5; Led6=!Led6;
      Led7=!Led7; Led8=!Led8;
      delay_ms(500);                    //延时500ms
    }
  }
}
```

令 LED 闪烁的方法就是不断使其输出高电平—延时—低电平—延时，或者取反—延时，方法与蜂鸣器振荡电路相同，延时仍然利用滴答定时器。

由于任务要求按键松开时，状态保持，保持现状就是什么都不做，因此第 11 行的 if 语句没有 else。请大家思考，如果要求按键松开时 LED 都熄灭，应该怎么编程？

（2）"led.c" "led.h" "key.c" "key.h" 这四个文件在项目 1 中已经调试通过，不必修改。

（3）编译、生成、下载后运行程序。按住 "K_Up" 按键，8 个 LED 应闪烁。松开按键，8 个 LED 可能是点亮状态，也可能是熄灭状态，这取决于松开按键前那一刻的 LED 状态。

故障现象: _____

解决办法: _____

原因分析: _____

（4）修改延时时间，观察 LED 闪烁情况。

（5）复制文件夹 "02-03-按键闪烁_位带操作-Systick 延时" 并粘贴，修改副本文件名为 "02-04-按键闪烁_端口操作-Systick 延时"，如图 2.3.11 所示。修改主程序如下，编译、生成、下载程序后，观察 LED 闪烁情况。

```
📁 02-03-按键闪烁_位带操作 - Systick延时
📁 02-04-按键闪烁_端口操作 - Systick延时
```

图 2.3.11　按键闪烁文件框架

```
main.c
1   #include "key.h"                      //传感器定义头文件
2   #include "led.h"                      //蜂鸣器定义头文件
3   #include "SysTick.h"                  //滴答时钟头文件
4   int main( )
5  { HAL_Init();                          //初始化HAL
6    Stm32_Clock_Init(RCC_PLL_MUL9);      //设置系统时钟
7    SysTick_Init(72);                    //初始化滴答时钟，指出系统时钟频率为72MHz
8    KEY_Init();                          //初始化传感器
9    LED_Init();                          //初始化蜂鸣器
10   while(1)
11   { if(K_Up==1)                        //如果按下按键
12     { GPIOC->ODR=0xff00;               //GPIOC输出寄存器送0xff00，即PC7~PC0全0
13       delay_ms(500);                   //延时
14       GPIOC->ODR=0xffff;               //GPIOC输出寄存器送0xffff，即PC7~PC0全1
15       delay_ms(500);                   //延时
16     }
17     else                               //否则
18     { GPIOC->ODR=0xffff;               //LED熄灭
19     }
20   }
21 }
```

此程序的主要变化是什么？结果如何？

_____

程序第 12 行、第 14 行、第 18 行直接对 GPIOC 输出数据寄存器进行操作，其操作结果如图 2.3.12 所示。

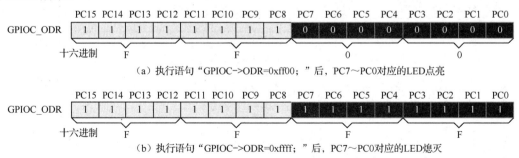

（a）执行语句 "GPIOC->ODR=0xff00;" 后，PC7～PC0对应的LED点亮

（b）执行语句 "GPIOC->ODR=0xffff;" 后，PC7～PC0对应的LED熄灭

图 2.3.12　操作结果示意图

（九）利用 SysTick 实现流水灯程序

任务要求：按下 "K_Up"（PA0）按键，LED1～LED8 依次点亮，每次只点亮一盏灯，间隔

时间为 1s。松开按键，LED 全灭。

1. 方案和电路设计

按键闪烁控制方案和电路如图 2.3.7 所示。

2. 程序流程设计

如图 2.3.13 所示，图 2.3.13（a）所示为按键闪烁程序流程图，图 2.3.13（b）所示为按键流水程序流程图。实现流水灯的关键是让 PC7～PC0 依次输出为 0，这样的操作也可称为移位操作。由于本任务要求按键松开时灯全灭，因此在 N 分支有操作，这一点与图 2.3.13（a）不同。

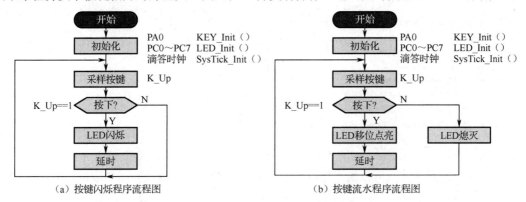

图 2.3.13　按键流水灯流程图

3. 程序设计与调试方法一

（1）复制文件夹 "02-03-按键闪烁_位带操作-Systick 延时" 并粘贴，修改副本文件名为 "02-05-按键流水_位带操作-Systick 延时"，修改工程名为 "Button_Marquee"，如图 2.3.14 所示。

图 2.3.14　按键流水灯文件框架

（2）修改主函数如下，其他文件不变。

```c
#include "key.h"                      //传感器定义头文件
#include "led.h"                      //LED定义头文件
#include "SysTick.h"                  //滴答延时头文件
int main()
{ HAL_Init();                        //初始化HAL
  Stm32_Clock_Init(RCC_PLL_MUL9);    //初始化系统时钟
  SysTick_Init(72); //初始化滴答时钟,指出系统时钟频率为72MHz
  KEY_Init();                        //初始化按键
  LED_Init();                        //初始化LED
  while(1)
  { if(K_Up==1  )                    //如果按下按键,则LED流水点亮
    { Led1=0;Led2=1;Led3=1;Led4=1;Led5=1;Led6=1;Led7=1;Led8=1;delay_ms(1000);
      Led1=1;Led2=0;Led3=1;Led4=1;Led5=1;Led6=1;Led7=1;Led8=1;delay_ms(1000);
      Led1=1;Led2=1;Led3=0;Led4=1;Led5=1;Led6=1;Led7=1;Led8=1;delay_ms(1000);
      Led1=1;Led2=1;Led3=1;Led4=0;Led5=1;Led6=1;Led7=1;Led8=1;delay_ms(1000);
      Led1=1;Led2=1;Led3=1;Led4=1;Led5=0;Led6=1;Led7=1;Led8=1;delay_ms(1000);
      Led1=1;Led2=1;Led3=1;Led4=1;Led5=1;Led6=0;Led7=1;Led8=1;delay_ms(1000);
      Led1=1;Led2=1;Led3=1;Led4=1;Led5=1;Led6=1;Led7=0;Led8=1;delay_ms(1000);
      Led1=1;Led2=1;Led3=1;Led4=1;Led5=1;Led6=1;Led7=1;Led8=0;delay_ms(1000);
    }
    else                              //否则, LED熄灭
    { Led1=1;Led2=1;Led3=1;Led4=1;Led5=1;Led6=1;Led7=1;Led8=1;
    }
  }
}
```

（3）编译、生成、下载后运行程序。

（4）按住按键，观察 LED 是否呈现流水效果。

（5）松开按键，观察 LED 没有立即熄灭，而是待最后一盏灯点亮后才全部熄灭，想一想这是为什么？

故障现象：＿＿＿＿＿＿＿＿＿＿＿＿＿＿＿＿＿＿＿＿＿＿＿＿＿＿＿＿＿＿＿＿

解决办法：＿＿＿＿＿＿＿＿＿＿＿＿＿＿＿＿＿＿＿＿＿＿＿＿＿＿＿＿＿＿＿＿

原因分析：＿＿＿＿＿＿＿＿＿＿＿＿＿＿＿＿＿＿＿＿＿＿＿＿＿＿＿＿＿＿＿＿

4．程序设计与调试方法二

图 2.3.15　按键流水灯文件框架

（1）复制文件夹"02-05-按键流水_位带操作-Systick 延时"并粘贴，修改副本文件名为"02-06-按键流水_位带操作-Systick 延时-循环实现"，其他不变，如图 2.3.15 所示。

（2）修改"main.c"和"led.h"文件，其他文件不变。

主程序在第 13 行使用了"for(i=0；i<=7；i++)"语句，以便实现循环点亮和熄灭 LED 的操作。其中，i 的取值范围是 0～7，所以第 5 行将其定义为 u8 型的变量，u8 型变量的取值范围是 0～255。此外为了让主函数能使用符号"Led（i）"，在"led.h"文件的第 4 行增加 Led(n)的定义。

```
main.c
1    #include "key.h"           //传感器定义头文件
2    #include "led.h"           //LED定义头文件
3    #include "SysTick.h"       //滴答延时头文件
4    int main( )
5  { u8 i;                      //定义变量i为循环次数
6      HAL_Init();              //初始化HAL
7      Stm32_Clock_Init(RCC_PLL_MUL9);  //初始化系统时钟
8      SysTick_Init(72);        //初始化滴答时钟，指出系统时钟频率为72MHz
9      KEY_Init();              //初始化按键
10     LED_Init();              //初始化LED
11     while(1)
12     { if(K_Up==1)            //如果按键按下
13       { for(i=0;i<=7;i++)    //循环
14         { Led(i)=0;          //点亮LED
15           delay_ms(1000);    //延时
16           Led(i)=1;          //熄灭LED
17         }
18       }
19       else                   //否则
20       {for(i=0;i<=7;i++)     //循环
21         {Led(i)=1;           //熄灭LED
22         }
23       }
24     }
25  }
```

```
led.h
1   #ifndef _LED_H
2   #define _LED_H
3   #include "sys.h"
4   #define Led(n)   PCout(n)   //为PC(n)起名Led(n)
5   #define Led1     PCout(0)   //为PC0起名Led1
6   #define Led2     PCout(1)   //为PC1起名Led2
7   #define Led3     PCout(2)   //为PC2起名Led3
8   #define Led4     PCout(3)   //为PC3起名Led4
9   #define Led5     PCout(4)   //为PC4起名Led5
10  #define Led6     PCout(5)   //为PC5起名Led6
11  #define Led7     PCout(6)   //为PC6起名Led7
12  #define Led8     PCout(7)   //为PC7起名Led8
13  void LED_Init(void);        //LED初始化函数
14  #endif
```

（3）编译、生成、下载后运行程序，反复按下和松开按键，观察程序运行是否正常。

故障现象：＿＿＿＿＿＿＿＿＿＿＿＿＿＿＿＿＿＿＿＿＿＿＿＿＿＿＿＿＿＿＿＿

解决办法：＿＿＿＿＿＿＿＿＿＿＿＿＿＿＿＿＿＿＿＿＿＿＿＿＿＿＿＿＿＿＿＿

原因分析：＿＿＿＿＿＿＿＿＿＿＿＿＿＿＿＿＿＿＿＿＿＿＿＿＿＿＿＿＿＿＿＿

5．程序设计与调试方法三

（1）复制文件夹"02-06-按键流水_位带操作-Systick 延时-循环实现"并粘贴，修改副本文件名为"02-07-按键流水_端口操作-Systick 延时-循环实现",其他不变,如图 2.3.15 所示。

(2) 修改主函数,其他不变。

```c
#include "key.h"                      //传感器定义头文件
#include "led.h"                      //LED定义头文件
#include "SysTick.h"                  //滴答延时头文件
int main( )
{ u16 LED_out;                        //定义变量,用于存放GPIOC的输出值(16位,u16型)
   u8 i;                              //定义变量i为循环次数(i=0～8,u8类型)
   HAL_Init();                        //初始化HAL
   Stm32_Clock_Init(RCC_PLL_MUL9);    //初始化系统时钟
   SysTick_Init(72);                  //初始化滴答时钟,指出系统时钟频率为72MHz
   KEY_Init();                        //初始化按键
   LED_Init();                        //初始化LED
   while(1)
   { if(K_Up==1)                      //如果按下按键
     { LED_out=0xfffe;                //1111 1111 1111 1110,即PC0先亮
       for(i=0;i<=7;i++)              //循环
       { Led_Port->ODR=LED_out;       //输出LED_out到GPIOC
         LED_out=(LED_out<<1)+1;      //修改LED_out的值(左移)
         delay_ms(1000);             //延时
       }
     }
     else                             //否则LED熄灭
     { LED_out=0xffff;
       Led_Port->ODR=LED_out;
     }
   }
}
```

第 5 行增加了 1 个局部变量"LED_out"用于存储向 GPIOC 待输出的数据。由于 GPIOC 有 16 个引脚,数据类型应为 u16。

第 14 行设置变量"LED_out"的初始值为 0xfffe,对应的二进制数为 1111 1111 1111 1110。

第 15 行用 for 语句开始 8 次循环。

第 16 行的语句"Led_Port->ODR=Led_out;"将变量 Led_out 的值输出到 GPIOC 口。第一次执行时,Led_out=0xfffe,数据 1111 1111 1111 1110 被输出,PC0 对应的 LED 被点亮。

第 17 行的语句"LED_out=(LED_out<<1)+1;"利用左移操作符修改"Led_out"的值。左移操作规则如图 2.3.16 所示,左移一位,即各位数据依次左移,最低位补 0,因此数值由 1111 1111 1111 1110 变成了 1111 1111 1111 11**00**,加 1 后,Led_out 变为 1111 1111 1111 11**01**。

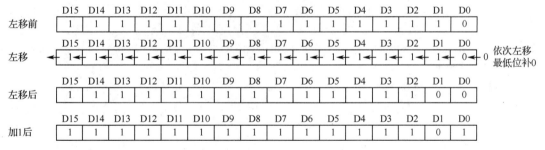

图 2.3.16　左移操作规则

第二次执行第 16 行语句"Led_Port->ODR=Led_out;",1111 1111 1111 11**01** 被输出,点亮 PC1。之后再次修改"Led_out"的值,如此循环 8 次,实现 8 盏灯被依次点亮的效果。循环 8 次后,退出 for 循环,同时完成 if 操作。之后重新检测按键是否按下。

(3) 编译生成下载后,运行程序,反复按下和松开按键,观察程序运行效果是否正常。

(4) 说说以上三种方法的优缺点。

故障现象:＿＿＿＿＿＿＿＿＿＿＿＿＿＿＿＿＿＿＿＿＿＿＿＿＿＿＿＿＿＿＿＿＿＿＿＿＿＿＿

解决办法:＿＿＿＿＿＿＿＿＿＿＿＿＿＿＿＿＿＿＿＿＿＿＿＿＿＿＿＿＿＿＿＿＿＿＿＿＿＿＿

原因分析:＿＿＿＿＿＿＿＿＿＿＿＿＿＿＿＿＿＿＿＿＿＿＿＿＿＿＿＿＿＿＿＿＿＿＿＿＿＿＿

三、要点记录及成果检验

任务 2.3	程序设计与调试						
姓名		学号		日期		分数	

（一）术语记录

英 文 全 称	中 文 翻 译	英 文 全 称	中 文 翻 译
Sensor		delay	
Beep		tick	
heat		SysTick	

（二）自主设计

1. 针对下图所示的电路，请利用滴答延时和位操作，设计温度报警与控制程序（使用无源蜂鸣器）。

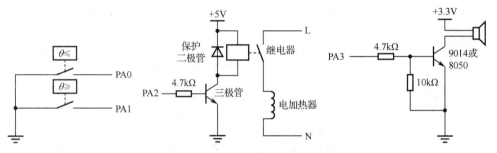

2. 按下"K_Left"（PE2）按键，Led1（PC0）亮 1s 灭 1s；松开按键，Led1（PC0）熄灭。请设计电源电路、晶振电路、按键复位电路、LED 电路，画出程序流程图，并利用位操作编写程序。

3. 针对题 2，请用 GPIO 引脚读写库函数完成如上功能。

4. 编写 Led8（PC7）无条件闪烁程序。

5. 按下"K_Left"（PE2）按键，Led8（PC7）～Led5（PC4）依次点亮，时间间隔 0.5s。请设计电源电路、晶振电路、按键复位电路、LED 电路，画出程序流程图，编写程序。

6. 请编写无条件流水灯程序，要求每次亮两盏灯，每次左移两盏灯。

任务 2.4　STM32 单片机程序框架的自主创建

一、任务目标

（1）了解框架组成结构，能自主搭建框架，会进行 Options 设置。

（2）自主搭建程序框架，并实现按键-流水灯功能。

二、学习与实践

请阅读以下资料，按照指导步骤完成程序框架搭建、程序设计与调试。

（一）框架设计

之前进行程序设计时，都是先复制一个现有框架，然后在该框架的基础上建立自己的程序。本任务我们学习如何从头到尾独立创建一个属于自己的框架。整体框架结构如图 2.4.1 所示。

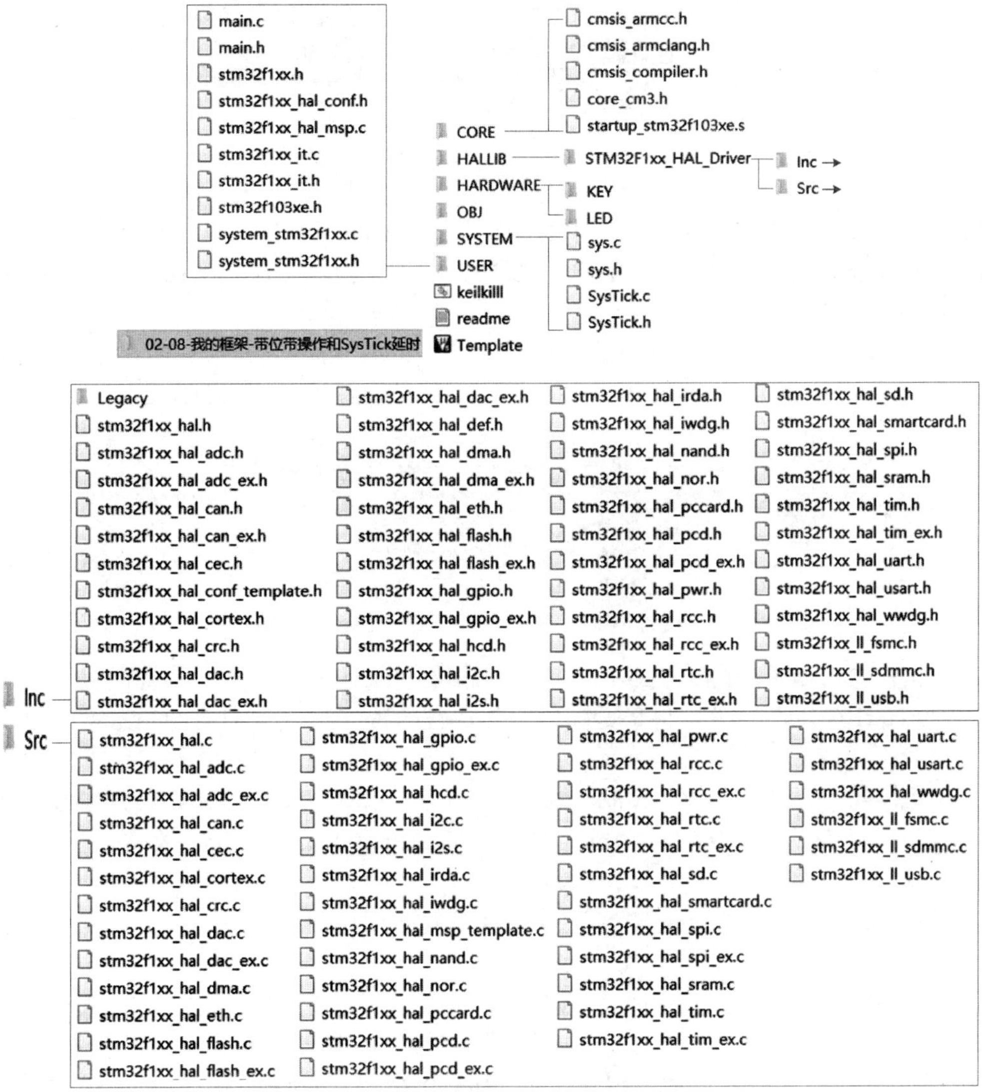

图 2.4.1　整体框架结构

（二）创建过程

1. 文件夹准备

（1）建立模板文件夹。

① 在计算机适当位置（如 D:\电气 1）新建文件夹"02-08-我的框架-带位带操作和 SysTick 延时"。

② 打开该文件夹，新建"CORE""HALLIB"等六个空文件夹，如图 2.4.1 所示。

③ 在"HARDWARE"文件夹中新建"KEY""LED"两个子文件夹，注意文件夹名字可以和图 2.4.1 不同，但从"CORE"文件夹开始，文件夹名和文件名都**不能用中文**。

（2）获取、复制并粘贴 STM32 单片机固件库文件。

① 在 https://www.st.com 官网下载"STM32Cube_FW_F1_V1.8.0"或其他版本文件。也可以直接使用别人下载好的文件。

② 打开"STM32Cube_FW_F1_V1.8.0"文件，找到其中的"Drivers"（驱动器）文件夹并打开，如图 2.4.2 所示。

图 2.4.2　HAL 库模板文件的结构

"Drivers"文件夹中的"CMSIS"文件夹用于存放 CMSIS 标准文件和启动文件。

"Drivers"文件夹中的"STM32F1xx_HAL_Driver"文件夹用于存放 STM32 单片机外设驱动文件。

③ 打开"CMSIS"文件夹，找到"Include"文件夹，如图 2.4.3 所示。将其中的"cmsis_armcc.h"等 4 个文件复制并粘贴到新框架的"CORE"文件夹中，完成后的情况参见图 2.4.1。

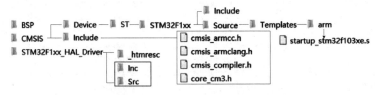

图 2.4.3　找到"CORE"和"HALLIB"文件夹需要的文件

④ 如图 2.4.3 所示，找到"CMSIS"文件夹中的"Device"文件夹，按照图示路径，找到"startup_stm32f103xe.s"文件，将其复制并粘贴到新框架的 CORE 文件夹中。完成后的情况参见图 2.4.1。

⑤ 如图 2.4.3 所示，打开"STM32F1xx_HAL_Driver"（STM32 单片机 HAL 库设备驱动）文件夹，内有"Inc"和"Src"文件夹。"Inc"文件夹中存放的是.h 文件，"Src"文件夹中存放的是.c 文件。

⑥ 将"Inc""Src"文件夹及其全部内容复制到新框架中，覆盖同名文件夹。复制后的情况参见图 2.4.1。

⑦ 按照图 2.4.4 所示的路径，将"stm32f1xx.h"等 3 个文件复制到新框架的"USER"文件夹中。

⑧ 按照图 2.4.5 所示的路径，将"main.h"等 3 个文件复制到新框架的"USER"文件夹中。

图 2.4.4　找到 "USER" 文件夹需要的文件 1

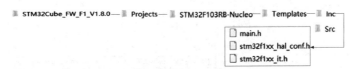

图 2.4.5　找到 "USER" 文件夹需要的文件 2

⑨ 按照图 2.4.6 所示的路径，将 "main.c" 等 4 个文件复制到新框架的 "USER" 文件夹中。

图 2.4.6　找到 "USER" 文件夹需要的文件 3

（3）获取并粘贴位操作文件和滴答延时文件。

"sys.c" "sys.h" "SysTick.c" "SysTick.h" 这 4 个文件之前已经使用过，请把它们粘贴到新框架的 "SYSTEM 文件夹" 中。完成后的情况参见图 2.4.1。

（4）获取并粘贴 key、led 相关文件。

"key.c" "key.h" "led.c" "led.h" 这 4 个文件之前也已经使用过，请把它们粘贴到新框架对应的文件夹中。

（5）获取其他文件。

从之前的项目中复制并粘贴 "keilkilll" "readme" 文件到模板根目录下，修改 "readme" 文件内容，对此框架进行简单说明。

2.　工程文件准备

（1）双击桌面图标 ![icon]，打开 Keil μVision5 软件。

（2）选择 "Project" → "New μVision Project…" 命令新建工程，如图 2.4.7 所示。

（3）找到并打开文件夹 "02-08-我的框架……"，填写工程名为 "Template" 并保存，如图 2.4.8 所示。

图 2.4.7　新建工程

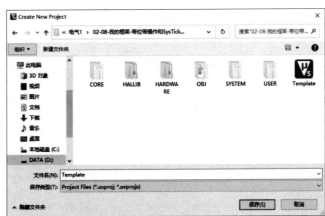

图 2.4.8　找到文件夹并填写工程名

（4）选择"STM32F103ZE"芯片，单击"OK"按钮，如图 2.4.9 所示。

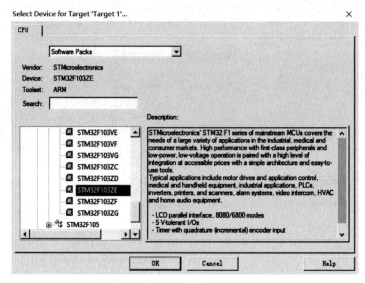

图 2.4.9　选择芯片

（5）对弹出的"Manage Run-Time Environment"对话框不做修改，直接单击"OK"按钮，如图 2.4.10 所示。

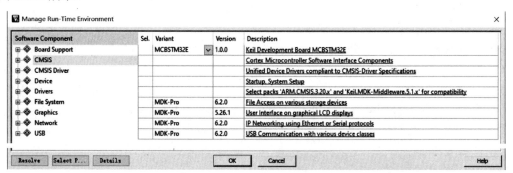

图 2.4.10　环境管理

（6）修改"Project"窗口中的"Source Group1"文件夹名为"USER"，如图 2.4.11 所示。

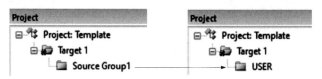

图 2.4.11　修改 Source Group 1 为 USER

（7）单击扩充按钮图标 ，如图 2.4.12 所示，出现"Mange Project Items"（工程条目管理）对话框。

图 2.4.12　组扩充按钮

① 反复单击"New"（Insert）按钮，新增"CORE"等 5 个组，如图 2.4.13 所示。
② 选择"USER"选项，单击"Add Files…"按钮，如图 2.4.13 所示。

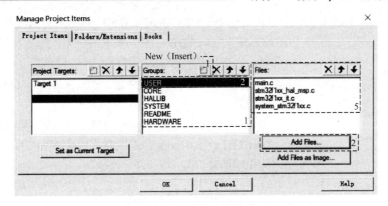

图 2.4.13　工程条目管理窗口

③ 如图 2.4.14 所示，选择"USER"文件夹中的 4 个.c 文件。先单击"Add"按钮，再单击"Close"按钮。

④ "USER"选项右侧"Files"窗口中出现刚才加入的 4 个文件。

⑤ 如图 2.4.15 所示，选择"CORE"选项后，单击"Add Files…"按钮。如图 2.4.16 所示，将"CORE"文件夹需要的.s 启动文件和.h 文件添加进来。注意文件类型应选择"All files（*.*）"选项，不然会找不到"startup_stm32f103xe.s"文件。

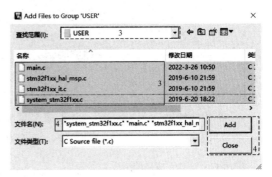

图 2.4.14　添加文件到"USER"文件夹

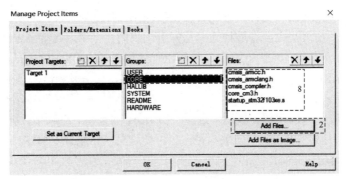

图 2.4.15　添加文件到"CORE"文件夹

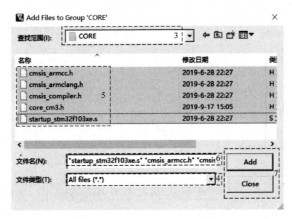

图 2.4.16　找到.s 和.h 文件

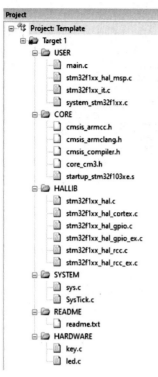

图 2.4.17 添加完成后的组
和组内文件

（8）用同样方法依次选择图 2.4.15 中的"HALLIB""SYSTEM""README""HARDWARE"选项，按照图 2.4.17 将需要的文件添加进来，完成后检查 Project 窗口内容是否和图 2.4.17 一致。其中"HALLIB"文件夹中的文件来自"STM32F1xx_HAL_Driver\src"。它们的功能如下。

"stm32f1xx_hal.c"文件：内含 HAL 库的基本定义和操作库函数。

"stm32f1xx_hal_cortex.c"文件：内含 NVIC 和 SysTick 操作相关定义和库函数。

"stm32f1xx_hal_gpio.c"文件：内含 GPIO 基本操作的相关定义和库函数。

"stm32f1xx_hal_gpio_ex.c"文件：内含 GPIO 扩展操作的相关定义和库函数。

"stm32f10x_hal_rcc.c"文件：内含 RCC 基本操作的相关定义和库函数。

"stm32f10x_hal_rcc_ex.c"文件：内含 RCC 扩展操作的相关定义和库函数。

如果需要使用外部中断、定时器等功能，还需要添加对应的功能文件，添加方法在后续内容中介绍。

总结：

（1）"USER"文件夹主要存放我们自己编写的"main.c"文件及"stm32f1xx_hal_msp.c"等库文件。

（2）"CORE""HALLIB"文件夹分别存放内核操作和片上外设操作对应的库函数文件。

（3）"SYSTEM"文件夹主要存放他人编写好可供我们直接调用且有一定通用性的函数文件，本框架中存放的是用于位操作的"sys.c"文件和用于滴答延时的"SysTick.c"文件。

（4）"HARDWARE"文件夹主要存放我们自己编写的，如按键、LED 等外设操作函数文件。

3. 魔术棒设置

（1）单击"options"（魔术棒）按钮，选择"Devices"（设备）选项卡，如图 2.4.18 所示。检查芯片类型是否为 STM32F103ZE，如果不是，也可在这里重新选择"STM32F103ZE"选项。

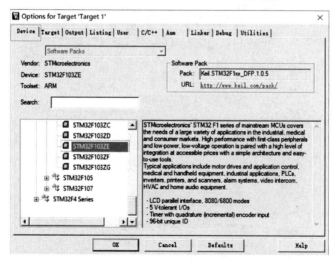

图 2.4.18 "Device"选项卡设置

（2）选择"Target"（目标）选项卡，修改频率为 8.0MHz，勾选"Use MicroLIB"复选框，如图 2.4.19 所示。

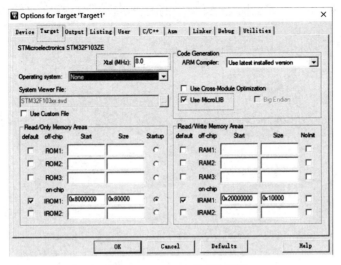

图 2.4.19　"Target"选项卡设置

（3）选择"Output"（输出）选项卡，如图 2.4.20 所示。

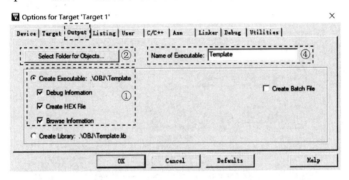

图 2.4.20　"Output"选项卡设置 1

① 勾选"Create HEX File"（生成 Hex 文件）复选框（其他两个复选框默认勾选）。

② 单击"Select Folder for Objects…"（为目标文件选择文件夹）按钮。

③ 如图 2.4.21 所示，将目标文件存放在"OBJ"文件夹中，单击"OK"按钮。

图 2.4.21　Output 选项卡设置 2

④ 若希望指定生成的可执行文件名，可在"Name of Executable"文本框中修改。

（4）如图 2.4.22 所示，选择"Listing"选项卡，单击"Select Folder for Listings…"（为生成的列表文件选择文件夹）按钮，按照图 2.4.21 同样的方法存放在"OBJ"文件夹中。

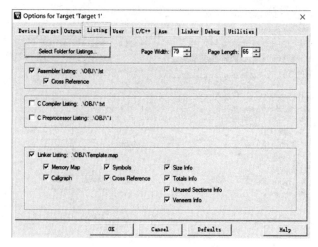

图 2.4.22 "Listing"选项卡设置

（5）如图 2.4.23 所示，选择"C/C++"选项卡，在"Define"文本框中输入"USE_HAL_DRIVER, STM32F103xE"。

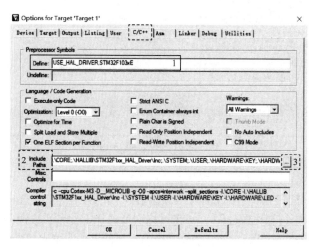

图 2.4.23 "C/C++"选项卡中的 Define 设置

以下两个声明在"stm32f1xx.h"文件中要用到。

声明"USE_HAL_DRIVER"的意思是允许使用 HAL 库外设驱动函数。

声明"STM32F103xE"指出了使用的芯片系列。不同芯片型号对应的芯片系列如表 2.4.1 所示。

表 2.4.1 芯片系列和芯片型号的对应关系

芯 片 系 列	芯 片 型 号
STM32F103x6	STM32F103C4，STM32F103R4，STM32F103T4，STM32F103C6，STM32F103R6，STM32F103T6
STM32F103xB	STM32F103C8，STM32F103R8，STM32F103T8，STM32F103V8，STM32F103CB，STM32F103RB，STM32F103TB，STM32F103VB
STM32F103xE	STM32F103RC，STM32F103VC，STM32F103ZC，STM32F103RD，STM32F103VD，STM32F103ZD，STM32F103RE，STM32F103VE，STM32F103ZE
STM32F103xG	STM32F103RF，STM32F103VF，STM32F103ZF，STM32F103RG，STM32F103VG，STM32F103ZG

（6）在"C/C++"选项卡中设置"Setup Compiler Include Paths"选项，将所有.h 文件所在的文件夹都包含进来。具体方法之前已经学习过。设置后的包含文件夹如图 2.4.24 所示。

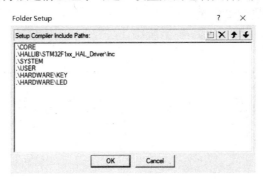

图 2.4.24　"C/C++"选项卡中"Setup Compiler Include Paths"选项设置

（7）修改"main.c"文件中的程序。

```
main.c
1  #include "Sys.h"
2  #include "SysTick.h"
3  #include "key.h"
4  #include "led.h"
5
6  int main(void)
7  { HAL_Init();                    //初始化HAL
8
9    while(1)
10   {
11   }
12 }
```

（8）修改"main.h"文件中的程序。

```
main.h
1  #ifndef __MAIN_H
2  #define __MAIN_H
3
4  #include "stm32f1xx_hal.h"
5
6  #endif
```

（9）程序编译、生成后应无错误和警告。之后就可以使用自己的框架啦。

故障现象：_____

解决办法：_____

原因分析：_____

三、要点记录及成果检验

任务 2.4	STM32 单片机程序框架的自主创建						
姓名		学号		日期		分数	

（一）术语记录

英　文	中　文　翻　译
Device	
Target	
Output	
List	
Driver	
HEX File	

（二）要点明晰
请谈一谈生成框架过程中遇到的问题和解决办法。

任务 2.5　STM32 单片机软硬件深入（二）

一、任务目标

（1）能读懂 STM32 单片机时钟树。
（2）会根据需要进行时钟规划与设置。
（3）能基本读懂时钟切换程序并调用程序将系统时钟从内部时钟源切换到外部高速振荡源。

二、学习与实践

阅读以下内容，进一步理解 STM32 单片机时钟树及其使用方法。

（一）STM32 单片机的时钟树

STM32 单片机片内外设众多，对工作速度的要求也不一样，有些要求高速工作，如 GPIO，有些要求低速工作，如 RTC。为协调各器件的工作并降低功耗，STM32 单片机设计了较为复杂的像树一样不断分叉的时钟电路，也被称为时钟树。看懂时钟树可以帮助我们进行正确的时钟规划并编写时钟切换程序。STM32 单片机时钟树的结构如图 2.5.1 所示。

1. STM32 单片机时钟引脚

STM32 单片机的时钟引脚前面已经介绍过，有 OSC_IN、OSC_OUT 和 OSC32_IN、OSC32_OUT，分别用于接收外部高速时钟信号和低速时钟信号。此外，还有 1 个引脚 MCO，该引脚用于向片外输出时钟信号。MCO 引脚与 PA8 引脚复用。上电复位后该引脚默认为 PA8。要用该引脚输出时钟信号，可以利用表 2.5.1 中的库函数进行设置。

表 2.5.1　MCO 引脚输出配置库函数

名称	**HAL_RCC_MCOConfig(MCO 引脚号,MCO 时钟源,MCO 分频系数)**
原型	void　HAL_RCC_MCOConfig(uint32_t　RCC_MCOx,uint32_t　RCC_MCOSource,uint32_t　RCC_MCODiv)
功能	指定 MCO 引脚的时钟输出，并对 MCO 引脚进行初始化
参数 1	MCO 引脚号（RCC_MCOx）只有 1 个取值：RCC_MCO1，将 STM32 单片机时钟通过 RCC_MCO1（PA8）引脚输出
参数 2	MCO 时钟源（RCC_MCOSource）的具体取值如下 　　RCC_MCO1SOURCE_NOCLOCK:　　　　　　MCO 无时钟输出 　　RCC_MCO1SOURCE_SYSCLK:　　　　　　MCO 输出 SYSCLK 　　RCC_MCO1SOURCE_HSI:　　　　　　　　MCO 输出 HSI 　　RCC_MCO1SOURCE_HSE:　　　　　　　　MCO 输出 HSE 　　RCC_MCO1SOURCE_PLLCLK:　　　　　　MCO 输出 PLLCLK 二分频
参数 3	MCO 分频系数（RCC_MCODiv）只有一个取值：RCC_MCODIV_1，不对 MCO 输出做分频处理
示例	HAL_RCC_MCOConfig(RCC_MCO1,RCC_MCO1SOURCE_SYSCLK,RCC_MCODIV_1); 　//MCO 引脚输出 SYSCLK

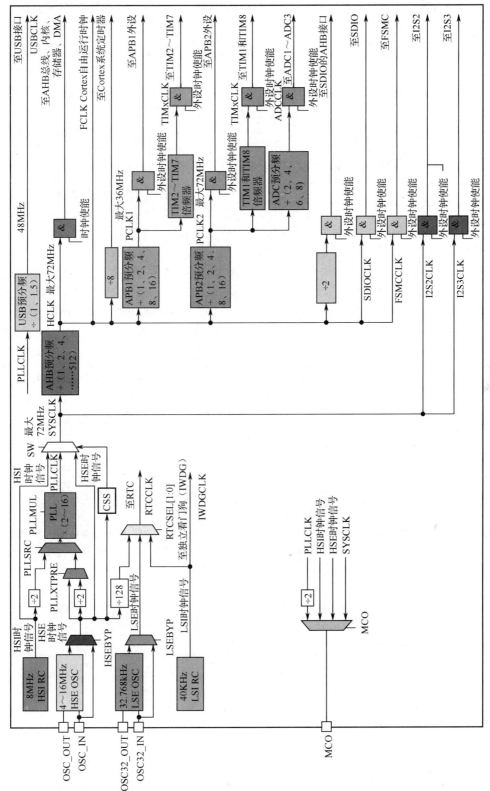

图 2.5.1　STM32 单片机时钟树的结构

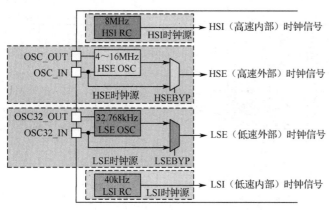

图 2.5.2 STM32 单片机的时钟源

2. STM32 单片机的时钟源

STM32 单片机的时钟信号按照速度可分为高速（High Speed）时钟信号和低速（Low Speed）时钟信号；按照时钟来源可分为外部（External）时钟信号和内部（Internal）时钟信号。如图 2.5.2 所示，虚框划出的 4 个电路分别称为 HSI 时钟源、HSE 时钟源、LSE 时钟源、LSI 时钟源。它们分别产生 HSI（High Speed Internal）时钟信号、HSE（High Speed External）时钟信号、LSE（Low Speed External）时钟信号、

LSI（Low Speed Internal）时钟信号，供 STM32 单片机内部各设备使用。

1）HSI 时钟信号和 LSI 时钟信号

如图 2.5.2 所示，左上角位置有一个 HSI 时钟源，它是一个 RC 振荡器，可产生 8MHz 的 HSI 时钟信号。左下角有一个 LSI 时钟源，也是 RC 振荡器，可产生 40kHz 的 LSI 时钟信号。

HSI 时钟和 LSI 时钟电路彼此独立，由于位于片内，都属于内部时钟源。上电复位后 HSI 时钟源工作，LSI 时钟源不工作。可以利用表 2.5.2 所示的 OSC（振荡源）配置库函数启动或关闭它们。

表 2.5.2 OSC 配置库函数

名称	**HAL_RCC_OscConfig(&OSC 初始化结构体变量)**
原型	HAL_StatusTypeDef **HAL_RCC_OscConfig(RCC_OscInitTypeDef *RCC_OscInitStruct)**
功能	按照 OSC 初始化结构体变量的值设置 RCC 振荡源
返回值	类型：HAL_StatusTypeDef，共有 4 种返回值 ①HAL_OK（成功）；②HAL_ERROR（错误）；③HAL_BUSY（忙）；④HAL_TIMEOUT（超时）
参数	OSC 初始化结构体变量（RCC_OscInitStruct）的类型为 RCC_OscInitTypeDef，共有 8 项内容
	1. Oscillator**Type**　　　　　　指出要配置哪个振荡器，有如下取值 （1）RCC_OSCILLATORTYPE_**NONE**（无）；　　　（2）RCC_OSCILLATORTYPE_**HSE**（要配置 HSE）； （3）RCC_OSCILLATORTYPE_**HSI**（要配置 HSI）；　　（4）RCC_OSCILLATORTYPE_**LSE**（要配置 LSE）； （5）RCC_OSCILLATORTYPE_**LSI**（要配置 LSI）
	2. **LSI**State　　　　　　希望的 LSI 状态，有如下取值 （1）RCC_LSI_**OFF**（关断）；（2）RCC_LSI_**ON**（打开）
	3. **HSI**State　　　　　　希望的 HSI 状态，有如下取值 （1）RCC_HSI_**OFF**（关断）；（2）RCC_HSI_**ON**（打开）
	4. HSI**Calibration**Value　　　HSI 校准值，取值范围为 0x00～0x1F，默认值为 RCC_HSICALIBRATION_DEFAULT（0x10）
	5. **LSE**State　　　　　　希望的 LSE 状态，有如下取值 （1）RCC_LSE_**OFF**（关断）；（2）RCC_LSE_**ON**（打开 LSE OSC，即外部晶振方式）； （3）RCC_LSE_**BYPASS**（旁路 LSE OSC，即外部时钟方式）
	6. **HSE**State　　　　　　希望的 HSE 状态，有如下取值 （1）RCC_HSE_**OFF**（关断）；（2）RCC_HSE_**ON**（打开 HSE OSC，即外部晶振方式）； （3）RCC_HSE_**BYPASS**（旁路 HSE OSC，即外部时钟方式）
	7. HSE**Prediv**Value　　　　HSE 预分频数，有 2 个取值：RCC_HSE_PREDIV_**DIV1** 和 RCC_HSE_PREDIV_**DIV2**

续表

参数	8. **PLL**	PLL 参数，结构体变量，有 3 项
	（1）PLLMUL：PLL 倍频系数，有 15 个取值，RCC_PLL_MUL**2**～RCC_PLL_MUL**16**	
	（2）PLLSource：PLL 时钟源，有 2 个取值	
	①RCC_PLLSOURCE_**HSI_DIV2**（HSI 二分频）；②RCC_PLLSOURCE_**HSE**（HSE）	
	（3）PLLState：希望的 PLL 状态，有 3 个取值	
	①RCC_PLL_**NONE**（无）；②RCC_PLL_**OFF**（关）；③RCC_PLL_**ON**（开）	
示例	RCC_OscInitTypeDef　　　　AAA;	//定义 OSC 初始化结构体变量 AAA
	AAA.OscillatorType=RCC_OSCILLATORTYPE_LSI;	//要配置 LSI 时钟信号
	AAA.LSIState=RCC_LSI_ON;	//开启 LSI 时钟信号
	HAL_RCC_OscConfig（&AAA）;	//按照变量 AAA 的设置初始化 RCC

如表 2.5.2 所示，将 OSC 初始化参数的"LSIState"设置为"RCC_LSI_OFF"，就是指希望关断 LSI 时钟信号；将 OSC 初始化参数的"LSIState"设置为"RCC_LSI_ON"，则是希望开启 LSI 时钟信号。同样，"HSIState"用于设置 HSI 时钟信号的开启和关断（建议不要随意关断 HSI 时钟信号，以防丢失系统时钟）。对于 HSI 时钟信号，还可以设置"HSICalibrationValue"，即 HSI 时钟信号校准系数，以便对 HSI 时钟信号误差进行补偿。

2）HSE 时钟信号和 LSE 时钟信号

如图 2.5.3 和图 2.5.4 所示，HSE 时钟源由 OSC_IN 时钟引脚、OSC_OUT 时钟引脚、内部 4～16MHz HSE OSC（HSE 时钟信号振荡电路）和 HSEBYP（HSE 时钟信号旁路电路）等组成。上电复位后该电路关断。

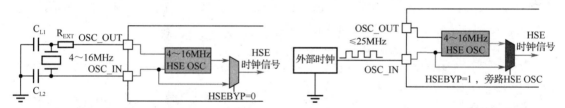

图 2.5.3　HSE 时钟信号振荡电路工作（ON）　　　　图 2.5.4　HSE 时钟信号振荡电路被旁路（By Pass）

当外接晶振电路时（见图 2.5.3），编程时应设置"**HSE**State=RCC_HSE_**ON**"。此时 HSE 时钟信号振荡电路工作，HSE 时钟信号振荡电路与外部晶振电路配合，产生 4～16MHz 的输出信号作为 HSE 时钟信号。

当外接时钟发生器时（见图 2.5.4），编程时应设置"**HSE**State=RCC_HSE_**BYPASS**"。此时 OSC_IN 上的输入的时钟信号直接作为 HSE 时钟信号，不需要 HSE 时钟信号振荡电路，即 HSE 时钟信号振荡电路被旁路。

如果不希望产生 HSE 时钟信号，编程时可设置"**HSE**State=RCC_HSE_**OFF**"。

LSE 时钟源电路与 HSE 时钟源电路的结构类似。图 2.5.5 和图 2.5.6 分别为 OSC32_IN 和 OSC32_OUT 引脚外接晶振和时钟发生器的情况。

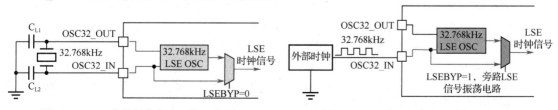

图 2.5.5　LSE 信号振荡电路工作（ON）　　　　图 2.5.6　LSE 信号振荡电路被旁路（By Pass）

3）PLLCLK

如图 2.5.7 所示，PLLCLK 是 PLL（Phase Locked Loop，锁相环路）的输出信号。PLL 可以对输入脉冲进行倍频。倍频与分频相反，可以获得 n 倍于输入频率的时钟信号。STM32 单片机锁相环的倍频系数为 2～16，共 15 种选择。此外，从图 2.5.7 中可看出，PLL 有三个输入可选。

（1）HSI 时钟信号二分频。

（2）HSE 时钟信号。

（3）HSE 时钟信号二分频。

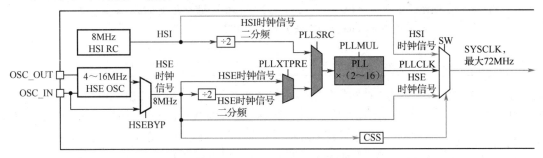

图 2.5.7　PLLCLK 的来源和倍频系数

表 2.5.2 所示 OSC 配置库函数的 PLL 项有 3 个子参数：

PLL.PLLMUL 用于设定倍频系数；

PLL.PLLState 用于开启和关断 PLL；

PLL.PLLSource 用于指出 PLL 时钟源是来自 HSI 时钟信号二分频还是 HSE 时钟信号。如果来自 HSE 时钟信号，还应明确设置"HSEPredivValue"（HSE 时钟信号预分频系数）的值，以便区分是 HSE 时钟信号还是 HSE 时钟信号二分频。

4）时钟源设置库函数应用示例

例如：使用 8MHz 外部晶振，并将其产生的 HSE 时钟信号输入 PLL，9 倍频后得到 72MHz 的 PLLCLK，可编写程序如下。

```
void  MyOsc_Config（void）
{  RCC_OscInitTypeDef        RCC_OscInitStruct；    //定义 OSC 初始化变量，用于设置 RCC 振荡源
    RCC_OscInitStruct.OscillatorType = RCC_OSCILLATORTYPE_HSE；  //设置 HSE 时钟信号
    RCC_OscInitStruct.HSEState = RCC_HSE_ON；              //开启外部 8MHz 晶振
    RCC_OscInitStruct.HSEPredivValue = RCC_HSE_PREDIV_DIV1；  //HSE 时钟信号预分频系数为 1
    RCC_OscInitStruct.PLL.PLLSource = RCC_PLLSOURCE_HSE；    //PLL 时钟源输出 HSE 时钟信号
    RCC_OscInitStruct.PLL.PLLMUL = RCC_PLL_MUL9；        //PLL9 倍频，得到 72MHz 主时钟信号
    RCC_OscInitStruct.PLL.PLLState = RCC_PLL_ON；          //打开 PLL
    HAL_RCC_OscConfig（&RCC_OscInitStruct）；            //按照以上参数，设置 RCC 振荡源
}
```

自主设计：请编写使用 8MHz 外部晶振，得到 60MHz 的 PLLCLK 程序。

3. STM32 单片机高速时钟

高速时钟信号是很重要的时钟信号，它为 Cortex 内核和片内大多数设备提供时钟信号。

1）SYSCLK

SYSCLK（System Clock）为系统时钟，最大频率为 72MHz。观察图 2.5.1 可以发现，内核、APB1、APB2 等设备需要的时钟信号都来自 SYSCLK。

从图 2.5.1 或图 2.5.8 可以看出，SYSCLK 有 HSI 时钟信号、PLLCLK 和 HSE 时钟信号三个来源。利用表 2.5.3 所示的时钟配置库函数，可指出系统时钟的来源。

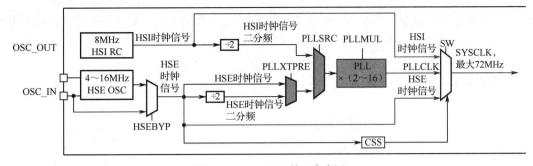

图 2.5.8　SYSCLK 的三个来源

表 2.5.3　时钟配置库函数

名称	**HAL_RCC_ClockConfig(&时钟初始化结构体变量,Flash 等待时间)**	
原型	HAL_StatusTypeDef　**HAL_RCC_ClockConfig**(RCC_ClkInitTypeDef　* **RCC_ClkInitStruct**,uint32_t　**FLatency**)	
功能	按照时钟初始化结构体变量和 Flash 等待时间的值设置 SYSCLK、HCLK、APB1、APB2 等时钟	
返回值	类型：HAL_StatusTypeDef，共有 4 种返回值 （1）HAL_OK（成功）；（2）HAL_ERROR（错误）；（3）HAL_BUSY（忙）；（4）HAL_TIMEOUT（超时）	
参数 1	时钟初始化结构体变量（RCC_ClkInitStruct）的类型为 RCC_ClkInitTypeDef　，共有 5 项内容	
	1. **ClockType**　　　　　　　　　指出要配置的时钟，有如下取值 （1）RCC_CLOCKTYPE_**SYSCLK**（要配置系统时钟）；（2）RCC_CLOCKTYPE_**HCLK**（要配置 HCLK）； （3）RCC_CLOCKTYPE_**PCLK1**（要配置 PCLK1）；（4）RCC_CLOCKTYPE_**PCLK2**（要配置 PCLK2）	
	2. **SYSCLKSource**　　　　　　　系统时钟源，有如下取值 （1）RCC_SYSCLKSOURCE_**HSI**（来自 HSI 时钟信号）；（2）RCC_SYSCLKSOURCE_**HSE**（来自 HSE 时钟信号）； （3）RCC_SYSCLKSOURCE_**PLLCLK**（来自 PLLCLK）	
	3. **AHBCLKDivider**　　　　　　 PCLK 预分频系数，有 9 个取值 　RCC_SYSCLK_DIVn　　　　　$n=1$、2、4、8、16、64、128、256、512	
	4. **APB1CLKDivider**　　　　　　APB1 预分频系数，有 5 个取值 　RCC_HCLK_DIVn　　　　　　$n=1$、2、4、8、16	
	5. APB2CLKDivider　　　　　　　APB2 预分频系数，有 5 个取值 　RCC_HCLK_DIVn　　　　　　$n=1$、2、4、8、16	
参数 2	FLatency：类型：uint32_t，Flash 等待时间，有 3 个取值 （1）FLASH_LATENCY_0　　0 等待周期，当 0 < SYSCLK < 24MHz； （2）FLASH_LATENCY_1　　1 等待周期，当 24MHz < SYSCLK ≤ 48MHz； （3）FLASH_LATENCY_2　　2 等待周期，当 48MHz < SYSCLK ≤ 72MHz	

示例	RCC_ClkInitTypeDef　　　　AAA;
	AAA.ClockType = RCC_CLOCKTYPE_**SYSCLK**;
	AAA.SYSCLKSource = RCC_SYSCLKSOURCE_**PLLCLK**;
	HAL_RCC_ClockConfig(&AAA,FLASH_LATENCY_2);
		//定义 CLK 初始化变量 AAA，用于设置 RCC 时钟
		//准备配置 SYSCLK
		//系统时钟来自 PLLCLK
		//按照以上参数设置时钟，Flash 延迟设为 2 个等待周期

根据表 2.5.3，要设置系统时钟 SYSCLK 来自 PLLCLK，可令时钟初始化结构体变量。

ClockType= RCC_CLOCKTYPE_SYSCLK
SYSCLKSource =RCC_SYSCLKSOURCE_PLLCLK

2）CSS

图 2.5.8 中的 CSS 是时钟安全系统（Clock Security System），用于监测 HSE 时钟信号，并在检测到 HSE 时钟信号故障时产生保护：自动将时钟切换回 HSI 时钟信号，并关闭 HSE 时钟信号

振荡器。这可以确保系统不会因为没有时钟信号而崩溃。CSS 可通过编程关闭或打开，相关库函数如表 2.5.4 所示。

表 2.5.4　CSS 使能库函数

原型	void　HAL_RCC_EnableCSS(void)	void　HAL_RCC_DisableCSS(void)
功能	使能 CSS 安全系统	禁止 CSS 安全系统

3）HCLK

如图 2.5.9 所示，HCLK 由 SYSCLK 经 AHB 预分频器获得。HCLK 可以为 AHB 总线、APB1 总线、APB2 总线等设备提供时钟信号。AHB 预分频器的分频系数可编程设置为 1、2、4、8、16、64、128、256、512。默认系数为 1，因此 AHB 时钟信号（HCLK）的最高频率也是 72MHz。AHB 预分频系数可以利用表 2.5.3 的时钟配置库函数，在参数"AHBCLKDivider"中设置。

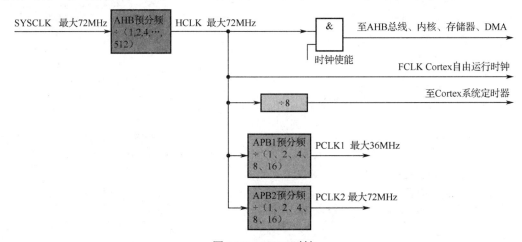

图 2.5.9　HCLK 时钟

4）PCLK1

如图 2.5.9 所示，PCLK1 由 HCLK 经 APB1 预分频器获得，为 APB1 外设提供时钟信号。APB1 预分频系数有 1、2、4、8、16，可编程设定，PCLK1 最大频率为 36MHz。APB1 预分频系数可以利用表 2.5.3 的时钟配置库函数，在参数"APB1CLKDivider"中设置。

5）PCLK2

如图 2.5.9 所示，PCLK2 由 HCLK 经 APB2 预分频器获得，为 APB2 外设提供时钟信号。PCLK2 最大频率为 72MHz。相对于最大频率为 36MHz 的 PCLK1，APB2 总线称为高速总线，APB1 称为低速总线。APB2 预分频系数有 1、2、4、8、16，可编程设定。APB2 预分频系数可以利用表 2.5.3 的时钟配置库函数，在参数"APB2CLKDivider"中设置。

6）OSC 和 CLK 配置库函数示例

例如，系统使用 8MHz 外部晶振，并获得 72MHz 的 SYSCLK、72MHz 的 HCLK、36MHz 的 PCLK1、72MHz 的 PCLK2，该如何进行设置并编程？

可将外部 8MHz 晶振作为 HSE 时钟源，将 HSE 时钟信号作为 PLL 输入信号，PLL9 倍频后作为 SYSCLK，AHB 预分频系数设为 1、APB1 预分频系数设为 2、APB2 预分频系数设为 1。程序如下。

```
void MyOsc_Config（void）                              //OSC 配置函数
{ RCC_OscInitTypeDef      RCC_OscInitStruct;           //定义 OSC 初始化变量，用于设置 RCC 振荡源
  RCC_OscInitStruct.OscillatorType = RCC_OSCILLATORTYPE_HSE;  //HSE 时钟信号
```

```
    RCC_OscInitStruct.HSEState = RCC_HSE_ON;                        //开启外部 8MHz 晶振
    RCC_OscInitStruct.HSEPredivValue = RCC_HSE_PREDIV_DIV1;  //HSE 时钟信号预分频系数为 1
    RCC_OscInitStruct.PLL.PLLSource = RCC_PLLSOURCE_HSE;      //PLL 时钟源输出 HSE 时钟信号
    RCC_OscInitStruct.PLL.PLLMUL = RCC_PLL_MUL9;               //PLL 9 倍频, 得到 72MHz 主时钟信号
    RCC_OscInitStruct.PLL.PLLState = RCC_PLL_ON;               //打开 PLL
    HAL_RCC_OscConfig（&RCC_OscInitStruct）;                   //按照以上参数, 设置 RCC 振荡源
}
void  MyClk_Config（void）                      //CLK 设置函数
{   RCC_ClkInitTypeDef    RCC_ClkInitStruct;   //定义 CLK 初始化变量, 用于设置 RCC 时钟
    RCC_ClkInitStruct.ClockType = RCC_CLOCKTYPE_SYSCLK|RCC_CLOCKTYPE_HCLK\
                               |RCC_CLOCKTYPE_PCLK1|RCC_CLOCKTYPE_PCLK2;
                               //准备配置 SYSCLK、HCLK、PCLK1、PCLK2
    RCC_ClkInitStruct.SYSCLKSource = RCC_SYSCLKSOURCE_PLLCLK;
                               //系统时钟来自 PLLCLK, 72MHz
    RCC_ClkInitStruct.AHBCLKDivider = RCC_SYSCLK_DIV1;      //AHB 一分频: 72MHz
    RCC_ClkInitStruct.APB1CLKDivider = RCC_HCLK_DIV2;       //APB1 二分频: 36MHz
    RCC_ClkInitStruct.APB2CLKDivider = RCC_HCLK_DIV1;       //APB2 一分频: 72MHz
    HAL_RCC_ClockConfig（&RCC_ClkInitStruct,  FLASH_LATENCY_2）;
                               //按照以上参数设置系统时钟, Flash 延迟设为 2 个等待周期
                               //注意以上函数只是示意, 不能直接使用, 原因后述
}
```

> 试着将如上两个函数合并为一个函数, 想一想该怎么做?

7) GPIO 设备时钟开启

所有 GPIO 设备都位于 APB2 总线, 由 PCLK2 提供时钟信号。如图 2.5.10, CPU 执行 GPIOA 时钟开启库函数后, GPIOA 时钟使能信号变为 1, 与门打开, PCLK2 被送入 GPIOA。

图 2.5.10　GPIOA 时钟使能=1, 时钟信号被送入 GPIOA

GPIO 时钟开启库函数如表 2.5.5 所示。

表 2.5.5　GPIO 时钟开启库函数

名称	__HAL_RCC_GPIOx_CLK_ENABLE()	__HAL_RCC_GPIOx_CLK_DISABLE()
功能	使能 GPIOx 时钟, x 为 A～G	禁止 GPIOx 时钟, x 为 A～G

8) 其他

从图 2.5.1 中还可以看出, APB2 分频输出还可经 TIM1 和 TIM8 倍频器, 为 TIM1 和 TIM8 提供时钟信号; 经 ADC 预分频器为 ADC 提供时钟信号。

APB1 输出可经 TIM2～TIM7 倍频器为 TIM2～TIM7 提供时钟信号。

此外, HCLK 还可为 SDIO（SD 卡）、FSMC（扩展存储器）设备提供时钟信号。

SYSCLK 还可以为 I2S2、I2S3（Inter-IC Sound）设备提供时钟信号。

PLLCLK 还可以为 USB 设备提供时钟信号。

以上这些设备的时钟信号开启/关闭函数可以在文件 "stm32f1xx_hal_rcc.c" 和 "stm32f1xx_hal_rcc.h" 中找到, 这里不再详述。

4. STM32 单片机低速时钟

如图 2.5.11 所示, 低速时钟主要为独立看门狗和 RTC 电路提供时钟信号。其中独立看门狗的

时钟信号 IWDGCLK 只能来自 LSI 时钟信号。RTC 时钟 RTCCLK 信号则可以来自 LSI 时钟信号、LSE 时钟信号，或 HSE 时钟信号的 128 分频，具体来自哪里可编程指定，相关库函数如表 2.5.6 所示。

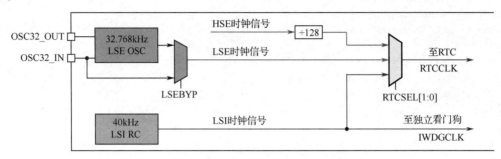

图 2.5.11　STM32 单片机低速时钟的作用

表 2.5.6　RTC 时钟源配置和使能库宏函数

名称	__HAL_RCC_RTC_CONFIG(__RTC_CLKSOURCE__)	
功能	配置 RTC 时钟源	
参数	__RTC_CLKSOURCE__ 有 4 个取值	
	RCC_RTCCLKSOURCE_NO_CLK:	RTC 无时钟源
	RCC_RTCCLKSOURCE_LSE:	RTC 时钟来自 LSE 时钟信号
	RCC_RTCCLKSOURCE_LSI :	RTC 时钟来自 LSI 时钟信号
	RCC_RTCCLKSOURCE_HSE_DIV128:	RTC 时钟来自 HSE 时钟信号的 128 分频
名称	__HAL_RCC_RTC_ENABLE()	
功能	开启 RTC 时钟信号	
名称	__HAL_RCC_RTC_DISABLE()	
功能	关闭 RTC 时钟信号	

（二）STM32 单片机时钟切换程序设计

如图 2.4.17 所示，之前我们给大家的框架中有一个 "startup_stm32f103xe.s" 文件，它是启动文件，CPU 上电复位后会首先执行这个文件，之后才跳到 "int main()" 处执行主函数。启动文件在执行过程中会调用一个叫作 "void　SystemInit(void)" 的函数，此函数会开启内部 8MHz 的 HSI 时钟信号，并将其设置为 SYSCLK。因此复位后 SYSCLK 为 8MHz，来自 HSI 时钟信号。此外，SystemInit() 函数还设置 AHB、APB1、APB2 的预分频系数为 1，因此 HCLK、PCLK1 和 PCLK2 的频率都是 8MHz。

使用 HSI 时钟信号作为系统时钟源的优点是可以省去外部时钟电路。但 HSI 时钟信号的精度有限，因此单片机系统中大量使用外部晶振作为系统时钟源。这时就需要编写时钟切换程序。之前学习的 MyOsc_Config() 和 MyClk_Config() 函数虽然具有时钟切换功能，但并不能直接使用。因为时钟切换还需要按照一定的顺序进行，否则可能会造成系统崩溃。例如，动作顺序绝对不允许是 "先关闭 HSI 时钟信号，后打开 HSE 时钟信号"。因为 HSI 时钟信号一旦关闭，系统时钟信号立刻消失，系统时钟信号一旦消失，就无法执行任何语句，也包括 "打开 HSE 时钟信号" 语句。如果 CSS 系统也被禁用，整个单片机系统就会崩溃。

编程时在主函数的初始化部分，曾反复用到过 Stm32_Clock_Init（倍频系数）函数，该函数在 "sys.c" 文件中定义，在 "sys.h" 文件中声明。

```
 5  //PLL 倍频系数, RCC_PLL_MUL2~RCC_PLL_MUL16
 6  void Stm32_Clock_Init(u32 PLL)
 7 □{ HAL_StatusTypeDef ret = HAL_OK;
 8     RCC_OscInitTypeDef RCC_OscInitStructure;                              //时钟源设置变量
 9     RCC_ClkInitTypeDef RCC_ClkInitStructure;                             //时钟设置变量
10
11     RCC_OscInitStructure.OscillatorType=RCC_OSCILLATORTYPE_HSE;          //时钟源为HSE时钟源
12     RCC_OscInitStructure.HSEState=RCC_HSE_ON;                            //HSE时钟信号来自外部晶振
13     RCC_OscInitStructure.HSEPredivValue=RCC_HSE_PREDIV_DIV1;             //HSE时钟信号预分频系数=1
14     RCC_OscInitStructure.PLL.PLLState=RCC_PLL_ON;                        //打开PLL
15     RCC_OscInitStructure.PLL.PLLSource=RCC_PLLSOURCE_HSE;                //PLL源自HSE时钟信号
16     RCC_OscInitStructure.PLL.PLLMUL=PLL;                                 //设置PLL倍频系数
17     ret=HAL_RCC_OscConfig(&RCC_OscInitStructure);                        //初始化时钟源
18     if(ret!=HAL_OK) while(1);                                            //等待直到OK
19
20     RCC_ClkInitStructure.ClockType=(RCC_CLOCKTYPE_SYSCLK|RCC_CLOCKTYPE_HCLK\
21                                 |RCC_CLOCKTYPE_PCLK1|RCC_CLOCKTYPE_PCLK2);
22                                                    //要设置SYSCLK、HCLK、PCLK1、PCLK2
23     RCC_ClkInitStructure.SYSCLKSource=RCC_SYSCLKSOURCE_PLLCLK;           //系统时钟来自PLL
24     RCC_ClkInitStructure.AHBCLKDivider=RCC_SYSCLK_DIV1;                  //AHB分频系数为1
25     RCC_ClkInitStructure.APB1CLKDivider=RCC_HCLK_DIV2;                   //APB1分频系数为2
26     RCC_ClkInitStructure.APB2CLKDivider=RCC_HCLK_DIV1;                   //APB2分频系数为1
27     ret=HAL_RCC_ClockConfig(&RCC_ClkInitStructure,FLASH_LATENCY_2);
28                 //按照以上参数初始化系统时钟, FLASH存取插入2个等待周期, 即使用3个CPU周期
29     if(ret!=HAL_OK) while(1);                                            //等待直到OK
30  }
```

其功能如下。

（1）开启外部晶振作为 HSE 时钟源，开启 PLL 作为 SYSCLK。

（2）PLL 倍频系数设定值：RCC_PLL_MUL2～RCC_PLL_MUL16 可选。

（3）设置 PLL 来自 HSE 时钟信号一分频，SYSCLK 频率=PLL 倍频系数×晶振频率，HCLK=SYSCLK 不分频，PCLK1=SYSCLK 二分频，PCLK2=SYSCLK 不分频。

> 1. 仔细阅读 void Stm32_Clock_Init（u32 PLL）函数及其注释，说一说该函数是如何确保正确、安全地将时钟从 HSI 时钟信号切换到 HSE 时钟信号的？
>
> 2. 用示波器测试晶振引脚，记录其波形和频率。
>
> 3. 修改 PLL 倍频系数为 4，观察流水灯程序有何变化。
>
> 4. 如何修改程序才能确保流水灯延时时间正确？

三、要点记录及成果检验

任务 2.5	STM32 单片机软硬件深入（二）					
姓名		学号		日期		分数	

（一）术语记录

英　文	中 文 翻 译	英　文	中 文 翻 译
HSE（High Speed External）		DIV（DIVided）	
HSI（High Speed Internal）		Mul（Multiply）	
LSE（Low Speed External）		OSC（OSCillator）	
LSI（Low Speed Internal）		CLK（Clock）	
PLL（Phase Locked Loop）		Configure	
Bypass		SYSCLK（System Clock）	
Source			

（二）要点明晰

1. 使用 16MHz 外部晶振作为系统时钟源，希望 SYSCLK=72MHz，HCLK=72MHz，PCLK2=72MHz，PCLK1=36MHz，请画出时钟路径，并标出路径上的倍频系数和分频系数。

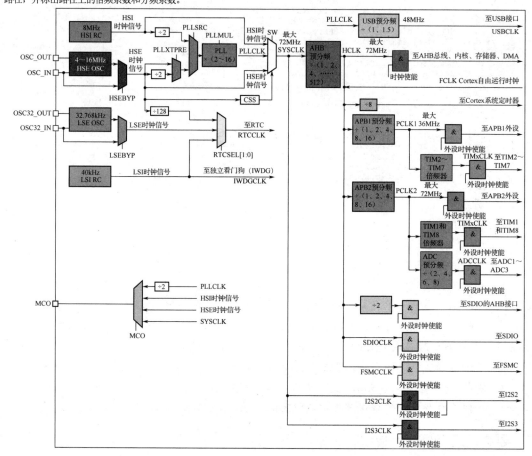

2. 按照上题的设置，说一说要想得到期望的时钟信号，应该如何修改时钟切换程序和主程序。

项目3 利用按键查询实现参数设定及显示

（1）理解开关信号、数字信号的边沿采集方法。
（2）会编写和调试按键查询与去抖程序。
（3）理解数码管数字显示原理。
（4）能设计数码管静态和动态显示电路并编写和调试相应程序。
（5）初步理解 STM32F1xx 单片机内部存储器结构及启动方式。
（6）能自主查阅相关资料。

具体工作任务

设计基于 STM32 单片机的参数设定和显示装置，完成方案设计、器件选型、电路和程序设计、软硬件调试，实现如下功能：每按下 K_Up 按键一次，参数值加 1；每按下 K_Down 按键一次，参数值减 1，参数范围为 0～99，十进制数显示。具有参数设定功能的温度控制器如图 3.0.1 所示。

图 3.0.1 具有参数设定功能的温度控制器

任务 3.1 方案设计及器件选型

一、任务目标

（1）能够查阅相关技术资料，结合电路、电子、传感器等基础知识进行系统方案设计及器件选型。
（2）能够针对设计任务进行研讨和表达。

二、学习与实践

（一）讨论与发言

查找资料，谈一谈实现本任务需要的器件，尝试画出系统方框图。

请阅读以下资料，按照指导步骤完成系统方案设计及器件选型。

（二）系统方案设计

系统方框图如图 3.1.1 所示。

图 3.1.1　系统方框图

（三）器件选型

1. 按键选择

可以选用不带自锁的按键，数量为两个，一个作为加一键，另一个作为减一键，如图 3.1.2 所示。

2. 控制器选择

控制器仍然选择 STM32F103ZET6 单片机。

3. 显示器的选择

显示器可选择两个独立的八段共阳极数码管，如图 3.1.3 所示。

图 3.1.2　按键　　　　　　　　　　图 3.1.3　八段共阳极数码管

三、要点记录及成果检验

任务 3.1	方案设计及器件选型						
姓名		学号		日期		分数	
请画出系统方框图							

任务 3.2　电路设计与测试

一、任务目标

（1）能查阅相关资料。

（2）能画出基于 STM32 单片机的电源电路、按键电路、复位电路、晶振电路。

（3）能说出八段 LED 数码管的工作原理，并能进行数码管动态显示电路和静态显示电路的设计。

（4）能举一反三，独立进行类似控制的电路设计，会进行电路测试。

二、学习与实践

（一）讨论与发言

请结合项目 1 和项目 2，谈一谈电源电路、按键电路、复位电路、晶振电路的设计思路。

请阅读以下资料，按照指导步骤完成电路设计与测试。

（二）电源电路、晶振电路和复位电路的设计与测试

电源电路、晶振电路和复位电路的设计如图 3.2.1 所示。测试方法同项目 2。

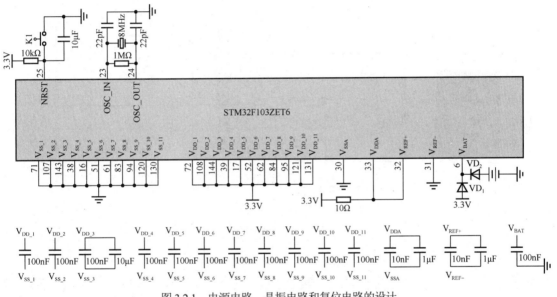

图 3.2.1　电源电路、晶振电路和复位电路的设计

（三）按键电路设计与测试

电路设计与项目 1、项目 2 相同，可以有如下三种设计，如图 3.2.2 所示，这里选择图 3.2.2（b）所示的电路。测试方法同项目 2。

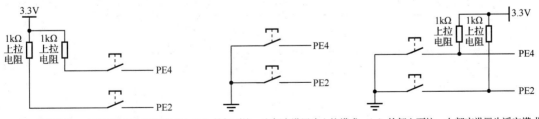

（a）外部上拉，内部应设置为下拉模式　（b）外部下拉，内部应设置为上拉模式　（c）外部上下拉，内部应设置为浮空模式

图 3.2.2　输入电路的三种接法

（四）数码管显示电路设计与测试

1. 数码管工作原理

8 段 LED 数码管是经常使用的数码显示装置，由 8 个 LED（a、b、c、d、e、f、g、dp）组成，如图 3.2.3 所示，其中 a～g 做成条形，dp 做成圆点形。若想显示数字"0"，需要点亮 a、b、c、d、e、f；若想显示数字"1"，需要点亮 b、c，其他情况以此类推。

如果将每个 LED 的**负极**接在一起作为 **com** 端，这样的数码管称为**共阴极数码管**。

如果将每个 LED 的**正极**接在一起作为 **com** 端，这样的数码管称为**共阳极数码管**。

对于共阳极数码管，如果 com 端接低电平，无论给 dp～a 送什么信号，数码管都是熄灭的，不工作。要想使其工作，首先需要将 com 端接高电平。在此前提下，给 dp～a 送 1100 0000，也就是 0xc0，就可以显示数字"0"；同样，给 dp～a 送 1111 1001，即 0xf9，则显示数字"1"。这里，0xc0 也被称为数字"0"的段码，0xf9 是数字"1"的段码。共阳极数码管段码表如表 3.2.1 所示。对于共阴极数码管，只有在其 com 端接低电平时才工作。共阴极数码管段码表如表 3.2.2 所示。共阳极数码管与共阴极数码管的段码互为反码。

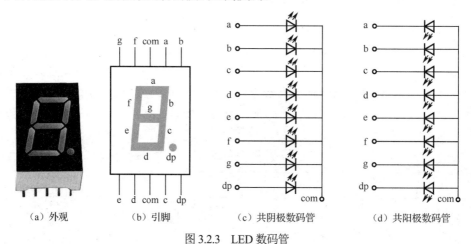

（a）外观　　　　（b）引脚　　　　（c）共阴极数码管　　　　（d）共阳极数码管

图 3.2.3　LED 数码管

表 3.2.1　共阳极数码管段码表

显示字符	段码	显示字符	段码	显示字符	段码	显示字符	段码
0	0xc0	5	0x92	A	0x88	F	0x8e
1	0xf9	6	0x82	B	0x83	P	0x8c
2	0xa4	7	0xf8	C	0xc6	Ủ	0xc1
3	0xb0	8	0x80	D	0xa1	⌐	0xce
4	0x99	9	0x90	E	0x86	"全灭"	0xff

表 3.2.2　共阴极数码管段码表

显示字符	段码	显示字符	段码	显示字符	段码	显示字符	段码
0	0x3f	5	0x6d	A	0x77	F	0x71
1	0x06	6	0x7d	B	0x7c	P	0x73
2	0x5b	7	0x07	C	0x39	U	0x3e
3	0x4f	8	0x7f	D	0x5e	⌐	0x31
4	0x66	9	0x6f	E	0x79	"全灭"	0x00

2. 开发板上数码管电路的测试

开发板上配有一个共阳极数码管，其 com 端已接高电平，a~dp 分别接 PC0~PC7，所以只需要用导线将 PC0~PC7 依次接 GND，即可观察到数码管 a~dp 各段依次点亮。按照表 3.2.1 给 PC7~PC0 引脚送合适的电平，即可观察到数码管显示对应的字符。

记录：测试过程是否顺利？

3. 数码管静态显示电路

一个单片机系统中常常使用到多个数码管，如果每个数码管的段码线彼此独立，各占用 8 个 GPIO 引脚，这样的电路连接方式就是静态显示连接。

1）直联的数码管静态显示电路

图 3.2.4（a）所示为直联的共阳极数码管静态显示电路，com 端接电源正极，两个数码管的段码线分别接到 PC15~PC8 和 PC7~PC0，当然你也可以使用其他 GPIO 端口。

图 3.2.4（b）所示为直联的共阴极数码管静态显示电路，com 端接 GND。

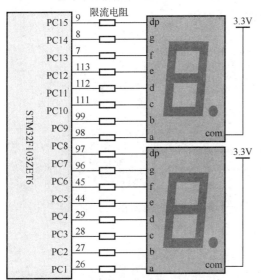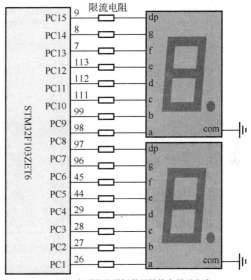

（a）直联的共阳极数码管静态显示电路　　　　　　（b）直联的共阴极数码管静态显示电路

图 3.2.4　直联的数码管静态显示电路

对于共阳极数码管，要显示数值"25"，编程时的操作如下。

① 将"2"（十位）的段码 0xa4（见表 3.2.1）送到 PC15~PC8。

② 将"5"（个位）的段码 0x92（见表 3.2.1）送到 PC7~PC0。

可用如下语句实现。

```
GPIOC->ODR= 0xa492;        //向 PC15~PC0 输出 25 的段码
```

小技巧：

向 GPIOx 高 8 位输出段码 AAA，低位输出段码 BBB 的方法如下。

```
GPIOx->ODR=（AAA<<8）+BBB;
```

讨论：对于图 3.2.4（b）所示的共阴极数码管，要想显示数字"25"，该如何编程？

2）用 74LVC245 驱动的数码管静态显示电路

如果 16 个 LED 同时点亮，对于图 3.2.4（a）所示的电路，会造成同一时刻灌入单片机的电流太大；对于图 3.2.4（b）所示的电路，则造成同一时刻单片机的总输出拉电流较大。运行时如果经常发生这种情况，容易造成单片机发热或显示亮度不够。这时可以在单片机和数码管之间加驱动器。

数码管可以用三极管驱动，也可以用 7407、74245 等芯片驱动。如图 3.2.5 所示，在单片机 GPIO 引脚和数码管之间加入 74LVC245 驱动器。图 3.2.5 中使用的数码管为共阳极数码管。如果使用共阴极数码管，将其 com 端接 GND 即可。

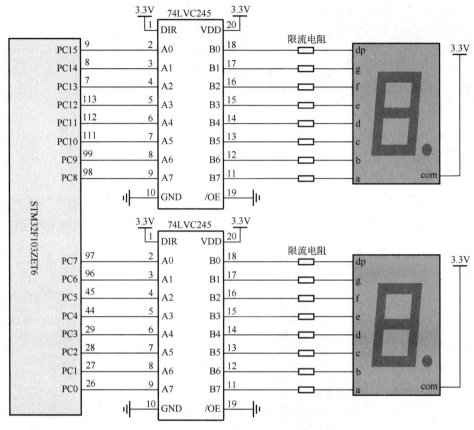

图 3.2.5　用 74LVC245 做驱动器的共阳极数码管静态显示电路

74LVC245 是双向驱动器，DIR 负责方向控制，当 DIR=1 时，A 端作为输入端、B 端作为输出端；当 DIR=0 时，B 端作为输入端、A 端作为输出端。电路中将 DIR 直接接 3.3V 电源，因此数据总是从 A 端输入、从 B 端输出。/OE 是输出允许端，当/OE=0 时，有信号输出；当/OE=1 时，无信号输出，输出呈高阻态。电路中直接将/OE 端接 GND，因此 B 端的数据总是直接输出到数码管。在 3V 供电情况下，74LVC245 的输入端电流约为 1μA，输出端电流约为±25mA，驱动数码管的同时，大大降低了对单片机的电流需求。

1. 如果用 74LVC245 驱动共阴极数码管，仍为静态显示方式，电路该如何修改？
2. 对于图 3.2.5 所示的电路，要显示数字"76"，该如何编程？

LED 静态显示电路中，每个数码管要占用 8 个单片机 I/O 引脚，因此 2 个数码管需占用 2×8=16 个引脚；5 个数码管需要 5×8=40 个引脚。可见其占用 I/O 引脚比较多。在数码管较多时，可能会有 I/O 引脚数量不足的情况。数码管静态显示电路的优点是编程简单，显示亮度高。

4. 数码管动态显示电路

当数码管数量比较多时，常采用动态显示电路。图 3.2.6 所示为直联的数码管动态显示电路。图 3.2.7 所示为用 74LVC245 驱动的数码管动态显示电路，其中 PC7～PC0 称为段码线，PD0 和 PD1 称为位选线。

1）直联的数码管动态显示电路

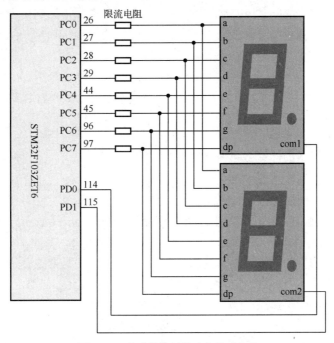

图 3.2.6 直联的数码管动态显示电路

2）采用 74LVC245 驱动的数码管动态显示电路

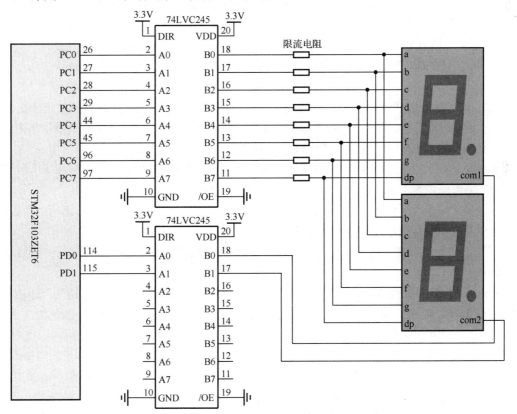

图 3.2.7 采用 74LVC245 驱动的数码管动态显示电路

图 3.2.6 和图 3.2.7 所示的电路的共同点如下。

（1）先将两个数码管的同名段码线都连在一起，再直接或间接连到单片机的 I/O 引脚上。

（2）两个数码管的 com 端不再直接连到电源正极或负极，而是连到 I/O 引脚上。

（3）比静态显示方式节约引脚。

2 个数码管共占用 8+2=10 个引脚，比静态显示少用 2×8-10=6 个引脚。如果是 5 个数码管，则共占用 8+5=13 个引脚，比静态显示少用 5×8-13=27 个引脚。数码管越多，节约引脚的效果越明显。

（4）两个数码管需要交替工作。

这是由于两个数码管的同名段码线接到了一起，同一时刻，它们能收到相同的段码。如果同时工作，两个数码管会同步显示相同的数值，这显然没有意义。应该通过编程使它们交替工作，以共阴极数码管为例，假如待显示数字为 "25"，针对图 3.2.6 和图 3.2.7，编程步骤如下。

① 禁止两个数码管同时工作。对于共阴极数码管，要给 com1、com2 都送 "1"，可写语句 "PDout(0)=1;　PDout(1)=1;"。

② 送十位数字 "2" 的段码到段码线 PC7～PC0 上，语句编写方法后面详述。

③ 选通十位数码管，使其工作。选通后在十位数码管上显示十位数字 "2"。对于共阴极数码管，可写语句 "PDout(0)=0;"。

④ 延时，使十位数显示保持一段时间，可写语句 "delay_ms(5);"。

⑤ 禁止十位数码管工作，使其熄灭。对于共阴极数码管，可写语句 "PDout(0)=1;"。

⑥ 送个位数字 "5" 的段码到段码线 PC7～PC0 上，方法同步骤②。

⑦ 选通个位数码管，使其工作。选通后将在个位数码管上显示个位数字 "5"。对于共阴极数码管，可写语句 "PDout(1)=0;"。

⑧ 延时，使数字 "5" 的显示保持一段时间，可写语句 "delay_ms(5);"。

⑨ 禁止个位数码管工作，使其熄灭。对于共阴极数码管，可写语句 "PDout(1)=1;"。

重复步骤②～⑨。

由以上步骤可知，两个数码管是交替工作的，而且每个数码管都在显示和熄灭之间不断切换，但是只要延时时间选择得合理，利用人眼的视觉暂留效应，我们看到的就是两个数码管都在显示。

可见动态显示虽然节约单片机的引脚，但是编程相对麻烦。

此外对于图 3.2.6 和图 3.2.7 所示的电路，由于数码管是交替点亮的，如果延时时间设计不合理，会有字符闪烁跳动现象，整体显示亮度也不如静态显示电路。

无论是共阳极数码管还是共阴极数码管，它们的动态显示电路都是一样的，编程时要做的工作也类似，只是需要注意选通电平和送的段码有所区别。

下面研究步骤②和⑥中向 PC7～PC0 送段码的编程方法。假设欲送 "2"，其共阴极数码管段码为 0x5b。

方法一：如果已知 PC15～PC8 闲置不用或作为输入端，一般可给这些位全部送 "1"，即 PC15～PC8 送 0xff，PC7～PC0 送 "2" 的共阴极段码 0x5b，可写语句 "GPIOC->ODR=0xff5b;"。

方法二：如果已知 PC15～PC8 作为输出端，并且已知 PC15～PC8 的输出值（如是 0x58），将 0x58 与 "2" 的段码 0x5b 整合输出到 GPIOC 引脚，可写语句 "GPIOC->ODR= 0x585b;"。

方法三：如果已知 PC15～PC8 作为输出端，但其输出值由其他函数决定，或者不知道 PC15～PC8 的用法，可写语句 "GPIOC->ODR=(GPIOC->ODR&0xff00)+0x005b;"。

方法三可以在不影响 PC15～PC8 输入、输出的情况下，向 PC7～PC0 输出段码，是本书推荐的方法。

小技巧：

向 GPIOx 低 8 位输出数据 AAA，同时不影响高 8 位的语句如下。

GPIOx->ODR=(GPIOx->ODR&0xff00)+AAA;

向 GPIOx 高 8 位输出数据 AAA，同时不影响低 8 位的语句如下。

GPIOx->ODR=(GPIOx->ODR&0x00ff)+(AAA<<8);

请写出图 3.2.7 中数码管动态显示电路在使用**共阳极**数码管情况下，显示数字"25"的操作过程。

3）采用 74LVC573 驱动的共阴极数码管动态显示电路

图 3.2.8 在单片机和数码管之间加了两个 74LVC573 锁存器。两个锁存器的同名输入端连到一起再接 STM32 单片机的 PC0～PC7 引脚；输出端 1Q～8Q 分别接两个数码管的 a～dp，两个数码管都是共阴极数码管，com 端都接地。PD0 和 PD1 分别接 74LVC573 的 LE 端。

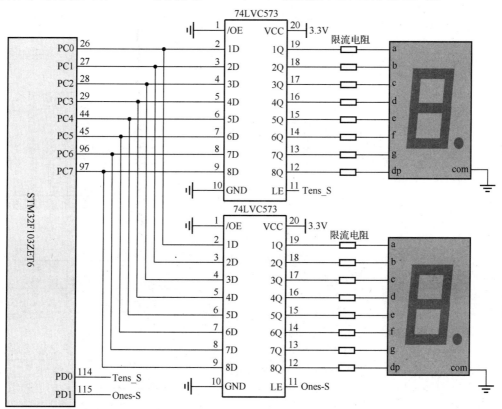

图 3.2.8　采用 74LVC573 驱动的共阴极数码管动态显示电路

对于 74LVC573 锁存器，LE 是锁存允许端，/OE 是输出控制端。

当 LE=1 时，1D～8D 上的输入信号被存入内部寄存器。

当 LE=0 时，1D～8D 上的输入信号不能进入，内部寄存器保持 LE=0 之前的值。

当/OE=0 时，内部寄存器上的数据被输出到 1Q～8Q。

当/OE=1 时，输出呈高阻态。

图 3.2.8 中，/OE 端被接至 GND，因此输出总是被允许的。

PD0 和 PD1 分别接两个锁存器的 LE 端，作为十位和个位选通信号。编程时 PD0 输出"1"

而 PD1 输出"0"，则十位数码管的内容被刷新，个位数码管的内容保持不变。如果 PD0 输出"0"而 PD1 输出"1"，则个位数码管显示内容被刷新，十位数码管显示内容保持不变。

图 3.2.8 中电路的编程和图 3.2.6、图 3.2.7 类似，只是图 3.2.6 和图 3.2.7 的选通电平由数码管决定：共阴极数码管的选通信号为低电平；共阳极数码管的选通信号为高电平。对于图 3.2.8 所示的电路，无论是共阳极数码管，还是共阴极数码管，选通电平都由锁存器的 LE 端决定，都是高电平选通，编程时需要注意。当然，如果是共阳极数码管，图 3.2.8 电路中的两个 com 端都应接电源正极。

用锁存器作为驱动器的数码管动态显示电路，其显示效果与静态显示效果相同，不会有闪烁跳动现象，因为数码管不刷新时，显示字符是保持而不是熄灭的。

数码管动态显示电路也可以采用三极管、7407 等其他驱动方式，请大家上网查找对应的电路，拿来讨论一下吧！

（五）本系统电路汇总

按键设定及显示电路的电源电路、外部晶振电路、复位电路、按键电路、数码管电路如图 3.2.9 所示。

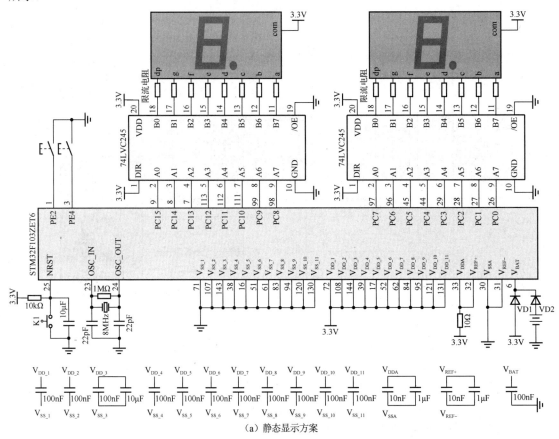

（a）静态显示方案

图 3.2.9　按键设定及显示电路的电源电路、外部晶振电路、复位电路、按键电路、数码管电路

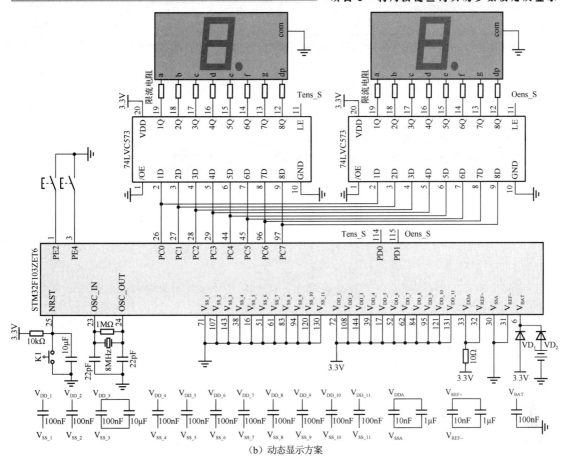

（b）动态显示方案

图 3.2.9 按键设定及显示电路的电源电路、外部晶振电路、复位电路、按键电路、数码管电路（续）

三、要点记录及成果检验

任务 3.2	电路设计与测试						
姓名		学号		日期		分数	

（一）术语记录

英　文	中 文 翻 译
Direction（DIR）	
Output Enable（OE）	
Latch Enable（LE）	
Common（COM）	

（二）自主设计

1. 请画出直联的共阳极数码管静态显示电路，要求使用 PB15～PB0 连接数码管，并写出显示数字"25"的操作过程。

2. 请画出用 74LVC245 驱动的共阴极数码管静态显示电路，要求使用 PD15～PD0 连接数码管，并写出显示数字"25"的操作过程。

3. 请画出用 74LVC245 驱动的共阴极数码管动态显示电路，要求使用 PB7～PB0 连接数码管，PB8 和 PB9 作为位选线，并写出显示数字"68"的操作过程。

4. 请画出用 74LVC573 驱动的共阳极数码管动态显示电路，要求使用 PB7～PB0 连接数码管，PB8 和 PB9 作为位选线，并写出显示数字"68"的操作过程。

任务 3.3　程序设计与调试

一、任务目标

（1）能画出程序流程图。

（2）能利用现有框架，通过位操作或 GPIO 读写库函数编写按键采集程序和数码管显示程序。

（3）理解按键去抖的意义与方法。

（4）理解 8 段数码管静态显示和动态显示程序，并能灵活运用。

二、学习与实践

（一）讨论与发言

参照项目 1 和项目 2，谈一谈本项目程序的设计思路。

按照以下工作步骤，完成程序设计与调试。

（二）流程图设计

按照控制要求画出程序流程图，如图 3.3.1 所示。

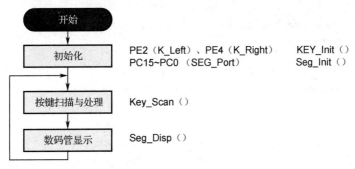

图 3.3.1 程序流程图

（三）程序文件布局

程序文件布局如图 3.3.2 所示，文件夹"03-01-按键设定及显示-静态显示"可由"02-06-按键流水_位带操作-Systick 延时-循环实现"文件夹或其他文件夹复制而来。进行如下操作。

（1）如图 3.3.2（a）所示，修改工程名为"Button_SET_SEG"。

（2）复制"LED"文件夹并粘贴，修改副本文件夹名为"SEG"，用于存储数码管相关操作文件。

（3）修改"SEG"文件夹内文件名为"seg.c"和"seg.h"。

（4）修改"readme"文件内容，对本工程功能做简要说明。

（5）如图 3.3.2（b）所示，打开工程，修改"Project"窗口中"HARDWARE"文件夹的内容，将"key.c"和"seg.c"文件添加进来，同时检查"SYSTEM"文件夹。

（6）修改"Options for Target 'Target1'"对话框中"C/C++"选项卡"Setup Compiler Include Paths:"（包含路径）的内容，将"KEY"和"SEG"文件夹包含进来。

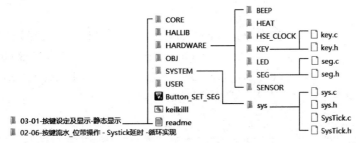

（a）文件夹组成

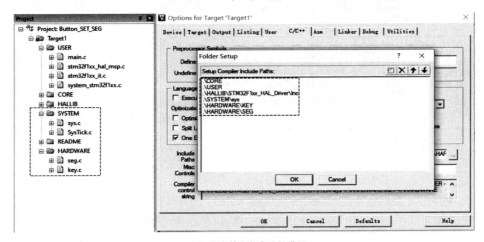

（a）组文件和包含路径设置

图 3.3.2 程序文件布局

（四）LED 数码管静态显示程序设计

1. 主程序

按照流程图 3.3.1，可写出主程序。

```
main.c
1   #include "seg.h"                      //数码管定义头文件
2   #include "key.h"                      //按键定义头文件
3   #include "SysTick.h"                  //滴答定时器头文件
4
5   int main( )
6   { u8 Set_value;                       //定义变量，用于存储设定值
7     HAL_Init();                         //初始化HAL
8     Stm32_Clock_Init(RCC_PLL_MUL9);     //时钟切换到外部晶振，9倍频
9     SysTick_Init(72);                   //初始化滴答时钟，系统时钟频率为72MHz
10    KEY_Init();                         //初始化按键
11    Seg_Init();                         //初始化数码管
12
13    while(1)
14    { Set_value=Key_Scan();             //进行按键采集，结果存于Set_value
15      Seg_Disp(Set_value);              //将Set_value送入数码管进行数字显示
16    }
17  }
```

2. 按键采集程序

1) "key.h" 文件

```
key.h
1   #ifndef _KEY_H
2   #define _KEY_H
3   #include "sys.h"                      //位操作头文件
4   #include "SysTick.h"                  //滴答时钟头文件
5
6   #define K_Up     PAin(0)              //为PA0起名K_Up
7   #define K_Left   PEin(2)              //为PE2起名K_Left
8   #define K_Down   PEin(3)              //为PE3起名K_Down
9   #define K_Right  PEin(4)              //为PE4起名K_Right
10
11  void KEY_Init(void);                  //按键初始化函数
12  u8   Key_Scan(void);                  //按键扫描函数
13  #endif
```

第 6 行和第 8 行可以省略。

第 11 行声明了按键初始化函数 "void   KEY_Init()"，任务是初始化按键相关引脚。

第 12 行声明了按键扫描函数 "u8   Key_Scan()"，任务是采集 K_Left 和 K_Right 按键的输入信号，返回按键加 1、减 1 结果。按照控制要求，本系统按键加 1、减 1 的结果范围为 0～99，因此将返回值的数据类型设为 u8（无符号 8 位变量）。

2) "key.c" 文件

```
key.c
1   #include "key.h"
2   static u8 Key_Left_Last;              //Key_Left按键上一次的值
3   static u8 Key_Right_Last;             //Key_Right按键上一次的值
4   static u8 Key_value;                  //按键加减结果（范围为0~99）
5
6   void KEY_Init(void)                   //按键初始化函数
7   {   GPIO_InitTypeDef GPIO_Initure;    //定义GPIO初始化变量
8       __HAL_RCC_GPIOA_CLK_ENABLE();     //开启GPIOA时钟
9       __HAL_RCC_GPIOE_CLK_ENABLE();     //开启GPIOE时钟
10      GPIO_Initure.Pin=GPIO_PIN_0;      //PIN0
11      GPIO_Initure.Mode=GPIO_MODE_INPUT;  //输入
12      GPIO_Initure.Pull=GPIO_PULLDOWN;  //下拉
13      HAL_GPIO_Init(GPIOA,&GPIO_Initure);  //按照以上设置初始化PA0
14
15      GPIO_Initure.Pin=GPIO_PIN_2|GPIO_PIN_3|GPIO_PIN_4; //PIN2, PIN3, PIN4
16      GPIO_Initure.Mode=GPIO_MODE_INPUT;  //输入
17      GPIO_Initure.Pull=GPIO_PULLUP;    //上拉
18      HAL_GPIO_Init(GPIOE,&GPIO_Initure);  //按照以上设置初始化PE2, PE3, PE4
19      Key_Left_Last=1;                  //Key_Left按键之前未按下
20      Key_Right_Last=1;                 //Key_Right按键之前未按下
21      Key_value=0;                      //按键加减值为0
22  }
```

第 2～4 行定义了三个变量，其中：变量 Key_value 用于存储按键加 1 和减 1 结果（范围内 0～99），数据类型为 u8；变量 Key_Left_Last 和 Key_Right_Last 分别用于存储按键 K_Left 和 K_Right 上一次扫描时的状态（按下为 0，松开为 1），Key_Left_Last 和 Key_Right_Last 的数据类型都设置为 u8。

以上三个变量的存储类型都被设置为 static（静态）。与没有静态声明的动态变量不同，静态变量的值不会因为函数返回而丢失。

"key.c" 文件主要包含按键初始化 KEY_Init() 和按键扫描 Key_Scan() 两个函数。按键初始化函数的内容与项目 1、项目 2 相同。函数中对开发板上的 4 个按键都进行初始化，当然你也可以只对 PE2 和 PE4 进行初始化。注意第 19～21 行对 Key_Left_Last 等三个变量赋予了初始值。想一想，为什么 Key_Left_Last 和 Key_Right_Last 的初始值被设为 1 而不是 0？

下面讨论按键采集程序（第 23～43 行）的设计思路。

```
23 /********************按键采集程序********************
24 *功能：  采集K_Left和K_Right按键，每按下1次K_Left按键，  结果+1;
25 *                              每按下1次K_Right按键，结果-1;
26 *输入：  无
27 *返回值：按键加1、减1的结果，数据类型为u8
28 ********************按键采集程序********************/
29 u8 Key_Scan(void)
30 {
31   if(K_Left!=Key_Left_Last)        //如果K_Left当前值和上一次不相等，说明按键状态发生改变
32     { if(K_Left==0) {Key_value+=1;} //如果是下降沿，则按键值+1
33       Key_Left_Last=K_Left;        //刷新Key_Left_Last按键为当前值
34       delay_ms(10);                //延时去抖
35     }
36   if(K_Right!=Key_Right_Last)      //如果K_Right按键当前值和上一次不相等，说明按键状态发生改变
37     { if(K_Right==0) {Key_value-=1;} //如果是下降沿，则按键值-1
38       Key_Right_Last=K_Right;      //刷新Key_Right_Last按键为当前值
39       delay_ms(10);                //延时去抖
40     }
41   if(Key_value>99) {Key_value=0;}  //限制Key_value在0~99范围内
42   return(Key_value);               //返回Key_value的值
43 }
```

（1）关于下降沿的采集。

我们知道，对于图 3.3.3 所示的按键电路，当 K_Left 按键被按下时，单片机得到一个低电平。如果像项目 1 和项目 2 一样，程序如下。

```
if(K_Left ==0)    {Key_value+=1;}
if(K_Right ==0)   {Key_value-=1;}
```

调试时会发现数值明显不正确。这是由于人们按下和松开按键通常分为按下、按住、松开三个阶段，从按下到松开通常历时 0.5～2s，如图 3.3.4 所示。

图 3.3.3　按键电路　　　　　　　　　　图 3.3.4　理想按键特性

由于单片机的运行速度非常快，在 K_Left 按键被按住的时间内，会成千上万甚至更多次地检测到 K_Left=0。于是语句 "Key_value+=1；" 也将同样次数地被执行。按住的时间越长，加 1 的次数越多。但由于 Key_value 之前被定义为 u8 类型的变量，其范围为 0～255，所以 Key_value 总是先从 0 加到 255，再从 0 加到 255……而且由于每次按住按键的时间长短不可能完全一样，因此 Key_value 的最终结果也不相同。但肯定不是按一下 K_Left 按键，Key_value+1。语句 "if(K_Left=0)" 实际上是检测按键是否被 "按住"，而不是被 "按下 1 次"。

那么该如何检测按键被 "按下 1 次" 呢？从图 3.3.4 可以看出，按键每按下 1 次，会产生 1 个下降沿（信号由 1 到 0）；按键每松开 1 次，会产生 1 个上升沿（信号由 0 到 1）。因此我们应该检测是否出现了下降沿，每出现 1 个下降沿，说明按键被按下 1 次。或者也可以检测是否出现了上升沿，每出现 1 个上升沿，说明按键被松开 1 次。但无论如何都不应该检测是否为低电平。

STM32 单片机的 GPIO 电路本身只能识别高、低电平，不能识别上升沿、下降沿。要检测是

下降沿或上升沿，就需要程序的配合。其中一种方法是，将本次按键扫描得到的输入（K_Left）和上一次扫描的输入（K_Left_Last）做比较。如果不相等，即"if(K_Left != K_Left_Last)"，说明可能是上升沿或下降沿。如果当前按键的输入 K_Left 是"0"，则可以肯定是下降沿，否则说明是上升沿。本程序对下降沿进行检测，只有检测到下降沿时，变量 Key_value 才做加 1 运算。程序可写为

```
if(K_Left != Key_Left_Last)          //如果 K_Left 当前值和上一次不相等，说明按键状态发生改变
  {  if(K_Left ==0)    {Key_value+=1;} //若是下降沿，则变量加 1
     Key_Left_Last=K_Left;           //无论是上升沿或下降沿，都刷新 Key_Left_Last，为下一次判断做准备
     delay_ms(10);                    //延时去抖
  }
```

> 补充知识：关于 STM32 单片机的运行速度。
>
> ST 官方给出的 STM32F103 单片机的参考运行速度是 1.25MIPS/MHz，其中 MIPS 是指 Million Instructions Per Second，即每秒执行百万条指令的个数。因此，在 72MHz 的系统时钟下，每秒执行指令条数= 1.25×72（百万条）=90（百万条）=9000（万条）。这里的指令是指汇编语言指令。
>
> 每条 C 语言语句编译后会对应若干条汇编语言指令。假设程序共含有 9000 条指令，且每条指令每次都被执行，则 1s 内程序会被执行 1 万次。因此按住 K_Left 按键 1s，变量 Key_value 将执行 1 万次加 1。

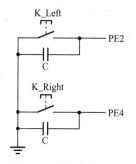

图 3.3.5 实际按键特性

（2）关于按键的去抖。

程序中还加入了一个延时 10ms 的函数 delay_ms(10)，这个函数的加入很有必要。这是由于一般按键都有抖动现象，即按下或松开一次按键，会产生多个下降沿或上升沿，如图 3.3.5 所示。由于单片机执行速度很快，这些抖动会被采集到，造成每按下或松开一次按键，却得到多个下降沿或上升沿。这会导致 Key_value 加了多次 1。

一般按键抖动到稳定的时间约为 5～10ms，所以检测到第一个下降沿或上升沿后延时 5～10ms，就可以避开对抖动信号的重复检测，从而避免多次加 1 或减 1，这就是软件去抖的原理。

按键抖动也可以硬件去除。图 3.3.6 所示为电容去抖电路，利用电容两端电压不能突变的特性，滤掉高频抖动信号。图 3.3.7 所示为 RS 触发器去抖电路，利用 RS 触发器的保持特性实现去抖。

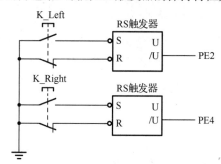

图 3.3.6 电容去抖电路   图 3.3.7 RS 触发器去抖电路

相对于硬件去抖，软件去抖更加经济方便，是最常采用的措施。

练一练：用 K_Up 和 K_Down 作为加、减键，实现加 1、减 1 功能，说一说修改"key.h"和"key.c"文件的思路。

3. LED 数码管静态显示程序

按照图 3.2.9（a）所示的电路，编写静态显示程序如下。

1）"seg.h" 文件

```
seg.h
1  #ifndef _SEG_H
2    #define _SEG_H
3    #include "sys.h"           //位操作头文件
4    #define SEG_Port  GPIOC     //给GPIOC起名为SEG_Port
5    void Seg_Init(void);        //数码管初始化函数
6    void Seg_Disp(u8 data);     //数码管静态显示函数
7  #endif
```

2）"seg.c" 文件

```
seg.c
1   #include "seg.h"
2
3   u8 smg_table[10]={0xc0, 0xf9, 0xa4, 0xb0, 0x99, 0x92, 0x82, 0xf8,0x80, 0x90};
4                                                 //0~9 的共阳极数码管段码
5   void Seg_Init()                               //数码管初始化函数
6   { GPIO_InitTypeDef  GPIO_InitStructure;       //定义GPIO初始化变量
7     __HAL_RCC_GPIOC_CLK_ENABLE();               //开启GPIOC时钟
8
9     GPIO_InitStructure.Pin=GPIO_PIN_All;        //PIN_0~PIN_15引脚
10    GPIO_InitStructure.Speed= GPIO_SPEED_FREQ_HIGH;  //高速输出
11    GPIO_InitStructure.Mode=GPIO_MODE_OUTPUT_PP;     //推挽输出
12
13    HAL_GPIO_Init(SEG_Port, &GPIO_InitStructure);    //按照以上设置初始化SEG_Port
14
15    HAL_GPIO_WritePin(SEG_Port, GPIO_PIN_All,GPIO_PIN_SET);//全灭
16  }
17
18  /***************数码管显示程序****************
19  *功能: 00~99数字显示
20  *输入: 待显示数字, u8类型, 范围为0~99
21  *输出: 无
22  ****************************************/
23  void Seg_Disp(u8 Data)
24  { u8 Tens,Ones;                      //定义变量, 分别存储十位数字和个位数字
25    u8  Seg_Tens, Seg_Ones;            //定义变量, 分别存储十位数字和个位数字的8位段码
26    u16 Disp_Data;                     //定义变量, 用于存储待显示数字的16位段码
27    Tens=Data/10;                      //求待显示数字的十位数字
28    Ones=Data%10;                      //求待显示数字的个位数字
29    Seg_Tens=smg_table[Tens];          //求十位数字的段码
30    Seg_Ones=smg_table[Ones];          //求个位数字的段码
31    Disp_Data=(Seg_Tens<<8)+Seg_Ones;  //将十位数字和个位数字的段码整合在一起
32    SEG_Port->ODR=Disp_Data;           //将整合后的段码送16位显示端口
33  }
34
```

"seg.c" 文件程序的第 3 行定义了一个表，名为 smg_table，表内有 10 个元素，每个元素的数据类型均为 u8，分别对应 0~9 的共阳极数码管段码。smg_table[0]的值就是数字 0 的段码，smg_table[9]的值就是数字 9 的段码。smg_table[i]的值就是数字 i 的段码，i=0~9。

如果希望两个数码管显示数字 Data（如 Data=47），编程如下。

Tens =Data/10;　//47/10 =4	（求商，即十位数字为4，第27行）
Ones=Data%10;　//47%10=7	（求余数，即个位数字为7，第28行）
Seg_Tens=Smg_Table[Tens]; //Smg_Table[4]=4 的段码=0x99	（查数字4的段码，第29行）
Seg_Ones=Smg_Table[Ones]; //Smg_Table[7]=7 的段码=0xf8	（查数字7的段码，第30行）
Disp_Data=（Seg_Tens<<8）+Seg_Ones; //(0x99<<8)+0xf8=0x99f8	（整合成16位段码，第31行）
SEG_Port->ODR=Disp_Data;　//0x99f8 送数码管，显示47	（送显示端口，第32行）

4. 软硬件联调

（1）编译生成无误后，将程序下载到开发板，数字显示应为 "0"。

（2）按下 K_Left 键，数字显示 "1"；再按数字显示 "2"，随按下、松开操作，数字显示应递增。

（3）按下 K_Right 键，数字显示值应递减。

（4）由于开发板上只有一个数码管，只能观察到个位数。为更好地观察运行结果，也可使用如下在线调试功能进行观察。

（5）单击图 3.3.8 中的 "Start/Stop Debug Session（Crtl+F5）"（开始/停止调试）按钮，进入在

线调试窗口，如图 3.3.9 所示。

图 3.3.8　开始/停止调试

图 3.3.9　在线调试窗口

（6）单击"运行"按钮，程序进入运行状态。

（7）连续按下开发板上的 K_Left 按键 15 次，开发板上的数码管显示"5"。如果去抖不完全，也可能会显示"6"或"7"等，这没有关系。

（8）单击"停止"按钮，程序停止运行。程序可能停止在如图 3.3.10 的"key.c"页面，也可能停在其他页面。如果停留在其他页面，就先单击"运行"按钮，再单击"停止"按钮，反复几次，直到停留在"key.c"页面为止。

（9）挪动光标到第 37 行或第 38 行的"Key_value"处，会自动弹出当前值，按 15 次按键，"Key_value"的值应该是 0x0F（15）或其他接近值。一般数据不会差太多。否则，说明存在软件或硬件错误。

```
23  *输入：  无
24  *返回值：按键加1、减1的结果，u8类型
25  ********************按键采集程序*************************/
26  u8 Key_Scan(void)
27  { if(K_Left!=Key_Left_Last)        //如果K_Left当前值和上一次不相等，说明按键状态发生改变
28    { if(K_Left==0) {Key_value+=1;}  //如果是下降沿，则按键值+1
29      Key_Left_Last=K_Left;          //刷新Key_Left_Last为当前值
30      delay_ms(10);                  //延时去抖
31    }
32    if(K_Right!=Key_Right_Last)      //如果K_Right当前值和上一次不相等，说明按键状态发生改变
33    { if(K_Right==0)  {Key_value-=1;}//如果是下降沿，则按键值-1
34      Key_Right_Last=K_Right;        //刷新Key_Right_Last为当前值
35      delay_ms(10);                  //延时去抖
36    }
37    if(Key_value>99) {Key_value=0;}  //限制Key_value在0~99范围内
38    return(Key_value);               //返回Key_value的值
39  }                          Key_value = 0x0F
40 }
```

图 3.3.10　程序停留在"key.c"页面，观察变量"Key_value"的当前值

（10）反复单击"运行"和"停止"按钮，直到停留在"seg.c"页面，如图 3.3.11 所示。

（11）将光标移到"Data""Tens""Ones""Seg_Tens""Seg_Ones""Disp_Data"等变量处，观察这些变量的计算结果是否正确，这可以帮助我们检查数码管显示程序是否有逻辑错误。

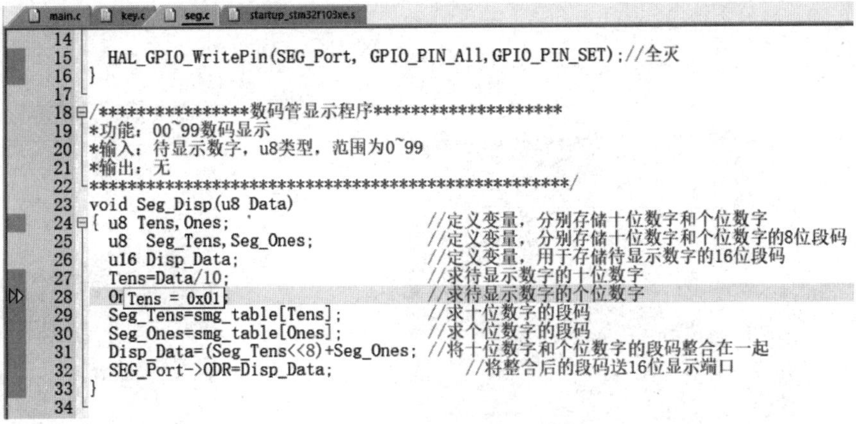

main.c
key.c
seg.c
startup_stm32f103xe.s
HAL_GPIO_WritePin(SEG_Port, GPIO_PIN_All,GPIO_PIN_SET);//全灭
}
/****************数码管显示程序*******************
*功能：00~99数码显示
*输入：待显示数字，u8类型，范围为0~99
*输出：无
**/
void Seg_Disp(u8 Data)
{ u8 Tens,Ones;　　//定义变量，分别存储十位数字和个位数字
u8 Seg_Tens,Seg_Ones;　　//定义变量，分别存储十位数字和个位数字的8位段码
u16 Disp_Data;　　//定义变量，用于存储待显示数字的16位段码
Tens=Data/10;　　//求待显示数字的十位数字
Tens = 0x01　　//求待显示数字的个位数字
Seg_Tens=smg_table[Tens];　　//求十位数字的段码
Seg_Ones=smg_table[Ones];　　//求个位数字的段码
Disp_Data=(Seg_Tens<<8)+Seg_Ones; //将十位数字和个位数字的段码整合在一起
SEG_Port->ODR=Disp_Data;　　//将整合后的段码送16位显示端口
}

图 3.3.11　程序停在“seg.c”页面，观察“Tens”等变量的当前值

（12）选择“Peripherals”→“System Viewer”→“GPIO”→“GPIOC”命令，打开 GPIOC 窗口，如图 3.3.12 所示，观察 GPIOC 输出寄存器“ODR”的内容，应该与变量“Key_value”的值相对应。如果 Key_value=15，那么 ODR 的值为“15”的段码为“0xf992”。

Peripherals Tools SVCS Window Help
System Viewer
Core Peripherals
FSMC
PWR
RCC
GPIO
AFIO
EXTI
DMA
SDIO
RTC
BKP
IWDG
WWDG
TIM
I2C
SPI
USART
ADC
CAN
DAC
DBG
CRC
FLASH
NVIC
USB
GPIOA
GPIOB
GPIOC
GPIOD
GPIOE
GPIOF
GPIOG
GPIOC
Property
Value
CRL
CRH
IDR
ODR
BSRR
BRR
LCKR
0x33333333
0x33333333
0x0000F992
0x0000F992
0
0
0
GPIOC
输出寄存器内容
ODR=0xf992
0xf9——“1”的共阳极数码管段码
0x92——“5”的共阳极数码管段码

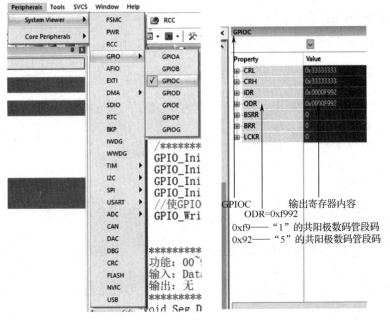

图 3.3.12　观察 GPIOC 输出寄存器的当前值

（13）再次单击“运行”按钮，先按加 1 键或减 1 键几次，再单击“停止”按钮，观察调试页面的数字显示是否能相应改变。

（14）外接如图 3.3.13 所示的数码管电路板，将 PC15～PC8 依次连接到 JP3 的 dp～a，将 PC7～PC0 连到 JP4 的 dp～a，将 JP3 或 JP4 的 VCC 引脚接开发板电源 3.3V。运行状态下操作两个按键，能够更直观地观察到两个数码管的显示结果。

故障现象：________________________________

解决办法：________________________________

原因分析：________________________________

练一练：

1. 如果用图 3.3.13 中的共阴极数码管（JP1 和 JP2），该如何连线，如何修改程序？

2. 如果用 PC7~PC0 接个位数码管，PF7~PF0 接十位数码管，共阳极数码管该如何连线，如何修改程序？

静态共阴极数码管

动态共阴极数码管

静态共阴极引脚
JP1　　　　JP2

静态共阳极数码管

74LVC573

静态共阳极引脚

动态共阴极引脚

JP3　　　JP4　　　JP5　JP6

图 3.3.13　数码管电路板

（五）LED 数码管动态显示程序设计

图 3.2.9（a）与图 3.2.9（b）所示的电路只有显示电路不同，因此只需修改显示程序，即"led.c"和"led.h"文件即可。修改过程如下。

1. 布局程序文件

复制"03-01-按键设定及显示-静态显示"文件夹并粘贴，修改副本名字为"03-02-按键设定

03-01-按键设定及显示-静态显示　　及显示-动态显示"，如图 3.3.14 所示。

03-02-按键设定及显示-动态显示　　### 2. 主程序

图 3.3.14　文件夹复制　　　　　　　主程序与静态显示主程序相同，无须修改。

3. 按键采集程序

"key.c"和"key.h"文件程序与静态显示程序相同，无须修改。

4. 数码管动态显示程序

"seg.c"和"seg.h"文件程序与动态显示程序不同，**需要修改**。

1）"seg.h"文件

```
 1 #ifndef _SEG_H
 2   #define _SEG_H
 3   #include "sys.h"          //位操作头文件
 4   #include "SysTick.h"      //滴答时钟头文件
 5   #define SEG_Port  GPIOC   //给段码线所在端口起名（只用低8位）
 6   #define SEG_Pin   GPIO_PIN_0|GPIO_PIN_1|GPIO_PIN_2|GPIO_PIN_3\
 7            |GPIO_PIN_4|GPIO_PIN_5|GPIO_PIN_6|GPIO_PIN_7
 8                       //给段码引脚统一起名
 9
10   #define BS_Port   GPIOD   //给位选线所在端口起名（只用低2位）
11   #define BS_Pin    GPIO_PIN_0|GPIO_PIN_1
12                       //给位选引脚统一起名
13
14   #define Tens_S    PDout(0)  //给十位选通引脚起名
15   #define Ones_S    PDout(1)  //给个位选通引脚起名
16
17   void Seg_Init(void);      //数码管初始化函数
18   void Seg_Disp(u8 data);   //数码管动态显示函数
19 #endif
```

第 5~7 行是段码线所在端口及其引脚的定义；第 10~11 行是位选线所在端口及其引脚定义；第 14~15 行是十位数码管和个位数码管的选通信号定义。

2）"seg.c" 文件

```
seg.c
1   #include "seg.h"
2
3   //u8 smg_table[10]={0xc0, 0xf9, 0xa4, 0xb0, 0x99, 0x92, 0x82, 0xf8,0x80, 0x90};
4                                                        //0~9 的共阳极数码管段码表
5   u8 smg_table[10]={0x3f, 0x06, 0x5b, 0x4f, 0x66, 0x6d, 0x7d, 0x07,0x7f, 0x6f};
6                                                        //0~9 的共阴极数码管段码表
7   void Seg_Init()                                      //数码管初始化函数
8  ┌{ GPIO_InitTypeDef  GPIO_InitStructure;              //定义GPIO初始化变量
9  │    __HAL_RCC_GPIOC_CLK_ENABLE();                    //开启GPIOC时钟
10 │    __HAL_RCC_GPIOD_CLK_ENABLE();                    //开启GPIOD时钟
11 │    GPIO_InitStructure.Pin=SEG_Pin;                  //段码引脚
12 │    GPIO_InitStructure.Speed= GPIO_SPEED_FREQ_HIGH;  //输出速度为高
13 │    GPIO_InitStructure.Mode=GPIO_MODE_OUTPUT_PP;     //推挽输出Out_PP
14 │    HAL_GPIO_Init(SEG_Port, &GPIO_InitStructure);    //按照以上设置初始化段码线
15 │    HAL_GPIO_WritePin(SEG_Port, SEG_Pin,GPIO_PIN_SET); //段码全部输出1
16 │
17 │    GPIO_InitStructure.Pin=BS_Pin;                   //位选引脚
18 │    GPIO_InitStructure.Speed= GPIO_SPEED_FREQ_HIGH;  //输出速度为高
19 │    GPIO_InitStructure.Mode=GPIO_MODE_OUTPUT_PP;     //推挽输出Out_PP
20 │    HAL_GPIO_Init(BS_Port, &GPIO_InitStructure);     //按照以上设置初始化位选线
21 │    Tens_S=0;Ones_S=0;                               //十位和个位都不接通
22 └}

22 ┌/**************数码管显示程序********************
23 │*功能：00~99数码管显示
24 │*输入：待显示数字，u8类型，范围为0~99
25 │*输出：无
26 │**********************************************/
27   void Seg_Disp(u8 Data)
28 ┌{ u8 Tens,Ones;                    //定义变量存储十位数字和个位数字
29 │    u8 Seg_Tens,Seg_Ones;          //定义变量存储十位数字和个位数字段码
30 │    u16 Disp_Data;                 //定义变量，存储待显示的16位段码
31 │    Tens=Data/10;                  //求待显示数字的十位数字
32 │    Ones=Data%10;                  //求待显示数字的个位数字
33 │    Seg_Tens=smg_table[Tens];      //求十位数字的段码
34 │    Seg_Ones=smg_table[Ones];      //求个位数字的段码
35 │    //Disp_Data=0xff00+Seg_Tens;   //将十位数字的段码整合为16位，影响低8位，高8位全为1
36 │    //Disp_Data=0x0000+Seg_Tens;   //将十位数字的段码整合为16位，影响低8位，高8位全为0
37 │    Disp_Data=(SEG_Port->ODR&0xff00)+Seg_Tens;  //将十位数字的段码整合为16位，影响低8位，高8位保持
38 │    SEG_Port->ODR=Disp_Data;       //将整合后的段码送入显示端口
39 │    Tens_S=1;                      //选通十位数码管
40 │    delay_ms(50);                  //保持十位数码管显示
41 │    Tens_S=0;                      //断开十位数码管
42 │    //Disp_Data=0xff00+Seg_Ones;   //将个位数字的段码整合为16位，影响低8位，高8位全为1
43 │    //Disp_Data=0x0000+Seg_Ones;   //将个位数字的段码整合为16位，影响低8位，高8位全为0
44 │    Disp_Data=(SEG_Port->ODR&0xff00)+Seg_Ones;  //将个位数字的段码整合为16位，影响低8位，高8位保持
45 │    SEG_Port->ODR=Disp_Data;       //将个位数字段码送入显示端口
46 │    Ones_S=1;                      //选通个位数码管
47 │    delay_ms(50);                  //保持个位数码管显示
48 │    Ones_S=0;                      //断开个位数码管
49 └}
```

与静态显示程序相比，动态显示程序有以下几点变化。

（1）第3行和第5行，按照电路将换成共阴极数码管段码表。

（2）第10行和第17~21行，增加了十位和个位选通引脚初始化的内容。

（3）数码管显示函数中，需要将十位数字段码和个位数字段码分时送出，同时正确控制十位选通信号和个位选通信号。

（4）第37~38行，送出十位数字段码。

（5）第39~40行，点亮十位数码管并延时。

（6）第41行，熄灭十位数码管。

（7）第44~45行，送出个位数字段码。

（8）第46~47行，点亮个位数码管并延时。

（9）第48行熄灭个位数码管。

（10）第37行和第44行采用之前讲过的方法三，分别将十位数字和个位数字的8位段码整合成16位段码；第35行和第42行则采用方法一，高8位全部送1；第36行和第43行采用方法二，高8位全部送0。方法三可以在不影响高8位输出数据的情况下将段码输出。本程序采用的就是方法三。

程序中给出的数码管动态显示程序适用于段码线占用 GPIO 口低 8 位的情况。如果用 GPIO口高 8 位输出段码，程序需要做适当调整。想一想，程序该怎么修改？

5. 软硬件联调

（1）编译生成没有错误情况下，将程序下载到开发板中。

（2）断电。

（3）将开发板与图 3.3.15 所示的数码管电路板相连。注意右上角的两个数码管是共阴极数码

管，由 74LVC573 驱动，动态连接，它们的连接器 JP5 和 JP6 在板上右下角。依次连接 JP5 的 dp～a 到开发板的 PC7～PC0。

（4）连接 JP5 的 VCC 引脚和 GND 到开发板电源（+3.3V）和 GND。

（5）连接 JP6 的两个引脚到开发板 PD0 和 PD1 引脚。

（6）开发板上电后，操作 K_Left 和 K_Right 按键，观察显示板上的数字，应能正确实现按键加 1、减 1 功能。

（7）同时观察开发板上的数码管，由于它是共阳极数码管，故显示数字不正确。

（8）修改程序，重新启用共阳极数码管段码表，编译生成下载后发现显示板上的数字仍不正确，但开发板上也不正确。这是由于开发板上的数码管是静态显示连接的，始终选通，PD0 和 PD1 对其没有影响，十位数字的段码和个位数字的段码都被送到了这个数码管上，加上人眼的视觉暂留，十位数字和个位数字就被叠加显示了。

（9）将"seg.c"文件中的显示延时修改为 1000ms，编译、生成后下载程序。

（10）反复按下、松开按键几次，注意每次按下和松开的时间不能太短，应至少超过 1s，此时会发现开发板上的数码管会交替显示十位和个位数字；如果按键值为 25，将交替显示 2、5、2、5……

（11）减小显示程序延时时间，分别为 100ms、20ms，体会动态显示程序的执行过程和人眼视觉暂留的影响。

（12）最后恢复程序为共阴极数码管段码表，延时时间为 20ms，编译生成下载后操作按键观察显示板上的结果。

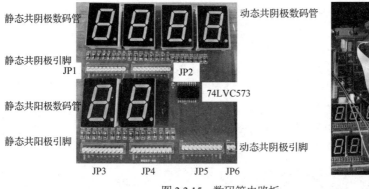

图 3.3.15 数码管电路板

想一想：为什么显示程序的延时时间为 1000ms 时，按键速度不能太快？

故障现象：_____

解决办法：_____

原因分析：_____

练一练：

1. 如果是共阳极数码管，用 74LVC573 驱动，动态显示，该如何修改电路和程序？

2. 如果用 PC15～PC8 接段码线，用 PC0 和 PC1 接 COM 作为位选线，用 74LVC245 驱动共阴极数码管，该如何修改电路和程序？

（六）使用外部变量进行数据传递的程序设计

之前的按键检测和显示程序，在"key.c"文件中定义了一个 u8 类型的局部变量 Key_value，Key_value 值在语句"Key_Scan()"中被改变，并通过语句"return(Key_value)"返回。

另外，在主程序中，我们定义了一个局部变量 Set_value。用语句"Set_value=Key_Scan();"来接收按键值，从而实现按键采集和数据传递。

局部变量各自只能在本函数内部使用。以下程序则利用外部变量实现 main()和 Key_Scan()函数之间的数据传递。变量 Set_value 在函数 main()前面被定义，在"key.c"文件中被声明和使用。

1. 主程序

```
main.c
1    #include "seg.h"                             //数码管定义头文件
2    #include "key.h"                             //按键定义头文件
3    #include "SysTick.h"                         //滴答定时器头文件
4    u8 Set_value;                                //定义全局变量，用于存储设定值
5    int main( )
6  { HAL_Init();                                  //初始化HAL
7    Stm32_Clock_Init(RCC_PLL_MUL9);             //时钟切换到外部晶振，9倍频
8    SysTick_Init(72);                            //初始化滴答时钟，系统时钟频率为72MHz
9    KEY_Init();                                  //初始化按键
10   Seg_Init();                                  //初始化数码管
11   while(1)
12   { Key_Scan();                                //进行按键采集，结果存在Set_value
13     Seg_Disp(Set_value);                       //将Set_value送入数码管进行数值显示
14   }
15 }
```

注意第4行，将 Set_value 的定义放到了 int main()之外，以便被"key.c"文件程序使用。

2. 按键采集程序

1)"key.c"文件

```
key.c
1    #include "key.h"
2    static u8 Key_Left_Last;                     //Key_Left按键上一次的值
3    static u8 Key_Right_Last;                    //Key_Right按键上一次的值
4    extern u8 Set_value;                         //外部变量，按键加减结果（范围0~99）
5
6    void KEY_Init(void)                          //按键初始化函数
7  {  GPIO_InitTypeDef GPIO_Initure;             //定义GPIO初始化变量
8      __HAL_RCC_GPIOA_CLK_ENABLE();             //开启GPIOA时钟
9      __HAL_RCC_GPIOE_CLK_ENABLE();             //开启GPIOE时钟
10     GPIO_Initure.Pin=GPIO_PIN_0;              //Pin0
11     GPIO_Initure.Mode=GPIO_MODE_INPUT;        //输入
12     GPIO_Initure.Pull=GPIO_PULLDOWN;          //下拉
13     HAL_GPIO_Init(GPIOA,&GPIO_Initure);       //按照以上设置初始化PA0
14
15     GPIO_Initure.Pin=GPIO_PIN_2|GPIO_PIN_3|GPIO_PIN_4;  //PIN2,PIN3,PIN4
16     GPIO_Initure.Mode=GPIO_MODE_INPUT;        //输入
17     GPIO_Initure.Pull=GPIO_PULLUP;            //上拉
18     HAL_GPIO_Init(GPIOE,&GPIO_Initure);       //按照以上设置初始化PE2,PE3,PE4
19     Key_Left_Last=1;                          //Key_Left按键之前未按下
20     Key_Right_Last=1;                         //Key_Right按键之前未按下
21     Set_value=0;                              //按键加减值为0
22 }
23 /***********按键采集程序****************************
24 *功能：   采集K_Left和K_Right按键，每按下1次K_Left，结果+1;
25 *                           每按下1次K_Right，结果-1;
26 *输入：   无
27 *返回值：按键加1、减1的结果，u8类型
28 ***********按键采集程序****************************/
29 void Key_Scan(void)
30 {
31     if(K_Left!=Key_Left_Last)                 //如果K_Left当前值和上一次不相等，说明按键状态发生改变
32     { if(K_Left==0) {Set_value+=1;}           //如果是下降沿，则键值+1
33       Key_Left_Last=K_Left;                   //刷新Key_Left_Last为当前值
34       delay_ms(10);                           //延时去抖
35     }
36     if(K_Right!=Key_Right_Last)               //如果K_Right当前值和上一次不相等，说明按键状态发生改变
37     { if(K_Right==0)  {Set_value-=1;}         //如果是下降沿，则键值-1
38       Key_Right_Last=K_Right;                 //刷新Key_Right_Last为当前值
39       delay_ms(10);                           //延时去抖
40     }
41     if(Set_value>99) {Set_value=0;}           //限制Key_value在0~99范围内
42 }
```

注意第4行，声明变量 Set_value 在外部文件中被定义（extern）。这样"key.c"文件程序就可以直接使用这个变量，而且不再需要变量 Key_value。

注意第21行、第32行、第37行、第41行，不再需要变量 Key_value，直接对 Set_value 进行操作。

注意第29行，函数 Key_Scan()的返回类型变为 void。这是因为该函数可以直接修改外部变量 Set_value 的值，不需要用 return 函数返回。

注意第41行、第42行，不再需要 return()函数。

2）"key.h" 文件

```
 1 ┌#ifndef _KEY_H
 2 │#define _KEY_H
 3 │#include "sys.h"          //位操作头文件
 4 │#include "SysTick.h"      //滴答时钟头文件
 5 │
 6 │#define K_Up      PAin(0)   //为PA0起名K_Up
 7 │#define K_Left    PEin(2)   //为PE2起名K_Left
 8 │#define K_Down    PEin(3)   //为PE3起名K_Down
 9 │#define K_Right   PEin(4)   //为PE4起名K_Right
10 │
11 │void KEY_Init(void);        //按键初始化函数
12 │void   Key_Scan(void);      //按键扫描函数
13 │#endif
14 │
```

注意第 12 行，函数 Key_Scan() 应声明为 void 类型，而不是 u8 类型。此外显示程序与之前相同。

3．软硬件联调

（1）按照如上程序修改文件夹 "03-01-按键设定及显示-静态显示" 为 "03-01-按键设定及显示-静态显示-外部变量"，下载到开发板和 LED 显示板，并调试。

（2）按照如上程序修改文件夹 "03-02-按键设定及显示-动态显示" 为 "03-02-按键设定及显示-动态显示-外部变量"，下载到开发板和 LED 显示板，并调试。

故障现象：＿＿＿＿＿＿＿＿＿＿＿＿＿＿＿＿＿＿＿＿＿＿＿＿＿＿＿＿＿＿＿＿＿＿

解决办法：＿＿＿＿＿＿＿＿＿＿＿＿＿＿＿＿＿＿＿＿＿＿＿＿＿＿＿＿＿＿＿＿＿＿

原因分析：＿＿＿＿＿＿＿＿＿＿＿＿＿＿＿＿＿＿＿＿＿＿＿＿＿＿＿＿＿＿＿＿＿＿

三、要点记录及成果检验

任务 3.3	程序设计与调试						
姓名		学号		日期		分数	

（一）术语记录

英　文	中　文　翻　译
Segment	
Display	
Set_value	
Key_Scan	

（二）自主设计

1．将开发板上的 K_UP 作为加 1 键，K_DOWN 作为减 1 键，用 PD7～PD0 控制十位数码管，PC7～PC0 控制个位数码管，两个数码管都是共阴极数码管，用 74LVC245 驱动，请画出电路并编写程序。

2．将开发板上的 K_UP 作为加 1 键，K_DOWN 作为减 1 键，用 PC7～PC0 控制两个数码管，PC8 为十位选通信号，PC9 为个位选通信号，两个数码管都是共阴极数码管，用 74LVC573 驱动，请画出电路并编写程序。

任务 3.4　STM32 单片机软硬件深入（三）

一、任务目标

（1）理解地址概念，能说出 STM32 单片机地址分配的基本原则。

（2）看懂地址分配图，进一步理解调试界面中出现的相关信息的含义，初步理解"stm32f1xx.h"文件中关于存储器和寄存器的定义语句。

（3）理解"别名"的含义。

（4）理解 STM32 单片机的启动过程及位操作的实现方法。

（5）能说出 STM32 单片机启动引脚的作用，说出不同启动模式的应用场合，初步理解编程烧录工具的工作过程。

二、学习与实践

（一）讨论与发言

谈一谈你对单片机的存储器及其地址的理解。

_____

_____

（二）STM32 单片机的地址编排

如图 3.4.1 所示，STM32 单片机内部包括 Cortex-M3 内核、Flash、GPIO 等设备。每个设备都有自己的名字（如 GPIOA、GPIOB 等）。这些用符号表示的名字是面向用户的，称为符号地址。单片机作为一个数字器件，只能识别 0、1 这样的高、低电平（或称二进制数），因此应该给单片机内部的这些设备编排一个用**二进制数表示的名字**，这就是**数字地址**。编程时，使用 GPIOA 这样的符号地址，编译后，这些符号都被翻译成数字地址以便被 CPU 识别。为了看起来更简洁，地址常用十六进制数书写，而不是二进制数，如 0x0000 0000、0x0000 0001 等。单片机内部不同设备的地址由芯片开发商指定。为了对单片机的工作过程有更深刻的理解，也为了能看懂更多的调试信息和理解库函数，需要进一步认识 STM32 单片机的地址编排规则。

（三）STM32 单片机的地址编排规则

给单片机内的设备编排地址就像给房间排房号、给学生排学号，要遵循一定的规则。不同的计算机，编排规则不尽相同，STM32 单片机的编排规则如下。

（1）所有设备统一排地址。

如图 3.4.1 所示，片内程序存储器 Code（片内 Flash）、数据存储器 SRAM、片上外设（如 GPIO、USART 等）、片外扩展存储器、片外扩展外设及 Cortex-M3 内核设备，所有不同功能、不同结构的设备都被统一编排地址。地址范围为 0x0000 0000～0xFFFF FFFF。

（2）不同功能的设备占用不同的地址空间。

例如，片内程序存储器占用地址号为 0x0000 0000～0x1FFF FFFF，如图 3.4.1 所示。

（3）每个设备根据需要可能占用多个地址，多个设备也可能组团共用 1 个地址。

以 GPIO 为例，在项目 1.6 的图 1.6.5 中我们曾经学习过其内部结构，知道每一个 GPIO 引脚都对应 1 套电路，其中输入数据寄存器用于存放引脚上输入的数据，输出数据寄存器用于存放输出到引脚上的数据。对于 GPIOA，共有 16 个输入数据寄存器、16 个输出数据寄存器。STM32 单片机并没有给每一个寄存器单独安排一个地址，而是 8 位 1 组，共用 1 个地址，如图 3.4.2 所示。

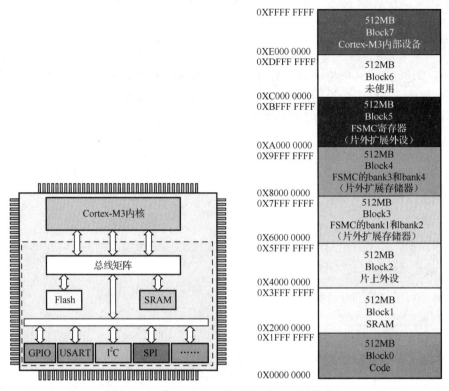

图 3.4.1 STM32F10xxx 单片机的组成及地址分配

0x4001 080F	保留								GPIOA输出数据寄存器GPIOA_ODR的高8位
0x4001 080E	保留								
0x4001 080D	PA15	PA14	PA13	PA12	PA11	PA10	PA9	PA8	GPIOA输出数据寄存器GPIOA_ODR的高8位
0x4001 080C	PA7	PA6	PA5	PA4	PA3	PA2	PA1	PA0	GPIOA输出数据寄存器GPIOA_ODR的低8位

0x4001 080B	保留								
0x4001 080A	保留								
0x4001 0809	PA15	PA14	PA13	PA12	PA11	PA10	PA9	PA8	GPIOA输入数据寄存器GPIOA_IDR的高8位
0x4001 0808	PA7	PA6	PA5	PA4	PA3	PA2	PA1	PA0	GPIOA输入数据寄存器GPIOA_IDR的低8位

图 3.4.2 GPIOA 输入数据寄存器和输出数据寄存器占用的地址

PA7～PA0 引脚对应的 8 个输入数据寄存器共同占用地址 0x4001 0808；PA15～PA8 引脚对应的 8 个输入数据寄存器共同占用地址 0x4001 0809，即 8 个设备组团占用 1 个地址。

同样，PA7～PA0 引脚对应的 8 个输出数据寄存器共同占用地址 0x4001 080C；PA15～PA8 引脚对应的 8 个输出数据寄存器共同占用地址 0x4001 080D，即 8 个设备组团占用 1 个地址。

另一方面，如果把 GPIOA 看成一个整体，仅在图 3.4.2 中，它就占用了 8 个地址（2 个用于输入数据寄存器，2 个用于输出数据寄存器，4 个保留）。实际上，GPIOA 占用的地址比这还多（后面会介绍到），即每个设备根据需要可能占用多个地址。

大家只要理解这些原则就可以了，至于每个设备的具体地址，是芯片开发商分配的，需要时查一下就可以，不用强记。利用库函数进行 C 语言编程时，只需正确写出设备名，并不需要直接使用这些地址。例如：

希望 PA15～PA0 引脚全部输出"1"，只需要写语句"GPIOA->ODR= 0xFFFF;"。从 PA15～ PA0 输入数据给变量 AAA，只需要写语句"AAA=GPIOA->IDR;"。

编译时，C 编译器会自动定位到相应的地址。作为初学者，只需要对地址有初步认识即可。

（4）每个地址只能存 8 位，即 1 字节（Byte）的二进制信息。

如图 3.4.2 所示，地址 0x4001 0808 只能存 PA7～PA0 这 8 个引脚输入的二进制信息，地址 0x4001 0809 只能存 PA15～PA8 这 8 个引脚输入的二进制信息。

（5）最大支持 4GB 的容量。

STM32 单片机允许的地址编号范围为 0x0000 0000～0xFFFF FFFF，即最大地址为 0xFFFF FFFF。由此可以算出：共有 0xFFFF FFFF+1=0x1 0000 0000=1×16^8=2^{32}=2^2×2^{30} 个地址号。由于每个地址可以储存 1 字节的信息，因此最大存储容量是 4GB。至于实际用多少，由芯片生产厂家根据功能需要和市场定位来决定。

注意对于存储容量：1KB=2^{10}B=1024B，1MB=2^{20}B=1024×1024B，1GB=2^{30}B=1024×1024× 1024B。

（6）4GB 的存储器空间，被平均分成了 8 块（Block），每块 512MB，其中 Block0～Block2 是初学者最常使用的。下面进行重点介绍。

（四）Block0——程序存储器区

0x0000 0000～0x1FFF FFFF 区间的号码留给程序存储器使用。STM32 单片机程序存储器使用的存储介质是 Flash ROM，具有掉电后信息不丢失的特点，主要用于存储程序代码，因此被称为 Code 区，又分成 7 个子区，如图 3.4.3 所示。

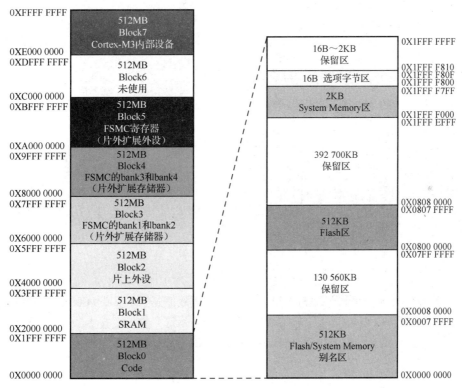

图 3.4.3 Block0 分区

1. Flash 区

Flash 区的地址范围为 0x0800 0000～0x0807 FFFF，共 512KB，主要用于存储用户程序。了解这一点，至少可以在以下三点帮助我们。

（1）知道用户程序的片内最大容量。STM32F103ZET6 单片机的 Flash 容量为 512KB。这意味着如果你编写的程序超过 Flash 容量，就必须进行程序存储器的外部扩展。

（2）看懂反汇编窗口的一些信息。当使用 C 语言编程时，C 编译器会将我们编写的 C 程序翻译成机器码，并自动为这些代码分配合适的地址，将程序下载到所分配的地址处，分配的地址一定在 Flash 区。

进入调试界面后通过观察反汇编窗口（Disassembly），能够观察到这些信息，如图 3.4.4 所示。可以看到第 11 行的 C 语句翻译成机器码是 0xF7FF FE10，共 4 字节，被安排在从 0x0800 0694 开始的 4 个地址。第 12 行的机器码 0xF7FF FECC 则被安排在从 0x0800 0698 开始的 4 个地址。C 语句不同，对应的机器码不同，分配地址不同，但肯定是安排在 0x0800 0000 以后的地址空间。

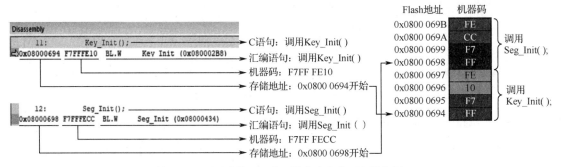

图 3.4.4　反汇编窗口观察到的信息和代码存放位置

（3）进一步理解"stm32f103xe.h"文件。

打开"stm32f103xe.h"文件，如图 3.4.5 所示。

```
stm32f103xe.h
724
725  #define FLASH_BASE          0x08000000UL  /*!< FLASH base address in the alias region */
726  #define FLASH_BANK1_END     0x0807FFFFUL  /*!< FLASH END address of bank1 */
727  #define SRAM_BASE           0x20000000UL  /*!< SRAM base address in the alias region */
728  #define PERIPH_BASE         0x40000000UL  /*!< Peripheral base address in the alias region */
729
730  #define SRAM_BB_BASE        0x22000000UL  /*!< SRAM base address in the bit-band region */
731  #define PERIPH_BB_BASE      0x42000000UL  /*!< Peripheral base address in the bit-band region */
732
733  #define FSMC_BASE           0x60000000UL  /*!< FSMC base address */
734  #define FSMC_R_BASE         0xA0000000UL  /*!< FSMC registers base address */
735
736  /*!< Peripheral memory map */
737  #define APB1PERIPH_BASE     PERIPH_BASE
738  #define APB2PERIPH_BASE     (PERIPH_BASE + 0x00010000UL)
739  #define AHBPERIPH_BASE      (PERIPH_BASE + 0x00020000UL)
764  #define GPIOA_BASE          (APB2PERIPH_BASE + 0x00000800UL)
765  #define GPIOB_BASE          (APB2PERIPH_BASE + 0x00000C00UL)
766  #define GPIOC_BASE          (APB2PERIPH_BASE + 0x00001000UL)
767  #define GPIOD_BASE          (APB2PERIPH_BASE + 0x00001400UL)
768  #define GPIOE_BASE          (APB2PERIPH_BASE + 0x00001800UL)
769  #define GPIOF_BASE          (APB2PERIPH_BASE + 0x00001C00UL)
770  #define GPIOG_BASE          (APB2PERIPH_BASE + 0x00002000UL)
```

图 3.4.5　文件"stm32f103xe.h"的内容

第 725 行定义了一个符号"FLASH_BASE"，其数值是 0x0800 0000UL。对照图 3.4.3，"0x0800 0000"正是 Flash 存储器的起始地址，"UL"表示这个数没有符号且字长（Word Length）为 32 位。第 726 行定义了符号"FLASH_BANK1_END"（Flash 区结束地址），其数值为 0x0807 FFFF。

第 727 行、第 728 行分别定义了"SRAM_BASE"和"PERIPH_BASE"基地址，分别为 0x2000 0000 和 0x4000 0000，你会发现它们都与图 3.4.3 对应。

继续向下可以看到第 764～770 行定义了 GPIOA～GPIOG 的基地址。其中：

$$GPIOA\_BASE=（APB2PERIPH\_BASE）+0x0000\ 0800$$
$$=（PERIPH\_BASE+0x0001\ 0000）+0x0000\ 0800$$
$$=（0x4000\ 0000+0x0001\ 0000）+0x0000\ 0800）=0x4001\ 0800$$

由此可见，这个头文件一个非常重要的功能是对其内部的各种设备进行符号声明和地址定义。当单片机型号发生改变时，头文件的内容也要相应改变。所以必须使用与单片机型号相对应的头文件，不能随意修改头文件。

2. System Memory 区

System Memory（系统存储器）区（见图3.4.3）的地址为0x1FFF F000~0x1FFF F7FF，共2KB。里面存放的是 ST 出厂时烧写好的一段程序，用户不能修改。这段程序被称为 ISP 自举程序，用于将用户所编写的程序下载到 Flash 存储区。当用户使用各种编程烧录工具下载程序时，需要用到这段程序。

3. 选项字节区

在图3.4.3中，选项字节区的地址从0x1FFF F800开始，只有16字节。这个空间不用来储存程序，而用来储存芯片配置参数。例如，通过图3.4.6中的 Options 设置界面设置"Reset and Run""Verify"等参数。这些参数设置会被储存到选项字节区，告诉 CPU 内核该如何下载程序。

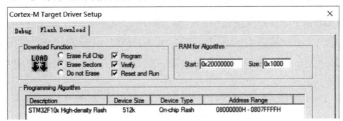

图3.4.6 通过调试器配置选项字节

4. Flash/System Memory 别名区

在图3.4.3中，Flash/System Memory 别名区的地址范围为0x0000 0000~0x0007 FFFF，这个区间中的所有地址可以作为 Flash 或系统存储器的别名使用。

1）别名的概念

"别名"就是另一个名字、另一个地址的意思。STM32 单片机允许给已经分配好地址（起好名字）的存储单元再分配一个地址（再起一个名字）。这样，这个存储单元就有了两个地址（两个名字），一个"本名"，一个"别名"；或者说一个"本地址"，一个"别地址"。无论用哪个名字（地址），都可以找到这个存储单元，也就是说，STM32 单片机对别名地址的访问等同于对原地址的访问。

如图3.4.7（a）所示，如果将别名区地址赋给 Flash，则 Flash 区的每一个存储单元都有两个地址号：Flash 的第0个单元的地址既是0x0800 0000，也是0x0000 0000；Flash 的第一个单元的地址既是0x0800 0001，也是0x0000 0001；……依次类推。

同理，如图3.4.7（b）所示，如果将别名区地址赋予系统存储器，则系统存储器区的每一个存储单元也有两个地址号。

2）Flash/System Memory 别名区的作用

为 Flash 或系统存储器分配别名地址的目的是正确启动程序。

STM32 单片机规定，上电复位后，总是到0x0000 0000地址单元取指令，执行指令。之后自动到下一个存储单元取指令，执行指令。

如果按照图3.4.7（b），将0x0000 0000等地址作为系统存储器的别名，上电复位后就会自动执行系统程序，该程序可将我们编写的程序下载到 Flash。

如果按照图3.4.7（a），将0x0000 0000等地址作为 Flash 的别名，上电复位后就会自动执行 Flash 中已经下载好的用户程序。

由此可见，下载程序时，希望将别名地址分配给系统存储器；正常运行程序时，希望将别名地址分配给 Flash。

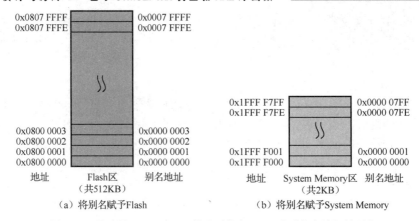

图 3.4.7　将地址 0x0000 0000 等分别作为 Flash 或系统存储器的别名

3）为 Flash 或系统存储器分配别名的方法

究竟将别名地址赋予 Flash 还是系统存储器，取决于 BOOT0 和 BOOT1 引脚的输入信号。上电复位后，STM32 单片机的 CPU 会根据 BOOT0 和 BOOT1 引脚的状态，决定把"别名区"的地址分配给谁。关于 BOOT0 和 BOOT1 这两个引脚的控制方法我们将在后文介绍。

5. 保留区

ARM 允许的 Block0 寻址范围可达 512MB，但从图 3.4.3 可以看出，STM32 只使用了其中一部分，其余未使用的地址为保留地址。

（五）Block1——SRAM 区

Block1 是 SRAM 使用的地址，为 512MB。SRAM 使用的存储介质是静态随机存储器（Static Random Access Memory，SRAM），其中的数据断电后会丢失。SRAM 的读写速度很快。因此主要用于储存程序中的变量。SRAM 的地址从 0x2000 0000 开始，又被划分为位操作区、位别名区、保留区等，如图 3.4.8 所示。

1. 位操作区

位操作区地址从 0x2000 0000 开始，共 2^{20} 个（占用 1MB），但 STM32F103 单片机只用 2^{16} 个地址（占用 64KB）。

（1）位操作区用于储存变量。

当使用 C 语言编程时，编译器会将程序中使用到的变量分配到这个区间。了解这一点，对于我们理解调试界面的信息很有帮助。程序"03-02-按键设定及显示-动态显示"在进入调试界面后，通过选择"View"→"Symbols"命令，可得到如图 3.4.9 所示的窗口，从图中可以看出，"HARDWARE/KEY/key.c"文件中定义的 Key_Left_Last 等三个 static 类型变量被分配在地址为 0x2000 001E～0x2000 0020 的三个单元。

"HARDWARE/SEG/seg.c"文件中定义的"smg_table"变量被分配在地址为 0x2000 0014 开始的 10 个单元中。总之，这些变量都被编译程序安排在从 0x2000 0000 开始的地址空间。

变量"Tens"至"Disp_Data"的地址栏显示为"auto"。之所以没有固定地址，是由于这几个变量在定义时没有声明其存储类型，因此属于 auto 类型，是动态变量。这三个变量在调用函数 Seg_Disp() 时被分配地址，函数返回时会释放地址。其所占用的地址是不固定的。使用动态变量的好处是可以节约内存空间。

"USER/main.c"文件中定义的变量"Set_value"，其存储类型也是动态的，因此占用地址也是"auto"。

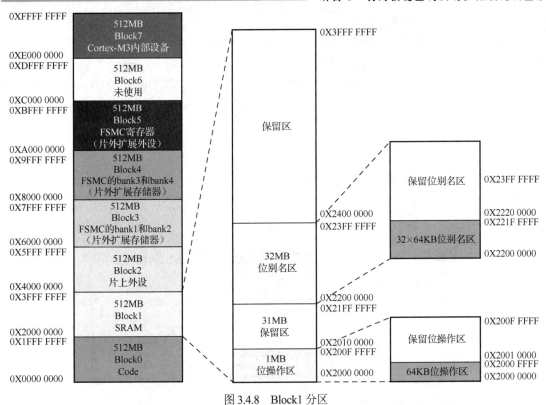

图 3.4.8　Block1 分区

Symbols

Module / Name	Location	Type
Special Function Registers		
Template		Application
<Types>		
CORE/startup_stm32f103xe.s		Module
HALLIB/STM32F1xx_HAL_Driver/Src/stm32f1xx_hal.c		Module
HALLIB/STM32F1xx_HAL_Driver/Src/stm32f1xx_hal_cortex.c		Module
HALLIB/STM32F1xx_HAL_Driver/Src/stm32f1xx_hal_gpio.c		Module
HALLIB/STM32F1xx_HAL_Driver/Src/stm32f1xx_hal_rcc.c		Module
HARDWARE/KEY/key.c		Module
Key_Left_Last	0x2000001E	u8
Key_Right_Last	0x2000001F	u8
Key_value	0x20000020	u8
Key_Scan	0x08000D94	unsigned char f()
KEY_Init	0x08000D04	void f()
HARDWARE/SEG/seg.c		Module
smg_table	0x20000014	unsigned char[10]
Seg_Disp	0x08000E48	void f(unsigned char)
Data	param	u8
Tens	auto	u8
Ones	auto	u8
Seg_Tens	auto	u8
Seg_Ones	auto	u8
Disp_Data	auto	u16
Seg_Init	0x08000ECC	void f()
GPIO_InitStructure	auto	GPIO_InitTypeDef
USER/main.c		Module
main	0x080010E4	int f()
Set_value	auto	u8

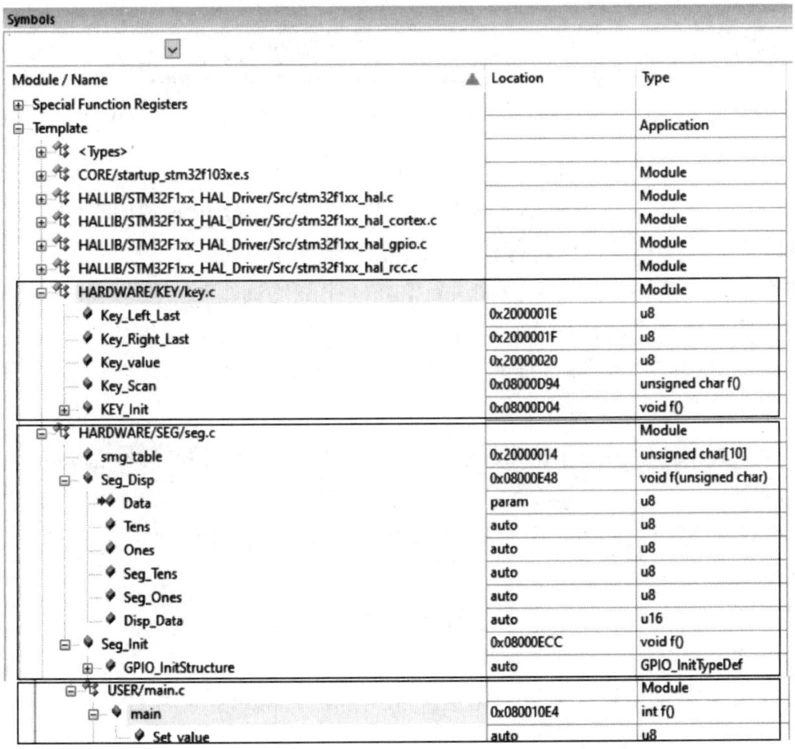

图 3.4.9　按键加 1 数码管动态显示程序的“Symbols”窗口

当然，在“Symbols”窗口，我们也能观察到各段程序的存储地址，如 main()函数的存储地址从 0x0800 10E4 开始。符合“用户程序须在 0x0800 0000 之后”的原则。看懂这些窗口的内容，能辅助我们在调试程序时分析问题。

图 3.4.10 所示的程序中定义了三个变量 AAA、BBB、CCC。由于定义在 main() 函数之外，因此它们是全局变量。由于全局变量的存储类型也是静态的，所以在"Symbols"窗口可以观察到这三个变量的地址，其中 AAA 和 BBB 的地址是编译器自动分配的，分别为 0x2000 0000、0x2000 0004（每个 uint32_t 型变量占用 4 个地址）。变量 CCC 的地址是程序中指定的，为 0x2000 0020。在调试界面的"Memory1"窗口进行观察，也可以看到程序执行后的结果。

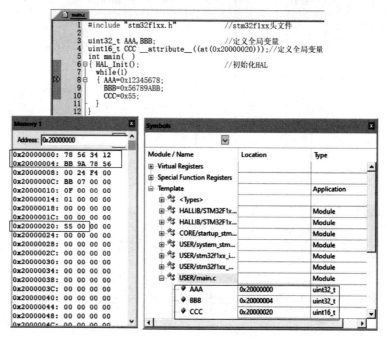

图 3.4.10　变量 AAA 和 BBB 被分配到 RAM 区的 0x2000 0000～0x2000 0007 单元

（2）位操作区支持独立的位操作。

0x2000 0000 开始的这 1MB 区域不仅支持 8 位、16 位、32 位等数值操作，也支持独立的位操作，因此也被称为位操作区，或位操作带，简称位带（Bit Band）。

位操作这个词，大家不陌生，之前在进行 GPIO 引脚的读写时，我们就学习过如何进行位操作。SRAM 的位操作区也支持位操作。现在进一步解释一下什么是位操作。

① 什么是位？位是单片机能处理的最小数据单位，其值或为 0，或为 1。

② 什么情况下需要进行位操作？

当我们需要采集或控制某一个 GPIO 引脚上的数据（如 PA12），却不希望影响其他引脚时，就需要进行位操作。

同样，当我们希望操作变量的某一位，如让变量 AAA.0=1，但又不能影响 AAA 的其他位时，也需要进行位操作。

③ STM32 单片机对 SRAM 区的变量进行位操作有什么方法？

方法一：将这个变量的值限制为 0 和 1。

这种方法可以将变量定义为 8 位、16 位、32 位等各种数据类型，但是运行时需要限制变量只有"0"和"1"两个取值。

```
u16   AAA;        //定义变量 AAA，数据类型为 u16
AAA=0;            //AAA=0，写成二进制数，AAA=0000 0000 0000 0000
AAA=1;            //AAA=1，写成二进制数，AAA=0000 0000 0000 0001
```

方法一虽然简单，但如果做不到限制变量的值只有"0"和"1"，每次对变量的某一位进行操作时，就会影响到其他位。分析以下程序体会一下。

```
AAA=0x1234;    //原来 AAA=0x1234 数，写成二进制，AAA=0001 0010 0011 0100
AAA=1;         //现在 AAA=0x0001=0000 0000 0000 0001，虽然 AAA.0=1，但是其他位被改变了
AAA=0;         //现在 AAA=0x0000=0000 0000 0000 0000，虽然 AAA.0=0，但是其他位被改变了
```

方法二：用"按位与"和"按位或"运算实现对指定位的操作。

以下方法利用"按位或"运算，实现对 AAA.0 的"置 1"操作。

```
AAA=0x1234;        //原来 AAA=0x1234=0001 0010 0011 0100
AAA=AAA|0x0001;    //现在 AAA=0001 0010 0011 0100 | 0000 0000 0000 0001=0001 0010 0011 0101
```

"按位或"运算的特性为任何数或"0"保持自身，任何数或"1"被置 1。

同样也可以利用"按位与"运算将变量的指定位清零，"按位与"的特性为任何数与"0"被清零，任何数与"1"保持自身。

```
u16    AAA;             //定义变量 AAA
AAA=0x1234;             //AAA 送 0x1234
AAA=AAA|0x0001;         //AAA=AAA|0000 0000 0000 0001    置位 AAA.0，其他位不变
AAA=AAA|0x4000;         //AAA=AAA|0100 0000 0000 0000    置位 AAA.14，其他位不变
AAA=AAA&0xFFFE;         //AAA=AAA&1111 1111 1111 1110    清零 AAA.0，其他位不变
AAA=AAA&0xBFFF;         //AAA=AAA&1011 1111 1111 1111    清零 AAA.14，其他位不变
```

总结：

如果希望只置位变量的某一位，就让该位或"1"，其他位或"0"；

如果希望只清零变量的某一位，就让该位与"0"，其他位与"1"。

以上方法之所以有点麻烦，根本原因在于变量的每一位没有独立的名字（地址），必须对整体进行操作。

练一练：

1. 将 u32 型变量 BBB 的低 8 位置 1，其他不变，怎么办？

2. 将 u32 型变量 BBB 的低 8 位清零，其他不变，怎么办？

方法三：给每一位一个单独的地址。

STM32 单片机规定每一个地址单元能存储 8 位信息，这意味着，8 位数据共同拥有 1 个地址。编程时，一次性处理 8 位、16 位、32 位变量相对容易，单独处理某一位相对麻烦。

但是如果给每一位变量一个单独的地址，就可以方便地进行位操作了。STM32 单片机的 SRAM 通过位别名地址实现位操作。具体方法如下。

2. 位别名区

STM32 单片机有一种让 SRAM 轻松实现位操作的方法，就是允许给它的每一位单独分配 1 个地址，即起个别名。例如，可以给 0x2000 0000.0 这一位分配一个地址 0x2200 0000，这样，对 0x2200 0000 地址的操作就只影响 0x2000 0000.0 这一位，不会影响 0x2000 0000 的其他位。

（1）位别名区的地址范围如图 3.4.8 所示，SRAM 位操作区的地址从 0x2000 0000 开始到 0x200F FFFF 结束。位别名区的地址从 0x2200 0000 开始，到 0x23FF FFFF 结束。

STM32 规定，0x2000 0000.**0** 位的别名地址为 0x2200 0000，0x2000 0000.**1** 位的别名地址为 0x2200 0004，……每一位的别名占用 4 个地址，如图 3.4.11 和表 3.4.1 所示。

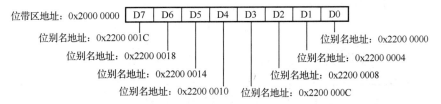

图 3.4.11　0x2000 0000 单元的每一位所对应的别名地址

表 3.4.1   SRAM 位操作区和位别名区地址对应关系

位操作区地址	位	位别名区地址	位操作区地址	位	位别名区地址	位操作区地址	位	位别名区地址
0x2000 0000	0	0x2200 0000	0x2000 0001	0	0x2200 0020	0x2000 0002	0	0x2200 0040
	1	0x2200 0004		1	0x2200 0024		1	0x2200 0044
	2	0x2200 0008		2	0x2200 0028		2	0x2200 0048
	3	0x2200 000C		3	0x2200 002C		3	0x2200 004C
	4	0x2200 0010		4	0x2200 0030		4	0x2200 0050
	5	0x2200 0014		5	0x2200 0034		5	0x2200 0054
	6	0x2200 0018		6	0x2200 0038		6	0x2200 0058
	7	0x2200 001C		7	0x2200 003C		7	0x2200 005C

由于位操作区共有 2^{20} 字节=$2^{20}\times 8$ 位=8×2^{20} 位，每一位又占用 4 个别名地址，因此位别名地址需要 $8\times 2^{20}\times 4=32\times 2^{20}$ 个。

（2）位别名地址与位操作区地址的对应关系。

SRAM 位操作区每一位的别名地址可以用如下公式计算：

位别名地址=0x2200 0000+(位操作区地址-0x2000 0000)×32+位号×4

例如：0x2000 0002 单元第 5 位的别名地址为

0x2200 0000 +(0x2000 0002-0x2000 0000)×32+5×4

=0x2200 0000+2×32+5×4=0x2200 0000+84=0x2200 0000+0x54=0x2200 0054

由此可见，计算结果与表 3.4.1 是一致的。计算中应注意数制的一致性。

（3）如何利用位带别名地址实现位操作。

图 3.4.12 所示的程序中定义了四个全局变量，其中 AAA 和 BBB 被分配到 0x20000000 和 0x20000004 单元；AAA_0 和 AAA_1 被分配给 0x2200 0000 和 0x2200 0004 单元。按照表 3.4.1，地址 0x2200 0000 就是 0x2000 0000.0 位的别名，地址 0x2200 0004 就是 0x2200 0000.1 的别名，因此，变量 AAA_0 就代表 AAA.0，变量 AAA_1 就代表 AAA.1。对 AAA_0 和 AAA_1 的操作不会影响到 AAA 的其他位。可见，**相对于"按位与"和"按位或"运算，利用位别名进行位操作，编程更简单，概念更清晰**。

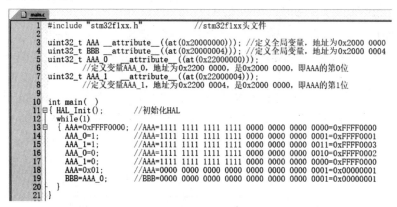

图 3.4.12   SRAM 位操作示例

想一想：如果希望对变量 AAA.5 进行操作。程序该怎么改？

（六）Block2——片上外设区

Block2 分区如图 3.4.13 所示。

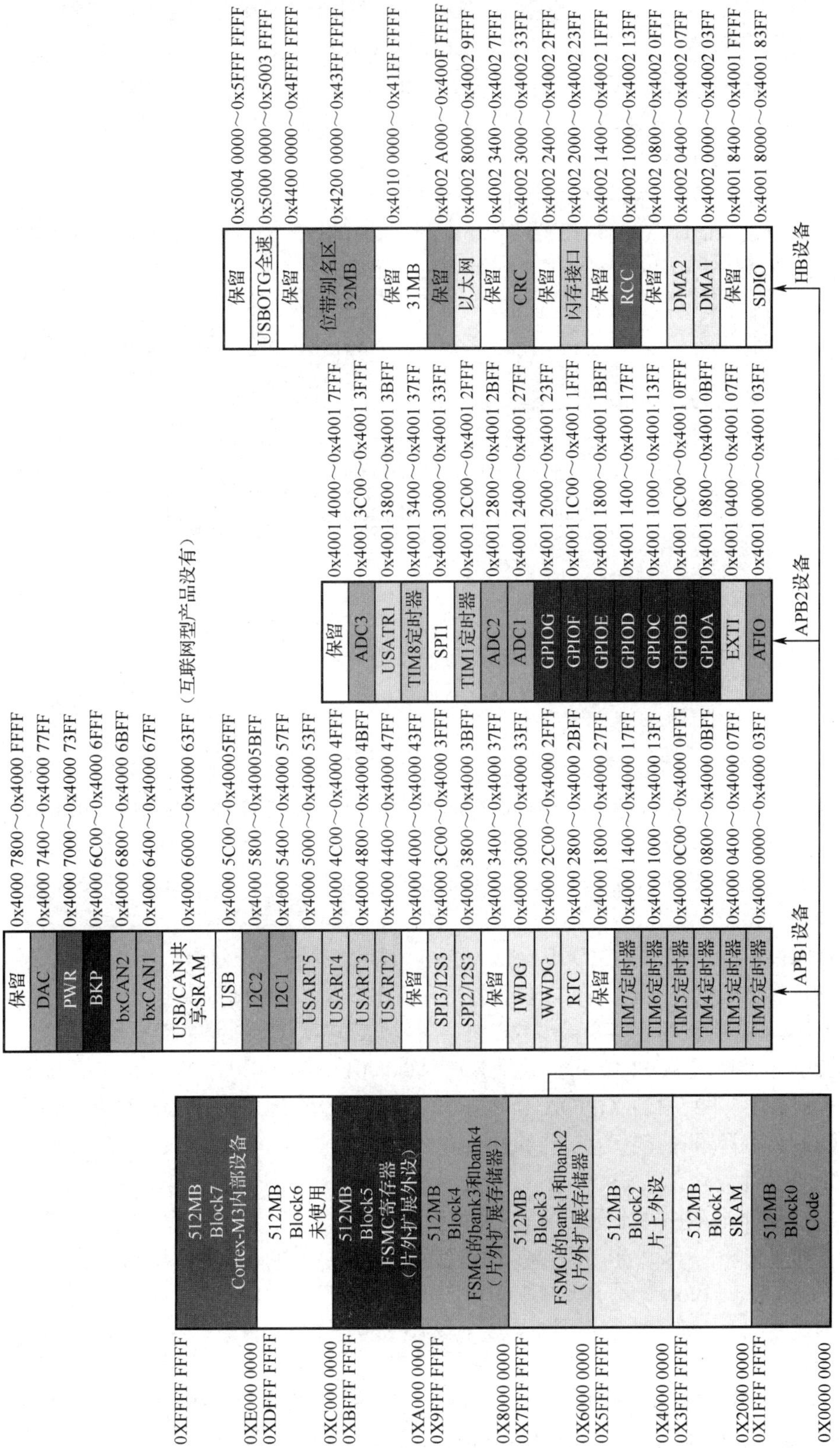

图 3.4.13　Block2 分区

Block2 用于为片上外设（Peripherals）编址，地址从 0x4000 0000 开始。片上外设由各种不同结构的电路构成，具有不同的功能。例如，TIM 是单片机内部的定时器电路，GPIO 是通用输入输出电路。根据外设所在总线不同，又分为 APB1、APB2、AHB 设备，具体地址如图 3.4.13 所示。从图 3.4.13 中可以看到，TIM2 定时器位于 APB1 设备区，地址范围是 0x4000 0000～0x4000 03FF；而 GPIOA 位于 APB2 设备区，地址范围是 0x4001 0800～0x4001 0BFF。图 3.4.13 中也能看到 GPIOB～GPIOG 的地址。

1. GPIO 地址及其在 "stm32f103xe.h" 文件中的定义

了解片上外设的地址，能够帮助我们理解 "stm32f103xe.h" 文件。这里重点看 GPIO。打开文件 "stm32f103xe.h"，可以看到如图 3.4.14 所示的页面。

```
764  #define GPIOA_BASE          (APB2PERIPH_BASE + 0x00000800UL)
765  #define GPIOB_BASE          (APB2PERIPH_BASE + 0x00000C00UL)
766  #define GPIOC_BASE          (APB2PERIPH_BASE + 0x00001000UL)
767  #define GPIOD_BASE          (APB2PERIPH_BASE + 0x00001400UL)
768  #define GPIOE_BASE          (APB2PERIPH_BASE + 0x00001800UL)
769  #define GPIOF_BASE          (APB2PERIPH_BASE + 0x00001C00UL)
770  #define GPIOG_BASE          (APB2PERIPH_BASE + 0x00002000UL)
859  #define GPIOA               ((GPIO_TypeDef *)GPIOA_BASE)
860  #define GPIOB               ((GPIO_TypeDef *)GPIOB_BASE)
861  #define GPIOC               ((GPIO_TypeDef *)GPIOC_BASE)
862  #define GPIOD               ((GPIO_TypeDef *)GPIOD_BASE)
863  #define GPIOE               ((GPIO_TypeDef *)GPIOE_BASE)
864  #define GPIOF               ((GPIO_TypeDef *)GPIOF_BASE)
865  #define GPIOG               ((GPIO_TypeDef *)GPIOG_BASE)
481  typedef struct
482  {
483      __IO uint32_t CRL;
484      __IO uint32_t CRH;
485      __IO uint32_t IDR;
486      __IO uint32_t ODR;
487      __IO uint32_t BSRR;
488      __IO uint32_t BRR;
489      __IO uint32_t LCKR;
490  } GPIO_TypeDef;
```

图 3.4.14 文件 "stm32f103xe.h" 中关于 GPIOA 的定义

第 764 行，定义 GPIOA_BASE=APB2PERIPH_BASE + 0x00000800UL（0x4001 0800）。这是 GPIOA 的起始地址。对照图 3.4.13，它们是一致的。

第 859 行，定义 GPIOA 是一个 GPIO_TypeDef 类型的结构体，起始地址为 GPIOA_BASE，即 0x4001 0800。

第 481～490 行，定义了 GPIO_TypeDef 类型，其包含控制字寄存器 CRL 与 CRH、输入数据寄存器 IDR、输出数据寄存器 ODR、位设置寄存器 BSRR、位清除寄存器 BRR、位锁定寄存器 LCKR。其中，输入数据寄存器和输出数据寄存器我们已多次接触。这些寄存器均为 32 位，占 4 个地址。因此可以判断出从 CRL 开始，地址分别为 0x4001 0800、0x4001 0804、0x4001 0808、0x4001 080C……对照图 3.4.2 中的 GPIOA_IDR 和 GPIOA_ODR 地址，也是一致的。编程时书写 GPIOA->ODR，编译器就会自动定位到地址 0x4001 080C。

2. GPIO 位操作的实现方法

在之前的编程训练中，我们已经多次利用 GPIO 位操作实现了对 GPIO 某个引脚数据的输入、输出，但是对于文件 "sys.c" 和 "sys.h" 的内容并没有仔细研究。现在可以进一步研究。

对于图 3.4.13 的 Block2 区，0x4000 0000～0x400F FFFF 这 1MB 的空间也是允许进行独立位操作的，即这是一个位带。大家在图 3.4.13 上找一找这个位带在哪里，是不是基本上涵盖了全部的 STM32 片上外设？

片上外设实现位操作的方法和 SRAM 一样，也是给每一位安排一个别名地址。别名地址范围为 0x4200 0000～0x43FF FFFF，如图 3.4.13 所示。

片上外设位别名地址与位操作区地址的对应关系与 SRAM 类似：

SRAM 区：

位别名地址=0x2200 0000 + (addr−0x2000 0000) ×32 +bitnum×4

片上外设区：

位别名地址=0x4200 0000 + (addr−0x4000 0000) ×32 +bitnum×4

式中，addr 为位操作区地址，bitnum 为位号。这两个公式可以整合成一个。

图 3.4.15 给出了 GPIOA 输入数据寄存器 GPIOA_IDR 和输出数据寄存器 GPIOA_ODR 其中 4 位的别名地址，大家可以计算验证。

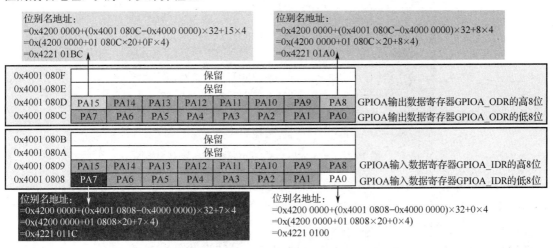

图 3.4.15　GPIOA 位别名地址计算示例

SRAM 区和片上外设区别名地址的计算公式可以整合为

位别名地址=(addr & 0xF000 0000) +0x0200 0000+((addr & 0x000F FFFF)<<5）+(bitnum<<2)

式中，& 为按位与运算；<<5 表示左移 5 位，也就是×32；<<2 表示左移 2 位，也就是×4。

例如，GPIOA_IDR 的 PA7，其 addr=0x4001 0808，bitnum=7，代入整合公式的计算结果应与图 3.4.15 一致，为 0x4221 011C，大家可以自行计算。

打开文件"sys.h"，如图 3.4.16 所示，第 60 行宏定义一个符号 GPIOA_IDR_Addr。

```
 sys.h
47  //I/O口操作宏定义
48  #define BITBAND(addr, bitnum)  ((addr & 0xF0000000)+0x2000000+((addr &0xFFFFF)<<5)+(bitnum<<2))
49  #define MEM_ADDR(addr)    *((volatile unsigned long  *)(addr))
50  #define BIT_ADDR(addr, bitnum)     MEM_ADDR(BITBAND(addr, bitnum))
51  //I/O口地址映射
52  #define GPIOA_ODR_Addr     (GPIOA_BASE+12)  //0x4001080C
53  #define GPIOB_ODR_Addr     (GPIOB_BASE+12)  //0x40010C0C
54  #define GPIOC_ODR_Addr     (GPIOC_BASE+12)  //0x4001100C
55  #define GPIOD_ODR_Addr     (GPIOD_BASE+12)  //0x4001140C
56  #define GPIOE_ODR_Addr     (GPIOE_BASE+12)  //0x4001180C
57  #define GPIOF_ODR_Addr     (GPIOF_BASE+12)  //0x40011A0C
58  #define GPIOG_ODR_Addr     (GPIOG_BASE+12)  //0x40011E0C
59
60  #define GPIOA_IDR_Addr     (GPIOA_BASE+8)  //0x40010808
61  #define GPIOB_IDR_Addr     (GPIOB_BASE+8)  //0x40010C08
62  #define GPIOC_IDR_Addr     (GPIOC_BASE+8)  //0x40011008
63  #define GPIOD_IDR_Addr     (GPIOD_BASE+8)  //0x40011408
64  #define GPIOE_IDR_Addr     (GPIOE_BASE+8)  //0x40011808
65  #define GPIOF_IDR_Addr     (GPIOF_BASE+8)  //0x40011A08
66  #define GPIOG_IDR_Addr     (GPIOG_BASE+8)  //0x40011E08
```

图 3.4.16　"sys.h"文件中寄存器的定义

GPIOA_IDR_Addr 的值为 GPIOA_Base+8。GPIOA_Base 的值在文件"stm32f103xe.h"的第 764 行被定义（见图 3.4.14），GPIOA_IDR 的地址计算结果是 0x4001 0808。类似地，GPIOA_IDR～GPIOG_IDR、GPIOA_ODR～GPIOG_ODR 的地址都有定义。

如图 3.4.17 所示，文件"sys.h"的第 71 行，定义了一个带参数的符号 PAin(n)，由于 n 的取值为 0~15，相当于定义了 16 个符号，分别为 PAin(0)~PAin(15)。类似的定义包括 PAin(n)~PGin(n)、PAout(n)~PGout(n)。

```
  sys.h
68    //I/O口操作，只对单一的I/O口！
69    //确保n的值小于16！
70    #define PAout(n)    BIT_ADDR(GPIOA_ODR_Addr,n)    //输出
71    #define PAin(n)     BIT_ADDR(GPIOA_IDR_Addr,n)    //输入
72
73    #define PBout(n)    BIT_ADDR(GPIOB_ODR_Addr,n)    //输出
74    #define PBin(n)     BIT_ADDR(GPIOB_IDR_Addr,n)    //输入
75
76    #define PCout(n)    BIT_ADDR(GPIOC_ODR_Addr,n)    //输出
77    #define PCin(n)     BIT_ADDR(GPIOC_IDR_Addr,n)    //输入
78
79    #define PDout(n)    BIT_ADDR(GPIOD_ODR_Addr,n)    //输出
80    #define PDin(n)     BIT_ADDR(GPIOD_IDR_Addr,n)    //输入
81
82    #define PEout(n)    BIT_ADDR(GPIOE_ODR_Addr,n)    //输出
83    #define PEin(n)     BIT_ADDR(GPIOE_IDR_Addr,n)    //输入
84
85    #define PFout(n)    BIT_ADDR(GPIOF_ODR_Addr,n)    //输出
86    #define PFin(n)     BIT_ADDR(GPIOF_IDR_Addr,n)    //输入
87
88    #define PGout(n)    BIT_ADDR(GPIOG_ODR_Addr,n)    //输出
89    #define PGin(n)     BIT_ADDR(GPIOG_IDR_Addr,n)    //输入
```

图 3.4.17 "sys.h"文件中 GPIO 位名的定义

从第 71 行还可以看出，PAin(n)的地址值决定于 BIT_ADDR(GPIOA_IDR_Addr,n)的值，PAout(n)的取值决定于 BIT_ADDR(GPIOA_ODR_Addr,n)的值，其他以此类推。以 PA7 引脚为例。

PAin(7) =BIT_ADDR(GPIOA_IDR_Addr,n) =BIT_ADDR(0x4001 0808,7);

PAout(7) =BIT_ADDR(GPIOA_ODR_Addr,n)=BIT_ADDR(0x4001 080C,7)。

在图 3.4.16 的第 50 行，定义了 BIT_ADDR(addr,bitnum)。

BIT_ADDR(addr,bitnum)=MEM_ADDR(BITBAND(addr,bitnum))

也就是说，BIT_ADDR 是 MEM_ADDR 的结果，而 MEM_ADDR 的值取决于 BITBAND 的值。

图 3.4.16 的第 48 行定义了符号 BITBAND，按照定义，BITBAND(addr,bitnum)的值为

$$((addr\ \&\ 0xF000\ 0000)\ +0x0200\ 0000+((addr\ \&\ 0x000F\ FFFF)<<5)+(bitnum<<2))$$

即前文所述位带别名地址的计算公式。

对于 PAin(7)，其 addr=0x4001 0808，bitnum=7，对应的 BITBAND(addr, bitnum)计算结果正是 0x4221 011C。

因此 PAin(7)=BIT_ADDR(0x4001 0808,7)=MEM_ADDR(0x4221 011C)。

第 49 行定义了 MEM_ADDR，对于 PAin(7)，按照定义：

PAin(7)=MEM_ADDR(0x4221 011C)=*((volatile unsigned long *)(0x4221 011C))

其中，(unsigned long *)(0x4221 011C)是将 0x4221 011C 类型强制转换为一个指针，即指出这是一个地址，同时指出该地址所在单元存储的是 unsigned long 型数据（32 位）。

*((unsigned long *)(0x4221 011C))是求地址 0x4221 011C 内所存储的数据，即求 PA7 引脚上的输入数据。

至于中间加一个 volatile 关键字，则指示编译器不要自作主张对其进行优化，必须每次直接访问这个地址，以防引脚上的数据发生改变。

综上所述，第 32 行定义的符号 PAin(n)，代表 PA(n)引脚上的输入数据。同样不难理解，PAout(n)，代表向 PA(n)引脚上输出数据。类似地，GPIOB~GPIOG 都有类似的定义。有了这些符号，我们就可以利用位操作方便地进行 GPIO 管脚的输入、输出。

（七）STM32 单片机的启动引脚和启动模式

STM32F10x 单片机可以通过 BOOT1 和 BOOT0 引脚选择三种不同的启动模式，如表 3.4.2 所示。

表 3.4.2　BOOT 引脚与启动模式

BOOT1	BOOT0	启 动 模 式	说　　明
×	0	主 Flash	主 Flash 被选为启动区域
0	1	系统存储器（System Memory）	系统存储器被选为启动区域
1	1	内置 SRAM	内置 SRAM 被选为启动区域

启动模式选择电路如图 3.4.18 所示。

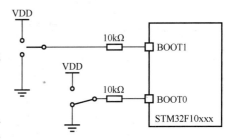

图 3.4.18　启动模式选择电路

1. 从主 Flash 启动

将 BOOT0 接低电平，程序将从主 Flash 启动。Flash 存放的是用户程序，多数情况下，都应该从这里启动。

2. 从系统存储器启动

如果将 BOOT1 置为 0，BOOT0 置为 1，则程序将从系统存储器启动。系统存储器是 STM32 芯片内部的一个特定 ROM 存储区域，出厂时 ST 公司在其内部烧写了一段程序，用户无法修改内容。

这种启动模式主要是为了从 STM32 单片机的串口下载用户程序到 Flash。如果希望自己开发编程烧录工具，就需要按照以下步骤进行设计。

（1）将 BOOT1 置为 0，BOOT0 置为 1。

（2）复位系统，这样才能从系统存储器启动。

（3）在系统存储器内置程序的帮助下，通过串口下载程序到 Flash 中。

（4）将 BOOT0 置为 0。

（5）复位系统，使 STM32 单片机从 Flash 中启动，执行用户下载的程序。

更详细的实现方法，请大家自行参阅相关资料。

3. 从内置 SRAM 启动

内置 SRAM 是 STM32 单片机的数据存储器，对于 STM32F103ZET6 单片机，SRAM 内存为 64KB。我们在程序中定义的大多数变量都被安排在 SRAM 中。SRAM 的内容在掉电后会丢失，因此一般不用它来储存程序。但由于 SRAM 读写速度快，STM32 单片机利用它进行快速的程序调试，即先将程序下载到 SRAM，然后从内置 SRAM 启动并执行程序。调试完成后再将程序下载到 Flash，当然不要忘了最后要将启动模式切换回从主 Flash 启动。

还可以利用从内置 SRAM 启动模式实现其他功能。例如，写一小段程序加载到 SRAM 中，以对开发板上的其他电路进行故障诊断；或者用此方法读写开发板上的 Flash 或电擦除可编程只读存储器（EEPROM）等。还可以通过这种方法解除内部 Flash 的读写保护，当然解除读写保护的同时 Flash 的内容也会被自动清除，这是为了防止恶意的软件复制。

关于从内置 SRAM 启动的具体实现方法这里不做介绍，感兴趣者可自行查阅相关资料。

三、要点记录及成果检验

任务 3.4	STM32 单片机软硬件深入（三）						
姓名		学号		日期		分数	

（一）术语记录

英　文	中　文　翻　译
Block	
Flash memory	
System memory	
SRAM	
Peripherals	

（二）简答

1. 请写出 STM32F103ZET6 单片机 Flash 区的容量、地址范围及作用。

2. 请写出 STM32F103ZET6 单片机系统存储器区的容量、地址范围及作用。

3. 请写出 STM32F103ZET6 单片机 Flash/System Memory 别名区的容量、地址范围及作用。

4. 请写出 STM32F103ZET6 单片机 SRAM 区的容量、地址范围及作用。

5. 请写出 STM32F103ZET6 单片机片上外设区的容量、地址范围及作用。

6. 请画出 STM32F103ZET6 单片机的 BOOT0 和 BOOT1 引脚启动电路，并说明其原理。

项目4　利用外部中断实现工件计数显示

项目总目标

（1）理解并能说出中断的基本概念：中断方式和查询方式、中断源、中断服务
程序、中断入口地址、中断的允许和禁止、中断优先级、外部中断等。
（2）会利用 STM32F1xx 单片机外部中断进行电路设计和程序设计与调试，实现相应的功能。
（3）能自主查阅相关资料。

具体工作任务

利用 STM32 单片机的外部中断设计工件计数显示装置，进行方案设计、器件选型、电路和
程序设计，完成软硬件调试，实现如下功能：生产线上每过一个工件，计数值加1，计数范围为0～
99，十进制数显示。生产线工件计数显示器示意图如图 4.0.1 所示。

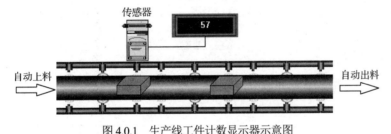

图 4.0.1　生产线工件计数显示器示意图

任务 4.1　方案设计及器件选型

一、任务目标

（1）能够查阅相关技术资料，结合电路、电子、传感器等基础知识进行系
统方案设计。
（2）能够正确进行光电传感器选型，能看懂说明书。
（3）能够针对设计任务进行研讨和表达。

二、学习与实践

（一）讨论与发言

查找资料，谈一谈实现本任务需要的器件，尝试画出系统方框图。

请阅读以下资料，按照指导步骤完成系统方案设计及器件选型。

（二）系统方案设计

系统方框图如图 4.1.1 所示。

图 4.1.1　系统方框图

（三）器件选型

1. 传感器的选择与测试

（1）传感器选择。

工件检测常用方法如图 4.1.2 所示。

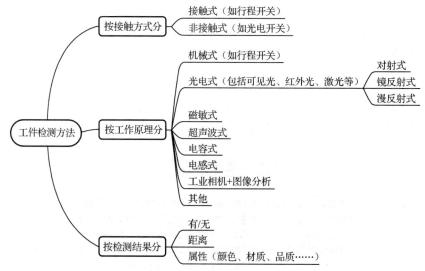

图 4.1.2　工件检测常用方法

光电开关属于光电传感器，图 4.1.3 所示为三种光电传感器的原理示意图。

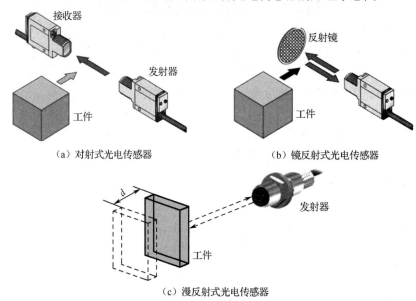

（a）对射式光电传感器　　　　　（b）镜反射式光电传感器

（c）漫反射式光电传感器

图 4.1.3　三种光电传感器的原理示意图

图 4.1.3（a）所示的对射式光电传感器将发射器和接收器相对安装。没有工件时，接收器接收到发射器发出的光；有工件时，发射器发出的光被工件阻挡，接收器接收不到光。对射式光电传感器要求工件不能透光。

镜反射式光电传感器将发射器和接收器同侧安装，但在对侧需要安装一面反射镜。没有工件时，发射器发出的光被反射给接收器；有工件时，发射器发出的光被工件吸收，接收器接收不到光。镜反射式光电传感器要求工件不能反射光，也不能透光。

漫反射式光电传感器的发射器和接收器也是同侧安装的。没有工件时，发射器发出的光射向远处，接收器接收不到光；有工件时，发射器发出的光被工件反射回来，接收器收到光。漫反射式光电传感器要求工件必须能反射光。

无论是哪种类型的光电传感器，其内部一般都装有光电耦合器。光电耦合器的 LED 电路用于发射光，光敏三极管电路则用于接收光，并将光信号转换成电信号输出。

图 4.1.4 所示为一种对射式光电传感器的原理电路。

没有工件时，光敏三极管由于接收到光而导通。运算放大器 LM324 的正极通过导通的光敏三极管被下拉到 0V，因此 $V_{IN+}=0V$。而运算放大器负极上的输入电压是+5V 电源在电位器 R_3 上的分压，$V_{IN-}>0$，因此 $V_{IN+}<V_{IN-}$，V_{OUT} 输出低电平。

有工件时，光敏三极管由于收不到光而截止。运算放大器的正极通过 R_2 被上拉到+5V，因此 $V_{IN+}=5V$。一般情况下，$V_{IN-}<5V$，因此 $V_{IN+}>V_{IN-}$，V_{OUT} 输出高电平。

OUT 端输出低电平，说明当前无工件；OUT 端输出高电平，说明当前有工件。

OUT 端每输出一个上升沿，说明来了一个工件；每输出一个下降沿，说明走了一个工件。

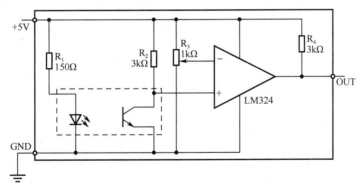

图 4.1.4　一种对射式光电传感器的原理电路

（2）传感器测试。

图 4.1.5 所示为市售对射光电式传感器的外观与接线，请按如下步骤进行测试。

① 将传感器的电源+和电源-分别接开发板+5V 和 GND。

② 开发板通过 USB 串口下载接口供电。

③ 按下电源开关，确保 5V 电源正确供电。

④ 万用表打到直流电压合适挡位。

⑤ 测量光电传感器在有遮挡和无遮挡情况下，信号线和 GND 之间的电压并记录。

无遮挡（无工件）情况下的电压：$V_{OUT}=$_____；

有遮挡（有工件）情况下的电压：$V_{OUT}=$_____。

结论：无工件时开关输出（　　）电平，有工件时开关输出（　　）电平（填"高"或"低"）。

1—信号输出（灰色）；2—电源+，DC5V（红色）；
3—电源-（黑色）。

图 4.1.5　市售对射式光电传感器的
外观与接线

2. 控制器选择

控制器仍然选择 STM32F103ZET6 单片机。

3. 显示器的选择

可选择 2 个独立的共阳极数码管作为显示器，主要设备清单如表 4.1.1 所示。

表 4.1.1　主要设备清单

序　号	名　称	型　号	数　量	作　用
1	光电传感器	对射式	1	检测工件
2	单片机	STM32F103ZET6	1	控制器
3	8 段 LED 数码管	共阳极数码管	2	显示器
4	其他			晶振、电阻、电容等

三、要点记录及成果检验

任务 4.1	方案设计及器件选型						
姓名		学号		日期		分数	

（一）要点记录

1. 请画出系统方框图。

2. 简述常见光电传感器的分类及原理。

任务 4.2　电路设计与测试

一、任务目标

（1）能画出 STM32 单片机与光电开关、LED 数码管的连接电路。

（2）能说出 STM32 单片机外部中断功能所使用的引脚，理解电路原理。

（3）能进行数字信号、开关信号输出传感器与 STM32 单片机外部中断引脚的连接电路设计。

二、学习与实践

（一）讨论与发言

请结合项目 1～项目 3，谈一谈电源电路、复位电路、晶振电路、启动电路的设计思路。

请阅读以下资料，按照指导步骤完成电路设计与测试。

（二）电源电路、晶振电路、复位电路、启动电路设计

电源电路、晶振电路、复位电路、启动电路如图 4.2.1 所示。

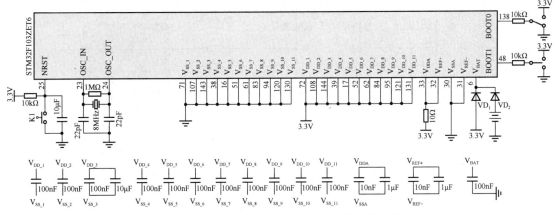

图 4.2.1　电源电路、晶振电路、复位电路、启动电路

（三）光电开关输入电路设计

对于图 4.2.2 所示的光电开关，其输出信号为 5V 电平，可以与 STM32F103ZET6 单片机所有 5V 兼容的引脚（如 PE2）进行连接。如果不记得哪些引脚是 5V 兼容的，可查看表 1.6.1。

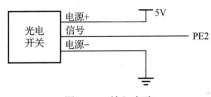

图 4.2.2　输入电路

由于是电平输出，即数字信号输出，可将传感器的信号线直接接到 PE2 引脚上，并在编程时将其设置为浮空输入。当然，不要忘了为传感器接 5V 电源，并将其电源负极与 STM32 单片机的 V_{SS} 引脚接在一起。

（四）数码管显示电路设计

可采用图 4.2.3 所示的用 74LVC245 作为驱动器的共阳极数码管静态显示电路，也可采用图 4.2.4 所示的用 74LVC573 作为锁存驱动器的共阳极数码管动态显示电路。

（五）设计电路汇总

工件计数及显示电路如图 4.2.5 所示。

这里选用了两个共阳极数码管，采用 74LVC245 驱动静态显示方式。

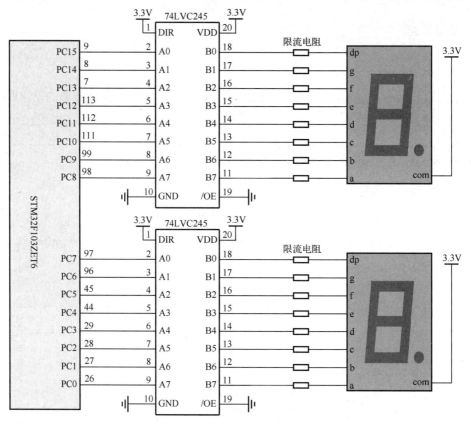

图 4.2.3　用 74LVC245 作为驱动器的共阳极数码管静态显示电路

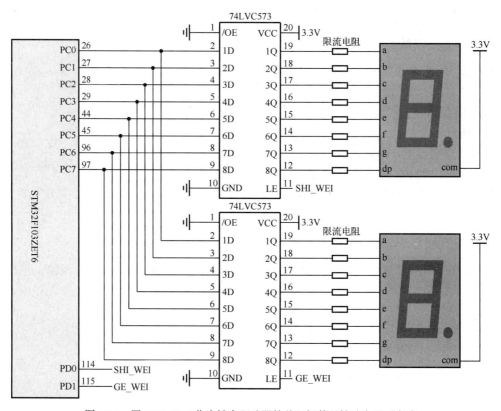

图 4.2.4　用 74LVC573 作为锁存驱动器的共阳极数码管动态显示电路

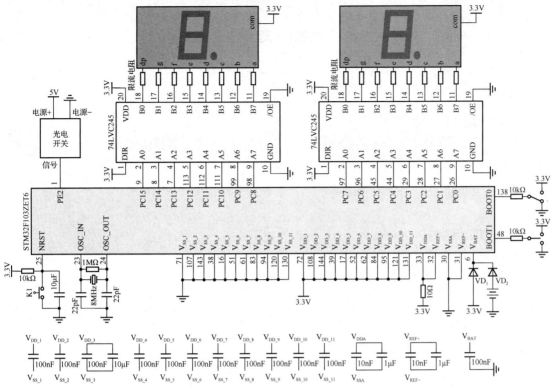

图 4.2.5 工件计数及显示电路

三、要点记录及成果检验

任务 4.2	电路设计与测试					
姓名		学号		日期		分数	

如果用 PE3 接收传感器输入，采用 74LVC573 驱动共阴极数码管动态显示电路，PD7～PD0 接收数码管段码，PD8 和 PD9 作为位选信号。请画出完整电路（电源电路、外部高速晶振电路、外部低速晶振电路、启动电路、传感器电路、数码管电路）。

任务 4.3　查询法程序设计与调试

一、任务目标

（1）能画出程序流程图。

（2）能够利用按键加 1、减 1 及编程实现工件计数显示功能，理解查询法的基本原理。

二、学习与实践

（一）讨论与发言

参照项目 3，谈一谈本项目程序的设计思路。

按照以下工作步骤，完成程序设计与调试。

（二）查询法程序设计

1. 流程图设计

按照控制要求画出程序流程图，如图 4.3.1 所示，程序处理过程与项目 3 按键加 1、减 1 的方法基本相同。

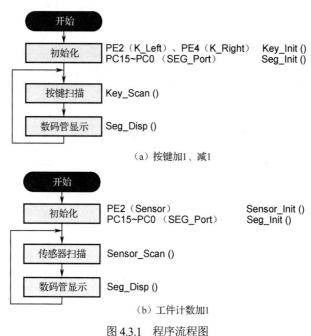

图 4.3.1　程序流程图

2. 程序文件布局

本系统程序文件可复制文件夹"03-03-按键设定及显示-静态显示-全局变量"并粘贴，修改副本名称为"04-01-工件计数加 1-静态显示-查询"，程序文件布局如图 4.3.2 所示。

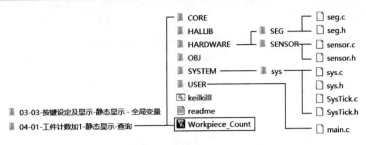

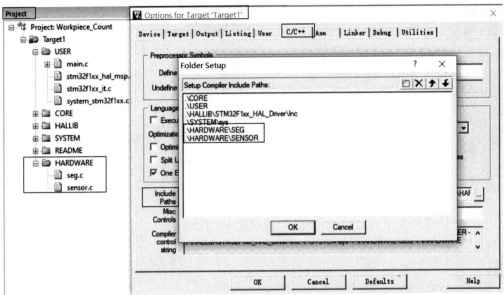

图 4.3.2　程序文件布局

3. 程序设计

程序设计方法与项目 3 类似，具体方法如下。

1）主程序

```
main.c
1    #include "seg.h"                              //数码管定义头文件
2    #include "sensor.h"                           //传感器定义头文件
3    u8 Workpiece;                                 //定义全局变量，用于存储工件数
4    int main( )
5  ┌ {
6        HAL_Init();                               //初始化HAL
7        Stm32_Clock_Init(RCC_PLL_MUL9);           //时钟切换到外部晶振，9倍频
8        SysTick_Init(72);                         //初始化滴答时钟，系统时钟频率为72MHz
9        Sensor_Init();                            //初始化传感器
10       Seg_Init();                               //初始化数码管
11       while(1)
12  ┌    { Sensor_Scan();                          //进行工件采集，结果存于Workpiece
13         Seg_Disp(Workpiece);                    //将工件数送入数码管进行字值显示
14  └    }
15   }
```

2）传感器扫描和处理程序

（1）"sensor.h" 文件。

```
sensoch.h
1  ┌ #ifndef _SENSOR_H
2    #define _SENSOR_H
3    #include "sys.h"                              //位带操作头文件
4    #include "SysTick.h"                          //滴答时钟头文件
5
6    #define Sensor      PEin(2)                   //为PE2起名Sensor
7
8    void Sensor_Init(void);                       //传感器初始化函数
9    void Sensor_Scan(void);                       //传感器扫描函数
10   #endif
11
```

（2）"sensor.c" 文件。

```
   sensor.c
 1  #include "sensor.h"
 2  static u8 Sensor_Last;              //上一次的检测值
 3  extern u8 Workpiece;                //工件数（范围为0~99）
 4
 5  void Sensor_Init(void)              //传感器初始化函数
 6 ┌{   GPIO_InitTypeDef GPIO_Initure;       //定义GPIO初始化变量
 7  |    __HAL_RCC_GPIOE_CLK_ENABLE();       //开启GPIOE时钟
 8  |    GPIO_Initure.Pin=GPIO_PIN_2;        //PIN2
 9  |    GPIO_Initure.Mode=GPIO_MODE_INPUT;  //输入
10  |    //GPIO_Initure.Pull=GPIO_NOPULL;    |  //浮空输入
11  |    GPIO_Initure.Pull=GPIO_PULLUP;      //上拉输入
12  |    HAL_GPIO_Init(GPIOE, &GPIO_Initure); //按照以上设置初始化PE2
13  |
14  |    Sensor_Last=1;                      //传感器上次输入为1
15  |    Workpiece=0;                        //传感器当前检测值为0
16 └}
17 ┌/************传感器扫描程序*****************************
18  |*功能：    采集传感器输入，每来1个下降沿，检测值+1；
19  |*输入：  无
20  |*返回值：检测值，u8类型
21 └************按键采集程序*****************************/
22  void Sensor_Scan(void)
23 ┌{
24  |   if(Sensor!=Sensor_Last)              //如果传感器输入有变化
25  |    { if(Sensor==0) {Workpiece+=1;}     //如果是下降沿，则检测值+1
26  |       Sensor_Last=Sensor;             //刷新Sensor_Last为当前值
27  |       delay_ms(10);                   //延时去抖
28  |     }
29  |   if(Workpiece>99) {Workpiece=0;} //限制Workpiece在0~99范围内
30  |
31 └}
32
```

注意第 10 行和第 11 行，如果利用图 4.1.5 中的传感器连接 PE2，应设置为浮空输入；如果利用开发板上的按键 K_Left 代替传感器输入，应设置为上拉输入。

3）LED 数码管静态显示程序

（1）"seg.h" 文件。

```
   seg.h
 1 ┌#ifndef _SEG_H
 2  | #define _SEG_H
 3  | #include "sys.h"              //位操作头文件
 4  | #define SEG_Port  GPIOC       //为GPIOC起名SEG_Port
 5  | void Seg_Init(void);          //数码管初始化函数
 6  | void Seg_Disp(u8 data);       //数码管静态显示函数
 7 └#endif
 8
```

（2）"seg.c" 文件。

```
   seg.c
 1  #include "seg.h"
 2
 3  u8 smg_table[10]={0xc0, 0xf9, 0xa4, 0xb0, 0x99, 0x92, 0x82, 0xf8,0x80, 0x90};
 4                                              //0~9 的共阳极数码管段码
 5  void Seg_Init()                             //数码管初始化函数
 6 ┌{ GPIO_InitTypeDef  GPIO_InitStructure;      //定义GPIO初始化变量
 7  |    __HAL_RCC_GPIOC_CLK_ENABLE();           //开启GPIOC时钟
 8  |
 9  |    GPIO_InitStructure.Pin=GPIO_PIN_All;        //PIN_0~PIN_15引脚
10  |    GPIO_InitStructure.Speed= GPIO_SPEED_FREQ_HIGH;  //高速输出
11  |    GPIO_InitStructure.Mode=GPIO_MODE_OUTPUT_PP;     //推挽输出
12  |
13  |    HAL_GPIO_Init(SEG_Port, &GPIO_InitStructure);    //按照以上设置初始化SEG_Port
14  |
15  |    HAL_GPIO_WritePin(SEG_Port, GPIO_PIN_All,GPIO_PIN_SET);//全灭
16 └}
17
18 ┌/**************数码管显示程序*******************
19  |*功能：00~99数码显示
20  |*输入：待显示数字，u8类型，范围为0~99
21  |*输出：无
22 └********************************************/
23  void Seg_Disp(u8 Data)
24 ┌{ u8 Tens,Ones;                 //定义变量，分别存储十位数字和个位数字
25  |   u8  Seg_Tens, Seg_Ones;      //定义变量，分别存储十位数字和个位数字的8位段码
26  |   u16 Disp_Data;               //定义变量，用于存储待显示数字的16位段码
27  |   Tens=Data/10;                //求待显示数字的十位数字
28  |   Ones=Data%10;                //求待显示数字的个位数字
29  |   Seg_Tens=smg_table[Tens];    //求十位数字的段码
30  |   Seg_Ones=smg_table[Ones];    //求个位数字的段码
31  |   Disp_Data=(Seg_Tens<<8)+Seg_Ones; //将十位数字和个位数字的段码整合在一起
32  |   SEG_Port->ODR=Disp_Data;     //将整合后的段码送16位显示端口
33 └}
34
```

4. 软硬件联调

（1）按照图 4.2.5 连接电路。

（2）将程序下载到开发板中。

（3）按下、松开按键 K_Left 或遮挡、打开光电传感器，观察 LED 数码管的显示情况。要注意程序中传感器的上拉、浮空设置应和电路匹配，以及程序中的共阳极、共阴极数码管，动态、静态显示应与电路一致。

（4）将显示程序修改为动态显示，连接电路，下载后调试。

故障现象： _____

解决办法： _____

原因分析： _____

三、要点记录及成果检验

任务 4.3	查询法程序设计与调试						
姓名		学号		日期		分数	
1. 用 PE4 接收传感器的输入信号，程序怎么修改？ 2. 采用图 4.2.4 所示的共阳极数码管动态显示电路，程序怎么修改？							

任务 4.4　中断法程序设计与调试

一、任务目标

（1）理解中断的概念。

（2）能够利用外部中断实现工件计数加 1 与显示功能。

（3）能说出利用外部中断进行程序设计的方法。

（4）能对现有中断程序进行修改以适应不同的需求。

二、学习与实践

（一）理解中断的概念

1. 什么是中断

中断（Interrupt）是一种事务处理方式。 我们在处理事务的时候，经常会采用**查询**和**中断**这两种方式。例如，小朋友放学回到家中，一种行为是什么也不干，不断地询问妈妈饭是否煮熟。饭熟了就去吃，否则什么也不干。这种处理方式就是查询。另一种行为方式是首先进房间做自己的事，听到妈妈招呼后出来吃饭，吃完饭，再回房间继续做事。这种方式，不主动查询饭是否煮熟，而是等妈妈叫（请求）。妈妈不叫（无请求）时，做自己的事，妈妈叫了（有请求），才中断当前的事情，去吃饭。这种处理方式就是中断。

类似地，老师上课过程中对于学生疑问的处理方式也有查询和中断两种。如果老师不断地询问学生是否听懂，这就是查询方式。如果学生主动提问，老师随时中断当前的讲课回答学生提问，之后再继续讲课，这就是中断方式。

中断方式相对于查询方式，一般具有更高的效率，常用于处理那些肯定会发生却不能准确知道何时会发生的事务，或者虽然知道何时会发生却不愿意浪费时间去查询的事务。

2. 中断处理过程

如图 4.4.1 所示，如果把老师看作 CPU，把学生看作光电传感器。老师按照教学设计进行的一系列授课动作就好比 CPU 执行主程序。一般情况下，老师会按照教学设计逐步展开教学内容，就像 CPU 逐条执行主程序中的一系列指令。一旦学生举手提问，就像光电传感器检测到有工件进入，这就是发生了中断请求。发生中断请求后，老师会停止计划的讲授内容，针对问题进行解答。就像 CPU 停止主程序，执行工件计数加 1 处理程序，即中断处理程序。老师解答完毕，会继续后面的讲课，就像 CPU 回到主程序继续执行后面的指令。

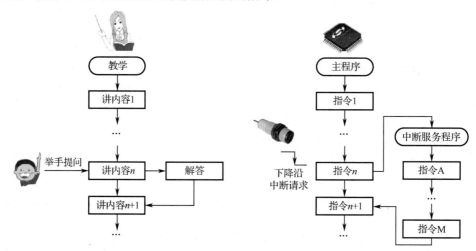

图 4.4.1　中断过程示意

3. 中断处理设备

人总是通过嘴、手等发出中断请求；通过眼、耳等接收中断请求；通过大脑处理中断请求并发出处理命令；最后通过手、脚、嘴等执行处理命令。对于单片机，要具有像人一样的中断处理能力，除了 CPU，还需要配置针对性的**中断处理电路**，用于发出中断请求、接收中断请求和对中断请求信号进行处理。STM32 单片机内的中断电路包括**处于内核里的 NVIC** 和**处于内核外的中断电路**两大部分。前者由 ARM 公司设计，后者由 ST 公司设计，如图 4.4.2 所示。

内核里的中断电路被称为 NVIC（Nested Vectored Interrupt Controller，可嵌套的中断向量控制器），单片机将它的每一个中断请求看成一个向量，所有中断请求都必须经由 NVIC 的处理才能送入 CPU。至于什么是"嵌套"，我们后面会介绍。

内核外的中断电路，主要负责向 NVIC 发出中断请求。几乎所有重要的片上外设都配有自己的中断请求电路，图 4.4.2 中只表达了 GPIO、定时器和 ADC 中断请求。可以看出，GPIO 电路可以通过 EXTI 中断处理电路向 NVIC 发出"GPIO 引脚有下降沿"等中断请求；定时器可以通过 TIM 中断处理电路向 NVIC 发出"定时时间到"等中断请求；ADC 可以通过 ADC 中断处理电路向 NVIC 发出"A/D 转换结束"等中断请求。

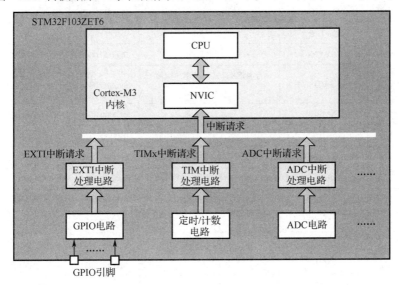

图 4.4.2　STM32 单片机内部中断电路示意

4. 中断请求信号的数量与类型

人类能发送和接收的中断请求信号的数量和类型虽然一时无法统计，但肯定是有限的。单片机也是如此。与 51 单片机相比，**Cortex-M3** 处理中断请求的能力比较强大，**最多支持 256 种中断请求**。但 **STM32 F103ZET6** 单片机只支持 **70 个**，如表 4.4.1 所示。

表 4.4.1　STM32F103ZET6 单片机中断请求表

序号	优先级	优先级类型	名　称	说　　明	中断程序入口地址	中断函数名
*0				保留	0x0000 0000	
*1	−3	固定	Reset	复位	0x0000 0004	Reset_Handler
*2	−2	固定	NMI	不可屏蔽中断 RCC 时钟安全系统（CSS）连接到 NMI 向量	0x0000 0008	NMI_Handler
*3	−1	固定	HardFault	所有类型的硬件失效	0x0000 000C	HardFault_Handler
*4	0	可设置	MemManage	存储器管理	0x0000 0010	MemManage_Handler
*5	1	可设置	BusFault	总线错误 预取指令失败，存储器访问失败	0x0000 0014	BusFault_Handler
*6	2	可设置	UsageFault	错误应用 未定义的指令或非法状态	0x0000 0018	UsageFault_Handler
*7～ *10				保留	0x0000 001C ～0x0000 002B	
*11	3	可设置	SVCall	通过 SWI 指令的系统服务调用	0x0000 002C	SVC_Handler
*12	4	可设置	DebugMonitor	调试监控器	0x0000 0030	DebugMon_Handler
*13				保留	0x0000 0034	

序号	优先级	优先级类型	名 称	说 明	中断程序入口地址	中断函数名
*14	5	可设置	PendSV	可挂起的系统服务	0x0000 0038	PendSV_Handler
*15	6	可设置	SysTick	系统滴答定时器	0x0000 003C	SysTick_Handler
0	7	可设置	WWDG	窗口定时器中断	0x0000 0040	WWDG_IRQHandler
1	8	可设置	PVD	连到 EXTI 的电源电压检测（PVD）中断	0x0000 0044	PVD_IRQHandler
2	9	可设置	TAMPER	侵入检测中断	0x0000 0048	TAMPER_IRQHandler
3	10	可设置	RTC	实时时钟（RTC）全局中断	0x0000 004C	RTC_IRQHandler
4	11	可设置	FLASH	闪存全局中断	0x0000 0050	FLASH_IRQHandler
5	12	可设置	RCC	复位和时钟控制（RCC）中断	0x0000 0054	RCC_IRQHandler
6	13	可设置	EXTI0	EXTI 线 0 中断	0x0000 0058	EXTI0_IRQHandler
7	14	可设置	EXTI1	EXTI 线 1 中断	0x0000 005C	EXTI1_IRQHandler
8	15	可设置	EXTI2	EXTI 线 2 中断	0x0000 0060	EXTI2_IRQHandler
9	16	可设置	EXTI3	EXTI 线 3 中断	0x0000 0064	EXTI3_IRQHandler
10	17	可设置	EXTI4	EXTI 线 4 中断	0x0000 0068	EXTI4_IRQHandler
11	18	可设置	DMA1 通道 1	DMA1 通道 1 全局中断	0x0000 006C	DMA1_Channel1_IRQHandler
12	19	可设置	DMA1 通道 2	DMA1 通道 2 全局中断	0x0000 0070	DMA1_Channel2_IRQHandler
13	20	可设置	DMA1 通道 3	DMA1 通道 3 全局中断	0x0000 0074	DMA1_Channel3_IRQHandler
14	21	可设置	DMA1 通道 4	DMA1 通道 4 全局中断	0x0000 0078	DMA1_Channel4_IRQHandler
15	22	可设置	DMA1 通道 5	DMA1 通道 5 全局中断	0x0000 007C	DMA1_Channel5_IRQHandler
16	23	可设置	DMA1 通道 6	DMA1 通道 6 全局中断	0x0000 0080	DMA1_Channel6_IRQHandler
17	24	可设置	DMA1 通道 7	DMA1 通道 7 全局中断	0x0000 0084	DMA1_Channel7_IRQHandler
18	25	可设置	ADC1_2	ADC1 和 ADC2 全局中断	0x0000 0088	ADC1_2_IRQHandler
19	26	可设置	USB_HP_CAN_TX	USB 高优先级或 CAN 发送中断	0x0000 008C	USB_HP_CAN1_TX_IRQHandler
20	27	可设置	USB_LP_CAN_RX0	USB 低优先级或 CAN 接收 0 中断	0x0000 0090	USB_LP_CAN1_RX0_IRQHandler
21	28	可设置	CAN1_RX1	CAN1 接收 1 中断	0x0000 0094	CAN1_RX1_IRQHandler
22	29	可设置	CAN_SCE	CAN1 SCE 中断	0x0000 0098	CAN1_SCE_IRQHandler
23	30	可设置	EXTI9_5	EXTI 线[9:5]中断	0x0000 009C	EXTI9_5_IRQHandler
24	31	可设置	TIM1_BRK	TIM1 刹车中断	0x0000 00A0	TIM1_BRK_IRQHandler
25	32	可设置	TIM1_UP	TIM1 更新中断	0x0000 00A4	TIM1_UP_IRQHandler
26	33	可设置	TIM1_TRG_COM	TIM1 触发和通信中断	0x0000 00A8	TIM1_TRG_COM_IRQHandler
27	34	可设置	TIM1_CC	TIM1 捕获比较中断	0x0000 00AC	TIM1_CC_IRQHandler
28	35	可设置	TIM2	TIM2 全局中断	0x0000 00B0	TIM2_IRQHandler
29	36	可设置	TIM3	TIM3 全局中断	0x0000 00B4	TIM3_IRQHandler
30	37	可设置	TIM4	TIM4 全局中断	0x0000 00B8	TIM4_IRQHandler
31	38	可设置	I2C1_EV	I2C1 事件中断	0x0000 00BC	I2C1_EV_IRQHandler
32	39	可设置	I2C1_ER	I2C1 错误中断	0x0000 00C0	I2C1_ER_IRQHandler

续表

序号	优先级	优先级类型	名　称	说　明	中断程序入口地址	中断函数名
33	40	可设置	I2C2_EV	I2 C2 事件中断	0x0000 00C4	I2C2_EV_IRQHandler
34	41	可设置	I2C2_ER	I2 C2 错误中断	0x0000 00C8	I2C2_ER_IRQHandler
35	42	可设置	SPI1	SPI1 全局中断	0x0000 00CC	SPI1_IRQHandler
36	43	可设置	SPI2	SPI2 全局中断	0x0000 00D0	SPI2_IRQHandler
37	44	可设置	USART1	USART1 全局中断	0x0000 00D4	USART1_IRQHandler
38	45	可设置	USART2	USART2 全局中断	0x0000 00D8	USART2_IRQHandler
39	46	可设置	USART3	USART3 全局中断	0x0000 00DC	USART3_IRQHandler
40	47	可设置	EXTI15_10	EXTI 线[15:10]中断	0x0000 00E0	EXTI15_10_IRQHandler
41	48	可设置	RTCAlarm	连到 EXTI 的 RTC 闹钟中断	0x0000 00E4	RTCAlarm_IRQHandler
42	49	可设置	USB 唤醒	连到 EXTI 的 USB 待机唤醒中断	0x0000 00E8	USBWakeUp_IRQHandler
43	50	可设置	TIM8_BRK	TIM8 刹车中断	0x0000 00EC	TIM8_BRK_IRQHandler
44	51	可设置	TIM8_UP	TIM8 更新中断	0x0000 00F0	TIM8_UP_IRQHandler
45	52	可设置	TIM8_TRG_COM	TIM8 触发和通信中断	0x0000 00F4	TIM8_TRG_COM_IRQHandler
46	53	可设置	TIM8_CC	TIM8 捕获比较中断	0x0000 00F8	TIM8_CC_IRQHandler
47	54	可设置	ADC3	ADC3 全局中断	0x0000 00FC	ADC3_IRQHandler
48	55	可设置	FSMC	FSMC 全局中断	0x0000 0100	FSMC_IRQHandler
49	56	可设置	SDIO	SDIO 全局中断	0x0000 0104	SDIO_IRQHandler
50	57	可设置	TIM5	TIM5 全局中断	0x0000 0108	TIM5_IRQHandler
51	58	可设置	SPI3	SPI3 全局中断	0x0000 010C	SPI3_IRQHandler
52	59	可设置	UART4	UART4 全局中断	0x0000 0110	UART4_IRQHandler
53	60	可设置	UART5	UART5 全局中断	0x0000 0114	UART5_IRQHandler
54	61	可设置	TIM6	TIM6 全局中断	0x0000 0118	TIM6_IRQHandler
55	62	可设置	TIM7	TIM7 全局中断	0x0000 011C	TIM7_IRQHandler
56	63	可设置	DMA2 通道 1	DMA2 通道 1 全局中断	0x0000 0120	DMA2_Channel1_IRQHandler
57	64	可设置	DMA2 通道 2	DMA2 通道 2 全局中断	0x0000 0124	DMA2_Channel2_IRQHandler
58	65	可设置	DMA2 通道 3	DMA2 通道 3 全局中断	0x0000 0128	DMA2_Channel3_IRQHandler
59	66	可设置	DMA2 通道 4_5	DMA2 通道 4 和通道 5 全局中断	0x0000 012C	DMA2_Channel4_5_IRQHandler

　　序号*0～*15 的中断请求属于内核中断，是 NVIC 检测到复位、硬件失效等情况时自主发出的中断请求。之前使用的滴答定时器，可产生 Systick 中断（*15），也属于内核中断请求。

　　序号 0～59 的 60 个中断请求属于外设中断请求，是 GPIO、定时器等各种片上外设发出的中断请求。本项目我们将重点学习其中的 **EXTI**（External Interrupt Line，外部线中断），**序号为 6～10、23、40**。

　　5. 中断的允许和禁止

　　单片机也可以像人一样，根据自己的需要对中断请求信号做出响应或屏蔽中断请求信号，不对其做出响应。表 4.4.1 中，**绝大多数中断请求信号都是可以通过编程设置为允许或禁止（屏蔽）的**，具体方法以后学习。

6. 中断入口地址

我们知道，CPU 总是不断地到程序存储器中取出并执行指令。中断入口地址是发生中断以后，CPU 要跳到的地址。STM32 单片机为不同的中断请求信号规定了专门的入口地址，从表 4.4.1 可以看出，复位向量的中断入口地址是 0x0000 0004，EXTI0 向量的中断入口地址是 0x0000 0058。

也就是说，CPU 收到复位请求后，会自动到 0x0000 0004 单元取指令执行。同样，在 EXTI0 中断请求被允许的情况下，收到 EXTI0 中断请求后，CPU 会自动跳到程序存储器的 0x0000 0058 单元取指令执行。

那么如何使中断入口地址和我们编写的中断服务程序发生关系，使 CPU 在收到中断请求后不仅能跳到中断入口地址，还能够通过中断入口地址跳到我们自己编写的中断服务程序中呢？这就用到了中断函数。

7. 中断函数名

STM32 单片机在使用 C51 语言编程时，**只要我们按照表 4.4.1 对中断函数进行命名，就可以保证 CPU 能够正确地跳到我们编写的中断服务程序中。**

例如，我们将 EXTI0 中断函数命名为 EXTI0_IRQHandler()。这样，发生 EXTI0 中断时，只要该中断请求被允许，CPU 就会自动跳到该程序处并执行。

打开启动文件"startup_stm32f103xe.s"，可以看到关于中断函数名的定义，如图 4.4.3 所示。你会发现它们和表 4.4.1 中的函数名完全一致，所以不需要记名字，直接打开启动文件复制并粘贴过来就可以。

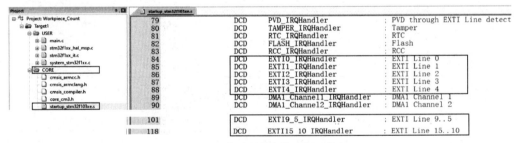

图 4.4.3　启动文件中的中断函数名

注意：

EXTI0～EXTI4 的中断函数名是独立的，分别为 EXTI0_IRQHandler～EXTI4_IRQHandler。

EXTI5～EXTI9 共用一个中断函数名，即 EXTI9_5_IRQHandler。

EXTI10～EXTI15 共用一个中断函数名，即 EXTI15_10_IRQHandler。

8. 中断优先级

表 4.4.1 的第 2 列代表中断请求的优先级。**优先级数值越小，优先级越高。**可以看出，复位中断的优先级最高。

表 4.4.1 的第 3 列代表中断优先级是否可以通过编程重设。可以看出，**大多数中断请求的优先级是可以通过编程重新设置的。**

1）中断的优先响应

当两个中断源同时发出中断请求时，单片机总是优先响应高优先级的中断请求，之后再处理低优先级的中断请求，其过程如图 4.4.4 所示。

2）中断的嵌套

优先级决定了当单片机同时接收到多个中断请求时，先响应哪个中断请求。也决定了在执行一个中断服务程序的过程中如果又收到了另一个中断请求，当前中断是否允许被打断（能否进行中断嵌套）。

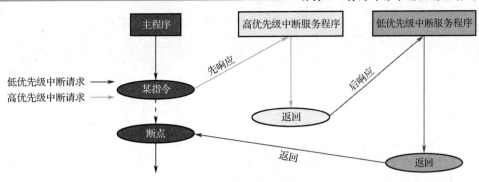

图 4.4.4 同时发出中断请求

我们已经知道 NVIC 的全称是 Nested Vectored Interrupt Controller，其第一个单词 Nested 就是嵌套的意思。**中断嵌套是指执行中断服务程序的过程中又收到了更高级别的中断请求，允许暂停当前的中断服务，转去响应更高优先级的中断请求，之后逐级返回**，如图 4.4.5 所示，这就是中断嵌套。注意：只有高优先级的中断请求才能打断低优先级的中断请求实现嵌套。图 4.4.5 中实现了两个中断请求的嵌套，称为两层嵌套。**Cortex-M3 的 NVIC 最多支持 128 层嵌套，STM32 单片机只使用到 16 层，即 STM32 单片机最多允许 16 层嵌套。**

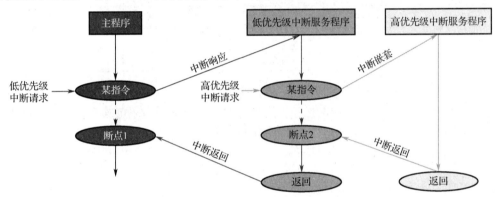

图 4.4.5 中断嵌套处理过程示意

3）抢占优先级和响应优先级

STM32 单片机的优先级包含优先级排位、抢占优先级、响应优先级三个概念。

优先级排位是指表 4.4.1 中第 2 列所示的优先级，可以看成"天生"的优先级。

抢占优先级和响应优先级则是通过编程指定的优先级，可以看成"后天"的优先级。所有优先级都是数值越小，优先级越高。

响应优先级也称为副优先级，用于解决多个中断请求同时出现时，先响应谁的问题。STM32 单片机规定：多个中断请求同时发生时，先处理响应优先级高的中断请求。响应优先级低的中断请求先被"挂起"，待响应优先级高的中断请求被处理完，再处理响应优先级低的中断请求。

抢占优先级解决的是两个中断请求先后发生，后发生的中断能否打断先发生并且尚未处理完的中断，即能否进行嵌套。STM32 单片机规定：只有抢占优先级高的中断请求，才能打断当前正在处理的中断请求进行嵌套处理。

三者的影响如表 4.4.2 所示。可以看出，抢占优先级"最厉害"，抢占优先级高，既允许抢占，也允许优先响应。响应优先级只能决定谁先响应。如果抢占优先级和响应优先级相同，则优先级排位决定谁先响应。

表4.4.2　抢占优先级、响应优先级和优先级排位的影响

序号	抢占优先级	响应优先级	优先级排位	A 和 B 同时申请中断	B 先申请，A 后申请
1	A 高 B 低			先响应 A，A 处理完再响应 B	先响应 B，允许 A 嵌套
2	AB 相同	A 高 B 低		先响应 A，A 处理完再响应 B	先响应 B，不允许 A 嵌套
3	AB 相同	AB 相同	A 高 B 低	先响应 A，A 处理完再响应 B	先响应 B，不允许 A 嵌套

如果不希望中断嵌套，则可将抢占优先级设为相同的数。

那么，如何设置抢占优先级和响应优先级呢？

要设置抢占优先级和响应优先级，首先要设置优先级分组号，再设置抢占优先级和响应优先级。 优先级分组号对抢占优先级和响应优先级的取值进行限定，**优先级分组号只能设为 0～4，抢占优先级和响应优先级的允许设定值则取决于优先级分组号**，具体如表 4.4.3 所示。例如 0 组，抢占优先级只能设为 0，响应优先级可以设为 0～15。

表4.4.3　优先级分组号对抢占优先级和响应优先级的限定

优先级分组号设定值	抢占优先级设定值	抢占优先级的级数	响应优先级设定值	响应优先级的级数	总级数
0	0	1 级	0～15	16 级	16 级
1	0～1	2 级	0～7	8 级	16 级
2	0～3	4 级	0～3	4 级	16 级
3	0～7	8 级	0～1	2 级	16 级
4	0～15	16 级	0	1 级	16 级

无论分在哪一组，总体看，中断优先级最多为 16 级。从这一点也可以看出 STM32 单片机最多允许同时处理 16 个中断请求或进行 16 层中断嵌套。

（二）认识 EXTI 中断请求

1. EXTI 中断请求的类型与数量

STM32F10x 单片机支持 20 个 EXTI 中断请求，如表 4.4.4 所示，本项目中我们只学习 EXTI_Line0～EXTI_Line15，它们都是从 GPIO 引脚输入的中断请求，也被称为外部中断（**Extern Interrupt**）请求。

表4.4.4　STM32F10x 单片机的 EXTI 中断请求

序　号	EXTI 线路	说　明
1	EXTI_Line0～EXTI_Line15	从 GPIO 引脚输入的中断请求
2	EXTI_Line16	连接到 PVD 输出
3	EXTI_Line17	连接到 RTC 闹钟事件
4	EXTI_Line18	连接到 USB 唤醒事件
5	EXTI_Line19	连接到以太网唤醒事件（互联网型）

2. EXTI_Line0～EXTI_Line15 占用的引脚

EXTI0 中断请求必须从 PA0、PB0 或 PC0 等所有尾号为 0 的 GPIO 引脚输入；EXTI1 中断请求必须从 PA1、PB1 或 PC1 等所有尾号为 1 的 GPIO 引脚输入，……，EXTI15 中断请求必须从 PA15、PB15 或 PC15 等所有尾号为 15 的 GPIO 引脚输入，如图 4.4.6 所示，即 EXTI_Line0～EXTI_Line15 与 GPIO 复用引脚。

使用时需要编程指出具体使用的是哪个引脚。

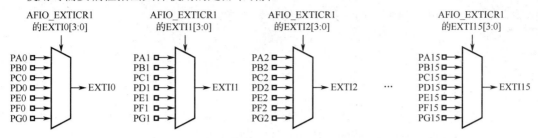

图 4.4.6　EXTI0～EXTI15 占用的 GPIO 引脚

3. EXTI_Line0～EXTI_Line15 的触发信号

STM32F10x 单片机外部中断触发信号有三种：上升沿、下降沿、沿，可根据需要编程设置。

4. EXTI 中断/事件处理电路

EXTI 中断/事件处理电路如图 4.4.7 所示。

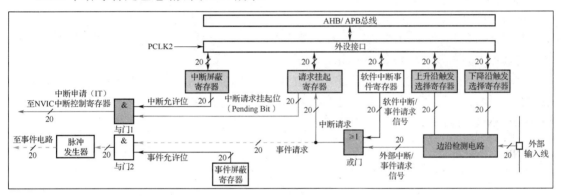

图 4.4.7　EXTI 中断/事件处理电路

1）边沿检测

运行时，边沿检测电路会自动对来自 GPIO 引脚的外部输入信号进行检测。假如编程时设定为上升沿触发，则检测到上升沿，边沿检测电路的输出为 1，否则为 0。也就是说，外部中断电路具有边沿检测能力，不需要像之前查询方式的按键采集程序那样，靠编程进行边沿的判断。

2）EXTI 中断申请和中断挂起位

运行时，EXTI 边沿检测电路会自动对外部输入线上的信号进行检测，当检测到指定的触发沿时，对应线路的输出为 1，代表该线上有中断请求。

如果某条线路的外部中断/事件请求信号为 1，则通过图 4.4.7 中的或门，信号被送到请求挂起寄存器，对应的挂起位（Pending Bit）被自动置 1。只要挂起位为 1，就代表该中断尚未处理完。

如果编程设置允许该中断，则中断屏蔽寄存器输出的中断允许信号为 1，于是与门 1 输出 IT=1，向 NVIC 发出中断申请。

NVIC 收到中断申请（IT）后，会进行中断处理，跳到对应的中断服务程序执行。

中断服务任务完成后，STM32 单片机并不会硬件自动清除中断申请位和中断挂起位，因此返回主程序前，必须软件清除它们，否则程序会反复进入中断服务程序，导致错误结果和事实上的死机。

3）EXTI 中断模式和事件模式

STM32 单片机的 EXTI 中断处理电路同时也是事件处理电路。当中断屏蔽寄存器被编程设置为允许（=1），事件屏蔽寄存器被编程设置为禁止（=0）时，中断处理电路工作在中断模式。由于与门的特性是"有 0 出 0，全 1 出 1"，与门 2 关闭，输出为 0；与门 1 打开，中断请求信号通过与门 1 向 NVIC 申请中断，从而引发中断服务程序的执行。

当中断屏蔽寄存器被设置为禁止（=0），事件屏蔽寄存器被设置为允许（=1）时，与门 1 关闭，与门 2 打开，此时工作在事件模式。事件请求信号通过与门 2，启动脉冲发生器产生脉冲信号。该脉冲可以送到编程指定的电路（如 ADC 或定时器等），启动某个操作（如启动 ADC 开始转换或启动定时器开始计时等）。

中断模式和事件模式的最大区别是，中断会触发中断服务程序（软件）的运行，而事件只会触发某个硬件电路的某种动作。本项目中我们只学习中断模式的使用方法。

5. EXTI 配置步骤

（1）初始化 GPIO 和 EXTI：方法与初始化 GPIO 类似，只是应将 EXTI 设置为外部中断模式，并指出其触发方式是上升沿还是下降沿，或是上升沿和下降沿。

（2）初始化 NVIC：应设置优先级分组号、抢占优先级、响应优先级，使能 NVIC 中断响应。

（3）编写 EXTI 中断处理函数，注意函数名应与表 4.4.1 一致，且清除中断挂起位。

6. EXTI 编程的环境准备

（1）复制文件夹"04-01-工件计数加 1-静态显示-查询"并粘贴，修改副本文件夹名为"04-03-工件计数加 1-静态显示-中断"，如图 4.4.8（a）所示。

（2）检查"Project"窗口，特别是"HALLIB"文件夹，如图 4.4.8（b）所示。应在"Project"窗口的"HALLIB"文件夹中添加文件"stm32f1xx_hal_exti.c"，该文件所在路径为\HALLIB\STM32F1xx_HAL_Driver\Src。

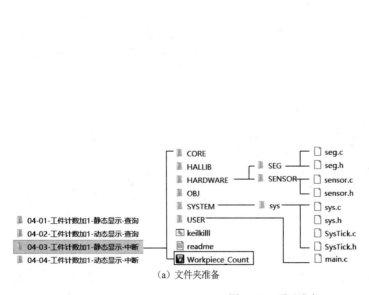

（a）文件夹准备 　　　　　　　　　　　　（b）"Project"窗口设置

图 4.4.8　项目准备

（三）EXTI 中断程序设计

1. 流程图设计

图 4.4.9（a）所示为查询方式流程，图 4.4.9（b）所示为中断方式流程。整个程序包括主程

序和外部中断程序两部分。主程序初始化部分需要进行外部中断初始化。主程序的循环部分不再进行传感器输入下降沿信号的检测，只保留了数码管显示程序。当光电传感器向 PE2 引脚输入下降沿时，程序会自动进入外部中断 2 程序，执行工件数加 1 和延时去抖处理。外部中断程序还应能够清除中断请求标志位，确保一次中断只能被处理一次，而不会被反复处理。

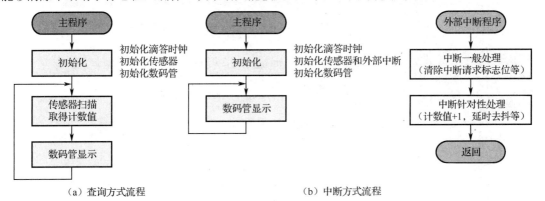

图 4.4.9　流程图

2. 主程序

```c
#include "seg.h"          //数码管定义头文件
#include "sensor.h"       //传感器定义头文件
u8 Workpiece;             //定义全局变量，用于存储工件数
int main()
{
    HAL_Init();           //初始化HAL
    Stm32_Clock_Init(RCC_PLL_MUL9);  //时钟切换到外部晶振，9倍频
    SysTick_Init(72);     //初始化滴答时钟，系统时钟频率为72MHz
    Sensor_Init();        //初始化传感器及中断
    Seg_Init();           //初始化数码管
    while(1)
    { //Sensor_Scan();    //进行工件采集，结果存于Workpiece
        Seg_Disp(Workpiece);  //将工件数送数码管进行数字显示
    }
}
```

注意第 12 行，不需要调用传感器扫描函数 Sensor_Scan()。当 PE2 引脚有下降沿时，会自动跳到外部中断 2 程序，修改工件数 Workpiece。

3. 外部中断程序

（1）"sensor.h" 文件。

```c
#ifndef _SENSOR_H
#define _SENSOR_H
#include "sys.h"          //位操作头文件
#include "SysTick.h"      //滴答时钟头文件

//#define Sensor    PEin(2)  //为PE2起名Sensor
void Sensor_Init(void);   //传感器初始化函数
//void Sensor_Scan(void);  //传感器扫描函数

#endif
```

外部中断程序在以上程序的基础上修改，第 6 行不再需要为 PE2 引脚起名，第 8 行也不需要传感器扫描函数。这是因为查询方式下需要函数 Sensor_Scan()不断采集 PE2 引脚的输入信号，因此既需要给该引脚起名字，也需要引脚扫描函数 Sensor_Scan()。中断方式下，如果进行了正确的中断设置，中断处理电路会自动检测 PE2 引脚，PE2 每来一个下降沿（发生中断请求），程序会自动跳到外部中断程序，因此既不需要引脚扫描函数，也不需要给这个引脚起名字。

（2）"sensor.c" 文件。

```
sensor.c
1   #include "sensor.h"
2   //static u8 Sensor_Last;      //上一次的检测值
3   extern u8 Workpiece;          //定义外部变量,用于存储工件数值(范围为0~99)
4
5   /****传感器(中断)初始化函数********************************************/
6   void Sensor_Init(void)
7   { GPIO_InitTypeDef GPIO_InitStructure;  //定义结构体变量,用于存放GPIO初始化参数
8     __HAL_RCC_GPIOE_CLK_ENABLE();         //开启GPIOE时钟
9     /*********初始化GPIO********/
10    GPIO_InitStructure.Pin=GPIO_PIN_2;            //PIN_2
11    GPIO_InitStructure.Mode=GPIO_MODE_IT_FALLING; //外部中断模式,下降沿触发
12    GPIO_InitStructure.Pull=GPIO_PULLUP;          //上拉输入
13    //GPIO_InitStructure.Pull=GPIO_NOPULL;        //浮空输入
14    HAL_GPIO_Init(GPIOE, &GPIO_InitStructure);    //GPIOE初始化
15
16    /*********初始化NVIC**********/
17    HAL_NVIC_SetPriorityGrouping(NVIC_PRIORITYGROUP_1);//设置优先级分组号为1
18    HAL_NVIC_SetPriority(EXTI2_IRQn,1,0); //外部中断2,抢占优先级为1,响应优先级为0
19    HAL_NVIC_EnableIRQ(EXTI2_IRQn);       //使能外部中断2
20    //Sensor_Last=1;                      //传感器上次输入=1
21    Workpiece=0;                          //设置工件数初始值=0
22  }
23  /************************************************************************
24   * 函 数 名        : EXTI2_IRQHandler
25   * 函数功能        : 外部中断2函数
26   * 输    入        : 无
27   ************************************************************************/
28  void EXTI2_IRQHandler(void)
29  { HAL_GPIO_EXTI_IRQHandler(GPIO_PIN_2);   //对外部中断2进行一般性处理
30  }
31
32  void HAL_GPIO_EXTI_Callback(uint16_t GPIO_Pin)//对外部中断进行针对性处理
33  { if(GPIO_Pin==GPIO_PIN_2) //如果是外部中断2
34    { Workpiece+=1;           //工件数+1
35      delay_ms(20);           //延时去抖
36      if(Workpiece>99) Workpiece=0; //限制工件数为0~99
37    }
38  }
39
```

① 第 2 行与第 20 行不再需要变量 Sensor_Last，该变量在查询方式中用于判断是否有下降沿。

② 第 11 行设置 PE2 引脚为外部中断模式，下降沿触发。GPIO 引脚用于外部中断和事件输入情况下的 Mode 取值，如表 4.4.5 所示。

表 4.4.5　GPIO 引脚用于外部中断和事件输入情况下的 Mode 取值

序　号	Mode	说　明
1	GPIO_MODE_IT_RISING	外部中断，上升沿触发
2	GPIO_MODE_IT_FALLING	外部中断，下降沿触发
3	GPIO_MODE_IT_RISING_FALLING	外部中断，上升沿或下降沿触发
4	GPIO_MODE_EVT_RISING	外部事件，上升沿触发
5	GPIO_MODE_EVT_FALLING	外部事件，下降沿触发
6	GPIO_MODE_EVT_RISING_FALLING	外部事件，上升沿或下降沿触发

③ 第 17～19 行，使用了 3 个库函数进行 NVIC 设置，其具体功能如表 4.4.6～表 4.4.8 所示。

表 4.4.6　中断优先级分组设置库函数

库函数名	HAL_NVIC_SetPriorityGrouping(优先级组号)
原型	void　HAL_NVIC_SetPriorityGrouping(uint32_t　PriorityGroup)
功能	设置中断优先级分组号
参数	中断优先级分组号有 5 个取值：NVIC_PRIORITYGROUP_0～NVIC_PRIORITYGROUP_4 优先级分组号对优先级的取值有限定，具体关系见表 4.4.3
示例	HAL_NVIC_SetPriorityGrouping(NVIC_PRIORITYGROUP_4);　　//设置优先级分组号为4

表 4.4.7 中断优先级设置库函数

库函数名	HAL_NVIC_SetPriority(中断响应号,抢占优先级,响应优先级)
原型	void HAL_NVIC_SetPriority(IRQn_Type IRQn,uint32_t PreemptPriority,uint32_t SubPriority)
功能	设置中断优先级
参数	中断响应号：与外部中断有关的中断响应号有 EXTI0_IRQn、EXTI1_IRQn、EXTI2_IRQn、EXTI3_IRQn、EXTI4_IRQn、EXTI9_5_IRQn、EXTI15_10_IRQn 等 抢占优先级：0～15 响应优先级：0～15 注意抢占优先级和响应优先级的取值范围受优先级分组号的限制，具体见表 4.4.3
示例	HAL_NVIC_SetPriority(EXTI3_IRQn,2,0); //设置外部中断 3,抢占优先级为 2,响应优先级为 0

表 4.4.8 中断使能和禁止库函数

库函数名	HAL_NVIC_EnableIRQ(中断响应号)
原型	void HAL_NVIC_EnableIRQ(IRQn_Type IRQn)
功能	使能中断响应
参数	中断响应号：与外部中断有关的中断响应号有 EXTI0_IRQn、EXTI1_IRQn、EXTI2_IRQn、EXTI3_IRQn、EXTI4_IRQn、EXTI9_5_IRQn、EXTI15_10_IRQn 等
示例	HAL_NVIC_EnableIRQ(EXTI2_IRQn); //使能外部中断 2 的中断响应
库函数名	HAL_NVIC_DisableIRQ(中断响应号)
原型	void HAL_NVIC_DisableIRQ(IRQn_Type IRQn)
功能	禁止中断响应
参数	中断响应号：与外部中断有关的中断响应号有 EXTI0_IRQn、EXTI1_IRQn、EXTI2_IRQn、EXTI3_IRQn、EXTI4_IRQn、EXTI9_5_IRQn、EXTI15_10_IRQn 等
示例	HAL_NVIC_DisableIRQ(EXTI2_IRQn); //禁止对外部中断 2 做出响应

④ 注意：原来的 Sensor_Scan()函数被删除，其加 1 和延时去抖功能被移入第 32～39 行的库函数 HAL_GPIO_EXTI_Callback()。

⑤ 第 28 行，外部中断 2 程序的名字不能用错。与外部中断相关的中断程序函数名如表 4.4.9 所示，大家也可以参考表 4.4.1。

表 4.4.9 外部中断函数名

序 号	外部中断程序名	对应中断请求
1	void EXTI0_IRQHandler（void）	外部中断 0
2	void EXTI1_IRQHandler（void）	外部中断 1
3	void EXTI2_IRQHandler（void）	外部中断 2
4	void EXTI3_IRQHandler（void）	外部中断 3
5	void EXTI4_IRQHandler（void）	外部中断 4
6	void EXTI9_5_IRQHandler（void）	外部中断 5～外部中断 9
7	void EXTI15_10_IRQHandler（void）	外部中断 10～外部中断 15

⑥ 注意第 29 行，使用了一个 HAL 库函数，该函数的功能如表 4.4.10 所示。

表 4.4.10 外部中断一般性处理库函数

库函数名	HAL_GPIO_EXTI_IRQHandler(GPIO 引脚号)
原型	void HAL_GPIO_EXTI_IRQHandler(uint16_t GPIO_Pin)

续表

功能	对指定 GPIO 引脚上的中断请求信号进行一般性处理: (1)清除对应的中断挂起位。 (2)调用库函数 HAL_GPIO_EXTI_Callback(GPIO_Pin)
参数	GPIO 引脚号(GPIO_Pin)取值:GPIO_PIN_0~GPIO_PIN_15
示例	HAL_GPIO_EXTI_IRQHandler(GPIO_PIN_2);　　//对外部中断 2 进行一般性处理

⑦ 第 32 行,使用了一个 HAL 库函数,该函数的功能如表 4.4.11 所示。本程序主要用于工件加 1 和延时去抖。

表 4.4.11　外部中断针对性处理库函数

库函数名	HAL_GPIO_EXTI_Callback(uint16_t　GPIO_Pin)
原型	__weak　void　HAL_GPIO_EXTI_Callback(uint16_t　GPIO_Pin)
功能	对外部中断进行针对性处理,其具体内容可根据需要自定义
示例	void　HAL_GPIO_EXTI_Callback(uint16_t　GPIO_Pin)　//对外部中断进行针对性处理 { if(GPIO_Pin==GPIO_PIN_0)　　　　　//如果是外部中断 0 　{ 　PCout(1)=! PCout(1);　　　　//PC1 输出取反 　　　delay_ms(20);　　　　　　//延时去抖 　} }

4. 数码管显示程序

根据图 4.2.5 所示的数码管电路,数码管应选用静态显示程序。

(1)"seg.h"文件。

```
1 #ifndef _SEG_H
2   #define _SEG_H
3   #include "sys.h"          //位操作头文件
4   #define SEG_Port  GPIOC // 为GPIOC起名SEG_Port
5   void Seg_Init(void);      //数码管初始化函数
6   void Seg_Disp(u8 data); //数码管静态显示函数
7 #endif
8
```

(2)"seg.c"文件。

```
1   #include "seg.h"
2
3   u8 smg_table[10]={0xc0, 0xf9, 0xa4, 0xb0, 0x99, 0x92, 0x82, 0xf8,0x80, 0x90};
4                                                       //0~9 的共阳极数码管段码
5   void Seg_Init()                                      //数码管初始化函数
6 { GPIO_InitTypeDef  GPIO_InitStructure;               //定义GPIO初始化变量
7     __HAL_RCC_GPIOC_CLK_ENABLE();                     //开启GPIOC时钟
8
9     GPIO_InitStructure.Pin=GPIO_PIN_All;              //PIN_0~PIN_15引脚
10    GPIO_InitStructure.Speed= GPIO_SPEED_FREQ_HIGH;   //高速输出
11    GPIO_InitStructure.Mode=GPIO_MODE_OUTPUT_PP;      //推挽输出
12
13    HAL_GPIO_Init(SEG_Port, &GPIO_InitStructure);     //按照以上设置初始化SEG_Port
14
15    HAL_GPIO_WritePin(SEG_Port, GPIO_PIN_All,GPIO_PIN_SET);//全灭
16 }
17
18 /***************数码管显示程序*****************
19 *功能: 00~99数码显示
20 *输入: 待显示数字, u8类型, 范围为0~99
21 *输出: 无
22 ***********************************************/
23  void Seg_Disp(u8 Data)
24 { u8 Tens,Ones;                      //定义变量, 分别存储十位数字和个位数字
25    u8  Seg_Tens, Seg_Ones;          //定义变量, 分别存储十位数字和个位数字的8位段码
26    u16 Disp_Data;                   //定义变量, 用于存储待显示数字的16位段码
27    Tens=Data/10;                    //求待显示数字的十位数字
28    Ones=Data%10;                    //求待显示数字的个位数字
29    Seg_Tens=smg_table[Tens];        //求十位数字的段码
30    Seg_Ones=smg_table[Ones];        //求个位数字的段码
31    Disp_Data=(Seg_Tens<<8)+Seg_Ones; //将十位数字和个位数字的段码整合在一起
32    SEG_Port->ODR=Disp_Data;         //将整合后的段码送入16位显示端口
33 }
34
```

5. 软硬件调试

（1）按照图 4.2.5 连接电路。

（2）将程序下载到开发板中。下载前注意 PE2 引脚设置为上拉还是浮空与使用的是开发板上的按键还是传感器有关。注意使用共阳极数码管段码还是共阴极数码管段码应与实际连接的器件对应。

（3）操作按键或传感器，观察 LED 数码管显示结果是否正确。

（4）将 LED 数码管改为动态显示连接。

（5）修改程序为动态显示程序。

（6）下载程序并调试。

（7）修改电路和程序，利用外部中断 2 和外部中断 4，实现工件计数加 1、减 1 功能。

（8）修改电路和程序，利用外部中断 0，实现工件计数加 1 功能。

故障现象：_____

解决办法：_____

原因分析：_____

三、要点记录及成果检验

任务 4.4	中断法程序设计与调试						
姓名		学号		日期		分数	

（一）英文翻译

Interrupt	
NVIC（Nested **Vectored Interrupt** Controller）	
EXTI（EXtern Interrupt Line）	
EXTI0_IRQHandler	
GPIO_MODE_IT_RISING_FALLING	
SetPriorityGrouping	
SetPriority	
EnableIRQ	

（二）概念明晰

1. STM32 单片机的中断电路包括_____和_____两大部分。

2. Cortex-M3 最多支持____个中断源。但 STM32 F103ZET6 单片机只支持____个。

3. 上电复位后绝大多数中断都是被_____（填"允许"或"禁止"）的，但可以通过编程设置为_____。

4. EXTI0～EXTI4 的中断函数名分别为_____～_____。

5. EXTI5～EXTI9 共用一个中断函数名_____。

6. EXTI10～EXTI15 共用一个中断函数名_____。

7. Cortex-M3 的 NVIC 最多支持____层嵌套，STM32 单片机只使用到____层。

8. 优先级数值越____，优先级越高。

9. STM32 单片机的优先级包含_____优先级、_____优先级和优先级____三个概念。

10. 在允许嵌套和优先响应方面，抢占优先级高者既可以_____，也可以_____。

11. 在允许嵌套和优先响应方面，响应优先级高者只允许_____，不允许_____。

12. 优先级排位高者只允许_____，不允许_____。

13. STM32F10x 单片机支持_____个 EXTI 中断。

14. EXTI0 中断必须从所有尾号为____的 GPIO 引脚输入。

15. EXTI15 中断必须从所有尾号为____的 GPIO 引脚输入。

16. STM32F10x 单片机允许的中断触发信号有三种：_____。

17. EXTI 中断请求挂起位可以硬件自动置 1，但需要_____。

18. 中断模式会触发＿＿＿＿＿＿＿＿＿＿＿的运行，而事件只会触发某个硬件电路的某种动作。

（三）设计检验

1. 如果用 PA0 接收传感器的输入，LED 静态显示，电路怎么设计？程序怎么编写？

2. 利用 EXTI2 和 EXTI3 中断实现按键加 1、减 1 功能，数码管采用静态显示，电路怎么设计？程序怎么编写？

3. 利用 EXTI5 和 EXTI6 中断实现按键加 1、减 1 功能，数码管采用动态显示，电路怎么设计？程序怎么编写？

4. 利用 EXTI0 中断实现每按一下按键，PC7～PC0 连接的 8 个 LED 状态取反一次，电路怎么设计？程序怎么编写？

5. 利用 EXTI0 中断实现每按一下按键，PC7～PC0 连接的 8 个 LED 依次点亮，呈现按一下按键流动一个灯的效果，电路怎么设计？程序怎么编写？

任务 4.5　STM32 单片机软硬件深入（四）

一、任务目标

（1）理解 STM32 单片机 GPIO 电路和外部中断处理电路的关系。

（2）了解 EXTI 中断相关库函数。

二、学习与实践

（一）STM32 单片机的 EXTI 中断/事件电路结构

在项目 1 中，我们已经学习了 STM32 单片机 GPIO 电路的结构，如图 4.5.1 所示，在 GPIO 引脚有输入信号，并且复用功能被开启的情况下，信号经肖特基触发器 TTL 被送入复用输入外设。

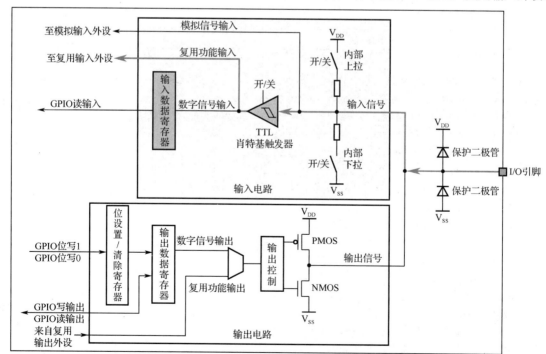

图 4.5.1　GPIO 复用功能开启

当开启的复用功能为外部中断时,复用输入外设就是 EXTI 中断/事件处理电路,如图 4.5.2 所示。

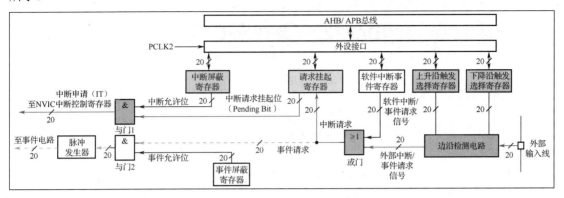

图 4.5.2 EXTI 中断/事件处理电路

图 4.5.2 中的外部输入线来自图 4.5.1 的复用功能输入。图中信号线都标有 20,表示 EXTI 中断共有 20 个。

图 4.5.2 所示的工作过程,在任务 4.4 中已有描述,这里不再赘述。

(二)STM32 单片机的 EXTI 中断相关库函数

之前我们在表 4.4.5～表 4.4.11 中已经列出了本项目中使用到的部分 EXTI 中断相关 HAL 库函数。与 EXTI 中断相关的 HAL 库函数大多在以下文件中定义。

(1)本项目中使用到的 GPIO 初始化函数 HAL_GPIO_Init()的定义在文件"stm32f1xx_hal_gpio.c"和"stm32f1xx_hal_gpio.h"中。

(2)本项目中使用到的设置 NVIC 中断优先级分组号函数 HAL_NVIC_SetPriorityGrouping()的定义在文件"stm32f1xx_hal_cortex.c"和"stm32f1xx_hal_cortex.h"中。

(3)本项目未使用到文件"stm32f1xx_hal_exti.c"和"stm32f1xx_hal_exti.h"中定义的库函数。

如果需要进一步了解与 EXTI 相关的 HAL 库函数,请大家打开以上文件进行学习。

三、要点记录及成果检验

任务 4.5	STM32 单片机软硬件深入(四)					
姓名		学号		日期		分数

1. 根据图 4.5.1 和图 4.5.2,说明 STM32 单片机外部中断和事件处理电路的工作原理。

2.打开文件"stm32f1xx_hal_gpio.c""stm32f1xx_hal_gpio.h""stm32f1xx_hal_cortex.c""stm32f1xx_hal_cortex.h""stm32f1xx_hal_exti.c""stm32f1xx_hal_exti.h",找一找与外部中断和事件有关的定义和函数,谈一谈自己的理解和困惑。

项目 5　利用定时器实现直流电动机 PWM 调速

项目总目标

（1）理解 STM32F1xx 单片机定时器的基本工作原理，能够结合其结构框图指出内部时钟模式的信号传输路径。

（2）会利用通用定时器更新中断和 PWM 波输出进行电路和程序设计与调试。

（3）了解 STM32F1xx 单片机的基本定时器、通用定时器、高级定时器的异同。

具体工作任务

利用 STM32 单片机通用定时器输出方波和 PWM（脉冲宽度调制）波，进而控制 LED 闪烁、流水灯，蜂鸣器音调、音量，灯光亮度及直流电动机速度。定时器示意图如图 5.0.1 所示。

图 5.0.1　定时器示意图

任务 5.1　认识 STM32 单片机定时器

一、任务目标

（1）能说出 STM32 单片机定时器的分类与数量。

（2）能说出定时器计时的原理。

（3）能在通用定时器结构框图中找到内部时钟模式的信号传输路径，说出各环节的功能和设置范围。

（4）能看懂加计数、减计数和加减计数模式的波形并正确阐释其原理。

二、学习与实践

（一）讨论与发言

谈一谈你学过或用过的定时器。

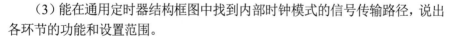

请阅读以下资料，初步认识定时器，了解相关术语，理解内部时钟模式的工作过程。

（二）STM32 单片机的定时器/计数器

在 STM32 单片机内部，配置有定时器/计数器电路。这个电路既能作为定时器（Timer），实现计时和定时功能；也能作为计数器（Counter），实现计数功能。由于定时功能相对用得更多，所以称其为 Timer，简写成 TIM。

（三）STM32 单片机定时器的分类与数量

STM32F103ZET6 单片机的定时器有 3 类：基本定时器、通用定时器和高级定时器，共 8 个，如图 5.1.1 所示。其中 TIM1 和 TIM8 是高级定时器；TIM2～TIM5 是通用定时器；TIM6 和 TIM7 是基本定时器。基本定时器的功能最少，高级定时器的功能最多。本项目中我们学习如何使用通用定时器。

图 5.1.1　STM32F103ZET6 单片机的定时器分类与数量

（四）定时器的工作时钟

我们知道，STM32 单片机内的所有设备都需要在时钟节拍的指挥下工作，定时器也是如此。其时钟信号是 TIMxCLK（x=1～8），它们来自系统时钟 SYSCLK（System Clock），如图 5.1.2 所示。其中 TIM1 和 TIM8 的时钟来自 APB2 预分频器的输出 PCLK2，TIM2～TIM7 的时钟来自 APB1 预分频器的输出 PCLK1。

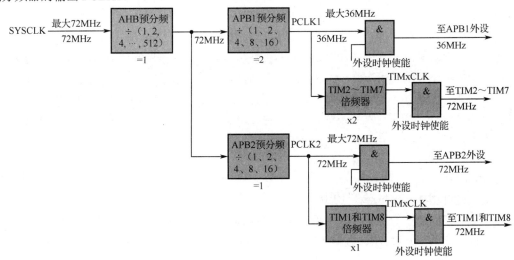

图 5.1.2　SYSCLK 及 TIMxCLK 配置

PCLK1 经 TIM2～TIM7 倍频器生成 TIM2～TIM7 的时钟。TIM2～TIM7 倍频器的倍频系数不需要编程，其取值与 APB1 预分频系数有关，具体规则如下。

如果 APB1 预分频系数=1，则 TIM2～TIM7 倍频系数=1；如果 APB1 预分频系数>1，则 TIM2～TIM7 倍频系数=2。

例如：SYSCLK=72MHz，APB1 预分频系数=2，则 PCLK1=72/2=36MHz，TIM2～TIM7 倍频系数=2，TIM2～TIM7 的时钟频率=2×PCLK1=72MHz。

SYSCLK=72MHz，APB1 预分频系数=4，则 PCLK1=72/4=18MHz，TIM2~TIM7 倍频系数=2，TIM2~TIM7 的时钟频率=2×PCLK1=36MHz。

类似地，APB2 输出时钟 PCLK2 经 TIM1 和 TIM8 倍频器输出 TIM1CLK 和 TIM8CLK，倍频系数的设定原则与 TIM2~TIM7 一致，即如果 APB2 预分频系数=1，则 TIM1 和 TIM8 倍频系数=1；如果 APB2 预分频系数>1，则 TIM1 和 TIM8 倍频系数=2。

例如：SYSCLK=72MHz，APB2 预分频系数=1，则 PCLK2=72/1=72MHz，TIM1 和 TIM8 倍频系数=1，TIM1 和 TIM8 的时钟频率=1×PCLK2=72MHz。

在项目 2 中我们知道，如果主函数中使用语句"Stm32_Clock_Init(RCC_PLL_MUL9);"（该函数在文件"sys.c"中定义），那么有：

（1）将系统时钟源切换到开发板上的 8MHz 晶振。

（2）9 倍频得到 72MHz 的系统时钟。

（3）设置 AHB、APB1、APB2 预分频系数分别为 1、2、1。

（4）最终所有定时器的时钟 TIMxCLK 频率都是 72MHz，如图 5.1.2 所示。

（五）定时器的本质

虽然定时器的名字叫 TIM，但每一个定时器在本质上都是计数器：每输入一个脉冲，计数值自动加 1 或减 1。如果脉冲周期固定不变，计数值就和时间一一对应，通过读取计数器的值就可以知道过去了多少时间；通过将计数器的值和设定值相比较，就可以知道设定的时间是否到达，这就是定时器定时的原理。本项目中，我们学习如何将 TIM 作为定时器使用。

（六）通用定时器的结构

通用定时器的结构框图及内部时钟模式路径如图 5.1.3 所示，其结构比较复杂，我们先只看图中粗箭头所经路径，并简化成图 5.1.4，以理解如何实现定时功能。

来自 RCC 的时钟信号 TIMxCLK（假设为 72MHz），不仅控制着定时器内所有器件的工作节拍，也作为脉冲信号 CK_INT 被送入控制器，并经控制器输出到 PSC 预分频器；经 PSC 分频后，CK_CNT 频率降为输入频率的 1/(PSC+1)；之后被送入 CNT 计数器进行计数。计数器可以加计数，也可以减计数，还可以加减计数，图 5.1.4 是加计数的情况。在加计数情况下，计数值从 0 开始，CK_CNT 每来一个脉冲，即每隔(PSC+1)/72μs，计数值自动加 1，计时时间与计数值成正比。CNT 计数值还会自动与 ARR（自动重装载寄存器）中的设定值进行比较，当计数值>ARR 中的设定值时，说明定时时间到，于是向 NVIC 发出中断或事件请求，同时控制计数器的计数值自动重装为 0，确保下一次计数仍然从 0 开始。

1. 控制器

功能：能够根据程序指令，实现以下动作。

（1）接收 CK_INT 等脉冲，输出给 PSC 预分频器。

（2）向 CNT 计数器发出计数器复位、使能、向上/向下计数等命令，控制计数器的动作。

（3）向 NVIC 发出中断请求，或者向其他设备（如其他计数器或 DAC 等）发出事件请求。

控制器的工作模式：可以通过编程，将控制器设置为四种工作模式中的一种。从图 5.1.3 可以看出，这四种工作模式分别是：内部时钟模式、外部时钟模式 2、外部时钟模式 1 和编码器模式。它们的区别在于进入控制器的时钟源不同。内部时钟模式下，控制器对来自 CK_INT，也就是 TIMxCLK 的脉冲进行计数；外部时钟模式 2 对 ETRF 脉冲进行计数；外部时钟模式 1 对 TRGI 脉冲进行计数；编码器模式则对 TI1FP1、TI2FP2 脉冲进行计数。上电复位后默认的工作模式是内部时钟模式。本项目将利用内部时钟模式实现定时功能。

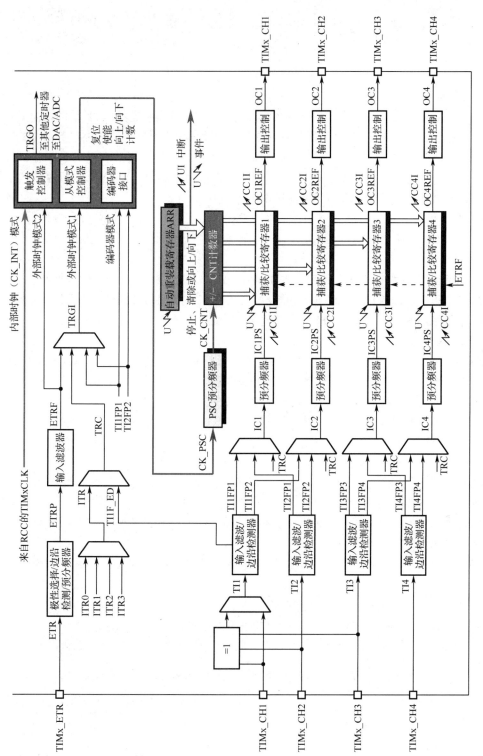

图 5.1.3 通用定时器的结构框图及内部时钟模式路径

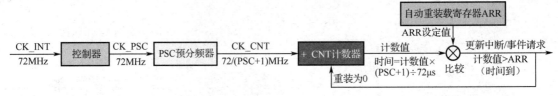

图 5.1.4　内部时钟模式，加计数过程示意

2. PSC 预分频器

PSC 是 Preset Scaler 的缩写，即预分频器，它是一个 16 位的分频器。其功能是对 CK_PSC 进行分频，输出 CK_CNT。设定值范围为 0～65 535，可编程。分频后，CK_CNT 频率是 CK_PSC 的 1/(PSC+1)。

如果 PSC 设定值为 0，则 CK_CNT 频率与 CK_PSC 频率相等，即实际分频系数为 1。这意味着 CK_INT 每来 1 个脉冲，CK_CNT 输出 1 个脉冲。

如果 PSC 设定值为 1，则 CK_CNT 频率为 CK_PSC 频率的一半，即实际分频系数为 2。这意味着 CK_INT 每来 2 个脉冲，CK_CNT 输出 1 个脉冲。

……

如果 PSC 设定值为 65 535，则 CK_CNT 频率为 CK_PSC 频率的 1/65 536，即实际分频系数为 65 536；也就是 CK_INT 每来 65 536 个脉冲，CK_CNT 输出 1 个脉冲。

PSC 实际值=PSC 设定值+1；PSC 设定值=PSC 实际值−1。

3. 计数器 CNT

CNT 是 Counter 的缩写，它是定时器的核心执行部件。其功能是对输入脉冲 CK_CNT 进行加 1 或减 1 计数，并将计数值存储起来。它也是 16 位，计数范围为 0～65 535。

（1）可以通过编程设置其初始值，范围为 0～65 535。

（2）可通过编程读取其计数值，从而知道到底来了多少个脉冲或是过了多长时间。

（3）可通过编程设置其为加计数模式、减计数模式、加减计数（中心对齐）模式，三种模式的波形如图 5.1.5～图 5.1.7 所示，稍后讨论。

加计数模式下，CK_CNT 每来一个脉冲，计数值自动加 1。

减计数模式下，CK_CNT 每来一个脉冲，计数值自动减 1。

加减计数模式下，CK_CNT 每来一个脉冲，计数值根据情况自动加 1 或减 1。

（4）定时器的计时分辨率和最长计时时间。

内部时钟模式下，TIM 作为定时器使用。定时器被启动后，CK_CNT 每来一个脉冲，即每隔 1 个 CK_CNT 周期，计数值会自动加 1 或减 1。因此：

最小计时时间=1 个 CK_CNT 周期=(PSC 设定值+1)/f_{CK_INT}。

最长计时时间=65536 个 CK_CNT 周期=65536×(PSC 设定值+1)/f_{CK_INT}。

表 5.1.1 给出了在 f_{CK_INT}=72MHz 的情况下，常用 PSC 设置及其对应分辨率和最大计时时间。

表 5.1.1　不同 PSC 设置下定时器计时分辨率和最大计时时间对照表

计时分辨率=(PSC+1)/f_{CK_INT}		最大计时时间=65536×计时分辨率=65536×(PSC+1)/f_{CK_INT}	
f_{CK_INT}	PSC 设定值（0～65535）	计时分辨率/μs	最大计时时间
72MHz	0=1−1，即实际不分频	1/(72×10⁶)=1/72	65536×(1/72)μs≈910.222μs
72MHz	1=2−1，即实际 2 分频	2/(72×10⁶)=1/36	65536×(1/36)μs≈1820.444μs
72MHz	35=36−1，即实际 36 分频	36/(72×10⁶)=0.5	65536×0.5μs =32.768ms

续表

计时分辨率=(PSC+1)/f_{CK_INT}		最大计时时间=65536×计时分辨率=65536×(PSC+1)/f_{CK_INT}	
f_{CK_INT}	PSC 设定值(0~65535)	计时分辨率/μs	最大计时时间
72MHz	71=72-1，即实际 72 分频	72/(72×10⁶)=1	65536×1μs=65.536ms
72MHz	359=360-1，即实际 360 分频	360/(72×10⁶)=5	65536×5μs=327.68ms
72MHz	719=720-1，即实际 720 分频	720/(72×10⁶)=10	65536×10μs=655.36ms
72MHz	3599=3600-1，即实际 3600 分频	3600/(72×10⁶)=50	65536×50μs=3.2768s
72MHz	7199=7200-1，即实际 7200 分频	7200/(72×10⁶)=100	65536×100μs=6.5536s
72MHz	35999=36000-1，即实际 36000 分频	36000/(72×10⁶)=500	65536×500μs=32.768s
72MHz	65535=65536-1，即实际 65536 分频	65536/(72×10⁶)≈910.222	65536×910.222μs≈59.652s

可见，改变 PSC 设定值，可获得不同的计时分辨率和最大计时时间。PSC 越小，计时分辨率数值越小，计时精度越高，但最大计时时间越短。

如果希望计时精确到 1μs，可设置 PSC 为 72-1，此时定时器每隔 1μs 计数值改变 1 次，最大计时时间为 65.536ms。注意，不能设置 PSC=72000-1，因为其最大不能超过 65535。

4. 自动重装载寄存器

自动重装载寄存器(Auto Reload Register，ARR)用于存储自动重装操作的相关数值。其设定范围为 0~65535，可编程。

我们知道，定时器被启动后，CK_CNT 每来一个脉冲，计数值会自动加 1 或减 1。自动重装就是在计数值达到某个值的情况下，让电路自动给计数器重新装一个值。计数器在什么情况下重装，重装的值是多少，既与 ARR 的设定值有关，也与计数器是做加计数、做减计数还是做加减计数有关，下面通过图 5.1.5~图 5.1.7 进行说明。

(七)定时器的波形

首先做以下设置(具体编程方法后面学习)。

(1)设置为内部时钟模式。

(2)设置 PSC 设定值=2-1，即 PSC 实际值=2，也就是二分频。

(3)设置 ARR 的值为 3。

1. 加计数模式

如图 5.1.5 所示，当定时器被使能后，CNT_EN=1，计数器 CNT 开始工作。其工作过程如下。

(1)上电复位后，计数值=0。

(2)定时器被使能后，CK_INT 输入脉冲全部输出到 CK_PSC。

(3)CK_PSC 每来 PSC+1 个脉冲，CK_CNT 输出 1 个脉冲。本例中，PSC+1=2。

(4)CK_CNT 每来一个脉冲，计数值自动加 1。

(5)当计数值>ARR 的设定值时，计数值自动重装为 0。

本例中，ARR=3，计数规律是 0→1→2→3→0(4)→1→2→3→0(4)→1→2→3→0(4)→…，即计数器从 0 开始计数，在 CK_CNT 第 4 个脉冲到来时，计数值重装为 0。CK_CNT 每来 4 个脉冲，计数值重装为 0。

一般情况下的规律是 0→1→2→…→ARR→重装为 0(ARR+1)→1→2→…→ARR→重装为 0(ARR+1)→1→2→…，即 CK_CNT 每来 ARR+1 个脉冲，计数值自动重装为 0。

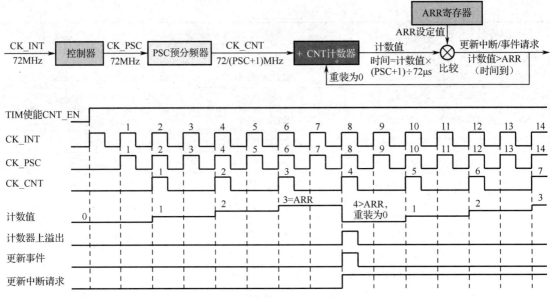

图 5.1.5　加计数模式工作过程示意图及其波形

（6）当计数值重装时，还会产生 1 个上溢出脉冲，触发更新事件或更新中断请求。

① 如果程序中允许了更新事件，就会产生一个更新事件脉冲。

② 如果程序中允许了更新中断，更新中断请求标志就被自动置 1，向 NVIC 申请中断。与更新事件不同，更新中断标志不会被硬件自动清零，这提醒我们编程时必须软件清除更新中断请求位。

（7）内部时钟模式、加计数模式下，**溢出所需时间=(ARR+1)×(PSC+1)/f_{CK_INT}**。

2. 减计数模式

减计数模式工作过程示意图及其波形如图 5.1.6 所示，其工作过程如下。

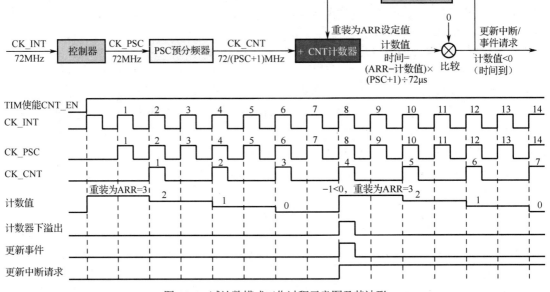

图 5.1.6　减计数模式工作过程示意图及其波形

（1）定时器被使能后，CK_CNT 每来一个脉冲，计数值自动减 1。

（2）编程时，一般应在定时器初始化程序中先将其计数值设为 ARR，以便计数值从 ARR 开始减 1。

（3）当计数值<0 时，CNT 被自动重装为 ARR。

本例中 ARR=3，所以计数规律是 3→2→1→0→3（-1）→2→1→0→3（-1）→…，即 CK_CNT 每来 4 个脉冲，计数值重装为 ARR。一般规律是 ARR→ARR-1→ARR-2→…→0→重装为 ARR（-1）→ARR-1→ARR-2→…→0→重装为 ARR（-1）→…。每来 ARR+1 个脉冲，计数器重装为 ARR。

（4）重装时还会产生 1 个下溢出脉冲，触发更新事件或更新中断请求。

（5）内部时钟模式、减计数模式下，**溢出所需时间=(ARR+1)×(PSC+1)/f_{CK_INT}**。

3. 加减计数模式 1

加减计数模式也称为中心对齐模式，分为三种，这里只研究加减计数模式 1，如图 5.1.7 所示，其工作过程如下。

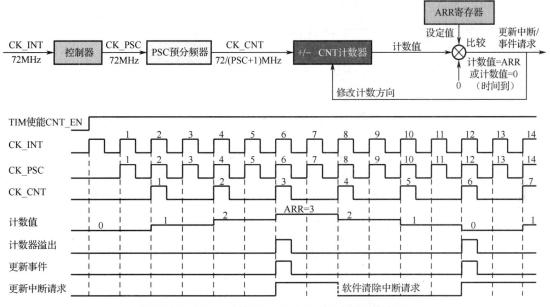

图 5.1.7　加减计数模式 1 的工作过程示意图及其波形

（1）CK_CNT 每来一个脉冲，计数值从 0 开始自动加 1。

（2）当计数值=ARR 后，CK_CNT 每来一个脉冲，计数值开始减 1。

（3）当计数值=0 后，重新开始加 1。

本例中 ARR=3，计数规律是 0→1→2→3→2→1→0→1…，即 CK_CNT 每来 3 个脉冲，改变一次计数方向。一般情况下的规律是 0→1→2→…→ARR→ARR-1→ARR-2→…1→0→1→2→…→ARR→ARR-1→ARR-2…。

（4）当计数值加到 ARR 或减到 0 时，都会产生计数器溢出事件，导致事件或中断请求的发生。

（5）内部时钟模式、加减计数模式 1 下，**溢出所需时间=(ARR)×(PSC+1)/f_{CK_INT}**。

思考：

1. 系统时钟为 72MHz，内部时钟模式，加计数或减计数情况下，希望延时 1s，计时分辨率不低于 500μs，PSC 预分频系数和 ARR 重装值设为多少合适？

2. 系统时钟为 72MHz，内部时钟模式，加减计数模式 1 情况下，希望延时 1ms，计时分辨率不低于 100μs，PSC 预分频系数和 ARR 重装值设为多少合适？

三、要点记录及成果检验

任务 5.1		认识 STM32 单片机定时器					
姓名		学号		日期		分数	

（一）英文翻译

TIM（TIMER）	
PSC（Preset Scaler）	
CNT（Counter）	
ARR（Auto Reload Register）	
Update Interrupt/Event	
Counter Up/Down	

（二）基本概念辨析

1. STM32 单片机内部定时器本质上是（　　）。

   A. 定时器　　　　　　　B. 计数器

2. STM32F103ZET6 单片机内部定时器共有（　　）类，（　　）个。

   A. 3　5　　　　　　　B. 2　4　　　　　　　C. 3　5　　　　　　　D. 3　8

3. STM32F103ZET6 单片机的高级定时器是（　　）；通用定时器是（　　）；基本定时器是（　　）。

   A. TIM1、TIM8　　　　B. TIM2～TIM5　　　　C. TIM6、TIM7

4. STM32F103ZET6 单片机内部定时器的工作时钟是（　　）。

   A. PCLK1　　　　　　B. SYSCLK　　　　　　C. PCLK2　　　　　　D. TIMxCLK

5. 将 TIM2 设置为内部时钟模式时，TIM2 对（　　）进行计数。

   A. CK_INT　　　　　　B. ETRF　　　　　　　C. TRGI　　　　　　D. TI1FP1 和 TI2FP2

6. STM32F103ZET6 单片机内部定时器的工作模式有内部时钟模式、外部时钟模式1、外部时钟模式2 和（　　）模式。

   A. 编码器　　　　　　B. 外部时钟模式 3　　　C. 内部时钟模式 1

7. 希望将 TIM 用于定时，一般应将其设置为（　　）模式。

   A. 编码器　　　　　　B. 外部时钟模式 2　　　C. 外部时钟模式 1　　　D. 内部时钟模式

8. TIM 可工作于加计数模式、减计数模式和（　　）。

   A. 加减计数模式 1　　　B. 加减计数模式 2　　　C. 加减计数模式 3

9. STM32 单片机的计数器是（　　）位计数器，计数范围为（　　）。

   A. 32　$0\sim2^{32}-1$　　　B. 16　0～65535　　　C. 16　−32768～32767

10. STM32 单片机的 PSC 预分频器是（　　）位寄存器，设置范围为（　　）。

   A. 32　$0\sim2^{32}-1$　　　B. 16　0～65535　　　C. 16　−32768～32767

11. 作为定时器使用时，PSC 预分频器的设定值越大，计时精度（　　）。

   A. 越高　　　　　　　B. 越低　　　　　　　C. 无关

12. 作为定时器使用时，PSC 预分频器的设定值越大，最大计时时间（　　）。

   A. 越长　　　　　　　B. 越短　　　　　　　C. 无关

13. 若希望 PSC 实际分频系数=256，则 PSC 的设定值为（　　）。

   A. 256　　　　　　　　B. 255　　　　　　　C. 257

14. 已知定时器时钟频率为 72MHz，PSC 设定值=36000-1，则计时分辨率为（　　）。

   A. 500μs　　　　　　B. 250μs　　　　　　C. 1000μs

15. 已知定时器时钟频率为 72MHz，PSC 设定值=18000-1，则最大计时时间为（　　）。

   A. 653536s　　　　　B. 16.384s　　　　　C. 32.768s

16. 已知定时器时钟频率为 72MHz，加计数模式，PSC 设定值=7200-1，ARR 设定值=10000-1，则每隔（　　），产生一次更新事件/中断。

   A. 2s　　　　　　　　B. 0.5s　　　　　　　C. 0.2s　　　　　　　D. 1s

续表

17. 加计数模式下，每来一个 CK_CNT 脉冲，计数值_____；当计数值_____时，计数值重装为_____。
18. 减计数模式下，每来一个 CK_CNT 脉冲，计数值_____；当计数值_____时，计数值重装为_____。
19. 加减计数模式 1 下，每来一个 CK_CNT 脉冲,计数值先_____；当计数值=_____后，计数值_____；当计数值=_____后，计数值_____。
20. 写出计时分辨率的计算公式。
21. 写出最大计时时间的计算公式。
22. 写出加计数模式下，定时器申请更新中断的时间计算公式。
23. 写出减计数模式下，定时器申请更新中断的时间计算公式。
24. 写出加减计数模式 1 下，定时器申请更新中断的时间计算公式。

任务 5.2　利用定时器更新中断实现闪烁灯

一、任务目标

目标：能够利用内部时钟模式和定时器更新中断实现方波输出。

具体工作任务：利用定时器的定时功能控制 PC0 连接的 LED 按照 2s 周期闪烁，即 PC0 输出周期为 2s 的方波，如图 5.2.1 所示。

图 5.2.1　方波输出

设计思路：利用滴答定时器的延时函数可以轻松实现闪烁功能，因此我们可以先利用滴答定时器实现闪烁功能，之后再使用定时器的更新中断实现，以体会二者的不同之处。

二、学习与实践

请阅读以下资料并按照指示的工作顺序完成任务。

（一）讨论与发言

分组讨论要利用滴答定时器实现 LED 闪烁功能，该如何设计电路和程序，并予以记录。

_____

_____

请阅读以下资料，按照所示的方法及步骤完成工作任务。

（二）系统方案及电路设计

系统方框图及 LED 电路如图 5.2.2 所示。

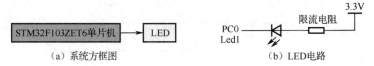

（a）系统方框图　　　　　　　　　　（b）LED 电路

图 5.2.2　系统方框图及 LED 电路

本系统电路很简单，图 5.2.2 中只画出了 LED 电路，请自己画出电源电路、复位电路、晶振电路等常规电路。

（三）利用滴答定时器实现闪烁程序设计

1. 程序流程设计

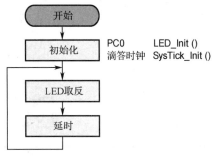

PC0　　　　 LED_Init ()
滴答时钟　 SysTick_Init ()

图 5.2.3　利用滴答定时器实现闪烁
程序流程图

利用滴答定时器实现闪烁程序流程图如图 5.2.3 所示。

2. 程序框架搭建

（1）从项目 2 复制文件夹"02-03-按键闪烁_位带操作-Systick 延时"并粘贴。

（2）修改副本文件夹名为"05-01-方波输出-闪烁-SysTick 延时"。

（3）打开文件夹"05-01-方波输出-闪烁-SysTick 延时"，由于电路中只有 LED 电路，"HARDWARE"文件夹中只关注"LED"文件夹即可。由于需要使用滴答定时器和位操作，还需关注"SYSTEM"文件夹的内容。

（4）修改工程"Button_Flash"为"Flash-Lamp"，双击后打开 Keil μVision5 软件。

（5）修改"Project"窗口文件，使其与图 5.2.4 中方框内的内容一致（至少应包含图中所示.c文件。其他多出的文件，如"key.c"文件，可删除也可保留）。

（6）进入"Options"选项窗口，修改包含路径，使其与图 5.2.4 一致（至少应包含图 5.2.4 中所示的文件夹，多出的文件夹可删除也可保留）。

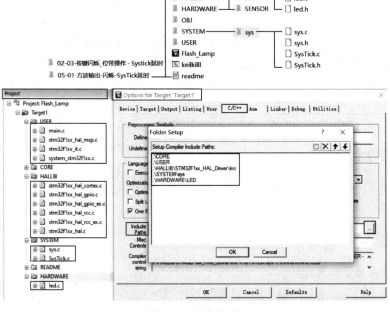

图 5.2.4　框架搭建

3. 主程序设计与调试

编辑时只需要删除原有程序中关于按键的内容，并只对 Led1 进行操作即可。具体方法如下。

```c
#include "led.h"                    //LED定义头文件
#include "SysTick.h"                //滴答时钟头文件
int main( )
{ HAL_Init();                       //初始化HAL
  Stm32_Clock_Init(RCC_PLL_MUL9);   //设置系统时钟为72MHz
  SysTick_Init(72);                 //初始化滴答时钟，指出系统时钟频率
  LED_Init();                       //初始化LED
  while(1)
  {
      Led1=!Led1;                   //LED闪烁
      delay_ms(1000);               //延时1000ms
  }
}
```

4. LED 程序设计与调试

未做修改，对 PC0～PC7 全部进行初始化。当然你也可以只对 PC0（Led1）进行初始化。

（1）"led.h" 文件。

```c
#ifndef _LED_H
#define _LED_H
#include "sys.h"
#define Led1      PCout(0)          //为PC0起名Led1
#define Led2      PCout(1)          //为PC1起名Led2
#define Led3      PCout(2)          //为PC2起名Led3
#define Led4      PCout(3)          //为PC3起名Led4
#define Led5      PCout(4)          //为PC4起名Led5
#define Led6      PCout(5)          //为PC5起名Led6
#define Led7      PCout(6)          //为PC6起名Led7
#define Led8      PCout(7)          //为PC7起名Led8
void LED_Init(void);
#endif
```

（2）"led.c" 文件。

```c
#include "led.h"

void LED_Init(void)//LED初始化函数
{ GPIO_InitTypeDef GPIO_Initure;//定义GPIO初始化变量
  __HAL_RCC_GPIOC_CLK_ENABLE();                         //开启GPIOC时钟
  GPIO_Initure.Pin=GPIO_PIN_0|GPIO_PIN_1|GPIO_PIN_2|\
                   GPIO_PIN_3|GPIO_PIN_4|GPIO_PIN_5|\
                   GPIO_PIN_6|GPIO_PIN_7;               //PC0~PC7
  GPIO_Initure.Mode=GPIO_MODE_OUTPUT_PP;                //推挽输出
  GPIO_Initure.Speed=GPIO_SPEED_FREQ_HIGH;             //高速输出
  HAL_GPIO_Init(GPIOC, &GPIO_Initure);                 //初始化GPIOC

  Led1=Led2=Led3=Led4=Led5=Led6=Led7=Led8=1;           //全灭
}
```

5. 软硬件联调

（1）连接电路，连接开发板与计算机。

（2）按照图 5.2.5 在 "Options for Target 'Target1'" 对话框中找到开发板的 IDCODE 并进行设置。

（3）编译、生成、下载程序到开发板。

（4）观察程序运行结果，如果不正确，就修改程序或电路，直至运行结果正确。

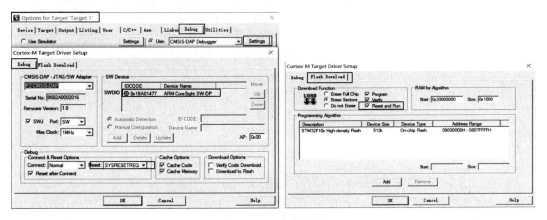

图 5.2.5　目标板设置

故障现象: ＿＿＿＿＿＿＿＿＿＿＿＿＿＿＿＿＿＿＿＿＿＿＿＿＿＿＿＿＿＿＿＿＿＿

解决办法: ＿＿＿＿＿＿＿＿＿＿＿＿＿＿＿＿＿＿＿＿＿＿＿＿＿＿＿＿＿＿＿＿＿＿

原因分析: ＿＿＿＿＿＿＿＿＿＿＿＿＿＿＿＿＿＿＿＿＿＿＿＿＿＿＿＿＿＿＿＿＿＿

（四）利用定时器 TIM4 更新中断实现闪烁功能

1. 程序流程设计

程序流程如图 5.2.6 所示。

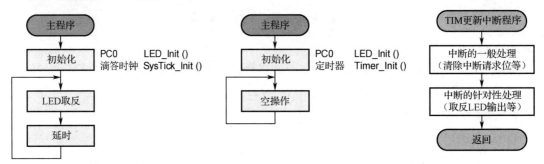

（a）利用滴答定时器实现闪烁　　　　（b）利用通用定时器更新中断实现闪烁

图 5.2.6　程序流程

可以利用 TIM2～TIM5 中的任何一个定时器实现定时，这里我们选用 TIM4，其程序流程如图 5.2.6（b）所示，需要一个定时器初始化程序。在定时器初始化程序中指出要使用 TIM4，采用内部时钟模式、加计数方式，设置 TIM4 定时时间为 1s，允许 TIM4 更新中断，允许 NVIC 对此中断做出响应，最后启动定时器。这样就可以使 CPU 每隔 1s 自动进入 TIM4 更新中断服务程序一次。在 TIM4 中断服务程序中清除中断请求标志位，对 Led1 做取反操作，实现每隔 1s 输出取反，即闪烁的功能。由于对 Led1 的控制在中断服务程序中完成，延时 1s 由定时器硬件自动完成，因此主程序循环部分无事可做，空操作即可。

2. 程序框架搭建

（1）复制文件夹"05-01-方波输出-闪烁-SysTick 延时"并粘贴，修改副本文件夹名为"05-02-方波输出-闪烁-通用定时器中断"，如图 5.2.7 所示。

（2）先在"HARDWARE"文件夹中复制"LED"文件夹并粘贴，修改副本文件夹名为"TIMER"。再将"TIMER"文件夹中的两个文件名分别改为"timer.c"和"timer.h"。这两个文件我们用于编写定时器初始化程序。

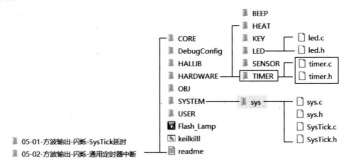

图 5.2.7　文件夹框架

（3）双击工程文件"Flash_Lamp"，打开 Keil μVision5 软件。

（4）在"Project"窗口的"HALLIB"文件夹中添加"STM32f1xx_hal_tim.c""STM32f1xx_hal_tim_ex.c""STM32f1xx_hal_dma.c"三个文件。它们是定时器操作库文件，使用定时器时必须添加

进来。这三个文件的路径是 HALLIB\STM32F1xx_HAL_Driver\Src，添加方法如图 5.2.8 所示。

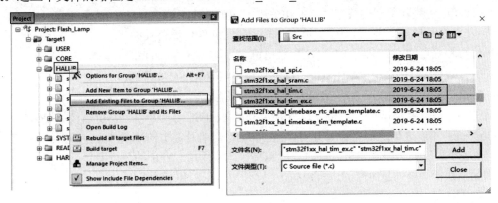

图 5.2.8　在"HALLIB"文件夹中添加定时器操作库文件

（5）在"HARDWARE"文件夹中添加"timer.c"文件。添加方法与步骤（4）类似，完成后如图 5.2.9 所示。

（6）双击"Options"按钮，选择"C/C++"→"Include Paths"→"…"命令添加"timer.h"文件所在的文件夹"TIMER"。

（7）"STM32f10x_hal_tim.h"等三个文件所在文件夹已经包含进来，不需要重新添加，其路径为\HALLIB\STM32F1xx_HAL_Driver\Inc，如图 5.2.9 所示。

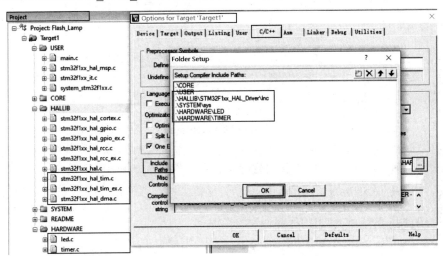

图 5.2.9　"Project"窗口和包含路径设置

3. 主程序设计与调试

（1）程序设计。

```
1   #include "led.h"                    //LED定义头文件
2   //#include "SysTick.h"              //滴答时钟头文件
3   #include "timer.h"                  //TIM初始化头文件
4   int main( )
5   { HAL_Init();                       //初始化HAL
6     Stm32_Clock_Init(RCC_PLL_MUL9);   //外部晶振，9倍频
7     //SysTick_Init(72);               //滴答时钟初始化，系统时钟为72MHz
8     LED_Init();                       //初始化LED
9     Timer_Init(2000-1,36000-1);       //初始化TIM
10        //Tout= (Arr+1)*(Psc+1)/fCK_INT=2000*36000/ (72*1000000) =1S
11    while(1);
12    //{ Led1=!Led1;                   //输出方波
13    //  delay_ms(1000);               //高低电平时间为1000ms，即周期为2s
14    //}
15  }
```

（2）设计要点。

① 程序中可删除关于滴答定时器的相关内容（第 2 行、第 7 行），当然保留也没有影响。

② 在系统时钟频率为 72MHz 的情况下，定时时间的计算公式如下。

加计数和减计数：$T_{out}=(ARR+1)\times(PSC+1)/f_{CK\_INT}=(ARR+1)\times(PSC+1)/72\mu s$。

加减计数模式 1：$T_{out}=ARR\times(PSC+1)/f_{CK\_INT}=ARR\times(PSC+1)/72\mu s$。

式中，ARR 是自动重装载寄存器 ARR 的设定值；PSC 是预分频器 PSC 设定值。

对于加计数，要想延时 1s，可以设 ARR=2000-1，PSC=36000-1。也可以设 ARR=20000-1，PSC=3600-1。不同之处是前者计时分辨率是 500μs，后者计时分辨率是 50μs（见表 5.1.1）。PSC 的设定值越小，计时分辨率也就是计时精度越高。本应用中 500μs 的分辨率就足够了。

实际上获得同样的延时时间，可以有多组不同的 ARR 和 PSC 取值，除了要兼顾计时精度，还应注意 ARR 和 PSC 都应在 0～65535 范围内。

③ 增加定时器初始化函数（第 9 行），起名为 Timer_Init(参数 1,参数 2)。参数 1 用于传递 ARR 值（2000-1），参数 2 则传递 PSC 值（36000-1）。

④ 主程序循环语句 while(1)后只需要一个代表空语句的分号";"即可。

4. 定时器程序设计与调试

（1）程序设计。

```
1  #include "timer.h"
2  #include "led.h"
3  TIM_HandleTypeDef  TIM4_Handler;              //定义TIM操作变量
4  /***************************************************************
5  * 函 数 名          : Timer_Init
6  * 函数功能          : TIME初始化函数
7  * 输    入          : ARR:重装载值  0~65535
8                        PSC:分频系数  0~65535
9                        加计数或减计数情况下，
10                       延时时间Tout=(ARR+1)×(PSC+1)/fCK_INT; 本开发板fCK_INT=72MHz
11 * 输    出          : 无
12 ***************************************************************/
13 void Timer_Init(u16 Arr,u16 Psc)
14 {   TIM4_Handler.Instance=TIM4;                          //TIM4
15     TIM4_Handler.Init.Prescaler=Psc;                     //分频系数
16     TIM4_Handler.Init.CounterMode=TIM_COUNTERMODE_UP;    //向上计数
17     TIM4_Handler.Init.Period=Arr;                        //自动装载值
18     TIM4_Handler.Init.ClockDivision=TIM_CLOCKDIVISION_DIV1;//时钟分割系数=1
19
20     HAL_TIM_Base_Init(&TIM4_Handler);                    //按照以上设置进行TIM时基初始化
21
22     HAL_TIM_Base_Start_IT(&TIM4_Handler); //使能TIM4和TIM4更新中断：TIM_IT_UPDATE
23 }
24 /***************************************************************
25 定时器底层驱动，开启时钟，设置中断优先级
26 此函数会被HAL_TIM_Base_Init()函数调用
27 ***************************************************************/
28 void HAL_TIM_Base_MspInit(TIM_HandleTypeDef *htim)
29 {if(htim->Instance==TIM4)
30  { __HAL_RCC_TIM4_CLK_ENABLE();              //使能TIM4时钟
31    HAL_NVIC_SetPriorityGrouping(NVIC_PRIORITYGROUP_0);//设置优先级分组号
32    HAL_NVIC_SetPriority(TIM4_IRQn,0,1);      //设置中断优先级，抢占优先级为0,响应优先级为1
33    HAL_NVIC_EnableIRQ(TIM4_IRQn);            //使能ITM4的NVIC中断响应
34   }
35 }
36 /***************************************************************
37 * 函 数 名          : TIM4_IRQHandler
38 * 函数功能          : TIM4中断函数
39 * 输    入          : 无
40 * 输    出          : 无
41 ***************************************************************/
42 void TIM4_IRQHandler(void)
43 { HAL_TIM_IRQHandler(&TIM4_Handler);//对TIM中断做一般性处理
44                               //清除中断请求位,调用TIM针对性处理函数
45 }
46
47 void HAL_TIM_PeriodElapsedCallback(TIM_HandleTypeDef *htim)//对TIM中断做针对性处理
48 { if(htim==(&TIM4_Handler))//TIM4中断
49   { Led1=!Led1;        //LED反转
50   }
51 }
```

（2）设计要点。

"timer.c"文件用于对定时器进行初始化。包含定时器初始化函数、定时器底层驱动函数、定

时器中断服务函数三部分。

① 定时器操作变量。HAL 库的定时器操作中，频繁用到 TIM_HandleTypeDef 类型的变量。我们在 "timer.c" 文件的第 3 行定义了一个该类型的变量，名为 TIM4_Handler，在第 14~22 行、第 43 行、第 48 行都使用到该变量。由此可见这个类型的变量非常重要。

TIM_HandleTypeDef 是 "stm32f1xx_hal_tim.h" 文件中定义的一个结构体类型。如表 5.2.1 所示。第一项 Instance 用于指出定时器的名字，如 TIM4，取值范围为 TIM1~TIM8。第二项 Init 是一个结构体变量，数据类型为 TIM_Base_InitTypeDef，其具体定义在表 5.2.1 中也给出了说明。Init 主要用于设置 PSC、ARR 等参数。

表 5.2.1 TIM_HandleTypeDef 和 TIM_Base_InitTypeDef 类型定义

TIM 操作类型：TIM_HandleTypeDef		
typedef struct		
{ TIM_TypeDef	*Instance;	//指针变量，用于指出寄存器名字，取值范围为 TIM1~TIM8
		//Instance 指向单元的内容，其数据类型为 TIM_TypeDef
TIM_Base_InitTypeDef	Init;	//结构体变量，用于指出 TIM 时基初始化参数，具体取值见本表
HAL_TIM_ActiveChannel	Channel;	//活动通道
DMA_HandleTypeDef	*hdma[7];	//DMA 操作阵列
HAL_LockTypeDef	Lock;	//锁定
__IO HAL_TIM_StateTypeDef	State;	//TIM 操作状态
……;		//其他
} TIM_HandleTypeDef;		
TIM 时基初始化类型：TIM_Base_InitTypeDef		
typedef struct		
{ uint32_t Prescaler;	//PSC 预分频系数设定值，取值范围为 0~65535	
uint32_t CounterMode;	/*计数模式，取值范围：	
	TIM_COUNTERMODE_UP——加计数	
	TIM_COUNTERMODE_DOWN——减计数	
	TIM_COUNTERMODE_CENTERALIGNED1——加减计数 1	
	TIM_COUNTERMODE_CENTERALIGNED2——加减计数 2	
	TIM_COUNTERMODE_CENTERALIGNED3——加减计数 3 */	
uint32_t Period;	//ARR 自动重载值，取值范围为 0~65535	
uint32_t ClockDivision;	/*时钟分割系数，取值范围为	
	TIM_CLOCKDIVISION_DIV1、TIM_CLOCKDIVISION_DIV2、TIM_CLOCKDIVISION_DIV4 */	
uint32_t RepetitionCounter;	//重复计数值	
uint32_t AutoReloadPreload;	//ARR 预装载功能使能	
} TIM_Base_InitTypeDef;		
示例		
TIM_HandleTypeDef AAA;	//定义定时器操作变量 AAA	
AAA.Instance=TIM2;	//准备对 TIM2 进行操作	
AAA.Init.Prescaler=18000-1;	//预分频系数 PSC=18000-1	
AAA.Init.CounterMode=TIM_COUNTERMODE_UP;	//向上计数	
AAA.Init.Period=1000-1;	//自动重载值 ARR=1000-1	
AAA.ClockDivision=TIM_CLOCKDIVISION_DIV1;	//时钟分割系数=1	

练习：编写语句，设置 TIM5 操作变量，要求减计数模式，PSC=500-1，ARR=36000-1，时钟分割系数=1

② 定时器基本操作库函数。"timer.c"文件的第 20 行、第 22 行、第 28 行，使用了三个 TIM 基本操作库函数，第 20 行与第 28 行共同完成定时器时基初始化，第 22 行用于启动定时器及其中断。表 5.2.2 中列出了它们的功能和参数要求，表 5.2.2 中也列出了另外 5 个常用 TIM 基本操作库函数，请仔细阅读并完成练习。

表 5.2.2　几个常用 TIM 基本操作库函数

1. 库函数名：HAL_TIM_**Base_Init**(&TIM 操作变量)
原型：**HAL_StatusTypeDef　HAL_TIM_Base_Init(TIM_HandleTypeDef　*htim)**
功能：（1）按照 TIM 操作变量，即 **htim** 的设置，对指定的 TIM 进行**时基初始化**，**htim** 为指针变量，数据类型为 TIM_HandlerTypeDef （2）调用 HAL_TIM_Base_MspInit()库函数 （3）返回类型为 HAL_StatusTypeDef 的结果，有 4 种可能： HAL_OK（=0x00U）、HAL_ERROR（=0x01U）、HAL_BUSY（=0x02U）、HAL_TIMEOUT（=0x03U）
2. 库函数名：HAL_TIM_**Base_MspInit**(&TIM 操作变量)

原型：**__weak　void　HAL_TIM_Base_MspInit(TIM_HandleTypeDef　*htim)**
功能：针对 TIM 操作变量，即 htim 指出的定时器，执行本函数的内容
说明：本函数在库中被定义为__weak（弱）型，函数内容可由用户自定义
示例：
TIM_HandleTypeDef　AAA;　　　　　　　　　　　　//定义定时器操作变量 AAA
void　Timer_Init（）　　　　　　　　　　　　　　//定时器初始化函数
{　AAA.Instance=TIM2;　　　　　　　　　　　　　//准备对 TIM2 进行操作
　AAA.Init.Prescaler=18000-1;　　　　　　　　　//预分频系数 PSC=18000-1
　AAA.Init.CounterMode=TIM_COUNTERMODE_UP;　//向上计数即加计数
　AAA.Init.Period=1000-1;　　　　　　　　　　　//自动重载值 ARR=1000-1
　AAA.ClockDivision=TIM_CLOCKDIVISION_DIV1;　//时钟分割系数=1
　HAL_TIM_Base_Init（&AAA）;　　　　　　　　//**按照 AAA 的设置对 TIM 进行时基初始化**
　HAL_TIM_**Base_Start_IT**（&AAA）;　　　　　　//启动 AAA 指定的定时器及其更新中断
}
void　HAL_TIM_Base_MspInit（TIM_HandleTypeDef　*htim）//HAL_TIM_Base_Init（&AAA）隐性调用函数
{　if（htim->Instance==TIM2）　　　　　　　　　　　//如果是 TIM2
　　{　__HAL_RCC_TIM2_CLK_ENABLE（）;　　　　　　//使能 TIM2 时钟
　　　HAL_NVIC_SetPriorityGrouping(NVIC_PRIORITYGROUP_1);//设置优先级分组号
　　　HAL_NVIC_SetPriority（TIM2_IRQn，1，3）;　　//设置 TIM2 抢占优先级为 1，响应优先级为 3
　　　HAL_NVIC_EnableIRQ（TIM2_IRQn）;　　　　　　//使能 TM2 的 NVIC 中断响应
　　}
}

3. 库函数名：HAL_TIM_**Base_Start_IT**(&TIM 操作变量)
原型：**HAL_StatusTypeDef　HAL_TIM_Base_Start_IT(TIM_HandleTypeDef　*htim)**

功能：（1）启动 TIM 操作变量指出的定时器 （2）允许该定时器向 NVIC 发出更新中断请求 （3）返回值类型为 HAL_StatusTypeDef
示例：HAL_TIM_Base_Start_IT(&TIM2_Handler)；　　　//使能 TIM2_Handler 指定的 TIM，使能其更新中断请求
4. 库函数名： HAL_TIM_**Base_Stop_IT**(&TIM 操作变量)
原型：**HAL_StatusTypeDef　HAL_TIM_Base_Stop_IT(TIM_HandleTypeDef　*htim)**
功能：（1）停止 TIM 操作变量指出的定时器 （2）禁止该定时器发出更新中断请求 （3）返回值类型为 HAL_StatusTypeDef
示例：HAL_TIM_Base_Stop_IT(&TIM5_Handler)；　　　//禁止 TIM5_Handler 指定的 TIM，禁止其更新中断请求
5. 库函数名： HAL_TIM_**Base_Start**(&TIM 操作变量)
原型：**HAL_StatusTypeDef　HAL_TIM_Base_Start(TIM_HandleTypeDef　*htim)**
功能：（1）启动 TIM 操作变量指出的定时器 （2）返回值类型为 HAL_StatusTypeDef
示例：HAL_TIM_Base_Start(&AAA)；　　　//使能 AAA 指定的 TIM
6. 库函数名： HAL_TIM_**Base_Stop**(&TIM 操作变量)
原型：**HAL_StatusTypeDef　HAL_TIM_Base_Stop(TIM_HandleTypeDef　*htim)**
功能：（1）停止 TIM 操作变量指出的定时器 （2）返回值类型为 HAL_StatusTypeDef
示例：HAL_TIM_Base_Stop(&BBB)；　　　//禁止 BBB 指定的 TIM
7. 库函数名： HAL_TIM_**Base_DeInit**(&TIM 操作变量)
原型：**HAL_StatusTypeDef　HAL_TIM_Base_DeInit（TIM_HandleTypeDef　*htim）**
功能：（1）针对 TIM 操作变量指定的定时器，恢复其时基默认值 （2）调用 HAL_TIM_Base_Msp**DeInit**()等库函数 （3）返回类型为 HAL_StatusTypeDef
示例：HAL_TIM_Base_DeInit(&AAA)；　　　//恢复 AAA 指定的 TIM 的时基初始值
8. 库宏函数名： __HAL_**RCC_TIMx_CLK_ENABLE**( )
功能：开启 TIMx 时钟，x=1～8
示例：__HAL_RCC_TIM**2**_CLK_ENABLE( )
9. 库宏函数名： __HAL_**RCC_TIMx_CLK_DISABLE**( )
功能：禁止 TIMx 时钟，x=1～8
示例：__HAL_RCC_TIM**2**_CLK_DISABLE( )
练习：定义名为 TIM5_Handler 的定时器操作变量，设置 PSC=18000-1，ARR=1000-1，减计数模式，设置 NVIC 优先级分组号为 2，TIM5 抢占优先级为 2，响应优先级为 1，请编写定时器初始化函数，初始化并启动 TIM5 及其更新中断

　　③ 定时器中断服务函数。对本系统来说，主程序在第 9 行执行语句 "Timer_Init(2000-1, 36000-1)" 后，TIM4 被初始化，其结果是 TIM4 被启动，每隔 1s 计数值重装并申请中断，于是每隔 1s，程序会自动进入 TIM4 中断服务程序一次，执行后返回主程序，不断重复。

　　文件"timer.c"的第 36～51 行是 TIM4 中断服务程序，涉及三个函数，其中 TIM4_IRQHandler()

是 TIM4 中断函数。通用定时器中断函数名如表 5.2.3 所示。发生定时器中断后 CPU 自动跳到相应的中断函数处执行。

表 5.2.3　通用定时器中断函数名

序　　号	定时器中断服务程序名	对应中断请求
1	void　TIM2_IRQHandler(void)	TIM2 全局中断
2	void　TIM3_IRQHandler(void)	TIM3 全局中断
3	void　TIM4_IRQHandler(void)	TIM4 全局中断
4	void　TIM5_IRQHandler(void)	TIM5 全局中断

　　按照图 5.2.6 所示的流程图，中断服务函数要做的事情有两个：清除中断请求标志位、取反 LED。需要用到另外两个库函数：HAL_TIM_IRQHandler() 和 HAL_TIM_PeriodElapsedCallback()。前者主要用于清除中断请求位，后者用于进行中断的针对性处理，这里为取反 LED。这两个函数的解释如表 5.2.4 所示。请仔细阅读并完成练习。

表 5.2.4　TIM 中断一般处理和针对处理库函数

1. 库函数名：HAL_TIM_IRQHandler(&TIM 操作变量)
原型：**void　HAL_TIM_IRQHandler(TIM_HandleTypeDef　*htim)**
功能：（1）清除 TIM 操作变量指定定时器的中断请求，此为中断的一般性处理
（2）调用 HAL_TIM_PeriodElapsedCallback() 库函数，进行 TIM 中断的针对性处理
2. 库函数名：HAL_TIM_PeriodElapsedCallback(&TIM 操作变量)
原型：**__weak　void　HAL_TIM_PeriodElapsedCallback(TIM_HandleTypeDef　*htim)**
功能：对定时器操作变量指定的定时器，执行针对性中断处理
说明：本函数在库中被定义为 __weak 型，其内容可根据需要由用户自定义

示例：
void　TIM2_IRQHandler（void）　　　　　　　　　//TIM2 中断处理函数
{ HAL_TIM_IRQHandler（&TIM2_Handler）;　　　　//对 TIM2_Handle 指定的定时器中断做一般性处理，清除其中断请求位
　　　　　　　　　　　　　　　　　　　　　　　　//调用 HAL_TIM_PeriodElapsedCallback() 函数，进行中断的针对性处理
}
void　HAL_TIM_PeriodElapsedCallback（TIM_HandleTypeDef　*htim）　　//TIM 中断针对性处理函数
{ if（htim ==（&TIM2_Handle））　　　　　　　　　//TIM2_Handle 指定的 TIM 中断
　　{ Led1=!Led1;　　　　　　　　　　　　　　　//LED 反转
　　}
}

练习：请利用 TIM2 实现 LED 闪烁功能，要求闪烁周期为 1s，减计数模式，说一说程序该怎么修改，如果是加减计数模式 1，程序该怎么修改？

　　5. LED 程序设计与调试
　　与利用滴答定时器实现闪烁功能的程序完全相同。

6. 软硬件联调

（1）连接电路，连接开发板与计算机。

（2）按照图 5.2.5 在"Options for Target 'Target1'"对话框中找到开发板的 IDCODE 并进行设置。

（3）编译、生成、下载程序到开发板。

（4）观察程序运行结果，如果不正确，则修改程序或电路直到运行结果正确。

（5）修改程序，将延时时间设置为 0.5s，编译、生成、下载程序到开发板，观察运行结果。

（6）修改程序，利用 TIM3 实现闪烁功能，下载后观察运行结果。

故障现象：＿＿＿＿＿＿＿＿＿＿＿＿＿＿＿＿＿＿＿＿＿＿＿＿＿＿＿＿＿＿＿＿＿

解决办法：＿＿＿＿＿＿＿＿＿＿＿＿＿＿＿＿＿＿＿＿＿＿＿＿＿＿＿＿＿＿＿＿＿

原因分析：＿＿＿＿＿＿＿＿＿＿＿＿＿＿＿＿＿＿＿＿＿＿＿＿＿＿＿＿＿＿＿＿＿

三、要点记录及成果检验

任务 5.2	利用定时器更新中断实现闪烁灯						
姓名		学号		日期		分数	

（一）思考

1. 可以使用 TIM2，利用内部时钟模式实现闪烁灯功能吗？

2. 可以利用减计数或加减计数模式 1 实现闪烁灯功能吗？

3. 如果设置 PSC=20000−1，要延时 2s，加计数模式下应设置 ARR 为多少？

4. 如果设置 PSC=20000−1，要延时 4s，减计数模式下应设置 ARR 为多少？

5. 如果设置 PSC=20000−1，要延时 4s，加减计数模式 1 下应设置 ARR 为多少？

6. 初始化 TIM 时使用什么库函数？

7. 启动 TIM 及其更新中断使用什么库函数？

8. 定时器操作时，经常需要用到哪个类型的变量？

9. TIM_HandleTypeDef 类型的变量可以用于设置哪些参数？

10. 库函数 HAL_TIM_Base_Init(&定时器操作变量)在执行时会自动调用哪个函数？

11. 函数 void HAL_TIM_Base_MspInit(TIM_HandleTypeDef *htim)什么时候被执行？可以在该函数中书写什么内容？

12. 使能 TIM5 时钟使用什么语句？

13. 设置 TIM5 的 NVIC 抢占优先级为 2、响应优先级为 3，使能 NVIC 中断响应写什么语句？

14. TIM5 中断函数名是什么？

15. TIM5 中断一般性处理函数名是什么？

16. TIM5 中断针对性处理函数名是什么？

（二）自主设计

1. 用 TIM5 定时中断实现闪烁功能，要求 LED1～LED7 每 0.5s 状态改变 1 次。请画出 LED 电路，写出程序并调试。

2. 按下按键，PC0 连接的 LED 闪烁；松开按键，LED 熄灭。画出 LED 电路并编程。

任务 5.3　利用定时器更新中断实现流水灯

一、任务目标

目标：进一步理解内部时钟模式和更新中断的编程方法，找到编程规律。

具体工作任务：利用 TIM 的定时功能实现流水灯功能。要求按下按键时，PC7～PC0 连接的 8 个 LED 每秒顺次点亮 1 位；松开按键时，流水灯停止流动。

设计思路：利用 TIM4 更新中断，每隔 1s 进入中断服务程序一次，在中断服务程序中对 PC7～PC0 进行移位操作。

二、学习与实践

（一）讨论与发言

请结合任务 5.2，谈一谈本任务的设计思路。

_____

_____

请阅读以下资料并按照指示的工作顺序完成任务。

（二）系统方案及电路设计

系统方案及 LED 电路如图 5.3.1 所示。

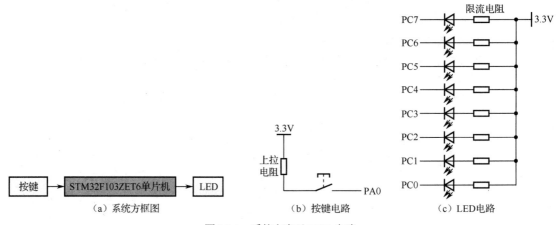

（a）系统方框图　　　（b）按键电路　　　（c）LED 电路

图 5.3.1　系统方案及 LED 电路

图 5.3.1 中只画出了按键电路和 LED 电路，请自己画出电源电路、复位电路、晶振电路等常规电路。

（三）程序设计与调试

1. 程序流程设计

程序流程如图 5.3.2 所示。

任务 5.2 在定时器初始化函数中无条件启动定时器。本任务则需要不断进行按键查询，按键按下时，定时器开始计时；按键松开，定时器停止计时。定时器被启动后，每隔 1s 进入中断程序一次，在中断程序中进行移位操作。定时器关闭后，不再产生更新中断，也就不会进行移位操作，流水灯呈现暂停效果，如图 5.3.2（b）所示。

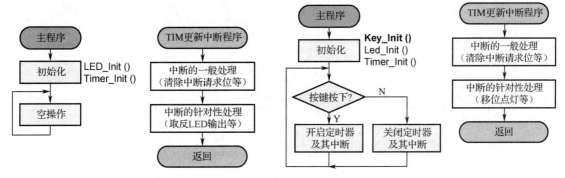

（a）利用通用定时器更新中断实现闪烁　　　　　　（b）利用通用定时器更新中断实现流水灯

图 5.3.2　程序流程

2. 程序框架搭建

（1）复制文件夹"05-02-方波输出-闪烁-通用定时器中断"并粘贴，修改副本文件夹名为"05-03-流水灯-通用定时器中断-按键控制"，如图 5.3.3 所示。

（2）重点检查"HARDWARE"文件夹中是否含有"KEY""LED""TIMER"三个文件夹及其内部的六个文件。

（3）修改工程文件名为"Marquee_Button"，双击打开 Keil μVision5 软件。

（4）在"Project"窗口的"HARDWARE"文件夹中添加"key.c"文件。

（5）双击"Options"按钮，选择"C/C++"→"Include Paths"→"…"命令添加文件"key.h"所在文件夹"KEY"。

（6）检查"Project"和"Setup Compiler Include Path"窗口中的文件是否齐全。

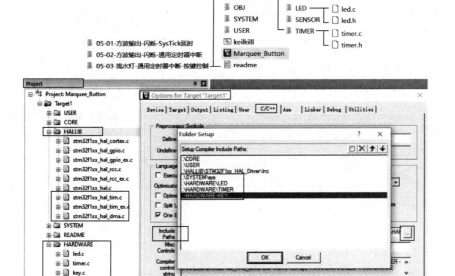

图 5.3.3　框架搭建

3. 主程序设计与调试

```
main.c
1   #include "key.h"                              //KEY定义头文件
2   #include "led.h"                              //LED定义头文件
3   //#include "SysTick.h"                        //滴答时钟头文件
4   #include "timer.h"                            //TIM初始化头文件
5   int main( )
6  { extern TIM_HandleTypeDef  TIM4_Handler;      //TIM4_Handler是外部定义的TIM操作变量
7    HAL_Init();                                  //HAL初始化
8    Stm32_Clock_Init(RCC_PLL_MUL9);              //外部晶振，9倍频
9    //SysTick_Init(72);                          //滴答时钟初始化，系统时钟为72MHz
10   KEY_Init();                                  //初始化按键
11   LED_Init();                                  //初始化LED
12   Timer_Init(2000-1,36000-1);                  //初始化TIM
13          //Tout= (ARR+1)*(PSC+1)/fCK_INT=2000*36000/72*1000000=1s
14   while(1)
15  { if(K_Up==1)HAL_TIM_Base_Start_IT(&TIM4_Handler);
16                        //按键按下，使能TIM4和TIM4更新中断
17    else HAL_TIM_Base_Stop_IT(&TIM4_Handler);
18                        //按键未按下，禁止TIM4和TIM4更新中断
19   }
20  }
```

（1）主函数的第 1 行和第 10 行增加了关于按键初始化的内容。

（2）第 15～19 行的 while(1)循环中，不断进行按键采集与判断，按键按下则开启定时器及其中断；否则关闭它。

（3）由于 main()函数的第 15 行和第 17 行要用到变量 TIM4_Handler，该变量是在"timer.c"文件中被定义的，故在主函数的第 6 行使用"extern"对该变量进行了声明。

4. 定时器程序设计与调试

```
timer.h
1  #ifndef _TIMER_H
2  #define _TIMER_H
3    #include "sys.h"
4    #include "SysTick.h"
5    void Timer_Init(u16 Arr,u16 Psc); //定时器初始化
6  #endif
```

```
timer.c
1   #include "timer.h"
2   #include "led.h"
3   TIM_HandleTypeDef  TIM4_Handler;                 //定义TIM操作变量
4
5  /***************************************************************
6   * 函 数 名          : Timer_Init
7   * 函数功能          : TIME初始化函数
8   * 输    入          : ARR: 重装载值   0~65535
9                        PSC: 分频系数   0~65535
10                       加计数或减计数情况下：
11                       延时时间Tout= (ARR+1)×(PSC+1)/fCK_INT；本开发板fCK_INT=72MHz
12  * 输    出          : 无
13  ***************************************************************/
14  void Timer_Init(u16 Arr,u16 Psc)
15  {    TIM4_Handler.Instance=TIM4;                      //TIM4
16       TIM4_Handler.Init.Prescaler=Psc;                //分频系数
17       TIM4_Handler.Init.CounterMode=TIM_COUNTERMODE_UP; //向上计数
18       TIM4_Handler.Init.Period=Arr;                   //自动装载值
19       TIM4_Handler.Init.ClockDivision=TIM_CLOCKDIVISION_DIV1;//时钟分割系数=1
20
21       HAL_TIM_Base_Init(&TIM4_Handler);               //按照以上设置进行TIM时基初始化
22
23       //HAL_TIM_Base_Start_IT(&TIM4_Handler);         //使能TIM4和TIM4更新中断
24  }
25  /***************************************************************
26   定时器底层驱动，开启时钟，设置中断优先级
27   此函数会被HAL_TIM_Base_Init()函数调用
28  ***************************************************************/
29  void HAL_TIM_Base_MspInit(TIM_HandleTypeDef *htim)
30  {if(htim->Instance==TIM4)
31   {  __HAL_RCC_TIM4_CLK_ENABLE();                //使能TIM4时钟
32      HAL_NVIC_SetPriorityGrouping(NVIC_PRIORITYGROUP_0);//设置优先级分组号
33      HAL_NVIC_SetPriority(TIM4_IRQn, 0, 1);       //设置中断优先级，抢占优先级为0，响应优先级为1
34      HAL_NVIC_EnableIRQ(TIM4_IRQn);               //使能ITM4的NVIC中断响应
35   }
36  }
37  /***************************************************************
38   * 函 数 名          : TIM4_IRQHandler
39   * 函数功能          : TIM4中断函数
40   * 输    入          : 无
41   * 输    出          : 无
42  ***************************************************************/
```

```
43    void TIM4_IRQHandler(void)
44  □ { HAL_TIM_IRQHandler(&TIM4_Handler);//对TIM中断做一般性处理
45                                        //清除中断请求位,调用TIM针对性处理函数
46    }
47
48    void HAL_TIM_PeriodElapsedCallback(TIM_HandleTypeDef *htim)//对TIM中断做针对性处理
49  □ { static u8 n=0;                     //当前点亮灯号
50      if(htim== (&TIM4_Handler))  //如果TIM4中断, 则
51  □    {  GPIOC->ODR=0xffff;       //全灭
52          Led(n)=0;                //点亮当前灯
53          n+=1;                    //灯号加1, 为下一次点亮做准备
54          if(n>=8)  n=0;           //灯号不能大于或等于8
55        }
56    }
```

与闪烁程序相比,本程序主要有以下改动。

(1) 由于 TIM4 及其中断的启动和停止放在了主函数的第 15 行和第 17 行,"timer.c"文件的第 23 行不再需要编写。

(2) 由于系统要求实现流水灯而不是闪烁功能,"timer.c"文件中的 TIM 中断针对性处理函数,即第 48～56 行有较多改变。每隔 1s 进入函数后,先在第 51 行灭掉所有灯(实际上就是灭掉上一次点亮的那盏灯),再在第 52 行点亮 Led(n),之后 n+1,为下一次进中断做准备。此外由于只有 8 盏灯,因此灯号 n 只能取 0～7。

(3) 为了能使用变量 n,在"timer.c"文件的第 49 行增加了关于 n 的定义。该变量被定义为 static 类型,以防退出子程序后 n 丢失。n 的有效取值只有 0～7,故数据类型被定义为 u8,首次点灯的灯号为 0,故 n 的初值设为 0。

5. LED 程序设计与调试

```
led.h
1  □#ifndef _LED_H
2   #define _LED_H
3   #include "sys.h"
4   #define Led1      PCout(0)              //为PC0起名Led1
5   #define Led2      PCout(1)              //为PC1起名Led2
6   #define Led3      PCout(2)              //为PC2起名Led3
7   #define Led4      PCout(3)              //为PC3起名Led4
8   #define Led5      PCout(4)              //为PC4起名Led5
9   #define Led6      PCout(5)              //为PC5起名Led6
10  #define Led7      PCout(6)              //为PC6起名Led7
11  #define Led8      PCout(7)              //为PC7起名Led8
12  #define Led(n)    PCout(n)              //为PCn起名
13  void LED_Init(void);
14  #endif
15
```

```
led.c
1   #include "led.h"
2
3   void LED_Init(void)                              //LED初始化函数
4  □{ GPIO_InitTypeDef  GPIO_Initure;               //定义GPIO初始化变量
5     __HAL_RCC_GPIOC_CLK_ENABLE();                 //开启GPIOC时钟
6     GPIO_Initure.Pin=GPIO_PIN_0|GPIO_PIN_1|GPIO_PIN_2|\
7                      GPIO_PIN_3|GPIO_PIN_4|GPIO_PIN_5|\
8                      GPIO_PIN_6|GPIO_PIN_7;         //PC0~PC7
9     GPIO_Initure.Mode=GPIO_MODE_OUTPUT_PP;         //推挽输出
10    GPIO_Initure.Speed=GPIO_SPEED_FREQ_HIGH;       //高速输出
11    HAL_GPIO_Init(GPIOC,&GPIO_Initure);            //初始化GPIOC
12
13    Led1=Led2=Led3=Led4=Led5=Led6=Led7=Led8=1;     //全灭
14  }
```

注意"led.h"文件的第 12 行,应该增加关于 Led(n)的定义。

6. 按键程序设计与调试

```
key.h
1  □#ifndef _KEY_H
2   #define _KEY_H
3   #include "sys.h"
4
5   #define K_Up     PAin(0)               //为PA0起名K_Up
6   #define K_Left   PEin(2)               //为PE2起名K_Left
7   #define K_Down   PEin(3)               //为PE3起名K_Down
8   #define K_Right  PEin(4)               //为PE4起名K_Right
9
10  void KEY_Init(void);
11  #endif
```

```
key.c
  1  #include "key.h"
  2
  3  void KEY_Init(void)    //按键初始化函数
  4 □{ GPIO_InitTypeDef GPIO_Initure;//定义GPIO初始化变量
  5    __HAL_RCC_GPIOA_CLK_ENABLE();          //开启GPIOA时钟
  6    __HAL_RCC_GPIOE_CLK_ENABLE();          //开启GPIOE时钟
  7
  8    GPIO_Initure.Pin=GPIO_PIN_0;           //PA0
  9    GPIO_Initure.Mode=GPIO_MODE_INPUT;     //输入
 10    GPIO_Initure.Pull=GPIO_PULLDOWN;       //下拉
 11    HAL_GPIO_Init(GPIOA,&GPIO_Initure);    //执行GPIOA初始化
 12
 13    GPIO_Initure.Pin=GPIO_PIN_2|GPIO_PIN_3|GPIO_PIN_4; //PE2、PE3、PE4
 14    GPIO_Initure.Mode=GPIO_MODE_INPUT;     //输入
 15    GPIO_Initure.Pull=GPIO_PULLUP;         //上拉
 16    HAL_GPIO_Init(GPIOE,&GPIO_Initure);    //执行GPIOE初始化
 17  }
```

程序定义了 4 个按键，实际只用了 1 个，因此程序也可以简化。

7. 软硬件联调

（1）连接电路，连接开发板与计算机。

（2）按照图 5.2.5 在 "Options for Target ' Target1'" 对话框中找到开发板的 IDCODE 并进行设置。

（3）编译、生成、下载程序到开发板。

（4）反复按住和松开按键，观察程序运行结果，如果不正确，修改程序或电路直至运行结果正确。

（5）想一想、试一试：如果希望松开按键，所有 LED 全灭，怎么修改程序？

（6）想一想、试一试：如何用 TIM5 实现流水灯功能？

（7）想一想、试一试：如何改变流水灯的流动规律？

故障现象：_____

解决办法：_____

原因分析：_____

三、要点记录及成果检验

任务 5.3	利用定时器更新中断实现流水灯				
姓名		学号		日期		分数	

1. 用 TIM2 完成如下功能，要求按下按键，流水灯每 0.5s 移动一位，移位顺序是 PC7→PC6→⋯⋯→PC0。请画出电路，写出程序并调试。

2. 去掉按键，用 TIM3 实现流水灯功能。画出电路并编程。

任务 5.4　利用定时器更新中断控制蜂鸣器鸣响

一、任务目标

目标：进一步理解内部时钟模式和定时中断的编程方法，能够根据延时时  间设定 ARR 和 PSC，掌握定时器更新中断程序的编写方法。

具体工作任务：设计压力报警器，要求压力越限时，蜂鸣器响。

设计思路：无源蜂鸣器的工作频率为 1.5～5kHz。可以利用定时器更新中断或滴答延时，输出合适频率的方波给蜂鸣器，即可使其发声。至于有源蜂鸣器，因为自带振荡电路，通电即可发声，因此没必要使用定时器或滴答延时电路。

使用定时器更新中断实现延时，一旦定时器启动，就会自动计时，时间到则会自动跳到中断程序进行处理，因此定时器的延时是不占用 CPU 的执行时间的。而之前我们使用的滴答延时则不同，延时过程中 CPU 是不会处理其他事务的。因此，如果不希望延时占用 CPU 的时间，就可以使用定时器更新中断。当然，对本任务来说，除控制蜂鸣器外，CPU 也没有其他事务要处理，因此两种方法都可以。本任务中我们仍然利用定时器更新中断实现延时。

如果希望蜂鸣器频率为 1kHz，则方波周期为 1ms，高、低电平时间各为 0.5ms，即 500μs。在加计数或减计数、72MHz 的系统时钟情况下，定时时间 $T_{OUT}=(ARR+1)\times(PSC+1)/72\mu s$。如果选择 PSC+1=72，根据表 5.1.1，计时分辨率是 1μs，这个精度对于 500μs 的延时足够了。如果选择 ARR+1=500，则定时时间刚好为 500μs。

二、学习与实践

请阅读以下资料并按照指示的工作顺序完成任务。

（一）讨论与发言

对照任务 5.2 和 5.3，谈一谈实现本任务的电路和程序设计思路。

请阅读以下资料，按照步骤完成工作任务。

（二）系统方案及电路设计

系统方框图及传感器、蜂鸣器电路如图 5.4.1 所示。

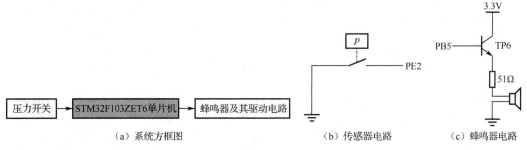

|（a）系统方框图|（b）传感器电路|（c）蜂鸣器电路|

图 5.4.1　系统方框图及传感器、蜂鸣器电路

图中只画出了传感器和蜂鸣器电路，电源电路、复位电路、晶振电路等常规电路请自己画出。

压力检测常用方法如图 5.4.2 所示。

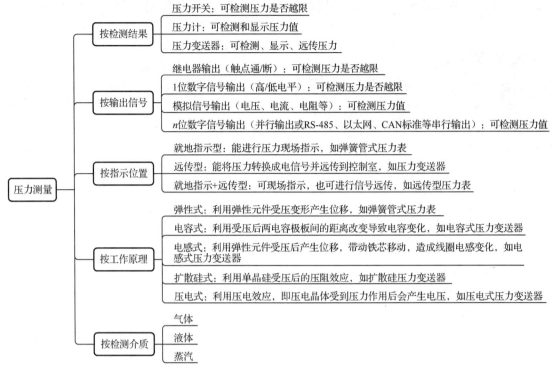

图 5.4.2　压力检测常用方法

可选用如图 5.4.3 所示的电接点型弹簧管式压力表。这种压力表利用弹簧管受压变形产生位移，利用传动机构将位移量转换成指针转角，从而进行压力检测与指示。表盘上还带有压力上/下限设定装置，压力越限时，对应触点闭合。触点信号可远传给控制室内的显示仪表，也可送单片机、可编程逻辑控制器（PLC）等装置。

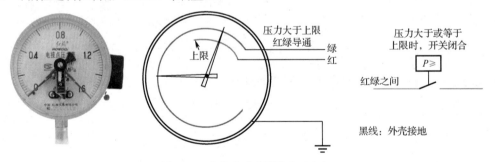

图 5.4.3　电接点型弹簧管式压力表

（三）程序设计与调试

1. 程序流程设计

与任务 5.3 相比，本任务只是将按键输入变为压力开关输入，将 LED 流水灯控制换成蜂鸣器取反控制，因此很容易修改。程序流程如图 5.4.4 所示。只要关闭定时器，没有方波输出，无源蜂鸣器无论得到高电平还是低电平，都不会响。但为了节能，蜂鸣器不响时最好让其断电。对于图 5.4.1（c）所示的电路，PB5 送低电平使蜂鸣器断电。

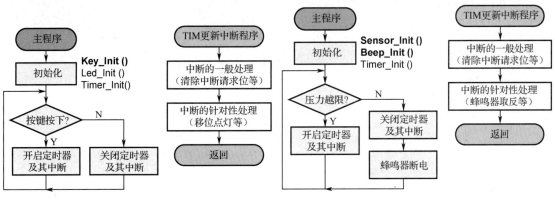

（a）利用通用定时器更新中断实现流水灯　　　　　　（b）利用通用定时器更新中断实现蜂鸣器报警

图 5.4.4　程序流程

2. 程序框架搭建

（1）复制文件夹"05-03-流水灯-通用定时器中断-按键控制"并粘贴，修改副本文件夹名为"05-04-蜂鸣器-通用定时器中断-压力控制"，如图 5.4.5 所示。

（2）检查"HARDWARE"文件夹内的文件夹"BEEP""SENSOR""TIMER"及其内部的文件。

（3）修改工程名"Marquee_Button"为"Presure_Beep"。

（4）双击工程"Presure_Beep"，打开 Keil μVision5 软件，在"Project"窗口的"HARDWARE"文件夹中添加文件"beep.c"和"sensor.c"。

（5）双击"Options"按钮，选择"C/C++"→"Include Paths"→"…"命令添加"BEEP"和"SENSOR"文件夹。

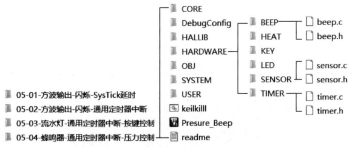

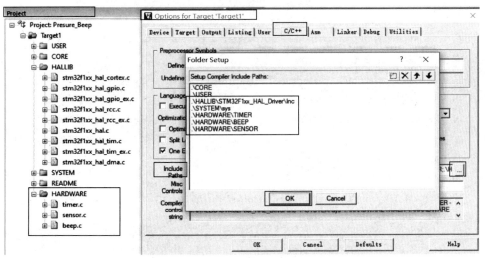

图 5.4.5　框架搭建

3. 主程序设计与调试

```
main.c
 1  #include "sensor.h"              //SENSOR定义头文件
 2  #include "beep.h"                //BEEP定义头文件
 3  //#include "SysTick.h"           //滴答时钟头文件
 4  #include "timer.h"               //TIM初始化头文件
 5  int main( )
 6 { extern TIM_HandleTypeDef  TIM4_Handler;  //TIM4_Handler是外部定义的TIM操作变量
 7    HAL_Init();                    //初始化HAL
 8    Stm32_Clock_Init(RCC_PLL_MUL9);//外部晶振，9倍频
 9    //SysTick_Init(72);            //滴答时钟初始化，系统时钟为72MHz
10    Sensor_Init();                 //初始化传感器
11    Beep_Init();                   //初始化蜂鸣器
12    Timer_Init(500-1,72-1);        //初始化TIM
13                                   //Tout= (ARR+1)*(PSC+1)/fCK_INT=500*72/72=500us
14    while(1)
15    { if(P_High==0)HAL_TIM_Base_Start_IT(&TIM4_Handler);
16                                   //按键按下，则使能TIM4和TIM4更新中断
17      else
18      { HAL_TIM_Base_Stop_IT(&TIM4_Handler);
19                                   //按键未按下，则禁止TIM4和TIM4更新中断
20        Beep=0;                    //蜂鸣器断电（低电平断电蜂鸣器）
21        //Beep=1;                  //蜂鸣器断电（高电平断电蜂鸣器）
22      }
23    }
24 }
```

（1）第 1 行、第 2 行、第 10 行、第 11 行将流水灯程序中对按键和 LED 的操作改为对传感器、蜂鸣器的操作。

（2）第 12 行，修改 ARR 和 PSC 的设定值，以确保频率为 1kHz。

（3）第 15 行，对传感器进行检测，按照图 5.4.1 所示的电路，当压力越限时，输入为 0，此时应开启定时器及其中断。

（4）第 17～21 行，压力正常时，应关闭定时器及其中断，并给蜂鸣器断电。根据图 5.4.1，Beep=0 使蜂鸣器断电。如果蜂鸣器电路是高电平断电，则应将第 20 行语句替换为第 21 行。

4. 定时器程序设计与调试

```
timer.h
 1 #ifndef _TIMER_H
 2 #define _TIMER_H
 3   #include "sys.h"
 4   #include "SysTick.h"
 5   void Timer_Init(u16 Arr,u16 Psc);  //定时器初始化
 6 #endif
```

```
timer.c
 1  #include "timer.h"
 2  #include "beep.h"
 3  TIM_HandleTypeDef  TIM4_Handler;            //定义TIM操作变量
 4 /*****************************************************************
 5  * 函 数 名       : Timer_Init
 6  * 函数功能       : TIME初始化函数
 7  * 输    入       : ARR:重装载值   0~65535
 8                     PSC:分频系数   0~65535
 9                     加计数或减计数情况下:
10                     延时时间Tout= (ARR+1)×(PSC+1)/fCK_INT；本开发板fCK_INT=72MHz
11  * 输    出       : 无
12 ******************************************************************/
13  void Timer_Init(u16 Arr,u16 Psc)
14 {    TIM4_Handler.Instance=TIM4;                        //TIM4
15      TIM4_Handler.Init.Prescaler=Psc;                   //分频系数
16      TIM4_Handler.Init.CounterMode=TIM_COUNTERMODE_UP;  //向上计数
17      TIM4_Handler.Init.Period=Arr;                      //自动装载值
18      TIM4_Handler.Init.ClockDivision=TIM_CLOCKDIVISION_DIV1;//时钟分割系数=1
19
20      HAL_TIM_Base_Init(&TIM4_Handler);                  //按照以上设置进行TIM时基初始化
21
22      //HAL_TIM_Base_Start_IT(&TIM4_Handler);            //使能TIM4和TIM4更新中断
23 }
24 /*****************************************************************
25  定时器底层驱动，开启时钟，设置中断优先级
26  此函数会被HAL_TIM_Base_Init()函数调用
27 ******************************************************************/
28  void HAL_TIM_Base_MspInit(TIM_HandleTypeDef *htim)
29 {if(htim->Instance==TIM4)
30    {  __HAL_RCC_TIM4_CLK_ENABLE();            //使能TIM4时钟
31       HAL_NVIC_SetPriorityGrouping(NVIC_PRIORITYGROUP_0);//设置优先级分组号
32       HAL_NVIC_SetPriority(TIM4_IRQn,0,1);    //设置中断优先级，抢占优先级为0,响应优先级为1
33       HAL_NVIC_EnableIRQ(TIM4_IRQn);          //使能ITM4的NVIC中断响应
34    }
35 }
```

```
36 /*******************************************************************
37 * 函 数 名      : TIM4_IRQHandler
38 * 函数功能      : TIM4中断函数
39 * 输     入      : 无
40 * 输     出      : 无
41 *******************************************************************/
42 void TIM4_IRQHandler(void)
43 { HAL_TIM_IRQHandler(&TIM4_Handler);//对TIM中断做一般性处理
44                                     //清除中断请求位,调用TIM针对性处理函数
45 }
46
47 void HAL_TIM_PeriodElapsedCallback(TIM_HandleTypeDef *htim)//对TIM中断做针对性处理
48 { //static u8 n=0;          //当前点亮灯号
49   if(htim==(&TIM4_Handler))      //如果TIM4中断
50   {   Beep=!Beep;          //蜂鸣器取反
51   }
52 }
```

（1）请注意"timer.c"文件的第 2 行，应将原来的 led.h 改为 beep.h。

（2）"timer.c"文件中的中断针对性处理函数应将原来的移位操作改为简单的取反（第 50 行）。同时第 48 行的变量 n 也不再需要。

5. 传感器程序设计与调试

```
sensor.h
1 #ifndef _SENSOR_H
2 #define _SENSOR_H
3   #include "sys.h"
4   #define P_High   PEin(2)
5   //#define T_Low    PEin(4)
6   void Sensor_Init(void);
7 #endif
```

```
sensor.c
1 #include "sensor.h"
2 void Sensor_Init()
3 { GPIO_InitTypeDef GPIO_InitStructure;           //定义GPIO初始化参数
4     __HAL_RCC_GPIOE_CLK_ENABLE();                 //开启GPIOE时钟
5   GPIO_InitStructure.Pin=GPIO_PIN_2|GPIO_PIN_4;   //PE2和PE4
6   GPIO_InitStructure.Mode=GPIO_MODE_INPUT;        //输入
7   GPIO_InitStructure.Pull=GPIO_PULLUP;            //内部上拉
8   HAL_GPIO_Init(GPIOE, &GPIO_InitStructure);      //执行GPIOE初始化
9 }
```

（1）按照图 5.4.1 所示的电路，使用 PE2 接收压力开关输入，因此"sensor.h"文件的第 4 行对 PEin(2)进行定义。

（2）在"sensor.c"文件中初始化 PE2，并在第 7 行将其设置为内部上拉。

6. 蜂鸣器程序设计与调试

```
beep.h
1 #ifndef _BEEP_H
2   #define _BEEP_H
3   #include "sys.h"
4   #define   Beep    PBout(5)
5   void Beep_Init(void);
6 #endif
```

```
beep.c
1 #include "beep.h"
2 void Beep_Init()
3 { GPIO_InitTypeDef GPIO_InitStructure;           //定义GPIO初始化变量
4     __HAL_RCC_GPIOB_CLK_ENABLE();                 //开启GPIOB时钟
5   GPIO_InitStructure.Pin=GPIO_PIN_5;              //准备初始化PB5
6   GPIO_InitStructure.Mode=GPIO_MODE_OUTPUT_PP;    //推挽输出
7   GPIO_InitStructure.Speed=GPIO_SPEED_FREQ_HIGH;  //高速输出
8   HAL_GPIO_Init(GPIOB, &GPIO_InitStructure);      //GPIOB初始化
9   HAL_GPIO_WritePin(GPIOB, GPIO_PIN_5,GPIO_PIN_RESET);//使PB5输出0（不响）
10  //HAL_GPIO_WritePin(GPIOB, GPIO_PIN_5,GPIO_PIN_SET);//使PB5输出1（不响）
11 }
12
```

（1）按照图 5.4.1 所示的电路，使用 PB5 控制蜂鸣器，故"beep.h"文件的第 4 行对 PBout(5)进行定义。

（2）在"beep.c"文件中初始化 PB5。第 9 行和第 10 行用于给蜂鸣器送初始值，请大家根据自己的开发板选用哪一句。

7. 软硬件联调

（1）连接电路，连接开发板与计算机。

（2）按照图 5.2.5 在"Options for Target 'Target1'"对话框中找到开发板的 IDCODE 并进行设置。

（3）编译、生成、下载程序到开发板。

（4）反复按住和松开 K_Left 按键，模拟压力越限和正常，观察蜂鸣器是否正确发声，如果不正确，则修改程序或电路直至运行结果正确。

（5）修改主程序第 12 行 Timer_Init()函数的传递参数，如将 ARR 修改为 50-1,100-1,200-1,300-1,…,1000-1,…，下载后观察蜂鸣器音调的变化，请找出蜂鸣器的频率上下限是多少。

故障现象：_____

解决办法：_____

原因分析：_____

三、要点记录及成果检验

任务 5.4	利用定时器更新中断控制蜂鸣器鸣响						
姓名		学号		日期		分数	
用 TIM2 完成以下功能：按下按键 K_Up，蜂鸣器响；松开按键 K_Up，蜂鸣器不响。请画出按键和蜂鸣器电路，写出程序并调试。							

任务 5.5　利用定时器更新中断控制蜂鸣器音调

一、任务目标

目标：综合运用外部中断和定时器更新中断，掌握外部中断和定时中断的编程方法。

具体工作任务：

（1）按下 K_Left 按键，蜂鸣器响，松开 K_Left 按键，蜂鸣器不响。

（2）用 K_Up 和 K_Down 按键控制音调的增大和减小。

设计思路：无源蜂鸣器的音调由振荡频率决定。可以利用外部中断检测 K_Up 和 K_Down 按键是否被按下，每按下 1 次进入对应的外部中断程序增大或减小音调（频率）。利用定时器更新中断，按照音调对应的频率输出方波控制蜂鸣器。为方便观察，可利用数码管对设定值进行显示。

二、学习与实践

（一）讨论与发言

对照任务 5.4，谈一谈实现本任务的电路和程序设计思路。

请阅读以下资料，按照步骤完成工作任务。

（二）系统方案及电路设计

系统方案及电路设计如图 5.5.1 所示。

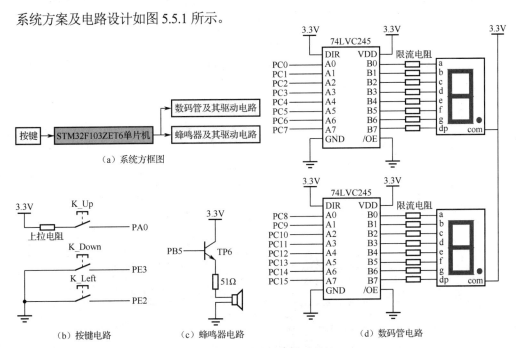

图 5.5.1 系统方案及电路设计

图 5.5.1 画出了按键、蜂鸣器和数码管电路，电源电路、复位电路、晶振电路等常规电路请自己画出。

（三）程序设计与调试

1. 程序流程设计

与任务 5.4 相比，本任务增加了两个外部中断，分别用于增大和减小音调。另外由于要用到按键延时去抖，还需要进行滴答时钟初始化。程序流程如图 5.5.2 所示。

2. 程序框架搭建

（1）复制文件夹"05-04-蜂鸣器-通用定时器中断-压力控制"并粘贴，修改副本文件夹名为"05-05-蜂鸣器-通用定时器中断-音调调节"，如图 5.5.3 所示。

（2）从文件夹"04-03-工件计数加 1-静态显示-中断"中复制"SEG"文件夹到"HARDWARE"文件夹中。

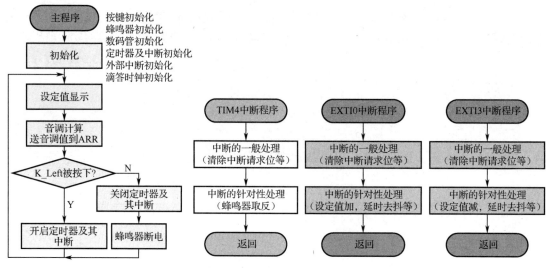

图 5.5.2　程序流程

（3）复制"KEY"文件夹并粘贴，将其副本文件夹名修改为"EXTI"，并修改其内部文件名。

（4）检查"HARDWARE"文件夹中"BEEP""EXTI""KEY""SEG""TIMER"文件夹及其内部文件名。

（5）修改工程名"Presure_Beep"为"Button_Beep"。

（6）双击工程"Button_Beep"，打开 Keil μVision5 软件，在"Project"窗口的"HARDWARE"文件夹中添加需要的.c 文件。

（7）双击"Options"按钮，选择"C/C++"→"Include Paths"→"…"命令添加需要的.h文件所在的文件夹。

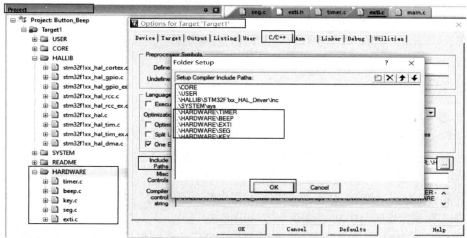

图 5.5.3　框架搭建

3. 主程序设计与调试

```
main.c
 1  #include "key.h"                      //按键定义头文件
 2  #include "beep.h"                     //蜂鸣器定义头文件
 3  #include "exti.h"                     //外部中断定义头文件
 4  #include "seg.h"                      //数码管定义头文件
 5  #include "SysTick.h"                  //滴答时钟头文件
 6  #include "timer.h"                    //TIM初始化头文件
 7  u8 Setvalue;                          //变量Setvalue，用于存储音调设定值，受加1键和减1键控制
 8  TIM_HandleTypeDef  TIM4_Handler;      //变量TIM4_Handler，TIM操作变量
 9  int main( )
10 { u16 tone;                           //变量tone，用于音调修正
11    HAL_Init();                        //初始化HAL
12    Stm32_Clock_Init(RCC_PLL_MUL9);   //外部晶振，9倍频
13    SysTick_Init(72);                  //滴答时钟初始化，系统时钟为72MHz
14    KEY_Init();                        //初始化按键（K_Left）
15    EXTI_Init();                       //初始化exti（K_Up、K_Down）
16    Beep_Init();                       //初始化蜂鸣器
17    Seg_Init();                        //初始化数码管
18
19    Timer_Init(500-1,72-1);            //TIM初始化
20                                       //Tout= (ARR+1)*(PSC+1)/fCK_INT=500*72/72=500us
21                                       //对应蜂鸣器频率=1/(2*500us)=1kHz
22    while(1)
23    {   Seg_Disp(Setvalue);            //显示音调设定值，0~99
24        tone=(Setvalue+1)*50-1;        //将音调设定值换算成定时器的ARR
25                                       //Setvalue=0,tone=50-1;Setvalue=99,tone=5000-1
26                                       //公式可随蜂鸣器不同做适当调整
27        __HAL_TIM_SET_AUTORELOAD(&TIM4_Handler, tone);  //送tone给TIM4作为ARR
28                                       //Tout= (tone+1)*(PSC+1)/72=tone+1（微秒）
29                                       //tone=50-1, Tout=50us, 周期=100us 频率=10kHz
30                                       //tone=5000-1,Tout=5000us,周期=10000us 频率=100Hz
31        if(K_Left==0)HAL_TIM_Base_Start_IT(&TIM4_Handler);
32                                       //按键按下，则使能TIM4和TIM4更新中断
33        else
34        {   HAL_TIM_Base_Stop_IT(&TIM4_Handler);
35                                       //按键未按下，则禁止TIM4和TIM4更新中断
36            Beep=0;                     //蜂鸣器断电（低电平断电蜂鸣器）
37            //Beep=1;                   //蜂鸣器断电（高电平断电蜂鸣器）
38        }
39    }
40 }
```

（1）由于电路中用到按键、数码管、蜂鸣器，又用到定时器、外部中断，故第 1~6 行、第 13~19 行做了相应调整。

（2）本程序将定时器操作变量定义放在了第 8 行。

（3）第 7 行定义了一个变量 Setvalue，用于存储音调设定值。该变量的值在 K_Up 和 K_Down 按键触发的外部中断程序中被修改，在主程序的第 23 行、第 24 行被使用。第 23 行的作用是将 Setvalue 的值送数码管显示。

（4）与任务 5.2~任务 5.4 不同，本任务中定时器的定时时间是不固定的，需要根据 Setvalue 的值随时修改。在系统时钟为 72MHz、加计数情况下，定时时间=(ARR+1)×(PSC+1)/72μs。如果 PSC+1 固定为 72，则定时时间=ARR+1（μs）。

第 27 行语句 "__HAL_TIM_SET_AUTORELOAD(&TIM4_Handler,tone);" 调用了 ARR 参数设定库宏函数，其作用是将变量 tone 的值作为 ARR 送给 TIM4_Handler 指定的定时器。改变 tone，定时时间随之改变，蜂鸣器相应变调。

变量 tone 在第 10 行中定义，在第 24 行通过 Setvalue 计算得到。对于不同的蜂鸣器，可以通过修改公式得到合适的变调值。

ARR 参数设定库宏函数的使用方法如表 5.5.1 所示，表 5.5.1 中也给出了另外几个定时器常用参数设置和读取库函数，以供比较。

表 5.5.1　几个常用定时器参数设置和读取库函数

1. 库宏函数名：__HAL_TIM_SET_AUTORELOAD(&TIM 操作变量,ARR 设定值)
原型：__HAL_TIM_SET_AUTORELOAD(__HANDLE__, __AUTORELOAD__)
功能：修改__HANDLE__指定定时器的自动重装值为__AUTORELOAD__
示例：__HAL_TIM_SET_AUTORELOAD(&AAA，2000-1); //修改 AAA 指定定时器的 ARR 为 2000-1

2. 库宏函数名：__HAL_TIM_GET_AUTORELOAD(&TIM 操作变量)
原型：__HAL_TIM_GET_AUTORELOAD(__HANDLE__)
功能：求__HANDLE__指定定时器的自动重装值
示例：if(__HAL_TIM_GET_AUTORELOAD(&AAA)==999) x=0;　　//若 AAA 指定定时器的 ARR 为 999，则令变量 x 为 0
3. 库宏函数名：__HAL_TIM_SET_PRESCALER(&TIM 操作变量,PSC 设定值)
原型：__HAL_TIM_SET_PRESCALER(__HANDLE__，__PRESC__)
功能：修改__HANDLE__指定定时器的 PSC 预分频系数为__PRESC__
示例：__HAL_TIM_SET_PRESCALER(&AAA，72-1)；//设置 AAA 指定定时器的 PSC 为 72-1
4. 库宏函数名：__HAL_TIM_GET_PRESCALER(&TIM 操作变量)
原型：__HAL_TIM_GET_PRESCALER(__HANDLE__)
功能：求__HANDLE__指定定时器的 PSC 值
示例：if(__HAL_TIM_GET_PRESCALER(&AAA)==71) x=0;　　//若 AAA 指定定时器的 PSC 值为 71，则令变量 x 为 0
5. 库宏函数名：__HAL_TIM_SET_COUNTER(&TIM 操作变量,计数值)
原型：__HAL_TIM_SET_COUNTER(__HANDLE__，__COUNTER__)
功能：修改__HANDLE__指定定时器的计数值为__COUNTER__
示例：__HAL_TIM_SET_COUNTER(&AAA,5000)；　　//将 AAA 指定定时器的当前计数值设为 5000
6. 库宏函数名：__HAL_TIM_GET_COUNTER(&TIM 操作变量)
原型：__HAL_TIM_GET_COUNTER(__HANDLE__)
功能：读取__HANDLE__指定定时器的计数值
示例：if(__HAL_TIM_GET_COUNTER(&AAA)==24) x=0;　　//若 AAA 指定定时器的计数值为 24，则令变量 x 为 0

4. 定时器程序设计与调试

```
timer.h
1 #ifndef _TIMER_H
2 #define _TIMER_H
3   #include "sys.h"
4   #include "SysTick.h"
5   void Timer_Init(u16 Arr,u16 Psc); //定时器初始化
6 #endif
```

```
timer.c
1  #include "timer.h"
2  #include "beep.h"
3  extern TIM_HandleTypeDef  TIM4_Handler;              //外部定义的TIM操作变量
4  /*******************************************************************
5  * 函 数 名        : Timer_Init
6  * 函数功能        : TIME初始化函数
7  * 输      入      : ARR:重装载值  0~65535
8                      PSC:分频系数  0~65535
9                      加计数或减计数情况下:
10                     延时时间Tout= (ARR+1)×(PSC+1)/fCK_INT; 本开发板fCK_INT=72MHz
11 * 输      出      : 无
12 *******************************************************************/
13 void Timer_Init(u16 Arr,u16 Psc)
14 {   TIM4_Handler.Instance=TIM4;                       //TIM4
15     TIM4_Handler.Init.Prescaler=Psc;                  //分频系数
16     TIM4_Handler.Init.CounterMode=TIM_COUNTERMODE_UP; //向上计数
17     TIM4_Handler.Init.Period=Arr;                     //自动装载值
18     TIM4_Handler.Init.ClockDivision=TIM_CLOCKDIVISION_DIV1;//时钟分割系数=1
19
20     HAL_TIM_Base_Init(&TIM4_Handler);                 //按照以上设置进行TIM时基初始化
21
22     //HAL_TIM_Base_Start_IT(&TIM4_Handler);           //使能TIM4和TIM4更新中断
23 }
24 /*****************************************
25 定时器底层驱动, 开启时钟, 设置中断优先级
26 此函数会被HAL_TIM_Base_Init()函数调用
27 *****************************************/
28 void HAL_TIM_Base_MspInit(TIM_HandleTypeDef *htim)
29 {if(htim->Instance==TIM4)
30   { __HAL_RCC_TIM4_CLK_ENABLE();                      //使能TIM4时钟
31     HAL_NVIC_SetPriorityGrouping(NVIC_PRIORITYGROUP_2);//设置优先级分组号=2
32     HAL_NVIC_SetPriority(TIM4_IRQn,1,1);              //设置中断优先级,抢占优先级为1, 响应优先级为1
33     HAL_NVIC_EnableIRQ(TIM4_IRQn);                    //使能ITM4的NVIC中断响应
34   }
35 }
```

```
36 □/*****************************************************************
37  * 函 数 名          : TIM4_IRQHandler
38  * 函数功能          : TIM4中断函数
39  * 输    入          : 无
40  * 输    出          : 无
    *****************************************************************/
42  void TIM4_IRQHandler(void)
43 { HAL_TIM_IRQHandler(&TIM4_Handler);//对TIM中断做一般性处理
44                                      //清除中断请求位,调用TIM针对性处理函数
45  }
46
47  void HAL_TIM_PeriodElapsedCallback(TIM_HandleTypeDef *htim)//对TIM中断做针对性处理
48 { if(htim==(&TIM4_Handler))        //如果TIM4中断
49 □   { Beep=!Beep;                    //蜂鸣器取反
50      }
51  }
```

（1）由于将定时器操作变量 TIM4_Handler 在主程序中定义，"timer.c"文件的第 3 行增加了一条 extern 声明。

（2）第 31 行设置中断优先级分组号为 2。

（3）第 32 行设置 TIM4 更新中断的抢占优先级和响应优先级都为 1。本程序中共有 3 个中断，它们的优先级分配思路将在后面的外部中断程序中一并说明。

5. 按键程序设计与调试

开发板上的 4 个按键我们用了 3 个，其中，K_Left 按键采用查询方式进行采集，K_Up 和 K_Down 按键采用中断方式，因此在"key.c"文件中只保留了 K_Left 按键初始化。K_Up 和 K_Down 按键初始化则放在了 "exti.c" 文件中。

```
key.c
1  #include "key.h"
2
3  void KEY_Init(void)    //按键初始化函数
4 □{ GPIO_InitTypeDef GPIO_Initure;      //定义GPIO初始化变量
5    __HAL_RCC_GPIOA_CLK_ENABLE();      //开启GPIOA时钟
6    __HAL_RCC_GPIOE_CLK_ENABLE();      //开启GPIOE时钟
7
8    //GPIO_Initure.Pin=GPIO_PIN_0;      //PA0
9    //GPIO_Initure.Mode=GPIO_MODE_INPUT;  //输入模式
10   //GPIO_Initure.Pull=GPIO_PULLDOWN;    //内部下拉
11   //HAL_GPIO_Init(GPIOA,&GPIO_Initure); //执行GPIOA初始化
12
13   GPIO_Initure.Pin=GPIO_PIN_2;        //PE2
14   GPIO_Initure.Mode=GPIO_MODE_INPUT;  //输入模式
15   GPIO_Initure.Pull=GPIO_PULLUP;      //内部上拉
16   HAL_GPIO_Init(GPIOE,&GPIO_Initure); //执行GPIOE初始化
17  }
```

```
key.h
1 □#ifndef _KEY_H
2  #define _KEY_H
3  #include "sys.h"
4
5  #define K_Up     PAin(0)             //为PA0起名K_Up
6  #define K_Left   PEin(2)             //为PE2起名K_Left
7  #define K_Down   PEin(3)             //为PE3起名K_Down
8  #define K_Right  PEin(4)             //为PE4起名K_Right
9
10 void KEY_Init(void);
11 #endif
```

6. 外部中断程序设计与调试

```
exti.h
1 □#ifndef _EXTI_H
2  #define _EXTI_H
3  #include "sys.h"
4  void EXTI_Init(void);
5  #endif
```

```
exti.c
1   #include "exti.h"
2   #include "SysTick.h"            //滴答时钟头文件
3   extern u8 Setvalue;             //外部定义的变量Setvalue,受加1键和减1键控制
4   /************EXTI中断初始化函数*****************************/
5   void EXTI_Init(void)
6 □{ GPIO_InitTypeDef GPIO_InitStructure; //定义结构体变量,用于存放GPIO初始化参数
7    __HAL_RCC_GPIOA_CLK_ENABLE();      //开启GPIOA时钟
8    __HAL_RCC_GPIOE_CLK_ENABLE();      //开启GPIOE时钟
9
10   GPIO_InitStructure.Pin=GPIO_PIN_0;          //PA0
11   GPIO_InitStructure.Mode=GPIO_MODE_IT_RISING; //外部中断模式,上升沿触发
12   GPIO_InitStructure.Pull=GPIO_PULLDOWN;      //内部下拉
13
```

```
14    HAL_GPIO_Init(GPIOA, &GPIO_InitStructure);      //GPIOA初始化
15
16    GPIO_InitStructure.Pin=GPIO_PIN_3;               //PE3
17    GPIO_InitStructure.Mode=GPIO_MODE_IT_FALLING;    //外部中断模式，下降沿触发
18    GPIO_InitStructure.Pull=GPIO_PULLUP;             //内部上拉
19    HAL_GPIO_Init(GPIOE, &GPIO_InitStructure);       //GPIOE初始化
20
21    //HAL_NVIC_SetPriorityGrouping(NVIC_PRIORITYGROUP_2);//优先级分组号=2
22                                                     //组号=2时，抢占优先级号=0~3
23    //                                                         响应优先级号=0~3
24    HAL_NVIC_SetPriority(EXTI0_IRQn, 2, 1);          //EXTI0抢占优先级为2，响应优先级为1
25    HAL_NVIC_EnableIRQ(EXTI0_IRQn);                  //使能EXTI0中断响应
26    HAL_NVIC_SetPriority(EXTI3_IRQn, 2, 2);          //EXTI3抢占优先级为2，响应优先级为2
27    HAL_NVIC_EnableIRQ(EXTI3_IRQn);                  //使能EXTI3中断响应
28 }
29 /***************EXTI0和EXTI3中断处理函数******************************/
30
31 void EXTI0_IRQHandler(void)
32 {  HAL_GPIO_EXTI_IRQHandler(GPIO_PIN_0);    //对EXTI0做一般性处理并调用EXTI中断针对性处理函数
33 }
34 void EXTI3_IRQHandler(void)
35 {  HAL_GPIO_EXTI_IRQHandler(GPIO_PIN_3);    //对EXTI3做一般性处理并调用EXTI中断针对性处理函数
36 }
37 void HAL_GPIO_EXTI_Callback(uint16_t GPIO_Pin)//EXTI中断专门处理函数
38 {  switch (GPIO_Pin)                       //判断是哪个中断
39     { case GPIO_PIN_0:  Setvalue+=1;  break;  //外部中断0，设定值+1
40       case GPIO_PIN_3:  Setvalue-=1;  break;  //外部中断3，设定值-1
41     }
42     if(Setvalue>99) Setvalue=0;             //超过最大值，恢复为0
43     delay_ms(10);                           //延时去抖
44 }
```

（1）"exti.c"文件中第 3 行声明 Setvalue 是外部变量，与主程序中的定义相呼应。

（2）第 5～19 行对 PA0 和 PE3 引脚进行初始化，分别设置 PA0、PE3 为 GPIO_MODE_IT_RISING 和 GPIO_MODE_IT_FALLING。

（3）由于"timer.c"文件中已经进行过中断分组号的设定，应该把第 21 行屏蔽掉。

（4）根据表 4.4.3，中断优先级组号为 2 情况下，抢占优先级和响应优先级各有 4 种。本系统将 TIM4 中断的抢占优先级设为 1，EXTI0 中断设为 2，EXTI3 中断设为 2。这样，TIM4 的中断优先级最高，TIM4 中断可以嵌套其他两个中断。如果在外部中断处理过程中定时时间到，那么 CPU 会自动跳到定时中断程序进行处理，处理完后再回到外部中断处理程序。这样做的好处是外部中断处理（特别是外部中断处理中的延时去抖）不会影响到蜂鸣器的工作。

EXTI0 和 EXTI3 的抢占优先级相同，不允许嵌套。它们的响应优先级分别设为 1 和 2。

（5）第 38 行使用了 switch 语句，用于判断是哪个引脚输入的中断请求。如果是外部中断 0，则 Setvalue 加 1；如果是外部中断 3，则 Setvalue 减 1。

（6）第 42 行限制 Setvalue 不超过 100。

（7）第 43 行进行按键延时去抖。

7. 蜂鸣器程序设计与调试

与任务 5.4 相同，未做改变。

8. 静态数码管显示程序

与项目 4 程序相同，未做改变。

9. 软硬件联调

（1）连接电路，连接开发板与计算机。

（2）按照图 5.2.5 在"Options for Target 'Target1'"对话框中找到开发板的 IDCODE 并进行设置。

（3）编译、生成、下载程序到开发板。

（4）按住 K_Left 按键的过程中，反复按下和松开 K_Up 按键，记录蜂鸣器音调变化；反复按下和松开 K_Down 按键，记录蜂鸣器音调变化，检查程序是否正确。

（5）松开 K_Left 按键，记录蜂鸣器音调变化。

（6）修改主程序中 tone 计算公式的倍数为 10,20,50,100,200,…,1000，体验变调效果的不同。

（7）试试用其他定时器或换个按键实现本功能。

故障现象: _____

解决办法: _____

原因分析: _____

三、要点记录及成果检验

任务 5.5	利用定时器更新中断控制蜂鸣器音调					
姓名		学号		日期		分数	

用 K_Up 按键作为蜂鸣器启动键,用 K_Left 按键作为音调增大键、K_Right 按键作为音调减小键,TIM2 作为定时器。请画出按键、蜂鸣器电路及程序流程图,写出程序并调试。

任务 5.6 利用定时器 PWM 输出控制蜂鸣器音量

一、任务目标

目标:通过蜂鸣器音量控制任务,看懂定时器比较输出路径,初步理解 STM32 定时器 PWM 输出原理,能基于定时器 PWM 输出进行电路和程序设计。

具体工作任务:

(1)按下 K_Left 按键,蜂鸣器响,松开 K_Left 按键,蜂鸣器不响。

(2)用 K_Up 和 K_Down 按键控制音量的增大和减小。

设计思路:

在任务 5.5 中我们已经知道,让定时器输出不同频率的方波,可以控制蜂鸣器的音调。那么,如何控制蜂鸣器的音量呢?显然,加在蜂鸣器上的电压和电流越大,音量越大,这样就可以有两种设计思路,如图 5.6.1 所示。

思路 1:让单片机输出一个电压可调的方波,调节电压大小可改变音量。

思路 2:让单片机输出一个占空比可调的 PWM 波,调节占空比可改变音量。

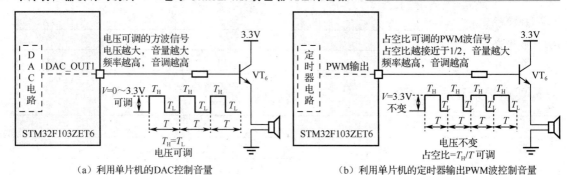

（a）利用单片机的DAC控制音量　　　　（b）利用单片机的定时器输出PWM波控制音量

图 5.6.1　系统方案

思路 1 要利用到 STM32 单片机的 D/A 转换功能，思路 2 则可以利用 STM32 单片机定时器的 PWM 输出功能。本项目我们用思路 2 实现。

二、学习与实践

请阅读以下资料并按照指示的工作顺序完成任务。

（一）讨论与发言

谈一谈你所知道和理解的 PWM。

请阅读以下资料，按照步骤完成工作任务。

（二）系统方案及电路设计

系统电路与任务 5.5 相同，不需要改变。图 5.6.2 中未画出电源电路、复位电路、晶振电路等常规电路，请自己画出。

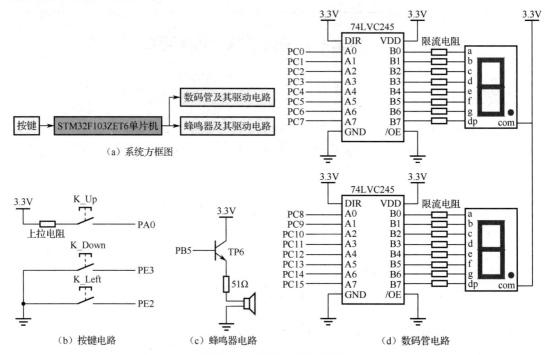

（a）系统方框图　　（b）按键电路　　（c）蜂鸣器电路　　（d）数码管电路

图 5.6.2　系统方案及电路设计

PWM（Pulse Width Modulation，脉冲宽度调制）波是占空比（T_H/T）可调的波，常用于电动机调速、灯光亮度调节、音量调节、加热功率控制等领域。其基本原理是通过改变占空比，达到改变功率的目的。对于图 5.6.2（c）所示的蜂鸣器电路，在周期不变的情况下，PWM 占空比对蜂鸣器音量的影响如图 5.6.3 所示。从图 5.6.3 中可以看出，占空比越接近于 50%，音量越大。

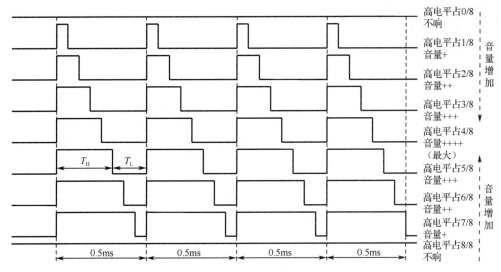

图 5.6.3　PWM 占空比对蜂鸣器音量的影响

利用定时器实现 PWM 输出有两种思路，如图 5.6.4 所示。

方法一适用于不提供 PWM 输出功能的单片机或定时器。需要软件反复修改高低电平的持续时间。由于修改定时时间会占用 CPU 的执行时间，容易造成定时时间不准确，故只能降低输出波形的频率上限。

方法二适用于提供 PWM 输出功能的单片机（如 STM32 单片机）。这种方法在设置好占空比和周期后，启动定时器，硬件电路就会自动在指定引脚输出 PWM 波，不需要开启更新中断，编程更简单，输出波形的精度更高。

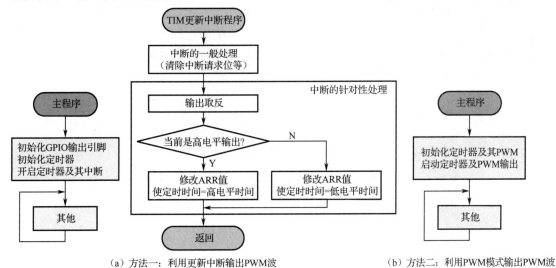

（a）方法一：利用更新中断输出 PWM 波　　　　　（b）方法二：利用 PWM 模式输出 PWM 波

图 5.6.4　PWM 输出的两种思路

（三）利用定时器更新中断实现 PWM 输出

1. 程序流程设计

按照图 5.6.4（a）实现蜂鸣器音量控制的程序流程，如图 5.6.5 所示。

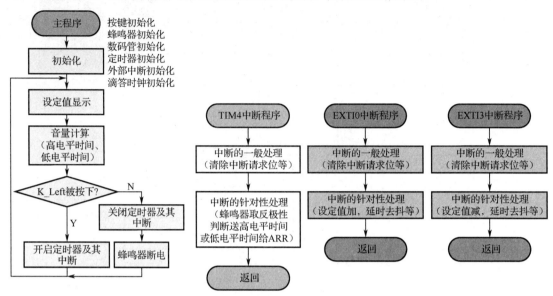

图 5.6.5　利用定时器更新中断实现蜂鸣器音量控制的程序流程

2. 程序框架设计

（1）复制文件夹"05-05-蜂鸣器-通用定时器中断-音调调节"并粘贴，修改副本文件夹名为"05-06-1-蜂鸣器-通用定时器中断-音量调节"，如图 5.6.6 所示。

（2）检查"HARDWARE"文件夹中的"BEEP""EXTI""KEY""SEG""TIMER"文件夹及其内部文件名。

（3）修改工程名为"Beep_Volume"。

（4）双击工程"Beep_Volume"，打开 Keil μVision5 软件，在"Project"窗口中的"HARDWARE"文件夹中添加需要的.c 文件。

（5）双击"Options"按钮，选择"C/C++"→"Include Paths"→"…"命令添加需要的.h 文件所在的文件夹。

图 5.6.6　框架搭建

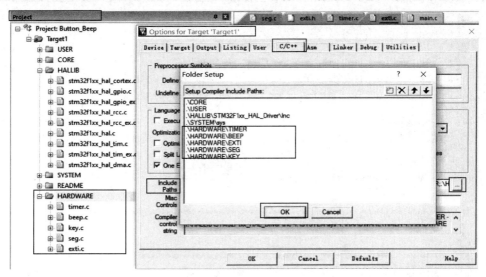

图 5.6.6　框架搭建（续）

3. 主程序设计与调试

```
main.c
1   #include "key.h"                          //按键定义头文件
2   #include "beep.h"                         //蜂鸣器定义头文件
3   #include "exti.h"                         //外部中断定义头文件
4   #include "seg.h"                          //数码管定义头文件
5   #include "SysTick.h"                      //滴答时钟头文件
6   #include "timer.h"                        //TIM初始化头文件
7   u8 Setvalue=1;                            //变量Setvalue，用于存储音量设定值，受加1键和减1键控制
8   TIM_HandleTypeDef  TIM4_Handler;          //变量TIM4_Handler，TIM操作变量
9   u16 T_High,T_Low;                         //定义变量，用于存储高电平时间和低电平时间
10  int main( )
11  {
12     HAL_Init();                            //初始化HAL
13     Stm32_Clock_Init(RCC_PLL_MUL9);        //外部晶振，9倍频
14     SysTick_Init(72);                      //滴答时钟初始化，系统时钟为72MHz
15     KEY_Init();                            //初始化按键（K_Left）
16     EXTI_Init();                           //初始化exti（K_Up、K_Down）
17     Beep_Init();                           //初始化蜂鸣器
18     Seg_Init();                            //初始化数码管
19
20     Timer_Init(500-1,72-1);               //TIM初始化
21                                            //Tout= (ARR+1)*(PSC+1)/fCK_INT=500*72/72=500us
22                                            //对应蜂鸣器周期=2*500us=1000us    频率=1/1000us=1kHz
23     while(1)
24     { Seg_Disp(Setvalue);                  //显示音量设定值，0~99
25        T_High=Setvalue*10;                 //计算TH，0~990
26        T_Low=1000-T_High;                  //TH+TL=1000
27        if(K_Left==0)HAL_TIM_Base_Start_IT(&TIM4_Handler);
28                                            //按键按下，则使能TIM4和TIM4更新中断
29        else
30        {  HAL_TIM_Base_Stop_IT(&TIM4_Handler);
31                                            //按键未按下，则禁止TIM4和TIM4更新中断
32           Beep=0;                          //蜂鸣器断电（低电平断电蜂鸣器）
33           //Beep=1;                        //蜂鸣器断电（高电平断电蜂鸣器）
34        }
35     }
36  }
```

注意，第 25 行和第 26 行用于计算高、低电平时间。

4. 定时器程序设计与调试

```
timer.c
1   #include "timer.h"
2   #include "beep.h"
3   extern TIM_HandleTypeDef  TIM4_Handler;          //外部定义的TIM操作变量
4   extern u16 T_High,T_Low;                         //定义变量，用于存储高电平时间和低电平时间
5   /***********************************************************************
6   * 函 数 名         : Timer_Init
7   * 函数功能         : TIME初始化函数
8   * 输    入         : ARR:重装载值  0~65535
9                       PSC:分频系数  0~65535
10                      加计数或减计数情况下：
11                      延时时间Tout= (ARR+1)×(PSC+1)/fCK_INT；本开发板fCK_INT=72MHz
12  * 输    出         : 无
13  ************************************************************************/
```

```
14  void Timer_Init(u16 Arr,u16 Psc)
15 □{    TIM4_Handler.Instance=TIM4;                          //TIM4
16       TIM4_Handler.Init.Prescaler=Psc;                     //分频系数
17       TIM4_Handler.Init.CounterMode=TIM_COUNTERMODE_UP;    //向上计数
18       TIM4_Handler.Init.Period=Arr;                        //自动装载值
19       TIM4_Handler.Init.ClockDivision=TIM_CLOCKDIVISION_DIV1;//时钟分割系数=1
20
21       HAL_TIM_Base_Init(&TIM4_Handler);                    //按照以上设置进行TIM时基初始化
22
23       //HAL_TIM_Base_Start_IT(&TIM4_Handler);              //使能TIM4和TIM4更新中断
24  }
25 □/*********************************************
26  定时器底层驱动,开启时钟,设置中断优先级
27  此函数会被HAL_TIM_Base_Init()函数调用
28  *********************************************/
29  void HAL_TIM_Base_MspInit(TIM_HandleTypeDef *htim)
30 □{if(htim->Instance==TIM4)
31 □   {  __HAL_RCC_TIM4_CLK_ENABLE();                        //使能TIM4时钟
32       HAL_NVIC_SetPriority(TIM4_IRQn,0,1);                 //设置中断优先级,抢占优先级为0,响应优先级为1
33       HAL_NVIC_EnableIRQ(TIM4_IRQn);                       //使能TIM4的NVIC中断响应
34     }
35  }
36 □/*********************************************
37  * 函 数 名        : TIM4_IRQHandler
38  * 函数功能        : TIM4中断函数
39  * 输    入        : 无
40  * 输    出        : 无
41  *********************************************/
42  void TIM4_IRQHandler(void)
43 □{ HAL_TIM_IRQHandler(&TIM4_Handler);//对TIM中断做一般性处理
44                                      //清除中断请求位,调用TIM针对性处理函数
45  }
46
47  void HAL_TIM_PeriodElapsedCallback(TIM_HandleTypeDef *htim)//对TIM中断做针对性处理
48 □{ if(htim==(&TIM4_Handler))        //TIM4中断
49 □    {  Beep=!Beep;                 //Beep取反
50         if(Beep==1)                 //当前是高电平
51 □       {  __HAL_TIM_SET_AUTORELOAD(&TIM4_Handler,T_High);}//送高电平的保持时间
52         }
53         else                        //当前是低电平
54 □       {  __HAL_TIM_SET_AUTORELOAD(&TIM4_Handler,T_Low);}//送低电平的保持时间
55         }
56     }
57  }
```

```
    timer.h
1  #ifndef _TIMER_H
2  #define _TIMER_H
3    #include "sys.h"
4    #include "SysTick.h"
5    void Timer_Init(u16 Arr,u16 Psc);  //定时器初始化
6  #endif
```

注意,第 50~55 行,根据当前输出状态,将高电平或低电平时间送定时器作为 ARR 的值。

5. 按键程序设计与调试

与任务 5.5 相同。

6. 外部中断程序设计与调试

与任务 5.5 相同。

7. 数码管程序设计与调试

与任务 5.5 相同。

8. 软硬件联调

下载以上程序到开发板,用按键测试音量变化的效果。

(四)利用定时器比较输出通道实现 PWM 输出

1. STM32 单片机通用定时器的比较输出功能

STM32 单片机通用定时器提供比较输出功能,利用比较输出功能可以输出 PWM 波。STM32 单片机通用定时器内部组成及比较输出功能的信号路径如图 5.6.7 所示,其最大的特点是可以一边计数,一边自动向指定引脚输出信号。

(1)每个通用定时器最多可以有 4 路输出(OC1~OC4),对应引脚分别为 TIMx_CH1~TIMx_CH4。OC 就是 Output Compare,即比较输出,CH 是 Channel,即通道。

(2)每一路输出各对应一个捕获/比较寄存器 CCR1~CCR4。CCR(**C**apture **C**ompare **R**egister,捕获/比较寄存器)具有 **C**apture(捕获)和 **C**ompare(比较)两种功能,OC 输出时使用的是其比较功能。在本项目中,我们只学习比较功能。

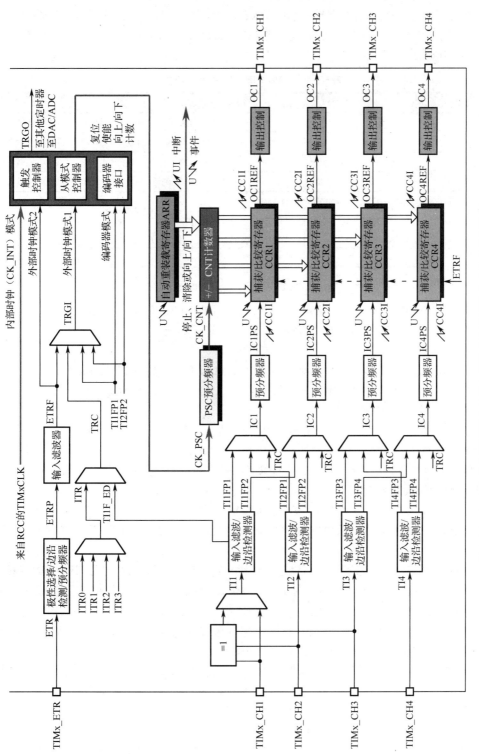

图 5.6.7　STM32 单片机通用定时器内部组成及比较输出功能的信号路径

（3）如果编程使能了定时器的 OC1 输出功能，那么作为增计数器时，CNT 计数器不仅要将计数值与 ARR 定时器的设定值做比较，还要与 **CCR1** 的设定值做比较，并根据比较结果在 TIMx_CH1 引脚上输出高电平或低电平。OC2～OC4 的输出与此类似。

（4）若编程设置定时器为内部时钟模式、CNT 做增计数、TIMx_CH1 引脚为 PWM1 模式（见表 5.6.1），且有效电平为高电平，则输出波形如图 5.6.8 所示。ARR 的值决定了 PWM 波的周期，CCR 寄存器的值决定了占空比。

表 5.6.1　PWM1 模式和 PWM2 模式

模　式	计数器 CNT 计数方式	说　　明
PWM1	增计数	CNT<CCR，通道 CH 输出有效电平，否则输出无效电平
	减计数	CNT>CCR，通道 CH 输出无效电平，否则输出有效电平
PWM2	增计数	CNT<CCR，通道 CH 输出无效电平，否则输出有效电平
	减计数	CNT>CCR，通道 CH 输出有效电平，否则输出无效电平

注：输出有效电平可根据需要通过编程指定为高电平或低电平。

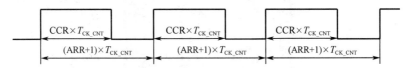

图 5.6.8　PWM 波形（不同模式下略有区别）

$$\text{PWM 波周期}=(ARR+1)\times T_{\text{CK\_CNT}}=(ARR+1)\times(PSC+1)/f_{\text{CK\_INT}}$$

$$\text{高电平时间}=CCR\times T_{\text{CK\_CNT}}=CCR\times(PSC+1)/f_{\text{CK\_INT}}$$

$$\text{占空比}=CCR/(ARR+1)$$

因此，在 $f_{\text{CK\_INT}}$=72MHz 情况下，若希望输出 2kHz、1/4 占空比的 PWM 波，则有

$$\text{PWM 波周期}=(ARR+1)\times(PSC+1)/(72MHz)=1/(2kHz)=0.5ms=500\mu s$$

若设置 PSC+1=72，则有

$$(ARR+1)\times72/(72MHz)=500\mu s$$

可算得

$$ARR=500-1$$

CCR 设定值应设置为

$$CCR=(ARR+1)\times1/4=125$$

（5）如图 5.6.7 所示，当计数值到达 CCR 时，也会触发 TIM 比较中断请求 CC1I～CC4I。

2. PWM 输出模式

OC1～OC4 通道输出信号的形式可以通过编程指定，有 8 种形式供选择，其中 PWM 模式最常使用。PWM 模式又分为 PWM1 模式和 PWM2 模式。表 5.6.1 给出了这两种模式分别在增计数和减计数情况下的输出特性。我们重点讨论 PWM1 模式、增计数情况。

PWM1 模式下，如果设置 CNT 为增计数，ARR 设定值为 8，CCR 设定值为 4，输出有效电平设定为高电平，则输出波形如图 5.6.9 所示，与图 5.6.8 是一致的。

（1）定时器使能以后，开始对 CK_CNT 计数加 1，当 CNT 计数值>ARR 设定值，即计数值=ARR+1 时，计数值自动重装为 0（这一点与之前相同，只要是增计数，特性皆如此）。

（2）在计数过程中，当计数值< CCR 设定值时，PWM 输出有效电平，这里有效电平被设为 1；当计数值≥CCR+1 时，输出无效电平 0。

（3）如果使能了 CCR 中断，那么每当计数值≥CCR 时，发出 CCR 中断请求。

（4）CCR 中断请求不会自动清零，除非遇到软件清除指令。

（5）占空比=CCR/(ARR+1)。

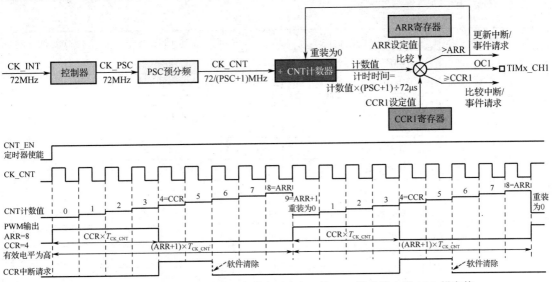

图 5.6.9 PWM1 模式，增计数，有效电平为高，且 CCR 设定值小于 ARR 设定值

（6）周期=(ARR+1)×(PSC+1)/f_{CK_INT}=(ARR+1)×T_{CK_CNT}。

（7）有效电平时间=CCR×(PSC+1)/f_{CK_INT}=CCR×T_{CK_CNT}。

（8）无效电平时间=(ARR+1−CCR)×(PSC+1)/f_{CK_INT}=(ARR+1−CCR)×T_{CK_CNT}。

（9）若 CCR=ARR，则无效电平时间只有 1 个 CK_CNT 周期，如图 5.6.10 所示。

（10）若 CCR>ARR，则始终输出有效电平。

（11）若 CCR=0，则始终输出无效电平。

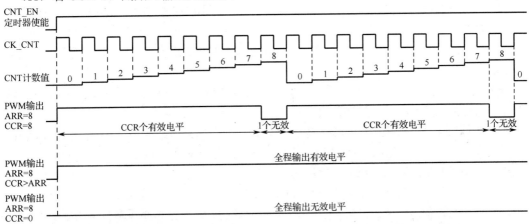

图 5.6.10 PWM1 模式，增计数，有效电平为高，不同 CCR 情况下的 PWM 输出

3. PWM 输出引脚

STM32 单片机没有为 TIMx_CH1～TIMx_CH4 安排独立的引脚，而是将它们与 GPIO 引脚复用。TIM2～TIM5 输出通道复用 GPIO 引脚如表 5.6.2 所示。

表 5.6.2 TIM2～TIM5 输出通道复用 GPIO 引脚

定 时 器	复用功能	默 认	部分重映射	完全重映射
TIM2	TIM2_CH1_ETR	PA0	PA15	
	TIM2_CH2	PA1	PB3	
	TIM2_CH3	PA2		PB10
	TIM2_CH4	PA3		PB11

定 时 器	复用功能	默 认	部分重映射	完全重映射
TIM3	TIM3_CH1	PA6	PB4	PC6
	TIM3_CH2	PA7	PB5	PC7
	TIM3_CH3	PB0		PC8
	TIM3_CH4	PB1		PC9
TIM4	TIM4_CH1	PB6	PD12	
	TIM4_CH2	PB7		PD13
	TIM4_CH3	PB8		PD14
	TIM4_CH4	PB9		PD15
TIM5	TIM5_CH1	PA0		
	TIM5_CH2	PA1		
	TIM5_CH3	PA2		
	TIM5_CH4	PA3		

（1）TIM2 的通道 1 引脚是 TIM2_CH1_ETR，该功能将在项目 6 中学习，这里暂不详述。

（2）"默认"列是指定时器比较输出通道默认复用的引脚。从表 5.6.2 中可以查到，TIM2_CH2 默认复用 PA1、TIM3_CH2 默认复用 PA7，其他以此类推。

（3）"部分重映射"列是指对定时器做部分重映射后所复用的引脚。查表 5.6.2 可知，对 TIM2 做部分重映射后，TIM2_CH2 将复用 PB3 引脚。

（4）"完全重映射"列是指对 TIMx 做完全重映射后占用的引脚。对于 TIM3_CH2，其完全重映射引脚是 PC7。

（5）要使定时器能够使用表 5.6.2 中的 GPIO 引脚输出 PWM 波，需要通过编程设置，具体方法后面会介绍到。

（6）从表 5.6.2 可以看出，不是所有 GPIO 引脚都可以输出 PWM 波，因此设计电路和程序时需注意，只能使用表 5.6.2 里的引脚。

对于我们使用的开发板，其上的蜂鸣器已经被连到了 PB5，为了使用 PB5 作为 PWM 输出引脚，按照表 5.6.2，必须使用 TIM3_CH2，并对其进行部分重映射。

（7）如何查找其他定时器或外设使用的引脚？

表 5.6.2 只给出了 TIM2～TIM5 使用的 CH 引脚。如果想知道其他定时器，如 TIM8 占用的引脚，甚至其他设备，如 ADC 占用的引脚，有更简单的办法，就是查看项目 1 给出的表 1.6.1。这个表给出了所有引脚的定义。为了便于大家理解，我们按照表 1.6.1 的格式，把 PA7、PB5 和 PC7 三个引脚的定义整合到表 5.6.3 中。

表 5.6.3　STM32F103xx 单片机部分引脚定义

引脚号（Pins）						引脚名 （Pin Name）	类型 （Type）	容忍 电平 （I/O Level）	主功能 （复位后） Main Function （After Reset）	复用功能 （Alternate Function）	
BGA144	BGA100	WLCSP64	LQFP64	LQFP100	LQFP144					默认 （Default）	重映射 （Remap）
M3	K3	G4	23	32	43	PA7	I/O		PA7	SPI1_MOSI/TIM8_CH1N /ADC12_IN7/**TIM3_CH2**	TIM1_CH1N

续表

引脚号（Pins）						引脚名	类型	容忍电平	主功能	复用功能	
						（Pin Name）	（Type）	（I/O Level）	（复位后） Main Function（After Reset）	（Alternate Function）	
BGA144	BGA100	WLCSP64	LQFP64	LQFP100	LQFP144					默认 （Default）	重映射 （Remap）
B6	C5	A5	57	91	135	PB5	I/O		PB5	I2C1_SMBA/ SPI3_MOSI/ I2S3_SD	**TIM3_CH2** /SPI1_MOSI
F12	E10	E2	38	64	97	PC7	I/O	FT	PC7	I2S3_MCK/**TIM8_CH2** /SDIO_D7	**TIM3_CH2**

从表 5.6.3 中可以看出：PA7、PB5、PC7 这些引脚，上电复位后的主功能就是作为 GPIO 的 PA7、PB5 和 PC7 引脚。但它们也可以被片上的其他设备所复用，成为这些设备需要的引脚。例如，PA7 可以作为 SPI1 设备的 MOSI 引脚（SPI1_MOSI），或者作为 TIM8 的 CH1N 引脚（TIM8_CH1N），或者 ADC12_IN7 引脚、TIM3_CH2 引脚。在这里大家先不需要着急理解 SPI 是个什么设备，MOSI 又是个什么引脚，只需要知道这是某个设备的某个引脚就行。

如上所述，PA7 可以默认复用为四种不同的引脚，这取决于编程时我们使能了哪个引脚，使能 TIM3 的 OC2 通道，则 PA7 就自动成为 TIM3_CH2 引脚。

从表 5.6.3 中还可以看出，PA7 也可以重映射给 TIM1，作为 TIM1_CH1N 引脚，这是 TIM1 使用的一个引脚，其含义我们同样先不管。

再看 PB5，它既可以默认复用给 I2C1_SMBA 等 3 个引脚，也可以重映射给 TIM3_CH2 等两个引脚。此外，从表 5.6.3 还可以看出，PB5 不仅可以作为 TIM3_CH2 的重映射引脚，还可以作为 SPI1_MOSI 的重映射引脚，这种重映射称为部分重映射。而 PA7 和 PC7 各自只能重映射给一个引脚，这种称为完全重映射。

学会看表 1.6.1，可以帮助大家轻松查找所有片上设备占用的引脚，为电路和程序设计提供方便。

4. 程序流程设计

程序流程如图 5.6.11 所示。与任务 5.5 类似，我们需要设计 EXTI0 和 EXTI3 中断程序。当 K_Up 或 K_Down 按键被按下时，CPU 会自动执行它们，将设定值增大或减小。主程序则不断地进行设定值显示、将按键设定值换算成音量，并检测 K_Left 按键状态。当 K_Left 按键被按下时，将音量值送 CCR 寄存器，以控制 PWM 波的占空比，从而达到改变音量的目的。当 K_Left 按键被松开时，将 0 送 CCR 寄存器，使占空比为 0，全程向蜂鸣器输出无效电平，使蜂鸣器断电。

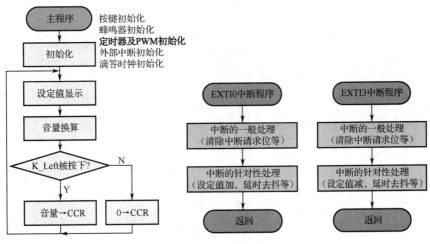

图 5.6.11　程序流程

与任务 5.5 不同的是，主程序的定时器初始化程序中需要设定定时器为 PWM 输出，设置好后开启定时器，PB5 上就会自动输出 PWM 波形，既不需要开启定时器更新中断，也不需要开启定时器比较中断，因此不需要定时器中断处理程序。

5. 程序框架搭建

（1）复制文件夹"05-06-1-蜂鸣器-通用定时器中断-音量调节"并粘贴，修改副本文件夹名为"05-06-2-蜂鸣器-通用定时器 PWM-音量调节"，如图 5.6.12 所示。

（2）修改工程名为"Beep_Volume_PWM"。

（3）双击工程"Beep_Volume_PWM"，打开 Keil μVision5，检查"Project"窗口和路径包含文件是否与图 5.6.12 一致。

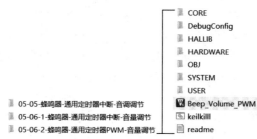

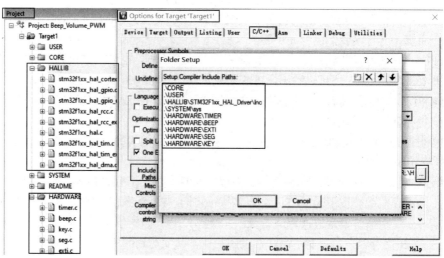

图 5.6.12　框架搭建

6. 主程序设计与调试

```
1   #include "key.h"                        //按键定义头文件
2   //#include "beep.h"                      //蜂鸣器定义头文件
3   #include "exti.h"                       //外部中断定义头文件
4   #include "seg.h"                        //数码管定义头文件
5   #include "SysTick.h"                    //滴答时钟头文件
6   #include "timer.h"                      //TIM初始化头文件
7   u8 Setvalue;                           //变量Setvalue，用于存储音量设定值
8                                          //Setvalue受加1键和减1键控制
9   TIM_HandleTypeDef  TIM3_Handler;       //变量TIM3_Handler，TIM3操作变量
10  int main( )
11 {  u16 T_Effiective;                    //定义变量，用于存储有效电平时间CCR
12    HAL_Init();                          //HAL初始化
13    Stm32_Clock_Init(RCC_PLL_MUL9);      //外部晶振，9倍频
14    SysTick_Init(72);                    //滴答时钟初始化，系统时钟72MHz
15    KEY_Init();                          //初始化按键（K_Left）
16    EXTI_Init();                         //初始化exti（K_Up、K_Down）
17    //Beep_Init();                        //初始化蜂鸣器
18    Seg_Init();                          //初始化数码管
19
20    Timer_PWM_Init(500-1,72-1,0);       //TIM初始化，ARR=500-1,PSC=72-1,CCR=0
21                                        //PWM周期=（ARR+1)*(PSC+1)/Fsysclk=500us
22                                        //PWM占空比=CCR/(ARR+1)
23    while(1)
```

```
24      {   Seg_Disp(Setvalue);                    //显示音量设定值, 0~99
25          T_Effective=Setvalue*5;                //计算有效电平时间=设定值*5 (0~495)
26          if(K_Left==0) __HAL_TIM_SET_COMPARE(&TIM3_Handler, TIM_CHANNEL_2,T_Effective);
27                                                 //按键按下, 则送T_Effective, 作为有效电平时间
28          else          __HAL_TIM_SET_COMPARE(&TIM3_Handler, TIM_CHANNEL_2,0);
29                                                 //按键未按下,则送0,作为有效电平时间
30
31      }
32  }
```

（1）任务 5.5 中 PB5 作为 GPIO 引脚使用，在"beep.c"文件中被初始化。本任务中，PB5 被定时器 3 用作 TIM3_CH2 引脚输出 PWM 波，因此需要修改其初始化内容。可以在"beep.c"文件中直接修改。但也可以抛弃这个文件，在"timer.c"文件中对 PB5 进行初始化。这样第 2 行的"beep.h"头文件可以不包含，第 17 行的蜂鸣器初始化语句也可以省略。

（2）第 7 行定义了一个全局变量 Setvalue，用于存储音量设定值。该变量的值在外部中断程序中被修改，范围为 0~99。

（3）第 9 行定义定时器操作变量。根据表 5.6.2 可知，PB5 引脚是 TIM3 通道 2 的部分重映射引脚，这意味着我们必须使用 TIM3。为便于识读，将变量名改为 TIM3_Handler。

（4）第 11 行定义了一个局部变量 T_Effiective，用于存储 CCR 的值，以控制有效电平时间，改变占空比。

（5）第 20 行将函数 Timer_Init()改名为 Timer_PWM_Init()，以便识读。函数的参数从原来的 2 个改为 3 个，分别用于传送 ARR、PSC 和 CCR 的值。本程序指定 ARR=500-1，PSC=72-1，CCR=0。因此初始化后 PWM 波周期=(ARR+1)×(PSC+1)/72MHz=500μs（频率为 2kHz），占空比=CCR/(ARR+1)=0。

如果设置定时器为 PWM1、加计数模式，有效电平为高电平，那么在占空比为 0 的情况下，PWM 输出低电平。对于低电平断电蜂鸣器，这意味着蜂鸣器将停止工作。

对于高电平断电的蜂鸣器，初始化 PWM 时，应将有效电平设为低电平，以确保占空比为 0 的情况下，PWM 输出高电平。

（6）第 25 行，按照公式 T_Effiective=5×Setvalue 计算 CCR 值。

由于 Setvalue 的范围是 0~99，乘以 5 后，T_Effiective 值为 0~495。对应占空比=CCR/(ARR+1)=0/500~495/500。根据图 5.6.3 可知，占空比越接近 50%，音量越大。

（7）第 26 行，按下 K_left 按键时，将 T_Effiective 送 TIM3 通道 2 的 CCR 寄存器，以控制音量。

（8）第 28 行，松开 K_Left 按键时，将 0 送 TIM3 通道 2 的 CCR 寄存器，确保占空比=0，蜂鸣器断电。

第 26 行和第 28 行使用了比较值设定库宏函数：__HAL_TIM_**SET_COMPARE**(&定时器操作变量,通道号,比较值)，其用法如表 5.6.4 所示。

表 5.6.4　CCR 寄存器操作库宏函数

1. 库宏函数名：__HAL_TIM_SET_COMPARE(&定时器操作变量,通道号,比较值)
原型：__HAL_TIM_**SET_COMPARE**(__HANDLE__, __CHANNEL__, __COMPARE__)
功能：将__COMPARE__值送到__HANDLE__指定定时器的__CHANNEL__通道，作为 CCR 寄存器的设定值
参数：__HANDLE__是 TIM_HandleTypeDef 类型的变量，用于指出定时器编号等内容
__CHANNEL__用于指出定时器通道号，取值范围有 4 个：TIM_CHANNEL_1~TIM_CHANNEL_4
__COMPARE__用于指出 CCR 值，取值范围 0~65535
示例：
TIM_HandleTypeDef　AAA;　　　　　　　　　　　　　　　　//定义定时器操作变量 AAA
__HAL_TIM_SET_COMPARE(&AAA，TIM_CHANNEL_2,50);　　　//将 50 送到 AAA 指定定时器的通道 2，作为 CCR 值

2. 库宏函数名：__HAL_TIM_**GET_COMPARE**(&定时器操作变量,通道号)
原型：__HAL_TIM_**GET_COMPARE**(__HANDLE__, __CHANNEL__)
功能：求 __HANDLE__ 指定定时器 __CHANNEL__ 通道的 CCR 值
参数：__HANDLE__ 是 TIM_HandleTypeDef 类型的变量，用于指出定时器编号等内容 　　　__CHANNEL__ 用于指出定时器通道号，取值范围为：TIM_CHANNEL_1～TIM_CHANNEL_4
示例：
TIM_HandleTypeDef　AAA;　　　　　　　　　　　　　　　　//定义定时器操作变量 AAA
u16　　BBB;　　　　　　　　　　　　　　　　　　　　　//定义变量 BBB，用于接收 CCR 值
BBB = __HAL_TIM_GET_COMPARE(&AAA,TIM_CHANNEL_3);　　//将 AAA 指定定时器通道 3 的 CCR 值给 BBB

7. 定时器程序设计与调试

```
timer.h
1   #ifndef _TIMER_H
2   #define _TIMER_H
3     #include "sys.h"
4     #include "SysTick.h"
5     void Timer_PWM_Init(u16 Arr,u16 Psc,u16 Ccr); //定时器PWM输出初始化
6   #endif
```

```
timer.c
1   #include "timer.h"
2   //#include "beep.h"
3   extern TIM_HandleTypeDef  TIM3_Handler;              //外部定义的TIM操作变量
4   /*******************************************************************
5   * 函 数 名        : Timer_PWM_Init
6   * 函数功能        : 定时器PWM输出初始化函数
7   * 输    入        : ARR:重装载值  0~65535
8                       PSC:分频系数  0~65535
9                       CCR:比较值    0~65535
10                      加计数或减计数情况下:
11                      PWM输出周期Tout= (ARR+1)×(PSC+1)/fCK_INT; 本开发板fCK_INT=72MHz
12                      占空比: CCR/(ARR+1)
13  * 输    出        : 无
14  *******************************************************************/
15  void Timer_PWM_Init(u16 Arr,u16 Psc,u16 Ccr)
16  {   TIM3_Handler.Instance=TIM3;                         //TIM3
17      TIM3_Handler.Init.Prescaler=Psc;                    //分频系数
18      TIM3_Handler.Init.CounterMode=TIM_COUNTERMODE_UP;   //向上计数
19      TIM3_Handler.Init.Period=Arr;                       //自动装载值
20      TIM3_Handler.Init.ClockDivision=TIM_CLOCKDIVISION_DIV1; //时钟分割系数=1
21      //HAL_TIM_Base_Init(&TIM3_Handler);                 //按照以上设置进行时基初始化
22      HAL_TIM_PWM_Init(&TIM3_Handler);                    //按照以上设置进行PWM初始化
23      __HAL_TIM_SET_COMPARE(&TIM3_Handler, TIM_CHANNEL_2,Ccr);//向TIM3通道2送CCR
24
25      //HAL_TIM_Base_Start_IT(&TIM3_Handler);             //使能TIM3和TIM3更新中断
26      HAL_TIM_PWM_Start(&TIM3_Handler,TIM_CHANNEL_2);     //使能TIM3和PWM通道2
27  }
28  /*******************************************************************
29   定时器底层驱动函数,会被HAL_TIM_PWM_Init()函数调用
30   开启定时器时钟,启用定时器引脚的复用及重映射功能,初始化GPIO引脚,初始化PWM输出通道
31  *******************************************************************/
32  void HAL_TIM_PWM_MspInit(TIM_HandleTypeDef *htim)
33  {   GPIO_InitTypeDef    GPIO_Initure;                   //定义GPIO初始化变量
34      TIM_OC_InitTypeDef  TIM3_CH2Handler;               //定时器输出通道初始化变量
35      if(htim->Instance==TIM3)                            //TIM3
36      {   __HAL_RCC_TIM3_CLK_ENABLE();                    //使能TIM3时钟
37          __HAL_RCC_GPIOB_CLK_ENABLE();                  //使能GPIOB时钟
38          __HAL_RCC_AFIO_CLK_ENABLE();                   //使能AFIO时钟和GPIO引脚的复用功能
39          __HAL_AFIO_REMAP_TIM3_PARTIAL();               //对TIM3做部分重映射
40
41          GPIO_Initure.Pin=GPIO_PIN_5;                   //PB5
42          //GPIO_Initure.Pull=GPIO_PULLUP;               //上拉
43          GPIO_Initure.Mode=GPIO_MODE_AF_PP;             //复用推挽输出
44          GPIO_Initure.Speed=GPIO_SPEED_FREQ_HIGH;       //高速输出
45          HAL_GPIO_Init(GPIOB,&GPIO_Initure);            //按照GPIO_Initure的值初始化PB5
46
47          TIM3_CH2Handler.OCMode=TIM_OCMODE_PWM1;        //PWM1模式
48          TIM3_CH2Handler.Pulse=0;                       //CCR值=0，即占空比=0
49          TIM3_CH2Handler.OCPolarity=TIM_OCPOLARITY_HIGH; //输出有效电平为高(低电平断电蜂鸣器)
50          //TIM3_CH2Handler.OCPolarity=TIM_OCPOLARITY_LOW; //输出有效电平为低(高电平断电蜂鸣器)
51          HAL_TIM_PWM_ConfigChannel(&TIM3_Handler,&TIM3_CH2Handler,TIM_CHANNEL_2);
52                                                         //按照以上设置配置TIM3通道2的PWM输出
53      }
54  }
```

（1）将所有的定时器初始化函数名"Timer_Init"替换为"Timer_PWM_Init"，并将其参数由 2 个修改为 3 个，即 Timer_PWM_Init(u16　Arr,u16　Psc,u16　Ccr)。

（2）将所有的定时器操作变量名"TIM4_Handler"替换为"TIM3_Handler"。

（3）屏蔽第 21 行的"HAL_TIM_**Base_Init**(&TIM3_Handler);"，并用第 22 行"HAL_TIM_

PWM_Init(&TIM3_Handler);"替代。前者的作用是进行TIM3时基初始化，后者的作用则是进行**PWM初始化**。

（4）请在第23行增加语句"__HAL_TIM_**SET_COMPARE**(&TIM3_Handler, TIM_CHANNEL_2,Ccr);"，将主函数传递过来的参数CCR送TIM3通道2的CCR寄存器。

（5）屏蔽第25行的语句"HAL_TIM_**Base_Start_IT**(&TIM3_Handler);"，用第26行语句"HAL_TIM_**PWM_Start**(&TIM3_Handler,TIM_CHANNEL_2);"代替。前者的作用是**使能TIM3时基**及其更新**中断**，后者的作用是**使能**TIM3时基及其**PWM**通道2。

（6）修改第32行的函数名"HAL_TIM_**Base**_MspInit()"为"HAL_TIM_**PWM**_MspInit()"，该函数在执行语句"HAL_TIM_**PWM_Init**(&TIM3_Handler);"的过程中被调用。

（7）第28～54行是HAL_TIM_**PWM_MspInit**()函数。根据表5.6.2可知，PB5是TIM3_CH2的部分重映射引脚，因此可进行如下设置。

① 第33行定义GPIO初始化变量。

② 第34行定义TIM比较输出初始化变量。

③ 第36～37行开启TIM3、GPIOB时钟。

④ 第38行开启AFIO（复用功能）时钟。

⑤ 第39行对TIM3做部分重映射。

⑥ 第41～45行初始化PB5引脚，注意应将该引脚设置为复用推挽输出（GPIO_MODE_AF_PP）。

⑦ 第47～51行初始化TIM3的OC通道，设置PWM模式、有效电平、CCR值等。

⑧ 注意第49和第50行，对高电平通电的蜂鸣器，应设置有效电平为高电平；对低电平通电的蜂鸣器，则应设置有效电平为低电平。

以上操作涉及的相关库函数和库宏函数如表5.6.5～表5.6.12所示。

表5.6.5 PWM初始化库函数

1. 库函数名：HAL_TIM_PWM_Init(&TIM操作变量)
原型：**HAL_StatusTypeDef HAL_TIM_PWM_Init(TIM_HandleTypeDef *htim)**
功能：（1）按照TIM操作变量htim的设置，对指定的TIM进行**时基初始化**；
（2）调用HAL_TIM_PWM_MspInit( )库函数，完成**PWM初始化**的全部内容；
（3）返回类型为HAL_StatusTypeDef的结果，有4种可能：
HAL_OK（=0x00U）、HAL_ERROR（=0x01U）、HAL_BUSY（=0x02U）、HAL_TIMEOUT（=0x03U）
2. 库函数名：HAL_TIM_PWM_MspInit(&TIM操作变量)
原型：**__weak void HAL_TIM_PWM_MspInit(TIM_HandleTypeDef *htim)**
功能：针对TIM操作变量指出的TIM，执行函数的内容
说明：本函数在库中被定义为__weak型，其内容可由用户自定义
示例
初始化TIM4_CH1，要求使用PD12引脚，PSC=18000-1，ARR=1000-1，CCR=500，加计数，PWM1模式，输出有效电平为低电平 TIM_HandleTypeDef TIM4_Handler　　　　　　　　//定义定时器操作变量TIM4_Handler /********************定时器PWM初始化函数**********************************/ void Timer_PWM_Init（） { TIM4_Handler .Instance=TIM4;　　　　　　　　　//准备对TIM4进行操作 　TIM4_Handler .Init.Prescaler=18000-1;　　　　　//预分频系数PSC=18000-1 　TIM4_Handler .Init.CounterMode=TIM_COUNTERMODE_UP;　　//向上计数 　TIM4_Handler .Init.Period=1000-1;　　　　　　　//自动重载值ARR=1000-1

```
        TIM4_Handler .ClockDivision=TIM_CLOCKDIVISION_DIV1;              //时钟分割系数=1

        HAL_TIM_PWM_Init(&TIM4_Handler);                                //按照 TIM4_Handler 的设置对 TIM 进行 PWM 初始化

}

/*********************PWM 初始化内嵌函数********************************/

void    HAL_TIM_PWM_MspInit(TIM_HandleTypeDef  *htim)

{       GPIO_InitTypeDef           GPIO_Initure;                        //定义 GPIO 初始化变量

        TIM_OC_InitTypeDef         TIM4_CH1Handler;                     //定义 TIM_OC 初始化变量

        if（htim->Instance==TIM4)                                       //TIM4 定时器

        {    __HAL_RCC_TIM4_CLK_ENABLE();                               //使能 TIM4 时钟

             __HAL_RCC_GPIOD_CLK_ENABLE();                             //使能 GPIOD 时钟

             __HAL_RCC_AFIO_CLK_ENABLE();                              //使能 AFIO 时钟

             __HAL_AFIO_REMAP_TIM4_ENABLE();                          //对 TIM4 做重映射


             GPIO_Initure.Pin=GPIO_PIN_12;                             //PD12

             GPIO_Initure.Mode=GPIO_MODE_AF_PP;                        //复用推挽输出

             GPIO_Initure.Speed=GPIO_SPEED_FREQ_HIGH;                  //高速输出

             HAL_GPIO_Init(GPIOD,&GPIO_Initure);                       //按照 GPIO_Initure 的值初始化 PD12


             TIM4_CH1Handler.OCMode=TIM_OCMODE_PWM1;                   //PWM1 模式

             TIM4_CH1Handler.Pulse=500;                               //CCR=500

             TIM4_CH1Handler.OCPolarity=TIM_OCPOLARITY_LOW;           //输出有效电平为低

             HAL_TIM_PWM_ConfigChannel(&TIM4_Handler,&TIM4_CH1Handler,TIM_CHANNEL_1);

                                                                      //按照以上设置配置 TIM4 通道 1 的 PWM 输出


        }

}
```

表 5.6.6   PWM 启动和停止库函数

1. 库函数名：HAL_TIM_PWM_Start(&TIM 操作变量,通道号)
原型：HAL_StatusTypeDef   HAL_TIM_PWM_Start(TIM_HandleTypeDef   *htim,   uint32_t   Channel)
功能：（1）启动"TIM 操作变量"指定的定时器，启动其"通道号"的 PWM 输出，其中"通道号"的取值：TIM_CHANNEL_1～ 　　　　TIM_CHANNEL_4； 　　　（2）返回类型为 HAL_StatusTypeDef 的结果，有 4 种可能： 　　　　HAL_OK（=0x00U）、HAL_ERROR（=0x01U）、HAL_BUSY（=0x02U）、HAL_TIMEOUT（=0x03U）
示例：HAL_TIM_PWM_Start(&TIM3_Handler,TIM_CHANNEL_2); //启动 TIM3_Handler 指定定时器及其 PWM 通道 2
2. 库函数名：HAL_TIM_PWM_Stop(&TIM 操作变量,通道号)
原型：HAL_StatusTypeDef   HAL_TIM_PWM_Stop(TIM_HandleTypeDef   *htim,   uint32_t   Channel)
功能：（1）停止"TIM 操作变量"指定定时器及其"通道号"的 PWM 输出； 　　　（2）返回类型为 HAL_StatusTypeDef 的结果
示例：HAL_TIM_PWM_Stop(&TIM3_Handler,TIM_CHANNEL_2);   //停止 TIM3_Handler 指定定时器及其 PWM 通道 2
3. 库函数名：HAL_TIM_PWM_Start_IT(&TIM 操作变量,通道号)
原型：HAL_StatusTypeDef   HAL_TIM_PWM_Start_IT(TIM_HandleTypeDef   *htim,   uint32_t   Channel)
功能：（1）启动"TIM 操作变量"指定定时器、启动"通道号"指定通道的 PWM 输出，允许发出比较中断请求； 　　　（2）返回类型为 HAL_StatusTypeDef 的结果
示例：HAL_TIM_PWM_Start_IT(&TIM3_Handler,TIM_CHANNEL_2); 　　　　　　　　　　　　　　　//启动 TIM3_Handler 指定定时器及其 PWM 通道 2 且允许其比较中断

4. 库函数名：HAL_TIM_**PWM_Stop_IT**(&TIM 操作变量,通道号)
原型：HAL_StatusTypeDef　HAL_TIM_PWM_Stop_IT(TIM_HandleTypeDef　*htim,　uint32_t　Channel)
功能：（1）停止"TIM 操作变量"指定定时器、停止"通道号"指定通道的 PWM 输出，禁止其比较中断； 　　　（2）返回类型为 HAL_StatusTypeDef 的结果
示例：HAL_TIM_PWM_Stop_IT(&TIM3_Handler,TIM_CHANNEL_2); 　　　　　　　　　　　　　　　　　　　//禁止 TIM3_Handler 指定定时器的 PWM 通道 2 及比较中断

表 5.6.7　复用时钟开启/关闭库宏函数

1. 库宏函数名：__HAL_**RCC_AFIO_CLK_ENABLE**()
功能：开启复用时钟
2. 库宏函数名：__HAL_**RCC_AFIO_CLK_DISABLE**()
功能：禁止复用时钟

表 5.6.8　定时器 2 引脚复用和重映射库宏函数

1. 库宏函数名：__HAL_**AFIO_REMAP_TIM2_ENABLE**()
功能：使能 TIM2 引脚的重映射（完全重映射+部分重映射）： 　　　TIM2_CH1_ETR：PA15（部分），TIM2_CH2：PB3（部分），TIM2_CH3：PB10（完全），TIM2_CH4：PB11（完全）
2. 库宏函数名：__HAL_**AFIO_REMAP_TIM2_PARTIAL_1**()
功能：使能 TIM2 引脚的重映射（部分重映射被启用，完全重映射被禁止）： 　　　TIM2_CH1_ETR：PA15（部分），TIM2_CH2：PB3（部分），TIM2_CH3：PA2（默认），TIM2_CH4：PA3（默认）
3. 库宏函数名：__HAL_**AFIO_REMAP_TIM2_PARTIAL_2**()
功能：使能 TIM2 引脚的重映射（部分重映射被禁止，完全重映射被启用）： 　　　TIM2_CH1_ETR：PA0（默认），TIM2_CH2：PA1（默认），TIM2_H3：PB10（完全），TIM2_CH4：PB11（完全）
4. 库宏函数名：__HAL_**AFIO_REMAP_TIM2_DISABLE**()
功能：禁止 TIM2 引脚的重映射，使用默认复用引脚： 　　　TIM2_CH1_ETR：PA0（默认），TIM2_CH2：PA1（默认），TIM2_CH3：PA2（默认），TIM2_CH4：PA3（默认）

表 5.6.9　定时器 3 引脚复用和重映射库宏函数

1. 库宏函数名：__HAL_**AFIO_REMAP_TIM3_ENABLE**()
功能：使能 TIM3 引脚的重映射（完全重映射+部分重映射，完全重映射引脚优先）： 　　　TIM3_CH1：PC6（完全），TIM3_CH2：PC7（完全），TIM3_CH3：PC8（完全），TIM3_CH4：PC9（完全）
2. 库宏函数名：__HAL_**AFIO_REMAP_TIM3_PARTIAL**()
功能：使能 TIM3 引脚的重映射（部分重映射被启用，完全重映射被禁止）： 　　　TIM3_CH1：PB4（部分），TIM3_CH2：PB5（部分），TIM3_CH3：PB0（默认），TIM3_CH4：PB1（默认）
3. 库宏函数名：__HAL_**AFIO_REMAP_TIM3_DISABLE**()
功能：禁止 TIM3 引脚的重映射，使用默认复用引脚 　　　TIM3_CH1：PA6（默认），TIM3_CH2：PA7（默认），TIM3_CH3：PB0（默认），TIM3_CH4：PB1（默认）

表 5.6.10　定时器 4 引脚复用和重映射库宏函数

1. 库宏函数名：__HAL_**AFIO_REMAP_TIM4_ENABLE**()
功能：使能 TIM4 引脚的重映射（完全重映射+部分重映射）： 　　　TIM4_CH1：PD12（部分），TIM4_CH2：PD13（完全），TIM4_CH3：PD14（完全），TIM4_CH4：PD15（完全）

2. 库宏函数名：__HAL_AFIO_REMAP_TIM4_DISABLE()
功能：禁止 TIM4 引脚的重映射，使用默认复用引脚
TIM4_CH1：PB6（默认），TIM4_CH2：PB7（默认），TIM4_CH3：PB8（默认），TIM4_CH4：PB9（默认）

表 5.6.11　定时器 5 引脚复用和重映射库宏函数

1. 库宏函数名：__HAL_AFIO_REMAP_TIM5CH4_ENABLE()
功能：允许对 TIM5_CH4 引脚进行内部重映射：将 LSI 时钟连接到 TIM5_CH4 引脚，以便进行时钟校准
2. 库宏函数名：__HAL_AFIO_REMAP_TIM5CH4_DISABLE()
功能：禁止 TIM5_CH4 引脚的内部重映射，使用默认复用引脚 PA3
注意：定时器 5 的其他通道引脚不能进行重映射，各通道使用默认引脚： 　TIM5_CH1：PA0（默认），　TIM5_CH2：PA1（默认），TIM5_CH3：PA2（默认），　TIM5_CH4：PA3（默认）

表 5.6.12　TIM_OC 初始化变量及 PWM 参数配置库函数

1. TIM_OC 初始化变量类型：TIM_OC_InitTypeDef
功能：用于存储定时器比较输出（OC）通道的参数
定义： typedef　struct { uint32_t **OCMode**；　/*比较输出模式，共有 8 种模式可供选择：（1）**TIM_OCMODE_PWM1**，（2）**TIM_OCMODE_PWM2**， 　　　（3）TIM_OCMODE_TIMING，（4）TIM_OCMODE_ACTIVE，（5）TIM_OCMODE_INACTIVE， 　　　（6）TIM_OCMODE_TOGGLE，（7）TIM_OCMODE_FORCED_ACTIVE，（8）TIM_OCMODE_FORCED_INACTIVE*/ 　uint32_t　**Pulse**；　　//CCR 寄存器的设定值，取值范围为 0～65535 　uint32_t　**OCPolarity**；　//输出有效电平极性，TIM_OCPOLARITY_HIGH：高电平；TIM_OCPOLARITY_LOW：低电平 uint32_t OCNPolarity；　//互补输出有效电平极性，TIM_OCNPOLARITY_HIGH：高电平；TIM_OCNPOLARITY_LOW：低电平 　uint32_t　OCFastMode；　//快速模式，TIM_OCFAST_DISABLE（禁止）；TIM_OCFAST_ENABLE（允许） 　uint32_t　OCIdleState；　//空闲状态，TIM_OCIDLESTATE_SET：置位；　TIM_OCIDLESTATE_RESET：复位 　uint32_t OCNIdleState；　//空闲状态下的互补输出，TIM_OCNIDLESTATE_SET：置位；TIM_OCNIDLESTATE_RESET：复位 } TIM_**OC_InitTypeDef**；
2. 库函数名：HAL_**TIM_PWM_ConfigChannel**(&TIM 操作变量,&TIM_OC 初始化变量,通道号)
原型： HAL_StatusTypeDef　　HAL_**TIM_PWM_ConfigChannel**(TIM_HandleTypeDef　*htim,　　　　TIM_OC_InitTypeDef　*sConfig, uint32_t Channel) 功能：按照 TIM_OC 初始化变量的值，对 TIM 操作变量所指定定时器、通道号指定的输出通道进行设置 示例：HAL_**TIM_PWM_ConfigChannel**(&AAA,&BBB,TIM_CHANNEL_1)； 　　　　　　　　　　　//按照变量 BBB 的值，对 AAA 指定定时器的通道 1 进行 PWM 设置

8. 按键程序设计与调试

与任务 5.5.1 相同。

9. 外部中断程序设计与调试

与任务 5.5.1 相同。

10. 数码管显示程序

与任务 5.5.1 相同。

11. 软硬件联调

（1）连接电路，连接开发板与计算机。

（2）按照图 5.2.5 在 "Options for Target 'Target1'" 对话框中找到开发板的 IDCODE 并进行设置。

（3）编译、生成、下载程序到开发板。

（4）按住 K_Left 按键过程中，反复按下和松开 K_Up 和 K_Down 按键，记录蜂鸣器音量变化，检查程序是否正确。

（5）松开 K_Left 按键，记录蜂鸣器变化。

（6）修改 "main.c" 文件中 T_Efficitive 和 Setvalue 计算公式的倍数，记录音量变化的效果。

（7）修改 ARR 的设定值为 1000-1，记录蜂鸣器的变化。

（8）谈一谈高电平断电的蜂鸣器和低电平断电的蜂鸣器在编程时的不同。

（9）想一想，如果主程序采用检测到 K_Left 按键被按下则开启定时器及 PWM，否则关闭定时器及 PWM 的策略，主程序和定时器程序应该做怎样的修改？

故障现象：_____

解决办法：_____

原因分析：_____

三、要点记录及成果检验

任务 5.6	利用定时器 PWM 输出控制蜂鸣器音量						
姓名		学号		日期		分数	

（一）英文翻译

英　文	中　文	英　文	中　文
PWM（Pulse Width Modulation）		Channel	
OC（Output Compare）		Handler	
CCR（Capture Compare Register）		Remap	
Effective　Polarity		Partial	
AFIO（Alternate Function Input Output）		Full	

（二）填空

1. PWM 波是占空比_____（填 "固定" 或 "可变"）的波。常用于电动机调速、灯光亮度调节、音量调节、加热功率控制等领域。

2. STM32F103ZET6 单片机_____（填 "提供" 或 "不提供"）PWM 输出功能。

3. 对于 STM32F103ZET6 单片机，加计数或减计数模式下，占空比与 ARR 及 CCR 的关系是_____，PWM 输出的周期为_____，有效电平时间为_____。

4. STM32F103ZET6 单片机的 TIM2 可以提供____路 PWM 输出，TIM3～TIM5 每个可提供____路 PWM 输出。

5. STM32F103ZET6 单片机的 TIM2_CH2 默认复用引脚是_____，部分重映射引脚是_____，完全重映射引脚是_____。

6. STM32F103ZET6 单片机的 TIM5_CH3 默认复用引脚是_____，部分重映射引脚是_____，完全重映射引脚是_____。

7. 开启复用时钟使用的库宏函数是_____。

8. 要使用 PB5 引脚输出 PWM 波，应该使用的定时器是_____，通道号是_____，需要做_____重映射，可写重映射语句为_____。

9. 初始化 PB5 为 TIM3_CH2 输出时，应将其 GPIO 模式设置为_____（填 "GPIO_MODE_OUTPUT_PP"、"GPIO_MODE_OUTPUT_OD"、"GPIO_MODE_AF_PP" 或 "GPIO_MODE_AF_OD"）。

10. 要使用 PD13 引脚输出 PWM 波，应该使用的定时器是_____，通道号是_____，需要做_____重映射。可写重映射语句_____。

11. 要利用定时器 2 通道 2 输出 PWM 波，并使用 PB3 引脚，需要使用语句_____进行重映射。

12. 修改 CCR 寄存器值的语句可使用库宏函数_____。

13. 初始化 PWM，可使用库函数_____。

续表

14. 设置 PWM 参数, 可使用库函数_____。

15. 启动 PWM 输出, 可使用库函数_____。

16. 执行 HAL_TIM_PWM_Init(&定时器操作变量)时, 会自动调用的函数是_____, 可以将哪些任务放在这个函数中_____。

（三）自主设计

1. 用 K_Up 按键作为蜂鸣器启动键, K_Left 按键作为音量增大键, K_Right 按键作为音量减小键, 用 PD13 引脚输出 PWM 波控制蜂鸣器的音量, 请画出电路并编写主程序和定时器初始化程序。

2. 用 TIM2_CH2 的默认复用引脚输出 PWM 波, 要求 CCR=250, ARR=500-1, PSC=720-1, 请编程实现。

任务 5.7　利用定时器 PWM 输出控制 LED 亮度

一、任务目标

目标：通过 LED 亮度控制任务, 进一步理解 STM32 单片机定时器 PWM 输出原理, 掌握电路设计和编程方法。

具体工作任务：

（1）按下 K_Left 按键, LED 点亮, 松开 K_Left 按键, LED 熄灭。

（2）用 K_Up 和 K_Down 按键控制亮度增大和减小。

二、学习与实践

（一）讨论与发言

对照任务 5.6, 谈一谈实现本任务的电路和程序设计思路。

_____

_____

请阅读以下资料, 按照步骤完成工作任务。

（二）系统方案及电路设计

系统方案及电路设计如图 5.7.1 所示。

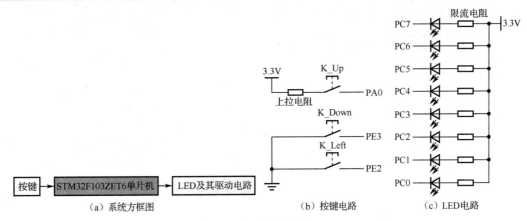

（a）系统方框图 （b）按键电路 （c）LED电路

图 5.7.1 系统方案及电路设计

图 5.7.1 中只画出按键和 LED 电路，未画出电源电路、复位电路、晶振电路等常规电路，请自己画出。

（三）程序设计与调试

1．设计思路

我们使用的开发板，8 个 LED 被连接到 PC7～PC0 上。根据表 5.6.2 可知，TIM3_CH1 和 TIM3_CH2 在进行完全重映射后，分别使用 PC6 和 PC7 引脚，因此可使用 TIM3 向这两个引脚输出 PWM 波，通过改变 PWM 占空比控制亮度。

图 5.7.2 表达了 LED 亮度和占空比的关系。与任务 5.6 蜂鸣器给高电平得电不同，在图 5.7.1 所示的电路中，PC7 和 PC6 都是给低电平点亮，因此可以设置其有效电平为低电平。低电平占比越多，亮度越大。至于 PWM 波的周期，应小于人眼视觉暂留时间（大约为 0.1s，即 100ms），否则会有闪烁感。当然 PWM 波的周期也不能太小，否则信号变化太快，LED 来不及反应。一般 LED 的反应速度在 0.001～10μs 之间，因此将周期取为 0.5ms 是可以的。

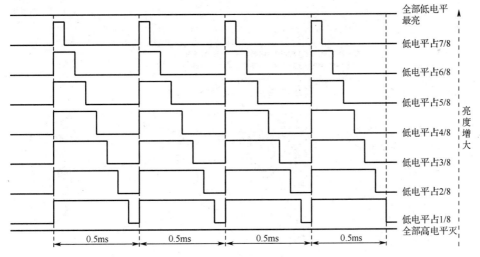

图 5.7.2 PWM 占空比对 LED 亮度的影响

2．程序流程设计

本程序流程与任务 5.6 中利用 PWM 输出控制蜂鸣器音量基本相同，但是不能做设定值显示，因为本开发板数码管占用 PC7～PC0，数码管显示程序会影响到 PC7 和 PC6，导致不能观察到正确的结果，如图 5.7.3 所示。当然，如果将数码管改接到其他 GPIO 端口，就没问题了。

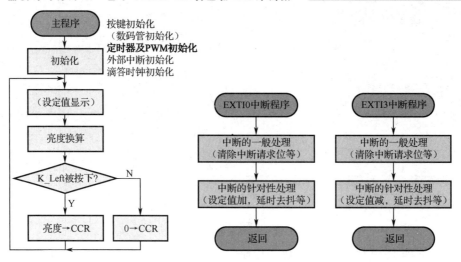

图 5.7.3　程序流程

3. 程序框架搭建

（1）复制文件夹"05-06-2-蜂鸣器-通用定时器 PWM-音量调节"并粘贴，修改副本文件夹名为"05-07-LED-通用定时器 PWM-亮度调节"，如图 5.7.4 所示。

（2）修改工程名为"Brightness_PWM"。

（3）检查"HARDWARE"文件夹中是否存在文件夹"TIMER""KEY""EXTI"及其内部同名.c 和.h 文件。

（4）双击工程"Brightness_PWM"，打开 Keil μVision5 软件，检查"Project"窗口和包含路径文件。

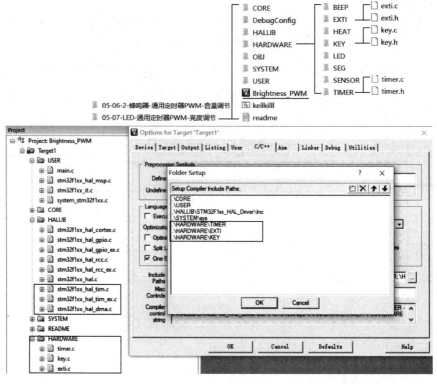

图 5.7.4　框架搭建

4. 主程序设计与调试

```
main.c
 1  #include "key.h"                          //按键定义头文件
 2  //#include "beep.h"                        //蜂鸣器定义头文件
 3  #include "exti.h"                         //外部中断定义头文件
 4  //#include "seg.h"                          //数码管定义头文件
 5  #include "SysTick.h"                      //滴答时钟头文件
 6  #include "timer.h"                        //TIM初始化头文件
 7  u8 Setvalue;                             //变量Setvalue, 用于存储音量设定值
 8                                           //Setvalue受加1键和减1键控制
 9  TIM_HandleTypeDef  TIM3_Handler;         //变量TIM3_Handler, TIM3操作变量
10  int main( )
11 ┌{ u16 T_Effiective;                       //定义变量, 用于存储有效电平时间CCR
12  │   HAL_Init();                           //HAL初始化
13  │   Stm32_Clock_Init(RCC_PLL_MUL9);      //外部晶振, 9倍频
14  │   SysTick_Init(72);                     //滴答时钟初始化, 系统时钟为72MHz
15  │
16  │   Timer_PWM_Init(500-1,72-1,0);         //TIM初始化, ARR=500-1,PSC=72-1, CCR=0
17  │                                         //PWM周期= (ARR+1)*(PSC+1)/Fsysclk=500us
18  │                                         //PWM占空比=CCR/(ARR+1)
19  │   KEY_Init();                           //初始化按键 (K_Left)
20  │   EXTI_Init();                          //初始化exti (K_Up、K_Down)
21  │                                         //不能直接位于Timer_PWM_Init(500-1,72-1,0)语句之前
22  │   //Beep_Init();                        //初始化蜂鸣器
23  │   //Seg_Init();                         //初始化数码管
24  │
25  │   while(1)
26 ┌│   { //Seg_Disp(Setvalue);               //显示音量设定值, 0~99
27  ││     if(K_Left==0) T_Effiective=Setvalue*5;
28  ││                                        //按键按下, 则有效电平时间=设定值*5 (0~495)
29  ││     else          T_Effiective=0;
30  ││                                        //按键未按下,则有效电平时间为0
31  ││     __HAL_TIM_SET_COMPARE(&TIM3_Handler, TIM_CHANNEL_2,T_Effiective);
32  ││     __HAL_TIM_SET_COMPARE(&TIM3_Handler, TIM_CHANNEL_1,T_Effiective);
33  ││                                        //将T_Effiective送TIM3通道1和2作为CCR
34  └│   }
35  └}
```

（1）第2行、第4行、第22行、第23行屏蔽关于蜂鸣器和数码管操作的内容。

（2）将语句"Timer_PWM_Init(500-1,72-1,0);"及其注释移至第 16 行，使其在语句"EXTI_Init();"之前。

（3）由于要使用 TIM3_CH1 和 TIM3_CH2 两个通道输出 PWM 波，故增加第 32 行语句。

5. 定时器程序设计与调试

```
timer.c
 1  #include "timer.h"
 2  //#include "beep.h"
 3  extern TIM_HandleTypeDef  TIM3_Handler;          //外部定义的TIM操作变量
 4  /*****************************************************************
 5  * 函 数 名        : Timer_PWM_Init
 6  * 函数功能        : 定时器PWM输出初始化函数
 7  * 输    入        : ARR:重装载值  0~65535
 8                      PSC:分频系数  0~65535
 9                      CCR:比较值    0~65535
10                      加计数或减计数情况下:
11                      PWM输出周期Tout= (ARR+1)×(PSC+1)/fCK_INT; 本开发板fCK_INT=72MHz
12                      占空比: CCR/(ARR+1)
13  * 输    出        : 无
14  *****************************************************************/
15  void Timer_PWM_Init(u16 Arr,u16 Psc,u16 Ccr)
16 ┌{   TIM3_Handler.Instance=TIM3;                        //TIM3
17  │   TIM3_Handler.Init.Prescaler=Psc;                   //分频系数
18  │   TIM3_Handler.Init.CounterMode=TIM_COUNTERMODE_UP;  //向上计数
19  │   TIM3_Handler.Init.Period=Arr;                      //自动装载值
20  │   TIM3_Handler.Init.ClockDivision=TIM_CLOCKDIVISION_DIV1; //时钟分割系数=1
21  │
22  │   HAL_TIM_PWM_Init(&TIM3_Handler);                   //按照以上设置进行PWM初始化
23  │
24  │   __HAL_TIM_SET_COMPARE(&TIM3_Handler, TIM_CHANNEL_2,Ccr);//向TIM3通道2送CCR
25  │   __HAL_TIM_SET_COMPARE(&TIM3_Handler, TIM_CHANNEL_1,Ccr);//向TIM3通道1送CCR
26  │
27  │   HAL_TIM_PWM_Start(&TIM3_Handler,TIM_CHANNEL_2);    //使能TIM3, 使能PWM通道2
28  │   HAL_TIM_PWM_Start(&TIM3_Handler,TIM_CHANNEL_1);    //使能TIM3, 使能PWM通道1
29  └}
30 ┌/*****************************************************************
31  │定时器底层驱动函数, 会被HAL_TIM_PWM_Init()函数调用
32  │开启定时器时钟, 启用定时器引脚的复用及重映射功能, 初始化GPIO引脚, 初始化PWM输出通道
33  └*****************************************************************/
34  void HAL_TIM_PWM_MspInit(TIM_HandleTypeDef *htim)
35 ┌{ GPIO_InitTypeDef    GPIO_Initure;                //定义GPIO初始化变量
36  │   TIM_OC_InitTypeDef  TIM3_CH_Handler;            //定时器输出通道初始化变量
37  │   if(htim->Instance==TIM3)                        //TIM3
38 ┌│   { __HAL_RCC_TIM3_CLK_ENABLE();                 //使能TIM3时钟
39  ││     __HAL_RCC_GPIOC_CLK_ENABLE();               //使能GPIOC时钟
40  ││     __HAL_RCC_AFIO_CLK_ENABLE();                //使能AFIO时钟, 使能GPIO引脚的复用功能
41  ││     __HAL_AFIO_REMAP_TIM3_ENABLE();             //对TIM3做重映射, 完全重映射优先
```

```
42
43      GPIO_Initure.Pin=GPIO_PIN_6|GPIO_PIN_7;    //PC6和PC7
44      GPIO_Initure.Mode=GPIO_MODE_AF_PP;         //复用推挽输出
45      GPIO_Initure.Speed=GPIO_SPEED_FREQ_HIGH;   //高速输出
46      HAL_GPIO_Init(GPIOC,&GPIO_Initure);        //按照GPIO_Initure的值初始化PC6和PC7
47
48      TIM3_CH_Handler.OCMode=TIM_OCMODE_PWM1;     //PWM1模式
49      TIM3_CH_Handler.Pulse=0;                    //CCR=0, 即占空比=0
50      TIM3_CH_Handler.OCPolarity=TIM_OCPOLARITY_LOW; //输出有效电平为低电平
51
52      HAL_TIM_PWM_ConfigChannel(&TIM3_Handler,&TIM3_CH_Handler,TIM_CHANNEL_1);
53      HAL_TIM_PWM_ConfigChannel(&TIM3_Handler,&TIM3_CH_Handler,TIM_CHANNEL_2);
54                                  //按照以上设置配置TIM3通道2和1的PWM输出
55    }
56 }
```

```
1 ⊟#ifndef _TIMER_H
2  #define _TIMER_H
3    #include "sys.h"
4    #include "SysTick.h"
5    void Timer_PWM_Init(u16 Arr, u16 Psc, u16 Ccr); //定时器PWM输出初始化
6  #endif
```

（1）为能同时向 TIM3_CH1 和 TIM3_CH2 通道输出 PWM 波，第 25 行、第 28 行、第 52 行增加了对 TIM3_CH1 的操作语句。

（2）为使用 PC6 和 PC7 引脚输出 PWM 波，第 39 行、第 41 行、第 43 行、第 46 行做了相应的修改。

（3）由于 LED 采用共阳极接法，给低电平点亮，故第 50 行将 PWM 有效电平设置为低电平。这样在占空比为 0 的情况下全程输出无效电平（高电平），LED 熄灭。

6. 按键程序设计与调试

与任务 5.5 相同。

7. 外部中断程序设计与调试

与任务 5.6 相同，这里不再列出。

8. 软硬件联调

（1）连接电路，连接开发板与计算机。

（2）按照图 5.2.5 在 "Options for Target 'Target1'" 对话框中找到开发板的 IDCODE 并进行设置。

（3）编译、生成、下载程序到开发板。

（4）按住 K_Left 按键过程中，反复按下和松开 K_Up 和 K_Down 按键，观察两个 LED 亮度的变化，检查程序是否正确，并体会占空比对 LED 亮度的影响。

（5）松开 K_Left 按键，观察 LED 是否熄灭。

（6）修改主程序，将 72 改为 720，即周期变为 5ms，观察 LED 显示情况。

（7）修改主程序，将 720 改为 7200，即周期变为 50ms，观察 LED 显示情况。

（8）修改主程序，将 720 改为 36000，即周期变为 250ms，观察 LED 显示情况，体会不同 PWM 周期与 LED 的匹配情况。

故障现象：_____

解决办法：_____

原因分析：_____

三、要点记录及成果检验

任务 5.7	利用定时器 PWM 输出控制 LED 亮度						
姓名		学号		日期		分数	
1. 说一说，如果改用 TIM2_CH2、PA1 引脚实现任务 5.7 的功能，电路应怎么修改？程序应怎么修改？							

续表

2. 用 TIM3 作为定时器，利用其 PWM 输出功能，控制 PC6 引脚连接的 LED 的亮度，实现呼吸灯功能，即上电后 LED 亮度自动增加，增到最亮后自动减少，循环往复。请画出 LED 电路，写出程序并调试。

任务 5.8　利用定时器 PWM 输出控制直流电动机转速

一、任务目标

目标：通过直流电动机 PWM 调速任务，进一步理解 STM32 定时器 PWM 输出原理，掌握其使用方法，并能够结合实际进行综合运用和系统设计。

具体工作任务：

（1）按下 K_Left 按键，电动机正转，松开按键，保持正转。

（2）按下 K_Right 按键，电动机反转，松开按键，保持反转。

（3）按下 K_Down 按键，电动机停止，松开按键，保持停止。

（4）用 K_Up 按键控制速度，每按下 1 次，速度增加。

直流电动机调速装置如图 5.8.1 所示。

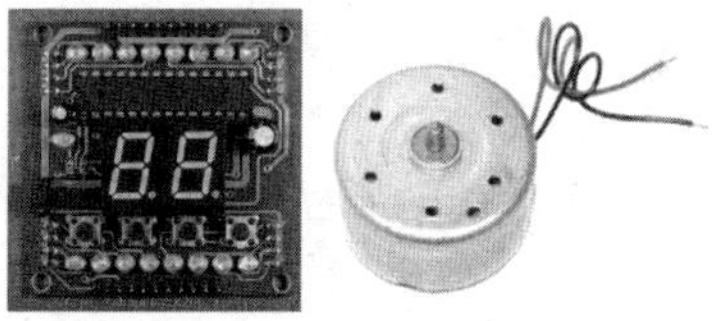

图 5.8.1　直流电动机调速装置

二、学习与实践

请阅读以下资料并按照指示的工作顺序完成任务。

（一）讨论与发言

对照任务 5.7，谈一谈实现本任务的电路和程序设计思路。

_____

_____

请阅读以下资料，按照步骤完成工作任务。

（二）系统方案及电路设计

1. 方案设计

系统方框图和电路如图 5.8.2 所示。

图 5.8.2 中只画出按键和直流电动机驱动电路，未画出电源电路、复位电路、晶振电路、数码管电路等常规电路，请自己画出。

2. 电路设计

系统方案、按键电路与之前设计相同，这里重点学习直流电动机驱动电路，如图 5.8.2（e）所示。

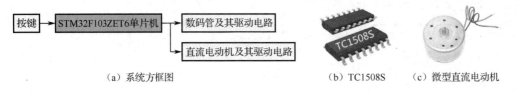

（a）系统方框图　　　　　　　　　　（b）TC1508S　　（c）微型直流电动机

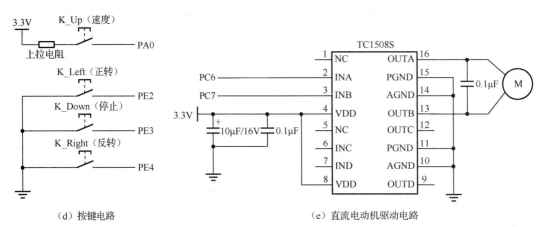

（d）按键电路　　　　　　　　　　（e）直流电动机驱动电路

图 5.8.2　系统方框图和电路

由于单片机输出电流很小（STM32 单片机推挽输出电流只有±25mA），一般需要在 STM32 单片机和电动机之间加驱动电路。在项目 2 中，我们曾经用三极管加继电器对电动机进行驱动，以实现电动机的启动和停止控制。但是，在进行电动机的 PWM 调速控制时，由于 PWM 波的频率较高，而继电器的响应速度比较慢，继电器会降低整个系统的响应速度导致调速失败。因此，需要速度更快的驱动器件，TC1508S 就是一款专门用于微型直流电动机的驱动芯片。

TC1508S 可同时驱动两台供电电压为 2.2～5.5V 的直流电动机，驱动电流可达 1.8A，其引脚定义及输入输出逻辑关系如表 5.8.1 和表 5.8.2 所示。本应用中，我们将 STM32 单片机的 PC6 和 PC7 接 INA 和 INB，作为控制信号，控制接在 OUTA 和 OUTB 之间的电动机。

表 5.8.1　TC1508S 引脚定义

序　号	符　号	功　能	参　数	序　号	符　号	功　能	参　数
1	NC	悬空		9	OUTD	全桥输出 D	0～1.8A
2	INA	1 组输入 A	0～V_{DD}	10	AGND	接地	
3	INB	1 组输入 B	0～V_{DD}	11	PGND	接地	
4	VDD	电源正极	2.2～5.5V	12	OUTC	全桥输出 C	0～1.8A
5	NC	悬空		13	OUTB	全桥输出 B	0～1.8A
6	INC	2 组输入 C	0～V_{DD}	14	AGND	接地	
7	IND	2 组输入 D	0～V_{DD}	15	PGND	接地	
8	VDD	电源正极	2.2～5.5V	16	OUTA	全桥输出 A	0～1.8A

表 5.8.2　TC1508S 输入输出逻辑

输　　入		输　　出			输　　入		输　　出		
INA	INB	OUTA	OUTB	状　态	INC	IND	OUTC	OUTD	状　态
L	L	Hi-Z	Hi-Z	待命	L	L	Hi-Z	Hi-Z	待命
H	L	H	L	正转	H	L	H	L	正转

续表

输　入		输　出			输　入		输　出		
INA	INB	OUTA	OUTB	状　态	INC	IND	OUTC	OUTD	状　态
L	H	L	H	反转	L	H	L	H	反转
H	H	L	L	刹车	H	H	L	L	刹车

由表 5.8.2 可知：

希望 OUTA 和 OUTB 连接的电动机停止，可令 INA 持续=0、INB 持续=0。

希望电动机以最大速度正转，可令 INA 持续=1、INB 持续=0。

希望电动机以最大速度反转，可令 INA 持续=0、INB 持续=1。

希望电动机停止并且抱闸，可令 INA 持续=1、INB 持续=1。

结合图 5.8.2 中的电路，可设置 TIM3_CH1 和 TIM3_CH2 为 PWM1 模式，输出高电平有效。

希望电动机前进且速度可调时，可令 PC6 向 INA 输出占空比>0 的 PWM 波，PC7 向 INB 输出占空比=0 的 PWM 波。

希望电动机后退且速度可调时，可令 PC6 向 INA 输出占空比=0 的 PWM 波，PC7 向 INB 输出占空比>0 的 PWM 波。

希望电动机处于待命停止状态时，可令 PC6 和 PC7 都输出占空比=0 的 PWM 波。

希望电动机处于刹车停止状态时，可向 PC6 和 PC7 都输出占空比=100%的 PWM 波。

（三）程序设计与调试

1. 设计思路

（1）根据表 5.6.2，需要对 TIM3_CH1 和 TIM3_CH2 通道做完全重映射。

（2）之前进行蜂鸣器音量控制时，我们知道发送给蜂鸣器的 PWM 波，其频率应该在蜂鸣器允许的范围之内，大概为 1.5～5kHz，频率太低或太高都会导致蜂鸣器失声。进行 LED 亮度控制时，我们知道 PWM 周期应该小于人眼视觉暂留时间（大约 0.1s），大于 LED 的响应时间。那么在直流电动机的 PWM 控制中，PWM 波的周期（频率）给多少合适呢？应该说不同电动机有不同的合适频率，频率太低会导致电动机运行不稳定；频率太高，电动机可能反应不过来；不合适的频率还可能引起共振，产生啸叫。一般 PWM 波的频率可以取 6～16kHz，调试过程中没有明显的抖动或啸叫即可。这里我们暂取 10kHz，即周期为 100μs。调试时可以根据情况进行调整。因此，在系统时钟频率 72MHz、加计数情况下，可设置 PSC=72-1，ARR=100-1。

2. 程序流程设计

相对于任务 5.7，本任务的程序流程设计有以下两点变化。

（1）四个按键的操作全部采用外部中断方式处理。K_Up 用于修改设定值，K_Left、K_Down 和 K_Right 分别用于输入正转、停止、反转命令。

（2）主程序根据正反转命令和速度的计算结果控制两个通道的输出。

程序流程如图 5.8.3 所示。

3. 程序框架搭建

（1）如图 5.8.4 所示，复制文件夹"05-07-LED-通用定时器 PWM-亮度调节"并粘贴，修改副本文件夹名为"05-08-电机调速-通用定时器 PWM 输出-PC7 和 PC6"。

（2）重点检查"EXTI""TIMER"文件夹内容。

（3）修改工程名为"Motor_PWM"。双击打开 Keil μVision5 软件。

（4）检查"Project"窗口和包含路径设置。

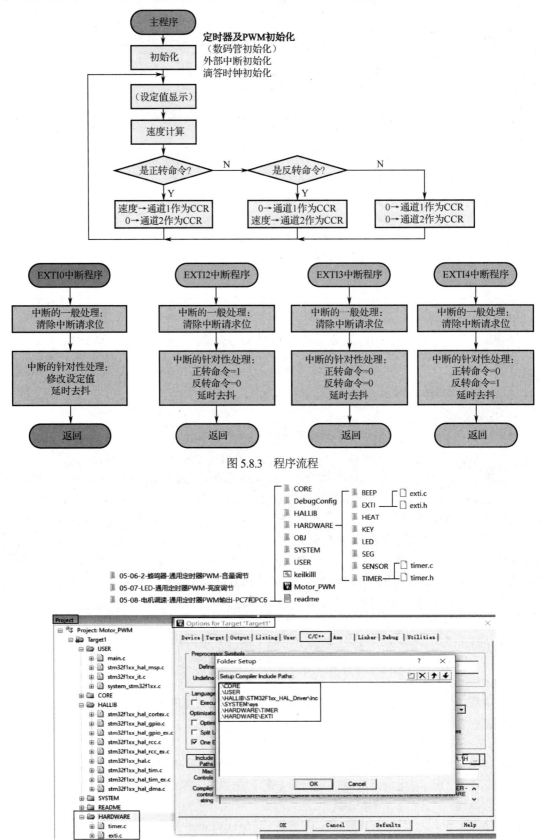

图 5.8.3　程序流程

图 5.8.4　程序框架

4. 主程序设计与调试

```
main.c
1    //#include "key.h"                    //按键定义头文件
2
3    #include "exti.h"                     //外部中断定义头文件
4    //#include "seg.h"                    //数码管定义头文件
5    #include "SysTick.h"                  //滴答时钟头文件
6    #include "timer.h"                    //TIM初始化头文件
7    u8 Setvalue=0;                        //定义变量Setvalue, 用于存储速度设定值
8                                          //Setvalue受加1键和减1键控制
9    u8 Forward=0, Back=0;                 //定义变量, 代表前进、后退命令
10   TIM_HandleTypeDef  TIM3_Handler;     //变量TIM3_Handler, TIM3操作变量
11   int main( )
12 ┌ { u16 T_Effiective;                  //定义变量, 用于存储有效电平时间CCR
13     HAL_Init();                        //初始化HAL
14     Stm32_Clock_Init(RCC_PLL_MUL9);    //外部晶振, 9倍频
15     SysTick_Init(72);                  //滴答时钟初始化, 系统时钟为72MHz
16
17     Timer_PWM_Init(100-1, 72-1, 0);    //初始化TIM, ARR=100-1, PSC=72-1, CCR=0
18                                        //PWM周期= (ARR+1)*(PSC+1)/Fsysclk=100us
19                                        //PWM占空比=CCR/(ARR+1)
20     //KEY_Init();                      //初始化按键 (K_LEFT)
21     EXTI_Init();                       //初始化exti (K_UP、K_DOWN、K_LEFT、K_RIGHT)
22                                        //不能直接位于Timer_PWM_Init(500-1, 72-1, 0)语句之前
23
24     //Seg_Init();                      //初始化数码管
25
26     while(1)
27 ┌   {  //Seg_Disp(Setvalue);          //显示速度设定值, 0~99
28        T_Effiective=Setvalue*1;       //速度换算, 0~99
29        if(Forward==1)                 //前进命令
30 ┌      { __HAL_TIM_SET_COMPARE(&TIM3_Handler, TIM_CHANNEL_1, T_Effiective);
31          __HAL_TIM_SET_COMPARE(&TIM3_Handler, TIM_CHANNEL_2, 0);//速度送CH1, 0送CH2
32        }
33        else
34        { if(Back==1)                   //后退命令
35 ┌        { __HAL_TIM_SET_COMPARE(&TIM3_Handler, TIM_CHANNEL_1, 0);//0送CH1, 速度送CH2
36            __HAL_TIM_SET_COMPARE(&TIM3_Handler, TIM_CHANNEL_2, T_Effiective);
37          }
38          else                         //停止命令
39 ┌        { __HAL_TIM_SET_COMPARE(&TIM3_Handler, TIM_CHANNEL_1, 0);//0送CH1和CH2
40            __HAL_TIM_SET_COMPARE(&TIM3_Handler, TIM_CHANNEL_2, 0);
41          }
42        }
43     }
44 }
```

（1）本程序将按键初始化和中断初始化都放在"exti.c"文件中，因此可以屏蔽第 1 行和第 20 行。

（2）第 7 行变量 Setvalue 定义保留，其值在 K_Up 按键中断服务程序中被改变。

（3）第 9 行增加了两个变量，用于存储前进、后退命令。它们的值在 K_Down、K_Left 和 K_Right 按键中断程序中被改变。

（4）修改第 17 行定时器 PWM 初始化函数的 ARR=100-1，这样 PWM 波的周期为 100μs。

（5）由于占空比=CCR/(ARR+1)，而 ARR 在第 17 行被设为 100-1，因此占空比的最大值为 100。于是第 28 行的速度换算系数相应地改为 1。

（6）第 29~42 行用于判断是正转、反转命令，还是停止命令。并根据命令不同向 TIM3_CH1 和 TIM3_CH2 送不同的 CCR。

5. 定时器程序设计与调试

按照表 5.8.2，应将 PWM 输出的有效电平设为高电平（第 50 行、第 51 行），其他行不变。

```
timer.c
1    #include "timer.h"
2    //#include "beep.h"
3    extern TIM_HandleTypeDef  TIM3_Handler;              //外部定义的TIM操作变量
4 ┌ /*******************************************************
5    * 函 数 名       : Timer_PWM_Init
6    * 函数功能        : 定时器PWM输出初始化函数
7    * 输    入       : ARR:重装载值  0~65535
8                       PSC:分频系数  0~65535
9                       CCR:比较值   0~65535
10                      加计数或减计数情况下:
11                      PWM输出周期Tout= (ARR+1)×(PSC+1)/fCK_INT; 本开发板fCK_INT=72MHz
12                      占空比: CCR/(ARR+1)
13   * 输    出       : 无
14   *******************************************************/
```

```
15  void Timer_PWM_Init(u16 Arr,u16 Psc,u16 Ccr)
16  {   TIM3_Handler. Instance=TIM3;                              //TIM3
17      TIM3_Handler. Init. Prescaler=Psc;                        //分频系数
18      TIM3_Handler. Init. CounterMode=TIM_COUNTERMODE_UP;       //向上计数
19      TIM3_Handler. Init. Period=Arr;                          //自动装载值
20      TIM3_Handler. Init. ClockDivision=TIM_CLOCKDIVISION_DIV1; //时钟分割系数=1
21
22      HAL_TIM_PWM_Init(&TIM3_Handler);                         //按照以上设置进行PWM初始化
23
24      __HAL_TIM_SET_COMPARE(&TIM3_Handler, TIM_CHANNEL_2,Ccr); //向TIM3通道2送CCR
25      __HAL_TIM_SET_COMPARE(&TIM3_Handler, TIM_CHANNEL_1,Ccr); //向TIM3通道1送CCR
26
27      HAL_TIM_PWM_Start(&TIM3_Handler,TIM_CHANNEL_2);          //使能TIM3,使能PWM通道2
28      HAL_TIM_PWM_Start(&TIM3_Handler,TIM_CHANNEL_1);          //使能TIM3,使能PWM通道1
29  }
30  /*********************************************************
31   定时器底层驱动函数,会被HAL_TIM_PWM_Init()函数调用
32   开启定时器时钟,启用定时器引脚的复用及重映射功能,初始化GPIO引脚,初始化PWM输出通道
33  *********************************************************/
34  void HAL_TIM_PWM_MspInit(TIM_HandleTypeDef *htim)
35  {  GPIO_InitTypeDef   GPIO_Initure;                   //定义GPIO初始化变量
36     TIM_OC_InitTypeDef  TIM3_CH_Handler;             //定时器输出通道初始化变量
37     if(htim->Instance==TIM3)                         //TIM3
38     {  __HAL_RCC_TIM3_CLK_ENABLE();                   //使能TIM3时钟
39        __HAL_RCC_GPIOC_CLK_ENABLE();                  //使能GPIOC时钟
40        __HAL_RCC_AFIO_CLK_ENABLE();                   //使能AFIO时钟,使能GPIO引脚的复用功能
41        __HAL_AFIO_REMAP_TIM3_ENABLE();                //对TIM3做重映射,完全重映射优先
42
43        GPIO_Initure.Pin=GPIO_PIN_6|GPIO_PIN_7;        //PC6和PC7
44        GPIO_Initure.Mode=GPIO_MODE_AF_PP;             //复用推挽输出
45        GPIO_Initure.Speed=GPIO_SPEED_FREQ_HIGH;       //高速输出
46        HAL_GPIO_Init(GPIOC, &GPIO_Initure);           //按照GPIO_Initure的值初始化PC6和PC7
47
48        TIM3_CH_Handler.OCMode=TIM_OCMODE_PWM1;        //PWM1模式
49        TIM3_CH_Handler.Pulse=0;                        //CCR=0, 即占空比=0
50        //TIM3_CH_Handler.OCPolarity=TIM_OCPOLARITY_LOW; //输出有效电平为低电平
51        TIM3_CH_Handler.OCPolarity=TIM_OCPOLARITY_HIGH; //输出有效电平为高电平
52        HAL_TIM_PWM_ConfigChannel(&TIM3_Handler,&TIM3_CH_Handler,TIM_CHANNEL_1);
53        HAL_TIM_PWM_ConfigChannel(&TIM3_Handler,&TIM3_CH_Handler,TIM_CHANNEL_2);
54                                                        //按照以上设置配置TIM3通道2和1的PWM输出
55     }
56  }
```

6. 外部中断程序设计与调试

exti.h
```
1  #ifndef _EXTI_H
2  #define _EXTI_H
3  #include "sys.h"
4  void EXTI_Init(void);
5  #endif
```

exti.c
```
1   #include "exti.h"
2   #include "SysTick.h"                      //滴答时钟头文件
3   extern u8 Setvalue;                        //外部定义的变量Setvalue,受加1键和减1键控制
4   extern u8 Forward, Back;                   //外部变量,代表前进、后退命令
5   /************EXTI中断初始化函数************************************/
6   void EXTI_Init(void)
7   {  GPIO_InitTypeDef GPIO_InitStructure;    //定义结构体变量,用于存放GPIO初始化参数
8      __HAL_RCC_GPIOA_CLK_ENABLE();           //开启GPIOA时钟
9      __HAL_RCC_GPIOE_CLK_ENABLE();           //开启GPIOE时钟
10
11     GPIO_InitStructure.Pin=GPIO_PIN_0;      //PA0
12     GPIO_InitStructure.Mode=GPIO_MODE_IT_RISING;  //外部中断模式,上升沿触发
13     GPIO_InitStructure.Pull=GPIO_PULLDOWN;  //内部下拉
14
15     HAL_GPIO_Init(GPIOA, &GPIO_InitStructure);    //GPIOA初始化
16
17     GPIO_InitStructure.Pin=GPIO_PIN_2|GPIO_PIN_3|GPIO_PIN_4; //PE2、PE3、PE4
18     GPIO_InitStructure.Mode=GPIO_MODE_IT_FALLING; //外部中断模式,下降沿触发
19     GPIO_InitStructure.Pull=GPIO_PULLUP;    //内部上拉
20     HAL_GPIO_Init(GPIOE, &GPIO_InitStructure);    //GPIOE初始化
21
22     HAL_NVIC_SetPriorityGrouping(NVIC_PRIORITYGROUP_2);//优先级分组号为2
23                                             //分组号为2时,抢占优先级号为0~3
24                                             //          响应优先级号为0~3
25     HAL_NVIC_SetPriority(EXTI0_IRQn, 2, 1); //EXTI0抢占优先级为2,响应优先级为1
26     HAL_NVIC_EnableIRQ(EXTI0_IRQn);         //使能EXTI0中断响应
27     HAL_NVIC_SetPriority(EXTI3_IRQn, 0, 1); //EXTI3抢占优先级为0,响应优先级为1
28     HAL_NVIC_EnableIRQ(EXTI3_IRQn);         //使能EXTI3中断响应
29     HAL_NVIC_SetPriority(EXTI2_IRQn, 1, 1); //EXTI2抢占优先级为1,响应优先级为2
30     HAL_NVIC_EnableIRQ(EXTI2_IRQn);         //使能EXTI2中断响应
31     HAL_NVIC_SetPriority(EXTI4_IRQn, 1, 1); //EXTI43抢占优先级为1,响应优先级为1
32     HAL_NVIC_EnableIRQ(EXTI4_IRQn);         //使能EXTI4中断响应
33  }
34  /**************EXTI中断处理函数*****************************************/
35
36  void EXTI0_IRQHandler(void)
```

```
37 ⊟{ HAL_GPIO_EXTI_IRQHandler(GPIO_PIN_0);     //对EXTI0做一般性处理并调用EXTI中断针对性处理函数
38 └}
39   void EXTI2_IRQHandler(void)
40 ⊟{ HAL_GPIO_EXTI_IRQHandler(GPIO_PIN_2);     //对EXTI2做一般性处理并调用EXTI中断针对性处理函数
41 └}
42   void EXTI3_IRQHandler(void)
43 ⊟{ HAL_GPIO_EXTI_IRQHandler(GPIO_PIN_3);     //对EXTI3做一般性处理并调用EXTI中断针对性处理函数
44 └}
45   void EXTI4_IRQHandler(void)
46 ⊟{ HAL_GPIO_EXTI_IRQHandler(GPIO_PIN_4);     //对EXTI4做一般性处理并调用EXTI中断针对性处理函数
47 └}
48   void HAL_GPIO_EXTI_Callback(uint16_t GPIO_Pin)//EXTI中断专门处理函数
49 ⊟{ switch (GPIO_Pin)                           //判断是哪个中断
50 ⊟    { case GPIO_PIN_0:
51 ⊟        { Setvalue+=1;  if(Setvalue>99) Setvalue=0; break;//外部中断0，设定值+1
52 └        }
53       case GPIO_PIN_3:
54 ⊟        {Forward=0;Back=0;break;              //外部中断3，停止
55 └        }
56       case GPIO_PIN_2:
57 ⊟        { Forward=1;Back=0;break;             //外部中断2，前进
58 └        }
59       case GPIO_PIN_4:
60 ⊟        { Forward=0;Back=1;break;             //外部中断4，后退
61 └        }
62       default: break;
63 └    }
64     delay_ms(10);                             //延时去抖
65 └}
```

（1）"exti.c"文件和第 4 行增加了 Forward 和 Back 两个变量的声明。

（2）"exti.c"文件在原来外部中断 0、3 的基础上，增加了外部中断 2、4 的内容。外部中断 0 用于修改速度设定值 Setvalue，其他三个外部中断用于修改 Forward 和 Back 值。

7. 软硬件联调

（1）连接开发板、驱动电路、电动机与计算机，如图 5.8.5 所示。

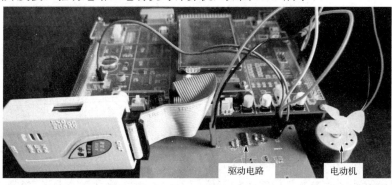

图 5.8.5 电动机控制电路的连接

（2）按照图 5.2.5 在"Options for Target 'Target1'"对话框中找到开发板的 IDCODE 并进行设置。

（3）编译、生成、下载程序到开发板。

（4）按一下正转按键（K_Left），由于 PWM 波初始占空比=0，电动机不应旋转。反复多次按下速度按键（K_Up）后，速度设定值及占空比逐渐增加，当占空比增加到一定程度时，电动机开始旋转。

（5）继续操作速度按键，电动机速度相应增加。

（6）速度增加到极限值（100）后，恢复为 0。继续反复多次按下速度按键（K_Up）后，应观察到电动机又开始旋转。

（7）按一下停止按键（K_Down），电动机应停止。

（8）按一下反转按键（K_Right），电动机应换向旋转。

（9）修改 PWM 波的周期，同时调整 CCR 计算公式，确保占空比不变，可以找到本电动机合适的 PWM 波的周期范围。

故障现象：＿＿＿＿＿＿＿＿＿＿＿＿＿＿＿＿＿＿＿＿＿＿＿＿＿＿＿＿＿＿＿＿＿＿＿＿＿

解决办法：＿＿＿＿＿＿＿＿＿＿＿＿＿＿＿＿＿＿＿＿＿＿＿＿＿＿＿＿＿＿＿＿＿＿＿＿＿

原因分析：＿＿＿＿＿＿＿＿＿＿＿＿＿＿＿＿＿＿＿＿＿＿＿＿＿＿＿＿＿＿＿＿＿＿＿＿＿

三、要点记录及成果检验

任务 5.8	利用定时器 PWM 输出控制直流电动机转速						
姓名		学号		日期		分数	

利用 PA1 和 PA2 引脚输出 PWM 波控制电动机转速，并用数码管显示。请画出电路并编写程序。

任务 5.9　STM32 单片机软硬件深入（五）

一、任务目标

了解 STM32 单片机基本定时器和高级定时器的基本情况，能够运用它们实现定时功能。

二、学习与实践

阅读以下内容，能够对 STM32 单片机基本定时器、通用定时器和高级定时器功能有对比认识。

（一）认识 STM32 单片机基本定时器

基本定时器结构非常简单，如图 5.9.1 所示，只能对内部时钟进行计数，实现定时功能。

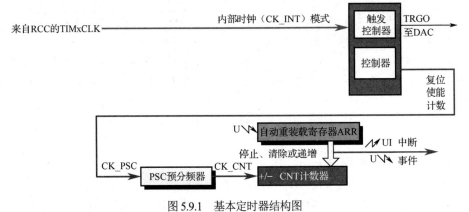

图 5.9.1　基本定时器结构图

（二）认识 STM32 高级定时器

如图 5.9.2 所示，高级定时器增加了重复次数计数器、互补输出信号（TIMx_CH1N～TIMx_CH3N）、刹车输入信号（TIMx_BKIN）等功能。

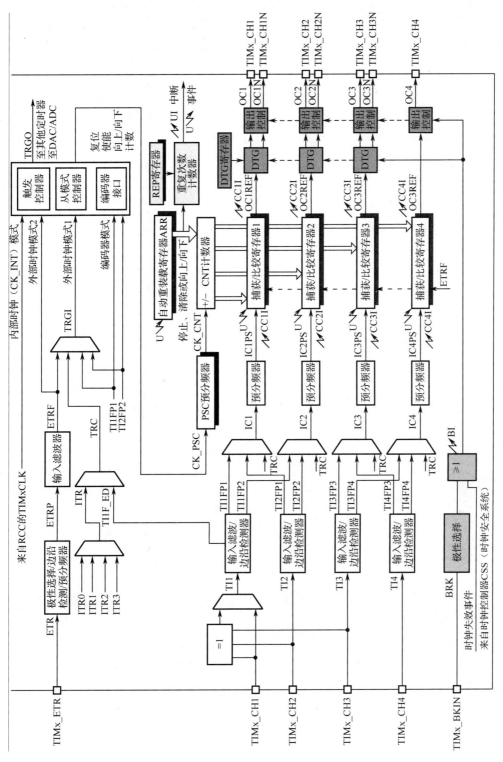

图 5.9.2　高级定时器结构图

三、要点记录及成果检验

任务 5.9	STM32 单片机软硬件深入（五）						
姓名		学号		日期		分数	

1. 请在通用定时器结构图中，框出基本定时器部分。

2. 请在高级定时器结构图中，框出通用定时器没有的部分。

3. 尝试利用 TIM6，在 PC0 输出周期为 1s 的方波，请画出电路并编写程序。

4. 尝试利用 TIM1，输出周期为 1s、占空比为 20%的 PWM 波，请画出电路并编写程序。

项目 6 利用计数器实现工件计数显示和打包控制

项目总目标

（1）理解 STM32F1xx 单片机内部定时器的计数原理，能够结合其结构框图指出外部时钟模式 1 和外部时钟模式 2 的计数路径。

（2）掌握利用外部时钟模式 1、外部时钟模式 2 及定时器更新中断实现脉冲计数的软硬件设计方法，能够仿照示例独立进行软硬件设计与调试。

具体工作任务

利用 STM32 单片机的外部时钟模式 1 或外部时钟模式 2，实现生产线工件计数显示与控制任务。生产线工件计数显示器示意图如图 6.0.1 所示。

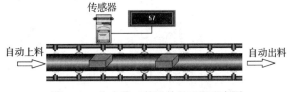

图 6.0.1 生产线工件计数显示器示意图

任务 6.1 利用外部时钟模式 1 实现生产线工件计数显示

一、任务目标

目标：初步掌握用外部时钟模式 1 和 TIMx_CH 引脚实现脉冲计数的方法。

具体工作任务：利用 STM32 单片机的外部时钟模式 1 和 TIMx_CH 引脚，进行生产线工件检测，要求每过一个工件，计数值加 1 并显示，满 100 个自动清零，并重新开始计数。

二、学习与实践

（一）讨论与发言

请结合项目 4 和项目 5，谈一谈本任务的设计思路。

_____

_____

请阅读以下资料并按照指示的工作顺序完成任务。

（二）通用定时器的结构再认识

1. 外部时钟模式 1 路径

通用定时器的 TIMx_CH1 和 TIMx_CH2 的外部时钟模式 1 路径如图 6.1.1 所示。

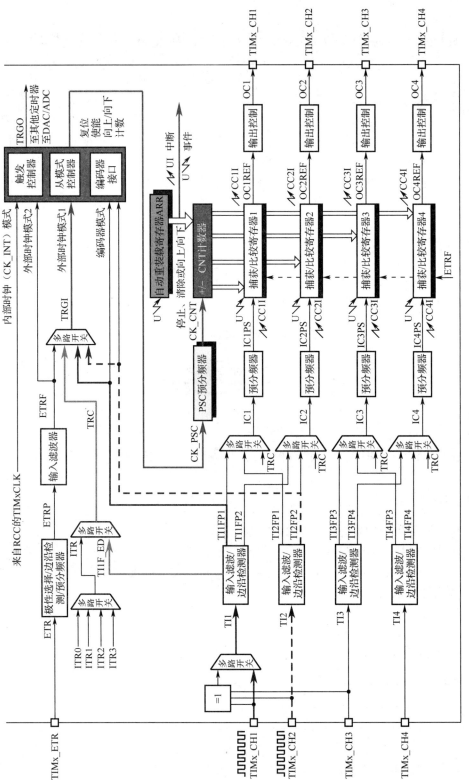

图 6.1.1 通用定时器的 TIMx_CH1 和 TIMx_CH2 的外部时钟模式 1 路径

在项目 5 中，我们已经使用过**内部时钟模式**（Internal Clock Mode）实现定时控制和 PWM 输出。本任务中我们将使用**外部时钟模式 1**（External Trigger Clock Mode1）对传感器输入的脉冲进行计数。

从图 6.1.1 中可以看出，内部时钟模式下，控制器的输入脉冲来自 CK_INT，也就是 TIMxCLK；外部时钟模式 1 情况下，控制器的脉冲则来自 TRGI（Trigger Input，触发输入）。

在项目 5 中，我们曾使用 TIMx_CH1～TIMx_CH4 引脚作为 PWM 输出。这四个引脚在图 6.1.1 的右侧，作为 OC1～OC4 的输出引脚。但注意在图 6.1.1 的左侧，也有四个同名的引脚 TIMx_CH1～TIMx_CH4。将引脚画在左侧，代表输入引脚，作为 TI1～TI4 的输入引脚。本任务中我们只研究 TI1 和 TI2。

要实现工件计数任务，可将光电传感器的信号线接在 TIMx_CH1 或 TIMx_CH2 引脚上。

通过编程，可以使传感器信号即输入脉冲信号按照如下三条路径进入 CNT 计数器。

路径 1：TIMx_CH1TI1→**TI1FP1**→**TRGI**→CK_PSC→CK_CNT。

路径 2：TIMx_CH1→TI1→**TI1F_ED**→**TRC**→**TRGI**→CK_PSC→CK_CNT。

路径 3：TIMx_CH2→TI2→**TI2FP2**→**TRGI**→CK_PSC→CK_CNT。

当然，从图 6.1.1 可以看出，外部时钟模式 1，即 TRGI 的来源不止这三条路径，本任务中我们只研究这三条路径。在这三种情况下，计数脉冲来自外部引脚，**CNT** 计数器**对外部脉冲**（而不是内部脉冲 CK_INT）进行**计数**。通过读取计数值，就可以知道来了多少个脉冲；通过计数值与 ARR 值的比较结果，就可以知道输入脉冲是否达到了预定的数量，这就是 TIM 进行外部脉冲计数的原理。

2．计数过程

如图 6.1.1 所示，来自 TIMx_CH1 和 TIMx_CH2 引脚的外部脉冲经过了多路开关、输入滤波/边沿检测、控制器、PSC 预分频器被送入 CNT 计数器。计数过程中还使用到 ARR。关于控制器、PSC 预分频器、ARR 等设备的作用在项目 5 中我们已经学习过，这里只看多路开关、输入滤波和边沿检测电路。

（1）多路开关。

多路开关具有多个输入和一个输出。输出来自哪个输入取决于编程设置。例如，可以通过编程设置 TI1 是来自 TIMx_CH1 还是来自异或门。也可以设置 TRC 信号是来自 ITR 还是 TI1F_ED。

（2）输入滤波。

输入滤波器用于滤掉叠加在输入信号中的干扰。过滤掉干扰信号后的理想波形如图 6.1.2 所示。

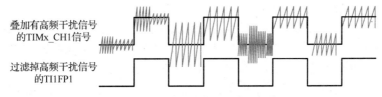

图 6.1.2　过滤掉干扰信号后的理想波形

滤波系数 N 可编程设定，允许范围为 0～15。$N=0$，不滤波。

N 的大小应该根据干扰信号和采样信号的频率进行选择，具体原则参见任务 6.4。本任务中暂不考虑滤波，将 N 设为 0。

（3）边沿检测。

边沿检测用于决定是对输入信号的上升沿还是下降沿进行检测，可编程设定。例如，希望输入信号每来一个上升沿进行计数，就应将其设置为上升沿触发。上升沿触发和下降沿触发分别如图 6.1.3 和图 6.1.4 所示。

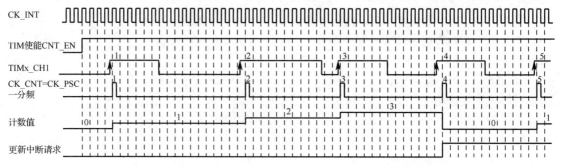

图 6.1.3 设置为上升沿触发、加计数、PSC 不分频、ARR=3

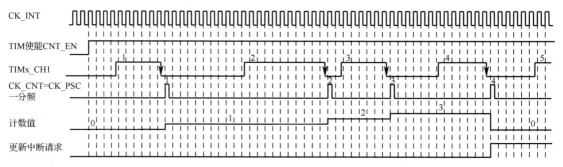

图 6.1.4 设置为下降沿触发、加计数、PSC 不分频、ARR=3

如图 6.1.3 所示，如果指定对输入信号的上升沿进行检测，并且 PSC 不分频、加计数模式、ARR=3，则输入引脚上每来 1 个上升沿，经定时器时钟 CK_INT 同步后，CK_CNT 输出 1 个脉冲，计数值加 1；计数值加到 4 自动重装为 0；重装时，发出更新中断请求。

如图 6.1.4 所示，如果指定对输入信号的下降沿进行检测，其他不变，则输入引脚上每来 1 个下降沿，计数值加 1；计数值加到 4 自动重装为 0，同时发出更新中断请求。

CNT 也可以做减计数或加减计数，计数值的变化规律与任务 5.1 中所述相同，这里不再细述。

3. 可使用的引脚

作为输入引脚时，TIMx_CH1～TIMx_CH4 允许使用的引脚与作为输出引脚时完全相同，详细情况请参见项目 5 中的表 5.6.2。本任务中我们只研究 TIMx_CH1 和 TIMx_CH2。

（三）系统方案及电路设计

系统方框图、传感器电路及 LED 电路如图 6.1.5 所示。

本系统方案和电路设计与项目 4 类似，需要用光电传感器进行工件检测，需要用数码管进行工件数显示。但光电传感器电路能使用的引脚受到定时器的限制，只能从表 5.6.2 中选择。本任务将 TIMx_CH1 和 TIMx_CH2 作为输入引脚，可选 TIM5_CH1 通道，它默认复用 PA0 引脚，刚好与开发板上 K_Up 按键相同。图 6.1.5 中未画出电源电路、复位电路、晶振电路等常规电路。

（四）程序设计与调试

1. 程序流程设计

图 6.1.6（a）所示为利用外部中断实现工件计数的程序流程。每当 EXTI 引脚有脉冲输入时，程序自动进入中断服务程序。在中断服务程序中通过计数值+1 语句实现计数。

图 6.1.6（b）所示为利用计数器实现工件计数的程序流程。初始化定时器后，计数器开始自动检测 PA0 引脚是否有脉冲输入，如果有，则自动进行加 1 计数，无须软件加 1，主程序只需不断读取计数器的计数值并将其送数码管显示即可，TIM 中断程序也不需要。

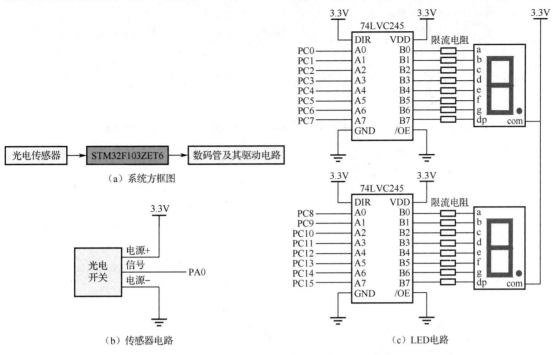

（a）系统方框图

（b）传感器电路

（c）LED电路

图 6.1.5 系统方框图、传感器电路及 LED 电路

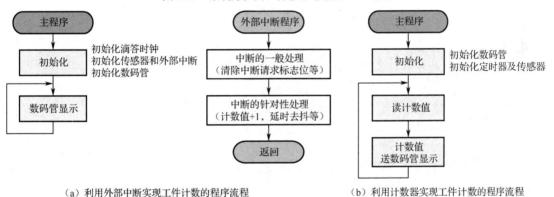

（a）利用外部中断实现工件计数的程序流程

（b）利用计数器实现工件计数的程序流程

图 6.1.6 程序流程

2. 搭建框架

（1）复制文件夹"05-08-电机调速-通用定时器 PWM 输出-PC7 和 PC6"并粘贴，修改副本文件名为"06-01-工件计数-通用计数器-外部时钟模式 1-路径 1"。

（2）打开文件夹，修改工程名为"Workpiece_count"。

（3）双击工程"Workpiece_count"，打开 Keil μVision5 软件，按照图 6.1.7 设置"project"窗口和包含路径。

图 6.1.7 程序框架

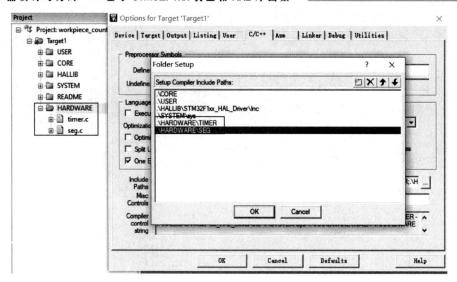

图 6.1.7　程序框架（续）

3. 主程序设计与调试

```
main.c
1    //#include "sys.h"                          //位操作头文件
2    #include "Systick.h"                        //滴答时钟头文件
3    #include "seg.h"                            //数码管头文件
4    #include "timer.h"                          //定时器头文件
5
6    TIM_HandleTypeDef TIM5_Handler;             //定时器操作变量
7
8    int main( )
9  {  u8 Workpiece;                              //工件数
10     HAL_Init();                               //初始化HAL
11     Stm32_Clock_Init(RCC_PLL_MUL9);           //时钟切换与设置
12     SysTick_Init(72);                         //初始化滴答时钟
13     Timer_Init(100-1,1-1);                    //计数器初始化, ARR=100-1,PSC=1-1
14     Seg_Init();                               //初始化数码管
15     while(1)
16       { Workpiece= __HAL_TIM_GET_COUNTER(&TIM5_Handler);
17                                               //读取TIM5的计数值
18         Seg_Disp( Workpiece);                 //将计数值送数码管显示
19       }
20  }
```

（1）第 13 行定时器初始化函数中，将 PSC 设为 1-1，不分频，这样每来 1 个脉冲，计数值加 1。

（2）因为希望计数值满 100 个自动清零，所以第 13 行将 ARR 设为 100-1。

（3）第 16 行用了一个库宏函数，读取计数值。第 18 行将得到的计数值送数码管显示。有关计数值读取库宏__HAL_TIM_GET_COUNTER(&定时器操作变量)的说明参见表 5.5.1。

4. 定时器程序设计与调试

```
timer.h
1  #ifndef _TIMER_H
2  #define _TIMER_H
3  #include "sys.h"
4  //#include "SysTick.h"
5      void Timer_Init(u16 arr,u16 psc); //定时器初始化
6  #endif
```

```
timer.c
1   #include "timer.h"
2   extern TIM_HandleTypeDef TIM5_Handler; //定时器操作变量
3   /***************************************************************
4   * 函 数 名      : Timer_Init
5   * 函数功能      : 计数器初始化
6   * 输    入      : ARR:重装载值
7                     PSC:分频系数
8   * 输    出      : 无
9   ***************************************************************/
10  void Timer_Init(u16 arr,u16 psc)
11 {  TIM5_Handler.Instance=TIM5;                       //TIM5
12     TIM5_Handler.Init.Prescaler=psc;                 //分频系数
```

```
13        TIM5_Handler.Init.CounterMode=TIM_COUNTERMODE_UP;          //向上计数器
14        TIM5_Handler.Init.Period=arr;                              //自动装载值
15        TIM5_Handler.Init.ClockDivision=TIM_CLOCKDIVISION_DIV1;    //时钟分频因子
16        HAL_TIM_Base_Init(&TIM5_Handler);                          //TIM基本初始化
17
18        HAL_TIM_Base_Start(&TIM5_Handler);                         //启动定时器
19    }
20
21 /*****************************************************************
22    定时器底层驱动函数,会被HAL_TIM_Base_Init()函数调用
23    开启定时器时钟,初始化GPIO引脚,设置时钟源                    */
24 /*****************************************************************/
25    void HAL_TIM_Base_MspInit(TIM_HandleTypeDef *htim)
26    { GPIO_InitTypeDef GPIO_Initure;               //GPIO初始化变量
27      TIM_ClockConfigTypeDef TIM_ClockSource;      //TIM时钟源变量
28      if(htim->Instance==TIM5)                     //TIM5
29      { __HAL_RCC_TIM5_CLK_ENABLE();               //使能TIM5时钟
30        __HAL_RCC_GPIOA_CLK_ENABLE();              //开启GPIOA时钟
31        __HAL_RCC_AFIO_CLK_ENABLE();               //使能AFIO时钟,使能GPIO引脚的复用功能
32        __HAL_AFIO_REMAP_TIM5CH4_DISABLE();        //禁止TIM5重映射,使用默认的引脚
33
34        GPIO_Initure.Pin=GPIO_PIN_0;               //PA0
35        GPIO_Initure.Mode=GPIO_MODE_AF_INPUT;      //复用输入
36        GPIO_Initure.Pull=GPIO_PULLDOWN;           //下拉,用K_Up按键代替传感器
37      //GPIO_Initure.Pull=GPIO_NOPULL;             //不拉,用传感器作为输入
38      //GPIO_Initure.Speed=GPIO_SPEED_FREQ_HIGH;   //高速
39        HAL_GPIO_Init(GPIOA,&GPIO_Initure);        //初始化PA0
40
41        TIM_ClockSource.ClockSource=TIM_CLOCKSOURCE_TI1;       //来自TI1FP1
42        TIM_ClockSource.ClockPolarity=TIM_CLOCKPOLARITY_RISING; //上升沿触发
43        TIM_ClockSource.ClockPrescaler=TIM_CLOCKPRESCALER_DIV1; //不分频
44        TIM_ClockSource.ClockFilter=0;                          //滤波系数0
45        HAL_TIM_ConfigClockSource(&TIM5_Handler, &TIM_ClockSource); //设置TIM5输入通道
46      }
47    }
```

（1）应将程序中所有的定时器都替换为TIM5。

（2）第11～16行用于定时器基本初始化，并调用第25行的Base_MspInit函数。

（3）第18行用于启动定时器。注意这里并不需要启动定时器中断，因此库函数名中少了"IT"。

（4）第27行定义了一个时钟源设置变量，其类型为TIM_ClockConfigTypeDef。

（5）第29～32行用于开启GPIO时钟、定时器时钟、复用时钟并指出重映射的方式。关于重映射方式，请参见项目5中的表5.6.8～表5.6.11。

（6）第34～39行用于初始化PA0引脚。注意第35行，应将其设置为**复用输入**。第36行和第37行则根据需要选择其中之一。

（7）第41～44行是给时钟源设置变量赋值，以便指出脉冲从哪里来，以及触发方式、分频系数、滤波系数分别是多少。第45行使用了时钟源设置库函数，进行时钟源初始化。关于时钟源设置库函数，表6.1.1给出了具体解释。

表6.1.1　定时器时钟源设置库函数

库函数名：HAL_TIM_ConfigClockSource(&TIM操作变量,&TIM时钟源)
原型：HAL_StatusTypeDef　HAL_TIM_ConfigClockSource(TIM_HandleTypeDef *htim,　TIM_ClockConfigTypeDef *sClockSource Config)
功能：按照TIM时钟源的值，设置TIM操作变量指定的定时器，并返回操作结果。　其中：
（1）TIM操作变量类型为TIM_HandleTypeDef，返回值的类型为HAL_StatusTypeDef，这二者的定义参见表5.2.1和5.2.2
（2）TIM时钟源的数据类型为TIM_ClockConfigTypeDef，具体定义如下
typedef　struct
{　uint32_t　ClockSource;　　　/*TIM时钟源,具体取值见后*/
uint32_t　ClockPolarity;　　/*时钟极性,具体取值见后*/
uint32_t　ClockPrescaler;　　/*时钟分频系数,具体取值见后 */
uint32_t　ClockFilter;　　　/*滤波系数,取值为0～15 */
} TIM_ClockConfigTypeDef;
ClockSource（**TIM时钟源**）取值：
（1）TIM_CLOCKSOURCE_ETRMODE2;　　　外部时钟模式2,来自TIMx_ETR

(2) TIM_CLOCKSOURCE_INTERNAL;	内部时钟模式，来自 CK_INT
(3) TIM_CLOCKSOURCE_ITR0;	外部时钟模式 1，来自 ITR0
(4) TIM_CLOCKSOURCE_ITR1;	外部时钟模式 1，来自 ITR1
(5) TIM_CLOCKSOURCE_ITR2;	外部时钟模式 1，来自 ITR2
(6) TIM_CLOCKSOURCE_ITR3;	外部时钟模式 1，来自 ITR3
(7) TIM_CLOCKSOURCE_TI1ED;	外部时钟模式 1，来自 TI1F_ED
(8) TIM_CLOCKSOURCE_TI1;	外部时钟模式 1，来自 TI1FP1
(9) TIM_CLOCKSOURCE_TI2;	外部时钟模式 1，来自 TI2FP2
(10) TIM_CLOCKSOURCE_ETRMODE1;	外部时钟模式 1，来自 ETRF

ClockPolarity（时钟极性）取值：

(1) TIM_CLOCKPOLARITY_INVERTED（取反，ETRx 时钟源用）

(2) TIM_CLOCKPOLARITY_NONINVERTED（不取反，ETRx 时钟源用）

(3) TIM_CLOCKPOLARITY_RISING（上升沿，TIx 时钟源用）

(4) TIM_CLOCKPOLARITY_FALLING（下降沿，TIx 时钟源用）

(5) TIM_CLOCKPOLARITY_BOTHEDGE（上升和下降沿，TIx 时钟源用）

ClockPrescaler（时钟分频系数）取值：

(1) TIM_CLOCKPRESCALER_DIV1，(2) TIM_CLOCKPRESCALER_DIV2

(3) TIM_CLOCKPRESCALER_DIV4，(4) TIM_CLOCKPRESCALER_DIV8

（8）外部时钟模式 1 的信号源。

将图 6.1.1 简化为图 6.1.8，可看到，外部时钟模式 1 的信号源 TRGI 有 8 个，从上到下分别为 ETRF、ITR0、ITR1、ITR2、ITR3、TI1F_ED、TI1FP1、TI2FP2。

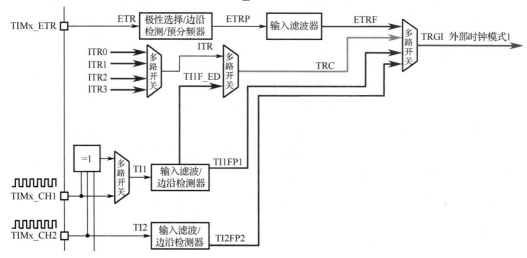

图 6.1.8　外部时钟模式 1 的 8 个信号源

如果将 TIM 时钟源设置为 TIM_CLOCKSOURCE_TI1，则定时器的计数脉冲来自 TI1FP1。很容易看出，TI1FP1 来自 TI1。由于上电复位后异或门被关闭，因此 TI1 信号将来自 TIMx_CH1 引脚输入。这就是之前我们所说的路径 1。

如果将 TIM 时钟源设置为 TIM_CLOCKSOURCE_TI1ED（ED：Edge，边沿），则定时器的计数脉冲来自 TI1F_ED。从图中可以看出，TI1F_ED 同样来自 TI1。在异或门被关闭的情况下，TI1_ED 信号也来自引脚 TIMx_CH1，这就是之前我们所说的路径 2。路径 2 与路径 1 的区别是，路径 2 是边沿检测，无论上升沿或下降沿都触发计数。路径 1 则可编程设定为上升沿、下降沿、沿（上升沿和下降沿）三种触发形式。

如果将 TIM 时钟源设置为 TIM_CLOCKSOURCE_TI2，则定时器的计数脉冲来自 TI2FP2。这就是之前我们所说的路径 3。此时脉冲信号来自 TIMx_CH2 引脚。

5. 数码管程序设计与调试

与项目 5 相同。

6. 软硬件联调

（1）连接电路，连接开发板与计算机。

（2）按照图 6.1.9，在 "Options for Target 'Target1'" 对话框中找到开发板的 IDCODE 并进行设置。

（3）编译、生成、下载程序到开发板。

（4）反复按下和松开 K_Up 按键，模拟工件到来与离去，观察程序运行结果，如果不正确，则修改程序或电路直到运行结果正确。

（5）连接传感器到 PA0，并修改程序。下载后用手或纸反复遮挡传感器，模拟工件到来与离去，观察程序运行结果，如果不正确，则修改程序或电路直到运行结果正确。

（6）将外部时钟模式 1 的信号源指定为 TI1F_ED，下载后观察有何不同。

（7）利用 TIM5_CH2 引脚接收传感器的输入脉冲，修改程序，下载后调试。

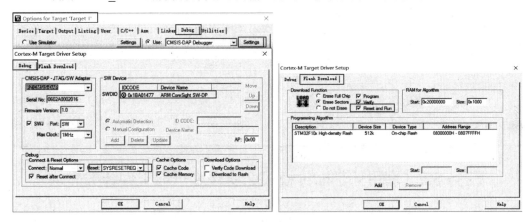

图 6.1.9 目标板设置

故障现象：_____

解决办法：_____

原因分析：_____

三、要点记录及成果检验

任务 6.1	利用外部时钟模式 1 实现生产线工件计数显示				
姓名		学号		日期		分数	

（一）术语记录

英　文	中　文　翻　译
External Trigger Clock Mode	
Internal Clock Mode	
Trigger Input	
Configure Clock Source	
Polarity	
Filter	
Edge	

（二）自主设计

用 TIM3_CH2 引脚和外部时钟模式 1，完成如下功能：每按下按键 1 次，计数加 1 并显示，加到 100 自动清零。请画出电路图，编写程序并调试。

任务 6.2　利用外部时钟模式 2 实现生产线工件计数显示

一、任务目标

目标：掌握用外部时钟模式 2 或外部时钟模式 1 对 TIMx_ETR 引脚输入脉冲进行计数的方法。

具体工作任务：利用 STM32 单片机的 TIMx_ETR 引脚，进行生产线工件检测，要求每过一个工件，计数值加 1 并显示，满 100 个自动清零，并重新开始计数。

二、学习与实践

（一）讨论与发言

请结合任务 1，谈一谈本任务的设计思路。

_____

_____

请阅读以下资料并按照指示的工作顺序完成任务。

（二）通用定时器的结构再认识

1. 外部时钟模式 2 路径

通用定时器的 TIMx_ETR 路径如图 6.2.1 所示。

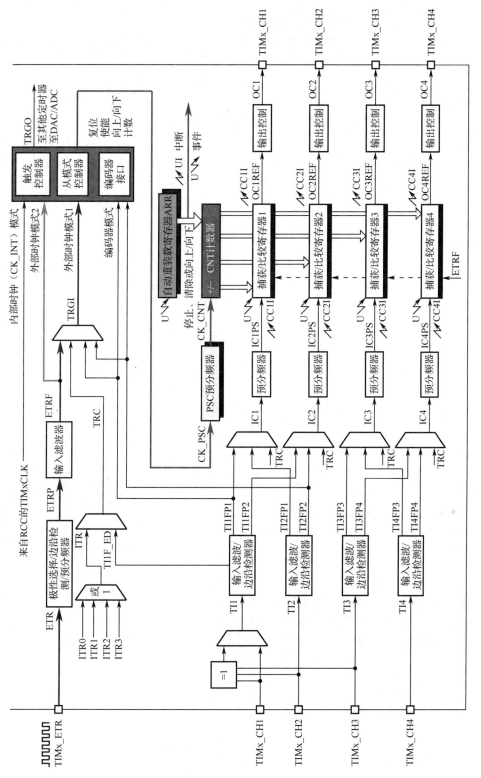

图 6.2.1 通用定时器的 TIMx_ETR 路径

STM32 单片机通用定时器也支持从 TIMx_ETR 引脚输入外部脉冲，通过编程，可使信号通过两条路径进入 CNT 计数器：

路径 1：TIMx_ETR→ETR→ETRP→ETRF→TRGI→CK_PSC→CK_CNT（外部时钟模式 1）。

路径 2：TIMx_ETR→ETR→ETRP→ETRF→→→→CK_PSC→CK_CNT（外部时钟模式 2）。

无论哪一种路径，**CNT** 计数器都是对来自 **TIMx_ETR** 引脚的**外部脉冲**进行**计数**的。通过读取计数值，可知道来了多少脉冲；通过计数值与 ARR 的比较，就可知道输入脉冲是否达到给定值。

2. 计数过程

如图 6.2.1 所示，来自 TIMx_ETR 引脚的外部脉冲经过了极性选择/边沿检测/预分频器、输入滤波器等环节到达计数器进行计数，并与 ARR 的值进行比较。与来自 TIMx_CH1 和 TIMx_CH2 引脚的外部时钟模式 1 路径相比，外部时钟模式 2 多了一个预分频器，这个预分频器也称为 ETR 预分频器。它的作用和 PSC 预分频器一样，也是对输入脉冲做分频处理。表 6.1.1 中的 ClockPrescaler（时钟分频系数）就是设定此参数的，这个参数也叫作 ETR 预分频系数。允许值为 1、2、4、8。

加计数模式下，如果 ETR 预分频系数=2，PSC 预分频系数=**3**-1，则总分频系数=2×3=6，即 ETR 引脚每来 6 个脉冲，CNT 计数 1 次。

如果输入脉冲的频率过高（超过了 f_{CK_INT} 的 1/4），就必须对 ETR 信号进行预分频，以确保定时器能正常工作。在 f_{CK_INT} = 72MHz 的情况下，可算出，频率高于 72/4=18MHz 的信号必须做 ETR 预分频。

假如输入脉冲频率=40MHz，就应该做 ETR 4 分频或 8 分频，如果做 4 分频，会降到 10MHz，这样定时器才能正常工作。本项目中传送带速度约为每秒 1 个工件，频率只有 1Hz，远小于 18MHz，无须 ETR 分频，ETR 预分频系数设定为 1 即可。

3. 占用引脚

通用定时器的 TIMx_ETR 引脚如表 6.2.1 所示。

表 6.2.1　通用定时器的 TIM x_ETR 引脚

TIM 编号	引 脚 名	复用引脚
TIM2	TIM2_CH1_ETR	PA0（默认）/PA15（部分重映像）
TIM3	TIM3_ETR	PD2（默认）
TIM4	TIM4_ETR	PE0（默认）
TIM5	TIM5_ETR	

注意：

（1）STM32F103xx 单片机没有为 TIM5_ETR 分配引脚。

（2）TIM2 的 ETR 引脚为 TIM2_CH1_ETR，即它是 TIM2_CH1 和 TIM2_ETR 的复用引脚。

（3）如果使用通用定时器，电路设计时只能使用 PA0、PA15、PD2、PE0 这 4 个引脚。这里仍然选用 PA0，以便调试时利用开发板上的 K_Up 按键代替传感器。

（三）系统方案及电路设计

系统方案和电路设计与任务 6.1 相同，如图 6.1.5 所示。

（四）程序设计与调试

1. 程序流程设计

按照以上分析，可以利用 TIM2_CH1_ETR 引脚进行脉冲信号输入，利用外部时钟模式 1 或外部时钟模式 2 进行计数。程序流程与任务 6.1 相同，如图 6.1.6（b）所示。

2. 搭建框架

（1）复制文件夹"06-01-工件计数-通用计数器-外部时钟模式1-路径1"并粘贴，修改副本文件名为"06-02-工件计数-通用计数器-外部时钟模式2"，如图6.2.2所示。

（2）双击工程"workpiece-count"，打开Keil μVision5软件。

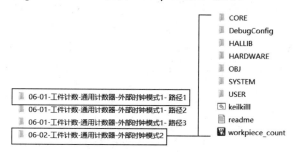

图6.2.2 程序框架

3. 主程序设计与调试

```
main.c
1  //#include "sys.h"                      //位操作头文件
2  #include "Systick.h"                    //滴答时钟头文件
3  #include "seg.h"                        //数码管头文件
4  #include "timer.h"                      //定时器头文件
5
6  TIM_HandleTypeDef TIM2_Handler;         //定时器操作变量
7
8  int main( )
9  { u8 Workpiece;                         //工件数
10   HAL_Init();                           //初始化HAL
11   Stm32_Clock_Init(RCC_PLL_MUL9);       //时钟切换与设置
12   SysTick_Init(72);                     //初始化滴答时钟
13   Timer_Init(100-1, 1-1);               //计数器初始化, ARR=100-1, PSC=1-1
14   Seg_Init();                           //初始化数码管
15   while(1)
16     { Workpiece= __HAL_TIM_GET_COUNTER(&TIM2_Handler);
17                                         //读取TIM2的计数值
18       Seg_Disp( Workpiece);             //将计数值送数码管显示
19     }
20 }
```

将主程序中的 TIM5 替换为 TIM2 即可。

4. 定时器程序设计与调试

```
timer.h
1  #ifndef _TIMER_H
2  #define _TIMER_H
3  #include "sys.h"
4  //#include "SysTick.h"
5    void Timer_Init(u16 arr,u16 psc); //定时器初始化
6  #endif
```

```
timer.c
1  #include "timer.h"
2  extern TIM_HandleTypeDef TIM2_Handler; //定时器操作变量
3  /*******************************************************************
4  * 函 数 名       : Timer_Init
5  * 函数功能       : 计数器初始化
6  * 输    入       : ARR:重装载值
7                     PSC:分频系数
8  * 输    出       : 无
9  ********************************************************************/
10 void Timer_Init(u16 arr,u16 psc)
11 {    TIM2_Handler.Instance=TIM2;                           //通用定时器号
12      TIM2_Handler.Init.Prescaler=psc;                      //分频系数
13      TIM2_Handler.Init.CounterMode=TIM_COUNTERMODE_UP;     //向上计数器
14      TIM2_Handler.Init.Period=arr;                         //自动装载值
15      TIM2_Handler.Init.ClockDivision=TIM_CLOCKDIVISION_DIV1;//时钟分频因子
16      HAL_TIM_Base_Init(&TIM2_Handler);                     //TIM基本初始化
17
18      HAL_TIM_Base_Start(&TIM2_Handler);                    //启动定时器
19 }
20
21 /*******************************************************************
22  定时器底层驱动函数, 会被HAL_TIM_Base_Init()函数调用
23  开启定时器时钟, 初始化GPIO引脚, 设置时钟源
24 ********************************************************************/
25 void HAL_TIM_Base_MspInit(TIM_HandleTypeDef *htim)
26 { GPIO_InitTypeDef GPIO_Initure;                           //GPIO初始化变量
27   TIM_ClockConfigTypeDef  TIM_ClockSource;//TIM时钟源变量
28   if(htim->Instance==TIM2)                                 //TIM2
29   {  __HAL_RCC_TIM2_CLK_ENABLE();                          //使能TIM2时钟
```

```
30        __HAL_RCC_GPIOA_CLK_ENABLE();              //开启GPIOA时钟
31        __HAL_RCC_AFIO_CLK_ENABLE();               //使能AFIO时钟，使能GPIO引脚的复用功能
32        __HAL_AFIO_REMAP_TIM2_DISABLE();           //禁止TIM2重映射，使用默认的引脚
33
34        GPIO_Initure.Pin=GPIO_PIN_0;               //PA0
35        GPIO_Initure.Mode=GPIO_MODE_AF_INPUT;      //复用输入
36        GPIO_Initure.Pull=GPIO_PULLDOWN;           //下拉，用K_Up按键代替传感器
37      //GPIO_Initure.Pull=GPIO_NOPULL;             //不拉，用传感器做输入
38      //GPIO_Initure.Speed=GPIO_SPEED_FREQ_HIGH;   //高速
39        HAL_GPIO_Init(GPIOA,&GPIO_Initure);        //初始化PA0
40
41        TIM_ClockSource.ClockSource=TIM_CLOCKSOURCE_ETRMODE2;//外部时钟模式2，来自ETR引脚
42        TIM_ClockSource.ClockPolarity=TIM_CLOCKPOLARITY_NONINVERTED;//不取反
43        TIM_ClockSource.ClockPrescaler=TIM_CLOCKPRESCALER_DIV1;//不分频
44        TIM_ClockSource.ClockFilter=0;             //滤波系数0
45        HAL_TIM_ConfigClockSource(&TIM2_Handler, &TIM_ClockSource);//设置TIM2输入通道
46      }
47  }
```

（1）将原程序中所有的 TIM5 替换为 TIM2。

（2）修改第 32 行的 TIM 重映射语句，确保 TIM2_CH1_ETR 使用 PA0 引脚。

（3）修改第 41 行，将时钟源设为 TIM_CLOCKSOURCE_ETRMODE2（外部时钟模式 2）。

（4）修改第 42 行，将极性设为 TIM_CLOCKPOLARITY_NONINVERTED（不取反）。

5. 数码管程序设计与调试

与任务 6.1 相同。

6. 软硬件联调

（1）连接电路，连接开发板与计算机。

（2）在"Options for Target 'Target1'"对话框中找到开发板的 IDCODE 并进行复位、下载和启动设置。

（3）编译、生成、下载程序到开发板。

（4）按下 K_Up 或用手反复遮挡光电传感器，模拟工件到来。观察程序运行结果。如果不正确，那么修改程序或电路直至运行结果正确。

（5）修改 ETR 预分频系数 ClockPrescaler 为 DIV4，观察程序运行结果。

（6）将时钟源修改为 TIM_CLOCKSOURCE_ETRMODE1（外部时钟模式 1，ETR 输入），下载后观察程序运行结果。

故障现象：_____

解决办法：_____

原因分析：_____

三、要点记录及成果检验

任务 6.2	利用外部时钟模式 2 实现生产线工件计数显示						
姓名		学号		日期		分数	
（一）自主设计							

用 TIM4_ETR 引脚和外部时钟模式 2，完成如下功能：每按下按键 3 次，计数加 1 并显示，加到 100 自动清零。请画出电路图，编写程序并调试。

任务 6.3　利用计数器更新中断实现打包操作

一、任务目标

目标：掌握利用外部时钟模式和更新中断，实现各种计数操作的方法。

具体工作任务：利用 TIMx_ETR 引脚或 TIMx_CH 引脚、外部时钟模式 2 或外部时钟模式 1、TIM 更新中断，实现打包操作：每来 6 个工件，启动电磁阀动作 1s。

二、学习与实践

（一）讨论与发言

请结合任务 1 和任务 2，谈一谈本任务的设计思路。

请阅读以下资料并按照指示的工作顺序完成任务。

（二）系统方案及电路设计

系统方案及电路设计如图 6.3.1 所示。

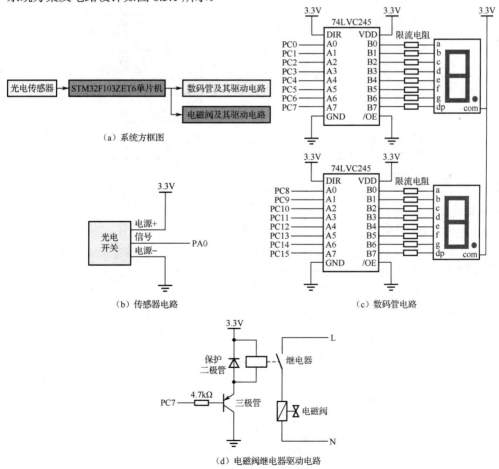

图 6.3.1　系统方案及电路设计

参考任务 6.1 和 6.2，传感器仍可接 PA0 引脚作为 TIM5_CH1 或 TIM2_CH1_ETR。此外应增加电磁阀及其驱动电路。

可参照项目 2 的电加热器驱动电路，设计电磁阀驱动电路。PC7 输出低电平→三极管导通→继电器线圈得电→继电器触点闭合→电磁阀得电→做打包动作；PC7 输出高电平→三极管截止→继电器线圈失电→继电器触点断开→电磁阀失电→停止打包。

图 6.3.1 中未画出电源电路、复位电路、晶振电路等常规电路。

（三）程序设计与调试

1. 设计思路

在任务 6.1 和 6.2 中，我们已经知道，将 TIM 设置为加计数器时，如果计数值>ARR，那么计数值就会自动重装（更新）为 0，同时申请中断。这个中断也称为 TIM 更新中断。如果编程时允许更新中断，那么 CPU 就会在自动重装后跳到对应的中断服务程序。

（1）我们可以利用 TIM5_CH1（PA0）引脚接收传感器输入，设置 TIM5 为外部时钟模式 1，TI1 输入，加计数。

（2）设置 ARR=5，当第 6 个工件到来时，计数值重装（更新）为 0。

（3）开启 TIM5 更新中断。当第 6 个工件到来、计数值重装为 0 时，申请更新中断。

（4）在 TIM5 更新中断程序中开启和关闭电磁阀。

2. 流程设计

程序流程如图 6.3.2 所示。

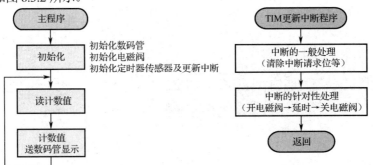

图 6.3.2　程序流程

3. 搭建框架

（1）复制文件夹"06-01-工件计数-通用计数器-外部时钟模式 1-路径 1"并粘贴，修改副本文件夹名为"06-03-工件打包-通用计数器-外部时钟模式 1-TI1-中断"，如图 6.3.3 所示。

（2）修改工程名为"workpiece_pack"。

（3）复制文件夹"LED"并粘贴，修改文件夹名为"valve"，并修改其内两个文件名。

（4）打开工程后注意检查"Project"窗口和"Include Paths"中至少应包含"seg""timer""valve"相应的文件。

图 6.3.3　框架搭建

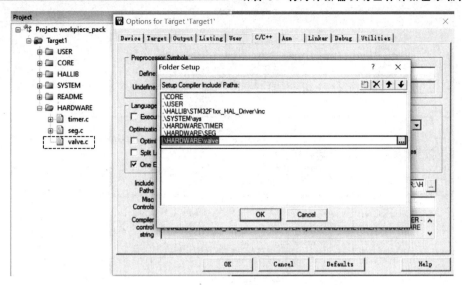

图 6.3.3　框架搭建（续）

4. 主程序设计与调试

```
//#include "sys.h"              //位操作头文件
#include "Systick.h"            //滴答时钟头文件
#include "seg.h"                //数码管头文件
#include "timer.h"              //定时器头文件
#include "valve.h"              //电磁阀头文件
TIM_HandleTypeDef TIM5_Handler;  //定时器操作变量

int main( )
{ u8 Workpiece;                 //工件数
  HAL_Init();                   //初始化HAL
  Stm32_Clock_Init(RCC_PLL_MUL9);  //时钟切换与设置
  SysTick_Init(72);            //初始化滴答时钟
  Timer_Init(6-1, 1-1);        //计数器初始化, ARR=6-1, PSC=1-1
  Seg_Init();                   //初始化数码管
  Valve_Init();                 //初始化电磁阀
  while(1)
    { Workpiece= __HAL_TIM_GET_COUNTER(&TIM5_Handler);
                                //读取TIM5的计数值
      Seg_Disp( Workpiece);     //将计数值送数码管显示
    }
}
```

（1）第 5 行、第 15 行增加了电磁阀初始化内容。

（2）为使用滴答延时，第 2 行、第 12 行是关于滴答时钟的内容。

（3）为满足每 6 个工件中断一次，第 13 行设置 ARR 为 6-1。

5. 电磁阀程序设计与调试

```
#ifndef _VALVE_H
#define _VALVE_H
#include "sys.h"
#define valve        PCout(7)              //为PC7起名
void Valve_Init(void);
#endif
```

```
#include "valve.h"

void Valve_Init(void)                      //电磁阀初始化函数
{ GPIO_InitTypeDef  GPIO_Initure;          //定义GPIO初始化变量
  __HAL_RCC_GPIOC_CLK_ENABLE();            //开启GPIOC时钟
  GPIO_Initure.Pin=GPIO_PIN_7;             //PC7
  GPIO_Initure.Mode=GPIO_MODE_OUTPUT_PP;   //推挽输出
  GPIO_Initure.Speed=GPIO_SPEED_FREQ_HIGH; //高速输出
  HAL_GPIO_Init(GPIOC,&GPIO_Initure);      //初始化GPIOC

  valve=1;                                 //打包电磁阀释放
}
```

在 "valve.h" 文件中将 PC7 引脚命名为 valve，在 "valve.c" 文件中对 PC7 进行初始化。

6. 定时器程序设计与调试

```c
timer.h
1  #ifndef _TIMER_H
2  #define _TIMER_H
3  #include "sys.h"                    //位操作头文件
4  #include "Systick.h"                //滴答定时器头文件
5  #include "valve.h"                  //电磁阀头文件
6  void Timer_Init(u16 arr,u16 psc);  //定时器初始化
7  #endif
```

```c
timer.c
1   #include "timer.h"
2   extern TIM_HandleTypeDef TIM5_Handler; //定时器操作变量
3   /*******************************************************
4   * 函 数 名        : Timer_Init
5   * 函数功能        : 计数器初始化
6   * 输    入        : ARR:重装载值
7                       PSC:分频系数
8   * 输    出        : 无
9   *******************************************************/
10  void Timer_Init(u16 arr,u16 psc)
11  {   TIM5_Handler.Instance=TIM5;                          //TIM5
12      TIM5_Handler.Init.Prescaler=psc;                     //分频系数
13      TIM5_Handler.Init.CounterMode=TIM_COUNTERMODE_UP;    //向上计数器
14      TIM5_Handler.Init.Period=arr;                        //自动装载值
15      TIM5_Handler.Init.ClockDivision=TIM_CLOCKDIVISION_DIV1;//时钟分频因子
16      HAL_TIM_Base_Init(&TIM5_Handler);                    //TIM基本初始化
17
18      HAL_TIM_Base_Start_IT(&TIM5_Handler);                //启动定时器及中断
19  }
20
21  /*******************************************************
22  定时器底层驱动函数，会被HAL_TIM_Base_Init()函数调用
23  开启定时器时钟，初始化GPIO引脚，设置时钟源
24  *******************************************************/
25  void HAL_TIM_Base_MspInit(TIM_HandleTypeDef *htim)
26  { GPIO_InitTypeDef GPIO_Initure;              //GPIO初始化变量
27    TIM_ClockConfigTypeDef  TIM_ClockSource;//TIM时钟源变量
28    if(htim->Instance==TIM5)                   //TIM5
29    { __HAL_RCC_TIM5_CLK_ENABLE();             //使能TIM5时钟
30      __HAL_RCC_GPIOA_CLK_ENABLE();            //开启GPIOA时钟
31      __HAL_RCC_AFIO_CLK_ENABLE();             //使能AFIO时钟，使能GPIO引脚的复用功能
32      __HAL_AFIO_REMAP_TIM5CH4_DISABLE();      //禁止TIM5重映射，使用默认的引脚
33
34      GPIO_Initure.Pin=GPIO_PIN_0;             //PA0
35      GPIO_Initure.Mode=GPIO_MODE_AF_INPUT;    //复用输入
36      GPIO_Initure.Pull=GPIO_PULLDOWN;         //下拉，用K_Up按键代替传感器
37      //GPIO_Initure.Pull=GPIO_NOPULL;         //不拉，用传感器做输入
38      //GPIO_Initure.Speed=GPIO_SPEED_FREQ_HIGH;//高速输出
39      HAL_GPIO_Init(GPIOA,&GPIO_Initure);      //初始化PA0
40
41      TIM_ClockSource.ClockSource=TIM_CLOCKSOURCE_TI1;//来自TI1FP1
42      TIM_ClockSource.ClockPolarity=TIM_CLOCKPOLARITY_RISING;//上升沿触发
43      TIM_ClockSource.ClockPrescaler=TIM_CLOCKPRESCALER_DIV1;//不分频
44      TIM_ClockSource.ClockFilter=0;           //滤波系数0
45      HAL_TIM_ConfigClockSource(&TIM5_Handler,&TIM_ClockSource);//设置TIM5输入通道
46
47      HAL_NVIC_SetPriorityGrouping(NVIC_PRIORITYGROUP_0);//设置优先级分组号
48      HAL_NVIC_SetPriority(TIM5_IRQn,0,1);     //设置中断优先级，抢占优先级为0，响应优先级为1
49      HAL_NVIC_EnableIRQ(TIM5_IRQn);           //使能ITM5的NVIC中断响应
50    }
51  }
52
53  /*******************************************************
54  * 函 数 名        : TIM5_IRQHandler
55  * 函数功能        : TIM5中断函数
56  * 输    入        : 无
57  * 输    出        : 无
58  *******************************************************/
59  void TIM5_IRQHandler(void)
60  { HAL_TIM_IRQHandler(&TIM5_Handler);//对TIM中断做一般性处理
61                                      //清除中断请求位,调用TIM针对性处理函数
62  }
63
64  void HAL_TIM_PeriodElapsedCallback(TIM_HandleTypeDef *htim)//对TIM中断做针对性处理
65  { if(htim==(&TIM5_Handler))//TIM5中断
66    { valve=0;              //打包动作
67      delay_ms(5000); //延时1s
68      valve=1;             //释放打包
69    }
70  }
```

（1）"timer.h" 文件中增加了对 "valve.h" 和 "Systick.h" 的包含语句。

（2）"timer.c" 文件的第 18 行由原来的 Start 修改为 Start_IT，启动定时器并开启中断。

（3）第 47～49 行用于初始化 NVIC。

（4）第 59～70 行是定时器中断函数。本系统每来 6 个工件，进入中断程序。第 60 行对中断做一般性处理，清除中断挂起位。第 64～70 行对中断做针对性处理。其中第 66 行打开电磁阀，做打包动作。第 67 行延时 1s。第 68 行，撤除打包动作。这里用滴答定时器实现延时。

7. 数码管程序设计与调试

无须修改，不再列出。

8. 软硬件联调

（1）连接电路，连接开发板与计算机。

（2）在"Options for Target 'Target1'"对话框中找到开发板的 IDCODE 并进行复位、下载和启动设置。

（3）编译、生成、下载程序到开发板。

（4）反复操作 K_Up 按键，模拟工件到来效果，观察数码管显示和继电器动作情况。如果不正确，那么修改程序或电路直到运行结果正确。

（5）为了留出足够的观察和测试时间，可以将滴答延时时间延长到 5s。

（6）观察本程序有什么缺点。

（7）想一想，要利用 ETR 引脚外部时钟模式 1 实现如上功能，应怎么修改程序？

（8）想一想，要利用 ETR 引脚外部时钟模式 2 实现如上功能，应怎么修改程序？

故障现象：_____

解决办法：_____

原因分析：_____

（四）程序改进与调试

1. 问题发现及解决方案

通过以上调试，你会发现程序虽然能完成任务，但也存在一个缺点：当第 6 个工件到来时，程序能立即跳到中断程序开启电磁阀，但是工件数显示却保持在 5 个，不能及时更新为 0。延时期间如果又按下按键，新增加的数值也不能马上显示出来，除非延时时间到，电磁阀断开。这是由于滴答延时占用了 CPU 的执行时间，延时期间，程序一直停留在中断程序里，无法返回主程序进行计数值读取与更新显示，如图 6.3.4 所示。

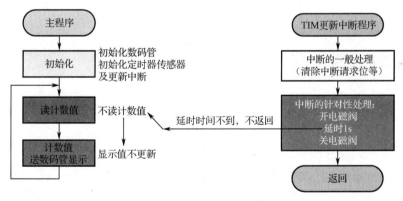

图 6.3.4　软件延时的影响

解决的办法是再开启一个定时器，如 TIM2，如图 6.3.5 所示。这样我们的程序中就会有两个定时器，一个 TIM5，作为计数器；一个 TIM2，作为定时器。TIM5 计数到 6，进 TIM5 中断开启电磁阀，同时启动 TIM2 计时。TIM2 时间到，进 TIM2 中断关闭电磁阀，停止计时。

由于开启和关闭 TIM2 后会立即回到主程序，故占用 CPU 的时间非常短，不会影响计数值的更新显示。由此我们可以体会到合理运用中断的优越性。

2. 框架搭建

复制文件夹"06-03-工件打包-通用计数器-外部时钟模式 1-TI1-中断"并粘贴，修改副本文件名为"06-03-工件打包-通用计数器-外部时钟模式 1-TI1-中断 2 个"，如图 6.3.6 所示。

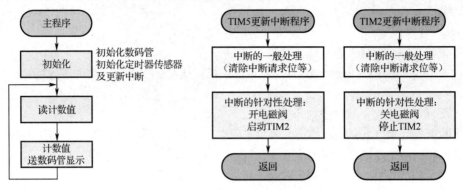

图 6.3.5　用 TIM2 更新中断实现硬件延时

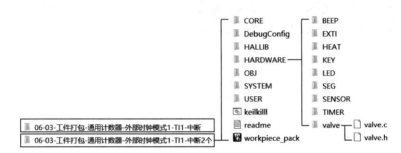

图 6.3.6　程序框架

3. 主程序设计与调试

```
main.c
1   //#include "sys.h"                          //位操作头文件
2   #include "Systick.h"                        //滴答时钟头文件
3   #include "seg.h"                            //数码管头文件
4   #include "timer.h"                          //定时器头文件
5   #include "valve.h"                          //电磁阀头文件
6   TIM_HandleTypeDef TIM5_Handler;             //定时器操作变量
7   TIM_HandleTypeDef TIM2_Handler;             //定时器操作变量
8
9   int main( )
10  { u8 Workpiece;                             //工件数
11    HAL_Init();                               //初始化HAL
12    Stm32_Clock_Init(RCC_PLL_MUL9);          //时钟切换与设置
13    SysTick_Init(72);                         //初始化滴答时钟
14    Timer2_Init(2000-1, 36000-1);            //TIM2初始化, 延时1s
15                                              //放在TIM5初始化前
16    Timer5_Init(6-1, 1-1);                    //TIM5初始化, 计数满6个中断
17    Seg_Init();                               //初始化数码管
18    Valve_Init();                             //初始化电磁阀
19    while(1)
20      { Workpiece= __HAL_TIM_GET_COUNTER(&TIM5_Handler);
21                                              //读取TIM5的计数值
22        Seg_Disp( Workpiece);                 //将计数值送数码管显示
23      }
24  }
```

（1）第 6 行和第 7 行定义了两个定时器操作变量。

（2）第 14 行和第 16 行将原来的一个定时器初始化函数变成两个。为方便区分，用了不同的名字。

（3）TIM5 作为计数器，计数满 6 个清零。

（4）TIM2 作为定时器，1s 延时。如果希望 2s 延时，则将 2000-1 改成 4000-1 即可。

4. 定时器程序设计与调试

```
timer.h
1   #ifndef _TIMER_H
2   #define _TIMER_H
3   #include "sys.h"                            //位操作头文件
4   #include "Systick.h"                        //滴答定时器头文件
5   #include "valve.h"                          //电磁阀头文件
6   void Timer5_Init(u16 arr,u16 psc);          //定时器初始化
7   void Timer2_Init(u16 arr,u16 psc);          //定时器初始化
8   #endif
```

（1）"timer.h" 文件第 6 行和第 7 行的函数名相应改变。

```
    timer.c
1    #include "timer.h"
2    u8 Pack_Status;              //显示端口和打包动作都用到PC7，避免显示程序影响打包动作用
3    extern TIM_HandleTypeDef TIM5_Handler; //定时器操作变量
4    extern TIM_HandleTypeDef TIM2_Handler; //定时器操作变量
5
6    /****************TIM5初始化****************/
7    void Timer5_Init(u16 arr,u16 psc)
8    {    TIM5_Handler.Instance=TIM5;                         //TIM5
9         TIM5_Handler.Init.Prescaler=psc;                   //分频系数
10        TIM5_Handler.Init.CounterMode=TIM_COUNTERMODE_UP;  //向上计数器
11        TIM5_Handler.Init.Period=arr;                      //自动装载值
12        TIM5_Handler.Init.ClockDivision=TIM_CLOCKDIVISION_DIV1;  //时钟分频因子
13        HAL_TIM_Base_Init(&TIM5_Handler);                  //TIM基本初始化
14
15        HAL_TIM_Base_Start_IT(&TIM5_Handler);              //启动定时器及其中断
16    }
17
18   /****************TIM2初始化****************/
19   void Timer2_Init(u16 arr,u16 psc)
20   {    TIM2_Handler.Instance=TIM2;                         //TIM2
21        TIM2_Handler.Init.Prescaler=psc;                   //分频系数
22        TIM2_Handler.Init.CounterMode=TIM_COUNTERMODE_UP;  //向上计数器
23        TIM2_Handler.Init.Period=arr;                      //自动装载值
24        TIM2_Handler.Init.ClockDivision=TIM_CLOCKDIVISION_DIV1;  //时钟分频因子
25        HAL_TIM_Base_Init(&TIM2_Handler);                  //TIM基本初始化
26
27        //HAL_TIM_Base_Start_IT(&TIM2_Handler);            //启动定时器及其中断
28   }
30   /********************************************************************
31    定时器底层驱动函数，会被HAL_TIM_Base_Init()函数调用
32    开启定时器时钟，初始化GPIO引脚，设置时钟源，设置NVIC
33   ********************************************************************/
34   void HAL_TIM_Base_MspInit(TIM_HandleTypeDef *htim)
35   {    GPIO_InitTypeDef       GPIO_Initure;       //GPIO初始化变量
36        TIM_ClockConfigTypeDef TIM_ClockSource;    //TIM时钟源变量
37        if(htim->Instance==TIM5)                   //TIM5
38        { __HAL_RCC_TIM5_CLK_ENABLE();             //使能TIM5时钟
39          __HAL_RCC_GPIOA_CLK_ENABLE();            //开启GPIOA时钟
40          __HAL_RCC_AFIO_CLK_ENABLE();             //使能AFIO时钟，使能GPIO引脚复用功能
41          __HAL_AFIO_REMAP_TIM5CH4_DISABLE();      //禁止TIM5重映射，使用默认的引脚
42
43          GPIO_Initure.Pin=GPIO_PIN_0;             //PA0
44          GPIO_Initure.Mode=GPIO_MODE_AF_INPUT;    //复用输入
45          GPIO_Initure.Pull=GPIO_PULLDOWN;         //下拉，用K_Up按键代替传感器
46          //GPIO_Initure.Pull=GPIO_NOPULL;         //不拉，用传感器做输入
47          //GPIO_Initure.Speed=GPIO_SPEED_FREQ_HIGH; //高速
48          HAL_GPIO_Init(GPIOA, &GPIO_Initure);     //初始化PA0
49
50          TIM_ClockSource.ClockSource=TIM_CLOCKSOURCE_TI1;//来自TI1FP1
51          TIM_ClockSource.ClockPolarity=TIM_CLOCKPOLARITY_RISING;//上升沿触发
52          TIM_ClockSource.ClockPrescaler=TIM_CLOCKPRESCALER_DIV1;//不分频
53          TIM_ClockSource.ClockFilter=15;          //滤波系数
54          HAL_TIM_ConfigClockSource(&TIM5_Handler, &TIM_ClockSource);//设置TIM5输入通道
55
56          HAL_NVIC_SetPriorityGrouping(NVIC_PRIORITYGROUP_0);//设置优先级分组号
57          HAL_NVIC_SetPriority(TIM5_IRQn,0,1);     //设置中断优先级，抢占优先级为0，响应优先级为1
58          HAL_NVIC_EnableIRQ(TIM5_IRQn);           //使能ITM5的NVIC中断响应
59        }
60        if(htim->Instance==TIM2)                   //TIM2
61        { __HAL_RCC_TIM2_CLK_ENABLE();             //使能TIM2时钟
62          TIM_ClockSource.ClockSource=TIM_CLOCKSOURCE_INTERNAL;//来自内部时钟源
63          //TIM_ClockSource.ClockPolarity=TIM_CLOCKPOLARITY_RISING;//上升沿触发
64          //TIM_ClockSource.ClockPrescaler=TIM_CLOCKPRESCALER_DIV1;//不分频
65          //TIM_ClockSource.ClockFilter=0;         //滤波系数0
66          HAL_TIM_ConfigClockSource(&TIM2_Handler, &TIM_ClockSource);//设置TIM2输入通道
67
68          //HAL_NVIC_SetPriorityGrouping(NVIC_PRIORITYGROUP_0);//设置优先级分组号
69          HAL_NVIC_SetPriority(TIM2_IRQn,0,2);     //设置中断优先级，抢占优先级为1，响应优先级为1
70          HAL_NVIC_EnableIRQ(TIM2_IRQn);           //使能ITM2的NVIC中断响应
71        }
72   }
74   /***** TIM5中断函数*****/
75   void TIM5_IRQHandler(void)
76   { HAL_TIM_IRQHandler(&TIM5_Handler);//对TIM中断做一般性处理
77                                       //清除中断请求位，调用TIM针对性处理函数
78   }
79   /***** TIM2中断函数*****/
80   void TIM2_IRQHandler(void)
81   { HAL_TIM_IRQHandler(&TIM2_Handler);//对TIM中断做一般性处理
82                                       //清除中断请求位，调用TIM针对性处理函数
83   }
84   /*TIM中断针对性处理函数，由HAL_TIM_IRQHandler(&TIM操作变量)函数隐性调用*/
85   void HAL_TIM_PeriodElapsedCallback(TIM_HandleTypeDef *htim)
86   { if(htim==(&TIM5_Handler))                     //TIM5中断
87     {    valve=0;                                 //打包
88          HAL_TIM_Base_Start_IT(&TIM2_Handler);    //启动TIM2及其中断
89          Pack_Status=0x7f;                        // 0111 1111   PC7=0
90     }
91     if(htim==(&TIM2_Handler))                     //TIM2中断
92     {    valve=1;                                 //停止打包
93          HAL_TIM_Base_Stop_IT(&TIM2_Handler);     //停止TIM2及其中断
94          Pack_Status=0xff;                        //1111 1111   PC7=1
95     }
96   }
```

（2）"timer.c"文件的第 3 行和第 4 行是 TIM5 和 TIM2 的操作变量声明。

（3）第 7～16 行是 TIM5 初始化函数。初始化完成直接启动 TIM5 及其中断。

（4）第 19～28 行是 TIM2 初始化函数。注意初始化完成后并未启动定时器。

（5）第 34～72 行是 TIM5 和 TIM2 初始化时都会隐性调用的函数。其中，第 37～59 行用于 TIM5 初始化；第 60～71 行用于 TIM2 初始化。

（6）第 75～78 行是 TIM5 中断一般处理。

（7）第 80～83 行是 TIM2 中断一般处理。

（8）第 85～96 行是定时器中断针对性处理。无论 TIM5 还是 TIM2 中断，都会隐性调用这个函数。其中，第 86～90 行用于 TIM5 中断，TIM5 计数满后自动进入：开启电磁阀，开启 TIM2 及其中断，TIM2 开始计时。

（9）TIM2 时间到，就产生 TIM2 中断，执行第 91～95 行：关闭电磁阀，关闭定时器，于是 TIM2 停止计时。

（10）本系统数码管和打包电磁阀都使用 PC7 引脚，二者有冲突，这种冲突一般应避免。但考虑到 PC7 连的是数码管的小数点，作为小数点数码管程序始终输出 1（灭），因此将 PC7 作为打包控制输出也是可以的，注意在电路设计中，不要把 PC7 连到数码管上。

但如果电路已将 PC7 连到数码管，那么可以在编程时做些处理，防止数码管程序的干扰。所以在第 2 行定义了一个变量 Pack_Status，在第 89 行和第 94 行根据 valve，也就是 PC7 的状态给 Pack_Status 赋值。在后面的数码管程序中会用到这个变量。

5. 电磁阀程序设计与调试

无须修改。

6. 数码管程序设计与调试

```
seg.h
1  #ifndef _SEG_H
2    #define _SEG_H
3    #include "sys.h"              //位操作头文件
4    #define SEG_Port  GPIOC       //给GPIOC起名字为SEG_Port
5    void Seg_Init(void);          //数码管初始化函数
6    void Seg_Disp(u8 data);       //数码管静态显示函数
7  #endif
```

```
seg.c
1   #include "seg.h"
2   extern u8 Pack_Status;//显示端口和打包动作都用到PC7，避免显示程序影响打包动作用
3   u8 smg_table[10]={0xc0, 0xf9, 0xa4, 0xb0, 0x99, 0x92, 0x82, 0xf8, 0x80, 0x90};
                                                            //0~9 的共阳极数码管段码
4
5   void Seg_Init()                                         //数码管初始化函数
6   { GPIO_InitTypeDef  GPIO_InitStructure;                 //定义GPIO初始化变量
7     __HAL_RCC_GPIOC_CLK_ENABLE();                         //开启GPIOC时钟
8
9     GPIO_InitStructure.Pin=GPIO_PIN_All;                  //PIN_0~PIN_15引脚
10    GPIO_InitStructure.Speed= GPIO_SPEED_FREQ_HIGH;       //高速输出
11    GPIO_InitStructure.Mode=GPIO_MODE_OUTPUT_PP;          //推挽输出
12
13    HAL_GPIO_Init(SEG_Port, &GPIO_InitStructure);         //按照以上设置初始化SEG_Port
14
15    HAL_GPIO_WritePin(SEG_Port, GPIO_PIN_All,GPIO_PIN_SET);//全灭
16  }
17
18  /***************数码管显示程序******************
19  *功能：00~99数码显示
20  *输入：待显示数字，u8类型，范围0~99
21  *输出：无
22  ********************************************/
23  void Seg_Disp(u8 Data)
24  { u8 Tens,Ones;                    //定义变量，分别存储十位数字和个位数字
25    u8  Seg_Tens, Seg_Ones;          //定义变量，分别存储十位数字和个位数字的8位段码
26    u16 Disp_Data;                   //定义变量，用于存储待显示数字的16位段码
27    Tens=Data/10;                    //求待显示数字的十位
28    Ones=Data%10;                    //求待显示数字的个位
29    Seg_Tens=smg_table[Tens];        //求十位数字的段码
30    Seg_Ones=smg_table[Ones];        //求个位数字的段码
31    Seg_Ones=Seg_Ones&Pack_Status;   //按位与，修正输出值，确保PC7保持打包结果
32    Disp_Data=(Seg_Tens<<8)+Seg_Ones;//将十位数字和个位数字的段码整合在一起
33    SEG_Port->ODR=Disp_Data;         //将整合后的段码送16位显示端口
34  }
```

（1）"seg.c"文件的第 2 行增加了变量 Pack_Status 的声明。

（2）第 31 行对 Seg_Ones 做了修正。

由于共阳极段码表的第 7 位肯定为 1，查表后，Seg_Ones 的第 7 位总是 1。如果不修正，那

么执行 33 行后，PC7 引脚就会输出 1。

如果定时器 5 计数满 6 个，就会进入 TIM5 中断，在"timer.c"文件的第 87 行执行 valve=0，即向 PC7 引脚写 0。之后很快返回主程序。

返回主程序，执行主函数的第 20 行和第 22 行，取计数值，调用数码管函数。于是 PC7 立刻被写 1，这导致打包动作立刻被取消。可见数码管函数干扰了打包动作。

加入第 31 行的修正计算就不同了。

将 Seg_Ones 和 Pack_Status 做按位与运算。按位与的规律：任何位与"0"，结果为"0"，任何位与"1"，结果保持不变。

如果 Pack_Status=0x7f，即 0111 1111，则 Seg_Ones 的 D7 位被清零；第 33 行执行后，PC7=0，与打包结果相同。

如果 Pack_Status=0xff，即 1111 1111，则 Seg_Ones 的 D7 位被保持为查表结果，也就是 1；第 33 行执行后，PC7=1，同样与打包结果相同。这就保证了数码管程序不会对打包结果造成干扰。

7. 软硬件联调

调试过程与之前相同，可以将延时时间设置大点，以方便观察和测试。

（1）屏蔽"seg.c"文件的第 31 行，观察会出现什么现象。

（2）之前利用滴答延时实现打包的程序也存在数码管引脚和打包引脚冲突的问题，数码管程序没做数值修正，为什么仍然能够正确打包？

（3）要利用 TIM_ETR 引脚实现以上功能，应怎么修改程序？

故障现象：_____

解决办法：_____

原因分析：_____

三、要点记录及成果检验

任务 6.3	利用计数器更新中断实现打包操作						
姓名		学号		日期		分数	
1. 用 TIM4_ETR 外部时钟模式 2 完成如上打包功能，请画出电路并编写程序。							
2. 用 TIM3 外部时钟模式 1，完成如下功能：每按下按键 5 次，流水灯状态左移 1 位。请画出电路图，编写程序并调试。							

任务 6.4 STM32 单片机软硬件深入（六）

一、任务目标

理解 STM32 单片机滤波原理，能根据干扰信号的频率，确定滤波系数；对影子寄存器的机制有初步认识；初步了解定时器捕捉功能及其应用场合。

二、学习与实践

（一）STM32 单片机滤波原理及滤波系数选择

1. 干扰信号对计数值的影响

实际系统送入定时器的外部脉冲信号常常叠加着各种干扰信号，干扰信号的存在使本该稳定的高低电平上出现了额外波动，如图 6.4.1 所示。如果不过滤掉这些干扰信号，多出来的触发沿肯定会造成计数错误。一般来说，干扰信号存在过程中的抖动越频繁（干扰信号频率越高）、干扰信号存在的时间越长，产生的干扰沿就越多。此外，采样频率越高，对干扰信号越敏感，越容易采到干扰沿。

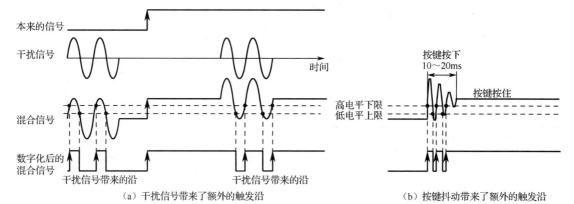

（a）干扰信号带来了额外的触发沿   （b）按键抖动带来了额外的触发沿

图 6.4.1 干扰信号的叠加效果

按键的抖动也是一种干扰信号，它会造成一次按键出现多个触发沿。之前我们采用延时的办法，检测到上升沿后，延时 10～20ms 后再采样，可以避免采集到多余的干扰沿。这实际上是一种降低信号采样频率，从而降低对干扰信号敏感度的滤波方法。

2. STM32TIM 单片机滤波器的滤波原理

在图 6.1.1 中，STM32 单片机定时器内部带有滤波电路，可以对来自 TIMx_CH 或 TIMx_ETR 引脚上的外部脉冲进行滤波处理。与大家熟悉的阻容滤波电路不同，其滤波策略有两个方向。

（1）通过改变采样频率滤除不同的干扰信号，如图 6.4.2 所示。

在图 6.4.2 中，原本只有两个低电平、两个高电平的信号上叠加了多个干扰信号。可以看出，按照 f_1 频率进行采样，干扰不能滤除。降低采样频率到 f_2，干扰全部被滤掉。可见适当降低采样频率可以过滤掉高频干扰信号。当然，采样频率也不能过低，那样可能会将真正的信号变化也过滤掉。实际应用时应该根据干扰信号的频率选择合适的采样频率。

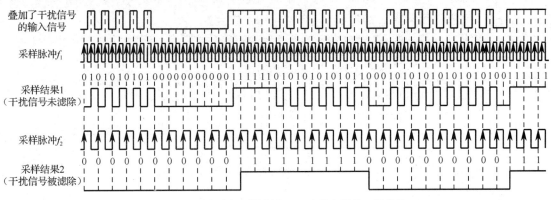

图 6.4.2　适当降低采样频率，可滤除高频的干扰信号

（2）通过对 N 次采样结果进行比较滤除干扰信号。

在采样频率一定的情况下，如果连续 N 次采样采入的电平都相同，说明信号是稳定的，数据有效；否则说明信号有波动、不稳定，很可能是干扰信号造成的，数据应该被丢弃。

图 6.4.3 中，原本只有两个低电平、两个高电平的信号上叠加了多个干扰信号。按照图 6.4.3 所示的采样频率，如果取 N=1，就是认为每一个采样值都有效，这显然不能过滤掉叠加在信号上的干扰信号带来的多余上升沿（和下降沿）。如果取 N=2，那么需要连续采到 2 个"0"或 2 个"1"数据才有效。图 6.4.3 中可以看到，干扰发生期间，采到的信号恰好总是"0""1""0""1"的变化，做不到连续两个"0"或两个"1"，于是这些数据都被抛弃了，只留下那些符合条件的信号，我们看到，干扰信号被全部过滤掉。

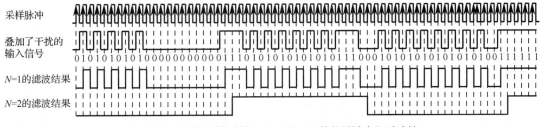

图 6.4.3　不改变采样频率，N=2 时，干扰信号被全部过滤掉

图 6.4.4 相对于图 6.4.3，干扰信号的脉冲宽度增加了，干扰信号被连续两次采集到的概率相应增加，我们看到，在 N=2 的情况下，没能完全过滤掉干扰信号，但在 N=3 时，滤波效果就很好了。

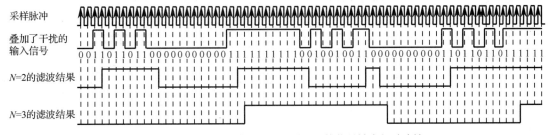

图 6.4.4　干扰信号变宽了，N=3 时，干扰信号被全部过滤掉

可见实际应用中，只有根据干扰信号的情况选择合适的采样频率和采样数 N，才能得到理想的滤波效果。一般需要 $N \times T_{采样} > t_{干扰\max}$，即 $N > t_{干扰\max} / T_{采样} = t_{干扰\max} \times f_{采样}$。

如图 6.4.5 所示，$t_{干扰\max} / T_{采样} = 5$，N 至少应取 6。

再如：$f_{采样} = 0.5625\text{MHz}$，$t_{干扰\max} = 10\mu\text{s}$，$N > t_{干扰\max} \times f_{采样} = 10\mu\text{s} \times 0.5625\text{MHz} = 5.625$。

对于方波型干扰，$t_{干扰\max} = t_{干扰高} = t_{干扰低} = T_{干扰} / 2$，因此 $N > (T_{干扰} / 2) \times f_{采样} = f_{采样} / 2 f_{干扰}$。

对于非方波型干扰，$t_{干扰max}$ 应取 $t_{干扰高}$ 和 $t_{干扰低}$ 中的较大者。

总结：根据干扰信号的不同，选择适当的采样频率和采样数 N，可以改善滤波效果。

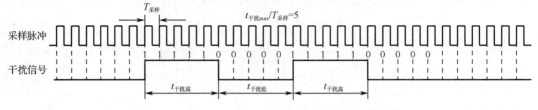

图 6.4.5　$t_{干扰}/T_{采样}=5$，N 至少应取 6 才可滤掉干扰信号

3. 滤波系数的选择

在编程时，我们需要声明的是滤波系数和时钟分割系数，它们共同决定了 $f_{采样}$ 和采样数 N 的取值。允许的滤波系数为 0～15，滤波系数与 $f_{采样}$ 及 N 的关系如表 6.4.1 所示。

表 6.4.1　滤波系数与 $f_{采样}$ 及 N 的关系

滤 波 系 数	采样频率 $f_{采样}$	采样数 N	滤 波 系 数	采样频率 $f_{采样}$	采样数 N
0	f_{DTS}	1	8	$f_{DTS}/8$	6
1	f_{CK_INT}	2	9	$f_{DTS}/8$	8
2	f_{CK_INT}	4	10	$f_{DTS}/16$	5
3	f_{CK_INT}	8	11	$f_{DTS}/16$	6
4	$f_{DTS}/2$	6	12	$f_{DTS}/16$	8
5	$f_{DTS}/2$	8	13	$f_{DTS}/32$	5
6	$f_{DTS}/4$	6	14	$f_{DTS}/32$	6
7	$f_{DTS}/4$	8	15	$f_{DTS}/32$	8

从表 6.4.1 中可以看出：

当滤波系数设置为 0 时，采样频率=f_{DTS}，采样数 $N=1$。

当滤波系数设置为 15 时，采样频率=$f_{DTS}/32$，采样数 $N=8$。

f_{DTS} 是采样基准频率，其大小取决于程序中时钟分割系数的设置，有 3 个取值。

当时钟分割系数=TIM_CLOCKDIVISION_DIV1 时，$f_{DTS}=f_{CK\_INT}$。

当时钟分割系数=TIM_CLOCKDIVISION_DIV2 时，$f_{DTS}=f_{CK\_INT}/2$。

当时钟分割系数=TIM_CLOCKDIVISION_DIV4 时，$f_{DTS}=f_{CK\_IN}/4$。

假如定时器的工作时钟 $f_{CK\_INT}=72MHz$，时钟分割系数设定为 TIM_CKD_DIV1，则 $f_{DTS}=f_{CK\_INT}/1=72MHz$。根据表 6.4.1 可知：

滤波系数=0：$f_{采样}=f_{DTS}=72MHz$，$N=1$。可算得 $t_{干扰max}<N/f_{采样}=1/72μs$，即高/低电平存在时间小于此的干扰都能被滤除。如果干扰的高低电平时间相等，则频率为 $1/(2t_{干扰})=36MHz$ 以上的方波干扰可被滤除。

滤波系数=1：$f_{采样}=f_{CK\_INT}=72MHz$，$N=2$。可算得 $t_{干扰max}<N/f_{采样}=2/72=1/36μs$，即高/低电平存在时间小于此的干扰都能被滤除，即 18MHz 以上的方波干扰可被滤除。

……

滤波系数=15：$f_{采样}=f_{DTS}/32=2.25MHz$，$N=8$。可算得 $t_{干扰}<N/f_{采样}=8/2.25≈3.6μs$，即高/低电平存在时间小于此的干扰都能被滤除，即 140.625kHz 以上的方波干扰可被滤除。

可见干扰频率越低，滤波系数的取值应越大。

如果希望进一步降低滤波频率的阈值，那么可以将时钟分割系数取大些。

例如，将时钟分割系数设定为4，可算出 N=15 情况下，$t_{干扰}$最大时长约为 14μs，对应方波频率约为 35kHz。

如果希望进一步提高对低频干扰的抑制能力，还可采用外部时钟模式 **2**。这种模式下，路径上还有一个 ETR 预分频器。增大 ETR 预分频系数（ClockPrescaler）可起到和降低采样频率相同的滤波效果。

当然，降低定时器工作时钟频率 $f_{\text{CK\_INT}}$，也是一种有效的方法。

4. 滤波效果测试

按照以上思路修改程序"06-03-工件打包-通用计数器-外部时钟模式 1-TI1-中断 2 个"。

（1）将 TIM5 的时钟分割系数 ClockDivision 修改为 TIM_CLOCKDIVISION_DIV4。

（2）将 TIM5 的滤波系数 ClockFilter 修改为 15。

（3）编译生成下载后观察按键去抖效果是否有改善，并分析原因。

（4）将 PA0 作为 TIM2_CH1_ETR 引脚，修改程序，下载后观察增大 ETR 分频系数对按键去抖效果的影响，分析原因。

（二）影子寄存器

图 6.1.1 中的 PSC 预分频器、自动重装载寄存器 ARR、CCR1～CCR4 寄存器都带有阴影。凡是带有阴影的寄存器都是两两成对的。其中一个是我们编程时学习过的寄存器，作用是进行数据的预装载；另一个是它的影子寄存器，是真正与 CNT 进行比较的寄存器，如图 6.4.6 所示。

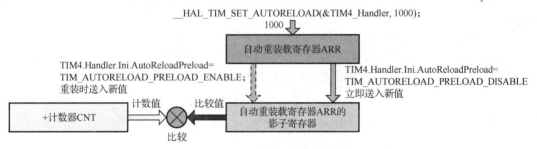

图 6.4.6 影子寄存器及预装载功能示意

以加计数模式下的 ARR 装载过程为例，编程时，我们使用语句"__HAL_TIM_SET_AUTORELOAD(&TIM4_Handler,1000);"，执行后，数值"1000"被送到 TIM4_Handler 指定定时器（假设是 TIM4）的 ARR。但是请注意，计数器工作时，实际上是和 ARR 影子寄存器的值做比较。那么，ARR 影子寄存器的值从何而来呢？

（1）如果编程指出"**禁止 ARR 预装载**"。

```
TIM_HandleTypeDef   TIM4_Handler;                                    //定义 TIM 操作变量
……
TIM4_Handler.Instance=TIM4;                                          //TIM4
……
TIM4_Handler.Ini.AutoReloadPreload=TIM_AUTORELOAD_PRELOAD_DISABLE;   //ARR 预装禁止
HAL_TIM_Base_Init(&TIM4_Handler);                                    //对 TIM4 做基本初始化
```

那么执行语句"__HAL_TIM_SET_AUTORELOAD(&TIM4_Handler,1000)"后，ARR 的新值 1000 会立刻被送到影子寄存器，也就是说二者数据更新是同步的。

（2）如果编程指出"**允许 ARR 预装载**"。

```
TIM4_Handler.Ini.AutoReloadPreload=TIM_AUTORELOAD_PRELOAD_ENABLE;    //ARR 预装允许
```

那么执行语句"__HAL_TIM_SET_AUTORELOAD(&TIM4_Handler,1000)"后，ARR 的新值并不

会立刻被送到影子寄存器，而是先在 ARR 中暂存。计数器先按照原来的 ARR 设定值工作，直到计数值满足重装条件（如果加计数，就是计数值>ARR 设定值），在计数值重装的同时，ARR 寄存器里暂存的数值进入影子寄存器，获得更新。

预装载禁止情况下，在执行语句"__HAL_TIM_SET_AUTORELOAD(&定时器操作变量,新值);"时，计数器 CNT 的行为不唯一。

例如，ARR 设定值为 500，加计数。可以肯定的是，修改 ARR 前，CK_CNT 每来 500 个脉冲，CNT 自动重装并申请更新中断。修改 ARR 为 400，并且稳定后，CK_CNT 每来 400 个脉冲，CNT 重装并申请中断。

但是在修改 ARR 计数值后，且稳定按照新的 ARR 值工作之前，计数器会怎样呢？

假设在 CNT 计数到 450 时，程序给 ARR 送了一个新值 400。由于是预装载禁止，则 ARR 影子的值也立刻更新为 400。此时 CNT 计数值=450 >新的 ARR 影子寄存器值 400，CNT 立刻重装并申请更新中断。

假设在 CNT 计数到 300 时，程序给 ARR 送了一个新值 400，则 ARR 影子寄存器值也立刻更新为 400。此时 CNT 计数值=300 <新的 ARR 影子寄存器值 400，CNT 应该继续计数，再来 100 个脉冲后，重装并申请更新中断。

可见同样的 ARR 修改值=400，装载时机不同，即 CNT 当前值=450 和 CNT 当前值=300 时，CNT 行为不同。

类似地，同样的装载时机，如在 CNT 当前值=300 时，重装 ARR。ARR 新值不同，如 ARR 新值=200 和 400，计数器的行为也不一样，前者立刻自动重装，后者则需要再来 100 个 CK_CNT 才重装。

如果设置为预装载允许，就可以避免以上情况发生。

假如 ARR 设定值=500，ARR 新值=100，无论何时修改 ARR 值，都不会影响计数器的工作。计数器总是先按照原来的设定值 500 工作。计数值满 500 后自动重装为 0（加计数情况下），同时新的 ARR 值装入 ARR 影子寄存器，下一轮将按照 ARR 的新值工作，即**预装载允许情况下，计数器 CNT 的行为固定，不会受到 ARR 修改值和修改时刻 CNT 当前值的影响。**

（三）捕捉功能

观察图 6.4.7，输入引脚 TIMx_CH1~TIMx_CH4 上的输入脉冲可以作为 IC1~IC4 信号，经各自的预分频器进入捕获/比较寄存器 CCR1~CCR4。此时使用的是其捕捉而非比较功能。人们常利用捕捉功能，实现脉冲周期和脉冲宽度的测量。

以图 6.4.8 所示的脉冲为例。可以一方面设定 CNT 对内部时钟进行计数，实现计时功能；另一方面用 TIMx_CH 引脚（如 TIMx_CH1）作为 IC1 输入，并编程开启其捕获功能。

若设定对 TI1 信号的上升沿进行捕获，则当 CCR1 寄存器接收到上升沿时，将捕获计数器的当前值，并产生捕获中断。显然，相邻两次捕获的计数值之差就代表信号的周期。

若设定对 TI1 信号的下降沿进行捕获，则当 CCR1 寄存器接收到下降沿时，将捕获计数器的当前值，并产生捕获中断。相邻两次捕获的计数值之差也代表信号的周期。

若设定对 TI1 信号的沿进行捕获，则无论 CCR1 寄存器接收到上升沿还是下降沿，都将进行捕获，并产生捕获中断。很显然，相邻两次捕获的计数值之差就代表脉冲宽度。

关于输入捕获的具体编程方法这里就不介绍了，感兴趣的同学可以查阅《STM32F1xx 中文参考手册》。

STM32 单片机的定时器还提供单脉冲输出、编码器输入等多种功能，这里也不再赘述。

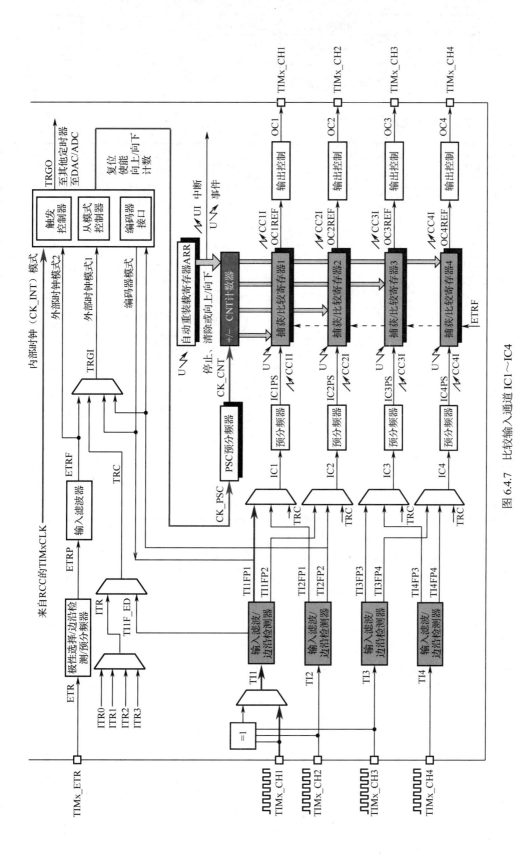

图 6.4.7 比较输入通道 IC1～IC4

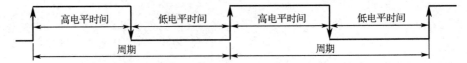

图 6.4.8　输入脉冲的周期和脉冲宽度

三、要点记录及成果检验

任务 6.4	STM32 单片机软硬件深入（六）						
姓名		学号		日期		分数	

1. 说出 STM32 单片机定时器的滤波原理。

2. 已知 $t_{干扰}$=5μs，请选择滤波系数和时钟分割系数。

3. 说出你知道的利用捕捉能实现的功能。

项目 7　利用 DAC 实现 LED 亮度控制

项目总目标

（1）理解和说出 DAC 的基本概念。

（2）了解 STM32F1xx 单片机内部 DAC 的结构与特性，能够结合其结构框图说明其工作过程。

（3）掌握基于 STM32F1xx 单片机 DAC 的电路设计方法，能够仿照示例独立进行基于 DAC 的电路设计与调试。

（4）掌握 STM32 单片机基于 HAL 库函数的 DAC 操作编程方法，能够仿照示例独立进行基于 DAC 的程序设计与调试。

（5）会查找相关资料，阅读相关文献。

具体工作任务

利用 STM32 单片机内部 DAC 控制 LED 亮度，LED 亮度可由按键设定，LED 调光灯如图 7.0.1 所示。

请进行方案设计、器件选型、电路和程序设计，并完成软硬件调试。

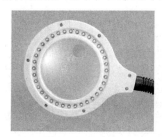

图 7.0.1　LED 调光灯

任务 7.1　认识 STM32 单片机的 DAC

一、任务目标

任务目标：了解 STM32F103ZET6 单片机的 DAC 基本特性与原理，能看懂 DAC 结构框图。

二、学习与实践

（一）讨论与发言

分组讨论自由发言，阐述对模拟信号及数字信号的认识，查阅资料了解 STM32 单片机的 DAC。

1. 举一些例子说明自动化系统中哪些是模拟信号，哪些是数字信号。

2. 总结什么是模拟信号，什么是数字信号，二者有何区别？

3. 什么是 DAC？什么是 ADC？

4. 衡量 ADC 和 DAC 的性能指标有哪些？

阅读以下资料，重新完善以上问题。

（二）初步认识 ADC 和 DAC

1. 模拟信号和数字信号

在实际生产生活中，我们会接触到大量在幅值和时间上都连续变化的物理量，如 0～1000℃的温度、–500～+500mm 的位移、0～10MPa 的压力、0～100%的湿度，等等。

在自动化系统中，我们也会接触到大量在幅值和时间上都连续变化的物理量，如 0～5V 的电压、4～20mA 的电流、0～1000Ω 的电阻，等等。这种**在幅值和时间上都连续变化的信号，称为模拟信号（Analog Signal）或模拟量**，如图 7.1.1（a）所示。

但是我们也知道，GPIO 引脚作为输出端时，只能输出高电平或低电平信号。当 GPIO 引脚作为输入端时，也只能将输入信号识别成高电平或低电平，即 GPIO 输入、输出电压的幅值是断续的。事实上，受到 GPIO 时钟限制，GPIO 引脚的输入、输出信号在时间上也是不连续的。这种**在幅值和时间上都不连续的信号，称为数字信号（Digital Signal）或数字量**，如图 7.1.1（b）与图 7.1.1（c）所示。在数字系统中，常常把高电平表示为"1"，低电平表示为"0"。而 GPIO 就是 STM32 单片机内嵌的数字信号处理设备。

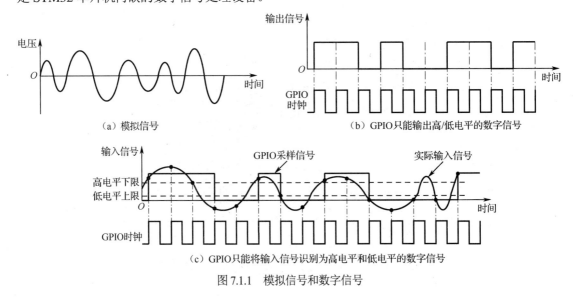

（a）模拟信号 　　　　　　　　　　　　（b）GPIO只能输出高/低电平的数字信号

（c）GPIO只能将输入信号识别为高电平和低电平的数字信号

图 7.1.1　模拟信号和数字信号

2. ADC 和 DAC

很多时候，我们希望 STM32 单片机能够知道输入电压的具体值，而不是简单地将它分辨成 3V 高电平或 0V 低电平。同样，我们也希望单片机能够精确控制其输出电压的具体值，而不是只输出 3V 高电平或 0V 低电平。

也就是说，我们希望 STM32 单片机具有模拟信号的处理能力。

但是不要忘记，STM32 单片机内部的绝大多数器件，特别是它的核心器件（如 CPU），它们都是数字器件。如何让它们能够处理模拟输入/输出信号呢？

可以通过一个电路，**将模拟信号转换成数字信号**，再送 CPU 处理。这个**电路就是 ADC（Analog-to-Digital Converter，模数转换器）**。

同理，输出时也需要一个电路，**将 CPU 输出的数字信号转换成模拟信号**。这个电路就是 **DAC**（**Digital-to-Analog Converter，数模转换器**）。

3. 模拟信号的类型

ADC 和 DAC 设备允许的模拟信号多数为电压、电流、电阻等。

STM32F1xx 单片机的 ADC 允许输入电压的范围为 $V_{REF-} \leqslant V_{IN} \leqslant V_{REF+}$。

STM32F1xx 单片机的 DAC 允许输出电压的范围为 $V_{REF-} \leqslant V_{OUT} \leqslant V_{REF+}$。

由于 V_{REF-} 引脚与 V_{SSA} 引脚接在一起，$V_{REF-}=0V$，因此允许的模拟电压输入、输出范围为 0～V_{REF+}。

4. DAC 的位数及其影响

ADC 和 DAC 电路常见的位数有 8、12、14、16、24 位等。STM32F1xx 单片机的 ADC 和 DAC 都是 12 位的。那么 DAC 的位数对其性能有什么影响呢？

对于 1 位的 DAC，如果 $V_{REF}=3.3V$，则理想状态下，向 DAC 写"0"时，引脚输出 0V；向 DAC 写"1"时，引脚输出 3.3V。

输出电压和位数的关系为 $V_{OUT}=D \times 3.3V$。

向 DAC 写入数字信号每增加或减小 1，输出电压跳变 3.3V。

对于 2 位的 DAC，可以向 DAC 写"00""01""10""11"四个二进制数，对应的十进制数为"0""1""2""3"。如果 $V_{REF}=3.3V$，则可将其设计为如下特性。

向 DAC 写"0"，即二进制数"00"时，输出电压=0V。

向 DAC 写"1"，即二进制数"01"时，输出电压=1.1V。

向 DAC 写"2"，即二进制数"10"时，输出电压=2.2V。

向 DAC 写"3"，即二进制数"11"时，输出电压=3.3V。

输出电压和数字的关系为 $V_{OUT}=D \times 3.3V/3$。

向 DAC 写入数字信号每增加或减小 1，输出电压跳变 1.1V。

我们将 **DAC 输出电压跳变的最小值**称为电压分辨率。电压跳变的最小值越小，DAC 的分辨率越高。分辨率越高，DAC 的电压控制越精细。显然 2 位 DAC 比 1 位 DAC 的分辨率更高。

继续增大位数 n，会怎样呢？表 7.1.1 给出了 $V_{REF+}=3.3V$ 时，$n=8$、$n=12$、$n=16$ 三种情况下的数字信号和电压对应关系。

表 7.1.1　$V_{REF+}=3.3V$ 时不同位数 DAC 的数字信号和电压对应关系

位　数	数字信号		电　压	转换公式及分辨率
	二 进 制 数	十 进 制 数		
$n=8$	**0000 0000**	**0**	**0×3.3V/255=0V**	转换公式：$V_{OUT}=D \times 3.3V/255$　分辨率：3.3V/255≈13mV
	0000 0001	1	1×3.3V/255≈12.941mV	
	0000 0010	2	2×3.3V/255≈25.882mV	
	…	…	…	
	1111 1110	254	**254**×3.3V/255≈3.287V	
	1111 1111	**255**	**255×3.3V/255=3.3V**	
$n=12$	**0000 0000 0000**	**0**	**0×3.3V/4095=0V**	转换公式：$V_{OUT}=D \times 3.3V/4095$　分辨率：3.3V/4095≈0.8mV
	0000 0000 0001	1	1×3.3V/4095≈0.806mV	
	0000 0000 0010	2	2×3.3V/4095≈1.612mV	
	…	…	…	
	1111 1111 1111	**4095**	**4095×3.3V/4095=3.3V**	

续表

位　数	数 字 信 号		电　压	转换公式及分辨率
	二进制数	十进制数		
n=16	0000 0000 0000 0000	0	0×3.3V/65535=0V	转换公式: $V_{OUT}=D×3.3V/65535$ 分辨率: 3.3V/65535≈50μV
	0000 0000 0000 0001	1	1×3.3V/65535≈50.355μV	
	0000 0000 0000 0010	2	2×3.3V/4095≈100.710μV	
	...	...	...	
	1111 1111 1111 1111	65535	65535×3.3V/65535=3.3V	

从表 7.1.1 中可以看出，在 V_{REF+}=3.3V 情况下，8 位 DAC 输出电压大约按照 13mV 的幅度跳变；而 16 位 DAC 则按照约 50μV 的幅度跳变。可见 n 越大，分辨率越高，电压控制越精细。输出电压分辨率$=V_{REF+}/(2^n-1)$。

转换公式为

$$V_{OUT} = D×V_{REF+}/(2^n-1)$$
$$D = V_{OUT}×(2^n-1)/V_{REF+}$$

对于 STM32F103ZET6 单片机，其 DAC 的 n=12，V_{REF+}=3.3V，因此电压和数字对应关系为

$$V_{OUT} = D×V_{REF+}/(2^{12}-1) = D×3.3/4095$$
$$D = V_{OUT}×(2^{12}-1)/V_{REF+} = V_{OUT}×4095/3.3$$

对于 ADC，其特性与 DAC 类似，我们将在项目 8 中加以分析。

（三）认识 STM32 单片机 DAC 的结构

1.DAC 结构框图

STM32F103 单片机的 DAC 结构如图 7.1.2 所示。

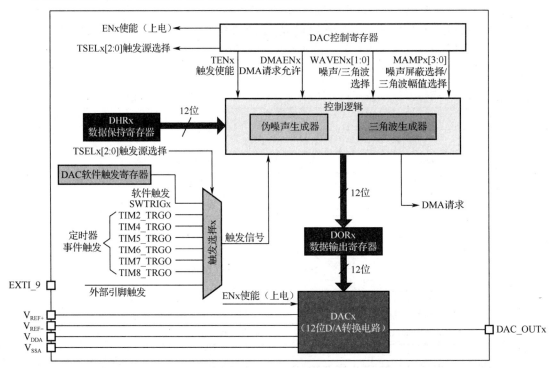

图 7.1.2　STM32F103 单片机的 DAC 结构

2．DAC

STM32F103 单片机的 DAC 内部有两个独立的 12 位 D/A 转换电路，称为 DACx，x 为 1 和 2，它们是 DAC 的核心执行部件，能够将输出数据寄存器 DORx 里存储的数字信号，转换成 $0 \sim V_{REF}$ 的模拟电压，并输出到 DAC_OUTx 引脚。

3．DAC 相关引脚

除了 DAC_OUTx（包括 DAC_OUT1 和 DAC_OUT2），图 7.1.2 中也标出了其他相关引脚。它们的功能及要求如表 7.1.2 所示。注意 DAC_OUT1 固定复用 PA4，DAC_OUT2 则复用 PA5。

表 7.1.2　DAC 相关引脚的功能及要求

名　称	功　能	要　求
V_{DDA} 和 V_{SSA}	供电电源正、负极	$2.4V \leqslant V_{DDA} \leqslant V_{DD}$（最大不超过 3.6V）
V_{REF+} 和 V_{REF-}	参考电源正、负极	$2.4V \leqslant V_{REF+} \leqslant V_{DDA}$　$V_{REF-} = V_{SSA}$
DAC_OUT1	通道 1 的模拟电压输出	复用 PA4
DAC_OUT2	通道 2 的模拟电压输出	复用 PA5
EXTI_9	DAC 外部触发引脚	复用尾号为 9 的引脚，如 PA9、PB9 等，可指定

4．DAC 的数据寄存器

输出数据寄存器 DORx 包括 DOR1 和 DOR2，DORx 的值决定了 DACx 输出引脚上的电压。例如，若 DOR1=0，则 DAC_OUT1 引脚输出 0V；若 DOR1=4095，则 DAC_OUT1 引脚输出电压为 V_{REF}。

DHRx 是数据保持寄存器（**D**ata **H**old **R**egister）。编程时我们应将数据写到 DHRx 里。DAC 工作时，会按照一定的控制逻辑，将 DHRx 的值装入 DORx，之后进行 D/A 转换。

5．DAC 的数据叠加

将 DHRx 的数据向 DORx 装载时，有如下三种控制逻辑。

（1）不叠加：编程设置为不叠加时，直接将 DHRx 的数据向 DORx 装载，不叠加任何其他数据。

（2）叠加伪噪声：将 DHRx 的数据叠加上伪噪声后装载到 DORx。

（3）叠加三角波：将 DHRx 的数据叠加上三角波后装载到 DORx。

叠加伪噪声的形式，或者叠加三角波的幅度，都可以编程设定，感兴趣者可阅读《STM32F1xx 参考手册》。本项目主要学习不叠加模式。

6．DAC 控制寄存器

DAC 控制寄存器能够根据程序设置，发出如 ENx、TSELx、TENx、DMAENx、WAVENx、MAMPx 等命令，控制 DAC1 和 DAC2 的工作。例如，编程使能 DAC1，则 EN1=1，只有 EN1=1，DAC1 才能够工作。再如，设置 DAC2 使能和不叠加，则 EN2=1、WAVEN2=00，这种情况下 DAC 控制寄存器会控制 DHR2 中的数据不做任何叠加直接进入 DOR2。

7．DAC 的触发

DHR 向 DOR 的装载还需要触发信号。可以编程设置为如下几种触发方式。

（1）触发使能禁止（TENx=0）。

TEN 就是 **T**rigger **EN**able（触发使能）。如果编程为"触发使能禁止"，那么 CPU 执行该语句后，DAC 控制器会发出 TENx=0 信号。这种情况下，不需要任何额外的触发信号。向 DHRx 寄存器写数据后，数据会自动装入 DORx，然后进行 D/A 转换并向对应引脚输出模拟电压。

（2）触发使能允许（TENx=1）。

如果编程为"触发使能允许"，那么 CPU 执行后，DAC 还需要一个额外的触发信号，才能将

DHRx 中的数据装入 DORx。

可以编程指定的触发源 TSELx（Trigger SElection）来自以下八种。

① SWTRIGx（SoftWare TRIGger），软件触发：DAC 软件触发寄存器的 SWTRIGx 被软件置位时，触发对应通道的数据装载。

② TIM2_TRGO、TIM4_TRGO～TIM8_TRGO，定时器 TRGO 事件触发：当指定定时器（如 TIM2）发生 TRGO 事件时触发数据装载。

③ EXTI_9，外部中断 9 引脚触发：当 EXTI_9 引脚输入有效信号时触发数据装载。

本项目重点学习触发禁止和软件触发两种方式。

8. 单 DAC 模式和双 DAC 模式

在 STM32F1xx 单片机的 DAC 内部，实际上有 9 个数据保持寄存器，如图 7.1.3 所示。DHR1 和 DHR2 各有 3 个寄存器，它们在单 DAC 模式下工作。DHRD 有 3 个寄存器，在双 DAC 模式下工作。

单 DAC 模式如图 7.1.3（a）所示，两个 DAC 独立工作。向 DHR12Rx、DHR12Lx 或 DHR8Rx（x 为 1 或 2）六个寄存器中的任意一个写数据，数据将按一定规则送到 DORx。

双 DAC 的模式如图 7.1.3（b）所示，向 DHR12RD、DHR12LD 或 DHR8RD 三个寄存器中的任意一个写数据，数据可以按照一定的规则同时或分时送到 DOR1 和 DOR2。

本项目主要学习单 DAC 模式。

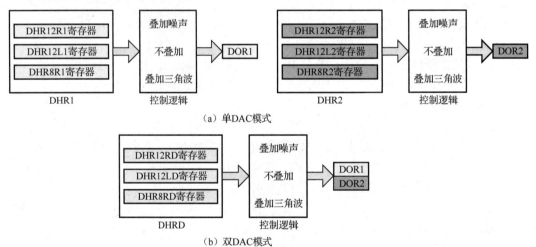

（a）单 DAC 模式

（b）双 DAC 模式

图 7.1.3　单 DAC 模式和双 DAC 模式

9. DAC 的数据对齐格式

STM32F103 单片机的 DAC 是 12 位的，每个通道的输出数据寄存器只需要 12 位数据。但是编程时，向图 7.1.3 中的数据保持寄存器写入的数据是 32 位的。数据对齐格式规定了如何将 12 位数据存储在 32 位里。共有 12 位右对齐、12 位左对齐和 8 位右对齐三种格式。

（1）单 DAC 模式。

以通道 1 为例，如果希望 DAC_OUT1 引脚输出 2V 电压，按照 12 位 DAC 转换公式，则应向 DOR1 寄存器送数据 $2V \times 4095/V_{REF} = 2V \times 4095/3.3V = 2482$，对应 12 位二进制数为 1001 1011 0010。

如果以 12 位右对齐格式写数据，则应将数据写入 DHR12R1 寄存器，如图 7.1.4（a）所示。其规则是将 12 位数据靠右放在 D11～D0 位，D15～D12 位补 "0"，D31～D16 位不用。不用的位是 "1" 还是 "0" 都不会对数值有影响，一般可以简单地认为其值为 "0"。12 位右对齐这种格式不会改变数据的大小，除非数据大于 4095。

如果以 12 位左对齐格式写数据，则应将数据写到 DHR12L1 寄存器，如图 7.1.4（b）所示。其规则是将 12 位数据靠左放在 D15～D4 位，D3～D0 位补 "0"。相当于将数据左移 4 位，数据大小变为原来的 16 倍。

如果以 8 位右对齐格式写数据，则应将数据写到 DHR8R1 寄存器，如图 7.1.4（c）所示。其规则是将 12 位数据的最低 4 位舍弃，只留下 8 位，靠右（Right）存放，高 8 位补 "0"。相当于数据被右移了 4 位，此时数据大小变为原来的 1/16。

以上以 DOR1 为例进行介绍，DOR2 也是如此。

（a）12 位右对齐，数据=2482=DORx

（b）12 位左对齐，数据=39712=16×DORx

（c）8 位右对齐，数据=155=(DORx)/16

图 7.1.4　单 DAC 模式下的数据对齐格式

三种数据对齐格式下的 DAC 转换公式如表 7.1.3 所示。

表 7.1.3　三种数据对齐格式下的 DAC 转换公式

数据对齐格式	转 换 公 式	分 辨 率
12 位右对齐	$D_{DHR}=V_{OUT}×4095/V_{REF}$	$V_{REF}/4095$，D_{DHR} 每改变 1，V_{OUT} 跳变一个 12 位分辨率
12 位左对齐	$D_{DHR}=(V_{OUT}×4095/V_{REF})×16=V_{OUT}×65520/V_{REF}$	$V_{REF}/4095$，D_{DHR} 每改变 16，V_{OUT} 跳变一个 12 位分辨率
8 位右对齐	$D_{DHR}=(V_{OUT}×4095/V_{REF})/16=V_{OUT}×255/V_{REF}$	$V_{REF}/255$，D_{DHR} 每改变 1，V_{OUT} 跳变一个 8 位分辨率

编程时，如果指定为 12 位右对齐格式，$D_{DHR}=V_{OUT}×4095/V_{REF}$ 公式仍适用，计算待输出数字信号的大小。注意 D_{DHR} 应小于或等于 4095。

如果指定为 12 位左对齐格式，应将数据乘 16，才可得到同样的电压输出。即公式变为 $D_{DHR}=(V_{OUT}×4095/V_{REF})×16=V_{OUT}×65520/V_{REF}$，注意 D_{DHR} 应小于或等于 65520。

如果指定为 8 位右对齐格式，应将数据除以 16，才可得到同样的电压输出。即公式变为 $D_{DHR}=(V_{OUT}×4095/V_{REF})/16=V_{OUT}×255/V_{REF}$，注意 D_{DHR} 应小于或等于 255。

12 位右对齐格式下，输出电压的分辨率是 $V_{REF}/4095$。数字 D_{DHR} 每增加或减小 1，输出电压跳变 $V_{REF}/4095$ 伏特，即一个 12 位分辨率电压。

注意受 DAC 硬件电路限制，将数据放大 16 倍并不会因此提高其电压分辨率。因此 12 位左对齐格式下，输出电压分辨率仍然是 $V_{REF}/4095$。数字 D_{DHR} 每增加或减小 16，输出电压将跳变一下。小于 16 的输入变化不会造成输出电压改变。这种格式的好处是可以增强抗干扰能力，具体说就是，如果某些干扰会影响到 D_{DHR}，那么只要幅度不超过 16，输出电压不变。

另一方面，虽然 DAC 硬件电路是 12 位的，但是将数据缩小 16 倍，以 8 位右对齐格式存储，确实会降低其实际分辨率。8 位右对齐格式下，输出电压的分辨率只有 $V_{REF}/255$，数字 D_{DHR} 每变化 1，输出电压跳变一下，此时的实际分辨率与 8 位 DAC 相当。所以 STM32F1xx 单片机的 DAC 也被称为 12 位/8 位 DAC。如果对输出电压的分辨率要求不高，可以采用 8 位右对齐格式。

（2）双 DAC 模式。

双 DAC 模式下，使用 DHRD（D：Double）寄存器，数据对齐格式如图 7.1.5 所示。写一次数据，可以同时影响 DOR1 和 DOR2 两个寄存器。

（a）高16位存DHR2，低16位存DHR1，12位右对齐

（b）高16位存DHR2，低16位存DHR1，12位左对齐

（c）高8位存DHR2，低8位存DHR1，8位右对齐

图 7.1.5　双 DAC 模式下的数据对齐格式

10. DAC 的上电

上电是 DAC 工作的前提。编程设置 DAC 通道 x 使能，执行后 DAC 控制寄存器会发出 ENx=1（**EN**able）信号，这将使 DAC 通道 x 上电。

编程设置 DAC 通道 x 禁止，执行后 DAC 控制寄存器会发出 ENx=0 信号，这将使 DAC 通道 x 断电并停止工作。

11. DAC 的工作时钟及转换时间

DAC 工作时必须使能其时钟。DAC 工作时钟来自 PCLK1，如图 7.1.6 所示。

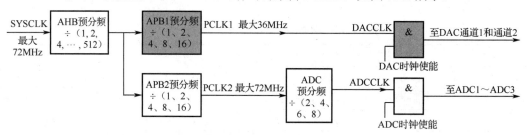

图 7.1.6　DAC 和 ADC 的工作时钟

之前我们在主程序中多次用到的语句"STM32_Clock_Init(RCC_PLL_MUL9);"，将开发板系统的 PCLK1 设置为 36MHz。这意味着，DAC 的工作时钟也是 36MHz。

DAC 的数据传送和转换需要一定的时间。转换一次所需时间为

$$T_{转换} = T_{装载} + T_{D/A}$$

式中，$T_{D/A}$ 是将输出数据寄存器数值做 D/A 转换并在 DAC_OUTx 引脚上有稳定输出的时间。此参数在《STM32F1xx 中文参考手册》中被称为建立时间 $t_{SETTLING}$，其长短根据电源电压和模拟输出负载的不同会有所变化，约为 3μs；$T_{装载}$ 是向输出数据寄存器装载所用的时间，其大小与触发方式有关。

（1）在禁止触发的情况下：写入数据保持寄存器后，用 1 个 DACCLK（PCLK1）周期将数据装入输出数据寄存器。在 PCLK1=36MHz 的情况下，$T_{装载}$=1/36μs。

（2）在软件触发的情况下：收到触发信号后，用 1 个 DACCLK 周期将数据装入输出数据寄存器。在 PCLK1=36MHz 的情况下，$T_{装载}$=1/36μs。

（3）在外部中断触发或定时器 TRGO 触发的情况下：收到触发信号后，用 3 个 DACCLK 周期将数据装入输出数据寄存器。在 PCLK1=36MHz 的情况下，$T_{装载}$=1/12μs。

12. DAC 的输出缓冲器

每一个 DAC 通道都集成了一个输出缓冲器。输出缓冲器可以用来减少输出阻抗，提高带负

载能力。可以编程设置是否使能。

13. DMA 请求

如果编程允许 DMA，则一旦有外部触发（不包括软件触发）发生，会产生一个 DMA 请求。DHRx（单 DAC 模式）或 DHRD（双 DAC 模式）寄存器的数据被传送到 DORx 寄存器。关于 DMA 操作，我们将在项目 8 中学习。

三、要点记录及成果检验

任务 7.1	认识 STM32 单片机的 DAC						
姓名		学号		日期		分数	

（一）术语记录

英 文 简 称	英 文 全 称	中 文 翻 译
ADC		
DAC		
DOR		
DHR		

（二）概念明晰

1. 什么是 DAC 和 ADC？

2. 写出 DAC 电压分辨率的一般计算公式，并说明如何提高 DAC 的电压分辨率。

3. 写出 DAC 电压和数字信号的一般计算公式。

4. STM32F103 单片机的 DAC 模拟输出电压 V_{OUT} 的范围是多少？

5. STM32F103 单片机的 DAC 有几路模拟信号输出？引脚分别是什么？分别与哪个 GPIO 引脚复用？

6. STM32F103 单片机的 DAC 的触发方式有几种？分别是什么？

7. STM32F103 单片机的 DAC 的数据对齐格式有哪些？

8. STM32F103 单片机的 DAC12 位右对齐格式下，数字 D_{DHR} 和输出电压的计算公式是什么？分辨率计算公式是什么？

9. STM32F103 单片机的 DAC 12 位左对齐格式下，数字 D_{DHR} 和输出电压的计算公式是什么？分辨率计算公式是什么？

10. STM32F103 单片机的 DAC 8 位右对齐格式下，数字 D_{DHR} 和输出电压的计算公式是什么？分辨率计算公式是什么？

任务 7.2　电路设计与测试

一、任务要求

（1）能够查阅相关技术资料，结合电路、电子、传感器等基础知识进行系统方案设计及器件选型。

（2）能够针对设计任务进行研讨和表达。

（3）能够利用 STM32 单片机 DAC 的 LED 亮度控制电路。并能够根据控制要求的变化对电路进行适应性修改。

二、学习与实践

（一）讨论与发言

结合任务 5.7，讨论用 PWM 和 DAC 控制 LED 亮度的不同之处。

在讨论基础上，阅读以下资料，按照指导步骤和相关信息完成系统方案设计及器件选型。

（二）系统方案及电路设计

系统方案及电路设计如图 7.2.1 所示。

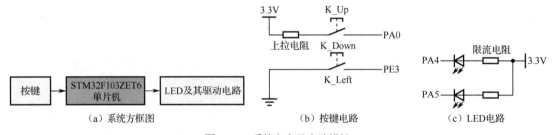

图 7.2.1　系统方案及电路设计

三、要点记录及成果检验

任务 7.2	电路设计与测试						
姓名		学号		日期		分数	
利用 DAC 控制 LED 亮度时，能将图 7.2.1 所示电路中的 PA4 和 PA5 换成 PC6 和 PC7 吗？							

任务 7.3　程序设计与调试

一、任务目标

（1）能根据任务需求绘制程序流程图。

（2）能够读懂程序并根据需求变化对 DAC 程序进行适应性修改。

二、学习与实践

（一）讨论与发言

分组讨论要利用 DAC 实现 LED 亮度控制任务，程序大致应该完成哪些工作。

阅读以下资料，按照指导步骤完成流程图设计、程序框架搭建、程序设计与调试。

（二）DAC 测试程序的设计与调试

在正式编写 LED 亮度调节程序之前，我们先通过对以下测试程序的运行和识读，理解 DAC 并掌握其编程方法。

1. 程序流程

单通道查询法程序流程如图 7.3.1 所示。

2. 程序框架

程序框架如图 7.3.2 所示，可从之前的工程复制而来，注意：

（1）"HARDWARE" 文件夹中需要增加一个 "DAC" 文件夹，内有 "dac.c" 和 "dac.h" 文件。

（2）修改工程名为 "Test_DAC"。

（3）"Project" 窗口中的 "HALLIB" 文件夹中应增加 "stm32f1xx_dma.c" "stm32f1xx_dac_ex.c" "stm32f1xx_dac.c" 文件。

（4）"Project" 窗口中的 "HARDWARE" 文件夹中应有 "dac.c" 文件。

（5）"Options" 中的包含路径中应包含 DAC 文件夹。

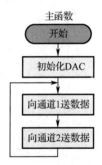

图 7.3.1　单通道查询法程序流程

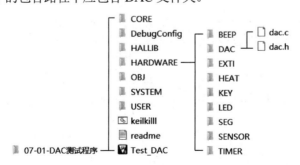

图 7.3.2　程序框架

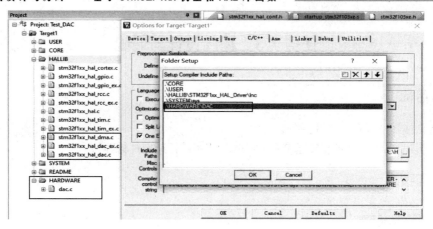

图 7.3.2　程序框架（续）

3. 主程序设计与调试

```
main.c
1    #include "SysTick.h"              //滴答时钟头文件
2    #include "dac.h"                  //DAC初始化头文件
3
4    DAC_HandleTypeDef DAC_Handler;    //DAC操作变量
5    u32 DAC_OUT_Value;                //用于存储DAC输出值, 0~4095
6    int main( )
7  ⊟{ HAL_Init();                      //HAL初始化
8      Stm32_Clock_Init(RCC_PLL_MUL9); //外部晶振, 9倍频
9      SysTick_Init(72);               //滴答时钟初始化, 系统时钟为72MHz
10     DAC_Init();                     //DAC初始化
11
12     while(1)
13  ⊟  { DAC_OUT_Value=0;              //VOUT=VREF*0/4095=0V
14         //DAC_OUT_Value=1000;       //VOUT=VREF*1000/4095=0.8V
15         //DAC_OUT_Value=2482;       //VOUT=VREF*2482/4095=2V
16         //DAC_OUT_Value=3000;       //VOUT=VREF*3000/4095=2.4V
17         //DAC_OUT_Value=4095;       //VOUT=VREF*4095/4095=3.3V
18         HAL_DAC_SetValue(&DAC_Handler, DAC_CHANNEL_1, DAC_ALIGN_12B_R, DAC_OUT_Value);
19                                     //向DAC通道1送数据, 大小为DAC_OUT_Value, 格式为12位右对齐
20         HAL_DAC_SetValue(&DAC_Handler, DAC_CHANNEL_2, DAC_ALIGN_12B_R, DAC_OUT_Value);
21                                     //向DAC通道2送数据, 大小为DAC_OUT_Value, 格式为12位右对齐
22         /*数据对齐格式测试
23         DAC_OUT_Value=2482*16;//VOUT=VREF*2482*16/65520=2V
24         HAL_DAC_SetValue(&DAC_Handler, DAC_CHANNEL_2, DAC_ALIGN_12B_L, DAC_OUT_Value);
25                                     //向DAC通道2送数据, 大小为DAC_OUT_Value, 格式为12位左对齐
26         DAC_OUT_Value=2482/16;//VOUT=VREF*2482/16/256=2V
27         HAL_DAC_SetValue(&DAC_Handler, DAC_CHANNEL_1, DAC_ALIGN_8B_R, DAC_OUT_Value);
28                                     //向DAC通道1送数据, 大小为DAC_OUT_Value, 格式为8位右对齐
29         */
30     }
31 }
```

（1）第 4 行定义变量 DAC_Handler，其类型为 DAC_HandleTypeDef，用于 DAC 的各种操作。其具体内容参见表 7.3.1。

（2）第 5 行定义变量 DAC_OUT_Value，用于存储准备送到 DAC 数据保持寄存器的数据，该数据的大小决定了 DAC 的输出电压。

（3）第 10 行调用函数 DAC_Init()对 DAC 进行初始化。该函数具体内容参见文件 "dac.c" 与 "dac.h"。

（4）第 13～20 行用于测试 DAC_OUT_Value 送不同数值时对应的模拟输出电压。其中，第 13～17 行用于向 DAC_OUT_Value 送不同数值；第 18～20 行调用库函数 HAL_DAC_SetValue() 向两个 DAC 通道传送待转换数值。

HAL_DAC_SetValue()中有 4 个参数，第一个指出是哪个 DAC 操作变量，第二个指出是哪个通道，第三个指出数据对齐格式，第四个指出数据大小。如果 DAC 初始化时指出不需要外部触发，则执行完这两条语句后，会在 PA4 和 PA5 引脚上测得相应的输出电压。

注意第 18～20 行语句声明用 12 位右对齐格式。输出电压应按照 12 位右对齐公式计算。HAL_DAC_SetValue()库函数的具体使用要求参见表 7.3.1。

（5）第 22～29 行用于测试不同对齐格式对输出的影响。其中，第 24 行按照 12 位左对齐格式送数据；第 27 行用 8 位右对齐格式。按照各自的转换公式，尽管前一个送数据 2482×16，第二个送数据 2482/16，但输出电压都应为 2V 左右。

4. DAC 程序设计与调试

```
dac.h
1 ┌ #ifndef _DAC_H
2 │ #define _DAC_H
3 │   #include "sys.h"
4 │   #include "SysTick.h"
5 │   void DAC_Init(void);   //DAC初始化
6 └ #endif
```

```
dac.c
1   #include "dac.h"
2   extern DAC_HandleTypeDef  DAC_Handler;              //外部定义的DAC操作变量
3 ┌ /*****************************************************************
4 │ * 函 数 名       : DAC_Init
5 │ * 函数功能       : DAC输出初始化函数
6 │ * 输   入        : 无
7 │ * 输   出        : 无
8 │ *****************************************************************/
9   void DAC_Init()
10 ┌ {   DAC_Handler.Instance=DAC;                        //DAC
11 │     HAL_DAC_Init(&DAC_Handler);                      //初始DAC
12 │     HAL_DAC_Start(&DAC_Handler, DAC_CHANNEL_1);      //通道1上电并启动
13 │     HAL_DAC_Start(&DAC_Handler, DAC_CHANNEL_2);      //通道2上电并启动
14 └ }
15 ┌ /*****************************************************************
16 │ DAC底层驱动函数, 会被HAL_DAC_Init()函数调用
17 │ 开启DAC时钟, 初始化GPIO引脚, 初始化DAC通道
18 │ *****************************************************************/
19   void  HAL_DAC_MspInit(DAC_HandleTypeDef *hdac)
20 ┌ { GPIO_InitTypeDef    GPIO_Initure;          //定义GPIO初始化变量
21 │   DAC_ChannelConfTypeDef  DAC_CH_Handler;    //DAC通道初始化变量
22 │   if(hdac->Instance==DAC)                    //DAC
23 ┌ {   __HAL_RCC_DAC_CLK_ENABLE();              //使能DAC时钟
24 │     __HAL_RCC_GPIOA_CLK_ENABLE();            //使能GPIOA时钟
25 │
26 │     GPIO_Initure.Pin=GPIO_PIN_4|GPIO_PIN_5;  //PA4和PA5
27 │     GPIO_Initure.Mode=GPIO_MODE_ANALOG;      //模拟信号模式
28 │     GPIO_Initure.Speed=GPIO_SPEED_FREQ_HIGH; //高速输出
29 │     HAL_GPIO_Init(GPIOA, &GPIO_Initure);     //按照GPIO_Initure的值初始化PA4和PA5
30 │
31 │     DAC_CH_Handler.DAC_Trigger=DAC_TRIGGER_NONE; //不需要额外触发
32 │     DAC_CH_Handler.DAC_OutputBuffer=DAC_OUTPUTBUFFER_ENABLE;//输出缓冲允许
33 │     HAL_DAC_ConfigChannel(&DAC_Handler, &DAC_CH_Handler, DAC_CHANNEL_1);//设置通道1
34 │     HAL_DAC_ConfigChannel(&DAC_Handler, &DAC_CH_Handler, DAC_CHANNEL_2);//设置通道2
35 └   }
36 └ }
```

（1）"dac.c" 文件的第 2 行声明 DAC 操作变量 DAC_Handler，该变量已在主函数中定义，因此是 extern 类型。

（2）第 10 行用于设置 DAC_Handler，指出 DAC。注意 DAC1 和 DAC2 都用一个名字 DAC，它们用通道号 DAC_CHANNEL_1 和 DAC_CHANNEL_2 来区分。

（3）第 11 行对 DAC 进行初始化。使用到库函数 HAL_DAC_Init()，其使用要求参见表 7.3.1。

（4）HAL_DAC_Init() 执行时会自动调用 HAL_DAC_MspInit()。

（5）HAL_DAC_MspInit() 在第 21 行定义了变量 DAC_CH_Handler，用于进行 DAC 通道设置，其数据类型为 DAC_ChannelConfTypeDef，具体定义参见表 7.3.1。

（6）第 23 行和第 24 行分别用于使能 DAC 和 GPIOA 时钟。

（7）第 26～29 行用于初始化两个 DAC 输出引脚 PA4 和 PA5。注意应将其 Mode 设为 MODE_ANALOG，即模拟信号模式。

（8）第 31～32 行用于设置 DAC 通道变量 DAC_CH_Handler，指出不需要额外的触发信号，输出缓冲器允许。

（9）第 33～34 行使用库函数 HAL_DAC_ConfigChannel() 完成 DAC 通道配置，其使用要求参见表 7.3.1。

（10）第 12～13 行启动两个 DAC 通道。使用到库函数 HAL_DAC_Start()，其具体要求参见表 7.3.1。

5. DAC 操作相关库函数

DAC 相关库函数如表 7.3.1 所示。

表 7.3.1 DAC 相关库函数

1. DAC 操作变量数据类型：DAC_HandleTypeDef

typedef struct
{ **DAC_TypeDef** ***Instance;**   //待配置设备名，**DAC** 或 **DAC1**，注意 **DAC、DAC2** 和 **DAC1** 都用一个名字
  __IO HAL_DAC_StateTypeDef   State; //状态
  HAL_LockTypeDef   Lock; //锁定
  DMA_HandleTypeDef   *DMA_Handle1; //通道 1DMA 操作变量
  DMA_HandleTypeDef   *DMA_Handle2; //通道 2DMA 操作变量
  __IO uint32_t   ErrorCode; //错误代码
  ······   ······; //其他
}**DAC_HandleTypeDef** ;

2. DAC 赋值函数：HAL_DAC_SetValue(&DAC 操作变量,通道号,数据对齐格式,数据)

原型：HAL_StatusTypeDef HAL_DAC_SetValue(DAC_HandleTypeDef ***hdac**,uint32_t **Channel**,uint32_t **Alignment**,uint32_t **Data**)
功能：将数据 Data 送到 hdac 和 Channel 指定的 DAC 通道，数据格式是 Alignment
入口参数：（1）hdac，指出是哪个 DAC 操作变量，其数据类型为 DAC_HandleTypeDef ，结构体变量
    （2）Channel，指出是哪个通道，其取值为 DAC_CHANNEL_1 或 DAC_CHANNEL_2
    （3）Alignment，指出数据对齐格式，其取值为
    DAC_ALIGN_12B_R（12 位右对齐）、DAC_ALIGN_12B_L（12 位左对齐）、DAC_ALIGN_8B_R（8 位右对齐）
    （4）Data，待传送数据，数据类型为 uint32_t
返回值：类型为 HAL_StatusTypeDef，返回结果有 4 种：
HAL_OK = 0x00； HAL_ERROR= 0x01； HAL_BUSY = 0x02； HAL_TIMEOUT = 0x03

3. DAC 初始化函数：HAL_DAC_Init(&DAC 操作变量)

函数原型：HAL_StatusTypeDef HAL_DAC_Init(DAC_HandleTypeDef *hdac)
功能：（1）按照变量 hdac 的设置，初始化 DAC，其数据类型为 DAC_HandleTypeDef，结构体变量
   （2）调用__weak void HAL_DAC_**MspInit**(DAC_HandleTypeDef *hdac)库函数
   （3）返回操作结果
入口参数：hdac，指出如何进行 DAC 初始化，其数据类型为 DAC_HandleTypeDef，结构体变量
返回值：同函数 HAL_DAC_SetValue()

4. DAC 初始化隐性调用函数：HAL_DAC_MspInit(DAC_HandleTypeDef *hdac)
原型：__weak void HAL_DAC_MspInit（DAC_HandleTypeDef *hdac） 功能：针对 DAC 操作变量 hdac，执行本函数的内容 说明：本函数在库中被定义为__weak（弱）型，函数内容可根据用户需要自定义 返回值：空
5. DAC 通道设置变量数据类型：DAC_ChannelConfTypeDef

typedef struct
{ uint32_t DAC_Trigger;   //触发方式，有以下取值：DAC_TRIGGER_NONE（不需要额外触发）
             DAC_TRIGGER_EXT_IT9（外部中断 9 触发）
             DAC_TRIGGER_T2_TRGO（TIM2 TRGO 事件触发）
             DAC_TRIGGER_T4_TRGO（TIM4 TRGO 事件触发）
             DAC_TRIGGER_T5_TRGO~DAC_TRIGGER_T8_TRGO（TIM5~TIM8 TRGO 事件触发）
  uint32_t DAC_OutputBuffer; //DAC 输出缓冲器，有两种取值：DAC_OUTPUTBUFFER_ENABLE（允许）
                  DAC_OUTPUTBUFFER_DISABLE（禁止）
} **DAC_ChannelConfTypeDef;**

6.　DAC 通道设置函数：HAL_DAC_ConfigChannel(&DAC 操作变量,&DAC 通道设置变量,通道号)
函数原型：HAL_StatusTypeDef　HAL_DAC_ConfigChannel(DAC_HandleTypeDef　*hdac,DAC_ChannelConfTypeDef　*sConfig,　uint32_t　Channel)
功能：按照 sConfig 的设置，对 hdac 和 Channel 指定的 DAC 通道进行设置
入口参数：hdac，指出是哪个 DAC 操作变量，数据类型为 DAC_HandleTypeDef，结构体变量 　　　　　sConfig：指出如何进行通道配置，数据类型为 DAC_ChannelConfTypeDef，结构体变量 　　　　　Channel：指出是哪个通道，取值为 DAC_CHANNEL_1 或 DAC_CHANNEL_2
返回值：同函数 HAL_DAC_SetValue()
7.　DAC 启动函数：HAL_DAC_Start(&DAC 操作变量,通道号)
函数原型：HAL_StatusTypeDef　HAL_DAC_Start(DAC_HandleTypeDef　*hdac, uint32_t　Channel)
功能：（1）给指定的 DAC 通道上电；（2）如果是软件触发，则发一个触发信号，将数据保持寄存器中的数据装入输出数据寄存器
入口参数：hdac，指出是哪个 DAC 操作变量，数据类型为 DAC_HandleTypeDef，结构体变量 　　　　　Channel：指出是哪个通道，取值为 DAC_CHANNEL_1 或 DAC_CHANNEL_2
返回值：同函数 HAL_DAC_SetValue()
8.　DAC 停止函数：HAL_DAC_Stop(&DAC 操作变量,通道号)
函数原型：HAL_StatusTypeDef　HAL_DAC_Stop(DAC_HandleTypeDef　*hdac, uint32_t　Channel)
功能：给指定的 DAC 通道断电，使其停止工作
入口参数：hdac，指出是哪个 DAC 操作变量，数据类型为 DAC_HandleTypeDef，结构体变量 　　　　　Channel：指出是哪个通道，取值为 DAC_CHANNEL_1 或 DAC_CHANNEL_2
返回值：同函数 HAL_DAC_SetValue()

6.　软硬件联调

（1）修改程序，向变量 DAC_OUT_Value 送 0。编译生成后将程序下载到开发板。

（2）用万用表测量 PA4 和 PA5 引脚之间的电压，应为 0V 左右。

（3）修改程序，向变量 DAC_OUT_Value 送 1000。编译生成后将程序下载到开发板。

（4）用万用表测量 PA4 和 PA5 引脚之间的电压，应为 0.8V 左右。

（5）修改程序，向变量 DAC_OUT_Value 分别送 2482、3000、4095，应该在 PA4 和 PA5 上得到相应的电压。

（6）按照自己的想法给 DAC_OUT_Value 赋值，运行后测一下输出电压是否和计算结果一致。

（7）修改程序，测试 12 位右对齐、12 位左对齐和 8 位右对齐格式下的输出电压。说一说它们的区别。

（8）如图 7.3.3 所示，进入在线调试模式，设置断点运行，观察在各个断点处数据保持寄存器和输出数据寄存器内容的变化，体会 DAC 的工作过程。

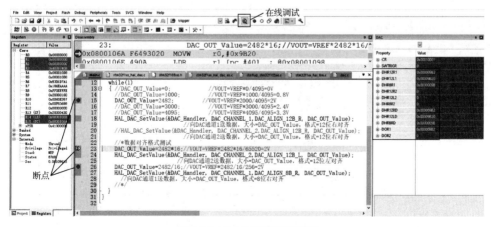

图 7.3.3　DAC 窗口在线观察

（9）想一想如果 DAC 采用软件触发，那么程序该如何编写？

故障现象：＿＿＿＿＿＿＿＿＿＿＿＿＿＿＿＿＿＿＿＿＿＿＿＿＿＿＿＿＿＿＿＿＿

解决办法：＿＿＿＿＿＿＿＿＿＿＿＿＿＿＿＿＿＿＿＿＿＿＿＿＿＿＿＿＿＿＿＿＿

原因分析：＿＿＿＿＿＿＿＿＿＿＿＿＿＿＿＿＿＿＿＿＿＿＿＿＿＿＿＿＿＿＿＿＿

（三）LED 亮度控制程序设计与调试

1. 流程图设计

利用 DAC 实现 LED 亮度控制程序流程如图 7.3.4 所示。用外部中断 0 和外部中断 3 接收加键和减键的输入，改变亮度设定值。

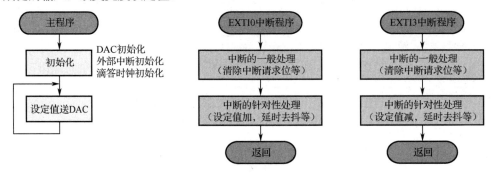

图 7.3.4　利用 DAC 实现 LED 亮度控制程序流程

2. 框架搭建

如图 7.3.5 所示，文件夹"07-01-LED 亮度控制-DAC 实现"可由文件夹"07-01-DAC 测试程序"复制修改而来。

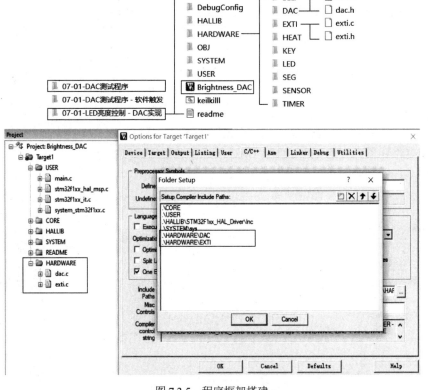

图 7.3.5　程序框架搭建

3. 程序设计

（1）主程序。

```c
// main.c
1   #include "SysTick.h"               //滴答时钟头文件
2   #include "dac.h"                    //DAC初始化头文件
3   #include "exti.h"                   //外部中断头文件
4
5   DAC_HandleTypeDef  DAC_Handler;     //DAC操作变量
6   u32 DAC_OUT_Value;                  //用于存储DAC输出值
7   int main( )
8 { HAL_Init();                         //HAL初始化
9     Stm32_Clock_Init(RCC_PLL_MUL9);  //外部晶振，9倍频
10    SysTick_Init(72);                //滴答时钟初始化，系统时钟为72MHz
11    DAC_Init();                      //DAC初始化
12    EXTI_Init();                     //外部中断初始化
13    while(1)
14  { HAL_DAC_SetValue(&DAC_Handler, DAC_CHANNEL_1,DAC_ALIGN_8B_R, DAC_OUT_Value);
15    HAL_DAC_SetValue(&DAC_Handler, DAC_CHANNEL_2,DAC_ALIGN_8B_R, DAC_OUT_Value);
16    //向DAC通道1和2送DAC_OUT_Value，12位右对齐格式
17  }
18 }
```

① 第 3 行、第 12 行增加了外部中断的内容。

② 第 14 行、第 15 行分别向 DAC 通道 1 和通道 2 送数据。数据采用 8 位右对齐格式。

（2）DAC 程序与文件夹 "07-01-DAC 测试程序" 中的对应程序相同。

（3）EXTI 程序。

```c
// exti.h
1 #ifndef _EXTI_H
2 #define _EXTI_H
3 #include "sys.h"
4 void EXTI_Init(void);
5 #endif
```

```c
// exti.c
1   #include "exti.h"
2   #include "SysTick.h"                //滴答时钟头文件
3   extern u32 DAC_OUT_Value;           //外部定义变量，受加1键和减1键控制
4   /************EXTI中断初始化函数****************************************/
5   void EXTI_Init(void)
6 { GPIO_InitTypeDef GPIO_InitStructure; //定义结构体变量，用于存放GPIO初始化参数
7     __HAL_RCC_GPIOA_CLK_ENABLE();      //开启GPIOA时钟
8     __HAL_RCC_GPIOE_CLK_ENABLE();      //开启GPIOE时钟
9
10    GPIO_InitStructure.Pin=GPIO_PIN_0;              //PA0
11    GPIO_InitStructure.Mode=GPIO_MODE_IT_RISING;    //外部中断模式，上升沿触发
12    GPIO_InitStructure.Pull=GPIO_PULLDOWN;          //内部下拉
13
14    HAL_GPIO_Init(GPIOA, &GPIO_InitStructure);      //GPIOA初始化
15
16    GPIO_InitStructure.Pin=GPIO_PIN_3;              //PE3
17    GPIO_InitStructure.Mode=GPIO_MODE_IT_FALLING;   //外部中断模式，下降沿触发
18    GPIO_InitStructure.Pull=GPIO_PULLUP;            //内部上拉
19    HAL_GPIO_Init(GPIOE, &GPIO_InitStructure);      //GPIOE初始化
20
21    HAL_NVIC_SetPriorityGrouping(NVIC_PRIORITYGROUP_2);//优先级分组号=2
22                                        //分组号=2时，抢占优先级为0~3
23                                        //             响应优先级为0~3
24    HAL_NVIC_SetPriority(EXTI0_IRQn,2,1);  //EXTI0抢占优先级为2，响应优先级为1
25    HAL_NVIC_EnableIRQ(EXTI0_IRQn);        //使能EXTI0中断响应
26    HAL_NVIC_SetPriority(EXTI3_IRQn,2,2);  //EXTI3抢占优先级为2，响应优先级为2
27    HAL_NVIC_EnableIRQ(EXTI3_IRQn);        //使能EXTI3中断响应
28  }
29  /************EXTI中断处理函数********************************/
30
31  void EXTI0_IRQHandler(void)
32 { HAL_GPIO_EXTI_IRQHandler(GPIO_PIN_0);  //对EXTI0做一般性处理并调用EXTI中断针对性处理函数
33 }
34
35  void EXTI3_IRQHandler(void)
36 { HAL_GPIO_EXTI_IRQHandler(GPIO_PIN_3);  //对EXTI3做一般性处理并调用EXTI中断针对性处理函数
37 }
38
39  void HAL_GPIO_EXTI_Callback(uint16_t GPIO_Pin)//EXTI中断针对性处理函数
40 { switch (GPIO_Pin)                     //判断是哪个中断
41    { case GPIO_PIN_0:
42      { DAC_OUT_Value+=2;                //外部中断0，设定值+1
43        break;
44      }
45      case GPIO_PIN_3:
46      {DAC_OUT_Value-=2;                 //外部中断3，设定值-1
47       break;
48      }
49      default: break;
50    }
51    if(DAC_OUT_Value>255) DAC_OUT_Value=255; //8位右对齐格式，数字不超过255
52    delay_ms(10);                        //延时去抖
53 }
```

① 第 42 行、第 46 行外部中断程序用于在 K_Up 和 K_Down 按键被按下时，修改 DAC_OUT_Value 的值。

② 为使亮度变化更加快速，DAC_OUT_Value 每次加 2 或减 2。对于 8 位右对齐格式，数值最大为 255，所以第 51 行做了限幅处理。

4. 程序调试

（1）用导线将开发板上的 PA4 和 PC1 引脚、PA5 和 PC2 引脚连接在一起，以便能够观察 LED 的亮度变化。

（2）对程序进行编辑、编译、生成后，将其下载到开发板。由于 DAC_OUT_Value 初始值为 0，可见到两个 LED 都是点亮的。

（3）多次点按 K_Up 键后，可观察到亮度开始逐渐减小直至灭掉。

（4）多次点按 K_Down 键后，可观察到亮度开始逐渐增大直至最大。

（5）修改"exti.c"文件的第 42 行和第 46 行，使 DAC_OUT_Value 每次加 1 或减 1，观察 LED 亮度变化效果。

（6）修改"exti.c"文件的第 42 行和第 46 行，使 DAC_OUT_Value 每次加 5 或减 5，观察 LED 亮度变化效果。

（7）修改"exti.c"文件的第 51 行，使 DAC_OUT_Value 限幅值为 4095；修改主程序，使数据格式变为 12 位右对齐，观察 LED 亮度变化效果。

故障现象：_____

解决办法：_____

原因分析：_____

三、要点记录及成果检验

任务 7.3	程序设计与调试						
姓名		学号		日期		分数	
利用 DAC 通道 1 输出 2.5V 电压，请编写程序，要求分别使用 12 位右对齐、12 位左对齐、8 位右对齐格式。							

任务 7.4 STM32 单片机软硬件深入（七）

一、任务目标

进一步理解 STM32F1xxDAC 单片机的结构原理。

二、学习与实践

（一）双 DAC 输出和软件触发

双 DAC 输出和软件触发的一个编程示例如下。

1. 主程序设计

```
1  #include "SysTick.h"              //滴答时钟头文件
2  #include "dac.h"                  //DAC初始化头文件
3
4  DAC_HandleTypeDef  DAC_Handler;   //DAC操作变量
5  //u32 DAC_OUT_Value;              //用于存储DAC输出值
6  int main( )
7  { HAL_Init();                     //初始化HAL
8    Stm32_Clock_Init(RCC_PLL_MUL9); //外部晶振，9倍频
9    SysTick_Init(72);               //滴答时钟初始化，系统时钟为72MHz
10   DAC_Init();                     //初始化DAC
11
12   while(1)
13   { HAL_DACEx_DualSetValue(&DAC_Handler, DAC_ALIGN_12B_R, 0x567, 0x89a);
14                                   //向DAC通道1和2送数据，并等待软件触发
15     HAL_DAC_Start(&DAC_Handler, DAC_CHANNEL_1);//DAC通道1上电并触发DOR1装载
16     HAL_DAC_Start(&DAC_Handler, DAC_CHANNEL_2);//DAC通道2上电并触发DOR2装载
17   }
18 }
```

（1）第 13 行调用库函数 HAL_DACEx_DualSetValue(&DAC 操作变量,数据格式,通道 1 数据,通道 2 数据)。可将两个通道的数据一次性写入 DHRD 寄存器。

（2）本程序两个 DAC 通道都使用软件触发，第 15 行和第 16 行调用库函数 HAL_DAC_Start(&DAC 操作变量,通道号)为它们提供触发信号。执行后，DHRD 内的数据将分别装载到 DOR1 和 DOR2 并进行 D/A 转换。

2. DAC 程序设计

```
1  #include "dac.h"
2  extern DAC_HandleTypeDef  DAC_Handler;          //外部定义的DAC操作变量
3
4  /*********DAC初始化函数********************/
5  void DAC_Init()
6  { DAC_Handler.Instance=DAC;                     //DAC
7    HAL_DAC_Init(&DAC_Handler);                   //初始化DAC
8    HAL_DAC_Start(&DAC_Handler, DAC_CHANNEL_1);//DAC通道1上电并触发
9    HAL_DAC_Start(&DAC_Handler, DAC_CHANNEL_2);//DAC通道2上电并触发
10 }
11
12 /*****DAC底层驱动函数，会被HAL_DAC_Init()函数调用**********/
13 void  HAL_DAC_MspInit(DAC_HandleTypeDef *hdac)
14 { GPIO_InitTypeDef    GPIO_Initure;             //定义GPIO初始化变量
15   DAC_ChannelConfTypeDef  DAC_CH_Handler;       //DAC通道初始化变量
16   if(hdac->Instance==DAC)
17   { __HAL_RCC_DAC_CLK_ENABLE();                 //使能DAC时钟
18     __HAL_RCC_GPIOA_CLK_ENABLE();               //使能GPIOA时钟
19
20     GPIO_Initure.Pin=GPIO_PIN_4|GPIO_PIN_5;     //PA4和PA5
21     GPIO_Initure.Mode=GPIO_MODE_ANALOG;         //模拟信号模式
22     GPIO_Initure.Speed=GPIO_SPEED_FREQ_HIGH;    //高速输出
23     HAL_GPIO_Init(GPIOA, &GPIO_Initure);        //按照GPIO_Initure的值初始化PA4和PA5
24
25     DAC_CH_Handler.DAC_Trigger=DAC_TRIGGER_SOFTWARE; //软件触发
26     DAC_CH_Handler.DAC_OutputBuffer=DAC_OUTPUTBUFFER_ENABLE;//输出缓冲允许
27     HAL_DAC_ConfigChannel(&DAC_Handler, &DAC_CH_Handler, DAC_CHANNEL_1);
28     HAL_DAC_ConfigChannel(&DAC_Handler, &DAC_CH_Handler, DAC_CHANNEL_2);
29   }
30 }
```

注意：第 25～28 行将两个通道都设置为软件触发。

3. 程序调试

如图 7.4.1 所示，利用在线调试功能，在主程序的第 13 行、第 15 行、第 16 行设置断点，运

行时观察 DAC 窗口 DHRD 和 DORx 寄存器的变化,体会双 DAC 模式和单 DAC 模式的不同之处。

想一想,如果将 DAC 设置为无触发,程序该怎么修改?

图 7.4.1　在线调试窗口

(二) DAC 的外部引脚触发

可以利用 EXTI_9 引脚为 DAC 输入触发信号。示例程序如下。

1. 主程序设计

```
1  #include "SysTick.h"              //滴答时钟头文件
2  #include "dac.h"                  //DAC初始化头文件
3  #include "exti.h"                 //外部中断初始化头文件
4
5  DAC_HandleTypeDef  DAC_Handler;   //DAC操作变量
6  u32 DAC_OUT_Value=0;              //用于存储DAC输出值
7  int main( )
8 { HAL_Init();                      //初始化HAL
9    Stm32_Clock_Init(RCC_PLL_MUL9); //外部晶振,9倍频
10   SysTick_Init(72);               //滴答时钟初始化,系统时钟为72MHz
11   EXTI_Init();                    //外部中断(事件)初始化
12   DAC_Init();                     //初始化DAC
13   while(1)
14  { HAL_DAC_SetValue(&DAC_Handler, DAC_CHANNEL_1,DAC_ALIGN_12B_R, DAC_OUT_Value);
15     //向DAC通道1送数据,并等待触发信号
16     HAL_DAC_SetValue(&DAC_Handler, DAC_CHANNEL_2,DAC_ALIGN_12B_R, DAC_OUT_Value);
17     //向DAC通道2送数据,并等待触发信号
18     while(HAL_DAC_GetValue(&DAC_Handler, DAC_CHANNEL_1)!=DAC_OUT_Value);//通道1未触发则等待
19     while(HAL_DAC_GetValue(&DAC_Handler, DAC_CHANNEL_2)!=DAC_OUT_Value);//通道2未触发则等待
20     DAC_OUT_Value+=1;             //修改输出值
21     if(DAC_OUT_Value>4095) DAC_OUT_Value=0; //输出已到最大值,从0开始
22   }
23 }
```

(1) 第 14 行、第 16 行分别向 DHR1 和 DHR2 送 DAC_OUT_Value 值,并等待外部触发信号。

(2) 第 18 行、第 19 行查询 DOR1 和 DOR2,如果数值不等于 DAC_OUT_Value,则说明未收到触发信号,此时应该等待;否则说明数据保持寄存器中的数据已被装入输出数据寄存器,应退出等待,执行下面的第 20 行。

(3) 第 20 行、第 21 行使 DAC_OUT_Value 加 1,并限制其数值小于 4095。

本程序功能:EXTI_9 引脚每来一个触发信号,触发输出数据寄存器装载和 D/A 转换,输出值+1。当输出值加到 4095 时,恢复为 0。输出值在 0~4095 之间循环。

2. DAC 程序设计

```
1  #include "dac.h"
2  extern DAC_HandleTypeDef  DAC_Handler;  //外部定义的DAC操作变量
3
4  /*************DAC初始化函数*****************************************/
5  void DAC_Init()
6 { DAC_Handler. Instance=DAC;                          //DAC
7
8    HAL_DAC_Init(&DAC_Handler);                        //初始化DAC
9    HAL_DAC_Start(&DAC_Handler, DAC_CHANNEL_1);        //使能DAC通道1
10   HAL_DAC_Start(&DAC_Handler, DAC_CHANNEL_1);        //使能DAC通道2
11 }
12
13 /****DAC底层驱动函数,会被HAL_DAC_Init()函数调用****************/
14 void  HAL_DAC_MspInit(DAC_HandleTypeDef *hdac)
```

```
15 ⊟{ GPIO_InitTypeDef    GPIO_Initure;              //定义GPIO初始化变量
16    DAC_ChannelConfTypeDef  DAC_CH_Handler;         //DAC通道初始化变量
17    if(hdac->Instance==DAC)                          //DAC
18  { __HAL_RCC_DAC_CLK_ENABLE();                      //使能DAC时钟
19      __HAL_RCC_GPIOA_CLK_ENABLE();                  //使能GPIOA时钟
20
21      GPIO_Initure.Pin=GPIO_PIN_4|GPIO_PIN_4;        //PA4和PA5
22      GPIO_Initure.Mode=GPIO_MODE_ANALOG;            //模拟信号模式
23      GPIO_Initure.Speed=GPIO_SPEED_FREQ_HIGH;       //高速输出
24      HAL_GPIO_Init(GPIOA, &GPIO_Initure);           //按照GPIO_Initure的值初始化PA4和PA5
25
26      DAC_CH_Handler.DAC_Trigger=DAC_TRIGGER_EXT_IT9; //外部中断9触发
27      DAC_CH_Handler.DAC_OutputBuffer=DAC_OUTPUTBUFFER_ENABLE;//输出缓冲允许
28      HAL_DAC_ConfigChannel(&DAC_Handler, &DAC_CH_Handler, DAC_CHANNEL_1);
29                                                      //设置DAC通道1
30      HAL_DAC_ConfigChannel(&DAC_Handler, &DAC_CH_Handler, DAC_CHANNEL_2);
31                                                      //设置DAC通道2
32    }
33 }
```

注意，第 26～30 行设置的两个通道都是 EXTI_9 触发的。

3. 外部中断程序设计

```
1  #include "exti.h"
2  #include "SysTick.h"                    //滴答时钟头文件
3
4  /***********EXTI中断初始化函数*********************************************/
5  void EXTI_Init(void)
6 ⊟{ GPIO_InitTypeDef GPIO_InitStructure;  //定义结构体变量，用于存放GPIO初始化参数
7    __HAL_RCC_GPIOF_CLK_ENABLE();         //开启GPIOF时钟
8
9    GPIO_InitStructure.Pin=GPIO_PIN_9;            //PF9
10   GPIO_InitStructure.Mode=GPIO_MODE_EVT_RISING; //外部事件模式，上升沿触发
11   GPIO_InitStructure.Pull=GPIO_PULLDOWN;        //内部下拉
12
13   HAL_GPIO_Init(GPIOF, &GPIO_InitStructure);    //GPIOF初始化
14 }
```

本程序对 PF9 引脚进行初始化，这意味着使用 PF9 引脚输入触发信号。注意第 10 行应设置为 GPIO_MODE_EVT_RISING，即将该引脚作为事件而不是中断输入引脚，RISING 代表上升沿有效。该引脚每来一个上升沿，发出一个触发信号，将数据保持寄存器中的数据装入输出数据寄存器，进行 D/A 转换后输出模拟电压到 DAC 引脚。

4. 程序调试

将程序下载到开发板，运行后，反复给 PF9 引脚输入高电平以产生上升沿，应该能够测量到 PA4 和 PA5 引脚输出电压随高电平触发信号次数的增加而增加。如果效果不明显，则可以将主程序的第 20 行修改为 DAC_OUT_Value+=500，这样每触发一次大约有 0.4V 的电压增长。

也可以如图 7.4.2 所示，利用在线调试功能，在主程序的第 20 行设置断点。利用 KEIL 提供的 GPIOF 窗口，用鼠标将 PF9 设置为 1 和 0，以产生触发信号。运行中反复操作 PF9，观察输出数据寄存器的变化，体会 EXTI_9 触发功能。

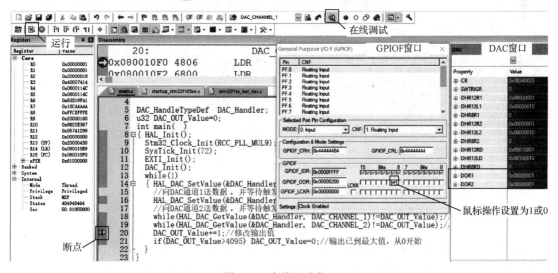

图 7.4.2　在线调试窗口

（三）DAC 的定时器触发

以下程序利用 TIM4 输出 TRGO 信号以便触发 DAC 装载和转换。TIM4 每隔 1s 发出一个 TRGO 信号，DAC 输出值每 1s 加 1。输出波形是一个标准的锯齿波。

1. 主程序设计

```
main.c
1   #include "SysTick.h"                    //滴答时钟头文件
2   #include "dac.h"                        //DAC初始化头文件
3   #include "timer.h"                       //TIM初始化头文件
4
5   DAC_HandleTypeDef  DAC_Handler;    //DAC操作变量
6   u32 DAC_OUT_Value=0;                     //用于存储DAC输出值
7   int main(  )
8   { HAL_Init();                            //初始化HAL
9     Stm32_Clock_Init(RCC_PLL_MUL9);  //外部晶振，9倍频
10    SysTick_Init(72);                      //滴答时钟初始化，系统时钟为72MHz
11    DAC_Init();                            //初始化DAC
12    Timer_Init(2000-1, 36000-1);          //TIM初始化，每隔1s触发一次D/A转换
13     //Tout= (Arr+1)*(Psc+1)*fCK_INT=2000*36000/ (72*1000000) =1s
14    while(1)
15    { HAL_DAC_SetValue(&DAC_Handler, DAC_CHANNEL_1,DAC_ALIGN_12B_R, DAC_OUT_Value);
16      HAL_DAC_SetValue(&DAC_Handler, DAC_CHANNEL_2,DAC_ALIGN_12B_R, DAC_OUT_Value);
17                                       //向DAC通道1和2送数据，并等待触发信号
18      while((HAL_DAC_GetValue(&DAC_Handler, DAC_CHANNEL_1))!=DAC_OUT_Value);//通道1未触发则等待
19      while((HAL_DAC_GetValue(&DAC_Handler, DAC_CHANNEL_2))!=DAC_OUT_Value);//通道2未触发则等待
20      DAC_OUT_Value+=1;                                    //转换已完成，输出值加1
21      if(DAC_OUT_Value>4095) DAC_OUT_Value=0;//限制输出在0~4095之间
22    }
23  }
```

与外部触发程序相比，第 3 行、第 12 行有变化。其中第 12 行将定时时间设定为 1s。

2. DAC 程序设计

```
dac.c
1   #include "dac.h"
2   extern DAC_HandleTypeDef  DAC_Handler; //外部定义的DAC操作变量
3   /****************DAC初始化函数*****************************/
4   void DAC_Init()
5   { DAC_Handler.Instance=DAC;                          //DAC
6     HAL_DAC_Init(&DAC_Handler);//初始化DAC
7     HAL_DAC_Start(&DAC_Handler, DAC_CHANNEL_1);          //通道1上电
8     HAL_DAC_Start(&DAC_Handler, DAC_CHANNEL_2);          //通道2上电
9   }
10  /****DAC底层驱动函数，会被HAL_DAC_Init()函数调用***************/
11  void  HAL_DAC_MspInit(DAC_HandleTypeDef *hdac)
12  { GPIO_InitTypeDef    GPIO_Initure;               //定义GPIO初始化变量
13    DAC_ChannelConfTypeDef  DAC_CH_Handler;          //DAC通道初始化变量
14    if(hdac->Instance==DAC)                          //DAC
15    { __HAL_RCC_DAC_CLK_ENABLE();                    //使能DAC时钟
16      __HAL_RCC_GPIOA_CLK_ENABLE();                  //使能GPIOA时钟
17
18      GPIO_Initure.Pin=GPIO_PIN_4|GPIO_PIN_5;        //PA4和PA5
19      GPIO_Initure.Mode=GPIO_MODE_ANALOG;            //模拟信号模式
20      GPIO_Initure.Speed=GPIO_SPEED_FREQ_HIGH;       //高速输出
21      HAL_GPIO_Init(GPIOA,&GPIO_Initure);            //按照GPIO_Initure的值初始化PA4和IPA5
22
23      DAC_CH_Handler.DAC_Trigger=DAC_TRIGGER_T4_TRGO;  //TIM4 TRGO触发
24      DAC_CH_Handler.DAC_OutputBuffer=DAC_OUTPUTBUFFER_ENABLE;//输出缓冲允许
25      HAL_DAC_ConfigChannel(&DAC_Handler, &DAC_CH_Handler, DAC_CHANNEL_1);//配置DAC通道1
26      HAL_DAC_ConfigChannel(&DAC_Handler, &DAC_CH_Handler, DAC_CHANNEL_2);//配置DAC通道2
27    }
28  }
```

注意：第 23~26 行将两个通道都设置为 TIM4 TRGO 触发。

3. 定时器程序设计

```
timer.c
1   #include "timer.h"
2   TIM_HandleTypeDef  TIM4_Handler;            //定义TIM操作变量
3   /**************定时器初始化函数*********************************/
4   void Timer_Init(u16 Arr,u16 Psc)
5   { TIM4_Handler.Instance=TIM4;                            //TIM4
6     TIM4_Handler. Init.Prescaler=Psc;                     //分频系数
7     TIM4_Handler. Init.CounterMode=TIM_COUNTERMODE_UP;    //向上计数
8     TIM4_Handler. Init.Period=Arr;                        //自动装载值
9     TIM4_Handler. Init.ClockDivision=TIM_CLOCKDIVISION_DIV1;//时钟分割系数=1
10
11    HAL_TIM_Base_Init(&TIM4_Handler);                    //按照以上设置进行TIM时基初始化
12    HAL_TIM_Base_Start(&TIM4_Handler);                    //使能定时器4
13  }
14  /*****定时器底层驱动*会被HAL_TIM_Base_Init()函数调用**************/
15  void HAL_TIM_Base_MspInit(TIM_HandleTypeDef *htim)
16  { TIM_MasterConfigTypeDef TIM4_Master_Config;//主定时器配置变量
17    if(htim->Instance==TIM4)
18    { __HAL_RCC_TIM4_CLK_ENABLE();                         //使能TIM4时钟
19
20      TIM4_Master_Config.MasterOutputTrigger=TIM_TRGO_UPDATE;//更新事件作为TRGO输出
21      TIM4_Master_Config.MasterSlaveMode=TIM_MASTERSLAVEMODE_DISABLE;//主从无须同步
22      HAL_TIMEx_MasterConfigSynchronization(&TIM4_Handler,&TIM4_Master_Config);//配置主模式
23    }
24  }
```

要想使定时器发出 TRGO 信号，应使其工作在主模式。要想使其每隔 1s 发一次 TRGO 信号，应将定时器更新事件作为 TRGO 输出，即每当定时器产生更新事件时输出一个 TRGO 信号。

（1）第 16 行定义了一个 TIM_**Master**ConfigTypeDef 类型的变量 TIM4_Master_Config，用于进行主定时器设置。

（2）第 20 行指出将定时器更新事件作为 TRGO 信号输出。

（3）第 21 行指出作为主方的 TIM4 不需要和从方同步。

（4）第 22 行利用库函数 HAL_TIMEx_MasterConfigSynchronization(&定时器操作变量,&定时器主模式设置变量)，配置 TIM4 的主模式。

4. 程序调试

将程序下载到开发板，运行程序并用示波器观察，应能看到一个锯齿波。该锯齿波从 0V 增加到最大值需要 4095s。这个时间对于调试显然太长了。为加快进程，可以将定时时间减小，如将定时时间设置为 10ms，则从 0V 增加到最大值只需要 40.95s。

如果不改变定时时间，也可增加 DAC_OUT_Value 的跳变幅度，如让它每次加 100。

也可以通过设断点运行和在线调试，观察输出数据寄存器输出值的变化，如图 7.4.3 所示。

图 7.4.3　在线调试窗口

三、要点记录及成果检验

任务 7.4	STM32 单片机软硬件深入（七）						
姓名		学号		日期		分数	
1. 说一说什么是双 DAC 输出。							
2. 如何用外部中断引脚触发 DAC？							
3. 如何用定时器触发 DAC？							

项目 8　利用 ADC 实现土壤湿度控制

项目总目标

（1）理解并能够说出 ADC 的基本概念。

（2）了解 STM32F1xx 单片机内部 ADC 的结构与特性，能够对照其结构框图说明其主要工作过程。

（3）掌握基于 STM32F1xx 单片机 ADC 的电路设计方法，能够仿照示例独立进行基于 ADC 的电路设计与调试。

（4）掌握 STM32 单片机基于 HAL 库函数的 ADC 操作编程方法，能够仿照示例独立进行基于 ADC 的程序设计与调试。

（5）会查找相关资料、阅读相关文献。

具体工作任务

利用 STM32 单片机内部 ADC 采集土壤湿度，当湿度值低于下限时，打开水泵开始喷灌；当湿度值高于上限时，关闭水泵停止喷灌。自动喷灌装置如图 8.0.1 所示。

请进行方案设计、器件选型、电路和程序设计，并完成软硬件调试。

图 8.0.1　自动喷灌装置

任务 8.1　认识 STM32 单片机的 ADC

一、任务目标

（1）了解 STM32F103ZET6 单片机的 ADC 基本特性与原理。

（2）能看懂 ADC 基本框架。

二、学习与实践

（一）讨论与发言

分组讨论自由发言，阐述对 ADC 的认识。

阅读以下资料，重新完善以上问题。

（二）认识 ADC

在项目 7 中我们已经对 ADC 有了初步认识，知道 ADC 是一个能够将模拟信号转换成数字信号的装置。

STM32F1xx 单片机的 ADC 是电压输入，要求输入电压的范围是 $V_{REF-}{\le}V_{IN}{\le}V_{REF+}$。由于 V_{REF-} 引脚与 V_{SSA} 引脚接在一起，作为 0V，因此允许的模拟电压输入范围就是 0～V_{REF+}。一定记住，不要直接将高于 V_{REF+} 的电压接到 ADC 引脚上，那样可能会烧坏芯片。

1. A/D 转换原理

常用 ADC 电路有逐次比较型和双积分型等。前者转换速度更快，后者精度更高。STM32F1xx 单片机的 ADC 采用逐次比较型。关于其具体转换原理，暂不需要深入了解。

2. ADC 的位数及其影响

我们已经知道，DAC 和 ADC 设备常见的位数有 8、12、14、16、24 等。STM32F1xx 单片机的 DAC 和 ADC 都是 12 位。位数越多，DAC 的输出电压分辨率越高，电压控制越精细。

那么，位数 n 对 ADC 有何影响呢？假设 V_{REF}=3.3V：

对于 1 位的 ADC，可设计成：

0≤输入电压<1.65V，转换数字信号为 "0"；

1.65≤输入电压<3.3V，转换数字信号为 "1"。

它只能将输入电压分辨成 "0" 和 "1"，输入电压跳变必须大于 1.65V，输出数字信号才会改变，即最小电压分辨率为 $1/2V_{REF}$=1.65V。

对于 2 位的 ADC，可设计成：

0≤输入电压<1/4×3.3V，转换数字信号为 "0"，即 "00"；

1/4×3.3V≤输入电压<2/4×3.3V，转换数字信号为 "1"，即 "01"；

2/4×3.3V≤输入电压<3/4×3.3V，转换数字信号为 "2"，即 "10"；

3/4×3.3V≤输入电压<4/4×3.3V，转换数字信号为 "3"，即 "11"。

此时最小电压分辨率为 $1/4×V_{REF}$=1/4×3.3V=0.825V。

表 8.1.1 表达了 8、12、16 位 ADC 的特性，表中假设 V_{REF}=3.3V。

表 8.1.1　V_{REF}=3.3V，输入 0～3.3V 时不同位数 ADC 的电压和数字对应关系

位数	电压	数字		转换公式及分辨率
		二进制数	十进制数	
n=8	0V	0000 0000	0	转换公式： $D=V_{IN}×256/3.3$ 分辨率： $3.3V/2^8$=12.890625mV≈13mV
	12.890625mV	0000 0001	1	
	25.78125mV	0000 0010	2	
	…	…	…	
	3.287109375V	1111 1111	255	
	3.3V	0000 0000（溢出）	256	

位数	电 压	数 字		转换公式及分辨率
		二进制数	十进制数	
$n=12$	0V	0000 0000 0000	0	转换公式： $D=V_{IN}\times4096/3.3$ 分辨率： $3.3V/2^{12}=0.8056640625mV\approx0.8mV$
	0.8056640625mV	0000 0000 0001	1	
	1.611328125mV	0000 0000 0010	2	
	3.2991943359375V	1111 1111 1111	4095	
	…	…	…	
	3.3V	0000 0000 0000（溢出）	4096	
$n=16$	0V	0000 0000 0000 0000	0	转换公式： $D=V_{IN}\times65536/3.3$ 分辨率： $3.3V/2^{16}=50.35400390625\mu V\approx50\mu V$
	50.35400390625μV	0000 0000 0000 0001	1	
	…	…	…	
	3.299949964599609375V	1111 1111 1111 1111	65535	
	3.3V	0000 0000 0000 0000（溢出）	65536	

从表中可以看出，ADC 的位数 n 越大，其电压分辨率越高。分辨率高是 ADC 获得高测量精度的前提。转换后的数字信号 D 与输入电压 V_{IN} 之间关系为

$$D = V_{IN} \times 2^n / V_{REF}$$
$$V_{IN} = D \times V_{REF} / 2^n$$

最小电压分辨率为 $V_{REF}/2^n$。

对于 STM32F1xx 单片机，其 ADC 是 12 位，在 $V_{REF}=3.3V$ 的情况下，电压与数字信号的关系为

$$D = V_{IN} \times 2^n / V_{REF} = V_{IN} \times 4096/3.3$$
$$V_{IN} = D \times V_{REF} / 2^n = D \times 3.3/4096$$

（三）认识 STM32 单片机 ADC 的结构

1. ADC 结构框图

STM32F103ZET6 单片机内部有 3 个 ADC，分别为 ADC1、ADC2、ADC3。图 8.1.1 所示为 ADC 的结构框图，其核心执行部件为 12 位 A/D 转换电路。

2. ADC 的基本工作过程

ADC1、ADC2、ADC3 可各自独立使用。ADC1 和 ADC2 还可联合使用（称为双 ADC 模式）。本项目只讨论独立使用情况。

（1）ADCx_IN0～ADCx_IN15 引脚上输入的模拟电压，经 GPIO 和模拟多路开关被送入 12 位 A/D 转换电路的注入组或规则组进行排队，之后按顺序逐个进行 A/D 转换。转换后的结果被存入相应的数据寄存器。可以编程指定从哪个引脚输入、用哪个 ADC、送入哪个组，排队号是多少，到哪里去取 A/D 转换结果。

（2）无论是注入组还是规则组，在 A/D 转换结束后，都会发出转换结束信号，从而产生 EOC/JEOC 请求。编程时可以通过对 EOC/JEOC 的查询，判断转换是否完成。如果完成，则可以到规则组或注入组数据寄存器取转换结果，从而确保得到正确的数据。

如果允许了 EOC/JEOC 中断（EOCIE=1，JEOCIE=1），那么 ADC 会向 NVIC 发中断请求。如果 NVIC 允许对该中断做出响应,则可以在中断服务程序中读取数据寄存器内的 A/D 转换结果。

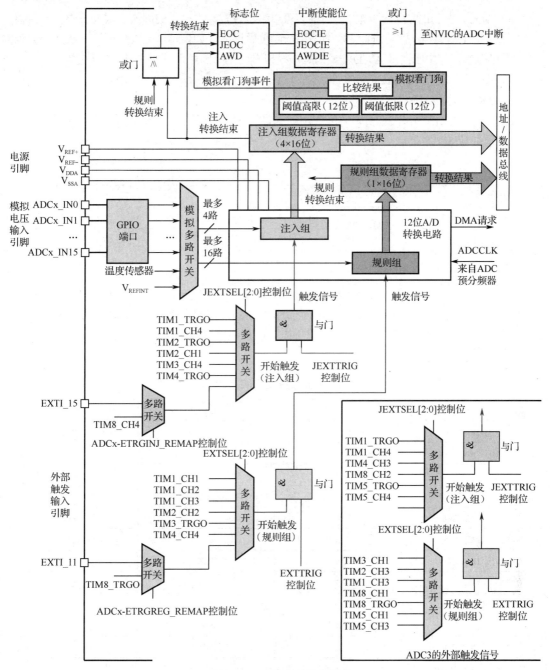

图 8.1.1　ADC 的结构框图

（3）A/D 转换结束后，除了产生 EOC 中断，还可以产生 DMA 请求，如果编程允许 DMA 请求，则转换结束后，DMA 设备会自动将 ADC 数据寄存器的结果取走并存入指定的数据存储区，不需要软件读取。

（4）ADC 的启动需要触发信号。触发方式有多种，图 8.1.1 表达得很清楚。对于 ADC1 和 ADC2 规则组，可编程指定外部中断 EXTI_11 作为触发信号输入引脚，也可指定 TIM1_CH1、TIM1_CH2、……TIM4_CH4 定时器信号作为触发信号。对于 ADC1 和 ADC2 注入组，EXTI_15、TIM1_TRGO、TIM1_CH4、……TIM4_TRGO 可用于触发 ADC。

ADC3 的外部触发信号与 ADC1 和 ADC2 有所不同，图 8.1.1 右下角已单独画出。

（5）ADC 内还配置了一个模拟看门狗。可以编程设置输入电压的阈值上限和下限。开启模拟看门狗后，该电路会自动将 A/D 转换的结果与阈值做比较，如果超过上限或低于下限，会自动向 NVIC 发模拟看门狗中断请求 AWD。我们可在模拟看门狗中断处理程序中进行参数越限处理。

（6）ADC 必须在时钟 ADCCLK 的指挥下工作。

3. ADC 使用的引脚

ADC 使用的引脚可分为三类：电源引脚、模拟电压输入引脚、外部中断触发引脚。它们的作用和要求如表 8.1.2 所示。

表 8.1.2　与 ADC 相关引脚

名　　称	信号类型	作　用	要　求
V_{DDA} 和 V_{SSA}	模拟电源	为片内模拟器件供电	$2.4V \leq V_{DDA} \leq V_{DD}$（不超过 3.6V）
V_{REF+} 和 V_{REF-}	参考电源	为 A/D 转换提供电压基准	$2.4V \leq V_{REF+} \leq V_{DDA}$
ADCx_IN0～ADCx_IN15	模拟电压输入	待转换的模拟电压	$V_{REF-} \leq V_{IN} \leq V_{REF+}$
EXTI_15 和 EXTI_11	外部中断	为 A/D 转换提供触发信号	同外部中断引脚

每个 ADC 最多可以对 16 路外部模拟电压进行检测。外部模拟电压与 GPIO 复用引脚如表 8.1.3 所示。从表 8.1.3 中还可以看出，ADC1 还可以对芯片内部温度传感器及参考电压 V_{REFINT} 进行测量，用于监控芯片温度及 V_{REF}。

表 8.1.3　外部模拟电压与 GPIO 复用引脚

通　路	ADC1	ADC2	ADC3
第 0 路（ADCx_IN0）	PA0	PA0	PA0
第 1 路（ADCx_IN1）	PA1	PA1	PA1
第 2 路（ADCx_IN2）	PA2	PA2	PA2
第 3 路（ADCx_IN3）	PA3	PA3	PA3
第 4 路（ADCx_IN4）	PA4	PA4	PF6
第 5 路（ADCx_IN5）	PA5	PA5	PF7
第 6 路（ADCx_IN6）	PA6	PA6	PF8
第 7 路（ADCx_IN7）	PA7	PA7	PF9
第 8 路（ADCx_IN8）	PB0	PB0	PF10
第 9 路（ADCx_IN9）	PB1	PB1	
第 10 路（ADCx_IN10）	PC0	PC0	PC0
第 11 路（ADCx_IN11）	PC1	PC1	PC1
第 12 路（ADCx_IN12）	PC2	PC2	PC2
第 13 路（ADCx_IN13）	PC3	PC3	PC3
第 14 路（ADCx_IN14）	PC4	PC4	
第 15 路（ADCx_IN15）	PC5	PC5	
第 16 路（ADCx_IN16）	内部温度传感器		
第 17 路（ADCx_IN17）	内部参考电压 V_{REFINT}		

4. ADC 的上电

使用库函数 HAL_ADC_Stop()设置 ADC 内部控制寄存器的 ADCON 位=0，将 ADC 置于断电模式。

ADC 断电（ADCON=0）情况下，使用库函数 HAL_ADC_Start()设置 ADCON 位=1，使 ADC 进入上电状态。欲使用 ADC，须先上电。

5. ADC 的触发

ADC 的启动需要一个触发信号。触发方式包括使用外部触发和不使用外部触发两种模式。

不使用外部触发模式仅适用于规则组。此模式下，在 ADC 上电并稳定后（t_{STAB} 不超过 1μs），再次使用库函数 HAL_ADC_Start()设置 ADON 位=1，从而启动 A/D 转换。

使用外部触发模式既适用于规则组，也适用于注入组。此模式下，在 ADC 上电并稳定后，可以通过向 ADC 送外部触发信号，启动 A/D 转换。

外部触发信号可编程设置为外部引脚触发，如 EXTI_11 触发，则当该引脚上送入指定信号（如上升沿）时，启动 A/D 转换。

外部触发信号也可编程设置为定时器触发，如 TIM3_TRGO 触发，则发生 TIM3 TRGO 事件时，启动 A/D 转换。

外部触发信号还可编程设置为软件触发。这种情况下，执行库函数 HAL_ADC_Start()后将设置 ADC 控制寄存器的 SWSTART（软件触发位）和 EXTTRIG（外部触发位）=1，从而启动 A/D 转换。本项目后续程序都使用软件触发。

6. ADC 时钟及 A/D 转换时间

ADCCLK 由 RCC 提供，如图 8.1.2 所示。STM32F1xx 单片机要求 ADCCLK 不超过 14MHz。

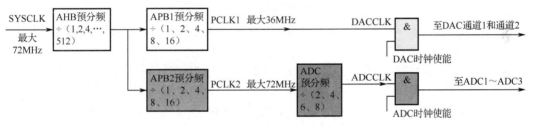

图 8.1.2　ADCCLK 时钟源

（1）ADC 时钟。

我们已经知道，DACCLK 由 PCLK1 产生。ADC 则不同，ADCCLK 由 PCLK2 经 ADC 预分频器产生，分频系数可以设置为 2、4、6、8。

之前我们在主程序中多次用到的语句"STM32_Clock_Init(RCC_PLL_MUL9);"将开发板系统的 PCLK2 设置为 72MHz。这种情况下，为保证 ADCCLK 不超过 14MHz，ADC 预分频系数只能设为 6 或 8。如果设为 6，则 ADCCLK=72/6=12MHz；如果设为 8，则 ADCCLK=72/8=9MHz。注意函数 STM32_Clock_Init()并没有对 ADC 预分频系数进行设置，需要单独编写 ADC 预分频系数的设置程序，将其设为 6 或 8。

（2）A/D 转换时间。

A/D 转换时间是指完成一次 A/D 转换需要的时间。

转换速率是转换时间的倒数，即每秒完成 A/D 转换的次数。

STM3F1xx 单片机 ADC 转换所需要的时间包括采样时间和 A/D 转换时间。

$$T_{转换} = T_{采样} + T_{A/D}$$

式中，$T_{A/D}$ 固定为 12.5 个 ADCCLK 周期。

采样时间可编程设置为 1.5、7.5、13.5、27.5、41.5、55.5、71.5、239.5 个 ADCCLK 周期。

因此转换一次最少需要：1.5+12.5=14 个 ADCCLK 周期；最多需要：239.5+12.5=252 个

ADCCLK 周期。

如果 ADCCLK 取最大频率 14MHz，则 A/D 转换的最小时间为 14/(14MHz)=1μs，即最大速率=14MHz/14=1MHz。

如果 ADCCLK=12MHz，则 ADC 的最小转换时间为 14/(12MHz)≈1.17μs，即最大转换速率≈0.86MHz。ADC 的最大转换时间为 252/(12MHz)=21μs，即最小转换速率≈47.6kHz。

当然，也可以算出 ADCCLK 为其他值时的最小转换时间和最大转换时间。

7. 多路信号的排队规则

我们已经知道，STM32F1xx 单片机的 DAC 有两个通道（DAC_OUT1 和 DAC_OUT2），分别对应 DAC1 和 DAC2 两个 D/A 转换器。但 ADC 则不同，其有 18 个通道（ADC_IN0～ADC_IN17）和 3 个 A/D 转换器（ADC1～ADC3）。因此，每个 ADC 应能对多个通道的输入进行转换，可以用排队来实现，即当待转换电压有多路时，就让它们先排队，再按顺序号逐个转换。STM32 单片机安排了规则组和注入组两个排队通道。

（1）规则组是正常排队的组，也是最常使用的组。按照 1 号，2 号，3 号……的顺序进行转换。规则组最多允许 16 路排队，排队号可编程设定为 1～16。

例如，需要对 ADC1_IN0、ADC1_IN2、ADC1_IN4 这 3 个通道的信号进行转换，如果都安排在规则组，并且指定其排队号分别为 2、3、1，则转换顺序为 ADC1_IN4→ADC1_IN0→ADC1_IN2。

（2）注入组是可以优先插队的组。在规则组转换过程中，如果有注入组在排队，那么就要先转换注入组，等注入组转换完成后，再回到规则组。

规则组最多允许 16 路排队，注入组最多允许 4 路排队。本项目重点学习规则组的使用。

8. 单次转换和连续转换

ADC 的工作包括通道**扫描**和 A/D **转换**两大部分。就**转换**而言，可设定为单次转换或连续转换两种模式。

单次转换模式：收到触发信号后，ADC 只执行一次转换，转换完成后停止。

连续转换模式：收到触发信号后，ADC 执行一次转换，转换完成后自动开始下一次转换。

9. 扫描和禁止扫描

STM32 单片机 ADC 的通道**扫描**可设置为禁止扫描和允许扫描两种模式。

（1）如果只有一路电压待转换，则可以**禁止扫描**，即不扫描，只对排队号（Rank）=1 的通道进行转换。禁止扫描情况下的转换过程如图 8.1.3 所示。

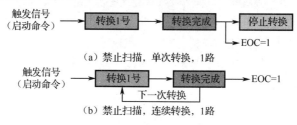

图 8.1.3　禁止扫描情况下的转换过程

① 如果设置为**单次转换**，则收到触发信号后，进行一次 A/D 转换，转换结束后发出 EOC=1 信号并停止转换。如果再次收到触发信号，则启动下一次转换。即**触发一次，转换一次。转换完成，发出 EOC 信号。**注意 EOC 标志硬件自动置 1，但必须软件清除。

② 如果设置为**连续转换**，则收到触发信号后，进行一次 A/D 转换，转换结束后发出 EOC=1 信号，但是 ADC 并不停止，而是直接开始下一次转换。即**触发一次，不断转换，直到遇到停止命令。每次转换完成，都发出 EOC 信号。**

（2）当需要进行转换的电压有多路时，就需要开启**扫描模式**。按照先注入组，再规则组，先小号再大号的顺序，逐个扫描各路输入并转换。

扫描模式又分为连续扫描和分段扫描。

10．连续扫描和分段扫描

扫描模式下规则组和注入组的工作有所区别，这里只讨论规则组。

（1）**连续扫描模式**：对所有排队通道进行连续扫描和转换。假设有8路信号，排队号（Rank）分别为1～8，其转换过程如图8.1.4所示。

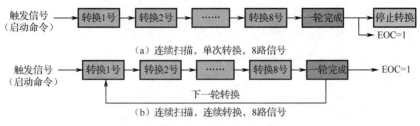

图8.1.4　连续扫描情况下的转换过程

① 如果设置为**单次转换**，则收到触发信号后，按照先小号再大号的顺序，逐个扫描各路输入并依次转换，全部转换结束后，停止转换，并发出转换结束，即 EOC=1 信号。即**触发一次，转换一轮。一轮完成，发出 EOC 信号**。

② 如果设置为**连续转换**，则收到触发信号后，按照先小号再大号的顺序，逐个扫描各路输入并转换，全部转换结束后，重新开始新一轮的转换。即**触发一次，不断转换。一轮完成，发出 EOC 信号**。

（2）**分段扫描模式**：将所有排队通道再细分为若干段，按段扫描并转换。

注意：分段扫描要求必须为单次转换模式。

假设有8路信号，排队号（Rank）分别为1～8。每段扫描3路和每段扫描1路的情况分别如图8.1.5（a）和图8.1.5（b）所示。

即触发一次，转换一段；触发多次，转换多段；所有段完成，发出 EOC 信号。

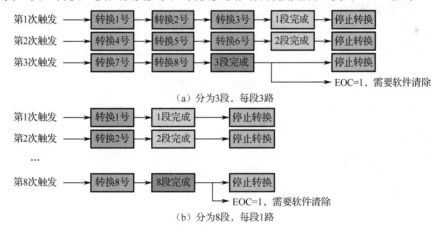

图8.1.5　分段扫描单次转换8路信号，分3段和8段的转换过程

11．数据寄存器

数据寄存器用于存放 A/D 转换结果，分为规则组和注入组，分别存放各自转换结果。

（1）数据寄存器的个数。

如图8.1.1所示，规则组数据寄存器只有1个，注入组数据寄存器有4个。它们都是16位寄存器。

规则组待转换通道数大于 1 时，如果不及时取走当前数据，将会被下一个通道结果覆盖。

注入组则不同，4 路输入对应 4 个数据寄存器，组内不同通道之间互不影响。

（2）数据对齐方式。

前面提到，STM32F1xx 单片机的 ADC 是 12 位的，转换结果自然也是 12 位。但是规则组和注入组数据寄存器都是 16 位，因此会有 4 位冗余。STM32 单片机允许编程指定是以左对齐还是右对齐方式将 12 位的转换结果存放在 16 位数据寄存器里，如图 8.1.6 所示。

（a）数据右对齐

（b）数据左对齐

图 8.1.6　数据右对齐和数据左对齐

数据右对齐是将数据靠右放，高 4 位补 0。假设 12 位 A/D 转换结果是 0010 1111 1101，对应十进制数是 765，右对齐后数据变为 **0000** 0010 1111 1101，十进制数仍是 765。

数据左对齐是将数据靠左放，低 4 位补 0。左对齐后数据变为 0010 1111 1101 **0000**，对应十进制数是 12240=16×765。

可以看出，右对齐结果与原始数据相同。左对齐结果使数据变为原始数据的 16 倍。因此编程进行电压还原时，应注意转换公式的变化。

右对齐公式：$V_{IN} = D \times V_{REF}/2^{12} = D \times V_{REF}/4096$。

左对齐公式：$V_{IN} = D \times V_{REF}/2^{16} = D \times V_{REF}/65536$。

注意左对齐虽然使数据看起来变大了，但实际电压分辨率并没有改变，仍是 12 位。

12．ADC 中断和 DMA 请求

（1）ADC 中断。

① 规则组最后一个通道转换结束后，EOC 自动置"1"。若使能了 EOCIE，则向 NVIC 发 EOC 中断请求。

② 注入组转换结束后，JEOC 自动置"1"。若使能了 JEOCIE，则向 NVIC 发 JEOC 中断请求。

③ 当 ADC 转换结果低于阈值下限或高于阈值上限时，AWD 自动置"1"。若使能了 AWDIE，则向 NVIC 发 AWD 中断请求。

如果 NVIC 允许对以上请求做出响应，CPU 就会进入相应的中断服务程序。

利用规则组或注入组的转换完成中断，可以在中断服务程序中取转换结果。

利用 ADC 窗口中断，可以在中断服务程序中进行输入越限处理。

（2）DMA 请求。

从图 8.1.4 和图 8.1.5 可以看出，扫描模式下，EOC=1 发生在规则组一轮转换完成之后。因此如果利用 EOC 中断取 A/D 结果，取到的将是最后一个通道，即排队号最大的那个通道的数据。所以 EOC 中断不适合规则组有多个通道的情况。

规则组多通道输入情况下，要正确取得每个通道的转换结果，可利用 DMA 模式。关于 DMA 模式的进一步描述在任务 8.4 和 8.5 中。这里我们只需要知道：

① 如果编程设置了 DMA 位，则每个通道转换结束后，都会产生 DMA 请求（注意是每个通

道转换结束，而不是最后一个通信转换结束）。

② 如果允许了 DMA 请求，则可以利用 DMA 设备自动将 ADC 数据寄存器的结果存储到指定存储器。

可见利用 DMA，可正确取得多通道的 A/D 转换结果。

13. ADC 的工作模式

STM32F1xx 单片机的三个 ADC 可以各自独立使用，称为独立模式。ADC1 和 ADC2 还可以双 ADC 模式工作。在双 ADC 模式里，ADC1 为主 ADC，ADC2 为从 ADC。二者可交替触发或同步触发，如图 8.1.7 所示。

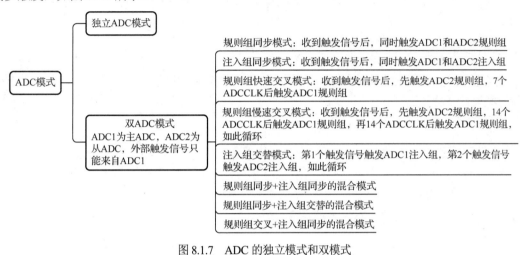

图 8.1.7 ADC 的独立模式和双模式

三、要点记录及成果检验

任务 8.1	认识 STM32 单片机的 ADC						
姓名		学号		日期		分数	

（一）术语记录

英文简称	英文全称	中文翻译
ADC		
DAC		

（二）概念明晰

1. 什么是 ADC？

2. 写出 ADC 位数与分辨率的计算公式，并说明如何提高 ADC 的分辨率。

3. 写出 ADC 电压和数字信号的一般计算公式。

4. STM32F103 单片机的 ADC 模拟输入信号 V_{IN} 的范围是多少？

5. STM32F103 单片机的 ADC 最多有几路模拟信号输入？外部最多几路？内部最多几路？

6. ADC2_IN1 使用的引脚有哪些？

7. STM32F103 单片机 ADC 的规则组和注入组，谁的转换优先级高？

8. STM32F103 单片机 ADC 的触发方式有哪几种？

9. STM32F103 单片机 ADC 的最高转换速率是多少？

10. 假设 STM32F103 单片机的 APB2 总线频率为 72MHz，ADC 预分频系数设置为 8，采样时间选取 41.5 个 ADC 时钟周期，此时 ADC 转换时间是多少？

11. 禁止扫描单次转换和禁止扫描连续转换的区别是什么？

12. 多通道转换时，必须将扫描模式设置为允许还是禁止？

13. 连续扫描单次转换和连续扫描连续转换的区别是什么？各自在何时发出 EOC=1？

14. 连续扫描单次转换和禁止扫描单次转换的区别是什么？各自在何时发出 EOC=1？

15. 连续扫描连续转换和禁止扫描连续转换的区别是什么？各自在何时发出 EOC=1？

16. 连续扫描单次转换和分段扫描单次转换的区别是什么？各自在何时发出 EOC=1？

17. 数据左对齐和数据右对齐的区别是什么？

任务 8.2 方案设计及器件选型

一、任务要求

（1）能够查阅相关技术资料，结合电路、电子、传感器等基础知识进行系统方案设计及器件选型。

（2）能够针对设计任务进行研讨和表达。

二、学习与实践

（一）讨论与发言

分组讨论你对智慧农业、自动喷灌技术的理解。

在讨论基础上，阅读以下资料，按照指导步骤和相关信息完成系统方案设计及器件选型。

（二）方案设计

系统由土壤湿度传感器、STM32F103ZET6 单片机、继电器及其驱动电路、水泵组成，如图 8.2.1 所示。

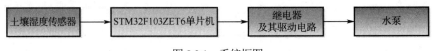

图 8.2.1 系统框图

（三）器件选型

1. 土壤湿度传感器

常用的土壤湿度传感器如图 8.2.2 所示。

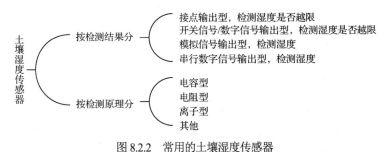

图 8.2.2 常用的土壤湿度传感器

常用湿度传感器按照检测原理的不同，可分为电容型、电阻型、离子型等。

电容型湿度传感器的敏感元件为湿敏电容，当环境湿度发生改变时，湿敏电容的介电常数会发生变化，使其电容量相应改变，利用这一特性可测量湿度。

电阻型湿度传感器的敏感元件为湿敏电阻，当环境湿度发生改变时，其电阻率会随湿度变化，从而使电阻值发生改变。

离子型湿度传感器利用某些材料的导电离子数（如氯化锂）随湿度增大而增加，从而造成电阻值减小的特性进行湿度测量。

湿度传感器按照检测结果的不同又可分为两大类。其中，接点输出或开关信号/数字信号输出型湿度传感器，只能检测湿度是否越限；模拟信号输出型或串行数字信号输出型湿度传感器，则可检测具体湿度值。

本系统可选用开关信号输出型湿度传感器，此时系统方案设计与项目 2 相似。但为了学习 STM32 单片机 ADC 的使用方法，这一次我们选择模拟信号输出型湿度传感器。

图 8.2.3 所示为几款土壤湿度传感器的外观。表 8.2.1 是其中一款土壤湿度传感器的特性说明，其自带转换放大电路，输出电压信号。表 8.2.1 中给出了其基本特性、引脚定义和湿度-电压对应关系。

图 8.2.3　几款土壤湿度传感器的外观

表 8.2.1　某款土壤湿度传感器参数及其湿度-电压对应关系

测量范围	0～100% 容积含水率				测量精度	±2%
接线定义	1：电源（红）　　2：GND（绿）　　3：信号输出（黄）				供电电压	DC 3～5V
湿度-电压对应关系（3.3V 供电）						
RH/%	V_{out}/mV	RH/%	V_{out}/mV	RH/%		V_{out}/mV
10	740	40	1255	70		1715
15	835	45	1330	75		1795
20	925	50	1410	80		1875
25	1010	55	1490	85		1955
30	1095	60	1565	90		2040
35	1175	65	1640	95		2120
计算公式（按非线性计算）	$RH = -7.23\times10^{-9}\times(V_{out})^3 + 3.34\times10^{-5}\times(V_{out})^2 + 1.37\times10^{-2}\times V_{out} - 15.6$					
计算公式（按线性计算）	$RH = 0.0627 \times V_{out} - 37.969$					

2. 水泵

已知本系统水泵功率为 0.55kW；电压为交流 220V。

可算出其额定电流应为 0.55kW/220V=2.5A。

3. 继电器

关于继电器的分类和工作原理，项目 2 中已给出介绍。这里可以选择固态继电器。固态继电器的控制电压、电流应与 STM32 单片机 GPIO 输出相适应，固态继电器的负载工作电压、电流应满足水泵需要。图 8.2.4 中的固态继电器，其控制电压允许为直流 3～15V，负载电压允许交流 110～480V，电流可达 5A，满足系统需求。

图 8.2.4　固态继电器和水泵

三、要点记录及成果检验

任务 8.2	方案设计及器件选型						
姓名		学号		日期		分数	
（一）术语记录							
1. Sensor			2. humidity				
（二）要点记录							
1. 常用的土壤湿度传感器可分为哪几类？							
2. 为什么 STM32 单片机和水泵之间要加入继电器？							

任务 8.3　电路设计与测试

一、任务目标

（1）能画出单片机土壤湿度采集电路图，并说出其原理。
（2）能画出单片机水泵控制电路图。
（3）会进行电路测试。

二、学习与实践

（一）讨论与发言

你认为本系统电路设计应该包括哪几部分？

请阅读以下资料，按照指导步骤，完成电路设计与测试。

（二）电路设计

本系统输入、输出电路如图 8.3.1 所示。

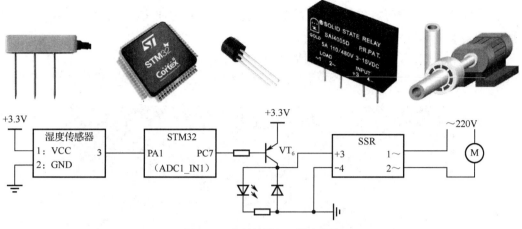

图 8.3.1 本系统输入、输出电路

读图 8.3.1，电路原理：_____
如果用 ADC2_IN1，则应该接_____引脚。

（三）电路测试

1. 开发板上 AI 通道测试

开发板上提供了 3 路 AI（Analog Input，模拟信号输入），其中一路由板上电位器提供，已接至 PA1 引脚。另外两路来自外部端子 A0 和 A1，分别被接入 PB0 和 PB1。具体如图 8.3.2 和表 8.3.1 所示。

图 8.3.2 开发板上 3 路 AI

表 8.3.1 开发板上 AI 配置

AI	STM32 单片机引脚	备 注
板上电位器	PA1	ADC1_IN1、ADC2_IN1、ADC3_IN1
外部端子 A0	PB0	ADC1_IN8、ADC2_IN8
外部端子 A1	PB1	ADC1_IN9、ADC2_IN9
AD_VCC+	5V	需接 5V 电源
AD_VCC−	GND	需接 GND

测试过程如下。

（1）将万用表打到直流电压合适挡位。

（2）分别连接 AD_VCC 的正负极至开发板上的 5V 电源和 GND。

（3）给开发板上电。

（4）用螺丝刀调整电位器至不同位置，测试该位置下 PA1 引脚与 GND 之间的电压，如图 8.3.3 所示。电压应随电位器旋转位置相应改变。

（5）A0 端子处接入 0～3V 电压，测量 PB0 引脚电压，应与输入电压相同。

（6）用同样的方法向 A1 端子输入电压，测量 PB1 引脚电压，应与输入电压相同。

图 8.3.3　电位器和湿度传感器测试

电位器打至最左位时，PA1 电压：_____。

电位器打至中间时，PA1 电压：_____。

电位器打至最右位时，PA1 电压：_____。

A0 输入电压 1：_____，PB0 测量电压：_____，A0 输入电压 2：_____，PB0 测量电压：_____。

A1 输入电压 1：_____，PB1 测量电压：_____，A1 输入电压 2：_____，PB1 测量电压：_____。

2.　湿度传感器测试

（1）连接传感器 VCC 和 GND 至开发板 5V 电源和 GND。

（2）连接传感器信号至开发板 A0 端子。

（3）给开发板上电。

（4）将纸巾贴到传感器上。

（5）打湿纸巾，测量不同湿度情况下 A0 端子和 GND 之间的电压。电压应随湿度的改变而改变。

（6）测量 PB0 引脚与 GND 之间的电压，应与 A0 端子处电压相同。

湿度 1 情况下，A0 端子和 GND 之间的电压：_____，PB0 引脚与 GND 之间电压：_____。

湿度 2 情况下，A0 端子和 GND 之间的电压：_____，PB0 引脚与 GND 之间电压：_____。

湿度 3 情况下，A0 端子和 GND 之间的电压：_____，PB0 引脚与 GND 之间电压：_____。

3.　继电器电路测试

测试方法与项目 2 相同，这里不再赘述。

三、要点记录及成果检验

任务 8.3	电路设计与测试						
姓名		学号		日期		分数	

1. 用 ADC1_IN7 接收湿度传感器电压，用 PF5 控制水泵，画出电路。

2. 已知压力传感器输出电压为 0～3V，供电电压为 3V，请画出其与 STM32ADC2_IN3 的连接电路。

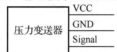

压力变送器	VCC
	GND
	Signal

任务 8.4　程序设计与调试

一、任务目标

（1）能根据任务需求绘制程序流程图。
（2）能够根据电路变化对 ADC 程序进行适应性修改。

二、学习与实践

（一）讨论与发言

分组讨论要实现土壤湿度控制任务，程序大致应该完成哪些工作。

阅读以下资料，按照指导步骤完成流程图设计、程序框架搭建、程序设计与调试。

（二）单通道查询法程序设计与调试

本系统只有一路模拟信号待检测，也称为单通道系统。如果待检测的模拟信号不止一路，则称为多通道系统。这里我们先学习单通道模拟信号的程序处理方法。

获取 A/D 转换数据可以用查询法、中断法或 DMA 法。查询法是先设法查询 A/D 转换是否完成，若完成，则到数据寄存器取结果；否则等待。

1. 流程图设计

主函数流程如图 8.4.1（a）所示。需要不断采集 A/D 转换结果，根据得到的数据计算湿度，并据此判断：若湿度低于下限，则打开水泵；若湿度高于上限，则关闭水泵。

图 8.4.1（b）所示为将 ADC 设置为**单次转换**的 AD 采集函数流程。该函数在主程序中被调用。

为过滤掉叠加在输入电压上的干扰信号，可取连续多次（如 20 次）A/D 采样结果，并求其平均值，以作为湿度计算依据。这种方法被称为平均值滤波法。图中的"采样次数到？"就是查询是否已经进行了 20 次采样。若是，则计算平均值并返回结果。否则，首先启动 ADC，使之开始进行 A/D 转换；然后判断 A/D 转换是否完成。若未完成，则等待；若完成，则取当前转换结果并做累加计算；最后做延时，重新判断采样次数。若不到，则再次启动 ADC，开始下一次转换。

延时的目的是减少运算量并克服高频干扰。

图 8.4.1（c）所示为将 ADC 设置为**连续转换**的 AD 采集函数流程。

单次转换需要在每一次转换前都发启动信号。连续转换则只需要启动一次 ADC 即可，这是二者的主要区别。对于连续转换，可在图 8.4.1（c）的虚线框位置发送启动信号，也可在 ADC 初始化函数中发送启动信号，因此图 8.4.1（c）中用虚框表示。

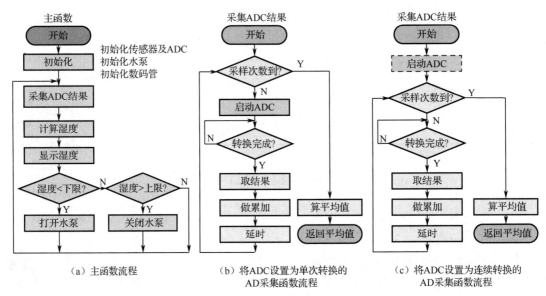

（a）主函数流程　　　（b）将ADC设置为单次转换的　　　（c）将ADC设置为连续转换的
　　　　　　　　　　　　　　AD采集函数流程　　　　　　　　　AD采集函数流程

图 8.4.1　单通道查询法程序流程

2．框架搭建

（1）复制文件夹"07-02-LED 亮度控制-DAC 实现"并粘贴。

（2）修改副本文件夹名为"08-01-土壤湿度采集控制-单通道-禁止扫描-单次转换-查询取值"，如图 8.4.2 所示。

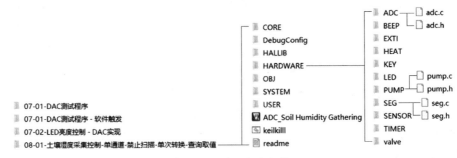

图 8.4.2　布局程序文件

（3）在"HARDWARE"文件夹中新建文件夹"ADC"和"PUMP"并添加相应的.c 和.h 文件。

（4）修改工程名为"ADC_Soil Humidity Gathering"。双击打开工程。

（5）在"Project"窗口的"HALLIB"文件夹中添加库文件"stm32f1xx_hal_dma.c"、"stm32f1xx_hal_adc.c"和"stm32f1xx_hal_adc_ex.c"，如图 8.4.3 所示。

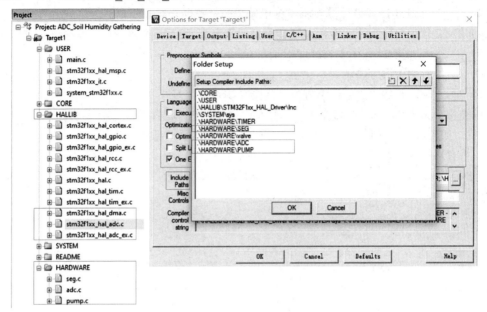

图 8.4.3　添加包含目录

（6）在"HARDWARE"文件夹中添加"adc.c"、"pump.c"和"seg.c"文件，移除不需要的文件。

（7）选择"Options"→"C/C++"→"Include Paths"→"…"命令，添加"SEG"、"ADC"和"PUMP"文件夹到 Include Path 中。

3. 主程序设计与调试

```
                                                                   main.c
 1   #include "Systick.h"                     //滴答时钟头文件
 2   #include "seg.h"                          //数码管头文件
 3   #include "adc.h"                          //ADC头文件
 4   #include "pump.h"                         //泵头文件
 5   const u8  Hum_L = 15;                     //湿度下限
 6   const u8  Hum_H = 60;                     //湿度上限
 7   u8 Pump_Status=0x7f;
 8   //显示端口和泵动作都用到PC7，此变量可避免显示程序影响打包动作
 9   int main( )
10   { float Value_AD;                         //AD转换结果0~4096
11     float V_AD;                             //电压0~3.3V
12     s8    Humidity;                         //湿度0~100（%）
13     HAL_Init();                             //初始化HAL
14     Stm32_Clock_Init(RCC_PLL_MUL9);         //时钟切换与设置
15     SysTick_Init(72);                       //初始化滴答时钟
16     ADC_Init();                             //初始化ADC
17     Seg_Init();                             //初始化数码管
18     Pump_Init();                            //初始化PUMP
19       while(1)
20     { Value_AD=Get_ADC_Value(20);           //取20次AD转换平均值
21       V_AD=Value_AD*(3.3/4096);             //算出电压，0~3.3V
22       Humidity=0.0627*V_AD*1000-37.969;     //算出湿度，0~100
23       if(Humidity<0)      Humidity=0;       //限制幅度为0~100
24       if(Humidity>=99)    Humidity=99;      //限制幅度为0~99
25       Seg_Disp(Humidity);                   //显示湿度
26       if(Humidity<=Hum_L)                   //湿度过低
27         {Pump=0; Pump_Status=0x7f;}         //则开泵，并记录泵状态 0111 1111
28       else
29         {if(Humidity>=Hum_H)                //湿度过高
30           {Pump=1; Pump_Status=0xff;}       //则关泵，并记录泵状态 1111 1111
31         }
32       }
33   }
```

（1）第 5 行、第 6 行定义了变量 Hum_L 和 Hum_H 作为湿度上下限。其中的 const 声明用于强调二者具有常量的性质，是只读变量，不能在后面的程序中被赋值。

（2）第 20 行调用函数 Get_ADC_Value(20)，该函数的功能是按照指定的次数（这里为 20 次）

进行 A/D 转换并取得转换结果的平均值。该函数的具体内容在 "adc.c" 文件中，其返回值的类型是 float，即浮点型。

（3）第 21 行用 A/D 数据反算电压，这里采用的是数据右对齐公式。

（4）第 22 行用电压反算湿度，湿度计算公式来自表 8.2.1。

（5）第 23 行、第 24 行用于将湿度限制在 0～99。

（6）第 25 行用于湿度显示。

（7）第 26～31 行用于进行湿度判断和水泵控制。

（8）变量 Pump_Status 的赋值是为了防止泵的操作（PC7）和数码管显示程序中的小数点（PC7）相互干扰。如果数码管显示与泵控制使用不同的引脚，则不需要此变量。

4. 泵程序的设计与调试

```
pump.h
1 #ifndef _PUMP_H
2 #define _PUMP_H
3 #include "sys.h"
4 #define Pump      PCout(7)              //为PC7起名
5 void Pump_Init(void);
6 #endif
```

```
pump.c
1 #include "pump.h"
2
3 void Pump_Init(void)                              //电磁阀初始化函数
4 { GPIO_InitTypeDef  GPIO_Initure;                 //定义GPIO初始化变量
5     __HAL_RCC_GPIOC_CLK_ENABLE();                 //开启GPIOC时钟
6   GPIO_Initure.Pin=GPIO_PIN_7;                    //PC7
7   GPIO_Initure.Mode=GPIO_MODE_OUTPUT_PP;          //推挽输出
8   GPIO_Initure.Speed=GPIO_SPEED_FREQ_HIGH;        //高速
9   HAL_GPIO_Init(GPIOC,&GPIO_Initure);             //初始化GPIOC
10
11    Pump=1;                                       //停止泵
12 }
```

5. ADC 程序设计与调试

之前讲到，STM32 单片机的 ADC 有扫描模式和非扫描模式，如果待转换通道不止一个，则需要使用扫描模式；如果只有一个通道，则可以使用非扫描模式。本系统只有一路模拟输入信号，因此采用非扫描模式。

之前也讲到，STM32F103 单片机的 ADC 可以进行单次转换或连续转换。单次转换模式下，收到启动信号后，ADC 只执行一次转换，之后停止。连续转换模式下，收到启动信号后，执行一次 A/D 转换，转换结束会自动启动下一次转换。本系统可采用单次转换模式，也可采用连续转换模式。本程序采用单次转换模式。

ADC 转换数据的读取可以采用查询法、中断法和 DMA 法。查询法的过程如下。

（1）向 ADC 发送启动信号，若是软件启动，则可使用库函数：HAL_ADC_Start()，其具体定义参见表 8.4.4。

（2）查询并等待 ADC 完成，可使用库函数：HAL_ADC_PollForConversion()，参见表 8.4.5。

（3）取 A/D 转换结果，可使用库函数：HAL_ADC_GetValue()，参见表 8.4.5。

（4）对于单次转换，应反复执行步骤（1）～步骤（3）。对于连续转换，步骤（1）只做一次即可。以下程序采用禁止扫描、单次转换、查询法取值。

```
adc.h
1 #ifndef _adc_H
2 #define _adc_H
3
4 #include "sys.h"
5
6 void ADC_Init(void);
7 float Get_ADC_Value(u8 n);
8 #endif
```

```
1    #include "adc.h"                                          //ADC头文件
2    #include "SysTick.h"                                      //滴答头文件
3    ADC_HandleTypeDef ADC1_Handler;                           //ADC操作变量
4
5    //ADC初始化函数
6    void ADC_Init(void)
7  ┌ { HAL_StatusTypeDef ret = HAL_OK;                          //HAL状态变量
8    │   RCC_PeriphCLKInitTypeDef ADC_CLKInit;                   //ADC时钟设置变量
9    │
10   │   ADC_CLKInit.PeriphClockSelection=RCC_PERIPHCLK_ADC;     //ADC外设时钟
11   │   ADC_CLKInit.AdcClockSelection=RCC_ADCPCLK2_DIV6;        //预分频系数为6, 72/6=12MHz
12   │   ret=HAL_RCCEx_PeriphCLKConfig(&ADC_CLKInit);            //设置ADC时钟并返回状态
13   │   if(ret!=HAL_OK) while(1);                               //等待设置完成
14   │   __HAL_RCC_ADC1_CLK_ENABLE();                           //使能ADC1时钟
15   │
16   │   ADC1_Handler.Instance=ADC1;                             //ADC1
17   │   ADC1_Handler.Init.DataAlign=ADC_DATAALIGN_RIGHT;        //数据右对齐
18   │   ADC1_Handler.Init.ScanConvMode=DISABLE;                 //禁止扫描, 即只有1个通道
19   │   ADC1_Handler.Init.ContinuousConvMode=DISABLE;           //禁止连续转换, 即做单次转换
20   │   ADC1_Handler.Init.NbrOfConversion=1;                    //1个转换在规则通道中
21   │   //ADC1_Handler.Init.DiscontinuousConvMode=DISABLE;      //禁止分段扫描, 即连续扫描
22   │   //ADC1_Handler.Init.NbrOfDiscConversion=1;              //每段扫描1路
23   │   ADC1_Handler.Init.ExternalTrigConv=ADC_SOFTWARE_START;  //软件触发
24   │   HAL_ADC_Init(&ADC1_Handler);                            //按照以上设置初始化ADC
25   │
26   │   HAL_ADCEx_Calibration_Start(&ADC1_Handler);             //启动ADC校准
27   └ }
28
29   //ADC底层驱动, 引脚配置, 时钟使能, 通道设置
30   //此函数会被HAL_ADC_Init()调用
31   //hadc:ADC操作变量
32   void HAL_ADC_MspInit(ADC_HandleTypeDef* hadc)
33 ┌ { GPIO_InitTypeDef GPIO_Initure;                           //GPIO初始化变量
34   │   ADC_ChannelConfTypeDef ADC1_CHConf;                     //ADC通道配置变量
35   │   if(hadc->Instance==ADC1)                                //ADC1
36 ┌ │   { __HAL_RCC_GPIOA_CLK_ENABLE();                         //使能GPIOA时钟
37   │ │
38   │ │     GPIO_Initure.Pin=GPIO_PIN_1;                         //是PA1即ADC1_IN1
39   │ │     GPIO_Initure.Mode=GPIO_MODE_ANALOG;                 //模拟输入模式
40   │ │     GPIO_Initure.Pull=GPIO_NOPULL;                      //不带上下拉
41   │ │     HAL_GPIO_Init(GPIOA,&GPIO_Initure);                 //初始化GPIO引脚
42   │ │
43   │ │     ADC1_CHConf.Channel=ADC_CHANNEL_1;                  //通道1
44   │ │     ADC1_CHConf.Rank=1;                                 //序列号=1
45   │ │     ADC1_CHConf.SamplingTime=ADC_SAMPLETIME_239CYCLES_5;
46   │ │     //采样时间=239.5个ADC时钟周期, 转换时间=(239.5+12.5)/12=21微秒
47   │ │     HAL_ADC_ConfigChannel(&ADC1_Handler,&ADC1_CHConf);  //按照以上设置进行通道配置
48   └ │   }
49   └ }
50
51
52   //启动多次ADC并取得平均值
53   //n:采样次数, u8型
54   //返回值:转换结果的平均值, float类型
55   float Get_ADC_Value(u8 n)
56 ┌ { u8 i;                                                    //循环次数
57   │   __IO u32 Value_AD_C=0;                                  //当前A/D转换结果
58   │   u32 Value_AD_N=0;                                       //N次A/D转换累加值
59   │   float Value_AD_N_A=0.0;                                 //N次A/D转换平均值
60   │   for(i=0;i<n;i++)                                        //循环n次
61 ┌ │   { HAL_ADC_Start(&ADC1_Handler);                         //启动ADC
62   │ │     HAL_ADC_PollForConversion(&ADC1_Handler,10);
63   │ │                              //查询A/D转换是否结束, 未结束则等待
64   │ │                              //转换结束则清除EOC并进行后面的操作
65   │ │                              //超时时间设定为10ms
66   │ │     Value_AD_C=HAL_ADC_GetValue(&ADC1_Handler);         //取ADC1本次转换结果
67   │ │     Value_AD_N=Value_AD_N+Value_AD_C;                   //对AD值做累加计算
68   │ │     delay_ms(5);                                        //延时5ms
69   └ │   }
70   │   Value_AD_N_A=(float)Value_AD_N/n;                       //循环次数已到, 求平均值
71   │   if(Value_AD_N_A>4095) Value_AD_N_A=4095;                //平均值不应该超过4095
72   │   return Value_AD_N_A;                                    //返回平均值
73   └ }
```

（1）adc.c的第3行定义了ADC操作变量ADC1_Handler，其数据类型为**ADC_HandleTypeDef**，该变量用于ADC相关操作。其定义参表8.4.2。

（2）第6～27行是ADC初始化程序。其中第7～13行用于设置ADC预分频系数，预分频系数为6，设置后ADC时钟频率为72/6=12MHz。我们已经知道主函数中的语句"Stm32_Clock_Init (RCC_PLL_MUL9);"用于设置系统时钟。打开该函数会发现，它并未设置ADC预分频系数。要设置ADC预分频系数，需要用到库函数 HAL_RCC**Ex_PeriphCLKConfig**()，关于其使用方法，可观察第7～13行并参考表8.4.1。

（3）第14行开启ADC1时钟，使用库宏函数__HAL_RCC_**ADC1_CLK_ENABLE**()。

（4）第16～23行用于设置ADC操作变量ADC1_Handler，指出是ADC1、数据右对齐、禁止扫描、单次转换、规则组有1个通道待转换、软件触发。由于是禁止扫描，所以第21行、第

22 行无须设置。这两行是用于进行分段扫描的设置。

（5）第 24 行则根据第 16～23 行设置进行 ADC 初始化。使用库函数 HAL_**ADC_Init**()。

（6）第 26 行启动 ADC 校准。使用库函数 HAL_**ADCEx_Calibration_Start**()。校准可大幅度减小因内部电容器组的变化而造成的准精度误差。

（7）第 24 行的 ADC 初始化库函数 HAL_**ADC_Init**()会隐性调用库函数 HAL_**ADC_MspInit**()。我们可以把 ADC 初始化的一些其他内容写在这个函数里。第 32～49 行是其具体内容。

（8）按照图 8.3.1 所示的电路，传感器被接入 PA1 引脚，作为 ADC1_IN1 通道输入。因此在第 36 行开启了 GPIOA 时钟，第 38～41 行对 PA1 引脚进行 GPIO 初始化。注意第 39 行，应将该引脚的模式设为 GPIO_**MODE_ANALOG**。

（9）第 34 行定义了一个变量 ADC1_CHConf，其数据类型为 **ADC_ChannelConfTypeDef**，用于配置 ADC 通道。

（10）第 43～45 行分别指出通道号为 ADC_CHANNEL_1（因为 PA1 引脚对应通道 1），排队号是 1，采样时间=239.5 个 ADC 时钟周期，即转换时间=(239.5+12.5)/12=21μs。

（11）第 47 行利用库函数 HAL_**ADC_ConfigChannel**()进行 ADC 通道初始化。

（12）第 55～73 行是 ADC 采样函数，在主函数的第 20 行被调用。该函数带有一个输入参数，用于指出 AD 采样次数（主程序中指出是 20）。其返回值为 20 次转换结果的平均值，数据类型为 float。平均值法可以滤掉叠加在信号上的随机干扰。

（13）第 57～59 行定义了 3 个变量，分别用于存储 A/D 转换结果的当前值、累加值和平均值。其中 A/D 转换结果的当前值做了 __IO 修饰，该修饰符本身的意义是指出参数可读可写，I 代表可读，O 代表可写。这里借用 __IO 字符代表数据来自 I/O 设备，此修饰非必须。

（14）第 60～69 行进行 *n* 次循环。本程序中主程序传递过来的 *n* 为 20。

（15）第 61 行利用库函数 HAL_**ADC_Start**()启动 ADC1。

（16）第 62 行利用库函数 HAL_**ADC_PollForConversion**()查询 ADC 是否转换结束。如果转换未结束，则等待；如果转换结束，则清除转换完成标志，并执行后面的第 66 行的语句。语句中的 "10" 是指超时时间为 10ms。根据前面的计算，正常情况下，一次 A/D 转换的时间是 21μs，如果 10μs 仍没完成，则函数会返回一个 HAL_TIMEOUT（超时）。不过本程序并没有对该函数的返回值进行处理。

（17）第 66 行利用库函数 HAL_**ADC_GetValue**()到规则组数据寄存器取转换结果。

（18）第 67 行将本次结果与之前的数据进行累加。

（19）第 68 行做 5ms 延时。

（20）两次读取 ADC 数据的间隔时间是第 60～69 行每一行的执行时间之和，其中占用时间最长的是第 68 行的 5ms 和第 62 行的 ADC 等待时间约为 21μs，因此每次读取数据的间隔时间比 5ms 稍微多一点。这个间隔时间也称为采样间隔时间。

若采样间隔时间太小，运算量大，则容易采入高频干扰信号；若采样间隔时间太大，会降低检测系统的反应速度，还会丢失有用信息。可见采样间隔时间太大、太小都不好，需要根据情况选取。工程上常选取 5ms～5s，对于快速变化的参数（如压力、液位等）可适当选小一些；对于慢速变化的参数（如温度等）可适当选大一些。

本程序利用滴答延时控制采样间隔。利用定时器也是可以的。可以在定时器更新中断程序中启动 ADC 并查询。也可直接利用定时器更新事件触发 ADC。具体方法大家可查找相关资料。

（21）第 70 行求 *n* 次结果的平均值。

（22）第 71 行做限幅处理，12 位 ADC 右对齐情况下数据不应该超过 4095。

（23）第 72 行返回结果。

6. 数码管程序设计与调试

与"06-03-工件打包-通用计数器-外部时钟模式 1-TI1-中断 2 个"文件夹中对应的程序相同。

7. ADC 操作相关库函数解读

以上程序中用到的 ADC 相关库函数如表 8.4.1～表 8.4.5 所示。

表 8.4.1　扩展外设时钟设置库函数

1. 函数：HAL_RCCEx_PeriphCLKConfig(&扩展外设时钟设置变量)
函数原型：HAL_StatusTypeDef　HAL_RCCEx_PeriphCLKConfig(RCC_PeriphCLKInitTypeDef　* PeriphClkInit) 功能：按照变量 PeriphClkInit 的设置，初始化扩展外设时钟 入口参数：PeriphClkInit，指出设置哪个外设的时钟，怎样设置。其数据类型为 RCC_PeriphCLKInitTypeDef 返回值：类型为 HAL_StatusTypeDef，返回结果有 4 种： 　　　　HAL_OK = 0x00；　　HAL_ERROR= 0x01；　　HAL_BUSY = 0x02；　　HAL_TIMEOUT = 0x03
2. 数据类型：RCC_PeriphCLKInitTypeDef
typedef　struct { 　uint32_t 　**PeriphClockSelection**；　　//待配置时钟的设备，有 5 种：　RCC_PERIPHCLK_**RTC**、RCC_PERIPHCLK_**ADC** 　　　　　　　　　　　　　　　　　　　　RCC_PERIPHCLK_I2S2、RCC_PERIPHCLK_I2S3、RCC_PERIPHCLK_USB 　　uint32_t 　RTCClockSelection；　　　//RTC 时钟设置，具体取值请参阅相关手册 　　uint32_t 　**AdcClockSelection**；　　　//ADC 时钟设置，有 4 种取值：RCC_ADCPCLK2_**DIV2**、RCC_ADCPCLK2_**DIV4**、 　　　　　　　　　　　　　　　　　　　RCC_ADCPCLK2_**DIV6**、RCC_ADCPCLK2_**DIV8** 　　uint32_t 　I2s2ClockSelection；　　　//I2S2 时钟设置，具体取值请参阅相关手册 　　uint32_t 　I2s3ClockSelection；　　　//I2S3 时钟设置，具体取值请参阅相关手册 　　uint32_t 　UsbClockSelection；　　　//USB 时钟设置，具体取值请参阅相关手册 } **RCC_PeriphCLKInitTypeDef**；

表 8.4.2　ADC 初始化库函数

1. 函数：HAL_ADC_Init(&ADC 操作变量)
函数原型：HAL_StatusTypeDef　HAL_ADC_Init (ADC_HandleTypeDef　*hadc) 功能：（1）按照变量 hadc 的设置，初始化 ADC 　　　（2）调用_weak　void　HAL_ADC_**MspInit**(ADC_HandleTypeDef　*hadc) 库函数 入口参数：hadc，指出如何进行 ADC 初始化。其数据类型为 ADC_HandleTypeDef 。该类型定义见后文 返回值：同表 8.4.1
2. 数据类型：　ADC_HandleTypeDef
typedef　struct 　{ 　ADC_TypeDef 　　　　　***Instance**；　　　//要配置的 ADC 编号，取值有：**ADC1**、**ADC2**、**ADC3** 　　　ADC_InitTypeDef 　　　**Init**；　　　　　//指出如何进行 ADC 初始化，其数据类型为 ADC_InitTypeDef，定义见后文 　　　DMA_HandleTypeDef 　*DMA_Handle；　//DMA 操作变量 　　　HAL_LockTypeDef 　　　Lock；　　　　//锁定 　　　_IO　uint32_t 　　　　State；　　　　//状态 　　　_IO　uint32_t 　　　　ErrorCode；　　//错误代码 　　　#if(USE_HAL_ADC_REGISTER_CALLBACKS ＝ 1)　　　　　　　　　//如果使用自动调用函数 　　　void(* ConvCpltCallback)(struct _ADC_HandleTypeDef　*hadc)；　　//ADC 转换完成调用函数 　　　void(* ConvHalfCpltCallback)(struct _ADC_HandleTypeDef　*hadc)；　//ADC 转换 DMA 半字节调用函数 　　　void(* LevelOutOfWindowCallback)(struct _ADC_HandleTypeDef　*hadc)；　//ADC 模拟看门狗调用函数 　　　void(* ErrorCallback)(struct _ADC_HandleTypeDef　*hadc)；　　//ADC 错误调用函数 　　　void(* InjectedConvCpltCallback)(struct _ADC_HandleTypeDef　*hadc)；　//ADC 注入组转换完成调用函数 　　　　　　　　　　　　　　　　　　　　　　　　　　　　　　//ADC 采样结束调用函数 　　　void(* MspInitCallback)(struct _ADC_HandleTypeDef　*hadc)；　　//ADC 初始化调用函数 　　　void(* MspDeInitCallback)(struct _ADC_HandleTypeDef　*hadc)；　//ADC 恢复默认设置调用函数 　　　#endif 　　}**ADC_HandleTypeDef**；

3. 数据类型：ADC_InitTypeDef
typedef struct

{   uint32_t   DataAlign；   //对齐模式，有右对齐和左对齐 2 种取值：
                                         //ADC_DATAALIGN_**RIGHT**（右）、ADC_DATAALIGN_**LEFT**（左）
      uint32_t   ScanConvMode；   //扫描模式，有 2 种取值：**DISABLE**（禁止）和 **ENABLE**（允许）
      uint32_t   ContinuousConvMode；   //连续转换模式，有 2 种取值：**DISABLE** 和 **ENABLE**
      uint32_t   NbrOfConversion；   //规则组中排队的通道数，有 16 种取值：1～16
      uint32_t   DiscontinuousConvMode； //是否允许分段扫描，有 2 种取值：**DISABLE** 和 **ENABLE**
      uint32_t   NbrOfDiscConversion；   //分段扫描模式下每段待转换通道数，有 8 种取值：1～8
      uint32_t   ExternalTrigConv；   //外部触发源选择
    }**ADC_InitTypeDef**；

//**ADC1、ADC2、ADC3** 都有的外部触发源取值：
//ADG_EXTERNALTRIGCONV_T1_CC3、ADC_EXTERNALTRIGCONV_T8_TRGO、ADC_**SOFTWARE_START**（软件启动）
//**ADC1** 和 **ADC2** 都有的外部触发源取值：
//ADC_EXTERNALTRIGCONV_T1_CC1、ADC_EXTERNALTRIGCONV_T1_CC2、ADC_EXTERNALTRIGCONV_T2_CC2、
//ADC_EXTERNALTRIGCONV_T3_TRGO、ADC_EXTERNALTRIGCONV_T4_CC4、ADC_EXTERNALTRIGCONV_EXT_IT11
//**ADC3** 特有的外部触发源取值：
//ADC_EXTERNALTRIGCONV_T2_CC3、ADC_EXTERNALTRIGCONV_T3_CC1、//ADC_EXTERNALTRIGCONV_T5_CC1、
//ADC_EXTERNALTRIGCONV_T5_CC3、ADC_EXTERNALTRIGCONV_T8_CC1
4. 函数：HAL_ADC_MspInit(ADC_HandleTypeDef * hadc)
函数原型：__weak void HAL_ADC_MspInit(ADC_HandleTypeDef * hadc)
功能：HAL_ADC_Init ()默认调用函数，该库函数为__weak 型，用于编写 ADC 初始化函数中的未尽操作
返回值：空

表 8.4.3 ADC 通道配置库函数

1. 函数： HAL_ADC_ConfigChannel(&ADC 操作变量,&ADC 通道配置变量)
函数原型：
HAL_StatusTypeDef   HAL_ADC_ConfigChannel(ADC_HandleTypeDef * hadc,ADC_ChannelConfTypeDef * sConfig)
功能：配置 ADC 通道
入口参数：hadc，ADC 操作变量名，主要指出配置哪个 ADC，数据类型为 ADC_HandleTypeDef，定义见表 8.4.2   sConfig，ADC 通道配置变量，指出通道配置的具体内容，数据类型为 ADC_ChannelConfTypeDef，定义见后文
返回值：   同表 8.4.1
2. 数据类型：ADC_ChannelConfTypeDef
typedef struct

{   uint32_t   Channel；   //通道号，取值有：ADC_CHANNEL_0～ADC_CHANNEL_17、
                                        //ADC_CHANNEL_TEMPSENSOR、ADC_CHANNEL_VREFINT
      uint32_t   Rank；   //排队号，取值有：1～16
      uint32_t   SamplingTime；   //采样时间，有 8 个取值，对应采样时间从 1.5 到 239.5 个 ADC 时钟周期

} **ADC_ChannelConfTypeDef**；
采样时间的具体取值：
//ADC_SAMPLETIME_1CYCLE_5、ADC_SAMPLETIME_7CYCLES_5、ADC_SAMPLETIME_13CYCLES_5、
//ADC_SAMPLETIME_28CYCLES_5、ADC_SAMPLETIME_41CYCLES_5、ADC_SAMPLETIME_55CYCLES_5、
//ADC_SAMPLETIME_71CYCLES_5、ADC_SAMPLETIME_239CYCLES_5

表 8.4.4 ADC 启动和停止库函数

1. 宏名：__HAL_ADC_ENABLE(&ADC 操作变量)
原型：__HAL_ADC_ENABLE(__HANDLE__)
功能：给 ADC 操作变量指定的定时器上电，使能 ADC。上电并稳定后，再次执行本函数，则开始 A/D 转换
入口参数：__HANDLE__，用来指出是哪个 ADC。数据类型为 ADC_HandleTypeDef，见表 8.4.2

2. 宏名：__HAL_ADC_DISABLE(&ADC 操作变量)
原型：__HAL_ADC_DISABLE(__HANDLE__)
功能：给 ADC 操作变量指定的定时器掉电，禁止 ADC。掉电后 ADC 耗电量大大减少，只有几微安
入口参数：__HANDLE__，用来指出是哪个 ADC。数据类型为 ADC_HandleTypeDef，见表 8.4.2

3. 函数名：HAL_ADC_Start(&ADC 操作变量)
函数原型：HAL_StatusTypeDef HAL_ADC_Start(ADC_HandleTypeDef *hadc)
功能：（1）执行__HAL_ADC_ENABLE(&ADC 操作变量)，给 ADC 上电
（2）清除 READY、BUSY、EOC 等状态
（3）如果是禁止外部触发，且是首次执行，则仅使 ADC 上电。如果是非首次执行，且已稳定，则启动 A/D 转换
（4）如果是软件触发，且 ADC 已上电，则立刻发软件触发信号并启动 A/D 转换
（5）如果是定时器触发或外部中断触发，且 ADC 已上电，则在指定的触发信号到来时启动 A/D 转换
入口参数：hadc，ADC 操作变量名，指出启动哪个 ADC，数据类型为 ADC_HandleTypeDef，定义见表 8.4.2
返回值：同表 8.4.1

4. 函数名：HAL_ADC_Stop(&ADC 操作变量)
函数原型：HAL_StatusTypeDef HAL_ADC_Stop(ADC_HandleTypeDef *hadc)
功能：（1）执行__HAL_ADC_DISABLE(&ADC 操作变量)，给 ADC 掉电
（2）清除 READY、BUSY 等状态
入口参数：hadc，ADC 操作变量名，指出停止哪个 ADC，数据类型为 ADC_HandleTypeDef，定义见表 8.4.2
返回值：同表 8.4.1

5. 函数名：HAL_ADC_Start_IT(&ADC 操作变量)
函数原型：HAL_StatusTypeDef HAL_ADC_Start_IT(ADC_HandleTypeDef *hadc)
功能：（1）同 HAL_ADC_Start(&ADC 操作变量)，上电和启动 ADC。（2）允许 ADC 发中断请求
入口参数：hadc，ADC 操作变量名，指出启动哪个 ADC，数据类型为 ADC_HandleTypeDef，定义见表 8.4.2
返回值：同表 8.4.1

6. 函数名：HAL_ADC_Stop_IT(&ADC 操作变量)
函数原型：HAL_StatusTypeDef HAL_ADC_Stop_IT(ADC_HandleTypeDef *hadc)
功能：（1）同 HAL_ADC_Start(&ADC 操作变量)，断电 ADC 和停止 ADC。（2）禁止 ADC 发中断请求
入口参数：hadc，ADC 操作变量名，指出停止哪个 ADC，数据类型为 ADC HandleTypeDef，定义见表 8.4.2
返回值：同表 8.4.1

7. 函数名：HAL_ADCEx_Calibration_Start(&ADC 操作变量)
函数原型：HAL_StatusTypeDef HAL_ADCEx_Calibration_Start(ADC_HandleTypeDef *hadc)
功能：启动 ADC 校准
入口参数：hadc，ADC 操作变量名，指出校准哪个 ADC，数据类型为 ADC_HandleTypeDef，定义见表 8.4.2
返回值：同表 8.4.1

表 8.4.5　ADC 查询及取值库函数

1. 函数名：　HAL_ADC_PollForConversion(&ADC 操作变量,超时时间)
函数原型：HAL_StatusTypeDef　　HAL_ADC_PollForConversion(ADC_HandleTypeDef *hadc, uint32_t Timeout)
功能：（1）查询本次转换是否完成，如果未完成，则等待；如果完成，则清除 EOC，并返回 HAL_OK 　　　（2）如果超时，则返回 HAL_TIMEOUT 　　　（3）如果出现错误，如已启动 ADC 的 DMA，则返回 HAL_ERROR 　　　（4）关于转换是否完成的判断： 　　　　　① 对于禁止扫描模式，且设置为只有一个通道待转换：查询 EOC，=1 代表本通道转换完成 　　　　　② 对于允许扫描模式，如果待转通道只有 1 个：也查询 EOC，=1 代表本通道转换完成 　　　　　③ 对于允许扫描模式，但待转换通道大于 1 个：EOC=1 代表全部通道转换完成，而不是本通道转换完成 　　　　　因此不能根据 EOC 进行判断。此时程序会根据各通道所设定的采样时间，计算出一个等待时间 　　　　　该时间值大于每个通道的最大转换时间。计算后，程序将按照这个时间进行等待。时间到，才返回
入口参数：hadc，ADC 操作变量名，指出查询哪个 ADC，数据类型为 ADC_HandleTypeDef，定义见表 8.4.2 　　　　　Timeout，超时时间，单位是 ms，uint32_t 类型
返回值：同表 8.4.1
2. 函数名：　HAL_ADC_GetValue(&ADC 操作变量)
函数原型：uint32_t　　HAL_ADC_GetValue(ADC_HandleTypeDef *hadc)
功能：取出数据寄存器中的 ADC 转换结果，并返回
入口参数：hadc，ADC 操作变量名，指出取哪个 ADC 转换结果，数据类型为 ADC_HandleTypeDef，定义见表 8.4.2
返回值：ADC 转换结果，数据类型 uint32_t

8. 软硬件联调

（1）编辑以上程序，编译生成后下载到开发板。

（2）用螺丝刀调整电位器的位置，模拟湿度变化，观察数码管显示是否相应改变，如图 8.4.4 所示。

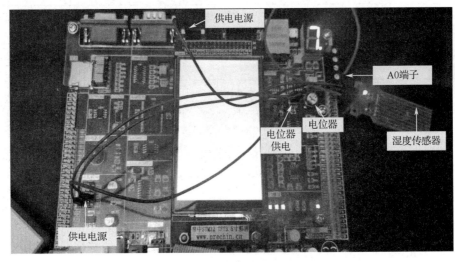

图 8.4.4　程序调试

（3）观察数码管上的小数点，即 PC7 能否随电压（湿度）改变相应接通或断开。

（4）接入继电器电路，观察继电器能否随电压（湿度）改变相应接通或断开。

（5）单击工具栏按钮，进行在线调试，观察如图 8.4.5 所示的 ADC1 窗口，特别是"SQ1"和"ADC1_DR"的内容。"SQ1"代表通道号。"ADC1_DR"是 A/D 转换右对齐结果，应随电位器的操作而改变。

（6）将湿度传感器接入 A0 端子，即将湿度传感器接入 ADC1_IN8（PB0）通道。

（7）将程序中 ADC1_CH1 的内容修改为 ADC1_CH8，即将 ADC_CHANNEL_1 修改为 ADC_CHANNEL_8。

（8）将程序中所有 PA1 相关内容修改为 PB0，即 GPIOA 修改为 GPIOB，GPIO_PIN_1 修改为 GPIO_PIN_0。

（9）重新编译、生成、下载程序到开发板。

（10）改变湿度，观察数码管显示和图 8.4.5 中 "SQ1" 和 "ADC1_DR" 的内容是否相应变化。

（11）将程序恢复为 ADC1_CH1 和 PA1。

（12）修改转换模式为连续转换，即 ADC1_Handler.Init.ContinuousConvMode=ENABLE。

（13）将第 61 行的启动 ADC 语句移到第 48 行，即只在 ADC 初始化函数中启动 ADC 一次。

（14）重新编译、生成、下载程序到开发板。

（15）用螺丝刀调整电位器的位置，模拟湿度变化，观察数码管显示是否相应改变。

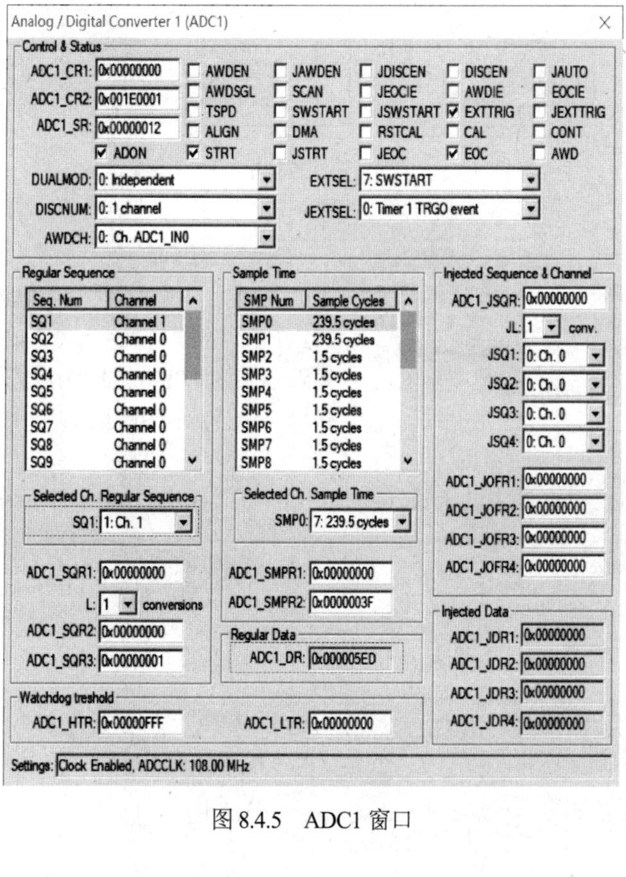

图 8.4.5　ADC1 窗口

故障现象：_____

解决办法：_____

原因分析：_____

（三）单通道中断法程序设计与调试

之前使用查询法，通过库函数 HAL_ADC_PollForConversion()对 EOC 进行查询，如果 A/D 转换未完成，则等待；如果转换完成，则清除 EOC，执行后面的库函数 HAL_ADC_GetValue()，取走转换结果。下面通过使能 EOC 中断，在 ADC 中断服务程序中取走 A/D 转换结果。

1. 流程图设计

采用中断取值的单通道湿度检测与控制程序可以设置为禁止扫描、单次转换；也可以设置为禁止扫描、连续转换。图 8.4.6 所示为单通道连续转换中断法程序流程，请大家对照图 8.4.1，说明两者的差异，并画出单次转换模式下的程序流程。

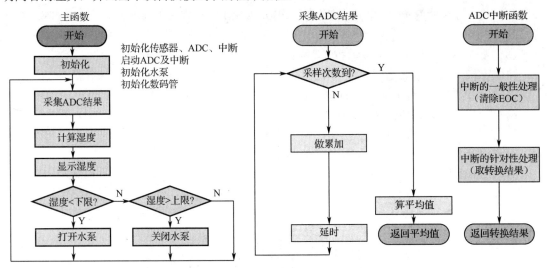

图 8.4.6 单通道连续转换中断法程序流程

08-01-土壤湿度采集控制-单通道-禁止扫描-单次转换-查询取值
08-01-土壤湿度采集控制-单通道-禁止扫描-连续转换-查询取值
08-02-土壤湿度采集控制-单通道-禁止扫描-单次转换-中断取值
08-02-土壤湿度采集控制-单通道-禁止扫描-连续转换-中断取值

图 8.4.7 程序框架搭建

2. 框架搭建

复制文件夹"08-01-土壤湿度采集控制-单通道-禁止扫描-连续转换-查询取值"并粘贴，修改文件夹副本名为"08-02-土壤湿度采集控制-单通道-禁止扫描-连续转换-中断取值"，如图 8.4.7 所示。

3. 程序设计

只需要修改"adc.c"文件中的函数，在其中加入开启中断及中断服务程序等内容。

```c
 1  #include "adc.h"                                        //ADC头文件
 2  #include "SysTick.h"                                     //滴滴头文件
 3  ADC_HandleTypeDef ADC1_Handler;                          //ADC操作变量
 4  __IO u32 Value_AD_C=0;                                   //当前ADC转换结果
 5  //ADC初始化函数
 6  void ADC_Init(void)
 7  { HAL_StatusTypeDef ret = HAL_OK;                        //HAL状态变量
 8    RCC_PeriphCLKInitTypeDef ADC_CLKInit;                  //ADC时钟设置变量
 9
10    ADC_CLKInit.PeriphClockSelection=RCC_PERIPHCLK_ADC;    //ADC外设时钟
11    ADC_CLKInit.AdcClockSelection=RCC_ADCPCLK2_DIV6;       //分频因子6, 72/6=12MHz
12    ret=HAL_RCCEx_PeriphCLKConfig(&ADC_CLKInit);           //设置ADC时钟并返回状态
13    if(ret!=HAL_OK) while(1);                              //等待设置完成
14    __HAL_RCC_ADC1_CLK_ENABLE();                           //使能ADC1时钟
15
16    ADC1_Handler.Instance=ADC1;                            //ADC1
17    ADC1_Handler.Init.DataAlign=ADC_DATAALIGN_RIGHT;       //数据右对齐
18    ADC1_Handler.Init.ScanConvMode=DISABLE;                //禁止扫描，即只有1个通道
19    ADC1_Handler.Init.ContinuousConvMode=ENABLE;           //连续转换
20    ADC1_Handler.Init.NbrOfConversion=1;                   //1个转换在规则通道中
21    //ADC1_Handler.Init.DiscontinuousConvMode=DISABLE;     //禁止分段扫描，即连续扫描
22    //ADC1_Handler.Init.NbrOfDiscConversion=1;             //每段扫描1路
23    ADC1_Handler.Init.ExternalTrigConv=ADC_SOFTWARE_START; //软件触发
24    HAL_ADC_Init(&ADC1_Handler);                           //按照以上设置初始化ADC
25
26    HAL_ADCEx_Calibration_Start(&ADC1_Handler);            //启动ADC校准
27    HAL_ADC_Start_IT(&ADC1_Handler);                       //启动ADC及其中断
28  }
30  //ADC底层驱动，引脚配置，时钟使能，通道设置
31  //此函数会被HAL_ADC_Init()调用
32  //hadc:ADC操作变量
33  void HAL_ADC_MspInit(ADC_HandleTypeDef* hadc)
34  { GPIO_InitTypeDef GPIO_Initure;                         //GPIO初始化变量
35    ADC_ChannelConfTypeDef ADC1_CHConf;                    //ADC通道配置变量
36    if(hadc->Instance==ADC1)                               //ADC1
37  { __HAL_RCC_GPIOA_CLK_ENABLE();                          //使能GPIOA时钟
38
```

```
39        GPIO_Initure.Pin=GPIO_PIN_1;                    //PA1,即ADC1_IN1
40        GPIO_Initure.Mode=GPIO_MODE_ANALOG;             //模拟信号输入模式
41        GPIO_Initure.Pull=GPIO_NOPULL;                  //不带上下拉
42        HAL_GPIO_Init(GPIOA,&GPIO_Initure);             //初始化GPIO引脚
43
44        ADC1_CHConf.Channel=ADC_CHANNEL_1;              //通道1
45        ADC1_CHConf.Rank=1;                             //序列号=1
46        ADC1_CHConf.SamplingTime=ADC_SAMPLETIME_239CYCLES_5;
47        //采样时间=239.5个ADC时钟周期,转换时间=(239.5+12.5)/12=21微秒
48        HAL_ADC_ConfigChannel(&ADC1_Handler,&ADC1_CHConf);  //按照以上设置进行通道配置
49
50        HAL_NVIC_SetPriorityGrouping(NVIC_PRIORITYGROUP_0); //设NVIC分组号=0
51        HAL_NVIC_SetPriority(ADC1_IRQn, 0, 0);             //设ADC1抢占优先级=0,响应优先级=0
52        HAL_NVIC_EnableIRQ(ADC1_IRQn);                     //使能ADC1中断
53    }
54  }

56  //启动多次ADC并取得平均值
57  //n:采样次数,u8型
58  //返回值:转换结果的平均值,float类型
59  float Get_ADC_Value(u8 n)
60  { u8 i;                                               //循环次数
61      //u32 Value_AD_C=0;                               //当前A/D转换结果
62      u32 Value_AD_N=0;                                 //N次A/D转换累加值
63      float Value_AD_N_A=0.0;                           //N次A/D转换平均值
64      for(i=0;i<n;i++)                                  //循环n次
65      { HAL_ADC_Start_IT(&ADC1_Handler);                //启动ADC及其中断
66        //HAL_ADC_PollForConversion(&ADC1_Handler,10);
67                                                        //等待规则通道转换结束,超时时间设定为10ms
68        //Value_AD_C=HAL_ADC_GetValue(&ADC1_Handler);   //取ADC1本次转换值
69        Value_AD_N=Value_AD_N+Value_AD_C;               //对AD值做累加 计算
70        delay_ms(5);                                    //间隔5ms
71      }
72      Value_AD_N_A=(float)Value_AD_N/n;                 //求平均值
73      if(Value_AD_N_A>4095) Value_AD_N_A=4095;          //平均值不能超过4095
74      return Value_AD_N_A;                              //返回平均值
75  }

77  //ADC1中断处理程序
78  void ADC1_IRQHandler(void)
79  {  HAL_ADC_IRQHandler(&ADC1_Handler);                 //中断的 一般性处理
80  }

82  void HAL_ADC_ConvCpltCallback(ADC_HandleTypeDef* AdcHandle)//中断的针对性处理(清除EOC)
83  {  Value_AD_C=HAL_ADC_GetValue(AdcHandle);            //取A/D转换结果存入Value_AD_C
84  }
```

（1）第 4 行将变量 Value_AD_C 的定义从第 61 行挪至此行，以便 float Get_ADC_Value(u8　n) 函数和 ADC 中断处理函数都可以使用该变量（第 69 行和第 83 行）。

（2）注意第 19 行的 ENABLE，允许连续转换。

（3）因为是连续转换，可将第 65 行的 ADC 启动函数挪至第 27 行，在 ADC 初始化函数中启动一次即可。但需注意应将 HAL_ADC_**Start**(&ADC1_Handler) 修改为 HAL_ADC_**Start_IT** (&ADC1_Handler)，以便启动 ADC1 及其中断。该库函数的详细说明参见表 8.4.4。

（4）第 50～52 行增加 NVIC 设置和启动的内容，以便对 ADC1 中断做出响应。

（5）删除第 65 行的内容，不必每次都启动 ADC。

（6）删除第 66 行的内容，不必进行转换完成查询。

（7）删除第 68 行的内容，将 ADC 取值操作挪至第 83 行，在中断针对性处理函数 HAL_ADC_ConvCpltCallback() 中执行 ADC1 转换值的读取操作。

（8）增加第 77～80 行的 ADC1 中断处理函数，在其内进行中断的一般性处理，清除 EOC，并隐性调用第 82～84 行的中断针对性处理函数，在其内取走 A/D 转换结果。

4. 程序调试

过程与查询法相同。如果将程序修改为单次转换模式，或者将通道由 IN0 修改为 IN8，都应该获得相同的功能。

故障现象：_____

解决办法：_____

原因分析：_____

（四）单通道 DMA 法程序设计与调试

1. 流程图设计

查询方式和中断方式都需要利用库函数 HAL_ADC_GetValue() 将 A/D 转换结果读出，如图 8.4.8（a）所示。

DMA 方式则不同。DMA 的全称是 Direct Memory Access，即直接存储器访问。这种模式一旦开启，可以使设备（如 ADC）和存储器之间，或者存储器和存储器之间直接进行数据传送，如图 8.4.8（b）所示。

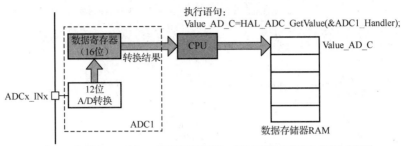

（a）非 DMA 方式下，CPU 读 ADC 数据寄存器语句，将 A/D 转换结果取出并存入存储器

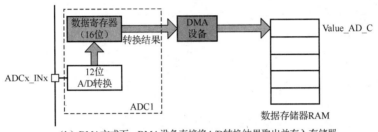

（b）DMA 方式下，DMA 设备直接将 A/D 转换结果取出并存入存储器

图 8.4.8　DMA 和非 DMA 方式取 ADC 结果示意图

DMA 方式不需要 CPU 执行类似库函数 HAL_ADC_GetValue()这样的语句，数据之间的传送由 DMA 电路自动执行，因此会节约 CPU 的时间，提高其工作效率。

STM32 单片机允许 A/D 转换器开启 DMA 方式。这样，在 A/D 转换结束后，向 DMA 设备发出 DMA 请求，DMA 收到请求后会自动将转换结果存入指定的存储器。采用 DMA 方式的单通道湿度检测与控制程序可以设置为禁止扫描、单次转换；也可以设置为禁止扫描、连续转换，单通道连续转换 DMA 方式程序流程如图 8.4.9 所示。请大家对照图 8.4.9、图 8.4.1、图 8.4.6，说明三者的差异。

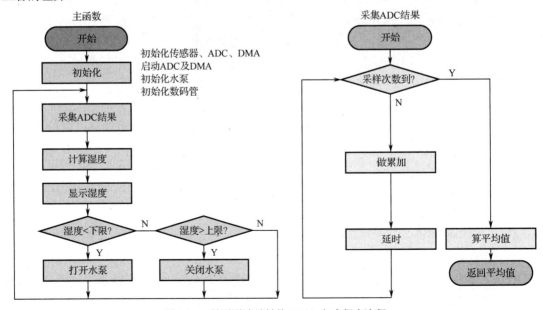

图 8.4.9　单通道连续转换 DMA 方式程序流程

2. 框架搭建

如图 8.4.10 所示，方框中的文件夹可由文件夹"08-02-土壤湿度采集控制-单通道-禁止扫描-连续转换-中断取值"复制修改而来。

3. 程序设计

采用连续转换 DMA 方式的土壤湿度检测与控制程序，其"adc.c"文件如下，其他不变。

- 08-01-土壤湿度采集控制-单通道-禁止扫描-单次转换-查询取值
- 08-01-土壤湿度采集控制-单通道-禁止扫描-连续转换-查询取值
- 08-02-土壤湿度采集控制-单通道-禁止扫描-单次转换-中断取值
- 08-02-土壤湿度采集控制-单通道-禁止扫描-连续转换-中断取值
- 08-03-土壤湿度采集控制-单通道-禁止扫描-单次转换-DMA取值
- 08-03-土壤湿度采集控制-单通道-禁止扫描-连续转换-DMA取值

图 8.4.10　单通道、DMA 方式程序框架

```c
1  #include "adc.h"                                          //ADC头文件
2  #include "SysTick.h"                                      //滴答头文件
3  ADC_HandleTypeDef ADC1_Handler;                           //ADC操作变量
4  __IO u16 Value_AD_C=0;                                    //当前ADC转换结果
5  DMA_HandleTypeDef hdma_adcx;                              //DMA操作变量
6  //ADC初始化函数
7  void ADC_Init(void)
8  { HAL_StatusTypeDef ret = HAL_OK;                         //HAL状态变量
9    RCC_PeriphCLKInitTypeDef ADC_CLKInit;                   //ADC时钟设置变量
10
11   ADC_CLKInit.PeriphClockSelection=RCC_PERIPHCLK_ADC;     //ADC外设时钟
12   ADC_CLKInit.AdcClockSelection=RCC_ADCPCLK2_DIV6;        //分频因子6, 72/6=12MHz
13   ret=HAL_RCCEx_PeriphCLKConfig(&ADC_CLKInit);            //设置ADC时钟并返回状态
14   if(ret!=HAL_OK) while(1);                               //等待设置完成
15   __HAL_RCC_ADC1_CLK_ENABLE();                            //使能ADC1时钟
16
17   ADC1_Handler.Instance=ADC1;                             //ADC1
18   ADC1_Handler.Init.DataAlign=ADC_DATAALIGN_RIGHT;        //数据右对齐
19   ADC1_Handler.Init.ScanConvMode=DISABLE;                 //禁止扫描, 即只有1个通道
20   ADC1_Handler.Init.ContinuousConvMode=ENABLE;            //连续转换
21   ADC1_Handler.Init.NbrOfConversion=1;                    //1个转换在规则通道中
22   //ADC1_Handler.Init.DiscontinuousConvMode=DISABLE;      //禁止分段扫描, 即连续扫描
23   //ADC1_Handler.Init.NbrOfDiscConversion=1;              //每段扫描1路
24   ADC1_Handler.Init.ExternalTrigConv=ADC_SOFTWARE_START;  //软件触发
25   HAL_ADC_Init(&ADC1_Handler);                            //按照以上设置初始化ADC
26
27   HAL_ADCEx_Calibration_Start(&ADC1_Handler);             //启动ADC校准
28   HAL_ADC_Start_DMA(&ADC1_Handler, (u32*)&Value_AD_C, 1); //启动ADC及DMA
29                                                           //转换结果存入Value_AD_C地址开始的存储空间
30                                                           //长度=1(只存1次转换结果)
31  }

33  //ADC底层驱动, 引脚配置, 时钟使能, 通道设置
34  //此函数会被HAL_ADC_Init()调用
35  //hadc:ADC操作变量
36  void HAL_ADC_MspInit(ADC_HandleTypeDef* hadc)
37  { GPIO_InitTypeDef GPIO_Initure;                          //GPIO初始化变量
38    ADC_ChannelConfTypeDef ADC1_CHConf;                     //ADC通道配置变量
39
40    if(hadc->Instance==ADC1)                                //ADC1
41    { __HAL_RCC_GPIOA_CLK_ENABLE();                         //使能GPIOA时钟
42
43      GPIO_Initure.Pin=GPIO_PIN_1;                          //PA1, 即ADC1_IN1
44      GPIO_Initure.Mode=GPIO_MODE_ANALOG;                   //模拟信号输入模式
45      GPIO_Initure.Pull=GPIO_NOPULL;                        //不带上下拉
46      HAL_GPIO_Init(GPIOA,&GPIO_Initure);                   //初始化GPIO引脚
47
48      ADC1_CHConf.Channel=ADC_CHANNEL_1;                    //通道1
49      ADC1_CHConf.Rank=1;                                   //序列号=1
50      ADC1_CHConf.SamplingTime=ADC_SAMPLETIME_239CYCLES_5;
51      //采样时间=239.5个ADC时钟周期, 转换时间=(239.5+12.5)/12=21微秒
52      HAL_ADC_ConfigChannel(&ADC1_Handler,&ADC1_CHConf);    //按照以上设置进行通道配置
53
54      __HAL_RCC_DMA1_CLK_ENABLE();                          //开启DMA时钟
55      hdma_adcx.Instance =DMA1_Channel1;                    //DMA1通道1
56      hdma_adcx.Init.Direction=DMA_PERIPH_TO_MEMORY;        //外设到存储器
57      hdma_adcx.Init.PeriphDataAlignment=DMA_PDATAALIGN_HALFWORD; //外设数据长度:16位
58      hdma_adcx.Init.MemDataAlignment=DMA_MDATAALIGN_HALFWORD;    //存储器数据长度:16位
59      hdma_adcx.Init.PeriphInc=DMA_PINC_DISABLE;            //外设非增量模式
60      hdma_adcx.Init.MemInc=DMA_MINC_DISABLE;               //存储器非增量模式
61      hdma_adcx.Init.Mode= DMA_CIRCULAR;                    //循环模式
62      hdma_adcx.Init.Priority=DMA_PRIORITY_MEDIUM;          //中等优先级
63
64      HAL_DMA_Init(&hdma_adcx);                             //按照变量hdma_adcx的设置初始化DMA
65      __HAL_LINKDMA( &ADC1_Handler,DMA_Handle,hdma_adcx);   //对ADC1和hdma_adcx做DMA属性链接
66    }
67  }

69  //启动多次ADC并取得平均值
70  //n:采样次数, u8型
71  //返回值:转换结果的平均值, float类型
72  float Get_ADC_Value(u8 n)
73  { u8 i;                                                   //循环次数
74    //u32 Value_AD_C=0;                                     //当前A/D转换结果
75    u32 Value_AD_N=0;                                       //N次A/D转换累加值
76    float Value_AD_N_A=0.0;                                 //N次A/D转换平均值
77    for(i=0;i<n;i++)                                        //循环n次
78    { HAL_ADC_Start_DMA(&ADC1_Handler, (u32*)&Value_AD_C, 1); //启动ADC及DMA
79                                                           //转换结果存入Value_AD_C地址开始的存储空间
80                                                           //长度=1(只存1次转换结果)
81      //HAL_ADC_PollForConversion(&ADC1_Handler,10);       //等待规则通道转换结束, 超时时间设定为10ms
82
83      //Value_AD_C=HAL_ADC_GetValue(&ADC1_Handler);        //取ADC1本次转换结果
84      Value_AD_N=Value_AD_N+Value_AD_C;                    //对A/D转换值做累加计算
85      delay_ms(5);                                         //间隔5ms
86
87    }
88    Value_AD_N_A=(float)Value_AD_N/n;                       //求平均值
89    if(Value_AD_N_A>4095) Value_AD_N_A=4095;               //结果不应超过4095
90    return Value_AD_N_A;                                    //返回平均值
91  }
```

（1）第 4 行将变量 Value_AD_C 的数据类型由 u32 修改为 u16。实际上由图 8.1.1 可知，STM32F1 单片机 ADC 的数据寄存器是 16 位的，u16 类型的字长足够，因此可以将其数据类型定义为 u16。由于 STM32 单片机存储器中的 1 个地址可以存 8 位数据，u32 类型数据占 4 个地址，u16 类型数据只占 2 个地址，定义成 16 位数据后，可以节约一半的存储空间。

（2）第 5 行增加变量 hdma_adcx 的定义，其类型为 DMA_HandleTypeDef，此变量用于 DMA 相关操作。关于 DMA_HandleTypeDef 类型及 DMA 操作相关库函数，参见表 8.4.6。

（3）第 28 行启动 ADC1 及 DMA，并指出将转换结果存入 Value_AD_C 开始的存储空间，数据个数=1。这样，每一次 A/D 转换结果都将由 DMA 设备自动存入该单元。关于 ADC 及 DMA 启动库函数的定义参见表 8.4.6。

（4）第 54 行开启 DMA 时钟。共有 2 个 DMA：DMA1 和 DMA2，这里使用 DMA1。

（5）第 55～62 行是关于 DMA 操作变量的设置。其中：第 55 行设置 Instance，指出是哪个 DMA 通道。DMA1 有 7 个通道，DMA2 有 5 个通道。ADC1 只能使用 DMA1_Channel1，即 DMA1 的通道 1。DMA 设备的使用限制参见任务 8.5。

（6）第 56 行设置 Direction，指出数据传送方向，有三种选择，即设备→存储器、存储器→设备、存储器→存储器。这里应选择 DMA_PERIPH_TO_MEMORY，即设备→存储器。本程序中的设备是 ADC。DMA 将把 ADC 数据寄存器内容传送到存储器中。

（7）第 57 行设置 PeriphDataAlignment，指出设备（Peripheral）数据（Data）的格式（Alignment），有 BYTE（字节，8 位）、HALFWORD（半字，16 位）和 WORD（字，32 位）三种选择，这里选择 DMA_PDATAALIGN_HALFWORD，即 16 位，以与 ADC 数据寄存器字长一致。当然，如果第 4 行仍将变量 Value_AD_C 的数据类型设为 u32，这里就选择 WORD。

（8）第 58 行用于设置 MemDataAlignment，指出存储器数据的字长，也有 8 位、16 位和 32 位三种选择，这里选择 16 位，即 DMA_MDATAALIGN_HALFWORD，以与变量 Value_AD_C 字长一致。

（9）第 59 行设置 PeriphInc，指出设备（Peripheral）地址是否自动递增（Increase），有允许（ENABLE）和禁止（DISABLE）两个选择。这里选择 DMA_PINC_DISABLE，即禁止递增。这是因为规则组 ADC 数据寄存器只有 1 个，每一次 DMA 传送都应该到这个地址取数据，不需要改变。

（10）第 60 行设置 MemInc，指出存储器（Memory）地址是否自动递增（Increase），也有允许和禁止两个选择。如果希望将每次 A/D 转换的结果都存入同一个变量存储单元，则选择禁止存储地址递增（DMA_MINC_DISABLE），如图 8.4.11（a）所示。这种情况下，新数据总会覆盖旧数据。本程序选择此模式。

如果希望存储器能存储多次转换结果（如 20 次），则可设置存储器地址递增允许（DMA_MINC_ENABLE），如图 8.4.11（b）所示。这种情况下，每存入一个数据，DMA 会自动将存储器地址进行递增，指向下一个变量单元。这种情况下存储区中可存入多次转换结果，旧数据不会被新数据覆盖，除非数据区已存满。

（11）第 61 行设置 DMA 的 Mode（模式），有 DMA_NORMAL（普通）和 DMA_CIRCULAR（画圈）两种模式。用于规定存储区存满后的行为。

画圈模式也称为循环模式，最后一个数据传输结束后，重新从数据区首地址开始 DMA 操作。本程序选择画圈模式。

普通模式下，最后一个数据传输结束后将不再产生 DMA 操作。要开始新的 DMA 传输，需要先关闭 DMA（如写语句 HAL_ADC_Stop_DMA(&ADC1_Handler); ），再重新启动 DMA 并指出数据个数、存储区首地址等参数（如写语句 HAL_ADC_Start_DMA(&ADC1_Handler,(u32*)&Value_AD_C，20); ）。画圈模式只启动一次 DMA 即可。

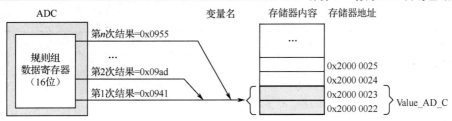

（a）设备和存储器字长为16，设备地址和存储器地址不递增，数据个数被设为1，
每次转换结果都存入变量Value_AD_C

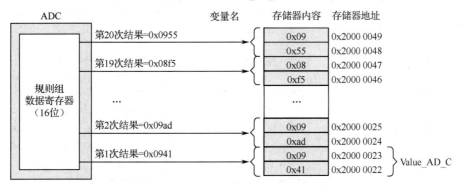

（b）设备和存储器字长为16，设备地址不递增，存储器地址递增，数据个数被设为20，
数据被存入变量Value_AD_C开始的20个半字单元

图 8.4.11　设备地址不递增，存储器地址递增和不递增情况对照（字长都是 16 的情况下）

（12）第 62 行设置 Priority，即 DMA 操作优先级。优先级用于多个 DMA 请求同时产生情况下的处理。有 LOW（低）、MEDIUM（中）、HIGH（高）、VERY_HIGH（很高）四种选择。在只有 1 个 DMA 操作的情况下，选择哪种都可以。这里设置为 DMA_PRIORITY_MEDIUM。

（13）第 64 行使用库函数 HAL_DMA_Init(&DMA 操作变量)，按照 DMA 操作变量的设置对 DMA 进行初始化。

（14）以上程序中，第 25 行进行了 ADC 初始化。但是在 ADC 初始化中并没有做"DMA_Handle"项的设置（参见表 8.4.2 数据类型 ADC_HandleTypeDef 定义）。同样，程序第 64 行进行了 DMA 初始化，但并没有设置其"Parent"项（参见表 8.4.6 数据类型 DMA_HandleTypeDef 定义）。

第 65 行使用了语句"__HAL_LINKDMA(&ADC1_Handler,DMA_Handle,hdma_adcx);"，利用该函数将 ADC 操作变量"ADC1_Handler"与 DMA 操作变量"hdma_adcx"做"DMA_Handle"属性链接，使"ADC1_Handler"的"DMA_Handle"项设置与"hdma_adcx"相同（同时"hdma_adcx"的"Parent"与"ADC1_Handler"相同）。库宏函数 __HAL_LINKDMA() 有三个参数，第一个参数是设备操作变量，可以是 ADC 操作变量、DAC 操作变量、定时器操作变量等。这里为 ADC 操作变量，注意变量名前需加取地址操作符"&"。第二个参数根据设备有所不同，对于 ADC 操作变量固定为 DMA_Handle（参见表 8.4.2）。第三个参数是 DMA 操作变量，但前面不能加"&"，因为库宏函数内已加。

4. DMA 操作相关库函数

DMA 操作相关库函数如表 8.4.6 所示。

表 8.4.6　DMA 操作相关库函数

1. 函数名：__HAL_RCC_DMAx_CLK_ENABLE()　x=1～2
功能：开启 DMAx 时钟

2. 函数名: __HAL_RCC_DMA1_CLK_DISABLE()
功能: 禁止 DMAx 时钟

3. 函数名: HAL_DMA_Init(&DMA 初始化变量)
函数原型: HAL_StatusTypeDef   HAL_DMA_Init(DMA_HandleTypeDef   *hdma) 功能: 按照变量 hdma 的设置, 初始化 DMA 入口参数: hdma, 指出如何进行 DMA 初始化。其数据类型为 DMA_HandleTypeDef。该类型定义见后文 返回值: 同表 8.4.1

4. 数据类型: DMA_HandleTypeDef

typedef struct   __DMA_HandleTypeDef

{ DMA_Channel_TypeDef   ***Instance**;   //DMA 通道名, 有 12 个: DMA1_Channel1~DMA1_Channel7

                                                             DMA2Channel1~DMA2Channel5

DMA_InitTypeDef   **Init**;   //DMA 初始化变量, 其类型为 DMA_InitTypeDef, 具体内容见后文

HAL_LockTypeDef   Lock;   //DMA 锁定, 有 HAL_UNLOCKED (=0) 和 HAL_LOCKED (=1) 两个取值

HAL_DMA_StateTypeDef   State;   //DMA 状态, 有 HAL_DMA_STATE_RESET (=0)、HAL_DMA_STATE_READY (=1)、

                                           //HAL_DMA_STATE_BUSY (=2)、HAL_DMA_STATE_TIMEOUT (=3) 四个值

void   *Parent;   //父亲, 即数据源地址

void   (* XferCpltCallback)(struct __DMA_HandleTypeDef * hdma);   //DMA 传输完成调用函数

void   (* XferHalfCpltCallback)(struct __DMA_HandleTypeDef * hdma);   //DMA 半字传输完成调用函数

void   (* XferErrorCallback)(struct __DMA_HandleTypeDef * hdma);   //DMA 传输错误调用函数

void   (* XferAbortCallback)(struct __DMA_HandleTypeDef * hdma);   //DMA 传输放弃调用函数

__IO   uint32_t   ErrorCode;   //DMA 错误代码

DMA_TypeDef   *DmaBaseAddress;   //DMA 通道基地址

uint32_t   ChannelIndex;   //DMA 通道索引

}DMA_HandleTypeDef;

5. 数据类型: DMA_InitTypeDef

typedef struct

{ uint32_t Direction;   //数据传送方向, 有 3 个取值: DMA_PERIPH_TO_MEMORY (设备→存储器)、

                                //DMA_MEMORY_TO_PERIPH (存储器→设备)、

                                  //DMA_MEMORY_TO_MEMORY (存储器→存储器)

  uint32_t PeriphInc;   //设备地址递增允许, 可取: DMA_PINC_ENABLE (允许) 和 DMA_PINC_DISABLE (禁止)

  uint32_t MemInc;   //存储地址递增允许, 可取: DMA_MINC_ENABLE (允许) 和 DMA_MINC_DISABLE (禁止)

  uint32_t PeriphDataAlignment;   //设备数据字长。有 3 个取值: DMA_PDATAALIGN_BYTE (8 位)、

                           DMA_PDATAALIGN_HALFWORD (16 位)、DMA_PDATAALIGN_WORD (32 位)

  uint32_t MemDataAlignment;   //存储数据字长。有 3 个取值: DMA_MDATAALIGN_BYTE (8 位)、

                           DMA_MDATAALIGN_HALFWORD (16 位)、DMA_MDATAALIGN_WORD (32 位)

  uint32_t Mode;   //DMA 存储模式, 有 2 个取值: DMA_NORMAL (普通) 和 DMA_CIRCULAR (循环)

  uint32_t Priority;   //DMA 优先级, 可取: DMA_PRIORITY_LOW (低)、DMA_PRIORITY_MEDIUM (中)

                           //DMA_PRIORITY_HIGH (高)、DMA_PRIORITY_VERY_HIGH (非常高)

} DMA_InitTypeDef;

6. 函数名: HAL_ADC_Start_DMA(&ADC 操作变量, &存储变量名, 数据个数)
函数原型: HAL_StatusTypeDef   HAL_ADC_Start_DMA (ADC_HandleTypeDef *hadc, uint32_t *pData, uint32_t Length) 功能: 上电 ADC, 启动 ADC 及 DMA 入口参数: (1) hadc, ADC 操作变量名, 指出启动哪个 ADC, 数据类型为 ADC_HandleTypeDef, 其具体定义参见表 8.4.2 (2) pData: 存储缓冲区首地址, 指针变量, uint32_t 类型 (3) Length: 数据个数, uint32_t 类型 返回值: 同表 8.4.1

7. 函数名: HAL_ADC_Stop_DMA(&ADC 操作变量)
函数原型: HAL_StatusTypeDef HAL_ADC_Stop_DMA(ADC_HandleTypeDef *hadc)
功能: 断电 ADC, 停止 ADC 及 DMA
入口参数: hadc, ADC 操作变量名, 指出停止哪个 ADC, 数据类型为 ADC_HandleTypeDef , 见表 8.4.2
返回值: 同表 8.4.1
8. 宏函数名: __HAL_LINKDMA(__HANDLE__, __PPP_DMA_FIELD__, __DMA_HANDLE__)
功能: 将变量__HANDLE__与变量__DMA_HANDLE__做__PPP_DMA_FIELD__属性链接
入口参数: __HANDLE__: DMA 数据源所在设备（例如 ADC、DAC、定时器等）操作变量首地址
__PPP_DMA_FIELD__: DMA 数据源所在设备的 DMA 属性项（例如 ADC 操作变量的 DMA_Handle 项）
__DMA_HANDLE__: DMA 操作变量的名字
出口参数: 无
实例: __HAL_LINKDMA(&ADC 操作变量, DMA_Handle, DMA 操作变量);
对 ADC 操作变量和 DMA 操作变量做 DMA_Handle 属性链接, 使 ADC 操作变量的 DMA_Handler 项就是 DMA 操作变量;
使 DMA 操作变量的 Parent 项（数据源）是 ADC 操作变量

5. 程序调试

过程与查询法相同。如果将程序修改为单次转换模式，或者将通道由 IN0 修改为 IN8，都应该获得相同的功能。

故障现象: ＿＿＿＿＿＿＿＿＿＿＿＿＿＿＿＿＿＿＿＿＿＿＿＿＿＿＿＿＿

解决办法: ＿＿＿＿＿＿＿＿＿＿＿＿＿＿＿＿＿＿＿＿＿＿＿＿＿＿＿＿＿

原因分析: ＿＿＿＿＿＿＿＿＿＿＿＿＿＿＿＿＿＿＿＿＿＿＿＿＿＿＿＿＿

（五）双通道查询法程序设计与调试

如果待采集的模拟输入信号不止 1 路，就应该设置 ADC 为允许扫描。允许扫描模式下又有连续扫描和分段扫描两种模式。以下学习双通道模拟信号采集系统的设计方法。

1. 设计任务

对两个湿度传感器进行采集，二者分别占用 ADC1 的 IN1 和 IN8 通道。如果按下 K_Left 键，按照 IN1 输入（板上电位器）控制水泵；否则，按照 IN8 输入（A0 端子所连接的湿度传感器）控制水泵。请设计电路并编写程序，完成上述功能。

2. 电路设计

如图 8.4.12 所示。与图 8.3.1 相比，增加了一个湿度传感器和一个按键。

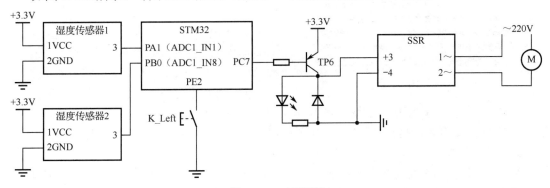

图 8.4.12　电路设计

3. 流程图设计

如图 8.1.4 和图 8.1.5 所示，无论是连续扫描还是分段扫描，EOC=1 都发生在全部通道转换完成的情况下,因此一般不能用中断方式取 ADC 数据,因为此时取到的数据总是最后一个通道的转换结果,除非总通道数=1。

多通道情况下的 ADC 数据读取可采用查询或 DMA 方式。首先用查询法实现。此时可设置 ADC 为分段扫描,且每段只扫描一路信号。此时第一次启动信号发出,对 IN1 通道进行转换;第二次启动信号发出,对 IN8 通道进行转换。每次 ADC 启动后都可利用轮询库函数查询等待转换完成。双通道查询法程序流程(分段扫描,每段只有 1 个通道)如图 8.4.13 所示。

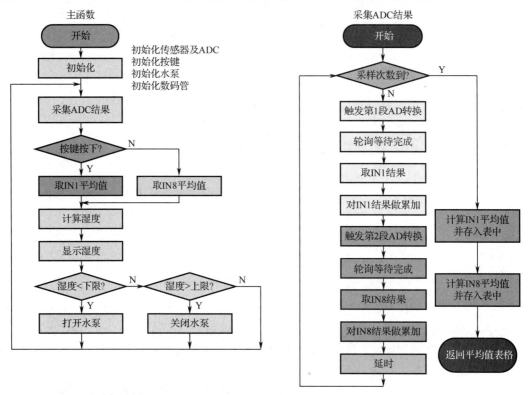

图 8.4.13 双通道查询法程序流程(分段扫描,每段只有 1 个通道)

4. 框架搭建

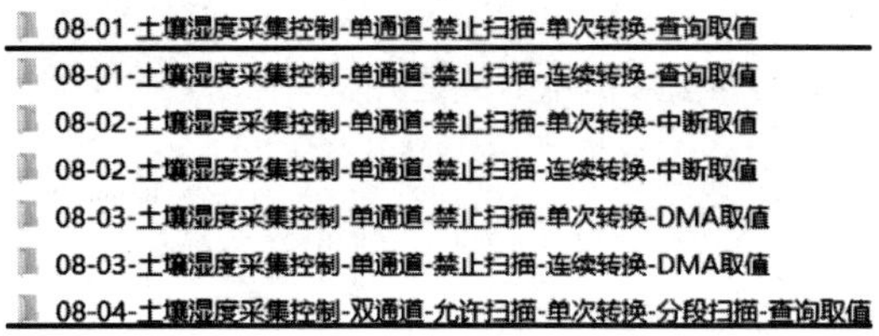

- 08-01-土壤湿度采集控制-单通道-禁止扫描-单次转换-查询取值
- 08-01-土壤湿度采集控制-单通道-禁止扫描-连续转换-查询取值
- 08-02-土壤湿度采集控制-单通道-禁止扫描-单次转换-中断取值
- 08-02-土壤湿度采集控制-单通道-禁止扫描-连续转换-中断取值
- 08-03-土壤湿度采集控制-单通道-禁止扫描-单次转换-DMA取值
- 08-03-土壤湿度采集控制-单通道-禁止扫描-连续转换-DMA取值
- 08-04-土壤湿度采集控制-双通道-允许扫描-单次转换-分段扫描-查询取值

图 8.4.14 程序框架

可通过文件夹"08-01-土壤湿度采集控制-单通道-禁止扫描-单次转换-查询取值"复制得到,如图 8.4.14 所示。

5. 程序设计

本程序有两个通道的湿度信号需要采集。因此 AD 采集程序 Get_ADC_Value(20)将取得两个平均值,并将这两个数值存储在一个表里。假设两个通道的平均值分别为 2153.2 和 3145.7,表的名字是 Value_AD_N_A[2],编译器为其分配的地址从 0x2000 0030 开始,则数据存储情况如图 8.4.15(a)所示。由于是浮点数,因此每个数为 32 位,各占用 4 个地址。

编程时可以把这个表定义成全局变量,使主函数 main()和子函数 Get_ADC_Value()都可使用它。具体说就是在 Get_ADC_Value()中赋值,在 int main()中取值。这种情况下 Get_ADC_Value()不需要返回任何参数,即返回值类型为 void。

也可将这个表定义成函数 Get_ADC_Value()中的静态变量,在 Get_ADC_Value()中给这个表赋值，并且返回这个表的首地址，即返回一个指针变量。主函数 main() 也需要定义一个指针变量，如 Value_AD_P，执行 Value_AD_P=Get_ADC_Value() 即可得到这个地址，之后到指定地址取数据即可，如图 8.4.15（b）所示。

本程序采用后一种方法。也请大家思考前一种方法应该怎么编程。

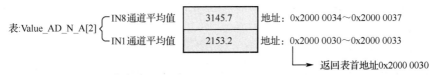

（a）函数 Get_ADC_Value(20) 的结果

```
Value_AD_P = 0x2000 0030，即指向 0x2000 0030
Value_AD_P【0】=2153.2，即 IN1 通道平均值
Value_AD_P【1】=3145.7，即 IN8 通道平均值
```

（b）Value_AD_P=Get_ADC_Value(20) 的结果

图 8.4.15　用变量 Value_AD_P 接收平均值的首地址

（1）主程序。

```c
#include "Systick.h"          //滴答时钟头文件
#include "seg.h"              //数码管头文件
#include "adc.h"              //ADC头文件
#include "pump.h"             //泵头文件
#include "key.h"              //按键头文件
const u8  Hum_L = 15;         //湿度下限
const u8  Hum_H = 60;         //湿度上限
u8 Pump_Status=0x7f;
//显示端口和泵动作都用到PC7,此变量可避免显示程序影响打包动作
int main( )
{ float *Value_AD_P;          //A/D转换结果首地址
  float V_AD;                 //电压0~3.3V
  s8    Humidity;             //湿度0~100(%)
  HAL_Init();                 //初始化HAL
  Stm32_Clock_Init(RCC_PLL_MUL9); //时钟切换与设置
  SysTick_Init(72);           //初始化滴答时钟
  ADC_Init();                 //初始化ADC
  Seg_Init();                 //初始化数码管
  Pump_Init();                //初始化PUMP
  KEY_Init();                 //按键初始化
      while(1)
    { Value_AD_P=Get_ADC_Value(20);  //取20次A/D转换平均值首地址
      if(K_Left==0)
      {V_AD=Value_AD_P[0]*(3.3/4096);}//算出IN1电压, 0~3.3V
      else
      { V_AD=Value_AD_P[1]*(3.3/4096);}//算出IN8电压, 0~3.3V
      Humidity=0.0627*V_AD*1000-37.969; //算出湿度, 0~100
      if(Humidity<0)        Humidity=0;  //限制幅度为0~100
      if(Humidity>=100)     Humidity=100; //限制幅度为0~100
      Seg_Disp(Humidity);        //显示湿度
      if(Humidity<=Hum_L)        //湿度过低
      {Pump=0; Pump_Status=0x7f;}  //则开泵,并记录泵状态1111 1111 0111 1111
      else
      {if(Humidity>=Hum_H)       //湿度过高
        {Pump=1; Pump_Status=0xff;}  //则关泵,并记录泵状态1111 1111 1111 1111
      }
    }
}
```

① 第 11 行定义了一个指针变量 Value_AD_P，用于接收 AD 采集程序返回的地址。float * 声明该指针指向单元的内容是浮点型。

② 第 22 行用 Value_AD_P 接收函数 Get_ADC_Value(20) 的返回值。函数 Get_ADC_Value(20) 的具体内容见文件"adc.c"和"adc.h"。其功能如下。

● 采集 IN1 和 IN8 通道的 A/D 转换结果。

● 求 20 次采样的平均值（假设分别为 2153.2 和 3145.7），存入表中，如图 8.4.15 所示。

● 返回表的首地址（假设为 0x2000 0030）。

执行完第 22 行后，变量 Value_AD_P 的值为该表首地址，即 Value_AD_P 指向该表。Value_AD_P[0]中的内容就是 IN1 通道的平均值。Value_AD_P[1]中的内容是 IN8 通道的平均值。

③ 第 23～26 行对按键 K_Left 进行判断：若按下，则按照 IN1 通道，即 Value_AD_P[0]的值反算 V_AD；否则按照 IN8 通道，即 Value_AD_P[1]的值反算 V_AD。

④ 其他程序与之前相同。

（2）按键程序。

相比之前的几个程序，需要增加按键 K_Left 的相关程序。

```
1  #ifndef _KEY_H
2  #define _KEY_H
3  #include "sys.h"
4
5  //#define K_Up     PAin(0)           //为PA0起名K_Up
6   #define K_Left    PEin(2)           //为PE2起名K_Left
7  //#define K_Down    PEin(3)           //为PE3起名K_Down
8  //#define K_Right   PEin(4)           //为PE4起名K_Right
9
10 void KEY_Init(void);
11 #endif
```

```
1  #include "key.h"
2
3  void KEY_Init(void)      //按键初始化函数
4  { GPIO_InitTypeDef GPIO_Initure;              //定义GPIO初始化变量
5    //__HAL_RCC_GPIOA_CLK_ENABLE();              //开启GPIOA时钟
6    __HAL_RCC_GPIOE_CLK_ENABLE();              //开启GPIOE时钟
7
8    //GPIO_Initure.Pin=GPIO_PIN_0;              //PA0
9    //GPIO_Initure.Mode=GPIO_MODE_INPUT;         //输入模式
10   //GPIO_Initure.Pull=GPIO_PULLDOWN;           //内部下拉
11   //HAL_GPIO_Init(GPIOA,&GPIO_Initure);        //执行GPIOA初始化
12
13   GPIO_Initure.Pin=GPIO_PIN_2;              //PE2
14   GPIO_Initure.Mode=GPIO_MODE_INPUT;         //输入模式
15   GPIO_Initure.Pull=GPIO_PULLUP;             //内部上拉
16   HAL_GPIO_Init(GPIOE,&GPIO_Initure);        //执行GPIOE初始化
17 }
```

（3）数码管和水泵程序。

与本项目之前的程序相同。

（4）ADC 程序设计。

```
1  #ifndef _adc_H
2  #define _adc_H
3
4  #include "sys.h"
5
6  void ADC_Init(void);
7  float * Get_ADC_Value(u8 n);
8  #endif
```

为返回数据表首地址，程序第 7 行在函数 Get_ADC_Value（u8 n）前面加入运算符"*"，指出将返回一个地址指针。float 代表这个指针所指向的地址内的数据按浮点型格式存放。

下面分析 "adc.c" 文件。

```
1  #include "adc.h"                           //ADC头文件
2  #include "SysTick.h"                        //滴答头文件
3  ADC_HandleTypeDef ADC1_Handler;              //ADC操作变量
4
5  //ADC初始化函数
6  void ADC_Init(void)
7  { HAL_StatusTypeDef ret = HAL_OK;            //HAL状态变量
8    RCC_PeriphCLKInitTypeDef ADC_CLKInit;       //ADC时钟设置变量
9
10   ADC_CLKInit.PeriphClockSelection=RCC_PERIPHCLK_ADC;  //ADC外设时钟
11   ADC_CLKInit.AdcClockSelection=RCC_ADCPCLK2_DIV6;     //分频因子6,72/6=12MHz
12   ret=HAL_RCCEx_PeriphCLKConfig(&ADC_CLKInit);         //设置ADC时钟并返回状态
13   if(ret!=HAL_OK) while(1);                           //等待设置完成
14   __HAL_RCC_ADC1_CLK_ENABLE();                        //使能ADC1时钟
```

```
15
16    ADC1_Handler.Instance=ADC1;                                      //ADC1
17    ADC1_Handler.Init.DataAlign=ADC_DATAALIGN_RIGHT;                 //数据右对齐
18    ADC1_Handler.Init.ScanConvMode=ENABLE;                          //允许扫描,即多通道
19    ADC1_Handler.Init.ContinuousConvMode=DISABLE;                   //单次转换
20    ADC1_Handler.Init.NbrOfConversion=2;                            //2个转换在规则通道中
21    ADC1_Handler.Init.DiscontinuousConvMode=ENABLE;                //分段扫描
22    ADC1_Handler.Init.NbrOfDiscConversion=1;                       //每段扫描1路
23    ADC1_Handler.Init.ExternalTrigConv=ADC_SOFTWARE_START;         //软件触发
24    HAL_ADC_Init(&ADC1_Handler);                                    //按照以上设置初始化ADC
25
26    HAL_ADCEx_Calibration_Start(&ADC1_Handler);                     //启动ADC校准
27  }
```

① 第 18 行设置 ADC 为允许扫描。

② 第 19 行设置为单次转换,注意分段扫描情况下必须是单次转换,不允许连续转换。

③ 第 20 行设置规则组待转换通道数为 2。

④ 第 21 行设置允许分段扫描。

⑤ 第 22 行设置每段通道数为 1。此情况下的工作过程参见图 8.1.5（b）,设置后,每触发一次 ADC,将对一个通道进行转换。

```
29  //ADC底层驱动,引脚配置,时钟使能,通道设置
30  //此函数会被HAL_ADC_Init()调用
31  //hadc:ADC操作变量
32  void HAL_ADC_MspInit(ADC_HandleTypeDef* hadc)
33  { GPIO_InitTypeDef GPIO_Initure;                      //GPIO初始化变量
34    ADC_ChannelConfTypeDef ADC1_CHConf;                 //ADC通道配置变量
35    if(hadc->Instance==ADC1)                            //ADC1
36    { __HAL_RCC_GPIOA_CLK_ENABLE();                     //使能GPIOA时钟
37      __HAL_RCC_GPIOB_CLK_ENABLE();                     //使能GPIOB时钟
38
39      GPIO_Initure.Pin=GPIO_PIN_1;                      //PA1,即ADC1 IN1
40      GPIO_Initure.Mode=GPIO_MODE_ANALOG;               //模拟信号输入模式
41      GPIO_Initure.Pull=GPIO_NOPULL;                    //不带上下拉
42      HAL_GPIO_Init(GPIOA,&GPIO_Initure);               //初始化GPIO引脚
43
44      GPIO_Initure.Pin=GPIO_PIN_0;                      //PB0,即ADC1 IN8
45      GPIO_Initure.Mode=GPIO_MODE_ANALOG;               //模拟信号输入模式
46      GPIO_Initure.Pull=GPIO_NOPULL;                    //不带上下拉
47      HAL_GPIO_Init(GPIOB,&GPIO_Initure);               //初始化GPIO引脚
48
49      ADC1_CHConf.Channel=ADC_CHANNEL_1;                //IN1
50      ADC1_CHConf.Rank=1;                               //序列号=1
51      ADC1_CHConf.SamplingTime=ADC_SAMPLETIME_239CYCLES_5;
52      //采样时间=239.5个ADC时钟周期,转换时间=(239.5+12.5)/12=21微秒
53      HAL_ADC_ConfigChannel(&ADC1_Handler,&ADC1_CHConf); //按照以上设置进行通道配置
54
55      ADC1_CHConf.Channel=ADC_CHANNEL_8;                //IN8
56      ADC1_CHConf.Rank=2;                               //序列号=2
57      ADC1_CHConf.SamplingTime=ADC_SAMPLETIME_239CYCLES_5;
58      //采样时间=239.5个ADC时钟周期,转换时间=(239.5+12.5)/12=21微秒
59      HAL_ADC_ConfigChannel(&ADC1_Handler,&ADC1_CHConf); //按照以上设置进行通道配置
60    }
61  }
```

⑥ 第 32～61 行对 IN1 和 IN8 两个通道及 PA0 和 PB0 都进行了初始化。

```
63  //启动多次ADC并取得平均值
64  //n:采样次数,u8型
65  //返回值:转换结果的平均值,float类型
66  float * Get_ADC_Value(u8 n)
67  { u8 i;                                               //循环次数
68    __IO u32 Value_AD_C[2]={0};                         //当前A/D转换结果
69    u32 Value_AD_N[2]={0};                              //N次A/D转换累加值
70    static float Value_AD_N_A[2]={0};                   //N次A/D转换平均值
71
72
73    for(i=0;i<n;i++)                                    //循环n次
74    { HAL_ADC_Start(&ADC1_Handler);                     //启动ADC
75      HAL_ADC_PollForConversion(&ADC1_Handler,10);
76                                                        //查询A/D转换是否结束,未结束则等待
77                                                        //转换结束则清除EOC并进行后面的操作
78                                                        //超时时间设定为10ms
79      Value_AD_C[0]=HAL_ADC_GetValue(&ADC1_Handler);    //取ADC1本次转换结果（IN1）
80      Value_AD_N[0]+=Value_AD_C[0];                     //对IN1的A/D转换值做累加计算
81
82      HAL_ADC_Start(&ADC1_Handler);                     //再次启动ADC
83      HAL_ADC_PollForConversion(&ADC1_Handler,10);      //等待A/D转换结束
84      Value_AD_C[1]=HAL_ADC_GetValue(&ADC1_Handler);    //取ADC1本次转换结果（IN8）
85      Value_AD_N[1]+=Value_AD_C[1];                     //对IN8的A/D转换值做累加计算
86      delay_ms(5);                                      //延时5ms
87    }
88    Value_AD_N_A[0]=(float)Value_AD_N[0]/n;             //求IN1平均值
89    Value_AD_N_A[1]=(float)Value_AD_N[1]/n;             //求IN8平均值
90    if(Value_AD_N_A[0]>4095) Value_AD_N_A[0]=4095;      //结果不应超过4095
91    if(Value_AD_N_A[1]>4095) Value_AD_N_A[1]=4095;      //结果不应超过4095
92    return Value_AD_N_A;                                //返回平均值表格首地址
93  }
```

⑦ 第 68~70 行定义了三个表，分别用于存平均值、累加值和当前值。每个表内含两个元素。我们将用第 1 个元素存储 IN1 通道的数据，第 2 个元素存储 IN8 通道的数据。它们的初值都是 0。平均值表的地址需要返回，还需定义其存储属性为 static（静态）。

⑧ 第 74 行发送 ADC 触发信号，启动对第一路 IN1 输入信号的转换。注意只启动 ADC，不启动中断，也不启动 DMA。

⑨ 第 75 行进行 A/D 转换查询。与禁止扫描模式不同，分段扫描情况下，HAL_ADC_PollForConversion（&ADC1_Handler，10）函数并不查询 EOC，而是通过延时等待转换结束。该函数会根据转换速度等的设定自主计算延时时间。

⑩ 第 79 行取第一路，即 IN1 的 A/D 转换结果并存入 Value_AD_C[0]。

⑪ 第 80 行计算 IN1 通道累加值 Value_AD_N[0]。

⑫ 第 82~85 行再次发送 ADC 触发信号，对第二路即 IN8 通道进行 A/D 转换、取结果、求平均值。

⑬ 第 86 行延时 5ms，以控制采样间隔。

⑭ 第 88 行和第 89 行分别计算两路信号的平均值，存入 Value_AD_N_A[0]和 Value_AD_N_A[1]。

⑮ 第 90 行和第 91 行限制平均值在 0~4095 范围内。

⑯ 第 92 行返回指针 Value_AD_N_A，即平均值所在表格的首地址。

6. 程序调试

（1）用开发板上的电位器代替湿度传感器 1，连接电位器电源 AD_VCC 至开发板电源+5V 和 GND。

（2）连接湿度传感器信号输出至开发板 A0 端子，连接湿度传感器电源至+5V 和 GND。

（3）编辑以上程序，编译生成后下载到开发板并运行。

（4）将湿度传感器附上湿纸巾，改变湿度，观察数码管显示值是否随湿度改变而改变。

（5）按下 K_Left 按键，用螺丝刀调整电位器的位置，观察数码管指示值是否随电位器改变。

（6）修改程序，用公共变量返回 A/D 转换数据，下载后观察结果是否正确。

故障现象：＿＿＿＿＿＿＿＿＿＿＿＿＿＿＿＿＿＿＿＿＿＿＿＿＿＿＿＿＿＿＿＿

解决办法：＿＿＿＿＿＿＿＿＿＿＿＿＿＿＿＿＿＿＿＿＿＿＿＿＿＿＿＿＿＿＿＿

原因分析：＿＿＿＿＿＿＿＿＿＿＿＿＿＿＿＿＿＿＿＿＿＿＿＿＿＿＿＿＿＿＿＿

（六）双通道 DMA 法程序设计与调试

双通道 AD 采集如果采用查询程序，则要求使用分段扫描，每段 1 个通道。另外查询库函数 HAL_ADC_PollForConversion()判断 A/D 转换结束是通过延时，并非真正的转换完成，因此存在出错的可能。

双通道 AD 采集使用 DMA 法更加方便。DMA 启动后，会将每一次 A/D 转换结果自动存储到存储器中。不需要查询转换是否完成，也不需要使用 AD 取值库函数 HAL_ADC_GetValue()取 A/D 转换结果。需要时，到 DMA 数据存储区直接取结果即可。

1. 流程图设计

双通道 AD 采集，连续转换、连续扫描 DMA 取值的程序流程如图 8.4.16 所示。

2. 框架搭建

如图 8.4.17 所示，"08-04-土壤湿度采集控制-双通道-允许扫描-连续转换-连续扫描-DMA 取值"文件夹可由"08-04-土壤湿度采集控制-双通道-允许扫描-单次转换-分段扫描-查询取值"文件夹复制而来。有关 DMA 部分可借鉴"08-03-土壤湿度采集控制-单通道-禁止扫描-连续转换-DMA

取值”文件夹。

主函数
开始
初始化
初始化传感器、ADC、DMA
启动ADC及DMA
初始化按键
初始化水泵
初始化数码管
采集ADC结果
按键按下?
N
Y
取IN1平均值
取IN8平均值
计算湿度
显示湿度
湿度<下限?
N
湿度>上限?
N
Y
Y
打开水泵
关闭水泵
采集ADC结果
开始
采样次数到?
Y
N
取IN1结果
对IN1结果做累加
取IN8结果
对IN8结果做累加
延时
计算IN1平均值
并存入表中
计算IN8平均值
并存入表中
返回平均值表格

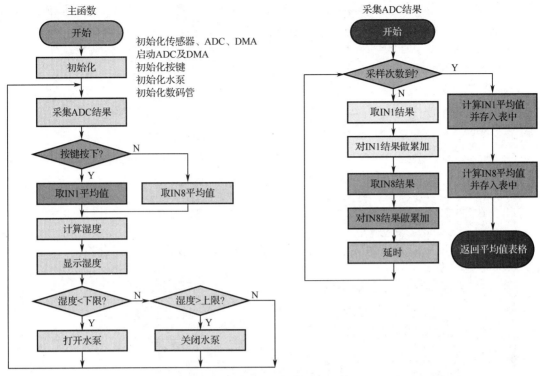

图 8.4.16　双通道 AD 采集，连续转换、连续扫描 DMA 取值的程序流程

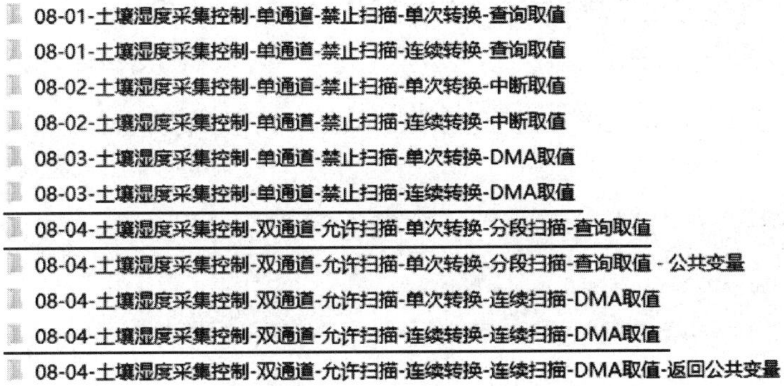

08-01-土壤湿度采集控制-单通道-禁止扫描-单次转换-查询取值
08-01-土壤湿度采集控制-单通道-禁止扫描-连续转换-查询取值
08-02-土壤湿度采集控制-单通道-禁止扫描-单次转换-中断取值
08-02-土壤湿度采集控制-单通道-禁止扫描-连续转换-中断取值
08-03-土壤湿度采集控制-单通道-禁止扫描-单次转换-DMA取值
08-03-土壤湿度采集控制-单通道-禁止扫描-连续转换-DMA取值
08-04-土壤湿度采集控制-双通道-允许扫描-单次转换-分段扫描-查询取值
08-04-土壤湿度采集控制-双通道-允许扫描-单次转换-分段扫描-查询取值 - 公共变量
08-04-土壤湿度采集控制-双通道-允许扫描-单次转换-连续扫描-DMA取值
08-04-土壤湿度采集控制-双通道-允许扫描-连续转换-连续扫描-DMA取值
08-04-土壤湿度采集控制-双通道-允许扫描-连续转换-连续扫描-DMA取值-返回公共变量

图 8.4.17　双通道 AD 采集 DMA 取值程序框架搭建

3. 程序设计

之前的双通道 ADC 查询程序，定义了三个表 Value_AD_C［2］、Value_AD_N［2］Value_AD_N_A［2］，分别存两个通道的 A/D 转换当前值、累加值和平均值，每个通道在表中各有 1 个数据。本程序仍可如此定义。

但也可以直接定义 Value_AD_C，即当前值表的长度为 40。利用 DMA 的存储器递增模式，直接向这个表存入 40 个数据，两个通道各 20 个，再据此计算累加值和平均值，假设连续 20 次 IN1 转换结果都是 275，IN8 结果都是 4000，变量存储情况如图 8.4.18 所示。以下程序采用此法。

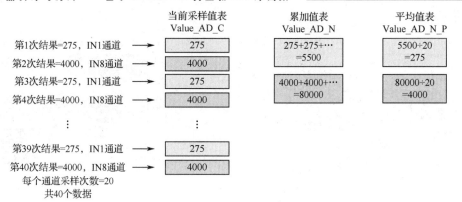

图 8.4.18　每个通道采集 20 次，3 个表存储数据示意图

```
adc.c
 1  #include "adc.h"                                           //ADC头文件
 2  #include "SysTick.h"                                       //滴答头文件
 3  ADC_HandleTypeDef ADC1_Handler;                           //ADC操作变量
 4  DMA_HandleTypeDef hdma_adcx;                              //DMA操作变量
 5  __IO u16 Value_AD_C[40]={0};//当前A/D转换结果,u16类型,2路,每路20个数据,共40个数据
 6  //ADC初始化函数
 7  void ADC_Init(void)
 8  { HAL_StatusTypeDef ret = HAL_OK;                          //HAL状态变量
 9    RCC_PeriphCLKInitTypeDef ADC_CLKInit;                   //ADC时钟设置变量
10
11    ADC_CLKInit.PeriphClockSelection=RCC_PERIPHCLK_ADC;     //ADC外设时钟
12    ADC_CLKInit.AdcClockSelection=RCC_ADCPCLK2_DIV6;        //分频因子6, 72/6=12MHz
13    ret=HAL_RCCEx_PeriphCLKConfig(&ADC_CLKInit);            //设置ADC时钟并返回状态
14    if(ret!=HAL_OK) while(1);                               //等待设置完成
15    __HAL_RCC_ADC1_CLK_ENABLE();                            //使能ADC1时钟
16
17    ADC1_Handler.Instance=ADC1;                             //ADC1
18    ADC1_Handler.Init.DataAlign=ADC_DATAALIGN_RIGHT;        //数据右对齐
19    ADC1_Handler.Init.ScanConvMode=ENABLE;                  //允许扫描, 即多通道
20    ADC1_Handler.Init.ContinuousConvMode=ENABLE;            //连续转换
21    ADC1_Handler.Init.NbrOfConversion=2;                    //2个转换在规则通道中
22    ADC1_Handler.Init.DiscontinuousConvMode=DISABLE;        //连续扫描
23    //ADC1_Handler.Init.NbrOfDiscConversion=1;              //每段扫描1路
24    ADC1_Handler.Init.ExternalTrigConv=ADC_SOFTWARE_START;  //软件触发
25    HAL_ADC_Init(&ADC1_Handler);                            //按照以上设置初始化ADC
26
27    HAL_ADCEx_Calibration_Start(&ADC1_Handler);             //启动ADC校准.
28    HAL_ADC_Start_DMA(&ADC1_Handler, (u32*)&Value_AD_C, 40);//启动ADC及DMA,
29                                                            //转换结果存入Value_AD_C地址开始的存储空间
30                                                            //每路20个数据, 2路共40个数据
31  }
32
33  //ADC底层驱动, 引脚配置, 时钟使能, 通道设置
34  //此函数会被HAL_ADC_Init()调用
35  //hadc:ADC操作变量
36  void HAL_ADC_MspInit(ADC_HandleTypeDef* hadc)
37  { GPIO_InitTypeDef GPIO_Initure;                           //GPIO初始化变量
38    ADC_ChannelConfTypeDef ADC1_CHConf;                     //ADC通道配置变量
39
40    if(hadc->Instance==ADC1)                                //ADC1
41    { __HAL_RCC_GPIOA_CLK_ENABLE();                         //使能GPIOA时钟
42      __HAL_RCC_GPIOB_CLK_ENABLE();                         //使能GPIOB时钟
43
44      GPIO_Initure.Pin=GPIO_PIN_1;                          //PA1, 即ADC1_IN1
45      GPIO_Initure.Mode=GPIO_MODE_ANALOG;                   //模拟信号输入模式
46      GPIO_Initure.Pull=GPIO_NOPULL;                        //不带上下拉
47      HAL_GPIO_Init(GPIOA,&GPIO_Initure);                   //初始化GPIO引脚
48
49      GPIO_Initure.Pin=GPIO_PIN_0;                          //PB0, 即ADC1_IN8
50      GPIO_Initure.Mode=GPIO_MODE_ANALOG;                   //模拟信号输入模式
51      GPIO_Initure.Pull=GPIO_NOPULL;                        //不带上下拉
52      HAL_GPIO_Init(GPIOB,&GPIO_Initure);                   //初始化GPIO引脚
53
54      ADC1_CHConf.Channel=ADC_CHANNEL_1;                    //通道1
55      ADC1_CHConf.Rank=1;                                   //序列号=1
56      ADC1_CHConf.SamplingTime=ADC_SAMPLETIME_239CYCLES_5;
57      //采样时间=239.5个ADC时钟周期, 转换时间=(239.5+12.5)/12 =21微秒
58      HAL_ADC_ConfigChannel(&ADC1_Handler,&ADC1_CHConf);    //按照以上设置进行通道配置
59
60      ADC1_CHConf.Channel=ADC_CHANNEL_8;                    //通道8
61      ADC1_CHConf.Rank=2;                                   //序列号=2
62      ADC1_CHConf.SamplingTime=ADC_SAMPLETIME_239CYCLES_5;
63      //采样时间=239.5个ADC时钟周期, 转换时间=(239.5+12.5)/12 =21微秒
64      HAL_ADC_ConfigChannel(&ADC1_Handler,&ADC1_CHConf);    //按照以上设置进行通道配置
```

```
66        __HAL_RCC_DMA1_CLK_ENABLE();                              //开启DMA时钟
67        hdma_adcx.Instance =DMA1_Channel1;                        //DMA1通道1
68        hdma_adcx.Init.Direction=DMA_PERIPH_TO_MEMORY;            //外设到存储器
69        hdma_adcx.Init.PeriphDataAlignment=DMA_PDATAALIGN_HALFWORD; //外设数据长度:16位
70        hdma_adcx.Init.MemDataAlignment=DMA_MDATAALIGN_HALFWORD;  //存储器数据长度:16位
71        hdma_adcx.Init.PeriphInc=DMA_PINC_DISABLE;                //外设非增量模式
72        hdma_adcx.Init.MemInc=DMA_MINC_ENABLE;                    //存储器增量模式
73        hdma_adcx.Init.Mode= DMA_CIRCULAR;                        //循环模式
74        hdma_adcx.Init.Priority=DMA_PRIORITY_MEDIUM;              //中等优先级
75
76        HAL_DMA_Init(&hdma_adcx);                                 //按照变量hdma_adcx的设置初始化DMA
77        __HAL_LINKDMA( &ADC1_Handler, DMA_Handle, hdma_adcx);     //对ADC1和hdma_adcx做DMA属性链接
78
79      }
80  }
81
82  //启动多次ADC并取得平均值
83  //n:采样次数, u8型
84  //返回值:转换结果的平均值, float类型
85  float  * Get_ADC_Value(u8 n)
86  { u8 i, j;                                //i:每路输入的采样次数。j :AD转换结果实际占用单元数
87
88      u32 Value_AD_N[2]={0};               //N次A/D转换累加值, 2路数据, 每个都是u32型
89      static float Value_AD_N_A[2]={0};    //N次A/D转换平均值, 2个数据, 每路1个, 浮点型
90      j=2*n;                               //每路数据取n个, 2路共2*n个数据
91
92      for(i=0;i<j;)                        //循环j次
93      { Value_AD_N[0]+=Value_AD_C[i++];    //取第1路, 即IN1值做累加, i+1
94        Value_AD_N[1]+=Value_AD_C[i++];    //取第2路, 即IN8值做累加 , i再加1
95        delay_ms(5);                       //间隔5ms
96      }
97      Value_AD_N_A[0]=(float)Value_AD_N[0]/n;   //求IN1平均值
98      Value_AD_N_A[1]=(float)Value_AD_N[1]/n;   //求IN8平均值
99      if(Value_AD_N_A[0]>4095) Value_AD_N_A[0]=4095;   //结果不应超过4095
100     if(Value_AD_N_A[1]>4095) Value_AD_N_A[1]=4095;   //结果不应超过4095
101     return Value_AD_N_A;                 //返回平均值表格首地址
102 }
```

和双通道查询程序相比, 只有"adc.c"文件有修改, 具体修改如下。

（1）第 4 行增加 DMA 操作变量定义。

（2）第 5 行, 将表 Value_AD_C 的定义挪至此, 以便 ADC_Init()和 Get_ADC_Value()使用。将其数据类型修改为 **u16**, 以便与 ADC 数据寄存器字长一致。数据个数改为 **40**。

（3）第 20 行, 修改为连续转换 **ENABLE**。

（4）第 22 行, 修改为分段扫描 **DISABLE**。

（5）第 28 行, 启动 ADC1 及其 DMA, 并指出 DMA 将 A/D 转换结果存到 Value_AD_C 开始的数据表内。由于有两路信号, 每路存 20 个数据, 因此应修改为一共有 **40** 个数据。

（6）第 33～64 行对 ADC1 的两个通道进行设置。

（7）第 66～77 行加入了关于 **DMA** 的设置, 可复制自文件夹 "08-03-土壤湿度采集控制-单通道-禁止扫描-连续转换-DMA 取值" 中的相关程序。注意第 72 行修改为存储器增量方式 ENABLE。

（8）第 85～101 行为平均值计算函数, 函数将 IN1 和 IN8 通道 20 次采样结果的平均值存入表 Value_AD_N_A 中, 并返回该表首地址。注意由于表的长度和表内数据存放规则有变化, 程序进行了诸多调整, 请仔细检查。

4. 程序调试

与双通道查询法相同。调试完成后也可尝试将程序修改为单次转换, 或者利用公共变量返回平均值。看看结果如何。

故障现象: _____

解决办法: _____

原因分析: _____

三、要点记录及成果检验

任务 8.4	程序设计与调试					
姓名		学号		日期		分数	

（一）术语记录

英　文	中 文 翻 译
Instance	
DataAlign	
ScanConvMode	
ContinuousConvMode	
NbrOfConversion	
DiscontinuousConvMode	
NbrOfDiscConversion	
ExternalTrigConv	
ADC_SOFTWARE_START	
Rank	
Channel	
Direction	
Peripheral	
SamplingTime	
DMA（Direct memory access）	

（二）自主设计

1. 利用 PA5 连接温度传感器以采集温度，利用 PD15～PD0 连接数码管以进行温度显示。请：

（1）画出电路。

（2）利用查询法或 DMA 法编程实现，已知温度范围 0～99℃，对应传感器输出 0～3.3V。

2. PA5 和 PA6 连接两个温度传感器以采集两处温度的平均值，利用 PD15～PD0 连接数码管以进行温度显示。请：

（1）画出电路。

（2）利用查询法或 DMA 法编程实现。已知温度范围 0～99℃，对应传感器输出 0～3.3V。

任务 8.5　STM32 单片机软硬件深入（八）

一、任务目标

进一步理解 STM32F1xx 单片机 DMA 设备结构原理。

二、学习与实践

在 STM32F103ZET6 单片机有两个 DMA 控制器，DMA1 和 DMA2。DMA 结构框图如图 8.5.1 所示。一方面，DMA1 和 DMA2 通过总线矩阵直接与 Flash 及 SRAM 相连；另一方面，DMA1 和 DMA2 通过总线矩阵经 AHB 总线、APB1/APB2 总线桥与 GPIO、ADC1 等外设相连，使其实现存储器与 APB1/APB2 设备之间或存储器与存储器之间的直接数据交换。

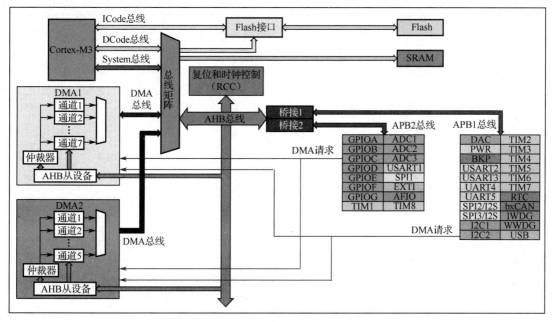

图 8.5.1　DMA 结构框图

图 8.5.1 中，DMA2 仅存在于大容量产品和互联型产品中。SPI/I2S3、UART4、TIM5、TIM6、TIM7 和 DAC 的 DMA 请求仅存在于大容量产品和互联型产品中。ADC3、SDIO 和 TIM8 的 DMA 请求仅存在于大容量产品中。

1. DMA 请求

外设要想通过 DMA 来传输数据，必须先给 DMA 控制器发送 DMA 请求。DMA1 有 7 个通道，DMA2 有 5 个通道，专门用于接收不同的外设请求，具体如表 8.5.1 和表 8.5.2 所示。注意不同外设占用的 DMA 通道是有限制的，如 ADC1 只能占用 DMA1 通道 1，TIM2_CH1 只能占用 DMA1 通道 5，ADC3 只能占用 DMA2 通道 5。

表 8.5.1　DMA1 不同通道对应的请求

外　设	通道 1	通道 2	通道 3	通道 4	通道 5	通道 6	通道 7
ADC1	ADC1						
SPI/I²S		SPI1_RX	SPI1_TX	SPI/I2S2_RX	SPI/I2S2_TX		
USART		USART3_TX	USART3_RX	USART1_TX	USART1_RX	USART2_RX	USART2_TX
I²C				I2C2_TX	I2C2_RX	I2C1_TX	I2C1_RX
TIM1		TIM1_CH1	TIM1_CH2	TIM1_TX4 TIM1_TRIG TIM1_COM	TIM1_UP	TIM1_CH3	

续表

外 设	通道 1	通道 2	通道 3	通道 4	通道 5	通道 6	通道 7
TIM2	TIM2_CH3	TIM2_UP			TIM2_CH1		TIM2_CH2 TIM2_CH4
TIM3		TIM3_CH3	TIM3_CH4 TIM3_UP			TIM3_CH1 TIM3_TRIG	
TIM4	TIM4_CH1			TIM4_CH2	TIM4_CH3		TIM4_UP

表 8.5.2　DMA2 不同通道对应的请求

外 设	通道 1	通道 2	通道 3	通道 4	通道 5
ADC3[①]					ADC3
SPI/I2S3	SPI/I2S3_RX	SPI/I2S3_TX			
UART4			UART4_RX		UART4_TX
SDIO[①]				SDIO	
TIM5	TIM5_CH4 TIM5_TRIG	TIM5_CH3 TIM5_UP		TIM5_CH2	TIM5_CH1
TIM6/DAC 通道 1			TIM6_UP/DAC 通道 1		
TIM7/DAC 通道 2				TIM7_UP/DAC 通道 2	
TIM8[①]	TIM8_CH3 TIM8_UP	TIM8_CH4 TIM8_TRIG TIM8_COM	TIM8_CH1		TIM8_CH2

注：①ADC3、SDIO 和 TIM8 的 DMA 请求只存在于大容量产品中。

2. DMA 仲裁

DMA 在同一时间只能接收一个请求，当发生多个 DMA 通道请求时，需要仲裁器对之进行优先级管理。优先级可以编程被设置为很高、高、中、低。当软件设置的优先级相同时，按照以下原则进行处理：DMA1>DMA2，小通道号>大通道号。例如，DMA1 通道 2 优先级高于 DMA1 通道 4。

三、要点记录及成果检验

任务 8.5	STM32 单片机软硬件深入（八）						
姓名		学号		日期		分数	

1. 说一说 STM32 的 DMA 结构组成。

2. 查表找到 TIM5_CH4 能使用哪个 DMA 通道。

项目 9　利用 UART 实现 LED 灯控制

项目总目标

通过 UART 与 UART 通信、UART 与计算机通信等工作任务，掌握 UART 通信电路与程序设计方法。具体包括以下内容。

（1）了解单片机串行通信基本概念，能够说出串行通信特点与分类。

（2）理解 STM32F10x 单片机的 UART 结构组成与工作特性，能够对照结构框图说出其基本工作过程。

（3）掌握基于 STM32F10x 单片机 UART 的电路设计方法，能进行基本独立设计与调试。

（4）掌握基于 HAL 库函数的 STM32F10x 单片机 UART 编程方法，能独立编程实现。

（5）会查找相关资料、阅读相关文献。

具体工作任务

任务一、利用 UART/USART 实现两台 STM32 单片机通信，具体要求如下。

1#机按下 K_Up 键（PA0）：2#机 LED0 点亮。

1#机按下 K_Down 键（PE2）：2#机 LED0 熄灭。

1#机按下 K_Left 键（PE3）：2#机 LED0～LED7 点亮。

1#机按下 K_Right 键（PE4）：2#机 LED0～LED7 熄灭。

任务二、利用 STM32 单片机的 UART/USART 实现 STM32 单片机与计算机通信，具体要求如下。

（1）利用计算机向 STM32 单片机的 USART/UART 发送命令，经 STM32 单片机控制 LED。

计算机键盘键入"1"：STM32 单片机控制 LED0 点亮。

计算机键盘键入"2"：STM32 单片机控制 LED0 熄灭。

计算机键盘键入"3"：STM32 单片机控制 LED0～LED7 点亮。

计算机键盘键入"4"：STM32 单片机控制 LED0～LED7 熄灭。

（2）LED 点亮或熄灭后，STM32 单片机通过 USART/UART 向计算机发信息，告知 LED 的状态。

任务 9.1　认识 STM32 单片机的 USART

一、任务目标

（1）能够说出并行/串行通信、同步/异步通信、单工/半双工/双工通信的异同。

（2）知道比特率的概念。

（3）知道 UART 通信的数据传送规则、电平约定和设备连接方法。

（4）能够看懂 STM32F10x 单片机 USART 结构框图。

二、学习与实践

（一）讨论与发言

分组讨论自由发言，阐述对通信的认识，查阅资料了解 STM32 单片机的通信方式。

（二）认识串行通信

1. 并行通信和串行通信

单片机系统中的 CPU 经常需要与传感器、按钮、电磁阀等外部设备进行数据交换。数据交换的方法可分为并行通信和串行通信两大类，如图 9.1.1 所示。

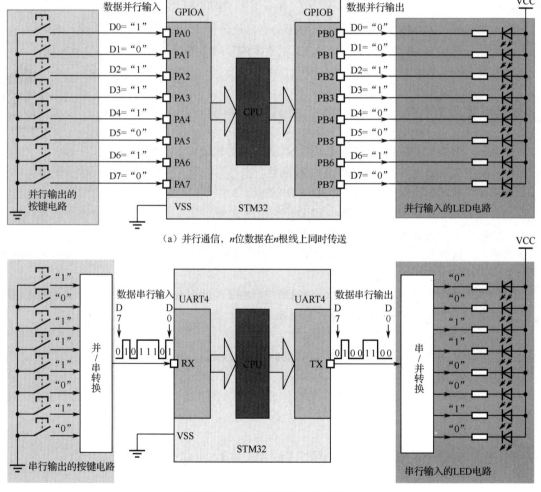

（a）并行通信，n 位数据在 n 根线上同时传送

（b）串行通信，n 位数据在 1 根线上分时传送

图 9.1.1　并行通信和串行通信

（1）并行通信。

图 9.1.1（a）中，8 个按钮的输入信号被同时送入 STM32 单片机 GPIOA 的 8 个引脚，继而被 CPU 采集。CPU 发出的控制命令，通过 GPIOB 的 8 个引脚，同时输出给 8 个 LED。在这里，

STM32 单片机以并行通信方式进行数据的输入和输出，GPIOA 和 GPIOB 是 STM32 单片机内嵌的并行通信设备。有关 GPIO 设备的使用方法我们在前面的项目中已经使用过多次。

（2）串行通信。

图 9.1.1（b）中，8 个按钮的输入信号先经过一个并/串转换装置，将并行输入转换为串行输入，再通过一根数据线，将数据逐位、分时地送入 STM32 单片机 UART4 的 RX 引脚。另一方面，CPU 的控制命令通过 STM32 单片机 UART4 的 TX 引脚先将数据逐位、分时地发送到串/并转换装置，再变成并行信号控制 8 个 LED。在这里，STM32 单片机采用了串行通信方式进行数据的输入与输出。UART4 是 STM32 单片机内嵌的一个串行通信设备，使用 RX 和 TX 引脚分别进行数据输入和输出。在本项目中，我们将学习诸如 UART4 等串行通信设备的使用方法。

（3）并行通信和串行通信的特点。

① 并行通信。

在空间上，n 位数据传输至少需要 n 根数据线再加一根接地线。因此，如果传输距离远、数据位数又多，会导致通信线路复杂、材料成本、安装成本、维护成本增加。

在时间上，n 位数据同时进行传输，因此数据传输的速度很快。

② 串行通信。

在空间上，n 位数据传输至少需要一根数据线再加一根接地线。因此不仅线路简单，而且节约耗材、安装工作量和维护工作量都很少，特别适合远距离通信。

在时间上，由于数据是逐位发送的，每位数据都要占用一定时间，故其数据传输速度远远慢于并行通信。

（4）STM32 单片机内部的串行通信设备。

STM32 单片机内部能够接收和发送串行数据的接口设备很多，有 USART、SPI、I²C、USB、CAN 等。其中 USART（**U**niversal **S**ynchronous/**A**synchronous **R**eceiver/**T**ransmitter，通用同步/异步收/发器）是一种比较简单、基本的串行通信设备。本项目将学习其使用方法。

2. 比特率和波特率

我们已经知道，串行通信是将 n 位数据一位一位地进行传输。显然每一位数据传送用时越少，则传输速度越快。假设每位数据用时 1ms，则每秒可传送 1000 位数据。

我们将每秒钟传输二进制数的位数称为比特率（Bit Rate）。如果每秒可传送 1000 位数据，则称数据传输速率，即比特率=1000 位/秒=1000bit/second=1000bps。

bps 就是 bit per second 的意思。比特率的单位除了 bps，还有 kbps（10^3bit/s，千比特/秒）、Mbps（10^6bit/s，兆比特/秒）、Gbps（10^9bit/s，吉比特/秒）等。比特率数值越大，传输速率越快。

在通信领域，还有一个概念叫作波特率（Baud Rate）。波特率是指单位时间内传输码元的个数。具体什么是码元，可暂不深究。只需知道：

波特率=比特率×2/M，式中，M 是码元的状态数。

如果码元只有"0"和"1"两种状态，则 M=2，此时 1 个波特率=1 个比特率。

如果码元有"00""01""10""11"四种状态，则 M=4，此时 1 个波特率=0.5 个比特率。码元状态数一定情况下，比特率与波特率成正比。

3. 单工通信和双工通信

如图 9.1.2 所示，**单工通信**（Simplex）：数据只能单向传送。

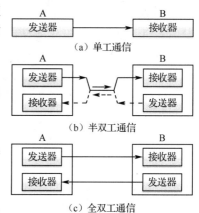

图 9.1.2 单工/半双工/全双工通信

双工通信（Duplex）：数据可以双向传送。又分为半双工和全双工。

半双工通信（Half Duplex）：数据可以双向传送，但是由于只有一个通道，同一时刻只能进行单向传输。

全双工通信（Full Duplex）：设备提供两个通道，同一时刻，可以在不同通道进行不同方向的信号传输。显然全双工通信对设备的要求最高。STM32 单片机的 USART 支持全双工通信。

4. 同步通信和异步通信

如图 9.1.3 所示，在串行通信中，如果发送方和接收方使用的比特率不同，会出现数据接收错误。例如，发送方每 1ms 发送一位数据，而接收方每 2ms 接收一位数据，就会有一半的数据丢失；假如接收方每 0.5ms 接收一位数据，又会出现多收一倍数据的情况。显然双方必须具有相同的比特率。即使双方使用相同的比特率，如果频率值或相位有误差，仍然存在收错数据的可能。

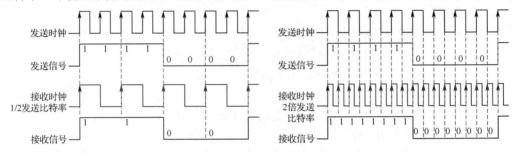

（a）接收/发送比特率=1/2，严格同步情况下，收到信号减半　（b）接收/发送比特率=2，严格同步情况下，收到信号加倍

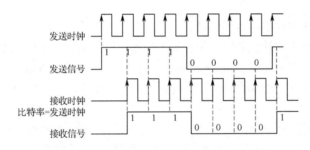

（c）接收比特率=发送比特率，不同步情况下，有收错信号的情况

图 9.1.3　比特率和时钟同步的影响

（1）同步通信（Synchronous Communication）。

同步通信要求通信双方使用同一个时钟信号，确保二者数据收发严格同步，以避免数据传输错误，如图 9.1.4 所示。图 9.1.5 所示为两个 STM32 单片机通过各自的 USART1 进行同步通信的连接线路，共需要 4 根线：SCLK 是同步时钟，GND 是信号地。双方的 Tx 和 Rx 交叉连接在一起。提供同步时钟的一方称为主设备，另一方称为从设备。

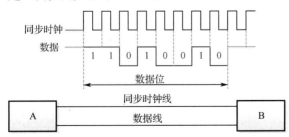

图 9.1.4　同步通信，双方使用同步时钟

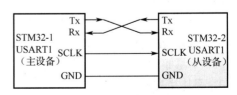

图 9.1.5　两个 STM32 单片机通过各自的 USART1
进行同步通信的连接线路

（2）异步通信（Asynchronous Communication）。

如图 9.1.6 所示，发送方和接收方不需要同步时钟信号，各自按照自己的时钟进行数据收发。为确保数据收发正确，除了约定双方须具有相同的比特率，为便于识别通信的开始和结束，还约定发送方在发送时在数据的最前面插入起始位，在数据的最后面插入停止位。接收方通过判别起始位和停止位控制数据的接收。相当于接收方通过起始位使自己的接收时钟与发送方对齐。这可以大大减少由于时钟不同步造成的影响，确保数据传输正确。图 9.1.7 所示为两个 STM32 单片机通过各自的 USART1 进行异步通信的连接电路。只需要 Tx、Rx、GND 三根线。

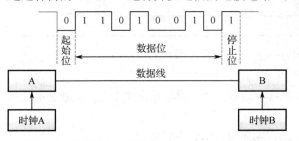

图 9.1.6 异步通信，在数据中插入起始位和停止位

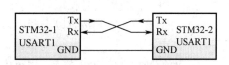

图 9.1.7 两个 STM32 单片机通过各自的 USART1
进行异步通信的连接电路

（3）同步通信和异步通信比较。

同步通信对同步时钟要求比较严格，必须严格同步。异步通信不需要双方严格同步，优点是设备简单、价格便宜。

同步通信一次可以进行大批量的数据传送，因此数据传输效率高。异步通信由于双方的时钟不能严格同步，起始位和停止位之间的数据位数越多，出错可能性越大。通常规定一次只能传送 7 或 8 位数据。假如一次传送 8 位，即 1 字节的数据，则 100 字节的数据需要发起传送 100 次，每次还都需要加上起始位和停止位。因此数据传输效率低于同步通信。本项目中我们将学习异步通信模式。

STM32 单片机的 USART 既支持同步通信 USRT，也支持异步通信 UART，我们只学习异步通信。

（三）UART 通信协议

1. 通信接口

UART（Universal Asynchronous Receiver Transmitter，通用异步收/发器）采用全双工异步通信方式，设备之间使用三根线连接，分别是数据发送线 Tx，数据接收线 Rx 和接地线 GND，如图 9.1.7 所示。

2. 信号电平

UART 通信采用 5V 的 TTL 电平。理想状态下，5V 表示逻辑 "1"，0V 表示逻辑 "0"。STM32 单片机支持 UART 通信。

3. 数据传送规则

（1）通信双方应以相同的比特率进行数据收发。

（2）Tx 线在空闲状态下应输出高电平。Rx 线在空闲状态下应收到高电平。

（3）以帧为单位进行数据发送和接收。常见的一帧包括 1 个起始位+8 个数据位+1 个奇偶校验位+1 个停止位。起始位总是 "0"，停止位总是 "1"。

（4）每帧数据的长度可编程设置。

起始位的长度固定为 1，其他位则可编程设置。允许的设置如表 9.1.1 所示。注意数据位+奇偶校验位的长度只能是 8 或 9。此外，停止位的个数与表 9.1.2 中的工作模式有关，未必 4 种取值都允许。例如，UART 模式下，停止位只能设置为 1 或 2。

表 9.1.1　STM32F10x 单片机一帧数据的位数

起始位的个数	数据位的个数	奇偶校验位的个数	数据位+奇偶校验位	停止位的个数
1	7	1	8	0.5、1、1.5、2
	8	1	9	
	8	0	8	
	9	0	9	

（5）对于发送方，发送数据的顺序：起始位→数据位 D0→数据位 D1→……→（奇偶校验位）→停止位。每一位数据用时长短取决于比特率。

（6）对于接收方，则按照以上顺序和比特率接收数据，并根据起始位和停止位判断数据传输的开始和结束。

（7）两帧数据之间可以连续，也可以不连续。中间用空闲状态分隔。

图 9.1.8 所示为在设定数据位为 8 位、做奇校验、1 个起始位、1 个停止位、比特率=9600 位/s 情况下，Tx 线上连续发送两帧数据"1010 0110"和"1101 0011"的情况。

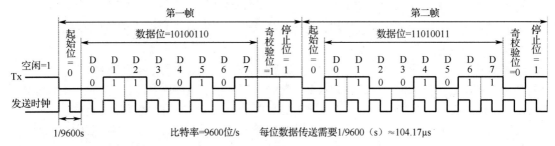

图 9.1.8　Tx 引脚连发两个 8 位数据

说明 1：比特率=9600 位/s，则每位数据传送需要 1/9600s≈104.17μs。

说明 2：奇校验（odd parity）就是在发送时，将数据凑成奇数个"1"。

例如，8 位数据"1010 0110"原有 4 个"1"，需要加 1 个"1"方能凑成奇数个"1"，因此其奇校验位为"1"。

再如，数据"1101 0011"原有 5 个"1"，需要加 1 个"0"能凑成奇数个"1"，因此其奇校验位为"0"。

说明 3：偶校验（even parity）就是将数据凑成偶数个"1"。

例如，数据"1010 0110"原有 4 个"1"，需要加 1 个"0"，能凑成偶数个"1"，因此其偶校验位为"0"。

说明 4：利用奇偶校验位可判断出一部分数据传输错误。

例如，约定做奇校验，发送方必然按照凑奇数个"1"的原则发送数据。如果接收方收到的 8 位数据是"1001 0111"，奇偶校验位是"1"，则共有 5+1=6 个"1"，不是奇数，则可判断出接收数据有错。可见奇偶校验能判断出一部分数据传输错误。

说明 5：可通过编程设置做奇校验或是偶校验还是无校验。

（四）认识 STM32F10x 单片机的 USART

1. 数量及名称

STM32F103ZET6 单片机有 5 个 USART/UART。其中 3 个为 USART1、USART2 和 USART3，

既可以进行同步通信，也可以进行异步通信。另外两个名为 UART4 和 UART5，只能进行异步通信。

2. 支持的工作模式

STM32F10x 单片机的 USART/UART 不仅支持全双工的通用同步、异步通信，还支持半双工单线通信等模式，具体如表 9.1.2 所示，"√"代表支持。9 种模式中，我们只学习 UART 全双工通用异步模式。

表 9.1.2　USART 支持的工作模式

工 作 模 式	USART1	USART2	USART3	UART4	UART5
UART 全双工通用异步模式	√	√	√	√	√
USRT 全双工通用同步模式	√	√	√		
半双工（单线）模式	√	√	√		
智能卡模式	√	√	√		
IrDA（红外数据）模式	√	√	√	√	√
硬件流控制模式	√	√	√		
LIN（局部互联网）模式	√	√	√	√	√
多处理器通信模式	√	√	√	√	√
多缓存通信（DMA）模式	√	√	√	√	√

3. 使用的引脚

（1）异步通信使用的引脚。

Tx（Transmit）发送、Rx（Receive）接收，它们与 GPIO 引脚复用，如表 9.1.3 所示。

表 9.1.3　USART 使用的引脚

引脚	APB2 总线		APB1 总线						
	USART1		USART2		USART3			UART4	UART5
	默认	重映射	默认	重映射	默认	重映射	重映射	默认	默认
Tx	PA9	PB6	PA2	PD5	PB10	PC10	PD8	PC10	PC12
Rx	PA10	PB7	PA3	PD6	PB11	PC11	PD9	PC11	PD2
SCLK	PA8		PA4	PD7	PB12	PC12	PD10		

从表中可看出，USART1 默认使用 PA9 作为 Tx 引脚，使用 PA10 作为 Rx 引脚。但也可以通过重映射使用 PB6 作为 Tx 引脚，使用 PB7 作为 Rx 引脚。其他以此类推。

（2）同步通信使用的引脚。

除了 Tx 和 Rx 引脚，还有同步时钟引脚 SCLK。SCLK 引脚复用的 GPIO 引脚也在表 9.1.3 中。

（3）其他引脚。

IrDA_OUT、IrDA_IN：与 IrDA（红外数据）模式有关的引脚。

nRTS、nCTS：与硬件流控制有关的引脚。

SW_Rx：智能卡相关引脚。

这些引脚可在图 9.1.9 中找到。

4. 工作时钟

USART1 挂接在 APB2 总线上，其工作时钟是 PCLK2，最大频率为 72MHz。其他四个则挂接在 APB1 总线上，其工作时钟是 PCLK1，最大频率为 36MHz。

5. USART 功能框图

USART1~UART5 内部结构基本相同，各自独立，图 9.1.9 所示为其中一个 USART 的结构框图。

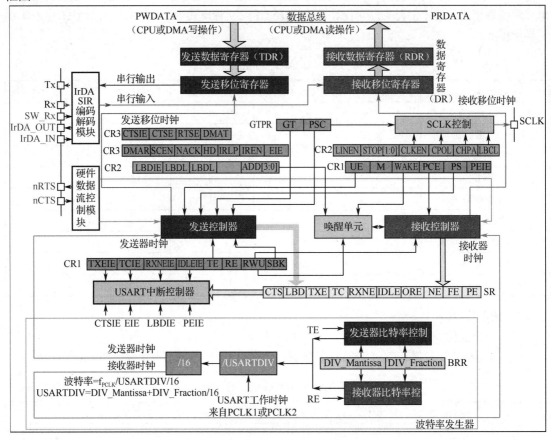

图 9.1.9 USART 结构框图

（1）数据寄存器 DR（Data Register）包括发送数据寄存器、发送移位寄存器、接收数据寄存器、接收移位寄存器等。

发送数据寄存器（Transmit Data Register，TDR）内存储的是 UART 待发送数据。

接收数据寄存器（Receive Data Register，RDR）内存储的是 UART 接收到的数据。

单片机内部包括 CPU、TDR、RDR 在内的大多数设备都是并行数据处理设备，要将 TDR 内的并行数据变成串行数据发送到 TX 引脚，需要发送移位寄存器的配合。

一帧数据发送的基本过程如下。

① 编程允许 UART 数据发送。

② 编程将待发送数据送到 UART 的发送数据寄存器。

③ 发送数据寄存器中的数据会自动进入发送移位寄存器。

④ 发送移位寄存器在发送移位时钟的控制下，按照起始位、数据位 D0~D7、（D8）、（奇偶校验位）、停止位的顺序，向 Tx 引脚逐位输出数据。可见发送移位寄存器的作用就是将 TDR 内的并行数据转换成串行数据并从 Tx 引脚输出。

以上四个步骤中，前两步需要编程，后两步由 UART 电路自动完成。

同样，要将 RX 引脚上收到的串行信号转换成并行数据存入接收数据寄存器，需要接收移位寄存器的配合。一帧数据接收的基本过程如下。

① 编程允许 UART 数据接收。

② Rx 引脚上输入的串行数据会自动进入接收移位寄存器。

③ 接收移位寄存器在接收移位时钟的控制下，将数据逐位移入，识别出起始位、有效数据位、奇偶校验位和停止位，最后将有效数据位存入接收数据寄存器。可见接收移位寄存器的作用是将 Rx 引脚输入的串行数据转换成并行数据并存入接收数据寄存器。

④ 编程将接收数据寄存器中的数据取走。

（2）波特率发生器如图 9.1.9 中的方框所示，发送移位寄存器工作需要的发送移位时钟来自发送控制器，发送控制器的时钟则来自波特率发生器产生的发送器时钟。

同样，接收移位寄存器工作需要的接收移位时钟来自接收控制器，接收控制器的时钟则来自波特率发生器产生的接收器时钟。

可见，波特率发生器的作用是为数据发送和接收提供发送和接收时钟。波特率发生器的时钟源是来自 PCLK1 或 PCLK2 的 USART 工作时钟。

利用库函数编程时，我们只需要指定好波特率，程序即可计算出位清除寄存器和 USARTDIV（分频系数）的值，启动发送/接收后即可按照波特率输出发送器时钟/接收器时钟。

（3）发送控制器和接收控制器。

数据寄存器 DR、波特率发生器的工作都是在发送控制器和接收控制器的控制下完成的。它们根据 CR1～CR3 三个控制寄存器（Control Register）的设置工作。CR1～CR3 可编程。

例如，编程设置 USART1 控制寄存器 CR1 的 UE=1 和 TE=1，则 USART1 被使能（UE，USART Enable），发送被允许（Transmit Enable）。于是 USART1 波特率发生器发出发送器时钟给发送控制器，发送控制器发出发送移位时钟，控制发送移位寄存器向 Tx 引脚逐位输出信号。

同样编程设置接收允许，即 USART1.CR1.RE=1（Receive Enable），则 USART1 接收控制器将工作，启动数据接收。

（4）状态寄存器。

状态寄存器 SR（Status Register）的值反映了 USART 的工作状态，如表 9.1.4 所示。

表 9.1.4 USART 的查询/中断请求事件

查询/中断事件	事件标志	中断允许位	查询/中断处理主要内容
发送数据寄存器已空（TDR Empty）	SR.TXE=1	CR1.TXEIE=1	送下一个待发数据给 TDR
发送已完成（Transmit Complete）	SR.TC=1	CR1.TCIE=1	关闭 USART
接收数据寄存器收到数据，非空（RDR Not Empty）	SR.RXNE=1	CR1.RXNEIE=1	取走 RDR 中数据
检测到奇偶校验错误（Parity Error）	SR.PE=1	CR1.PEIE=1	奇偶校验错误处理
检测到溢出错误，说明 RDR 数据还没取走，又收到新数据（Over load Error）	SR.ORE=1	CR1.RXNEIE=1	溢出处理
检测到空闲状态（一帧数据全是高电平，Idle）	SR.IDLE=1	CR1.IDLEIE=1	空闲处理
检测到断路状态（一帧数据全是低电平，Line Break）	SR.LBD=1	CR2.LBDIE=1	断路处理
多缓冲通信中的噪声标志、溢出错误和帧错误	SR.NF/ORE/FE=1	CR3.EIE=1	噪声、溢出和帧错误处理
nCTS 输入状态有变化	SR.CTS	CR3.CTSIE=1	CTS 处理

例如，在发送数据寄存器的数据已全部转移到发送移位寄存器，在发送数据寄存器当前已空的情况下，SR.TXE 会自动置 1，反之为 0。发送移位寄存器已完成一帧发送后，TC 会自动置 1，反之为 0。在接收数据寄存器 RDR 已收到数据后，SR.RXNE 会自动置 1，反之为 0。

编程时可以通过对这些位的查询决定下一步动作。例如，若查询到 TXE=1，则可以向发送数据寄存器送下一个待发送数据。若查询到 RXNE=1，则可以将 RDR 中接收到的数据取走。若查询到 TC=1 且当前为最后一帧，则可以禁止 USART，使其减少功耗。

（5）USART 中断控制器。

中断控制器用于进行 USART 中断管理。它能够根据 CR1、CR2 和 CR3 的设置及 SR 的状态决定是否向 NVIC 发中断请求。例如：如果编程允许 USART1 的 TXE 中断（CR1.TXEIE=1），则在 SR.TXE=1 后，将向 NVIC 发出中断请求。如果编程又允许了 NVIC 对 UART 中断做出响应，程序就会自动跳转到 USART1 的中断服务程序。我们可以在该程序中向发送数据寄存器送下一个待发送数据。

USART 支持的中断请求事件如表 9.1.4 所示。

（6）其他。

在图 9.1.9 中，IrDA SIR 编码、解码模块用于红外数据模式；硬件数据流控制模块用于硬件数据流模式；唤醒单元用于多处理器通信和 LIN 模式；GTPR 用于红外数据模式和智能卡模式；SCLK 控制用于输出同步时钟。

三、要点记录及成果检验

任务 9.1	认识 STM32 单片机的 USART						
姓名		学号		日期		分数	

（一）术语记录

英 文 简 称	英 文 全 称	中 文 翻 译
USART	Universal Synchronous /Asynchronous Receiver/Transmitter	
UART	Universal Asynchronous Receiver/Transmitter	
	Bit Rate	
bps	Bit Per Second	
	Baud Rate	
—	Ode Parity	
—	Even Parity	
COM	Communication	
—	Receive	
—	Transmit	

（二）概念明晰

1. n 位数据进行并行通信，至少需要____根数据线和一根接地线。

2. n 位数据进行串行通信，至少需要____根数据线和一根接地线。

3. 并行通信的速度比串行通信_____（填"快"或"慢"）。

4. 串行通信比并行通信更_____（填"适合"或"不适合"）远程通信。

5. 比特率是单位时间内传输的_____（填"二进制数"或"码元"）的个数。

6. 波特率是单位时间内传输的_____（填"二进制数"或"码元"）的个数。

7. 如果码元数=2，则波特率_____（填"等于"、"大于"或"小于"）比特率。

8. 单工通信时，数据传输方向有_____（填"一个"或"两个"）。

9. 半双工通信时，数据传输方向有_____（填"一个"或"两个"）。

10. 全双工通信时，数据传输方向有_____（填"一个"或"两个"）。

11. 半双工通信时，同一时刻数据的传输方向是_____（填"单向"或"双向"）的。

12. 全双工通信时，同一时刻数据的传输方向是_____（填"单向"或"双向"）的。

13. 同步通信的两个设备之间_____（填"需要"或"不需要"）同步时钟。

14. 异步通信的两个设备之间_____（填"需要"或"不需要"）同步时钟。

15. 异步通信的两个设备之间_____（填"需要"或"不需要"）指定相同的比特率和数据位的格式。

16. UART 电平标准：_____代表"1"；_____代表"0"。

17. STM32F103ZET6 有___个 USART，可进行_____（填"同步"或"异步"）通信。

18. STM32F103ZET6 有___个 UART，可进行_____（填"同步"或"异步"）通信。

19. USART1 默认使用_____作为 Tx 引脚，使用_____作为 Rx 引脚。

20. USART2 默认使用_____作为 Tx 引脚，使用_____作为 Rx 引脚。

21. USART3 默认使用_____作为 Tx 引脚，使用_____作为 Rx 引脚。

22. UART4 默认使用_____作为 Tx 引脚，使用_____作为 Rx 引脚。

23. UART5 默认使用_____作为 Tx 引脚，使用_____作为 Rx 引脚。

24. USART1 的工作时钟来自_____（填"PCLK1"或"PCLK2"），最大频率为_____（填"72"或"36"）MHz。

25. USART2 的工作时钟来自_____（填"PCLK1"或"PCLK2"），最大频率为_____（填"72"或"36"）MHz。

26. USART3 的工作时钟来自_____（填"PCLK1"或"PCLK2"），最大频率为_____（填"72"或"36"）MHz。

27. UART4 的工作时钟来自_____（填"PCLK1"或"PCLK2"），最大频率为_____（填"72"或"36"）MHz。

28. UART5 的工作时钟来自_____（填"PCLK1"或"PCLK2"），最大频率为_____（填"72"或"36"）MHz。

29. 发送移位寄存器的作用：_____。

30. 接收移位寄存器的作用：_____。

31. 发送数据寄存器的数据全部送入发送移位寄存器后，会产生_____事件。

32. 接收移位寄存器的数据全部移入接收数据寄存器后，会产生_____事件。

33. 发送完成后，会产生_____事件。

（三）画图

1. 画出两个 STM32 单片机进行 UART 通信的连接图。

2. 画出两个 STM32 单片机进行 USRT 通信的连接图。

3. 画出 1 个起始位、7 个数据位、1 个偶校验位、1 个停止位的波形，已知待传送数据为"100 0110"。

任务 9.2　两台 STM32 单片机 UART 通信系统的设计与调试

一、任务目标

目标：

（1）能画出两台 STM32 单片机 UART 通信的电路。

（2）能利用 HAL_UART_Receive() 和 HAL_UART_Transmit() 库函数编写两台 STM32 单片机 UART 通信的程序。

具体任务描述：按下 1#机 K_Up 键（PA0），点亮 2#机 LED0；按下 1#机 K_Down 键（PE2），熄灭 2#机 LED0；按下 1#机 K_Left 键（PE3），点亮 2#机 LED0~LED7；按下 1#机 K_Right 键（PE4），熄灭 2#机 LED0~LED7。

二、学习与实践

（一）讨论与发言

分组讨论要实现两台 STM32 单片机的 UART 通信，电路和程序应该怎样设计。

阅读以下资料，按照指导步骤完成电路和程序设计与调试。

（二）方案设计

系统方框图如图 9.2.1 所示。

图 9.2.1　系统方框图

（三）电路设计

如图 9.2.2 所示，由于 1#机只发送，2#机只接收，图中虚线也可以不接。

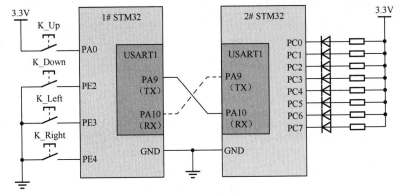

图 9.2.2　电路设计

（四）1#机程序设计与调试

1. 程序文件布局与框架搭建

（1）找一个之前的文件夹，如 "08-01-土壤湿度采集控制-单通道-禁止扫描-单次转换-查询取值", 对其进行复制、粘贴并修改副本文件名为 "09-01-两台 STM32-UART-transmit", 如图 9.2.3 所示。

（2）打开文件夹, 修改工程名为 "TWO-UART-BUTTON"。

（3）打开文件夹 "HARDWARE", 看看是否有 "KEY" 和 "LED" 文件夹。如果没有, 则需要从之前的工程中复制进来。

（4）复制 "KEY" 文件夹, 修改副本文件名为 "UART", 修改内部文件名为 "uart.c" 和 "uart.h"。

（5）双击 "TWO-UART-BUTTON" 打开工程, 添加 "uart.c" "key.c" "led.c" 到 "Project" 窗口的 "HARDWARE" 文件夹中。

（6）添加文件夹 "UART" "KEY" "LED" 到包含路径中。

（7）添加文件 "STM32f1xx_hal_uart.c" 和 "STM32f1xx_hal_usart.c" 到 "Project" 窗口的 "HALLIB" 文件夹中。

（8）检查 "HALLIB" 文件夹中是否有 "STM32f1xx_hal_dma.c" 等三个文件, 如果没有, 则请添加进来。以上三个文件是 UART 和 USART 操作需要的库文件。

（9）按图 9.2.3 检查和设置包含路径。

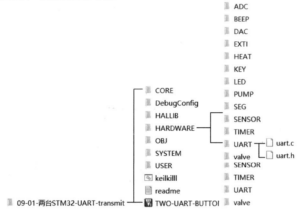

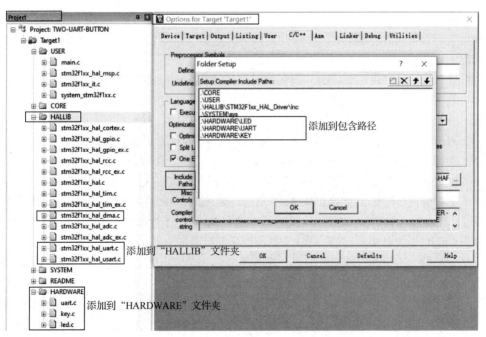

图 9.2.3　程序文件布局与框架

2. 程序流程设计

1#机流程如图 9.2.4 所示。

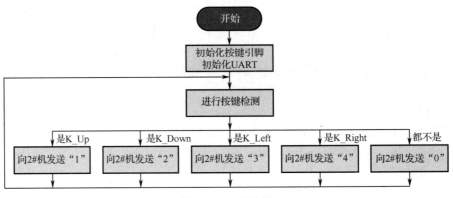

图 9.2.4　1#机流程

3. 主程序设计

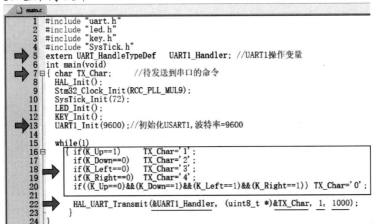

（1）第 5 行声明 UART 操作变量 UART1_Handler，指出它是一个 extern 型变量（该变量在文件 "uart.c" 中被定义），数据类型是 UART_HandleTypeDef。关于 UART_HandleTypeDef 类型详情参见表 9.2.1。

（2）第 7 行定义变量 TX_Char，该变量用于存储准备从 UART 发送的数据。

（3）第 13 行调用函数 UART1_Init()，初始化 UART。该函数在 "uart.c" 文件中定义，带一个参数，用于指出波特率，这里是 9600 位/s。

（4）第 16～20 行进行按键采集，根据按键情况为变量 TX_Char 赋值。

（5）第 22 行使用了库函数 HAL_UART_Transmit()，将变量 TX_Char 的值送入 UART 进行发送。该函数共有 4 个参数。

第 1 个参数指出用哪个 USART/UART 发送，要求是 UART 操作变量，本程序中指出按照变量 UART1_Handler 的设置进行发送，此变量的值在执行第 13 行函数 UART1_Init()时被写入（具体内容在 "uart.c" 文件中）。注意 UART 操作变量前需要加取地址操作符 "&"。

第 2 个参数指出待发送数据在哪里，要求是个地址或指针变量。本程序中待发送数据在变量 TX_Char 中，其地址就是&TX_Char。另外此变量要求数据类型是 uint8_t，与第 7 行定义不符，因此在&TX_Char 前加入(uint8_t *)，*代表取变量的值，(uint8_t *)代表将其值的类型强制转换成 uint8_t。当然，如果第 7 行定义 TX_Char 的数据类型为 uint8_t，就不需要做强制类型转换了。

第 3 个参数用于指出待发送数据有几个，这里只有一个，故直接写 "1"。

第4个参数用于指出超时时间，单位是 ms。本程序指定为 1000ms。

正常情况下波特率越高、数据个数越少，库函数 HAL_UART_Transmit()的执行时间就越短。待函数指定的所有数据发送完成后，结束函数运行并返回"HAL_OK"。

如果函数的执行时间大于超时时间，则无论数据是否发送完成，都将停止函数运行并返回"HAL_TIMEOUT"。这可以确保函数不会因为发送故障等原因被卡住。

有关库函数 HAL_UART_Transmit()的解释，详见表 9.2.3。

4. UART 程序设计

```
    uart.h
1   #ifndef _uart_H
2   #define _uart_H
3   #include "sys.h"
4   #include <stdio.h>//标准输入输出头文件

6   void UART1_Init(u32 bound);//UART1初始化函数
7   int fputc(int ch, FILE *f);//printf重定向函数
8   int fgetc(FILE *f);//getchar, scanf重定向函数
9   #endif
```

第 6 行声明了 UART 初始化函数 UART1_Init()，该函数带一个参数 bound，用于指出波特率。第 4 行、第 7 行、第 8 行对本程序而言不是必需的，可先不理会。留着是为了方便使用其他方法编写 UART 相关程序。

```
    uart.c
1   #include "uart.h"
2   UART_HandleTypeDef  UART1_Handler; //UART1操作变量

4   void UART1_Init(u32 bound)      //UART1初始化函数
5   { UART1_Handler. Instance=USART1;              //USART1
6     UART1_Handler. Init. BaudRate=bound;         //波特率=bound
7     UART1_Handler. Init. WordLength=UART_WORDLENGTH_8B; //数据位+校验位长度=8
8     UART1_Handler. Init. StopBits=UART_STOPBITS_1;  //一个停止位
9     UART1_Handler. Init. Parity=UART_PARITY_NONE;  //无奇偶校验位
10    UART1_Handler. Init. HwFlowCtl=UART_HWCONTROL_NONE; //无硬件流控
11    UART1_Handler. Init. Mode=UART_MODE_TX_RX;     //收发模式

13    HAL_UART_Init(&UART1_Handler);             //按照以上设置初始化UART1
14  }

16  //UART底层初始化, 时钟使能, 引脚配置, 中断配置
17  //此函数会被HAL_UART_Init()调用
18  //huart:UART操作变量
19  void HAL_UART_MspInit(UART_HandleTypeDef *huart)
20  { GPIO_InitTypeDef GPIO_InitStructure;//GPIO初始化变量
21    if(huart->Instance==USART1)            //如果是USART1则:
22    { __HAL_RCC_GPIOA_CLK_ENABLE();        //使能GPIOA时钟
23      __HAL_RCC_USART1_CLK_ENABLE();       //使能USART1时钟

25      GPIO_InitStructure.Pin=GPIO_PIN_9;         //PA9 (TX)
26      GPIO_InitStructure.Mode=GPIO_MODE_AF_PP;   //复用推挽输出
27      GPIO_InitStructure.Speed=GPIO_SPEED_FREQ_HIGH;//高速输出
28      HAL_GPIO_Init(GPIOA,&GPIO_InitStructure);  //初始化PA9

30      GPIO_InitStructure.Pin=GPIO_PIN_10;        //PA10 (RX)
31      GPIO_InitStructure.Mode=GPIO_MODE_AF_INPUT; //复用输入模式
32      GPIO_InitStructure.Pull=GPIO_PULLUP;       //上拉输入
33      HAL_GPIO_Init(GPIOA,&GPIO_InitStructure);  //初始化PA10
34    }
35  }
38  //重定向c库函数printf到串口DEBUG_USART, 重定向后可使用printf函数
39  int fputc(int ch, FILE *f)
40  { /* 发送一字节数据到串口DEBUG_USART */
41    HAL_UART_Transmit(&UART1_Handler, (uint8_t *)&ch, 1, 1000);
42    return (ch);
43  }

45  //重定向c库函数scanf到串口DEBUG_USART, 重定向后可使用scanf、getchar等函数
46  int fgetc(FILE *f)
47  { int ch;
48    HAL_UART_Receive(&UART1_Handler, (uint8_t *)&ch, 1, 1000);
49    return (ch);
50  }
51
```

（1）第 2 行定义 UART 操作变量 UART1_Handler，数据类型固定为 UART_HandleTypeDef，用于指出用哪个 UART，怎么发送或接收，具体要求参见表 9.2.1。

（2）第 4～14 行为 UART 初始化函数。该函数带一个参数 baund，用于指出波特率。

（3）第 5～11 行用于设置变量 UART1_Handler，指出使用 USART1、波特率=bound、数据位

+校验位字长=8、1 个停止位、无奇偶校验位、无硬件流控制、数据收发模式。对于本应用，由于 1#机只进行数据发送，因此也可将其设置为数据发送模式（UART_MODE_TX）。

（4）第 13 行调用 UART 初始化库函数 HAL_UART_Init()，按照变量 UART1_Handler 的值进行 UART 初始化。该库函数定义参见表 9.2.2。

（5）第 19～35 行执行 UART 初始化库函数 HAL_UART_Init()时，会自动调用库函数 HAL_UART_MspInit()。此库函数内容可自行编写。我们在这里开启 USART1 和 GPIOA 时钟，初始化 USART1 的引脚 PA9（Tx）和 PA10（Rx）。注意 PA9 应设置为复用推挽输出，PA10 应设置为复用输入。

（6）第 38～50 行函数与"uart.h"文件第 7 行、第 8 行对应，本程序并不需要，可暂不理会。

5. UART 相关库函数解读

UART 相关库函数如表 9.2.1～表 9.2.4 所示。

表 9.2.1　UART 操作变量

UART 操作变量数据类型：UART_HandleTypeDef		
typedef　struct		
{　　**USART_TypeDef**	***Instance;**	// UART 名，取值有 **5** 个：USART1～USART3、UART4～UART5
UART_InitTypeDef	**Init;**	//UART 初始化参数，定义见本表
uint8_t	*pTxBuffPtr;	//UART 发送缓冲区首地址，指针变量
uint16_t	TxXferSize;	//UART 发送缓冲区长度
uint16_t	TxXferCount;	//UART 发送计数器
uint8_t	*pRxBuffPtr;	//UART 接收缓冲区首地址，指针变量
uint16_t	RxXferSize;	//UART 接收缓冲区长度
uint16_t	RxXferCount;	//UART 接收计数器
DMA_HandleTypeDef	*hdmatx;	//DMA 发送参数
DMA_HandleTypeDef	*hdmarx;	//DMA 接收参数
HAL_LockTypeDef	Lock;	//锁定对象
__IO　HAL_UART_StateTypeDef	gState;	//发送状态
__IO　HAL_UART_StateTypeDef	RxState;	//接收状态
__IO　uint32_t	ErrorCode;	//错误代码
} UART_HandleTypeDef;		
UART 初始化数据类型：UART_InitTypeDef		
typedef　struct		
{　　uint32_t	BaudRate;	//波特率
uint32_t	WordLength;	//字长（数据位+奇偶校验位），有 8 位和 9 位两个取值：
		UART_WORDLENGTH_8B（8 位）、UART_WORDLENGTH_9B（9 位）
uint32_t	StopBits;	//停止位，有 1 和 2 两个取值：UART_STOPBITS_1、UART_STOPBITS_2
uint32_t	Parity;	//奇偶校验位，有三个取值：
		UART_PARITY_NONE（无）、UART_PARITY_EVEN（偶）、UART_PARITY_ODD（奇）
uint32_t	Mode;	//模式，有三个取值：
		UART_MODE_RX（接收）、UART_MODE_TX（发送）、UART_MODE_TX_RX（发送-接收）
uint32_t	HwFlowCtl;	//硬件流控制，有四个取值：UART_HWCONTROL_NONE（无）、
		UART_HWCONTROL_RTS、UART_HWCONTROL_CTS、UART_HWCONTROL_RTS_CTS
uint32_t	OverSampling;	//过采样系数，默认为 16。如果定义了 USART_CR1_OVER8，则默认为 8
}UART_InitTypeDef;		

表 9.2.2　UART 初始化库函数

UART 初始化函数：HAL_UART_Init(&UART 操作变量)
函数原型：HAL_StatusTypeDef　HAL_UART_Init(UART_HandleTypeDef *huart)
功能：初始化 UART，并隐性调用库函数 HAL_UART_MSPInit()
入口参数：huart，指出对哪个 UART/USART 进行初始化，如何初始化 　　　　数据类型为 UART_HandleTypeDef，结构体变量，其定义见表 9.2.1
返回值：类型为 HAL_StatusTypeDef，有四个取值： 　　　　HAL_OK = 0x00;　　HAL_ERROR = 0x01;　　HAL_BUSY = 0x02;　　HAL_TIMEOUT = 0x03
UART 初始化隐性调用函数：HAL_UART_MSPInit(UART_HandleTypeDef *huart
函数原型：__weak void HAL_UART_MSPInit(UART_HandleTypeDef *huart)
功能：会被 HAL_UART_Init()自动调用，用于完善 UART 初始化内容，如开启 UART 时钟，初始化相关引脚，设置中断等

表 9.2.3　UART 发送库函数（查询方式）

查询发送函数：HAL_UART_Transmit(&UART 操作变量,&数据首地址,数据个数,超时时间)
函数原型： HAL_StatusTypeDef　HAL_UART_Transmit(UART_HandleTypeDef *huart,uint8_t *pData,uint16_t Size,uint32_t Timeout)
功能：按照 huart 的设置，以查询方式进行 UART 数据发送。发送数据的首地址由 pData 指出，数据串长度是 Size，超时时间是 Timeout
入口参数 1：huart 是 UART 操作变量，数据类型为 UART_HandleTypeDef，结构体变量。指出用哪个 USART/UART 发送
入口参数 2：pData 是发送数据缓冲区首地址，指针变量
入口参数 3：size 是发送缓冲区长度
入口参数 4：Timeout 是超时时间，单位是 ms
返回值：HAL_StatusTypeDef，有四个取值： 　　　　HAL_OK = 0x00;　　HAL_ERROR = 0x01;　　HAL_BUSY = 0x02;　　HAL_TIMEOUT = 0x03

表 9.2.4　UART 接收库函数（查询方式）

查询接收函数：HAL_UART_Receive(&UART 操作变量,&数据首地址,数据个数,超时时间)
函数原型： HAL_StatusTypeDef　HAL_UART_Receive(UART_HandleTypeDef *huart,uint8_t *pData,uint16_t Size,uint32_t Timeout)
功能：按照 huart 的设置，以查询方式进行 UART 数据接收。接收数据首地址由 pData 指出，数据串长度是 Size，超时时间是 Timeout
入口参数 1：huart 是 UART 操作变量，数据类型为 UART_HandleTypeDef,结构体变量。指出用哪个 USART/UART 接收
入口参数 2：pData 是接收数据缓冲区首地址，指针变量
入口参数 3：size 是接收缓冲区长度
入口参数 4：Timeout 是超时时间，单位是 ms
返回值：HAL_StatusTypeDef，有四个取值： 　　　　HAL_OK = 0x00;　　HAL_ERROR = 0x01;　　HAL_BUSY = 0x02;　　HAL_TIMEOUT = 0x03

6. 按键程序设计

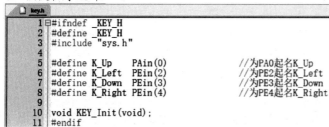

```
key.h
1  #ifndef _KEY_H
2  #define _KEY_H
3  #include "sys.h"
4
5  #define K_Up    PAin(0)      //为PA0起名K_Up
6  #define K_Left  PEin(2)      //为PE2起名K_Left
7  #define K_Down  PEin(3)      //为PE3起名K_Down
8  #define K_Right PEin(4)      //为PE4起名K_Right
9
10 void KEY_Init(void);
11 #endif
```

```
key.c
 1  #include "key.h"
 2
 3  void KEY_Init(void)      //按键初始化函数
 4 {  GPIO_InitTypeDef GPIO_Initure;             //定义GPIO初始化变量
 5     __HAL_RCC_GPIOA_CLK_ENABLE();              //开启GPIOA时钟
 6     __HAL_RCC_GPIOE_CLK_ENABLE();              //开启GPIOE时钟
 7
 8     GPIO_Initure.Pin=GPIO_PIN_0;               //PA0
 9     GPIO_Initure.Mode=GPIO_MODE_INPUT;         //输入模式
10     GPIO_Initure.Pull=GPIO_PULLDOWN;           //内部下拉
11     HAL_GPIO_Init(GPIOA,&GPIO_Initure);        //执行GPIOA初始化
12
13     GPIO_Initure.Pin=GPIO_PIN_2|GPIO_PIN_3|GPIO_PIN_4; //PE234
14     GPIO_Initure.Mode=GPIO_MODE_INPUT;         //输入模式
15     GPIO_Initure.Pull=GPIO_PULLUP;             //内部上拉
16     HAL_GPIO_Init(GPIOE,&GPIO_Initure);        //执行GPIOE初始化
17 }
```

（五）利用串口调试助手调试 1#机程序

1. 下载程序到开发板

对以上程序进行编译生成，无错后下载到 1#开发板。

2. 安装串口调试助手

在进行 UART 串口程序调试时，虽然可以和之前一样利用 Keil μVision5 软件的在线调试功能。但人们更喜欢使用串口调试助手。串口调试助手是一个安装在计算机上的小程序，用于进行单片机串口调试。网上可以找到的串口调试助手有很多，如果计算机上没有安装，可以自行装上。或者直接安装 Windows 操作系统免费提供的串口调试助手。方法如下。

（1）单击"开始"图标旁边的"搜索"按钮，在"搜索"文本框中输入"Microsoft Store"。

（2）打开"Microsoft Store"，找到串口调试助手，安装即可。安装后搜索窗口会出现"Microsoft Store"和"串口调试助手"等图标，如图 9.2.5 所示。

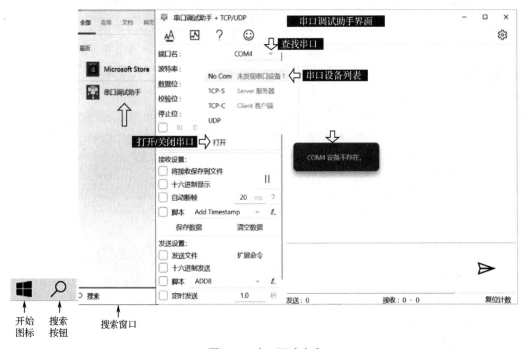

图 9.2.5　串口调试助手

（3）单击"串口调试助手"图标，打开它。

（4）由于此时计算机并未连接 STM32 单片机的 UART，单击"串口调试助手"界面中"端口名"下拉列表，查找计算机所连接的串口，会提示"COM4 发现串口设备"信息。

（5）单击"打开串口"按钮，提示"COM4 设备不存在。"信息。

3. 安装 CH340 驱动

开发板上的 USART1 是通过 CH340 芯片连接到 USB 串口下载接口上的。可以利用 USB 线将其连接到计算机上，如图 9.2.6 所示。连接后如果串口调试助手仍然找不到设备，则可能是没有安装 CH340 驱动的原因。从网上找一个 CH340 驱动安装包下载到计算机上，CH340 驱动安装界面如图 9.2.7 所示。安装完成后，打开计算机的设备管理器，会出现"USB-SERIAL CH340（COM3）"设备图标，并为其分配串口号。不同计算机分配的串口号可能不同，如图 9.2.8 所示。

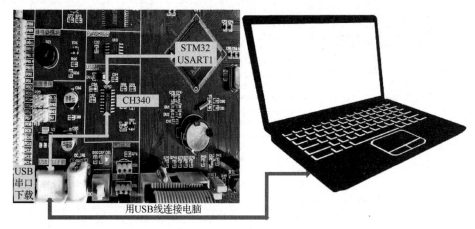

图 9.2.6　连接 USART1 和计算机

图 9.2.7　CH340 驱动安装界面

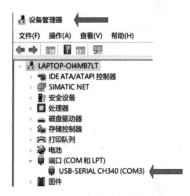

图 9.2.8　CH340 驱动安装完成

4. 利用串口调试助手调试 1#机程序

（1）用 USB 线将开发板通过 USB 串口下载接口连到计算机上。

（2）打开串口调试助手，其界面如图 9.2.9 所示。单击串口调试助手界面中"串口号"下拉列表，选择"USB-SERIAL CH340（COMx）"选项。

（3）设置希望的波特率、数据位、校验位、停止位，注意必须与"uart.c"文件中的设置一致。

（4）单击"打开串口"按钮。打开后，按钮变成绿色，显示字符变为"关闭串口"。利用此按钮可以打开或关闭串口。

（5）已经打开串口（按钮绿色）情况下，按住开发板上的按键 K_Up，会发现接收窗口中显示的都是数字"1"。说明串口调试助手不断收到 STM32 UART 发送的字符"1"。

（6）松开 K_Up 按键，且不按下任何其他按键，接收窗口中显示的应该都是数字"0"。

（7）按下其他 3 个按键，应该分别收到字符"2""3""4"。

（8）调试完成后关闭串口，按钮变成灰色，显示字符变为"打开串口"。

（9）断开 STM32 单片机和计算机的连接。

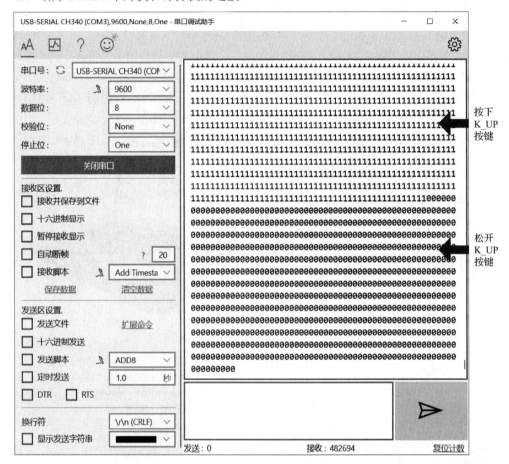

图 9.2.9　按住和松开 K_Up 按键，串口调试助手分别收到"1"或"0"

故障现象：_____

解决办法：_____

原因分析：_____

（六）2#机程序设计与调试

1. 程序文件布局与框架搭建

（1）复制文件夹"09-01-两台 STM32-UART-transmit"并粘贴，修改副本文件名为"09-01-两台 STM32-UART- receive"，如图 9.2.10 所示。

（2）打开文件夹，修改工程名为"TWO-UART-LED"。

（3）双击"TWO-UART-LED"，打开工程。

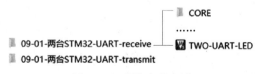

图 9.2.10　程序文件布局

2. 程序流程设计

2#机流程如图 9.2.11 所示。

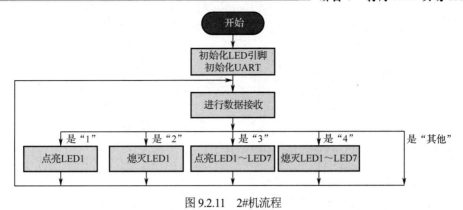

图 9.2.11　2#机流程

3. 主程序设计

```
main.c
 1   #include "uart.h"
 2   #include "led.h"
 3   #include "SysTick.h"
 4   extern UART_HandleTypeDef    UART1_Handler; //UART1操作变量
 5   int main(void)
 6 ▷ { char RX_char;          //当前收到的命令
 7     HAL_Init();
 8     Stm32_Clock_Init(RCC_PLL_MUL9);
 9     SysTick_Init(72);
10     LED_Init();
11 ▷  UART1_Init(9600);//初始化USART1，波特率=9600
12     while(1)
13 ▷    { HAL_UART_Receive(&UART1_Handler, (uint8_t *)&RX_char, 1, 1000); //读取串口输入
14 ▷      switch(RX_char)            //判断命令
15        { case '1':              //命令"1"
16            Led1=0;break;                              //点亮LED1
17          case '2':              //命令"2"
18            Led1=1;break;                              //熄灭LED1
19          case '3':              //命令"3"
20            Led1=Led2=Led3=Led4=Led5=Led6=Led7=Led8=0;break;  //点亮LED1~LED8
21          case '4':              //命令"4"
22            Led1=Led2=Led3=Led4=Led5=Led6=Led7=Led8=1;break;  //熄灭LED1~LED8
23          default:break;                 //其他命令
24        }
25      }
26   }
```

（1）第 6 行定义变量 RX_Char，该变量用于存储从 UART 接收到的数据。

（2）第 11 行初始化 UART1，注意波特率必须和 1#机相同。

（3）第 13 行使用库函数 HAL_UART_Receive()，将 UART 收到的数据存入变量 RX_Char。与库函数 HAL_UART_Transmit()类似，也有 4 个参数，只是第 2 个参数用于指出将收到的数据存到哪里。

（4）第 14～24 行对收到的数据进行判别，根据输入命令的不同，控制 LED 的亮灭。

有关库函数 HAL_UART_Receive()的解释，详见表 9.2.4。

4. UART 程序设计

当前设置为"UART_MODE_TX_RX"，无须改变。当然由于本机只进行接收，因此也可修改为"UART_MODE_RX"。

5. LED 程序设计

```
led.h
 1   #ifndef _LED_H
 2   #define _LED_H
 3   #include "sys.h"
 4   #define Led1    PCout(0)        //为PC0起名Led1
 5   #define Led2    PCout(1)        //为PC1起名Led2
 6   #define Led3    PCout(2)        //为PC2起名Led3
 7   #define Led4    PCout(3)        //为PC3起名Led4
 8   #define Led5    PCout(4)        //为PC4起名Led5
 9   #define Led6    PCout(5)        //为PC5起名Led6
10   #define Led7    PCout(6)        //为PC6起名Led7
11   #define Led8    PCout(7)        //为PC7起名Led8
12   #define Led(n)  PCout(n)        //为PCn起名
13   void LED_Init(void);
14   #endif
```

```
led.c
  1    #include "led.h"
  2
  3    void LED_Init(void)                                    //LED初始化函数
  4  □ { GPIO_InitTypeDef  GPIO_Initure;                      //定义GPIO初始化变量
  5      __HAL_RCC_GPIOC_CLK_ENABLE();                        //开启GPIOC时钟
  6      GPIO_Initure.Pin=GPIO_PIN_0|GPIO_PIN_1|GPIO_PIN_2|\
  7                       GPIO_PIN_3|GPIO_PIN_4|GPIO_PIN_5|\
  8                       GPIO_PIN_6|GPIO_PIN_7;              //PC0~PC7
  9      GPIO_Initure.Mode=GPIO_MODE_OUTPUT_PP;               //推挽输出
 10      GPIO_Initure.Speed=GPIO_SPEED_FREQ_HIGH;             //高速输出
 11      HAL_GPIO_Init(GPIOC,&GPIO_Initure);                 //初始化GPIOC
 12
 13      Led1=Led2=Led3=Led4=Led5=Led6=Led7=Led8=1;          //全灭
 14    }
```

（七）利用串口调试助手调试 2#机程序

（1）对以上程序进行编译生成，无错后将程序下载到 2#开发板。

（2）用 USB 线通过 USB 串口下载接口将 2#开发板连接到计算机上。

（3）如图 9.2.12，单击串口调试助手界面中"串口号"下拉列表，选择"USB-SERIAL CH340 (COMx)"选项。

图 9.2.12　通过串口调试助手发送字符"1"

（4）设置希望的波特率、数据格式等参数，注意必须与"uart.c"文件中的设置一致。

（5）单击"打开串口"按钮，按钮应变成绿色。

（6）已经打开串口（按钮为绿色）的情况下，先在下部的窗口中写"1"，然后单击"发送"按钮，应该观察到 2#开发板上的 LED1 点亮。说明串口调试助手发送的字符"1"被 2#STM32 UART1接收到并且成功点亮 LED1。

（7）在下部的窗口中分别写"2""3""4"，应观察到 LED 能按照要求相应动作。

（8）调试完成后关闭串口调试助手，断开 STM32 单片机和计算机的连接。

故障现象: ＿＿＿＿＿＿＿＿＿＿＿＿＿＿＿＿＿＿＿＿＿＿＿＿＿＿＿＿＿＿＿＿＿＿＿＿＿＿

解决办法: ＿＿＿＿＿＿＿＿＿＿＿＿＿＿＿＿＿＿＿＿＿＿＿＿＿＿＿＿＿＿＿＿＿＿＿＿＿＿

原因分析: ＿＿＿＿＿＿＿＿＿＿＿＿＿＿＿＿＿＿＿＿＿＿＿＿＿＿＿＿＿＿＿＿＿＿＿＿＿＿

（八）双机联调

（1）将 1#开发板的 PA9、PA10、GND 分别接到 2#开发板的 PA10、PA9、GND 上。

（2）给两个开发板上电。

（3）反复按下 1#开发板 4 个按键之一，观察 2#开发板上的 LED 应能对应点亮或熄灭。

故障现象：_____

解决办法：_____

原因分析：_____

三、要点记录及成果检验

任务 9.2	两台 STM32 单片机 UART 通信系统的设计与调试						
姓名		学号		日期		分数	

1. 画出两台 STM32 单片机 UART 连接电路，要求 1#机用 USART3，2#机用 UART5。

2. 编程实现两台 UART 通信程序。要求 1#机用 USART3，2#机用 UART5，按住 1#机按键 K_Up，2#机的 8 个 LED 循环点亮，松开 1#机按键 K_Up，2#机的 8 个 LED 熄灭。

任务 9.3　STM32 单片机 UART 与计算机通信系统的设计与调试

一、任务目标

目标：

（1）能完成 STM32 单片机 UART 与计算机 USB 口通信电路的设计。

（2）能完成 STM32 单片机 UART 与计算机 COM 口通信电路的设计。

（3）能利用 HAL_UART_Transmit()和 HAL_UART_Receive()函数编程实现 STM32 单片机与计算机通信。

（4）能利用 HAL_UART_Transmit_IT()和 HAL_UART_Receive_IT()函数编程实现 STM32 单片机与计算机通信。

（5）能利用 getchar()和 printf()函数编程实现 STM32 单片机与计算机通信。

（6）能够查找相关资料，看懂数据手册。

具体任务描述：

计算机输入"1"：STM32 单片机点亮 LED0，并向计算机发送"LED0 已点亮"。

PC 输入"2": STM32 单片机熄灭 LED0,并向计算机发送"LED0 已熄灭"。

PC 输入"3": STM32 单片机点亮 LED0～LED7,并向计算机发送"LED0～LED7 已点亮"。

PC 输入"4": STM32 单片机熄灭 LED0～LED7,并向计算机发送"LED0～LED7 已熄灭"。

二、学习与实践

(一)讨论与发言

分组讨论实现 STM32 单片机 USART 与计算机通信需要哪些设备,如何设计电路,并予以记录。在讨论的基础上,阅读以下资料,按照指导步骤和相关信息完成系统方案设计和器件选型。

(二)UART 与计算机 USB 口连接电路设计

1. 认识 USB 接口

USB 接口有多种形式,如图 9.3.1 所示。其中 USB1.0～2.0 的关键引脚只有 4 个,能实现半双工异步通信。USB3.0 的关键引脚有 9 个,能够实现全双工通信。开发板上的 USB 串口下载接口属于 USB1.0～2.0 的 Micro-B 形式,有 5 个引脚,其中 1 号引脚和 5 号引脚分别是 VCC 和 GND,2 号引脚、3 号引脚分别是 D-和 D+,4 号引脚为空引脚。

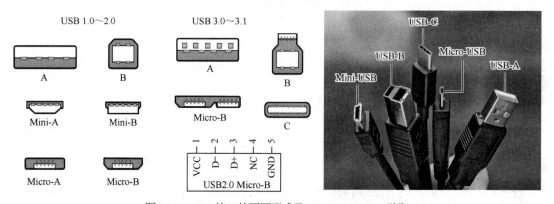

图 9.3.1 USB 接口的不同形式及 USB2.0 Micro-B 引脚

2. 方案设计

如图 9.3.2 所示,为使 STM32 单片机 UART 可以通过 USB 接口连接到计算机上,需要在 STM32 单片机 UART 和计算机的 USB 之间加入 USB/UART 信号转换电路。

图 9.3.2 STM32 单片机 UART 与计算机的 USB 口连接方案

3. USB/UART 转换芯片选择

常用的 USB/UART 转换芯片有 CH340、PL2303、CP2102、FT232 等。

CH340 可以实现 USB/UART 转换功能。按照封装形式的不同,分为 CH340G、CH340C、CH340B 等,引脚数为 8～20 不等。其中,CH340C 等内置时钟无须外部晶振。CH340G 芯片及引脚如图 9.3.3 所示,其引脚定义如表 9.3.1 所示。与 UART 通信时,主要用到的引脚包括 VCC 和 GND(供电)、V3(辅助供电)、XI 和 XO(晶振)、Rx 和 Tx(UART 信号)、D+和 D-(USB 信号)。

图 9.3.3　CH340G 芯片及引脚

表 9.3.1　CH340G 引脚定义

引　脚	名　称	功　能	引　脚	名　称	功　能
16	VCC	供电电源正极，需外接 0.1μF 去耦电容器	1	GND	供电电源负极
4	V3	3.3V 供电时接 VCC，5V 供电时接 0.01μF 去耦电容器	15	RS-232	辅助 RS-232 使能，输入，高电平有效，内置下拉电阻
7	XI	晶振输入	8	XO	晶振输出
2	TXD	串行输出	3	RXD	串行输入
5	D+	USB 数据+	6	D−	USB 数据
10	DSR#	输入，数据装置就绪，低（高）有效	13	DTR#	输出，数据终端就绪，低（高）有效
9	CTS#	输入，清除发送，低（高）有效	14	RTS#	输出，请求发送，低（高）有效
11	RI#	输入，振铃指示，低（高）有效	12	DCD#	输入，载波检测，低（高）有效

4. 电路设计

如图 9.3.4 所示，左侧为计算机的 USB 接口，右侧为 STM32 单片机及 LED 电路，中间部分为 USB/UART 转换电路。

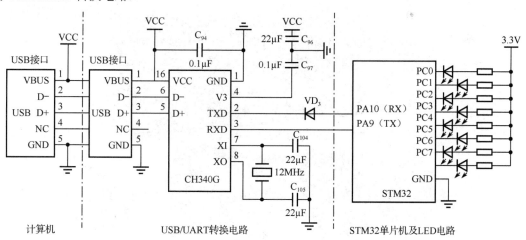

图 9.3.4　电路设计（STM32 单片机 UART1 与 PC USB 口连接）

STM32 单片机的 Tx 和 Rx 引脚分别接 CH340 的 RXD 和 TXD 引脚，转换后的输出为 D+ 和 D−，它们经 USB 接口接到计算机上。由于 CH340 侧的供电电压 VCC（5V）高于 STM32 单片机侧的 3.3V，为防止 CH340 的 TXD 引脚在空闲状态或为"1"时向 STM32 单片机灌入电流，造成

STM32 单片机接收错误，中间加入了一个二极管 VD_3。编程时应将 PA10 设置为上拉输入。

XI 和 XO 用于外接晶振。对于 CH340C 等内置时钟的芯片，不需要晶振电路。

PA9

PA10

USB串口下载接口，连接计算机　　　　　　　　电源开关

图 9.3.5　开发板上的 USB 接口

5. 电路测试

（1）在开发板上找到 USB 串口模块和 USB 串口下载接口，如图 9.3.5 所示。

（2）断电，电源指示灯熄灭。

（3）用万用表的蜂鸣挡测量 STM32 单片机的 PA9（Tx）与 CH340 的 3 脚（RXD）相连。PA10（Rx）应与 CH340 的 2 脚（TXD）通过 VD_3 相连。

（4）用万用表的蜂鸣挡测量 CH340 的 5（D+）脚和 6（D-）脚，应分别与板上的 USB 串口下载接口的 2 号和 3 号引脚相连。

（5）用 USB 线将 USB 串口下载接口连接到计算机上。

（6）按下电源开关，电源指示灯点亮。

（7）测量 CH340 的 VCC（16 脚）电压应约为 5V。

测试中的问题记录：_____

_____

（三）UART 与 PC 的 COM 口连接电路设计

1. 认识 COM 口

工控机、智能仪表、触摸屏、I/O 板卡、I/O 模块及早期的计算机上常配有 COM 口，即串口连接器，彼此间可通过 COM 口及连接电缆接在一起，如图 9.3.6 所示。COM 口又分为 RS-232、RS-422、RS-485 等。这里我们学习 RS-232。

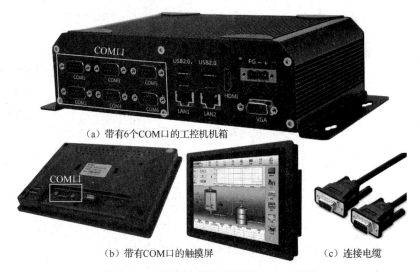

（a）带有 6 个 COM 口的工控机机箱

（b）带有 COM 口的触摸屏　　　　　　　　（c）连接电缆

图 9.3.6　工控机和触摸屏通过 COM 口连接

（1）RS-232。

RS-232 连接器有 25 个引脚及 9 个引脚两种类型，目前主要使用 9 个引脚的类型，也称为 DB9，

如图 9.3.7 所示。分公头（male）和母头（female）两种，其尺寸、插针的排列位置都有明确规定。

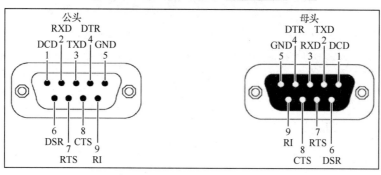

图 9.3.7　RS-232 外观和引脚定义

表 9.3.2 所示为 RS-232 公头引脚定义，与单片机的 UART 通信时，只使用 RXD（Receive）、TXD（Transmit）和 GND 引脚。其他引脚，如 DCD、DTR 等用于计算机与调制解调器间的通信，可暂不理会。

表 9.3.2　RS-232 公头引脚定义

引脚号	名称	功能	方向	引脚号	名称	功能	方向
1	DCD	数据载波检出	输入	6	DSR	数据装置就绪	输入
2	RXD	接收数据	输入	7	RTS	请求发送	输出
3	TXD	发送数据	输出	8	CTS	允许发送	输入
4	DTR	数据终端就绪	输出	9	RI	振铃指示	输入
5	GND	信号地	-				

（2）RS-232 信号电平。

之前学习的 UART 采用 TTL 或 CMOS 电平，5V 表示逻辑"1"，0V 表示逻辑"0"。RS-232 则不同，RS-232 使用-15V 表示逻辑"1"，+15V 表示逻辑"0"，如表 9.3.3 所示。

表 9.3.3　TTL 电平和 RS-232 电平标准

通 信 标 准	逻 辑 值	标准电平/V	电压范围/V
5V TTL	"1"	5	2.4～5
	"0"	0	0～0.5
RS-232	"1"	-15	-15～-3
	"0"	+15	3～15

RS-232 信号的幅值最大为±15V，远高于 TTL 电平，因此抗衰减能力更强。RS-232 高/低电平各自允许的变化范围最大达 12V，也远宽于 TTL 电平，因此抗干扰能力更强。基于以上两点，RS-232 比 UART 的传输距离更远，一般用于 20m 以内的通信。

（3）RS-232 数据传送规则。

RS-232 数据传送规则与 UART 相同，如图 9.3.8 所示，二者只是电平标准有差异。

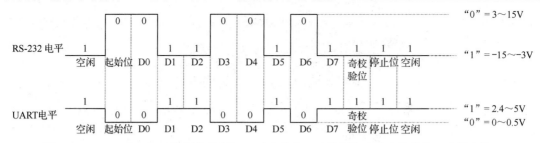

图 9.3.8 RS-232 和 UART 数据传送对比（1 个起始位+8 个数据位+1 个奇校验位+1 个停止位）

2. 方案设计

如图 9.3.9 所示，要将 STM32 的 UART 与计算机的 RS-232 接口相连接，中间应该加入 RS-232/UART 电平转换电路。

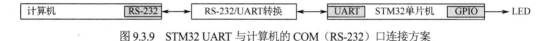

图 9.3.9 STM32 UART 与计算机的 COM（RS-232）口连接方案

3. 认识 RS-232/UART 转换芯片

常用的 RS-232/UART 转换芯片有 TI 公司的 MAX3232、ST 公司的 ST3232 及 Sipex 公司的 SP3232/3222 等。这里选用 Sipex 公司的 SP3232E，如图 9.3.10 和表 9.3.4 所示。

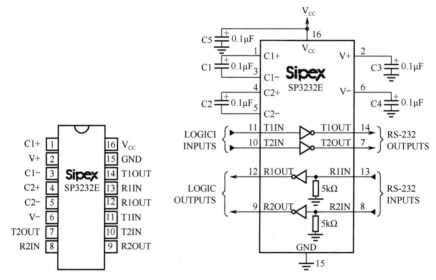

图 9.3.10 SP3232E 引脚图及典型接线图

表 9.3.4 SP3232E 引脚定义

引脚	名称	功　能	引脚	名称	功　能
11	T1IN	第 1 路 T（Transmit，发送）输入，TTL	14	T1OUT	第 1 路 T（Transmit，发送）输出，RS-232
13	R1IN	第 1 路 R（Receive，接收）输入，RS-232	12	R1OUT	第 1 路 R（Receive，接收）输出，TTL
10	T2IN	第 2 路 T（Transmit，发送）输入，TTL	7	T2OUT	第 2 路 T（Transmit，发送）输出，RS-232
8	R2IN	第 2 路 R（Receive，接收）输入，RS-232	9	R2OUT	第 2 路 R（Receive，接收）输出，TTL
2	V+	电荷泵生成的+5.5V	6	V-	电荷泵生成的-5.5V
1	C1+	倍增电荷泵电容正极	3	C1-	倍增电荷泵电容负极
4	C2+	反相电荷泵电容正极	5	C2-	反相电荷泵电容负极
16	V_CC	供电电源正极	15	GND	供电电源负极

SP3232E 带两路发送转换(T1IN→T1OUT、T2IN→T2OUT)和两路接收转换(R1IN→R1OUT、R2IN→R2OUT)。引脚 T1IN 或 T2IN 接 UART 的 Tx,转换成 RS-232 电平从引脚 T1OUT/T2OUT 输出。引脚 R1IN/R2IN 接 RS-232 的 Rx,转换成 UART 电平从引脚 R1OUT/R2OUT 输出。

SP3232E 的工作电压 V_{CC} 为 3.0~5.5V,为了得到符合 RS-232 的电压,使用了电荷泵(Charge Pump)技术,利用电容的充放电实现升压、降压、负压等功能。引脚 C1+、C1-、C2+、C2-用于外接电容。在 V_{CC}=5.0V 的情况下,电荷泵生成的电压为+5.5V 和-5.5V,可以分别从 V+和 V-引脚得到。

4. 电路设计

如图 9.3.11 所示,左侧为 PC 的 COM 口,右侧为 STM32 单片机及 LED 电路,中间部分为 RS-232/UART 转换电路。

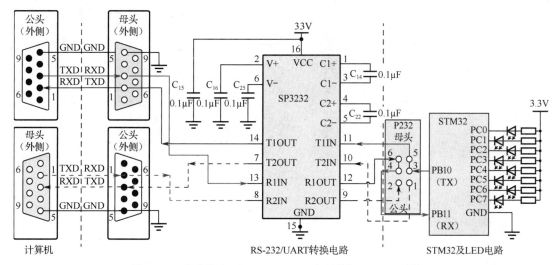

图 9.3.11 电路设计(STM32 UART3 与计算机 COM 口连接)

这里使用 STM32 单片机的 USART3 与计算机串口进行通信,根据表 9.1.3,USART3 默认使用引脚 PB10 和 PB11 作为发送和接收引脚。

转换电路设计了公头和母头两种接口。如果希望使用母头连接器与计算机公头连接,则需按照图示将 P232 的 3 号和 5 号引脚、4 号和 6 号引脚短接。此时,STM32 单片机 USART3 的 TX 引脚→P232 的 3 号引脚→P232 的 5 号引脚→SP3232 的 T1IN→转换成 RS-232 电平→从 SP3232 的 T1OUT 输出→转换电路母头连接器的 TXD→计算机公头的 RXD。计算机公头 TXD→转换电路母头连接器的 RXD→SP3232 的 R1IN→转换成 UART 电平→从 SP3232 的 R1OUT 输出→P232 的 6 号引脚→P232 的 4 号引脚→STM32 单片机 USART3 的 RX。

如果希望使用公头连接器与计算机母头连接,则需要将 P232 的 3 号和 1 号引脚、4 号和 2 号引脚短接。此时 SP3232 使用第二通道,即 T2IN→T2OUT、R2IN→R2OUT 对 USART3 的信号进行转换。

5. 电路测试

(1)如图 9.3.12 所示,在开发板上找到 COM3 模块和 SP3232 芯片。

(2)用短路插头将 P232 上的 PB10 和 TX、PB11 和 RX 连接在一起(朝向 COM3F 位置)。

(3)给开发板上电,测量 SP3232 的 VCC(16 号引脚)电压应与板上 3.3V 供电电压相同。经过电荷泵的增压作用,V+(2 号引脚)和 V-(6 号引脚)应分别得到+5.5V 和-5.5V 左右的电压。

(4)将 PB10 接至电源引脚 3.3V,给它送 TTL 电平"1",应该在母头的 T1OUT(2 号引脚)得到 RS-232 电平"1",电压约为-5.5V。

(5)将 PB10 接至电源引脚 GND,给它送 TTL 电平"0",应该在母头的 T1OUT(2 号引脚)

得到 RS-232 电平 "0"，电压约为+5.5V。

（6）将母头 3 号引脚，即 RS-232 的 RX 接至电源引脚 3.3V，给它送 RS-232 电平 "0"，应该在 PB11 引脚得到 TTL 电平 "0"，电压约为 0V。

（7）将母头 3 号引脚，即 RS-232 的 RX 接至电源引脚 GND，给它送 RS-232 电平 "1"，应该在 PB11 引脚得到 TTL 电平 "1"，电压约为 3.3V。

（8）说一说如何对转换电路的公头进行测试。

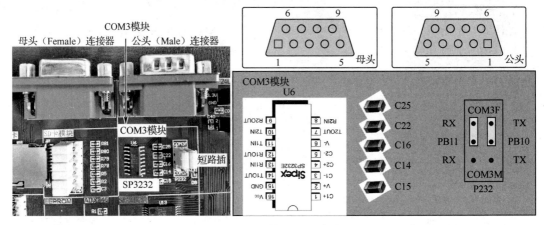

图 9.3.12　UART 转 RS-232 电路测试

电压测试结果：_____。

开发板电源 3.3V：_____，SP3232 的 16 号引脚（VCC）：_____。

SP3232 的 2 号引脚（V+）：_____，SP3232 的 6 号引脚（V-）：_____。

PB10 接 3.3V 时，母头 2 号引脚：_____，PB10 接 GND 时，母头 2 号引脚：_____。

母头 3 号引脚接 3.3V 时，PB10：_____，母头 3 号引脚接 GND 时，PB10：_____。

（四）利用 HAL_UART_Transmit()和 HAL_UART_Receive()编程实现

1. 流程图设计

程序流程图如图 9.3.13 所示。

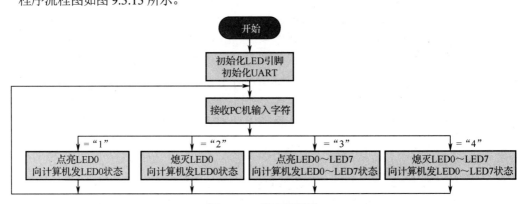

图 9.3.13　程序流程图

2. 程序文件布局和框架搭建

（1）复制文件夹 "09-01-两台 STM32-UART-receive" 并粘贴两次。

（2）修改副本文件夹名为 "09-02-PC-UART-LED-transmit" 和 "09-02-PC-UART-LED receive"。

（3）修改工程名为 "PC-UART-LED"，双击打开工程。

3. 计算机程序设计

不编程，直接利用串口调试助手向 STM32 单片机发送和接收信息。

4. STM32 单片机主程序设计

```c
#include "uart.h"
#include "led.h"
#include "SysTick.h"
extern UART_HandleTypeDef   UART1_Handler; //UART1操作变量

int main(void)
{ char RX_char;          //当前收到的命令
  char TX_str1[] = "请输入命令:\r\n";
  char TX_str2[] = "1-点亮  LED1\r\n";
  char TX_str3[] = "2-熄灭  LED1\r\n";
  char TX_str4[] = "3-点亮  LED1~LED7\r\n";
  char TX_str5[] = "4-熄灭  LED1~LED7\r\n";
  char TX_str6[] = "LED1已点亮\r\n";
  char TX_str7[] = "LED1已熄灭\r\n";
  char TX_str8[] = "LED1~LED7已点亮\r\n";
  char TX_str9[] = "LED1~LED7已熄灭\r\n";

  HAL_Init();
  Stm32_Clock_Init(RCC_PLL_MUL9);
  SysTick_Init(72);
  LED_Init();
  UART1_Init(9600);//初始化USART1,波特率=9600
  /*向计算机发送命令提示
    待发送数据在TX_strx开始的缓冲区中,数据类型是uint8_t,长度是sizeof(TX_strx),超时时间1000*/
  HAL_UART_Transmit(&UART1_Handler, (uint8_t *)TX_str1, sizeof(TX_str1), 1000);
  HAL_UART_Transmit(&UART1_Handler, (uint8_t *)TX_str2, sizeof(TX_str2), 1000);
  HAL_UART_Transmit(&UART1_Handler, (uint8_t *)TX_str3, sizeof(TX_str3), 1000);
  HAL_UART_Transmit(&UART1_Handler, (uint8_t *)TX_str4, sizeof(TX_str4), 1000);
  HAL_UART_Transmit(&UART1_Handler, (uint8_t *)TX_str5, sizeof(TX_str5), 1000);

  while(1)
    { /*用UART1_Handler指定的串行口从PC机接收1个数据,存在RX_char里,超时时间1000*/
      HAL_UART_Receive(&UART1_Handler, (uint8_t *)&RX_char, 1, 1000);
      switch(RX_char)              //判断命令
        { case '1':                      //命令 "1"
            Led1=0;                                    //点亮LED1
            HAL_UART_Transmit(&UART1_Handler, (uint8_t *)TX_str6, sizeof(TX_str6), 1000);
                                             //向计算机发信息1
            break;                             //退出switch
          case '2':                      //命令 "2"
            Led1=1;                                    //熄灭LED1,向计算机发信息2
            HAL_UART_Transmit(&UART1_Handler, (uint8_t *)TX_str7, sizeof(TX_str7), 1000);
            break;                                 //退出switch
          case '3':                      //命令 "3",向计算机发信息3
            Led1=Led2=Led3=Led4=Led5=Led6=Led7=Led8=0; //点亮LED1~LED8
            HAL_UART_Transmit(&UART1_Handler, (uint8_t *)TX_str8, sizeof(TX_str8), 1000);
            break;                                 //退出switch
          case '4':                      //命令 "4",向计算机发信息4
            Led1=Led2=Led3=Led4=Led5=Led6=Led7=Led8=1; //熄灭LED1~LED8
            HAL_UART_Transmit(&UART1_Handler, (uint8_t *)TX_str9, sizeof(TX_str9), 1000);
            break;                                 //退出switch
          default:                         //其他命令
            break;                                 //退出switch
        }
    }
}
```

（1）第 8～16 行定义了 9 个字符串数组，用于存储 STM32 单片机准备发给计算机的信息。

（2）第 25～29 行用库函数 HAL_UART_**Transmit**()向计算机发送信息。待发送字符分别在数组 TX_str1～TX_str5 里。由于数组名代表数组所在存储区首地址，因此第 2 个参数 TX_str1～TX_str5 前可以不加地址操作符"&"（加了也不会错）。

每个数组内的数据个数用"sizeof"运算符求得。

（3）第 33 行用库函数 HAL_UART_**Receive**()接收计算机送入的命令。

（4）第 34～54 行根据输入命令控制 LED，并向计算机回送信息。

5. STM32 单片机 UART 程序设计

不变，注意必须将 UART 设置为收发模式。

6. STM32 单片机 LED 程序设计

不变。

7. 程序调试

（1）用 ARM 调试器将开发板和计算机连到一起，以便进行程序下载与调试，如图 9.3.14 所示。

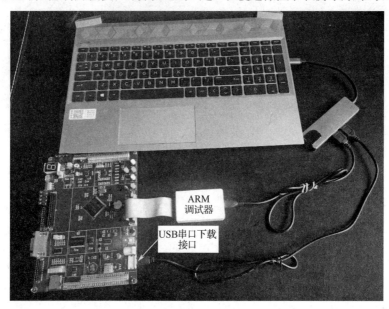

图 9.3.14　连接开发板和计算机

（2）对以上程序进行编译生成无误后，将程序下载到开发板。

（3）将开发板的 USB 串口下载接口和计算机连接在一起，以便使 USART1 能够与计算机进行通信。

（4）打开计算机上的串口调试助手，设置好串口参数，打开串口，如图 9.3.15 所示。

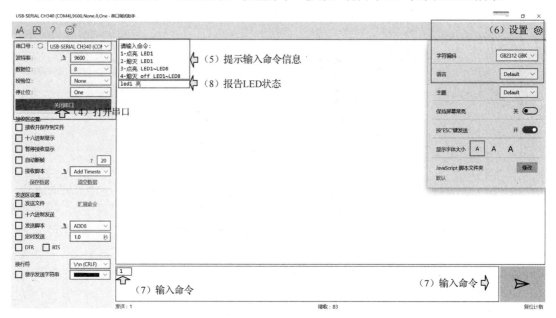

图 9.3.15　用串口调试助手调试

（5）串口调试助手中应显示命令提示信息。

（6）如果显示字符不正确，可设置字符编码为"GB2312GBK"，即可支持中文。

（7）输入命令，如"1"。

（8）串口调试助手会报告"LED1 已点亮"，观察开发板上 LED1 应点亮。

（9）输入其他命令，串口调试助手显示内容及开发板上 LED 状态，应与命令一致。

测试中的问题记录：＿＿＿＿＿＿＿＿＿＿＿＿＿＿＿＿＿＿＿＿＿＿＿＿＿＿＿

8. 认识 ASCII 码和国标码

以上程序中涉及字符和汉字。字符和汉字在计算机中也是以二进制数存储的。其中英文字符 a～z、A～Z、数字 0～9 及空格、回车、换行等都是以 ASCII 码存储的，每个 ASCII 码占 1 字节（8 位）。例如，字符 1～9 的 ASCII 码是 0x31～0x39，回车的 ASCII 码是 0x0D，换行的 ASCII 码是 0x0A，网上很容易搜到 ASCII 码表。利用串口调试助手的"十六进制发送"和"十六进制接收"功能也很容易查到不同字符的 ASCII 码。

汉字的编码方式有 GB2312、BIG5 等。每个汉字占 2 字节。例如，"请"字的 GB2312 码是 0xC7EB，"输"字的 GB2312 码是 0xCAE4，"入"字的 GB2312 码是 0xC8EB。设置好编码格式后，利用串口调试助手中"十六进制发送"和"十六进制接收"功能也很容易观察到不同汉字的编码。

9. 如何进行多字节数据发送/接收

在任务 9.2 中，1#机每次发送 1 个字符，2#机每次接收 1 个字符。每个字符占 1 字节。在本任务中，STM32 单片机每次仍然接收 1 个字符，但是每次发送字符数都大于 1 个。

在任务 9.1 中我们还知道，UART 是以帧为单位进行数据发送和接收的。不算起始位和停止位，STM32 单片机 UART 每帧只能传送 8 位或 9 位数据（含奇偶校验位）。如果设定每帧传送 8 位数据，且奇偶校验位为 0，则每一帧只能发送或接收 8 位（1 字节）的有效数据。

现在假设待发送、接收数据共 4 字节，分别存在 0x2000 0000 和 0x2000 0010 开始的四个存储单元中，如图 9.3.16 所示。显然，无论是发送还是接收，都需要 4 次才能完成。

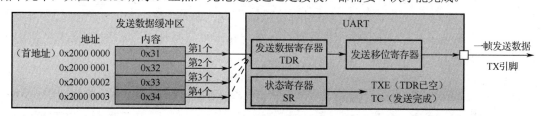

（a）多字节数据发送

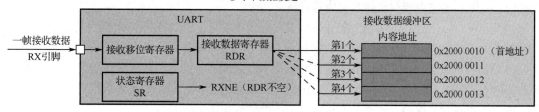

（b）多字节数据接收

图 9.3.16　发送和接收多字节数据

进行多字节数据发送或接收时，为防止第一帧数据还没有发送、接收完成，就开始进行第二帧数据发送、接收，从而造成数据错误，一般应采用查询、中断或 DMA 方式进行数据传送。

10. 进一步认识 UART 查询库函数

（1）查询方式。

查询方式是在数据发送、接收过程中，查询表 9.1.4 中的状态位。根据这些状态位的值决定下一步的操作。

① 在进行数据发送时，可查询 TXE 位或 TC 位。

如果查询到 TXE=1，说明发送数据寄存器是空的，这可能是由于发送数据寄存器内本来就没有数据，也可能是其内的数据已经全部送入了发送移位寄存器。无论如何，只要 TXE=1，接下来就可以写语句向发送数据寄存器发送待发送数据。

如果查询到 TXE=0，说明发送数据寄存器不空，这意味着发送数据寄存器内的数据还没有全部送入发送移位寄存器。此时不能向发送数据寄存器发送数据，应等待直至 TXE=1，否则会将前一个数据覆盖掉造成错误。

如果查询到 TC=1，这意味着发送数据寄存器内的数据不仅送入了移位寄存器，而且通过移位寄存器全部移出到 Tx 引脚上，即一帧数据已经发送完成（Transmit Complete），此时方可停止发送操作。如果查询到 TC=0，则应等待，直到 TC=1 再停止，否则也会造成数据发送错误。

② 在进行数据接收时，可查询 RXNE 位。

如果查询到 RXNE=1，说明接收数据寄存器不空，这意味着一帧数据接收已完成并且成功存入接收数据寄存器。接下来就可以写语句将接收数据寄存器内的数据取走啦。

如果查询到 RXNE=0，则应等待直到 RXNE=1 以后再取数据，否则会取到错误的数据。

此外还可以查询 PE、ORE 等标志位，判断是否存在数据错误以便进行相应的处理。

③ 库函数 HAL_UART_**Transmit**()和 HAL_UART_**Receive**()的工作过程。

库函数 HAL_UART_**Transmit**()和 HAL_UART_**Receive**()就是以查询方式发送和接收多字节数据的。

在 Keil μVision5 软件中打开 HAL_UART_**Transmit**()函数，在第 1056 行、第 1073 行有如下语句。

UART_WaitOnFlagUntilTimeout(huart,UART_FLAG_TXE,RESET,tickstart,Timeout)；该语句的作用就是查询 TXE 状态标志位，如果 TXE=RESET，说明 TXE 是"0"，则等待（Wait On）。否则，说明 TXE 是"1"，则停止等待，继续执行后面的语句。等待函数后面语句的主要功能就是从发送缓冲区取数据送入 UART 的数据寄存器。例如，第 1060 行就是从当前地址取数据，第 1061 行则是将数据送入数据寄存器。

同样打开 HAL_UART_**Receive**()函数，在 1143、1162 行可看到如下语句。

UART_WaitOnFlagUntilTimeout(huart,UART_FLAG_RXNE,RESET,tickstart,Timeout)；该语句的作用是查询 RXNE 位。如果 RXNE=RESET，则等待；否则，停止等待，继续执行后面的语句，将接收数据寄存器的内容取走存到接收缓冲区。

由此可见，以上方式，UART 在进行数据发送或接收时，CPU 不能干别的，只能等待直到所有数据都发送或接收完。发送、接收数据的个数越多、波特率越低，函数占用的时间越长。

为防止各种故障造成 TXE、TC 或 RXNE 始终无法等于 1，使得程序卡在等待中无法返回，函数还加入了超时检测功能。如果等待时间超过了设定的超时时间，则不管数据是否发送、接收完，都会停止执行并返回，这就是所谓的"Wait On Until Timeout"。

为了帮助大家读懂这两个库函数，进一步理解函数的执行过程，图 9.3.17 和图 9.3.18 给出了它们的基本工作流程。

（2）中断方式。

查询方式的缺点是查询过程中如果条件（TXE=1 或 RXNE=1）不具备，则只能等待，等待过程中 CPU 什么也干不了，这显然会降低 CPU 的工作效率。

中断方式是在进行数据发送或接收时，允许表 9.1.4 所示的某个或某几个中断请求。例如，允许 RXNE 中断，只要 RXNE=1，无须查询，CPU 会停止当前操作，自动进入 UART 中断程序，在 UART 中断服务程序中将接收数据寄存器内的数据取走存到接收缓冲区对应单元，之后返回。

在 RXNE=0 期间，CPU 无须等待，可进行自己的事务处理。

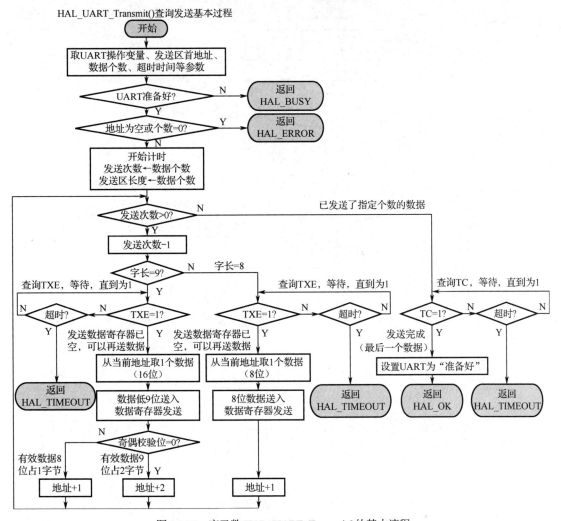

图 9.3.17　库函数 HAL_UART_Transmit() 的基本流程

采用中断方式进行数据发送与接收使用的库函数是 HAL_UART_Transmit_**IT**() 和 HAL_UART_Receive_**IT**()。我们先看一下如何利用它们实现本任务，然后再对这种方式加以总结。

（五）利用 HAL_UART_Transmit_IT() 和 HAL_UART_Receive_IT() 编程实现

1. 流程图设计

同图 9.3.13。

2. 程序文件布局和框架搭建

（1）复制文件夹"09-02-PC-UART-LED-transmit"和"09-02-PC-UART-LED-receive"并粘贴。

（2）修改副本文件夹名为"09-03-PC-UART-LED-transmit_IT"和"09-03-PC-UART-LED-receive_IT"，其他不变。

（3）打开工程。

3. 计算机程序设计

不编程。

HAL_UART_Receive()查询接收基本过程

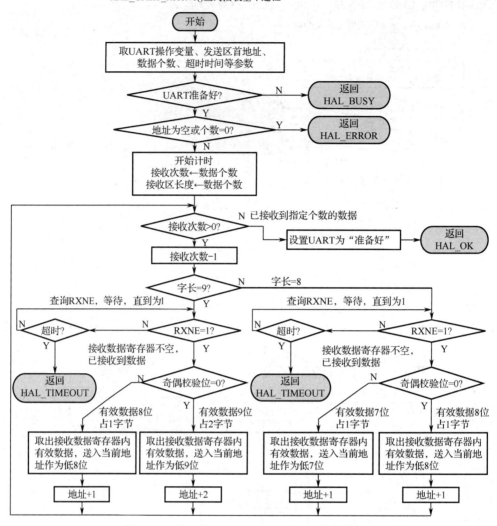

图 9.3.18　库函数 HAL_UART_Receive()的基本流程

4. STM32 单片机主程序设计

```
main.c
1   #include "uart.h"
2   #include "led.h"
3   #include "SysTick.h"
4   extern UART_HandleTypeDef   UART1_Handler; //UART1操作变量
5
6   int main(void)
7  { char RX_char[1];      //当前收到的命令
8     char TX_str1[] = "请输入命令:\r\n";
9     char TX_str2[] = "1-点亮 LED1\r\n";
10    char TX_str3[] = "2-熄灭 LED1\r\n";
11    char TX_str4[] = "3-点亮 LED1~LED7\r\n";
12    char TX_str5[] = "4-熄灭 LED1~LED7\r\n";
13    char TX_str6[] = "LED1已点亮\r\n";
14    char TX_str7[] = "LED1已熄灭\r\n";
15    char TX_str8[] = "LED1~LED7已点亮\r\n";
16    char TX_str9[] = "LED1~LED7已熄灭\r\n";
17
18    HAL_Init();
19    Stm32_Clock_Init(RCC_PLL_MUL9);
20    SysTick_Init(72);
21    LED_Init();
22    UART1_Init(9600);//初始化USART1,波特率=9600
23 /*以中断方式向计算机发命令提示
24    待发送数据在TX_strx指定的缓冲区中,数据类型是uint8_t,长度是sizeof(TX_strx)*/
25    HAL_UART_Transmit_IT(&UART1_Handler, (uint8_t *)TX_str1, sizeof(TX_str1));delay_ms(100);
26    HAL_UART_Transmit_IT(&UART1_Handler, (uint8_t *)TX_str2, sizeof(TX_str2));delay_ms(100);
27    HAL_UART_Transmit_IT(&UART1_Handler, (uint8_t *)TX_str3, sizeof(TX_str3));delay_ms(100);
28    HAL_UART_Transmit_IT(&UART1_Handler, (uint8_t *)TX_str4, sizeof(TX_str4));delay_ms(100);
29    HAL_UART_Transmit_IT(&UART1_Handler, (uint8_t *)TX_str5, sizeof(TX_str5));delay_ms(100);
```

```
31     while(1)
32     { /*以中断方式从UART1_Handler指定的串行口接收一组数据, 存在RX_char开始的缓冲区, 长度由RX_char定*/
33       HAL_UART_Receive_IT(&UART1_Handler, (uint8_t *)RX_char, sizeof(RX_char));delay_ms(100);
34
35       switch(RX_char[0])              //判断命令
36       { case '1':                     //命令 "1"
37           Led1=0;                                        //点亮LED1
38           HAL_UART_Transmit_IT(&UART1_Handler, (uint8_t *)TX_str6, sizeof(TX_str6));delay_ms(100);
39                                                          //向计算机发信息1
40           break;                                         //退出switch
41         case '2':                     //命令 "2"
42           Led1=1;                                        //熄灭LED1,向计算机发信息2
43           HAL_UART_Transmit_IT(&UART1_Handler, (uint8_t *)TX_str7, sizeof(TX_str7));delay_ms(100);
44           break;                                         //退出switch
45         case '3':                     //命令 "3", 向计算机发信息3
46           Led1=Led2=Led3=Led4=Led5=Led6=Led7=Led8=0;     //点亮LED1~LED8
47           HAL_UART_Transmit_IT(&UART1_Handler, (uint8_t *)TX_str8, sizeof(TX_str8));delay_ms(100);
48           break;                                         //退出switch
49         case '4':                     //命令 "4", 向计算机发信息4
50           Led1=Led2=Led3=Led4=Led5=Led6=Led7=Led8=1;     //熄灭LED1--LED8
51           HAL_UART_Transmit_IT(&UART1_Handler, (uint8_t *)TX_str9, sizeof(TX_str9));delay_ms(100);
52           break;                                         //退出switch
53         default:                      //其他命令
54           break;                                         //退出switch
55       }
56     }
57 }
```

（1）将所有的 HAL_UART_Transmit()替换为 HAL_UART_Transmit_**IT**()，即将原来的查询方式发送改为中断方式发送。

（2）将所有的 HAL_UART_Receive()替换为 HAL_UART_Receive_**IT**()，即将原来的查询方式接收改为中断方式接收。

注意 HAL_UART_Transmit_IT()和 HAL_UART_Receive_IT()的参数只有 3 个，没有超时时间。前三个参数分别指出用哪个 UART，待发送、接收数据在哪里，长度是多少。HAL_UART_ Transmit_IT()和 HAL_UART_Receive()函数的功能解释如表 9.3.5 和表 9.3.6 所示。

每次发送后插入了 100ms 的延时，确保前一次发送结束再开始新的发送。

（3）第 7 行：将变量 RX_char 定义为 1 个数组变量，长度为 1。定义为数组变量的好处是可存储多字节数据，方便将来进行程序功能的扩展。当然本程序只需 1 字节，因此也可以不修改，仍像以前一样将其定义为 1 个 char 型变量。

（4）第 33 行：由于 RX_char 被定义为数组变量，数组的名字代表了其首地址，因此库函数 HAL_UART_Receive_IT()的第二个参数 RX_char 前面的地址操作符 "&" 可以不写（写上也没关系）。

（5）第 35 行：对应第 7 行的变化，应修改为 switch(RX_char[0])，对数组内的第 0 个元素的值进行判断。如果写成 switch(RX_char)，是对数组 RX_char 的地址进行判断，这显然不对。

5. STM32 单片机 UART 程序设计

```
uart.c
1  #include "uart.h"
2  UART_HandleTypeDef  UART1_Handler; //UART1操作变量
3
4  void UART1_Init(u32 bound)     //UART1初始化函数
5  { UART1_Handler.Instance=USART1;                    //USART1
6    UART1_Handler.Init.BaudRate=bound;                //波特率=bound
7    UART1_Handler.Init.WordLength=UART_WORDLENGTH_8B;  //数据位+校验位长度=8
8    UART1_Handler.Init.StopBits=UART_STOPBITS_1;       //一个停止位
9    UART1_Handler.Init.Parity=UART_PARITY_NONE;        //无奇偶校验位
10   UART1_Handler.Init.HwFlowCtl=UART_HWCONTROL_NONE;  //无硬件流控
11   UART1_Handler.Init.Mode=UART_MODE_TX_RX;           //收发模式
12
13   HAL_UART_Init(&UART1_Handler);                     //按照以上设置初始化UART1
14 }
16 //UART底层初始化, 时钟使能, 引脚配置, 中断配置
17 //此函数会被HAL_UART_Init()调用
18 //huart:UART操作变量
19 void HAL_UART_MspInit(UART_HandleTypeDef *huart)
20 { GPIO_InitTypeDef GPIO_InitStructure;//GPIO初始化变量
21   if(huart->Instance==USART1)          //如果是USART1则:
22   { __HAL_RCC_GPIOA_CLK_ENABLE();       //使能GPIOA时钟
23     __HAL_RCC_USART1_CLK_ENABLE();      //使能USART1时钟
```

```
24
25      GPIO_InitStructure.Pin=GPIO_PIN_9;              //PA9（TX）
26      GPIO_InitStructure.Mode=GPIO_MODE_AF_PP;        //复用推挽输出
27      GPIO_InitStructure.Speed=GPIO_SPEED_FREQ_HIGH;  //高速输出
28      HAL_GPIO_Init(GPIOA,&GPIO_InitStructure);       //初始化PA9
29
30      GPIO_InitStructure.Pin=GPIO_PIN_10;             //PA10（RX）
31      GPIO_InitStructure.Mode=GPIO_MODE_AF_INPUT;     //复用输入模式
32      GPIO_InitStructure.Pull=GPIO_PULLUP;            //上拉输入
33      HAL_GPIO_Init(GPIOA,&GPIO_InitStructure);       //初始化PA10
34      HAL_NVIC_SetPriority(USART1_IRQn,0,1);          //抢占优先级0，子优先级1
35      HAL_NVIC_EnableIRQ(USART1_IRQn);                //使能USART1中断通道
36    }
37  }

39    /****USART1中断处理程序****/
40    void USART1_IRQHandler(void)
41  { HAL_UART_IRQHandler(&UART1_Handler);   //UART中断的一般性处理，进行数据发送/接收
42  }

44    /*接收中断的针对性处理，会被HAL_UART_IRQHandler(&UART1_Handler)隐性调用*/
45    void HAL_UART_RxCpltCallback(UART_HandleTypeDef *huart)
46  { if(huart->Instance==USART1)//如果是串口1
47    { ;
48    }
49  }
50    /*发送中断的针对性处理，会被HAL_UART_IRQHandler(&UART1_Handler)隐性调用*/
51    void HAL_UART_TxCpltCallback(UART_HandleTypeDef *huart)
52  { if(huart->Instance==USART1)//如果是串口1
53    { ;
54    }
55  }
```

（1）第 34 行、第 35 行：设置 UART 的 NVIC 优先级、允许 NVIC 对 UART 中断做出响应。

（2）第 40 行：UART 中断入口。注意 5 个 USART/UART 的中断入口程序名字不同，具体见表 9.3.7。发生 USART 中断后程序会自动跳到这里。

（3）第 41 行：调用 UART 中断一般性处理函数 HAL_UART_IRQHandler()。该函数的功能如表 9.3.7 所示，能够判断是哪个中断（TXE、RXNE 等），进行相应的处理（发送处理、接收处理等）。注意中断处理完成后，会禁止中断。因此每发送/接收完一组数据后需要重新开启中断。本程序将 HAL_UART_Transmit_**IT**()和 HAL_UART_Receive_**IT**()调用语句写在 main.c 的循环程序内，可以确保每次执行它们时都能重新开启中断。

（4）第 45～47 行：接收中断的隐性调用函数。第 51～53 行：发送中断的隐性调用函数。本程序中没有特别的事务处理，故其内容为空。只将框架置于此处，方便将来扩展程序功能。

6. STM32 单片机 LED 程序设计

不变。

7. UART 中断库函数解读

UART 中断库函数如表 9.3.5～表 9.3.7 所示。

表 9.3.5　UART 发送中断开启库函数

中断发送函数：HAL_UART_Transmit_IT(&UART 操作变量,&数据首地址,数据个数)
函数原型：HAL_StatusTypeDef　HAL_UART_Transmit_IT(UART_HandleTypeDef　*huart,uint8_t　*pData,uint16_t Size)
功能：按照 huart 的设置，开启 UART 的 TXE 中断。指出发送数据的首地址 pData，指出数据串长度 Size
入口参数 1：huart 是 UART 操作变量，数据类型为 UART_HandleTypeDef，结构体变量。指出用哪个 USART/UART 发送
入口参数 2：pData 是发送数据缓冲区首地址，指针变量
入口参数 3：size 是发送缓冲区长度
返回值：HAL_StatusTypeDef，有四个取值： 　　　HAL_OK　=0x00；　　HAL_ERROR　=0x01；　　HAL_BUSY　=0x02；　　HAL_TIMEOUT　=0x03

表 9.3.6 UART 接收中断开启库函数

中断接收函数：HAL_UART_Receive_IT(&UART 操作变量,&数据首地址,数据个数)
函数原型：HAL_StatusTypeDef HAL_UART_Receive_IT(UART_HandleTypeDef *huart,uint8_t *pData,uint16_t Size)
功能：按照 huart 的设置，开启 UART 的 RXNE 中断。指出接收数据的首地址 pData，指出数据串长度 Size
入口参数 1：huart 是 UART 操作变量，数据类型为 UART_HandleTypeDef，结构体变量。指出用哪个 USART/UART 接收
入口参数 2：pData 是接收数据缓冲区首地址，指针变量
入口参数 3：size 是接收缓冲区长度
返回值：HAL_StatusTypeDef，有四个取值：   HAL_OK = 0x00；　HAL_ERROR = 0x01；　HAL_BUSY = 0x02；　HAL_TIMEOUT = 0x03

表 9.3.7 UART 中断处理函数

中断入口函数名
void USART1_IRQHandler(void)、void USART2_IRQHandler(void)、void USART3_IRQHandler(void)、 void UART4_IRQHandler(void)、void UART5_IRQHandler(void)
UART 中断一般性处理函数：HAL_UART_IRQHandler(&UART 操作变量)

函数原型：void HAL_UART_IRQHandler(UART_HandleTypeDef *huart)
功能：判断是哪种类型的中断，根据中断类型的不同进行不同处理
  1. 是 TXE 中断且 TXE 中断允许，则从数据区取 1 个数据送入 TDR，并修改地址指针。如果最后一个数据已送入 TDR，则禁止 TXE 中断，允许 TC 中断
  2. 是 TC 中断且 TC 中断允许，则隐性调用 HAL_UART_TxCpltCallback()
  3. 是 RXNE 中断且 RXNE 中断允许，则将 RDR 中的数据取走送数据区，并修改地址指针。如果数据全部接收完，则禁止接收中断，并隐性调用 HAL_UART_RxCpltCallback()
  4. 是错误中断，则判断是哪种错误、设置相应的错误代码，并隐性调用错误处理库函数 HAL_UART_ErrorCpltCallback()
    若是奇偶校验错误，则错误代码 ErrorCode=HAL_UART_ERROR_PE
入口参数：huart 是 UART 操作变量，数据类型为 UART_HandleTypeDef，结构体变量
        指出用哪个 USART/UART 发送/接收，怎么发送/接收（波特率、字长、数据区首地址、数据长度等）

UART 中断隐性调用函数
1. __weak void HAL_UART_TxCpltCallback（UART_HandleTypeDef *huart）　　　发送完成处理 2. __weak void HAL_UART_RxCpltCallback（UART_HandleTypeDef *huart）　　　接收完成处理 3. __weak void HAL_UART_TxHalfCpltCallback（UART_HandleTypeDef *huart）　　半字发送完成处理 4. __weak void HAL_UART_RxHalfCpltCallback（UART_HandleTypeDef *huart）　　半字接收完成处理 5. __weak void HAL_UART_ErrorCallback（UART_HandleTypeDef *huart）　　　　错误处理 6. __weak void HAL_UART_AbortCpltCallback（UART_HandleTypeDef *huart）　　放弃处理 7. __weak void HAL_UART_AbortTransmitCpltCallback（UART_HandleTypeDef *huart）　放弃发送处理 8. __weak void HAL_UART_AbortReceiveCpltCallback（UART_HandleTypeDef *huart）　放弃接收处理

8. 软硬件联调

过程同前。

故障现象：_____

解决办法：_____

原因分析：_____

9. 进一步认识 UART 中断库函数

以 UART 中断方式发送为例，其处理过程如图 9.3.19 所示。

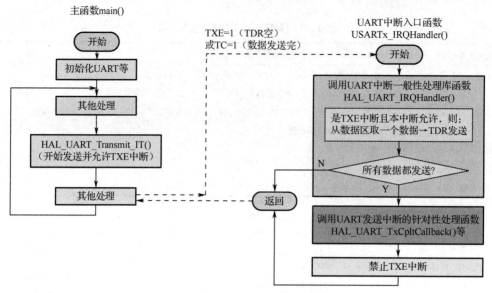

图 9.3.19　UART 发送中断处理过程

上电复位后，主函数首次执行函数 HAL_UART_Transmit_IT()后，TXE 中断被使能。由于此时 UART 的发送数据寄存器是空的，所以程序会立刻跳到 UART 中断入口程序。在其内调用 UART 中断的一般性处理函数 HAL_UART_IRQHandler()。该函数会判别当前是哪种中断，并进行相应的处理。

现在是 TXE 中断，HAL_UART_IRQHandler()会到指定数据区取一个数据送入发送数据寄存器之后返回主程序。之后 UART 和 CPU 都在工作。UART 在忙着将 TDR 内的数据移出到 Tx 引脚，而 CPU 则执行主程序的后续其他事务。

当发送数据寄存器内的数据都被送入移位寄存器，TXE 会再次=1，CPU 将再次进入中断服务程序，先向 TDR 送第 2 个数据，然后回到主程序。

如果所有数据都送入发送数据寄存器并且发送完成，HAL_UART_IRQHandler()会隐形调用库函数 HAL_UART_**Tx**CpltCallback()进行一组数据发送完成后的事务处理，并禁止 TXE 中断，这里的 Cplt 就是 Complet（完成）的意思。

可见中断方式的库函数 HAL_UART_Transmit_IT()在执行时，CPU 只需要将待发送数据送入发送数据寄存器即可返回，根本不需要等待一帧数据发送完成，更不需要等待所有数据发送完成才可返回。这可以大大提高 CPU 的工作效率。

中断接收的过程与此类似，CPU 只需要在 UART 的接收数据寄存器已接收到一个数据的情况下进入中断服务程序取数据即可，其他时间 CPU 与 UART 是同时工作的。

为了使大家进一步理解中断程序的处理过程并看懂相关库函数，下面给出 UART 中断库函数的基本处理流程，如图 9.3.20 所示。其中 HAL_UART_Transmit_IT()和 HAL_UART_Receive_IT()不仅用于开启 TXE/RXNE 中断，还用于传递 UART 操作变量、发送/接收数据区首地址、数据长度等参数。HAL_UART_IRQHandler()不仅可以进行 TXE/RXNE 中断处理，还可以进行 PE（奇偶校验）、ORE（溢出）、NF（噪声）、FE（帧）等错误处理。

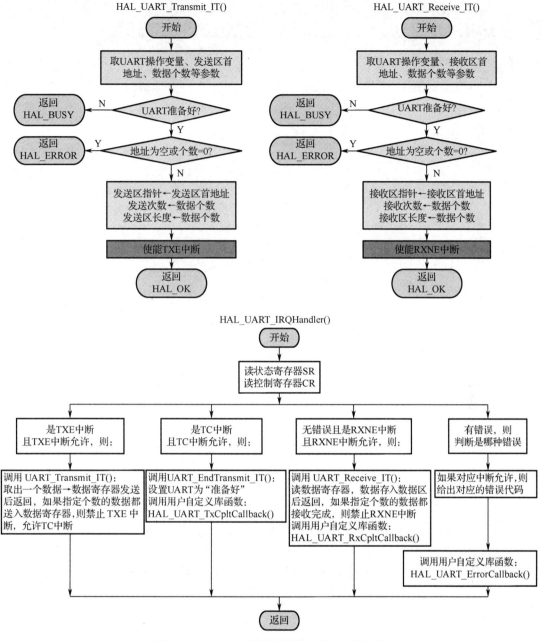

图 9.3.20 UART 中断处理函数的基本工作流程

（六）利用 getchar()和 printf()编程实现

1. 流程图设计

同图 9.3.13。

2. 程序文件布局和框架搭建

（1）复制文件夹 "09-02-PC-UART-LED-transmit" 和 "09-02-PC-UART-LED-receive" 并粘贴。

（2）修改副本文件夹名为 "09-04-PC-UART-LED-getchar" 和 "09-04-PC-UART-LED-printf"。

（3）双击打开工程。

3. 计算机程序设计

不编程。

4. STM32 单片机主程序设计

```
main.c
1   #include "uart.h"
2   #include "led.h"
3   #include "SysTick.h"
4
5   int main(void)
6   { char RX_char;          //当前收到的命令
7
8       HAL_Init();
9       Stm32_Clock_Init(RCC_PLL_MUL9);
10      SysTick_Init(72);
11      LED_Init();
12      UART1_Init(9600);//初始化USART1,波特率=9600
13
14      printf("请输入命令:\r\n");//向计算机发命令提示
15      printf("1-点亮 LED1\r\n");
16      printf("2-熄灭 LED1\r\n");
17      printf("3-点亮 LED1~LED8\r\n");
18      printf("4-熄灭 LED1~LED8\r\n");
19
20      while(1)
21        { RX_char=getchar();            //读取计算机输入
22          switch(RX_char)              //判断命令
23            { case '1':                  //命令 "1"
24                Led1=0;                                    //点亮LED1
25                printf("led1已点亮\r\n");                   //向计算机发信息1
26                break;                                     //退出switch
27              case '2':                  //命令 "2"
28                Led1=1;                                    //熄灭LED1
29                printf("led1已熄灭\r\n");                   //向计算机发信息2
30                break;                                     //退出switch
31              case '3':                  //命令 "3"
32                Led1=Led2=Led3=Led4=Led5=Led6=Led7=Led8=0;  //点亮LED1~LED8
33                printf("led1~led8已点亮\r\n");              //向计算机发信息3
34                break;                                     //退出switch
35              case '4':                  //命令 "4"
36                Led1=Led2=Led3=Led4=Led5=Led6=Led7=Led8=1;  //熄灭LED1~LED8
37                printf("led1~led8已熄灭\r\n");              //向计算机发信息4
38                break;                                     //退出switch
39              default:                  //其他命令
40                break;                                     //退出switch
41            }
42        }
43  }
```

（1）第 14～18 行：利用函数 printf()通过 UART 向计算机发信息，提示操作人员从键盘输入命令，其作用与库函数 HAL_UART_Transmit()相同。

（2）第 21 行：利用函数 getchar()从 UART 接收计算机输入命令，作用与库函数 HAL_UART_Receive()相同。

（3）第 22～41 行：根据收到的命令进行 LED 控制，并回送信息给计算机。

5. STM32 单片机 UART 程序设计

UART 程序无变化。但 "uart.h" 文件的第 4 行、第 8 行、第 9 行和 "uart.c" 文件的第 38～50 行非常重要，不能缺失。

```
uart.h
1   #ifndef _uart_H
2   #define _uart_H
3   #include "sys.h"
4   #include <stdio.h>//标准输入输出头文件
5
6
7   void UART1_Init(u32 bound);//UART1初始化函数
8   int fputc(int ch, FILE *f);//printf重定向函数
9   int fgetc(FILE *f);//getchar,scanf重定向函数
10  #endif
```

```
uart.c
38  //重定向c库函数printf到串口DEBUG_USART,重定向后可使用printf函数
39  int fputc(int ch, FILE *f)
40  { /* 发送一个字节数据到串口DEBUG_USART */
41      HAL_UART_Transmit(&UART1_Handler, (uint8_t *)&ch, 1, 1000);
42      return (ch);
43  }
44
45  //重定向c库函数scanf到串口DEBUG_USART,重定向后可使用scanf、getchar等函数
46  int fgetc(FILE *f)
47  { int ch;
48      HAL_UART_Receive(&UART1_Handler, (uint8_t *)&ch, 1, 1000);
49      return (ch);
50  }
```

（1）第 4 行将标准输入输出头文件 "stdio.h" 包含在内，以便使用标准输入输出函数 getchar()
和 printf()。

（2）选择 "Options" → "Target" 命令，勾选 "Use MicroLIB" 复选框，如图 9.3.21 所示。

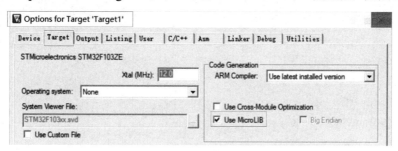

图 9.3.21　勾选 "Use MicroLIB" 复选框

（3）第 8 行、第 9 行声明函数 fputc() 和 fgetc()，分别对 printf() 和 getchar() 进行重定向。

（4）第 38～44 行 printf 重定向函数 fputc()。

C 语言的 printf() 函数默认将计算机显示器作为标准输出设备。但是在本任务中，STM32 单片
机并不是直接向计算机的显示器发送数据，而是向自己的 UART 发送数据，再通过 UART 将数据
送给计算机。函数 fputc() 的作用就是对 printf() 函数进行重定向，将 UART 作为 printf() 函数的输出
设备。

执行 printf() 函数时，会反复调用 fputc()。在 fputc() 的第 41 行，是库函数 HAL_UART_
Transmit()，这使 printf() 函数能够向 UART 输出数据。

（5）第 46～49 行 getchar 重定向函数 fgetc()。

C 语言的 getchar() 函数默认将键盘作为标准输入设备。要想将 STM32 单片机 UART 作为输
入设备，需要编写 fgetc() 函数。执行 getchar() 函数时，会自动调用 fgetc() 函数。fgetc() 函数的第 48
行是库函数 HAL_UART_Receive()，这使 getchar() 能够从 UART 接收数据。

6. STM32 单片机 LED 程序设计

不变。

7. 软硬件联调

过程同前。

测试中的问题记录：_____

_____

三、要点记录及成果检验

任务 9.3	STM32 单片机 UART 与计算机通信系统的设计与调试						
姓名		学号		日期		分数	
1. 画出 STM32 单片机 UART5 和计算机的 USB 接口通信电路。							
2. 画出 STM32 单片机 USART2 和计算机的 RS-232 接口通信电路。							

3. 利用查询方式编程，先通过 USART3 从计算机接收 5 字节的数据存入数组 AAA 中，再向计算机发送 5 字节的数据，数据在数组 BBB 中，内容为 0x01、0x02、0x03、0x04、0x05。

4. 利用中断方式编程，实现任务 9.2 中两台 STM32 单片机通信。

5. 利用函数 getchar() 和 printf() 编程，先通过 USART3 从计算机接收 5 字节的数据存入数组 AAA 中，再向计算机发送 5 字节的数据，数据在数组 BBB 中，内容为 0x01、0x02、0x03、0x04、0x05。